W0267982

ALLGEMEINE GRUNDLAGEN DER QUANTENSTATISTIK UND QUANTENTHEORIE

VON

ADOLF SMEKAL

IN WIEN

SONDERAUSGABE AUS DER ENCYKLOPÄDIE
DER MATHEMATISCHEN WISSENSCHAFTEN

MIT EINEM VORWORT DES VERFASSERS

1926

Springer Fachmedien Wiesbaden GmbH

ISBN 978-3-663-15671-0 ISBN 978-3-663-16248-3 (eBook)
DOI 10.1007/978-3-663-16248-3

MEINER LIEBEN FRAU

ERIKA

IN DANKBARKEIT ZUGEEIGNET

Vorwort.

Auf Anregung meines verehrten Lehrers Professor *M. Radaković* habe ich im Frühjahr 1919 noch als Nichthabilitierter an der Universität Graz eine Reihe von Vorträgen über Quantenstatistik und Quantentheorie gehalten, auf welche die Grundgedanken der vorliegenden Darstellung zurückgehen. Der bereits in Ausführung begriffene Plan, eine systematische Bearbeitung des Inhaltes dieser Vorträge und späterer Vorlesungen an der Wiener Universität und Technischen Hochschule zu einem Buche zu formen, wurde zurückgestellt, als der Herausgeber des Bandes Physik der Encyklopädie, Professor *Sommerfeld*, am ersten deutschen Physikertag 1921 in Jena die Einladung an mich richtete, einen Encyklopädieartikel über *Quantenstatistik* zu schreiben, welcher auch das Wichtigste über die *Grundlagen der Quantentheorie* enthalten sollte. Unter diesen Umständen war es unvermeidlich, daß manches von der Ausführlichkeit des geplanten Buches auf den Encyklopädieartikel überging, welcher dadurch einen im allgemeinen nicht üblichen Umfang angenommen hat. Die Niederschrift des Artikels hat sich zu meinem Bedauern aus mancherlei persönlichen, namentlich gesundheitlichen Gründen durch mehrere Jahre hingezogen; es ist mir kaum möglich, genug Worte des Dankes für die Geduld zu finden, welche der Herausgeber, Professor *Sommerfeld*, und der Verlag den sich immer wieder erneuernden Verzögerungen gegenüber bewiesen haben! Diese Verzögerungen haben es nun allerdings möglich gemacht, vieles von der reichen Ernte der Quantenfrucht aus letzter Zeit mit aufzunehmen, was sonst hätte unberücksichtigt bleiben müssen; andererseits aber mögen sie gewisse Ungleichmäßigkeiten in der Behandlung des Stoffes verschuldet haben, deren völlige Beseitigung später nicht mehr ausführbar war. — Da es ein Buch ähnlichen Umfanges über Quantenstatistik oder Quantentheorie in der Fachliteratur bisher nicht gibt, habe ich mich mit Zustimmung von Professor *Sommerfeld* zu der selbständigen Herausgabe des Artikels in Buchform entschlossen, welche hier vorliegt.

Für stete Anregung, Förderung und Kritik bei meiner Arbeit habe ich vor allem Geheimrat Professor *Sommerfeld* meinen lebhaftesten

Dank zu sagen, ferner ganz besonders Professor *K. F. Herzfeld* (München), dem ich eine bis ins einzelne gehende Kritik meines Manuskriptes sowie zahlreiche wichtige Zusätze und Verbesserungen verdanke. Manche wertvolle Anregung schulde ich weiterhin insbesondere den Herren Prof. *P. Ehrenfest* (Leiden), Dr. *W. Pauli* (Hamburg), Prof. *M. Radaković* (Graz), Prof. *Cl. Schaefer* (Marburg a. d. Lahn), Prof. *W. Schottky* (Rostock), Prof. *W. Wirtinger* (Wien). Meinem verehrten Freunde Prof. *H. Thirring* danke ich besonders herzlich für unermüdliche freundschaftliche Förderung und Ermutigung!

Endlich möchte ich es auch nicht unterlassen, den Verlag meiner dankbaren Anerkennung für sein dauerndes verständnisvolles Entgegenkommen zu versichern.

Tiers, den 15. August 1925.

Adolf Smekal.

Inhaltsübersicht.

II. Allgemeine Grundlagen der Quantentheorie.

A. Quantentheorie isolierter Atome und Moleküle.

B. Quantentheorie unabgeschlossener Systeme.

C. Quantentheorie der Strahlungsvorgänge.

III. Spezielle Anwendungen der Quantenstatistik.

Literatur.

Lehrbücher und Monographien.*)

1. Zu Abschnitt I und III.

M. Born, Dynamik der Kristallgitter, Leipzig 1915 (Teubner); 2., gänzlich umgearbeitete Auflage. 1923 unter dem Titel „Atomtheorie des festen Zustandes" und inhaltlich übereinstimmend mit V 25.

R. Fürth, Schwankungserscheinungen in der Physik, Braunschweig 1920 (Vieweg).

P. Hertz, Statistische Mechanik in *Weber-Gans*, Repertorium der Physik, Bd. I, 2. Teil, Leipzig 1916 (Teubner).

H. A. Lorentz, Les théories statistiques en thermodynamique, Leipzig 1916 (Teubner).

W. Nernst, Die theoretischen und experimentellen Grundlagen des neuen Wärmesatzes, Halle 1918 (Knapp); 2., bis auf einen Anhang unveränderte Auflage 1924.

M. Planck [1], Vorlesungen über die Theorie der Wärmestrahlung, 1. Auflage Leipzig 1906 (Barth); 4., von jeder der früheren wesentlich abweichende Auflage 1921; jüngst 5. Auflage 1924.

Cl. Schaefer, Einführung in die theoretische Physik, Bd. II, 1. Teil: Theorie der Wärme, Molekular-kinetische Theorie der Materie, Berlin 1921 (W. de Gruyter).

A. Waßmuth, Grundlagen und Anwendungen der statistischen Mechanik, Braunschweig 1915 (Vieweg); 2., vermehrte Auflage 1922.

Die Theorie der Strahlung und der Quanten (*Solvay*-Kongreß Brüssel 1911), deutsch von *A. Eucken*, Halle 1914 (Knapp).

Vorträge über die kinetische Theorie der Materie und der Elektrizität (*Wolfskehl*-Kongreß Göttingen 1913), Leipzig 1914 (Teubner).

Ferner die reiche, bei *P.* und *T. Ehrenfest*, IV 32, angeführte ältere Literatur.

2. Zu Abschnitt II.

N. Bohr [1], Abhandlungen über Atombau aus den Jahren 1913—1916; deutsch von *H. Stintzing*, Braunschweig 1921 (Vieweg).

— [2], Über die Quantentheorie der Linienspektren; deutsch von *P. Hertz*, Braunschweig 1923 (Vieweg).

— [3], Drei Aufsätze über Spektren und Atombau, Braunschweig 1922 (Vieweg).

E. Buchwald, Das Korrespondenzprinzip, Braunschweig 1923 (Vieweg).

---

*) Im Nachfolgenden sind nur die dem Referenten zugänglich gewesenen deutschen Werke angeführt, so daß das obige Verzeichnis keineswegs etwa Anspruch auf Vollständigkeit erheben will. Die im Texte öfter angezogenen Werke sind hier wie dort durch eine in [ ] beigesetzte Nummer gekennzeichnet. Im Literaturverzeichnisse nicht angeführt sind ferner die für Verweise des vorliegenden Berichtes in Betracht kommenden früheren Artikel der *Encyklopädie*, deren wichtigste in der nachfolgenden „Vorbemerkung" angegeben sind. Die Zitate der verschiedenen Encyklopädieartikel erfolgen in der innerhalb der Encyklopädie üblichen Form durch Angabe der Band- und Artikelnummer der betreffenden Berichte.

J. M. Burgers [1], Het Atoommodel van Rutherford-Bohr, Diss. Leiden, Haarlem 1918 (Loosjes).
K. Fajans, Radioaktivität und die neueste Entwicklung der Lehre von den chemischen Elementen, 4. Auflage, Braunschweig 1923 (Vieweg).
W. Gerlach [1], Die experimentellen Grundlagen der Quantentheorie, Braunschweig 1921 (Vieweg).
A. Landé, Fortschritte der Quantentheorie, Dresden 1922 (Steinkopff).
A. March, Theorie der Strahlung und der Quanten, Leipzig 1919 (Barth).
M. Planck [1].
P. Pringsheim, Fluoreszenz und Phosphoreszenz im Lichte der neueren Atomtheorie, Berlin 1921 (Springer), 2. Auflage 1924.
F. Reiche, Die Quantentheorie, Berlin 1921 (Springer).
A. Sommerfeld [1], Atombau und Spektrallinien, Braunschweig 1919 (Vieweg), 3., stark veränderte und vermehrte Auflage 1922; jüngst 4. Auflage 1924.

Bezeichnungen.

1. Makroskopische bzw. makroskopisch-statistische Größen.

E Energie des warmen Körpers (Gas, Festkörper oder Hohlraumstrahlung)
V Volumen.
$\mathfrak{p}$ Druck.
a^* äußere *makroskopische* Parameter.
A äußere Kraft.
ϑ empirische Temperatur.
T absolute Temperatur.
c_{V} spezifische Wärme bei konstantem Volumen.
$\delta \mathsf{Q}$ *reversibel**) zugeführte Wärmemenge.
S Entropie.
Ψ *Planck*sche Wärmefunktion.
F Freie Energie.
$\varrho(\nu, T)$ Strahlungsdichte für die Frequenz ν.
$k = 1{,}372 \cdot 10^{-16}$ erg/grad *Boltzmann-Planck*sche Konstante.

2. Statistische Größen.

N Anzahl der Moleküle (bzw. Atome, Eigenschwingungen, Teilsysteme) in V.
Γ-Raum = Phasenraum des statistischen *Gesamt*systems.
μ-Raum = Phasenraum des Einzelmoleküls.
$N_{L,l}$ Anzahl der Molekülphasenpunkte in der l^{ten} μ-Raum-Zelle bei der individuellen *Zustandsverteilung* Z_L.
Ω Volumen einer μ-Raum-Zelle.
$R(\mathsf{Z}_L)$ Anzahl der Realisierungsmöglichkeiten (29) von Z_L.

---

*) Man vgl. hierzu etwa Nr. 37 im II. Bande des im Literaturverzeichnisse angeführten Werkes von *Cl. Schaefer.*

$\mathbf{R} = \sum_{L=1}^{L^*} R(\mathbf{Z}_L)$ Summe der Realisierungsmöglichkeiten *aller* denkbaren $\mathbf{Z}_L$.

N_l Anzahl der Moleküle in der l^{ten} μ-Zelle bei Wärmegleichgewicht [*Boltzmannsche Verteilung*, (41), (105)].

$g(q_k, p_k, a^*) = g(I_r)$ Gewichtsfunktiou der Moleküle.

$f(\zeta, a)$ Verteilungsfunktion der Moleküle bzw. der statistischen Teilsysteme.

$F(\zeta, a)$, $F(T, a)$ Verteilungsfunktion des Gases bzw. warmen Körpers.

$\overline{\overline{\varphi}}$ räumlich-zeitlicher Mittelwert der Phasenfunktion $\varphi(q_k, p_k, a^*)$ des Einzelmoleküls, genommen über das ganze Gas.

$\mathbf{M}(\mathbf{V}, \vartheta)$, $\mathbf{M}(\mathbf{V}, T)$ *Maxwell-Boltzmann*scher Verteilungsfaktor (49) der Molekültranslation.

3. Molekulare Größen.

M Masse des Einzelatoms oder -moleküls.

x, y, z, p_x, p_y, p_z Cartesische Schwerpunktskoordinaten und Impulse des Atomsystems.

q_k, p_k $(k = 1, 2, \ldots, s)$ generalisierte, kanonisch konjugierte Koordinaten und Impulse der inneren Bewegung von s Freiheitsgraden (einschließlich der Molekülrotation).

a molekulare oder makroskopische Parameter.

t Zeit, β_1 willkürliche Konstante des Zeitintegrals der Bewegungsgleichungen.

$w_r = \omega_r \cdot t + \delta_r$; I_r $(r = 1, 2, \ldots, u)$ kanonisch konjugierte Uniformisierungsvariable („Winkelkoordinaten" und „Wirkungsvariable") für u-fach periodische Bewegungen (u „Periodizitätsgrad").

E_t, v Translationsenergie und -geschwindigkeit.

$\mathfrak{J}$ Translationsimpuls-Vektor.

$\mathfrak{D}$ Drehimpuls-Vektor.

$E(q_k, p_k, a) = E(I_r, a) = \alpha_1$ innere Energie des Atomsystems.

α_i, β_i $(i = 1, 2, \ldots, s)$ willkürliche Integrationskonstanten der Bewegungsgleichungen.

$\overline{\varphi(q_k, p_k, a)}$ Zeitmittelwert der Phasenfunktion $\varphi(q_k, p_k, a)$.

ω Bewegungsfrequenzen, ω_r „Grundschwingungszahlen".

ν Strahlungsfrequenzen.

n, k Quantenzahlen.

$E_n, I_n, g_n, \ldots$ Quantenwerte von Energie, Wirkungsvariablen, Gewichtsfunktion usw.

n', n'' Quantenzahlwerte vor bzw. nach Eintritt eines Quantenüberganges.

4. Universelle Konstanten.

$c = 2{,}99 \cdot 10^{10}$ cm/sec Lichtgeschwindigkeit.

$e = 4{,}774 \cdot 10^{-10}$ el.-st. Einh. Elektronen- bzw. Protonenladung, Elementarquantum der Elektrizität.

$m = 0{,}899 \cdot 10^{-27}$ g Ruhmasse des Elektrons.

$m' = 1{,}649 \cdot 10^{-24}$ g Ruhmasse des Protons.

$h = 6{,}54 \cdot 10^{-27}$ erg.sec *Planck*sches elementares Wirkungsquantum.

Vorbemerkung. Die Aufstellung des *Planckschen Strahlungsgesetzes* um die Jahrhundertwende bedeutet den Beginn einer einzigartigen Krise in der theoretischen Physik, deren Beendigung wir auch heute noch nicht vorauszusehen vermögen. Die Anfänge ihrer Frucht, der *Quantentheorie*, finden sich diesem Ausgangspunkte gemäß in V 23: *Theorie der Strahlung* von *W. Wien* behandelt, welche Darstellung dem eigentlichen Thema des vorliegenden Artikels historisch daher am nächsten steht. Die neuere Entwicklung hingegen, gekennzeichnet durch die Namen *Einstein*, *Bohr*, *Sommerfeld*, hat die Quantentheorie im wesentlichen immer deutlicher zu einer *Theorie der Materie* fortgebildet; als Inbegriff *molekularer Gesetzmäßigkeiten* ist sie dadurch nicht nur in Beziehung zu den *makroskopischen Gesetzen der gesamten klassischen**) *Physik* getreten, sondern hat auch — worauf es hier allerdings nicht ankommen wird — in mancherlei Hinsicht die *Chemie* der Physik tributpflichtig gemacht.

Die Auffassung, daß in der Quantentheorie im wesentlichen eine Theorie der Materie zu erblicken sei, legt den Versuch nahe, die allgemeinen quantentheoretischen Gesetzmäßigkeiten als jene Bedingungen hinzustellen, welchen *Atome* und *Moleküle* in ihrer Vielheit als gemeinsame Träger der makroskopischen mechanischen *und* elektrodynamischen Erscheinungen zu genügen haben. Es ist klar, daß nur die Methoden der *statistischen Physik* berufen sein können, eine derartige Brücke zwischen den *klassischen* und den *Quantengesetzen* zu schlagen. Von einer solchen, lückenlosen Darstellung der *allgemeinen Grundlagen der Quantentheorie* ist man gegenwärtig zwar noch ziemlich weit entfernt, namentlich was die elektrodynamischen Fragen anbetrifft. Nach der mechanischen und thermodynamischen Seite hingegen ist eine statistische Fundierung der Quantentheorie bereits in ziemlichem Umfange möglich. Da dieser Weg zugleich eine rationelle Behandlung der *Quantenstatistik* vorzubereiten gestattet, ist er in vorliegendem Berichte zum Ausgangspunkte gewählt worden.

Aus diesen Gründen wird im ersten Abschnitte die jüngste Entwicklung der *statistischen Mechanik* dargelegt, soweit sie auf rein klassischen Grundlagen beruht und als für die Quantentheorie fruchtbar angesehen werden kann. Die Darstellung dieser Entwicklung, welche grundlegend mit dem Namen *P. Ehrenfests* verknüpft ist, kann darum in vieler Hinsicht als Ergänzung und Fortsetzung von IV 32: *Begriffliche Grundlagen der statistischen Auffassung in der Mechanik*

*) Die Bezeichnung „*klassisch*" wird hier wie im folgenden *stets im Gegensatz zu „quantentheoretisch"* benutzt, so daß in diesem Zusammenhange z. B. auch die Relativitätstheorie zur „klassischen Physik" gerechnet wird.

von *P.* und *T. Ehrenfest* angesehen werden. In diesen Abschnitt geht ferner ein Teil jener Entwicklungen der *höheren Dynamik* ein (IV 11 und 12, *P. Stäckel*, VI 2, 12, *E. T. Whittaker*), welche von den einzelnen Autoren meist im Zusammenhang mit speziellen Quantenproblemen behandelt worden sind. Nachdem die *Quantenstatistik* soweit geführt ist, als dies ohne Kenntnis der feineren Quantengesetze des Atombaues tunlich erscheint, wird im zweiten Abschnitte eine möglichst deduktive Darstellung der *grundlegenden quantentheoretischen Gesichtspunkte* zu geben versucht und über *deren Anwendungsgebiet* sowie über die *Stellungnahme der Quantentheorie zu den Strahlungsfragen* berichtet. Da eine eingehendere quantentheoretische Behandlung der *allgemeinen spektroskopischen Gesetzmäßigkeiten* einer abgesonderten Darstellung vorbehalten war, muß bezüglich dieser Fragen auf die Berichte V 26 von *C. Runge* und V 27 von *A. Kratzer* verwiesen werden. Der Schlußabschnitt endlich ist einer Reihe von Anwendungen gewisser im zweiten Teile gewonnener Erkenntnisse auf die Quantenstatistik gewidmet. Da die *Quantentheorie des festen Aggregatzustandes* bereits in V 25 durch *M. Born* eine selbständige Behandlung erfahren hat, beschränken sich diese Anwendungen zunächst auf *thermische Eigenschaften der Gase;* die anschließende quantenstatistische Untersuchung der *chemischen Gleichgewichte* und der *quantenstatistischen Bedeutung des Nernstschen Wärmetheorems* besitzt gewisse Berührungspunkte mit der Behandlung dieser Fragen durch *K. F. Herzfeld* in seinem Berichte V 11, *Physikalische und Elektrochemie.*

I. Die Entwicklung der klassischen statistischen Mechanik zur Quantenstatistik.

1. Einleitung. Allgemeine Richtlinien. Die Aufgabe der *physikalischen Statistik* besteht darin, die *molekularen* Gesetzmäßigkeiten mit den *makroskopischen* zu verknüpfen. Der Übergang von den ungeheuer vielen Gleichungen der molekularen Vorgänge zu den wenigen bekannten phänomenologischen Gesetzen wird dabei durch *Mittelbildungen* über die molekularen Zustandsveränderlichen vollzogen[1]), so daß die

1) Unter gewissen, allerdings wesentlich von Annäherungen besonderer Art Gebrauch machenden Voraussetzungen können die phänomenologischen Gesetze mit *Hilbert* auch als Bedingungen dafür aufgefaßt werden, daß die Gleichungen der Molekularvorgänge auflösbar sind; sie erscheinen dann als Eliminationsresultat dieser Gleichungen. Vgl. die *Hilbertsche Gastheorie, D. Hilbert,* Grundzüge einer allgemeinen Theorie der linearen Integralgleichungen, Leipzig 1912, sowie die Einleitung zu *M. Born,* Dynamik der Kristallgitter, Leipzig 1915.

Die Frage nach der *Bestimmtheit* makroskopischer Prozesse auf Grund der Molekulartheorien behandelt *T. Ehrenfest-Afanassjewa,* Versl. Akad. Amsterdam 26 (1917), p. 1088; vgl. ferner IV 32, Nr. 15.

phänomenologischen, direkt meßbaren Größen, ihrer experimentellen Bedeutung nach, als *zeitliche* oder *zeitlich-räumliche Mittelwerte* aufzufassen und darzustellen sind. Die Lösung dieser Aufgabe für das Gebiet der phänomenologischen *Thermodynamik* insbesondere ist einer der Hauptgegenstände der *statistischen Mechanik*. Ausgangspunkt der Betrachtung ist in jedem Falle die Aufstellung eines geeigneten *Modells* für das zugrunde gelegte physikalische System, welches formal den Bedingungen des oben angedeuteten Überganges zu genügen hat. Nun ist klar, daß es viele derartige Modelle geben kann, deren Anwendung auf die wirklichen Körper versagt oder nur innerhalb beschränkter Grenzen erfolgreich ist. Man wird daher trachten, das zu benutzende Modell so allgemein als möglich zu wählen, um es den speziellen Eigenschaften der wirklichen Körper gegenüber möglichst anpassungsfähig zu erhalten. Bevor wir uns aber der Behandlung des nach dem heutigen Stande der Theorie in dieser Hinsicht erfolgreichsten Modelles zuwenden, erscheint es notwendig, einen kurzen Überblick über jene Richtungen der statistischen Mechanik vorauszuschicken, welche deren neuere Entwicklung gekennzeichnet haben.

Die phänomenologische Thermodynamik fordert, daß die makroskopischen Zustandsgrößen eines warmen Körpers durch seine *Gesamtenergie* E und eine Anzahl *unabhängiger „äußerer" makroskopischer Parameter* (Volumen V, Schwere-, elektrische, magnetische Felder usw.) allein darstellbar sind, welch letztere in ihrer Gesamtheit mit dem Buchstaben a^* bezeichnet werden mögen. Das Verschwinden der zahlreichen molekularen Zustandveränderlichen aus den Ausdrücken für die makroskopischen Zustandsgrößen ist nun bisher auf folgende beide Arten erreicht worden[2]), von denen aber namentlich in der älteren Statistik meist *gleichzeitig* Gebrauch gemacht worden ist:

A. Man wählt die Differentialgleichungen, denen die Bewegung des angenommenen Modelles gehorcht, so, daß die Zeitmittelwerte der für die Thermodynamik in Betracht kommenden molekularen Zustandsfunktionen („Phasenfunktionen") nur von E und den a^* abhängen.

B. Man läßt die Natur dieser Differentialgleichungen vollständig offen, läßt die Bewegung jedoch willkürlich beliebig oft *unstetig* werden und verfügt über das Verhalten des Modells an den Unstetigkeitsstellen durch „Wahrscheinlichkeits"-Annahmen; letztere können dann mit Leichtigkeit so eingerichtet werden, daß die genannten Zeitmittelwerte auch nur wieder E und die a^* enthalten. — Diesen letzteren Weg hat von Anfang an besonders die *kinetische Gastheorie* entwickelt[3]),

2) Vgl. *A. Smekal,* Monatsh. Math. Phys. 32 (1922), p. 245.

3) Vgl. IV 32, Nr. 1.

wobei die „Zusammenstöße“ mit ausreichender Genauigkeit durch derartige Bewegungs-Singularitäten ersetzt werden konnten.

Die Quasiergodenhypothese. Wie *P.* und *T. Ehrenfest* in IV 32 eingehend ausgeführt haben, liegen der älteren klassischen statistischen Mechanik teils bewußt, teils unbewußt, durchwegs Modelle zugrunde, für welche die Eigenschaft A von entscheidender Bedeutung ist; es sind dies die von *Boltzmann* und *Maxwell* vielbenutzten *ergodischen mechanischen Systeme.* Ein solches System soll im „Γ-Raume“ nur eine einzige Phasenbahn („G-Bahn“) besitzen, welche *exakt durch* jeden Phasenpunkt seiner „Energiefläche“ hindurchgeht.[4]) Die seinerzeit von *P.* und *T. Ehrenfest* geäußerten Zweifel hinsichtlich der Widerspruchslosigkeit dieser Definition haben inzwischen ihre Bestätigung gefunden: wie *Rosenthal*[5]) und *Plancherel*[6]) zeigen konnten, ist sie aus mengentheoretischen Gründen *unhaltbar.* Indessen hatten bereits *P.* und *T. Ehrenfest* in der *Quasiergodenhypothese* eine viel weniger weitgehende Annahme formuliert[7]), welche nur fordert, daß *jede* beliebige G-Bahn jedem Punkte der Energiefläche *beliebig nahe kommt.*[8]) Bei Hinzunahme einiger weiterer Einschränkungen[9]) ist sie imstande, die Ergoden-

4) Vgl. IV 32, Nr. **10a.** Betreffs der oben sowie im folgenden verwendeten Begriffe der statistischen Mechanik vergleiche man, wenn nicht anders bemerkt, ebenfalls IV 32, namentlich Nr. 9 und **12.**

5) *A. Rosenthal,* Ann. d. Phys. (4) 42 (1913), p. 796.

6) *M. Plancherel,* Ann. d. Phys. (4) 42 (1913), p. 1061.

7) IV 32, Anm. 89 a), 90).

8) Mit Rücksicht auf den *Poincaré-Carathéodoryschen Wiederkehrsatz* (vgl. *C. Carathéodory,* Berlin. Ber. 1919, p. 580) kann man dies in Strenge nur bis auf eine Punktmenge vom *Lebesgueschen Maß Null* fordern, was praktisch jedoch nicht von Belang ist.

Die Bewegungsgleichungen eines quasiergodischen Mechanismus können außer dem Energieintegral kein weiteres eindeutiges Integral besitzen.

H. A. Lorentz [1], p. 20, hat nun gegenüber der Ergoden- bzw. Quasiergodenannahme auf die Notwendigkeit einer Berücksichtigung der Existenz der Schwerpunktsintegrale hingewiesen, deren Vorhandensein (ebenso wie jenes der Flächensätze) vor allem auch erforderlich ist, um die *makroskopisch-mechanischen* Eigenschaften der betrachteten thermischen Systeme zutreffend darstellen zu können. Indessen zeigt er selbst, daß die Berücksichtigung dieses Umstandes wegen der ungeheuren Zahl der molekularen Freiheitsgrade praktisch nichts ausgibt, was bereits von *P. Hertz,* Math. Ann. 74 (1913), p. 153; vgl. p. 157, Anm. 2, angedeutet worden war. Formal läßt sich diese Schwierigkeit jedoch stets überwinden, wenn man die Quasiergodenhypothese nur auf die um die Schwerpunkts- und Flächenintegrale *reduzierte* Bewegung des Modelles bezieht. Vgl. dazu ferner gewisse Betrachtungen, die jüngst von *G. Jaffé,* Ann. d. Phys. 76 (1925), p. 680, angestellt worden sind.

9) Vgl. IV 32, Anm. 90) und 93), sowie *P. Hertz,* Statistische Mechanik in

hypothese hinsichtlich ihrer Bedeutung für die statistische Mechanik, namentlich in bezug auf die Formulierung A vollständig zu ersetzen. Daß mechanische Systeme wirklich möglich sind, bei denen Bahnkurven von quasiergodischem Typus auftreten, hat *Artin*[10]) an einem von *G. Herglotz* aufgefundenen mechanischen Problem von zwei Freiheitsgraden nachgewiesen; indessen kommt diese Eigenschaft keineswegs *sämtlichen* Bahnkurven dieses Problems zu, sondern nur einer allerdings überwiegenden Mannigfaltigkeit von ihnen.[11]) — Eine Übertragung der Quasiergodenhypothese auf die Quantenstatistik ist von *Szarvassi* vorgenommen worden.[12])

Die statistische Mechanik von P. Hertz. Die Annahme eines quasiergodischen Modelles für den warmen Körper enthält zunächst noch nichts Näheres über seine molekulare Konstitution; mit den oben erwähnten Zusatzvoraussetzungen garantiert sie bloß, daß die Zeitmittelwerte *aller*[13]) zeitlich veränderlicher Phasenfunktionen von den

Weber-Gans, Repertorium der Physik, Bd. I, 2 (Leipzig 1916), p. 436—600 („Rep."), insbesondere Nr. 250, p. 483.

10) *W. Artin,* Vortrag am Naturforschertag 1922 in Leipzig, Abh. Math. Sem. Hamburg 3 (1924), p. 170. Allerdings wird der Wiederkehrbereich (Anm. 66) der Bahnkurven des *Artin*schen Beispieles von Singularitäten begrenzt, welche die Erfüllung der in der vorigen Anmerkung zitierten Bedingungen unmöglich machen dürften. Bei Abwesenheit solcher Singularitäten sind nach *T. M. Cherry,* Trans. Cambridge Phil. Soc. 23 (2924), p. 43, quasiergodische Bahnkurven *unmöglich* (Zusatz bei der Revision).

11) Neben ∞^3 quasiergodischen Bahnkurven gibt es hier nämlich noch ∞ viele periodische und ∞^2 einfach- und doppelt-asymptotische Bahnkurven.

Neuerdings ist es *E. Fermi,* Phys. Ztschr. 24 (1923), p. 261, gelungen zu beweisen, daß jedes mechanische System, welches außer dem Energieintegral keine weiteren eindeutigen, analytischen, von der Zeit unabhängigen Integrale besitzt, unter gewissen Zusatzvoraussetzungen (daß es ein „Normalsystem" ist, vgl. Anm. 349) quasiergodische Bahnkurven haben kann; bezüglich ihrer Mannigfaltigkeit vgl. man auch *W. Urbański,* Phys. Ztschr. 25 (1924), p. 47. Auch hier gibt es stets Partikularlösungen, welche diese Eigenschaft nicht besitzen, so daß keineswegs sämtliche Bahnkurven quasiergodisch sind.

Hinsichtlich der Bedeutung, welche man den nicht-quasiergodischen Partikularlösungen beimessen kann, vgl. Anm. 165), aber auch Anm. 380).

12) *A. Szarvassi,* Denkschr. Wien Akad. 95 (1918), p. 391, auf p. 420. Vgl. dazu Anm. 184).

13) Diese Eigenschaft ist zweifellos viel zu weitgehend gegenüber den Forderungen der Thermodynamik, welche sich jedenfalls nur auf *makroskopisch beobachtbare* Zeitmittelwerte erstrecken können (vgl. die Formulierung A). Bisher liegen nur *zwei* Versuche vor, die erwähnte Unabhängigkeitsforderung bloß für *bestimmte* Zeitmittelwerte zu klären. *J. Kroo,* Bull. Acad. Cracovie (A) 1913, p. 548, diskutiert so das Zeitmittel der kinetischen Energie, *A. Smekal,* Wien. Ber. 126 [II a] (1917), p. 1515, §§ 5—7, die Bedingungen für das Zustandekommen des Gleichverteilungssatzes der kinetischen Energie. — Keine *allgemeine*

willkürlichen Integrationskonstanten der Bewegung, abgesehen von der Gesamtenergie E, unabhängig werden. Dies ist ein *mechanisches*, bzw. ein *Problem der Theorie der Differentialgleichungen*, ebenso wie die Berechnung dieser Zeitmittelwerte als Funktion von E und a^* selbst, welches u. a. mit Notwendigkeit zum *Gleichverteilungssatze der kinetischen Energie* führt.[14])

Diese Ergebnisse reichen indessen nicht hin, um die kinetisch-statistische Bedeutung der Temperatur sowie aller übrigen mit dem II. Hauptsatze der Thermodynamik zusammenhängenden Fragen klarzustellen. Setzt man, wie wir dies hier zunächst getan haben, die Annahme eines quasiergodischen Modelles voran, so läßt sich dies erst auf dem Wege einer Zerlegung des ganzen Systems in *Teilsysteme* erreichen, ohne daß es wesentlich wäre, hierbei bis auf die einzelnen Moleküle und Atome zurückzugehen. Das Verdienst, diesen sehr beachtenswerten Weg konsequent verfolgt und ausgebaut zu haben, gebührt *P. Hertz*.[15]) Für jene Art der Statistik, die wir heute grundsätzlich als alleinberechtigt ansehen müssen, die *Quantenstatistik*, vermag dieser Weg jedoch kaum Nennenswertes zu leisten, wie schon der Hinweis darauf zeigt, daß die Quasiergodenhypothese bereits unabhängig von jeder spezielleren Modellvorstellung unweigerlich den Gleichverteilungssatz zur Folge hat.

Behandlung scheint jedoch bisher in der Literatur die Hauptfrage gefunden zu haben, für welche Arten von *Hamilton*schen Bewegungsgleichungen zeitfreie Integrale existieren, *die von* E *und den* a^* *allein abhängen und sich unendlich langsamen, umkehrbar erfolgenden Parameterverschiebungen gegenüber invariant verhalten* — wie es die makroskopische Thermodynamik von der *Entropie* folgert. Die Hilfsmittel zur Bearbeitung dieser Frage liegen gegenwärtig in der *Theorie der Parameterinvarianten* (Nr. **3 A**) bereit, welche vielleicht eine restlose Beantwortung und damit auch eine Entscheidung über die Brauchbarkeit von Modellen der Beschaffenheit *A* überhaupt, ermöglichen wird. Bisher ist die *Existenz* derartiger Integrale nur für *rein periodische* (*Boltzmann, Clausius*), *monozyklische* (*Helmholtz*) und *quasiergodische Systeme* (*P. Hertz*) sichergestellt [vgl. Anm. 48) und 114)]; ihre *Nichtexistenz* für *bedingt periodische Systeme* (vgl. Nr. **15a**) wurde von *Boltzmann* in Spezialfällen bereits vermutet, ist aber erst jüngst auf Grund gewisser Ergebnisse von *Burgers* (s. Anm. 71) beweisbar geworden. Daß rein periodische und monozyklische Systeme keine brauchbaren Modelle warmer Körper zu liefern vermögen, ist von Anfang an keinerlei besonderen Zweifeln begegnet. Vgl. zu diesen Fragen seither die Darstellung bei *A. Smekal*, Molekulare und statistische Theorie der Wärme, im Handbuch der Physik, herausgegeben von *H. Geiger* und *K. Scheel*, Bd. 9, Berlin, Springer 1926 (im Erscheinen).

14) Vgl. *P. Hertz*, Rep. l. c. Anm. 9), Nr. 250—255; *A. Smekal*, l. c. Anm. 13, § 2, ferner unten, Nr. **7a**.

15) *P. Hertz*, Rep. l. c. Anm. 9), ferner Ergebn. d. exakt. Naturwiss. 1 (1922), p. 60. Für die Wechselwirkungen der Teilsysteme muß dann wesentlich von einer Annahme der Art B Gebrauch gemacht werden.

Die neueste Entwicklung der „gastheoretischen" Richtung. Die übrige Entwicklung der statistischen Mechanik während der letzten zehn Jahre hat darum auch im wesentlichen den alten Weg von *Boltzmann* und *Maxwell* weitergeführt, den sie allerdings wesentlich vertieft und erweitert: sie geht wieder direkt von der molekularen Konstitution der Materie aus. Wie in der *kinetischen Gastheorie* (V 8, *L. Boltzmann* und *J. Nabl*) wird der warme Körper aus einer Vielheit *gleichbeschaffener Moleküle* aufgebaut gedacht, die, besonders ausgesprochen im *Gase*, als Modell von der Art B zusammenwirken; diese Moleküle sind jedoch nicht mehr Massenpunkte oder starie Körper, vielmehr wird der Einfluß ihres *Feinbaues* und der *Ungleichwertigkeit ihrer Freiheitsgrade*[16]) weitestgehend berücksichtigt (z. B. Nr. **24**). Auch die „Wahrscheinlichkeits"-Annahmen sind nicht mehr die alten *„Gleichmöglichkeits"-Behauptungen*; an ihre Stelle treten zunächst unbestimmt bleibende *Ansätze* über relative Häufigkeiten (Nr. **3, 4**), die hinterher aus der Erfahrung direkt bestimmbar werden und so zu den Grundannahmen der *Quantentheorie* führen (Nr. **9**).

Allerdings haben *P.* und *T. Ehrenfest* mit allem Nachdruck darauf hinweisen müssen, daß die statistische Mechanik bis 1911 zumindest an *einer* Stelle von der bedenklichen Ergodenhypothese Gebrauch zu machen genötigt war: zur Rechtfertigung der *Gleichsetzung* von *räumlichen* und *zeitlichen* Mittelwerten.[17]) Wenngleich nach dem Obigen an Stelle der Ergodenhypothese nunmehr die Quasiergodenhypothese gesetzt werden konnte, so war dies zunächst nur durch einen Verzicht auf eine ausdrückliche Rechtfertigung der angedeuteten Verallgemeinerungen möglich — eine von fast allen Autoren vollständig ignorierte Schwierigkeit. Erst *Szarvassi*[12]) hat durch Einführung *„ergozonaler"* Systemgesamtheiten diese Lücke mit Bewußtsein auszufüllen gesucht, bis *v. Mises*[18]) einen wahrscheinlichkeitstheoretischen Weg angegeben hat, durch den die Verwendung der Quasiergodenhypothese oder einer anderen Annahme vom Typus A an dieser Stelle überhaupt entbehrlich gemacht worden ist (Nr. **4**). Damit ist die statistische Mechanik auch von einer teilweisen Benützung eines Modells der Art A vollständig gereinigt, soweit man nicht eine solche Voraussetzung, wie z. B. für die Translationsbewegung nicht-entarteter Gase (Nr. **3**), aus praktischen Gründen als innerhalb bestimmter Grenzen brauchbare Annahme bewußt festhalten will.

Da der modernen Behandlung der *Atomtheorie des festen Zustandes (Dynamik der Kristallgitter)* durch *M. Born* in V 25 eine selbständige,

16) Vgl. IV 32, Nr. **29**.

17) Vgl. IV 32, Nr. **11—13**.

18) *R. v. Mises,* Phys. Ztschr. 21 (1920), p. 225, 256.

eingehende Darstellung zuteil geworden ist, braucht auf die von ihr dargebotenen statistischen Probleme nur hinsichtlich einiger grundsätzlicher Fragen, und dies erst an späterer Stelle (Nr. 6b), eingegangen zu werden. Tragfähige Grundlagen für eine allgemeine molekularstatistische Theorie des *flüssigen Aggregatzustandes* sind bis heute noch nicht aufgestellt worden. So bleibt für das Weitere zunächst nur die statistische Behandlung von *Gasmodellen* übrig, deren möglichst allgemein gehaltener Darstellung wir uns nunmehr zuwenden. Wir betrachten hierbei einstweilen nur chemisch einheitliche Gase von ein- oder mehratomigen Molekülen, oder Gasgemische, deren Komponenten miteinander nicht chemisch reagieren. Die allgemeine Theorie der Dissoziationsgleichgewichte wird erst in Nr. 25 behandelt.

2. „Mechanische“ Eigenschaften des Gasmodells. Das Gas, bzw. jede Komponente eines Gasgemisches, bestehe aus N untereinander gleichartigen Molekülen. Jedes Molekül werde als beliebig kompliziert gebautes Gebilde angesehen, dessen genauere Struktur (Nr. **13**) wir hier noch offen lassen, eventuell sogar direkt als unbekannt auffassen können. Vorausgesetzt sei nur, daß die auf seinen ruhenden Massenschwerpunkt bezogene oder „innere“, von veränderlich äußeren Kräften ungestörte Bewegung (einschließlich der Rotation) durch ein System von s totalen Differentialgleichungen von zweiter Ordnung nach der Zeit t beschrieben werden kann, in denen außer Funktionen von s unabhängigen *Koordinaten* (und unter gewissen Umständen auch von t), nur noch die in Nr. **1** erwähnten, im allgemeinen konstanten äußeren *Parameter* a^* vorkommen. Ein solches System von Differentialgleichungen[19]) läßt sich dann auf die Form von $2s$ „kanonischen“ Differentialgleichungen nach Art der *Hamiltonschen kanonischen Differentialgleichungen der Mechanik* bringen, welche nunmehr zwei Reihen voneinander unabhängiger Veränderlicher, die s *Koordinaten* q_k und s dazu *kanonisch konjugierte Impulse* p_k $(k = 1, 2, \ldots, s)$ enthalten:

$$(1) \qquad \frac{dq_k}{dt} = \frac{\partial H}{\partial p_k}, \qquad \frac{dp_k}{dt} = -\frac{\partial H}{\partial q_k} \qquad (k = 1, 2, \ldots, s).$$

Dann sei $H(q_k, p_k, a^*)$ wie in der Mechanik als *Hamiltonsche Funktion* bezeichnet, s als Anzahl der „inneren“ Freiheitsgrade[20]); H fällt meist mit der Gesamtenergie $E(q_k, p_k, a^*)$, der inneren Energie des Moleküls, zusammen.

19) Aber auch wesentlich allgemeinere Systeme von Differentialgleichungen. Vgl. z. B. *E. T. Whittaker*, Analytical Dynamics, 2. Aufl. Cambridge 1917, Nr. 110, p. 265/267. Im allgemeinen muß dazu vorausgesetzt werden, daß die Bewegungsgleichungen aus einem Variationsprinzipe ableitbar sind.

20) Die Wahl der Bezeichnungen hat hier etwas anders erfolgen müssen als beispielsweise in IV 32. Vgl. die Übersicht über die Bezeichnungsweise am Eingang dieses Berichtes.

Diese kanonischen Bewegungsgleichungen heißen im engeren Sinne des Wortes „mechanische“, wenn das Molekül z. B. aus $\frac{s}{3}+1$ Massenpunkten bestünde, zwischen denen *Newtonsche* Anziehungskräfte wirkten (Mehrkörperproblem). In Übereinstimmung mit der Bezeichnung: statistische *Mechanik* sei diese Terminologie innerhalb des vorliegenden Abschnittes auch noch dann festgehalten, wenn der Aufbau des Moleküls wesentlich auf *elektrodynamische* Weise gedacht ist, wie beim *Bohr-Rutherfordschen Atommodell* (Nr. **13**).[21]) Die Berechtigung oder Notwendigkeit der Wahl obiger Differentialgleichungen für die innere Bewegung der Moleküle ist übrigens keineswegs direkt nachweisbar; sie wird aber in hohem Maße nahegelegt durch den Umstand, daß in der gesamten makroskopischen Physik höhere als die zweiten Differentialquotienten der Koordinaten nach der Zeit keine selbständige Rolle spielen.[22])

Bezeichnen x, y, z die kartesischen Koordinaten des Massenschwerpunktes, p_x, p_y, p_z die dazugehörigen Impulse und M die Gesamtmasse des Moleküls, so besteht seine Translationsenergie $E_t(x, y, z, p_x, p_y, p_z, a^*)$ aus der von den Impulsen allein abhängigen kinetischen Energie

$$\frac{1}{2M}\cdot(p_x^2+p_y^2+p_z^2), \tag{2}$$

zu der allenfalls eine von den vorhandenen äußeren Parametern abhängige potentielle Energie $\Phi(x, y, z, a^*)$ hinzukommen kann.[23])

Der Momentanzustand eines Moleküls ist demnach durch die $2\cdot(s+3)=2\cdot r$ Größen q_k, p_k $(k=1,2,\ldots s)$, x, y, z, p_x, p_y, p_z, — seine „Phasen“ — vollständig bestimmt; die während seiner freien Bewegung unveränderliche Gesamtenergie ist $E(q_k, p_k, a^*)+E_t(p_x, p_y, p_z, x, y, z, a^*)$.

21) Dies muß deswegen besonders betont werden, weil zahlreiche Autoren von der makroskopischen Physik her nur alles das als „mechanisch“ zu bezeichnen scheinen, was „nicht“ „elektrisch“ ist. Vgl. auch Anm. 246).

22) Man wird diesen Standpunkt daher jedenfalls so lange beizubehalten haben, als seine Unzulänglichkeit nicht nachgewiesen ist, wovon gegenwärtig noch keine Rede sein kann. Er ist übrigens keineswegs wesentlich für die nachfolgende Entwicklung der statistischen Mechanik, welche noch ganz bedeutend allgemeinere Ansätze zuließe; hingegen könnten derartige Verallgemeinerungen für die Quantentheorie von Interesse werden. S. Nr. **14**, **16b**.

23) Von dem quantitativ nur höchst selten in Betracht kommenden Falle, daß Φ auch von der „inneren“ Bewegung des Moleküls abhängt, sehen wir im folgenden der Einfachheit halber ab, ebenso wie auch stets $\Phi=0$ gesetzt werden soll, da z. B. der Fall des Gases im Schwerefelde innerhalb der gewöhnlichen Darstellungen der kinetischen Gastheorie behandelt werden kann und *hier* keine neuen Gesichtspunkte liefert. Desgleichen muß hinsichtlich der üblichen Auffassung des Verhaltens der Moleküle in der Nähe von Gefäßwänden auf jene Darstellungen verwiesen werden.

Man kann die Bewegung des einzelnen Moleküls daher in einem $2r$-dimensionalen *Ehrenfestschen* μ-*Raum*[24]) abbilden, in dem alle seine Phasen als Koordinaten aufgefaßt werden.

Bezüglich der Gesamtheit von N Molekülen der obigen Beschaffenheit endlich setzen wir voraus, daß sie sich in einem geschlossenen Gefäße vom Volumen **V** befinden (ebenso von den sämtlichen Komponenten des Gasgemisches). Der Einfachheit halber vernachlässigen wir hier sowohl das endliche Volumen der Moleküle gegenüber **V** als auch ihre wechselseitigen Beeinflussungen.[25]) Indessen sollen die Moleküle sich dann doch nicht so vollständig unabhängig voneinander bewegen, als wie wenn jedem Einzelmolekül ein Raumgebiet **V** für sich allein zur Verfügung stünde. Während einer fortlaufenden Reihe von im übrigen ganz „zufällig" aufeinanderfolgenden Zeitpunkten sollen sich die Momentanwerte der Phasen eines oder mehrerer Moleküle des Gases „unstetig" um beliebige endliche Beträge ändern können (s. Nr. **1**, Annahme B): *dies* also die Wirkung, welche wir dem gleichzeitigen Vorhandensein der N Moleküle in **V** zuschreiben. In der *kinetischen Gastheorie* werden die „Zusammenstöße" durch derartige Un-

---

24) Vgl. IV 32, Nr. **12a**.

25) Bezüglich der Berücksichtigung dieser Punkte vgl. Anm. 104) und Nr. **17** sowie Nr. **19** und **24c**, wo auch die Fragen der Gasentartung berührt werden. — Über die Dimensionen der Moleküle, Atome und Ionen, sowie die Methoden zu ihrer Bestimmung vgl. den zusammenfassenden Bericht von *K. F. Herzfeld*, Jahrb. d. Rad. 19 (1923), p. 259.

Die Größenordnung der zwischenmolekularen elektrischen Felder ist von *P. Debye*, Phys. Ztschr. 20 (1919), p. 160, auf Grund des *Bohr-Rutherford*schen Atommodells abgeschätzt worden, die genaue Rechnung hat *J. Holtsmark*, Phys. Ztschr. 20 (1919), p. 162; Ann. d. Phys. 58 (1919), p. 577; Phys. Ztschr. 25 (1924), p. 73, ausgeführt und auf das Problem der Verbreiterung der Spektrallinien angewendet [vgl. dazu auch Nr. **16b**, Anm. 333) und 375)].

Der elektrische Ursprung der *van der Waalsschen Kohäsionskräfte* ist ebenfalls von *P. Debye*, Phys. Ztschr. 21 (1920), p. 179, aufgeklärt worden, Phys. Ztschr. 22 (1921), p. 302 auch jener der bei großer Annäherung zweier Molekeln geweckten abstoßenden Kräfte. Vgl. dazu ferner *W. H. Keesom*, Phys. Ztschr. 22 (1921), p. 129, 643; 23 (1922), p. 225; *F. Zwicky*, Phys. Ztschr. 22 (1921), p. 449; *H. Falkenhagen*, Diss. Göttingen 1920; Phys. Ztschr. 23 (1922), p. 87; *O. Klein*, Fysisk Tidsskrift 20 (1922), p. 127.

Unabhängig von den modernen atomelektrischen Fragestellungen haben *S. Chapman* und *D. Enskog* in weiterer Verfolgung der klassischen Arbeiten von *Boltzmann* und *Maxwell* die kinetische Theorie der Vorgänge in „mäßig verdünnten" Gasen behandelt. Literaturangaben bei *D. Enskog*, Diss. Upsala 1917, Ark. f. Math. Astr. och Fys. 16 (1921), Nr. 16; K. Svenska Vet. Handl. 63 (1922), Nr. 4. Betreffs der älteren Literatur s. V 9 (*L. Boltzmann* und *J. Nabl*), insbesondere Nr. **22—25**, **29**, **30**, sowie V 10 (*H. Kammerlingh Onnes* und *W. H. Keesom*).

stetigkeitsansätze approximiert.[26]) Man muß dann annehmen, daß die Moleküldimensionen auch gegenüber den „mittleren freien Weglängen" vernachlässigbar klein sind; in der Tat beträgt dieses Verhältnis unter normalen Umständen 10^{-3} und wird bei hoch verdünnten Gasen noch wesentlich kleiner. Von der gleichen Größenordnung ist dann auch das Verhältnis der im Mittel während beliebiger Beobachtungsdauern als Summe der „Stoßdauern" vernachlässigten Zeiten gegenüber diesen Beobachtungsdauern selbst. Es empfiehlt sich aber, für das Folgende von dieser speziellen physikalischen Rechtfertigung der eingeführten Unstetigkeiten einstweilen abzusehen, da sie für die formale Entwicklung der statistischen Mechanik belanglos ist; dies wird uns zugleich ermöglichen, den Fall der Wechselwirkungen der Gasmoleküle mit dem sie umgebenden Strahlungsfelde unter einem zu erledigen. — Wie man sieht, haben die gemachten Annahmen zur Folge, daß die Gesamtenergie E des Gases in jedem Augenblicke durch die *Summe* der Energien der einzelnen Moleküle gegeben ist; während die letzteren an den Unstetigkeitsstellen sich um beliebige Beträge verändern können, bleibt E dauernd konstant.[27])

3. Die Struktur des Molekülphasenraumes. „Räumliche" a priori-Häufigkeitseigenschaften des Gasmodells. Um das Verhalten des Gasmodells an den Unstetigkeitsstellen seiner Bewegung näher zu kennzeichnen, ist es erforderlich, die Bewegung selbst geeignet beschreiben zu können. Die ältere statistische Mechanik verwendet hierzu meist abwechselnd den Γ-Raum und den μ-Raum. Ersterer kommt für uns

---

26) Nach *v. Mises,* Phys. Ztschr. 21 (1920), p. 225, 256, liegt die genauere Rechtfertigung hierfür darin, daß Bewegungszustände zweier Moleküle vor dem Stoße, die nur „unendlich" wenig voneinander verschieden sind, *endlich große* Unterschiede der Bewegungen der beiden Moleküle nach dem Stoße zur Folge haben können. (Wenn z. B. die beiden Moleküle geradlinig aufeinander losfliegen, so kann jedes von ihnen durch den Zusammenstoß entweder „rechts" oder „links" aus seiner ursprünglichen Bewegungsrichtung abgelenkt werden, je nachdem, ob diese um „unendlich" wenig nach rechts oder links von der Verbindungslinie der beiden Molekülschwerpunkte abgewichen war.) Der Umstand, daß es sich hier um eine Äußerung *tatsächlich vorhandener Bewegungssingularitäten* (*exakt* zentrales Aufeinanderlosfliegen der Moleküle) handelt, rechtfertigt es auch und zwingt sogar dazu, für das physikalische Geschehen in der Umgebung einer solchen Stelle *Häufigkeitsansätze* („Wahrscheinlichkeitsannahmen") einzuführen (Nr. **3** und **4**) und so die unmittelbar-kausale Determination der Mechanik durch die mehr mittelbare der Wahrscheinlichkeitsgesetze zu *ergänzen.* Das gleiche gilt naturgemäß auch für die „Umgebung" der Singularitäten beliebiger *nicht-mechanischer* Vorgänge.

27) Betreffs der Schwankungen, die E infolge des thermischen Kontaktes des Gases mit seiner Umgebung in Wirklichkeit dauernd mitmacht, vgl. Nr. **7b**.

hier jedoch nicht notwendig in Betracht, da von einer Annahme vom Typus A (Nr. 1) nicht Gebrauch gemacht werden soll; seine Benutzung wird jedoch unerläßlich im Falle der Untersuchung von Dissoziationsgleichgewichten (Nr. 25). Der μ-Raum gestattet hingegen in bequemer Weise die hier festgehaltene Unveränderlichkeit und Gleichartigkeit der Moleküle zur Geltung zu bringen.

(I) Die ältere klassische statistische Mechanik teilt den μ-Raum in „sehr kleine aber endliche" und untereinander gleich große Zellen (oder „Elementargebiete der Wahrscheinlichkeit") ein, deren Form im übrigen beliebig und daher z. B. parallelepipedisch sein kann. Werden die Phasenpunkte sämtlicher N Moleküle zu einem bestimmten Zeitpunkt t in diesen μ-Raum eingetragen gedacht, so werden sich in jeder der fortlaufend mit $1, 2, \ldots, l, \ldots$ numerierten Zellen bestimmte Anzahlen $N_{L,1}, N_{L,2}, \ldots, N_{L,l}, \ldots$ solcher Punkte vorfinden. Die Gesamtheit der Zahlen $N_{L,l}$ stellt eine bestimmte Verteilung der N Molekülbildpunkte über die Zellen dar und heißt die *Zustandsverteilung* $\mathbf{Z}_L$ der Moleküle zur Zeit t.[28]) Als Maß für die „Wahrscheinlichkeit" einer solchen Zustandsverteilung wird dann — besonders seit dem systematischen Gebrauch, den *Planck* von dieser Größe gemacht hat[29]) — die Anzahl sämtlicher *individueller* Realisierungsmöglichkeiten oder *Komplexionen* von $\mathbf{Z}_L$,

$$\frac{N!}{N_{L,1}!\, N_{L,2}! \ldots N_{L,l}! \ldots}, \tag{3}$$

angesehen. Um diese kombinatorische Größe zu berechnen, wird angenommen:

(a_I) daß alle innerhalb der gleichen Zelle befindlichen „Moleküle" physikalisch als hinreichend gleichwertig gelten können und daher untereinander vertauschbar, Moleküle verschiedener Zellen aber nicht vertauschbar sind,

(b_I) daß die Aufenthalte jedes Moleküls in gleich großen Zellen a priori als gleichhäufig anzusehen sind. —

Die Annahme (b_I) kann in der älteren Theorie mittels der *Ergoden- oder Quasiergodenhypothese* unter Berufung auf den *Liouvilleschen Satz* gerechtfertigt werden, der zugleich die Veranlassung zur Wahl *gleich großer* Zellen gibt. (a_I) pflegt hingegen keine nähere Begründung zu erhalten und steht anscheinend in befremdlichem Gegensatze zu der Willkürlichkeit, die nach Obigem hinsichtlich der *Größe des Volumens* Ω

28) Vgl. IV 32, Nr. **12a**.

29) *M. Planck* [1] nennt sie wenig glücklich „thermodynamische Wahrscheinlichkeit"; sie ist identisch mit *Ehrenfests* $P(\mathbf{Z})$, vgl. IV 32, Gl. (36).

der gewählten Zellen übrigbleibt. Indessen sieht man leicht, daß auch hier die Ergoden- oder Quasiergodenhypothese, die ja grundsätzlich keinen Punkt des Γ- und μ-Raumes[30]) vor einem anderen auszeichnet, eine wesentliche Rolle spielt: Man braucht etwa nur dafür zu sorgen, daß jeder Verkleinerung von Ω eine Zunahme von N parallel geht, so daß für $\Omega \longrightarrow 0$ und gleichzeitig $N \longrightarrow \infty$ das Produkt $\Omega \cdot N$ einem endlichen, von Null verschiedenen Grenzwert zustrebt. Die Annahme (a_I) hat also für Ω von endlicher Größe eigentlich keinen Sinn und zeigt sich nur im Falle dieses Grenzüberganges hinterher gerechtfertigt, dessen Ausführbarkeit in der älteren Theorie mit Rücksicht auf die Ergoden- oder Quasiergodenhypothese nur dem Bedenken begegnen konnte, daß die Molekülzahl N eine *grundsätzlich endliche*, wenn auch ungeheure Größe darstellt. Durch wirkliche Ausführung des angedeuteten Grenzüberganges kann man daher nur zu einer *stetigen Approximation* der bei Festhalten an obiger Methodik *prinzipiell diskontinuierlichen Phasenfunktionen* $\varphi(\mathbf{Z})$ des Gases gelangen.[31]) Will man der Endlichkeit von N *schon vorher* Rechnung tragen, so darf man die Ω eine von N abhängige endliche Größe nicht unterschreiten lassen.[32])

(II) Aus dem Obigen geht hervor, daß mit dem Verzicht auf die Ergoden- oder Quasiergodenhypothese eine wesentliche Revision der

---

30) Die Annahme der Ergoden- oder Quasiergodenhypothese für das Gasmodell (Γ-Raum) zieht notwendig auch jene für das Einzelmolekül (μ-Raum) nach sich, nur daß letzteres hierbei keinen energetischen Einschränkungen zu unterliegen braucht.

31) Vgl. IV 32, Nr. **12c**.

32) Der im Vorstehenden auseinandergesetzte Sachverhalt findet sich bei *P.* und *T. Ehrenfest,* IV 32, Anm. 110), nur kurz angedeutet. Wir haben es für notwendig befunden, ihn hier so eingehend darzustellen, um die fast bei jedem Schritte wesentliche Rolle der Ergoden- oder Quasiergodenhypothese klarzustellen, welche im Nachfolgenden vollständig verlassen werden wird. Wie man sieht, bedingt hier also die *Endlichkeit von N allein* die Endlichkeit der Zellengröße, welche der quasiergodische Mechanismus *nicht* zu begründen vermag, ja, welcher er geradezu widerspricht; daher bleibt auch die nähere *Struktur der Zellen* (über die ja nur der Mechanismus des Modells etwas aussagen könnte) vollständig unbestimmt und *irrelevant.* — Bei der *Quantenstatistik* (Nr. **10**) hingegen ist es gerade der *Mechanismus des Modells,* der diese Endlichkeit und zugleich auch eine *bestimmte Zellenstruktur* festlegt, so daß der grundsätzlichen Berücksichtigung der Endlichkeit von N keine weiteren Schwierigkeiten entgegenstehen.

Der Vollständigkeit halber sei endlich auch noch darauf hingewiesen, daß Ω beim quasiergodischen Mechanismus natürlich auch nicht beliebig groß gewählt werden darf, sondern stets „sehr klein gegenüber der feinsten physikalischen Unterscheidbarkeit“ bleiben muß.

Betrachtungen und Häufigkeitsansätze für das Gasmodell im μ-Raum erforderlich wird. Da nach Nr. 2 die innere Bewegung der Moleküle vollkommen unabhängig von ihrer Translationsbewegung erfolgen soll, kann der $2r$-dimensionale μ-Raum in einen $2s$-dimensionalen für die innere Bewegung und einen 6-dimensionalen für die Translation gespalten werden, die nun nacheinander behandelt werden sollen.

Innere Bewegung. Als Grundannahme hinsichtlich der Bedeutung einer brauchbaren Zelleneinteilung des μ-Raumes muß mit Rücksicht auf (a_I) und (b_I) (s. oben) offensichtlich festgehalten werden:

(a_{II}) daß die *a priori-Häufigkeit* aller Molekülzustände, welche durch die μ-Punkte einer *bestimmten* Zelle dargestellt werden, bei unbegrenzt fortgesetzt gedachter Unterteilung *gleich groß* wird, damit von ihnen überdies noch angenommen werden kann, daß sie physikalisch als hinreichend gleichwertig und *ununterscheidbar*, und daher einander ersetzbar (vertauschbar) angesehen werden können.

(b_{II}) Von Zelle zu Zelle hingegen wird diese a priori-Häufigkeit nun im allgemeinen *verschieden* sein und nicht mehr durch das Volumen der Zellen allein bestimmt werden müssen. —

Im Gegensatz zu (a_I) und (b_I) enthalten (a_{II}) und (b_{II}) keinerlei *Behauptungen* über Eigenschaften der Moleküle, sondern *Ansätze*, welche für die Anwendung der *kombinatorischen Methodik* der statistischen Mechanik unerläßlich sind.[32a]) Welche *spezielle Form* diese Ansätze für *wirkliche* Moleküle besitzen, kann und muß der späteren Entscheidung durch die *Erfahrung* überlassen bleiben (Nr. 9); dies gilt namentlich auch von dem Ansatz verschiedener a priori-Häufigkeiten (b_{II}), der erstmals von *P. Ehrenfest*[33]) in die Statistik eingeführt worden ist.[34])

32a) In *einem*, bis vor kurzem aber kaum für abänderungsfähig oder -bedürftig angesehenen, jedoch *fundamentalen* Punkte enthält (a_{II}) ebenso wie der klassische Ansatz (a_I) allerdings eine *Behauptung* — zwar nicht bezüglich der Eigenschaften des Einzelmoleküls, wohl aber über Eigenschaften des Zusammenwirkens der Moleküle zu einem statistischen System. Nach der oben und im folgenden vertretenen Auffassung haben *die* Moleküle, deren Phasenpunkte in die gleiche μ-Zelle fallen, als voneinander *statistisch unabhängig* zu gelten, was anschaulich zwar naheliegt, begrifflich jedoch keineswegs notwendig ist. Wenn man die *statistische Unabhängigkeit der Insassen jeder einzelnen μ-Zelle* aufgibt, so gelangt man zu einer jüngst von *S. N. Bose,* Ztschr. f. Phys. 26 (1924), p. 178 vorgeschlagenen und von *A. Einstein,* Berl. Ber. 1924, p. 261; 1925, p. 3, befürworteten abweichenden Methodik, deren Bedeutung am Ende von Nr. 27 kurz besprochen werden wird; vgl. namentlich Anm. 795), 796), 797).

33) *P. Ehrenfest,* Phys. Ztschr. 15 (1914), p. 657. In einem speziellen strahlungstheoretischen Falle hat *P. Ehrenfest* diesen Ansatz bereits schon früher behandelt, vgl. Ann. d. Phys. 36 (1911), p. 91, § 5. — Hinsichtlich der Bedeutung einer nicht konstanten a priori-Häufigkeit oder „Gewichtsfunktion“ s. auch Anm. 99).

Mit Rücksicht auf (a_{II}) und (b_{II}) erweist es sich — ohne daß damit der Allgemeinheit irgendwie Abbruch getan werden würde — als vorteilhaft, Molekülzustände, deren a priori-Gleichhäufigkeit auf Grund der Bewegungsgleichungen (1) von vornherein als feststehend angesehen werden muß, jedenfalls nicht in verschiedenen, sondern stets nur in ein und derselben Zelle unterzubringen. Hinsichtlich dieser Zustände gibt der als *Axiom* anzusehende Satz Auskunft, daß zwei Molekülzustände, von denen der eine *kausal*, d. h. eben auf Grund von (1), aus dem andern hervorgeht, a priori gleiche Häufigkeit besitzen.[35]) Denkt man sich daher die ganze unendliche μ-Kurve eines Moleküls in den μ-Raum eingetragen, die seiner *ungestörten* Bewegung bei Wahl irgendwelcher bestimmter Anfangsbedingungen nach (1) entspricht, so hat man eine Gesamtheit solcher a priori gleichhäufiger Molekülzustände.

Die vollständige Integration der Gleichungen (1) der jetzt etwa als konservativ vorauszusetzenden inneren Bewegung erfolgt bekanntlich am einfachsten mittels der *Hamilton-Jacobischen partiellen Differentialgleichung.*[36]) Führt man in $E(q_k, p_k, a^*)$ an Stelle der Impulse p_k durch die s Gleichungen

$$(4) \qquad p_k = \frac{\partial S}{\partial q_k} \qquad (k = 1, 2, \ldots, s)$$

34) In der älteren statistischen Mechanik war man der Meinung, daß (b_I) die einzig zulässige Annahme sei, weil sie mittels des *Liouvilleschen* Satzes aus den Bewegungsgleichungen (1) allein gefolgert werden könne; wie unter (I) hervorgehoben worden ist, benötigt man hierzu aber noch die Ergoden- oder Quasiergodenhypothese. Auch *H. Poincaré* hatte sich dieser Meinung angeschlossen, vgl. J. de Phys. (3) 2 (1912), p. 5, verwendet aber in der gleichen Arbeit bereits ebenfalls einen Ansatz von der Art (b_{II}), unabhängig von *Ehrenfest.* —

Der in der älteren statistischen Mechanik als „Maß für die Wahrscheinlichkeit" benutzten absoluten Integralinvariante

$$\overset{(2s)}{\int \cdots \int} dq_1, \ldots, dq_s, dp_1, \ldots, dp_s$$

entspricht in der neueren „stetigen" Statistik die absolute Integralinvariante

$$\overset{(2s)}{\int \cdots \int} g(q_k, p_k, a^*)\, dq_1, \ldots, dq_s, dp_1, \ldots, dp_s$$

[siehe die Gleichungen (15), (46), (34aa) und (50)], in welcher $g(q_k, p_k, a^*)$ ein (eindeutiges) zeitfreies Integral der Bewegungsgleichungen (1) sein muß. Vgl. *E. T. Whittaker*, Analytical dynamics, 2. Aufl. Cambridge 1917, p. 283. Der *Liouville*sche Satz geht daraus einfach für $g = 1$ hervor].

35) Zur genaueren Erklärung der Bedeutung dieser oder ähnlicher Aussagen vgl. z. B. *P. Hertz*, Rep. l. c. (s. Anm. 9), Nr. 247.

36) Vgl. etwa II A 5, *E. v. Weber* (Partielle Differentialgleichungen), insbes. Nr. 31, oder *E. T. Whittaker*, Analytical dynamics, 2. Aufl. Cambridge 1917.

die partiellen Differentialquotienten einer Funktion S ein, so erhält man diese Differentialgleichung, indem man noch E der willkürlichen (Energie-)Konstante α_1 gleichsetzt:

$$E\left(q_1, \ldots, q_s, \frac{\partial S}{\partial q_1}, \ldots, \frac{\partial S}{\partial q_s}, a^*\right) = \alpha_1. \tag{5}$$

Wenn nun

$$S(q_1, \ldots, q_s, \alpha_1, \ldots, \alpha_s, a^*) + C \tag{6}$$

eine vollständige Lösung von (5) ist, worin $\alpha_2, \ldots \alpha_s$ und C weitere willkürliche Konstanten bedeuten, so stellen die Gleichungen

$$\frac{\partial S}{\partial \alpha_1} = t + \beta_1, \quad \frac{\partial S}{\partial \alpha_i} = \beta_i \qquad (i = 2, 3, \ldots, s) \tag{7}$$

zusammen mit den Gleichungen (4) die allgemeine Lösung der Bewegungsgleichungen (1) dar; $\beta_1, \ldots, \beta_s$ sind ebenfalls willkürliche Konstanten, t bedeutet wieder die Zeit. Die Gleichungen (4) und (7) gestatten einerseits die Phasen q_k, p_k als Funktionen der α_i, β_i, a^* und der Zeit auszudrücken:

$$\left.\begin{cases} q_k = q_k(\alpha_1, \ldots, \alpha_s, t + \beta_1, \beta_2, \ldots, \beta_s, a^*) \\ p_k = p_k(\alpha_1, \ldots, \alpha_s, t + \beta_1, \beta_2, \ldots, \beta_s, a^*), \end{cases}\right\} (k = 1, 2, \ldots, s) \tag{8}$$

oder umgekehrt die „Integrale“ A_i, B_i als Funktionen der q_k, p_k, a^* darzustellen:

$$\begin{cases} E(q_k, p_k, a^*) \equiv A_1(q_k, p_k, a^*) = \alpha_1, & B_1(q_k, p_k, a^*) = t + \beta_1, \\ A_i(q_k, p_k, a^*) = \alpha_i, & B_i(q_k, p_k, a^*) = \beta_i \quad (i = 2, 3, \ldots, s). \end{cases} \tag{9}$$

Jede μ-Kurve eines Moleküls als geometrischer Ort a priori gleichhäufiger Molekülzustände wird also mittels der Gleichungen (8) erhalten werden können, indem man den willkürlichen Konstanten $\alpha_1, \ldots, \alpha_s, \beta_2, \ldots, \beta_s$ bestimmte feste Werte erteilt und $t + \beta_1$ alle Werte von $-\infty$ bis $+\infty$ annehmen läßt; sie kann auch, was auf dasselbe hinausläuft, als *Schnittlinie* der $2s - 1$ zeitfreien Integral-„Hyperflächen“ $A_i = \alpha_i$ $(i = 1, 2, \ldots, s)$, $B_i = \beta_i$ $(i = 2, 3, \ldots, s)$ im μ-Raume interpretiert werden.

Indessen sind die μ-Kurven der ungestörten inneren Molekülbewegung nicht die einzigen Orte nach (1) a priori gleichhäufiger Molekülzustände im μ-Raume. Wenn in der Thermodynamik mit einem warmen Körper ein *adiabatisch-reversibler* Prozeß ausgeführt wird, so bedeutet das eine *„unendlich langsame“ umkehrbare Änderung der äußeren Parameter* a^*, die an jedem einzelnen der Gasmoleküle wirksam wird. Die dadurch verursachten *Störungen* der inneren Molekülbewegung lassen sich — weil unendlich langsam erfolgend — nun ebenfalls mittels der Gleichungen (1) berechnen, und man schließt ähnlich wie oben: *Alle durch „unendlich langsame", umkehrbare Änderungen makroskopischer*[37]) *Parameter erreichbaren μ-Kurven verbinden Molekülzustände von a priori gleicher Häufigkeit.* Damit sind zugleich sämtliche derartigen Zustände eruiert: weitere Beeinflussungsmöglichkeiten der Moleküle sind makroskopisch nicht realisierbar.

Die $2s - 1$ zeitfreien unter den Integralen (9) sind Phasenfunktionen des Moleküls, welche sich dem zeitlichen Ablauf der *ungestörten* Bewegung des Moleküls gegenüber invariant verhalten; einer „unendlich langsamen", umkehrbaren Parameterverschiebung δa^* gegenüber werden sie sich im allgemeinen jedoch verändern. Diese Veränderung beträgt, wie in Nr. **3 A** näher erörtert werden wird, z. B. für A_i:

$$(10) \qquad \delta A_i = \frac{\overline{\partial A_i(q_k, p_k, a^*)}}{\partial a^*} \cdot \delta a^* = \delta \alpha_i,$$

wobei durch den Querstrich der *zeitliche Mittelwert* von $\frac{\partial A_i}{\partial a^*}$, genommen über die ganze unendliche Erstreckung der *ungestörten* Ausgangsbewegung (der anfänglichen μ-Kurve) angedeutet werden soll. Funktionen der zeitfreien Integrale $J(E, A_2, \ldots, A_s, B_2, \ldots, B_s)$ (also wieder derartige Integrale), welche die Eigenschaft haben, daß für sie

$$(11) \qquad \delta J = 0,$$

heißen *Parameterinvarianten* oder *adiabatische Invarianten*[38]) in bezug auf die Parameter a^*. Wenn u die Anzahl sämtlicher *eindeutiger* voneinander unabhängiger Parameterinvarianten I der Bewegungsgleichungen (1) darstellt, so ist ein „Bündel" von allen durch unendlich langsame, umkehrbare Parameteränderungen ineinander überführbaren μ-Kurven einfach durch irgendwelche feste Werte dieser $I_1, I_2, \ldots, I_u$ bestimmt (Nr. **3 A**); die Werte der übrigen, von den I unabhängigen zeitfreien Integrale ($2s - u - 1$ an der Zahl) sind dann beliebig wählbar und bestimmen zusammen mit den I die einzelnen μ-Kurven dieses Bündels.

---

37) Nur mittels *solcher* Parameter a^* werden ja die *einzelnen Moleküle willkürlich* beeinflußbar. Über die Ausdehnung der Betrachtung auf *sämtliche* am Molekül auftretenden Parameter a *einschließlich der molekularen* vgl. Nr. **3 A** und **14**, sowie namentlich Anm. 285).

38) Letztere Bezeichnung rührt von *P. Ehrenfest,* Ann. d. Phys. 51 (1916), p. 327 her; sie hat den Nachteil, daß das Eigenschaftswort „adiabatisch" mehr an die rasch verlaufenden adiabatischen Vorgänge der technischen Thermodynamik erinnert, als an die hier wesentlichere Reversibilität der Parameteränderung. Da die Ermittlung dieser Invarianten (s. Nr. **3 A**) überdies nichts mit Thermodynamik zu tun hat, sondern ein Problem der Dynamik darstellt, hat *A. Smekal,* s. Anm. 41), die Bezeichnung „Parameterinvarianten" für sie in Vorschlag gebracht, an der im folgenden auch festgehalten werden soll.

Um nun die Zellen des $2s$-dimensionalen μ-Raumes der inneren Bewegung abzugrenzen, wird man Gebiete wählen, welche von einander benachbarten derartigen Bündeln ausgefüllt werden[39]), und wird diese letzteren nach (a_{II}) auch untereinander als a priori gleichhäufig gelten lassen. Nach geeigneter *Normierung* der I (s. unten) kann man hierzu etwa u Flächenscharen

$$(12) \quad I_r = I_r^{(0)},\ I_r = I_r^{(1)},\ I_r = I_r^{(2)}, \ldots, I_r = I_r^{(n_r)}, \ldots \quad (r = 1, 2, \ldots, u)^{40)}$$

in Ansatz bringen, welche die *Struktur des μ-Raumes* bestimmen[41]); die $I_r^{(n_r)}$ bedeuten hierbei festzuhaltende Spezialwerte der den Integralen I_r gleichzusetzenden willkürlichen Konstanten, welche für alle n_r der Bedingung genügen:

$$(13) \qquad I_r^{(n_r - 1)} \underset{(=)}{<} I_r^{(n_r)} \underset{(=)}{<} I_r^{(n_r + 1)}.$$

Die Scharen (12) müssen ferner so gewählt werden, daß sie das ganze Gebiet des μ-Raumes überdecken, dessen Punkte physikalisch reali-

---

39) Diese Bedingung kann keineswegs für ganz beliebige mechanische Systeme (1) erfüllt werden, sondern nur für solche, welche eine *kontinuierliche* Mannigfaltigkeit „stabiler", d. h. ganz im Endlichen verlaufender Bahnkurven besitzen. S. Nr. **3 A**, wo diese Systeme zu den Klassen (A) und (B) zusammengefaßt sind. In Anbetracht der erfahrungsgemäßen weitgehenden Stabilität von Atomen und Molekülen bedeutet dieser Umstand hier jedoch keinerlei Einschränkung.

Soweit sich die nachfolgenden und die Ausführungen von Nr. **3 A** auf die Einteilung des μ-Raumes beziehen, soll stets stillschweigend vorausgesetzt werden, daß man es nur mit Systemen der Art (A) in Nr. **3 A** (Existenz kontinuierlicher Mannigfaltigkeiten stabiler Lösungen von (1) von genau $2s$ Dimensionen) zu tun hat. Im Falle (B) wäre derjenige Teil des μ-Raumes, dessen Punkte physikalisch realisierbaren, also vor allem stabilen Molekülzuständen entsprechen, und auf den sich daher die Einteilung (12) zu beziehen hätte, von $\sigma (< 2s)$ Dimensionen; formal bliebe davon alles unberührt, bis auf die Schreibweise von (14), sowie (14′) und (14″) in Nr. **3 A** und die Begründung dieser Beziehungen in Anm. 74).

40) Die allgemeinste zulässige Einteilung bestünde darin, jede I_r-Fläche nicht zur gemeinsamen Begrenzung eines ganzen Zell*streifens* zu verwenden, sondern nur zur gegenseitigen Abgrenzung zweier Nachbarzellen. Für die allgemeine Entwicklung der Theorie ist die Spezialisierung (12) belanglos; sie ist die einzige, die bisher und ausnahmslos praktische Bedeutung erlangt hat. —

Eine Verwechslung des hier gebrauchten *Index* r mit der früher benutzten Anzahl $r = s + 3$ der inneren und Translationsfreiheitsgrade der Moleküle braucht wohl nicht befürchtet werden, um so mehr als letztere Bezeichnung im folgenden nicht mehr auftreten wird.

41) *A. Smekal,* Wien. Anz. 1921, p. 126; Verhandl. Deutsch. Phys. Ges. (3) 2 (1921), p. 47 (vorläufige Mitteilung).

sierbaren Molekülzuständen entsprechen.[42]) — Die von den Flächen $I_r = I_r^{(n_r-1)}$ und $I_r = I_r^{(n_r)}$ $(r = 1, 2, \ldots, u)$ begrenzte Zelle kann durch u ganze Zahlen, z. B. die Indizes $n_1, n_2, \ldots, n_u$ gekennzeichnet werden; die erwähnte Normierung der I_r kann so erfolgen, daß das Volumen dieser Zelle $\Omega_{n_1, n_2, \ldots, n_u}$ für $s = u$ direkt durch das Produkt

$$(14) \qquad \Omega_{n_1, n_2, \ldots, n_u} = \prod_{r=1}^{u} \left(I_r^{(n_r)} - I_r^{(n_r-1)} \right)$$

gegeben ist.[43])

Über die Wahl der Größen $I_r^{(n_r)}$ läßt sich a priori gar nichts aussagen, da die Bewegungsgleichungen (1) hierüber — im Gegensatz zur älteren Theorie (I), welche wegen (b_I) die Gleichheit aller Zellvolumina nahelegte — keine Aussage zu folgern gestatten. Wir können und müssen diese Frage, wie schon erwähnt, offen lassen und ihre spätere Beantwortung der Erfahrung überweisen. Nach dem Ansatz (12) mögen die $\Omega_{n_1, n_2, \ldots, n_u}$ also beliebig groß und voneinander verschieden ausfallen, unter Umständen sogar von verschiedener Dimensionszahl sein, infinitesimal werden oder auf Null zusammenschrumpfen[44]). Auf Grund von (a_{II}) schreiben wir endlich jeder Zelle einen bestimmten mittleren Energiewert $E_{n_1, n_2, \ldots, n_u}$ zu und ebenso bestimmte derartige Werte für die anderen in Betracht kommenden Phasenfunktionen der Moleküle oder deren Zeitmittelwerte.[45])

Nach (b_{II}) haben wir schließlich bestimmte Ansätze für die a priori-Häufigkeiten der verschiedenen Zellen einzuführen. Diese a priori-Häufigkeiten sind als Phasenfunktionen der Moleküle aufzufassen, die sich sowohl dem zeitlichen Ablauf der ungestörten Bewegung, als auch unendlich langsamen, umkehrbaren Parameteränderungen gegenüber *invariant* verhalten müssen. Auf letztere Eigenschaft namentlich schließt man ebenso wie im vorangehenden.[46]) Mit *P. Ehrenfest*[33]) sei im ganzen von Zellen bedeckten Teil des μ-Raumes eine *nicht negative* Funktion

---

42) Die Notwendigkeit dieser Bedingung hat in der Quantenstatistik besonders *M. Planck,* Verhandl. Deutsch. Phys. Ges. 17 (1915), p. 407, 438; Ann. d. Phys. 50 (1916), p. 385, § 3, betont. S. ferner Anm. 39).

43) S. Nr. **3 A**, wo auch der Fall $u < s$ angeführt wird. — Ein Beispiel, welches die Anwendung der Ansätze dieser Nummer illustriert, findet sich in Nr. **6 b**, wozu auch Nr. **9**, p. 954/955 verglichen werden möge.

44) Um diese letzte, von der Erfahrung zugelassene Möglichkeit mitberücksichtigen zu können, sind in (13) auch Gleichheitszeichen geschrieben worden.

45) Diese Annahme steht offensichtlich in engstem Zusammenhange mit der Struktur des μ-Raumes selbst: Größe und Form der einzelnen Zellen müssen so gewählt sein, daß derartige mittlere Werte überhaupt existieren.

46) Diese wichtige Bemerkung (vgl. Nr. 8) scheint sich *an dieser Stelle* nirgends in der Literatur zu finden.

$g(q_k, p_k, a^*)$ — die „*Gewichtsfunktion*" — definiert, von welcher innerhalb jeder Zelle ein ganz bestimmter Wert $g_{n_1, n_2, \ldots, n_u}$ als a priori-Häufigkeit oder „*Gewicht*" der Zelle $n_1, n_2, \ldots, n_u$ gewählt werde[47]); dann muß $g(q_k, p_k, a^*)$ als eine „reine" Funktion aller voneinander unabhängiger eindeutiger Parameterinvarianten I_r von (1) dargestellt werden können:

$$(15) \qquad g(q_k, p_k, a^*) \equiv g(I_1, I_2, \ldots, I_u).$$

In der Tat folgt hieraus für eine Parameterverschiebung δa^* nach (11)

$$(16) \qquad \delta g = \sum_{r=1}^{u} \frac{\partial g}{\partial I_r} \cdot \delta I_r = 0.^{48)}$$

Translation. Die Anwendung der im vorstehenden enthaltenen Gesichtspunkte auf die Frage nach der Struktur des 6-dimensionalen Translations-μ-Raumes führt zunächst zu der Feststellung, daß die

47) Namentlich wenn die Gewichtsfunktion als *stetig* angenommen wird, läßt sich ihre Einführung bei endlichen Zelldimensionen auch näher als „Wahrscheinlichkeitsfunktion" im Sinne *Reichenbachs* bewerkstelligen. Vgl. *H. Reichenbach,* Diss. Erlangen 1915; Ztschr. f. Phys. 2 (1920), p. 150; 4 (1921), p. 448.

P. Ehrenfest (vgl. Anm. 33) führt die Gewichtsfunktion direkt als a priori-*Wahrscheinlichkeit* ein und fordert demgemäß, daß ihr Integral über den ganzen μ-Raum erstreckt, die Einheit ergebe; er hebt aber hervor, daß dieses Integral für alle bekannten Gewichtsfunktionen divergiert. Dies ist indessen nicht verwunderlich, wenn man bedenkt, daß g doch nur *relative Häufigkeiten* mißt und als echte Wahrscheinlichkeit einen im Grenzfalle unendlich groß werdenden Nenner erhalten müßte. In der Tat kann diese Schwierigkeit behoben werden, wenn man anstatt g den Quotienten $\frac{g}{N}$ als a priori-*Wahrscheinlichkeit* einführt und beachtet, daß die angegebene Integration nur bei gleichzeitiger Ausführung eines Grenzüberganges von der Art des auf p. 878 angedeuteten legitimiert werden kann, in welchem Falle dann das Integral im allgemeinen konvergiert.

48) Zufolge (14) kann daher auch das *Zellvolumen* als Gewichtsfunktion gewählt werden, ähnlich wie in der älteren Theorie (I). Über die Tragweite dieses Umstandes s. Nr. **24**.

Hingegen hat z. B. *das von der „Energiefläche des Moleküls" im μ-Raum umschlossene Volumen* („Phasenvolumen"), falls es überhaupt endlich ist, *nicht* diese Eigenschaft. Diese trifft vielmehr nur in ganz *speziellen* Fällen zu, z. B. für periodische Systeme von *einem* Freiheitsgrade oder für quasiergodische Gleichungen (1). Der erstgenannte Satz ist von *Boltzmann* bewiesen worden (siehe Anm. 114), der letztere von *P. Hertz,* vgl. z. B. Rep. l. c., Anm. 9), Nr. 270 (s. auch Anm. 68). — *P. Ehrenfest,* vgl. Anm. 33), hat in dieser Arbeit §§ 3, 4 ein Integraltheorem bewiesen, nach dem das *über den μ-Raum erstreckte Integral einer beliebigen Funktion dieses Volumens* die Eigenschaft (11) bzw. (16) hat. Der dort aus dem Verschwinden von (82 a) gezogene Schluß, daß eine *beliebige Funktion dieses Volumens* für g gewählt werden dürfe, ist wegen (15) also nur für die genannten speziellen Systeme berechtigt.

Translationsbewegung keinerlei Parameterinvarianten besitzt (s. Nr. **3 A**). Eine bestimmte Zelleneinteilung, die von der Natur der Bewegung selbst in einem ähnlichen Sinne wie oben gefordert würde, ist hier also nicht angebbar. Konsequenterweise ist daher eine beliebige Phasenraum-Einteilung vorzunehmen und mit ihr der auf p. 878 angedeutete Grenzübergang auszuführen. Der Annahme einer ganz beliebigen Gewichtsfunktion,

$$g_t(x, y, z, p_x, p_y, p_z),$$

würde hier wegen des makroskopischen Charakters der Dimensionen von **V** unter Umständen bereits die unmittelbare makroskopische Erfahrung widersprechen. Da in Nr. **2** die Wechselwirkungen der Moleküle gänzlich vernachlässigt worden sind, kann man schließen, daß g_t von x, y, z unabhängig sein muß, ferner wegen der Willkürlichkeit der Orientierung des kartesischen Koordinatensystems der x, y, z, daß g_t nur die Quadratsumme der p, also allein die Translationsenergie E_t (2) enthalten könnte. Die Erfahrung hat hier bekanntlich bis zu dem noch hypothetischen *Entartungsgebiet* der Gase ausnahmslos für

$$g_t = \text{const.} \tag{17}$$

entschieden.[49]) Diese Umstände zeigen, daß wir auf die Translation die in der älteren Theorie (I) aus der *Quasiergodenhypothese* gefolgerten Annahmen (a_I) und (b_I) ohne weiteres übertragen dürfen; da aus (a_I) und (b_I) allein die Quasiergodenhypothese jedoch *nicht* deduziert werden kann[50]), ist es möglich, sie auch bei der Behandlung der Translation zu vermeiden.

3 A. Theorie der Parameterinvarianten oder adiabatischen Invarianten.[38]) Die in Nr. **3** eingeführten „räumlichen" Häufigkeitsansätze haben die Bedeutung der Parameterinvarianten eines beliebigen mechanischen Systems für die Begründung einer rationellen Statistik bereits erkennen lassen. Da die Existenz solcher Invarianten außerdem unter Umständen Schlüsse über den Bau von Atomen und Molekülen zu ziehen erlaubt und für die Quantentheorie dieser Gebilde von grundsätzlicher Bedeutung ist (Nr. **14**), soll an dieser Stelle eine kurze Übersicht über ihre Theorie eingeschaltet werden, die im Grunde genommen ein sehr spezielles Kapitel der höheren Dynamik darstellt.

Wie in Nr. **2** werde vorausgesetzt, daß die innere Bewegung der Moleküle durch die kanonischen Bewegungsgleichungen (1) bestimmt sei; die zugehörige *Hamilton*sche Funktion $H(q_k, p_k, a)$, bzw. die Ge-

49) Vgl. hierzu Nr. **9**.

50) Vgl. hierüber Nr. **4**, insbesondere Anm. 80).

samtenergie der inneren Bewegung $E(q_k, p_k, a)$ enthalte aber nun beliebig viele Parameter a, *die keineswegs sämtlich makroskopischer Natur zu sein brauchen.* Werden irgendwelche dieser Parameter „unendlich langsam" verschoben, so ist für die „Umkehrbarkeit" dieses Prozesses, wie sich leicht einsehen läßt, erforderlich, daß es Bahnkurven des mechanischen Problems mit infinitesimal benachbarten Parameterwerten gibt, welche im allgemeinen die gleichen analytischen Eigenschaften besitzen und vor allem „stabil" in dem Sinne sein müssen, daß ihre q_k und p_k für alle Zeiten zwischen endlichen Grenzen eingeschlossen bleiben.[51]) Nach dem *Poincaré-Carathéodoryschen Wiederkehrsatze*[52]) erfüllen derartige stabile Bahnkurven einen endlichen Bereich von einer Dimensionszahl $\mathfrak{s} < 2s$ überall dicht[53]), so daß sich zu jedem beliebigen Punkte einer Bahnkurve mit dem Parameterwerte $a + \delta a$ stets beliebig viele Punkte der Bahnkurve mit dem Parameterwerte a finden lassen, welche von ersterem höchstens einen Abstand von der Größenordnung $|\delta a|$ besitzen, und umgekehrt. Bahnkurven, welche ins Unendliche laufen, haben diese Eigenschaft naturgemäß nicht, so daß es bei ihnen nicht möglich ist, das „gestörte" System $(a + \delta a)$ zu jedem beliebigen Zeitpunkte durch „unendlich langsame" Ausführung einer Parameterverschiebung $-\delta a$ in seinen ungestörten Bewegungszustand (a) zurückzuführen. Mit Rücksicht auf diese Erfordernisse hat man demnach zwischen folgenden Arten von mechanischen Problemen zu unterscheiden:

(A) Die stabilen Lösungen bilden kontinuierliche, $2s$-dimensionale Mannigfaltigkeiten.

(B) Die stabilen Lösungen bilden kontinuierliche, σ-dimensionale Mannigfaltigkeiten $(\sigma < 2s)$.

(C) Es gibt überhaupt keine kontinuierlichen Mannigfaltigkeiten stabiler Lösungen.

(D) Es gibt überhaupt keine stabilen Lösungen.

Die Fälle (C) und (D) scheiden somit von der ferneren Betrachtung aus; zu (D) gehört z. B. die Translationsbewegung der Moleküle, für welche daher keine Parameterinvarianten angegeben werden können. Im Falle (B) hat man offenbar zwischen solchen Parametern zu unterscheiden, durch deren Verschiebung das mechanische System aus einer

---

51) Bezüglich der verschiedenen üblichen Stabilitätsdefinitionen vgl. man etwa VI 2, 12 (*E. T. Whittaker*), *Prinzipien der Störungstheorie und allgemeinen Theorie der Bahnkurven in dynamischen Problemen*, Nr. 7 und 8.

52) *C. Carathéodory*, Berl. Ber. 1919, p. 580.

53) Abgesehen von einer im allgemeinen belanglosen Punktmenge vom *Lebesgue*schen Maß Null.

stabilen Bahnkurve wieder in eine solche übergeführt wird, und solchen, durch deren Verschiebung das System *instabil* wird[54]) *(Instabilitäts-Parameter).* Zu den Systemen der Klasse (B) gehört z. B. das *Newtonsche* bzw. *Coulombsche Drei- und Vielkörperproblem.* Die erfahrungsmäßige Stabilität der Atome und Moleküle verlangt also, daß zumindest die makroskopischen Parameter a^* nicht zu ihren „Instabilitäts-Parametern" gehören, falls molekulare Gebilde mit ausreichender Berechtigung als *Coulombsche Vielkörpersysteme* angesehen werden können (vgl. dazu Nr. **13, 14**).[54]) Im folgenden mögen etwaige Instabilitäts-Parameter stabiler Lösungen der Gleichungen (1) von der Untersuchung ausdrücklich als ausgeschlossen gelten; bei den übrigen Parametern sollen ferner nur solche Werte und Verschiebungen zugelassen werden, welche keine Änderungen des analytischen Charakters der betrachteten stabilen Bahnkurven zur Folge haben.[55])

Um nun den Einfluß „unendlich langsamer" Parameterverschiebungen auf die Bewegung des betrachteten mechanischen Systems zu berechnen, hat man derartige Vorgänge durch die folgenden Annahmen zu präzisieren[56]), wobei es wegen der Unabhängigkeit der einzelnen

54) *A. Smekal,* Ztschr. f. Phys. 11 (1922), p. 294.

55) „Unendlich langsame" umkehrbare Parameterübergänge zwischen Familien von stabilen Partikularlösungen von (1) *verschiedenen analytischen Charakters* (z. B. von doppeltperiodischen zu einfachperiodischen oder beliebigen mehrfachperiodischen zu quasiergodischen Familien) führen zu Schwierigkeiten, auf welche an dieser Stelle nicht genauer eingegangen werden kann. Vgl. z. B. *P. Ehrenfest,* Ann. d. Phys. 51 (1916), p. 327, § 9; *J. M. Burgers* [1], §§ 38—40; *N. Bohr* [2], Teil I, § 3. Als Grenzfall solcher Vorgänge kann auch das unendlich langsame Anwachsen äußerer Kraftfelder angesehen werden, wenn hierbei vom feldfreien Zustande ausgegangen wird ($a = 0$) und das Feld den analytischen Charakter der Bewegung modifiziert. S. Nr. **15 b**.

E. Fermi, Nuovo Cimento 25 (1923), p. 171, zeigte neuerdings an einem einfachen Beispiele, daß das Ergebnis unendlich langsam ausgeführter Parameterverschiebungen von endlichem Betrage durchaus davon abhängig ist, ob die durchlaufenen Zwischenzustände sämtlich zur gleichen Bahnkurvenfamilie wie der Ausgangs- und Endzustand gehören oder nicht. Allerdings handelt es sich hier auch noch darum, daß zur Ausführung des betreffenden Verschiebungsprozesses mindestens *zwei verschiedenartige* Parameter verändert werden müssen. Eine allgemeine Behandlung *dieses* Umstandes und seiner Konsequenzen für Bahnkurven gleichen analytischen Charakters hat *E. Fermi,* Nuovo Cimento 25 (1923), p. 271, zu formulieren versucht, wobei der in Anm. 66) vermutete Satz ohne Beweis verwendet wird; alle Resultate *Fermis* lassen sich jedoch aus bereits bekannten Ergebnissen (vgl. Anm. 68) folgern, wenn man die ganze Fragestellung auf jene weiter unten im Text, p. 892, behandelte, nach der Existenz *übereinstimmender Parameterinvarianten* für beliebig *verschiedene Parameter* zurückführt. (Anm. bei der Korrektur.)

56) *J. M. Burgers,* Proc. Acad. Amsterdam 20 (1917), p. 149.

Parameter voneinander zunächst offenbar genügt, sich auf einen einzigen derselben zu beschränken:

(a) Selbst nach Ablauf eines Zeitraumes, während dessen der Phasenpunkt des Systems jedem Punkte seines *Poincaré-Carathéodoryschen Wiederkehrbereiches*[52]) beliebig nahe gekommen ist, kann die gesamte Parameterverschiebung δa als kleine Größe erster Ordnung angesehen werden.

(b) Die Änderungsgeschwindigkeiten $\frac{da}{dt}$ können bei der angestrebten Genauigkeit als *konstant* angesehen werden.[57])

(c) Die Bewegungsgleichungen (1) bleiben während der Parameterverschiebung innerhalb der angestrebten Genauigkeit gültig[58]), so daß der Einfluß der letzteren wegen (a) z. B. nach den Methoden der *Störungstheorie* berechnet werden kann.[59])

Um die durch eine unendlich langsame Parameterverschiebung δa bewirkte totale zeitliche Änderung eines beliebigen der zeitfreien Integrale A_i (9) von (1) zu berechnen, hat man dessen Momentanänderung

$$\frac{\partial A_i(q_k, p_k, a)}{\partial a} \cdot \frac{da}{dt}$$

über die durch

$$\int_0^T \frac{da}{dt} \cdot dt = \delta a$$

bestimmte Zeitdauer T zu integrieren. Zufolge (b) erhält man

$$\delta A_i = \frac{1}{T}\int_0^T \frac{\partial A_i(q_k, p_k, a)}{\partial a} \cdot dt \cdot \frac{da}{dt} \cdot T = \frac{1}{T}\int_0^T \frac{\partial A_i(q_k, p_k, a)}{\partial a} \cdot dt \cdot \delta a;$$

---

57) Die Tragweite dieser Annahme ist noch nicht untersucht, und daher strenggenommen mit Sicherheit auch noch nicht angebbar, ob das Ergebnis einer unendlich langsamen Parameterverschiebung von der Art, wie a mit der Zeit variiert, unabhängig ist. Mit *J. M. Burgers* — [1], p. 242 — kann man dies indessen als sehr wahrscheinlich ansehen, wenn die Parameterverschiebung nur keine *Resonanz* mit dem ungestörten System zur Folge hat, oder $\frac{da}{dt}$ dauernd als unendlich klein gegenüber irgendwelchen der $\frac{dq_k}{dt}$ angesehen werden kann. Vgl. dazu ferner *A. Sommerfeld* [1], p. 376, 720, und *H. Kneser,* Math. Ann. 91 (1924), p. 155.

58) Diese Annahme ist wegen den Bestehenbleibens des Energiesatzes im allgemeinen unbedenklich, wie man z. B. unmittelbar sieht, wenn die zu variierenden Parameter nur in die Kräftefunktion eingehen.

59) Das Auftreten säkularer Störungen, welche die erforderliche Stabilität aufheben, ist durch die vorangegangenen Festsetzungen über die im folgenden zu betrachtenden Parameter bereits ausgeschlossen.

wegen (a) können unter dem Integralzeichen für die q_k und p_k die entsprechenden Werte für die *ungestörte* Ausgangsbewegung (konstantes a) eingesetzt werden[60]), wegen des *Wiederkehrsatzes*[52]) kann überdies der Zeitmittelwert von $\frac{\partial A_i}{\partial a}$ über T durch dessen Grenzwert für $T \to \infty$ ersetzt werden, falls letzterer existiert. Da sich dieser Grenzwert wiederum wegen des Wiederkehrsatzes vom Zeitmittelwert, genommen über die ganze unendliche Erstreckung der Bahnkurve, nicht unterscheidet, ergibt sich schließlich in Übereinstimmung mit (10), unabhängig vom Beginne der Parameterverschiebung

$$(10') \qquad \delta A_i = \overline{\frac{\partial A_i(q_k, p_k, a)}{\partial a}} \cdot \delta a. \text{[61])}$$

Um sämtliche durch (11) definierten Parameterinvarianten der Bewegungsgleichungen (1) *in bezug auf einen speziellen Parameter* a zu finden, führt man a zunächst als willkürliche Funktion der Zeit ein und setzt hinterher $\frac{da}{dt} = \text{const.}$[62]) Während die vollständige Lösung (6) der *Hamilton-Jacobi*schen Differentialgleichung (5) im Falle $a = \text{const.}$ zu den Integrations*konstanten* α_i, β_i in (9) führt, bestimmt sie im Falle $a = a(t)$ mittels (4) und (7) eine Berührungstransformation, welche von den ursprünglichen kanonischen Veränderlichen q_k, p_k zu den neuen kanonischen *Variablen* α_i, β_i überzugehen erlaubt. Da die charakteristische Funktion S dieser Transformation jetzt von der Zeit abhängt, lauten die Bewegungsgleichungen (1) in den neuen Variablen geschrieben nunmehr

$$(1') \qquad \left\{\frac{d\alpha_i}{dt} = -\frac{\partial K}{\partial \beta_i}, \quad \frac{d\beta_i}{dt} = \frac{\partial K}{\partial \alpha_i}\right\} \qquad (i = 1, 2, \ldots, s),$$

60) *J. M. Burgers,* l. c.; vgl. auch die genauere Durchführung für einzelne Spezialfälle bei *N. Bohr* [2], namentlich p. 23/24.

61) Daß dieser Betrag im allgemeinen von der speziellen Wahl der benutzten kanonischen Variablen q_k, p_k *unabhängig* ist, hängt wiederum mit dem Wiederkehrsatz, bzw. mit der vorausgesetzten *Stabilität* der für diese Betrachtung zugelassenen Bahnkurven von (1) zusammen. Wenn die Bewegung mehrfach periodisch ist und mittels mehrfacher *Fourier*scher Reihen dargestellt werden kann, läßt sich dies durch direkte Ausrechnung zeigen. Bezüglich einer Anwendung dieses Satzes vgl. man Anm. 73).

62) *G. Krutkow,* Versl. Akad. Amsterdam 27 (1918), p. 908; *A. Smekal,* Wien Anz. 1921, p. 126; Verhandl. Deutsch. Phys. Ges. (3) 2 (1921), p. 47; ferner auch *G. Krutkow* und *V. Fock,* Ztschr. f. Phys. 13 (1923), p. 195, § 1. — Eine andere allgemeine Methode, die auf der Theorie der kontinuierlichen Gruppen beruhen soll, wurde jüngst von *V. F. Lenzen,* Phys. Rev. (2) 20 (1922), p. 201 angekündigt.

Der Grundgedanke obiger Methode findet sich, auf einen Spezialfall angewendet, bereits bei *J. M. Burgers,* Versl. Akad. Amsterdam 25 (1917), p. 1055; auch [1], § 39.

wobei sich K zu

$$(1'') \qquad K(\alpha_i, \beta_i, a) = H + \frac{\partial S}{\partial a} \cdot \frac{da}{dt} = \alpha_1 + \frac{\partial S(\alpha_i, \beta_i, a)}{\partial a} \cdot \frac{da}{dt}$$

ergibt.[63]) Setzt man jetzt in (1) $\frac{da}{dt} = \text{const.}$ und integriert, ähnlich wie vordem bei der Ableitung von (10'), beide Seiten dieser Gleichungen nach der Zeit, so ergibt sich mit Rücksicht auf (1'')

$$(10'') \qquad \left\{ \begin{aligned} \delta A_i &= \delta \alpha_i = - \overline{\frac{\partial^2 S}{\partial a \, \partial \beta_i}} \cdot \delta a, \\ \delta B_i &= \delta \beta_i = \overline{\frac{\partial^2 S}{\partial a \, \partial \alpha_i}} \cdot \delta a \end{aligned} \right\} \quad (i = 1, 2, \ldots, s).^{64)}$$

Mit Hilfe von (10'') ist es nun im allgemeinen wenigstens grundsätzlich möglich, sämtliche Parameterinvarianten (11) der Bewegungsgleichungen (1) als Funktionen der A_i und B_i zu ermitteln. Ebenso wie bei den gewöhnlichen Integralen von (1) konzentriert sich das Interesse vor allem auf jene Parameterinvarianten, die als *eindeutige* Funktionen der q_k und p_k dargestellt werden können. Solche Parameterinvarianten müssen offenbar durch sämtliche voneinander unabhängigen, gewöhnlichen eindeutigen Integrale von (1) ausgedrückt werden können und sind letzteren an Zahl daher höchstens gleich.[65]) Bezüglich ihrer Ermittlung möge darauf hingewiesen werden, daß beliebige, über *stabile* Bahnkurven erstreckte Zeitmittelwerte, wie sie auch die rechten Seiten von (10'') einnehmen, im allgemeinen nur von *eindeutigen* Integralen von (1) abhängen können.[66]) Läßt man daher bei der Bestim-

63) Vgl. z. B. *E. T. Whittaker*, Analytical Dynamics, 2. Aufl. Cambridge 1917; Nr. 138 in Verbindung mit Nr. 142 und dem Energiesatz.

64) Für $i = 1$ ist an Stelle von B_i, $B_1 - t$ zu setzen. — Ein ähnlicher Mittelungsprozeß wie in (10'') findet ganz allgemein auch in der übrigen Störungstheorie Anwendung, wenn es sich um die Bestimmung einer ersten Näherung handelt. Vgl. z. B. *N. Bohr* [2], p. 62/64, oder Nr. **15b**.

65) Bei Problemen, deren *Hamilton-Jacobi*sche Differentialgleichung (5) durch *Separation der Variablen* integriert werden kann (*bedingt periodische Systeme*, s. Nr. **15**), beträgt die Anzahl der eindeutigen Integrale im allgemeinen s; beim *Vielkörperproblem* geben über diese Frage die bekannten Theoreme von *Bruns* und *Poincaré* Auskunft, vgl. z. B. VI 2, 12 (*E. T. Whittaker*), Nr. 4 oder das in Anm. 63) zitierte Buch des gleichen Verfassers, ferner *E. Fermi*, Phys. Ztschr. 24 (1923), p. 261. Die gleiche Frage bei *beliebigen Problemen von zwei Freiheitsgraden* behandeln in letzter Zeit *E. T. Whittaker*, Proc. Edinb. Roy. Soc. 37 (1917), p. 95 und *H. Kneser*, Math. Ann. 84 (1921), p. 277, § 8. Nach *T. M. Cherry*, Proc. Cambr. Phil. Soc. 22 (1924), p. 287, gibt der *Poincaré*sche Satz allerdings nur die Anzahl jener eindeutigen Integrale richtig an, *welche nach Potenzen eines Parameters entwickelbar sind.*

66) Dieser Satz ist bisher allerdings nur für Spezialfälle beweisbar. Seine Allgemeingültigkeit würde das Zutreffen folgender beider Annahmen zur Voraus-

mung der Parameterinvarianten von den Gleichungen (10″) alle jene weg, welche sich auf die Änderung eines Integrals beziehen, das auf den rechten Seiten aller dieser Gleichungen nicht auftritt, so wird man nur die eindeutigen Parameterinvarianten von (1) erhalten.[67])

Der Umstand, daß die rechten Seiten von (10″) unter den Zeitmittelwerten partielle Ableitungen nach dem speziell ins Auge gefaßten Parameter a aufweisen, zeigt, daß man im allgemeinen *für verschiedene Parameter a, verschiedene Systeme unabhängiger Parameterinvarianten* erhalten wird. Alle bisher in Betracht gekommenen und rechnerisch beherrschbaren Systeme lassen sich indessen auf die Form *mehrfach-zyklischer Systeme* bringen, für welche *die Unabhängigkeit der eindeutigen Parameterinvarianten von der speziellen Wahl der Parameter* leicht nachgewiesen werden kann. Ein solches System besitzt die Eigenschaft, daß seine *Hamilton*sche Funktion H bzw. seine Gesamtenergie E nur von den Impulsen p_k und den Parametern, *nicht aber von den Koordinaten q_k abhängt.* Um die ausgezeichnete Stellung derartiger Systeme gebührend hervortreten zu lassen, mögen

---

setzung haben müssen: 1. Jeder Zeitmittelwert kann durch einen *Zahlmittelwert* über den $\mathfrak{s}$-dimensionalen *Poincaré-Carathéodory schen Wiederkehrbereich* der betreffenden Bahnkurve ersetzt werden. 2. Dieser Wiederkehrbereich selbst wird ausschließlich durch *eindeutige* Integrale von (1) „begrenzt". — Beide Annahmen sind für *bedingt periodische Systeme* (s. Nr. **15**) auf Grund eines Satzes von *P. Stäckel* beweisbar, vgl. *J. M. Burgers,* Versl. Akad. Amsterdam 25 (1916), p. 849, 918. Der Beweis ist ohne weiteres auf *bedingt periodische*, durch *Fourier*sche Reihen darstellbare *Partikularlösungen* allgemeinerer Systeme übertragbar; in allen diesen Fällen ist übrigens auch das Verhalten der Funktion S in (10″) leicht zu übersehen, vgl. *J. M. Burgers,* Versl. Akad. Amsterdam 25 (1917), p. 1055. — Bei *quasiergodischen* Systemen (s. Anm. 10 und 11) gilt 1. sozusagen durch Definition, s. Anm. 9), bezüglich 2. vgl. man *E. Fermi,* Phys. Ztschr. 24 (1923), p. 261 und *W. Urbański,* Phys. Ztschr. 25 (1924), p. 47. Hier ist $\mathfrak{s} = 2s - 1$, und alle Zeitmittelwerte hängen ausschließlich von der Energiekonstante α_1 ab. — Im Zusammenhang mit 2. sei auch auf die Bemerkungen von *H. Kneser,* Math. Ann. 84 (1921), p. 277, §§ 7—9, über die Rolle der eindeutigen Integrale hingewiesen. (Der Begriff „Ergodenhypothese" ist hier nicht im üblichen Sinne gefaßt.) Vgl. ferner Anm. 55), zweiter Absatz.

67) Würde man von der Zeitmittelbildung über die rechten Seiten von (1′) absehen wollen und die Gleichungen (1′) für $\frac{da}{dt} = \text{const.}$ integrieren, so würden sich im allgemeinen genau $2s - 1$ Integrale von (1′) als Parameterinvarianten ergeben, die aber *keineswegs* sämtlich *eindeutige* Funktionen der q_k und p_k sein und mit den nach der obigen Methode bestimmten übereinstimmen würden. Nur bei $s = 1$ fallen die beiden Ergebnisse notwendig zusammen, wie auch *G. Krutkow* und *V. Fock,* Ztschr. f. Phys. 13 (1923), p. 195, am „*Rayleigh*schen Pendel" (periodisches System von *einem* Freiheitsgrade) direkt rechnerisch gezeigt haben.

für sie im folgenden anstatt p_k, q_k $(k = 1, 2, \ldots, s)$ die Bezeichnungen I_r, w_r $(r = 1, 2, \ldots, u\ (\leqq s))$ benutzt werden. Dann folgt aus den *Hamilton*schen Gleichungen (1) wegen $\frac{\partial H}{\partial w_r} = 0$, $I_r =$ const., und wenn man $\frac{\partial H}{\partial I_r} = \omega_r$ setzt, $w_r = \omega_r t + \delta_r$, wobei die Größen δ_r ebenso wie die Werte der I_r willkürliche Integrationskonstanten darstellen. Wegen (4) hat die vollständige Lösung S der *Hamilton-Jacobi*schen Differentialgleichung (5) eines derartigen Systems die Gestalt

$$(5') \qquad S = \sum_{r=1}^{u} I_r \cdot w_r + C,$$

ist also unabhängig von sämtlichen an dem System vorkommenden Parametern. Indem wir jetzt an Stelle der α_i, β_i in den Gleichungen (1') die kanonisch konjugierten Variablen I_r, w_r wählen, erhalten wir für die während der Verschiebung *beliebiger* Parameter gültige *Hamilton*sche Funktion (1'') wegen $\frac{\partial S}{\partial a} = 0$ einfach $K = H(I_r, a)$ und somit

$$(11') \qquad \delta I_r = 0 \qquad (r = 1, 2, \ldots, u).$$

Hinsichtlich der w_r findet man, daß die Beziehungen $\frac{d w_r}{dt} = \omega_r$ während der Parameterverschiebungen unverändert ihre Gültigkeit bewahren, so daß über das Verhalten der für die Bewegung selbst belanglosen Größen δ_r in diesem singulären Falle keine weiteren Aussagen gemacht werden können. *Die Impulse eines mehrfach-zyklischen Systems sind demnach in bezug auf jeden beliebigen seiner Parameter Parameterinvarianten oder adiabatische Invarianten.*[68])

68) Man überzeugt sich leicht, daß dies auch für die zyklischen Impulse von Systemen gilt, die nicht bezüglich aller Koordinaten zugleich zyklisch sind, s. z. B. *G. Krutkow*, Versl. Akad. Amsterdam 27 (1918), p. 908, § 6.

Die fundamentale Frage nach den notwendigen und hinreichenden Bedingungen dafür, daß die eindeutigen Parameterinvarianten eines dynamischen Problems für alle nach den einleitenden Festsetzungen dieser Nr. in Betracht kommenden Parameter miteinander übereinstimmen, ist, da die ganze Fragestellung in der Literatur noch überhaupt keine Beachtung gefunden hat, bisher nicht näher untersucht worden. Indessen scheint es aber einen derartigen Fall zu geben, bei dem die Zurückführung auf zyklische Variable unmöglich ist, so daß *diese* Eigenschaft dafür im allgemeinen nicht ausreichend sein dürfte. Wenn die bereits bekannten Probleme mit quasiergodischen Bahnkurven (s. Anm. 10 und 11) die in Anm. 9) näher zitierten Zusatzbedingungen erfüllen sollten, so daß die Berechtigung der Annahme 1. in Anm. 66) für sie dadurch gewährleistet wäre, dann könnte der Beweis für die Parameterinvarianz des sogenannten „Phasenvolumens" (s. Anm. 48) *ergodischer* Systeme unmittelbar auf sie übertragen werden. Dieser Beweis stammt von *P. Hertz*, Ann. d. Phys. 33 (1910), p. 225, 537, § 11 (vgl. auch die in Anm. 48) zitierte Stelle) und ist von speziellen Eigenschaften

Bei allen Systemen mit *stabilen* Bahnkurven, deren kartesische Koordinaten q_k und die dazugehörigen kanonisch konjugierten Impulse p_k $(k = 1, 2, \ldots s)$ sich durch geeignete Berührungstransformationen in die Variablen w_r, I_r $(r = 1, 2, \ldots u)$ eines *mehrfach-zyklischen Systems* überführen lassen, haben sich die q_k, p_k *als mehrfach-periodische Funktionen der* w_r *darstellen lassen*[69]), wobei der „Periodizitätsgrad" u stets $\leqq s$ ist. Sie sind dann im allgemeinen in u-fache *Fourier*sche Reihen nach den „Winkelvariablen" w_r entwickelbar[70]), in welchen sie die Periode 1 besitzen mögen. Daraus geht unmittelbar hervor, daß die w_r bei allen diesen Systemen von der Dimension einer reinen Zahl sind, die I_r somit *sämtlich* von der Dimension einer *Wirkungsgröße*. Für die aus diesem Grunde auch als „Wirkungsvariable" bezeichneten I_r erhält man dann (vgl. Nr. **15a**)

$$(11'') \qquad I_r = \int_0^1 dw_r \cdot \sum_{k=1}^{s} p_k \frac{\partial q_k}{\partial w_r} \qquad (r = 1, 2, \ldots u).$$

Der Beweis dafür, daß die Größen (11″) Parameterinvarianten oder adiabatische Invarianten sind, wurde für die einzelnen, die Quantentheorie interessierenden Spezialfälle bereits vor der im vorstehenden auseinandergesetzten allgemeinen Theorie erbracht. Für *rein periodische* und *quasi-periodische Systeme* hat dies *P. Ehrenfest* auf Grund eines mechanischen Theorems von *Boltzmann* gezeigt, für *nicht-entartete* $(u = s)$ sowie für *entartete* $(u < s)$ *bedingt periodische Systeme* (Nr. **15**) *Burgers.*[71]) Alle diese Systeme gehören zu der eingangs dieser Nr.

des benutzten Parameters unabhängig; *G. Krutkow,* l. c. § 8 hat ihn, von (10″) ausgehend, wiederholt. S. auch *P. Ehrenfest,* Ann. d. Phys. 51 (1916), p. 327, § 5. — *Bei allen nicht-quasiergodischen Systemen hingegen hat sich für die genannte Unabhängigkeit der Parameterinvarianten von den speziellen Eigentümlichkeiten der verschiedenen Parameter die Zurückführbardeit auf mehrfach-zyklische Systeme als notwendig erwiesen.* — Vgl. dazu Anm. 55), zweiter Absatz.

69) Die Umkehrung dieses Satzes ist von *G. Herglotz* bewiesen, aber nicht publiziert worden (vgl. *J. M. Burgers* [1], p. 48, und *A. Smekal,* Ztschr. f. Phys. 11 (1922), p. 294, wo dieser Beweis erwähnt wird), nachdem er schon früher entweder bekannt oder vermutet worden war, s. *K. Schwarzschild,* Berl. Ber. 1916, p. 548. Später hat *H. Kneser,* Math. Ann. 84 (1921), p. 277, § 6, ohne Kenntnis desselben, einen davon völlig unabhängigen Beweis gegeben.

70) Dabei soll, um die Eindeutigkeit dieser Entwicklungen zu gewährleisten, stets vorausgesetzt sein, daß zwischen den u Größen $\frac{\partial H}{\partial I_r} = \omega_r$ keine Linearbeziehungen mit rationalen Koeffizienten bestehen, was sich immer durch geeignete Wahl der Berührungstransformationen erreichen läßt. Beispiele hierfür etwa bei *J. M. Burgers* [1], insbesondere §§ 10—14.

71) *P. Ehrenfest,* Versl. Akad. Amsterdam 22 (1913), p. 586; Ann. d. Phys. 51 (1916), p. 327, s. ferner auch Anm. 114) und *H. Kneser,* Math. Ann. 91 (1924),

unter (A) aufgeführten Klasse von mechanischen Problemen. Beschränkt man sich auf die im Anschluß an die Verhältnisse bei der Klasse (B) zugelassenen Parameter, so gilt die Parameterinvarianz von (11″) auch für beliebige, *mittels mehrfacher Fourierscher Reihen darstellbare Familien von bedingt periodischen Partikularlösungen beliebig allgemeinerer Probleme.*[72])[73])

Für die in Nr. **3** eingeführten „räumlichen" Häufigkeitsansätze des Gasmodells kommen offensichtlich nur *eindeutige* Parameterinvarianten in Betracht, die unabhängig von den verschiedenen Arten *makroskopischer Parameter* a^* sind. Man kann erwarten, daß die innere Bewegung der Moleküle zumindest dann so beschaffen sein wird, daß diese Bedingung erfüllbar ist, wenn die in Nr. **3** eingeführte *Gewichtsfunktion* hinterher an der Erfahrung geprüft, sich als von einer Konstante *verschieden* herausstellt (Nr. **9**). Die in Nr. **3** mit Rücksicht auf die μ-Raum-Struktur gewünschte *Normierung* der Parameterinvarianten ist notwendig, um der Unbestimmtheit zu begegnen, welche in dem Umstande begründet ist, daß jede „reine" Funktion irgendwelcher Parameterinvarianten immer wieder eine Parameterinvariante ist. Sie läuft darauf hinaus, das Volumelement $d\Omega$ des μ-Raumes mit Hilfe von Parameterinvarianten auszudrücken. Wenn der Periodizitätsgrad u irgendeines der oben erwähnten Systeme, welche die Parameterinvarianten (11′) besitzen, gleich der Anzahl der Freiheitsgrade ist, hat

---

p. 155; *J. M. Burgers,* Ann. d. Phys. 52 (1917), p. 195; Versl. Akad. Amsterdam 25 (1917), p. 849, 918. Von (10″) ausgehend, hat später auch *G. Krutkow* einen eleganten Beweis für nicht-entartete, bedingt periodische Systeme gegeben, Versl. Akad. Amsterdam 27 (1918), p. 294, § 7. Bedingt periodische Lösungen, welche nicht durch Separation der Variablen bei der Integration der *Hamilton-Jacobi*schen Differentialgleichung erhalten worden sind, hat ebenfalls *Burgers* untersucht, Versl. Akad. Amsterdam 25 (1917), p. 1055, vgl. auch den Beweis von *Bohr* und *Kramers, N. Bohr,* Ztschr. f. Phys. 13 (1923), p. 117, Anm. 1) auf p. 132, endlich *M. v. Laue,* Ann. d. Phys. 76 (1925), p. 619. Bezüglich einer beim *Burger*schen Invarianzbeweise auftretenden Schwierigkeit vgl. man Anm. 357).

72) *A. Smekal,* Ztschr. f. Phys. 11 (1922), p. 294. Die Einzelheiten des Beweises verlaufen genau so wie bei *J. M. Burgers,* Versl. Akad. Amsterdam 25 (1917), p. 1055.

73) Allen in diesem Absatze erwähnten Systemen (bzw. Partikularlösungen) ist gemeinsam, daß ihre Gesamtenergie $H(q_k, p_k, a) = E(q_k, p_k, a)$ auf die Form $E(I_r, a)$ gebracht werden kann. Die „Kraft", welche an dem System durch Verschiebung des Parameters a hervorgerufen wird, berechnet sich mittels (10′) zu $-\frac{\partial E}{\partial a}$ und beträgt auf Grund des in Anm. 61) angeführten Satzes einfach $-\frac{\partial E(I_r, a)}{\partial a}$.

man einfach

$$(14') \qquad d\Omega = dI_1 \cdot dI_2 \ldots dI_u \qquad (u = s).$$ [74]

Der Fall $u < s$ erfordert eine nähere Untersuchung des speziellen vorliegenden Problemes; man erhält allgemein

$$(14'') \qquad d\Omega = d(I_1^{f_1}) \cdot d(I_2^{f_2}) \ldots d(I_u^{f_u}), \qquad (u < s)$$

wobei $f_1 + f_2 + \cdots + f_u = s$.[75]

4. „Zeitliche" a priori-Häufigkeitseigenschaften des Gasmodells. Seine Zeitgesamtheit. Nachdem in Nr. **3** die Hilfsmittel für eine Beschreibung der Bewegung des Gasmodells in einer Weise entwickelt worden sind, die der kombinatorischen Methodik der statistischen Mechanik angepaßt ist, kann nunmehr auch auf das Verhalten des Modells an den Unstetigkeitsstellen seiner Bewegung eingegangen werden. Auch hierüber läßt sich zunächst nur ein *Ansatz* einführen, über den die Erfahrung näher zu entscheiden haben wird (Nr. **9, 11, 26**). Als Vorläufer eines solchen hinsichtlich der Translation allein, ist der „*Stoßzahlansatz*" der kinetischen Gastheorie in seiner statistischen Weiterbildung anzusehen.[76]

Die Zellen des Translations-μ-Raumes mögen in beliebiger Weise numeriert sein und n_t' bzw. n_t'' zwei beliebige dieser Zellen bedeuten. Anderseits seien die beiden Zellen $n_1', n_2', \ldots, n_u'$ bzw. $n_1'', n_2'', \ldots, n_u''$ des μ-Raumes der inneren Bewegung ins Auge gefaßt. Denkt man sich die beiden Räume als Projektionen des einheitlichen $2(s+3)$-dimensionalen μ-Raumes der inneren *und* Translationsbewegung, so kennzeichnen die beiden Indexkombinationen

$$(n')\ n_t', n_1', n_2', \ldots, n_u', \quad (n'')\ n_t'', n_1'', n_2'', \ldots, n_u''$$

74) Da der Übergang von den p_k, q_k zu den I_r, w_r durch eine Berührungstransformation vermittelt wird und für jede solche die Funktionaldeterminante der p_k, q_k nach den I_r, w_r der Einheit gleich ist, erhält man

$$\int \cdots \int dp_1 \ldots dp_s dq_1 \ldots dq_s = \int \cdots \int dI_1 \ldots dI_s dw_1 \ldots dw_s.$$

Wird nun entsprechend der Einteilung (12) über alle w_r von 0 bis 1 integriert, so gelangt man zu (14'). Der Beweis von (14'') kann auf ähnlichem Wege geführt werden. S. aber auch Anm. 39).

75) In direktem Zusammenhange mit der Quantentheorie und unabhängig von der Frage der Parameterinvarianten werden die Normierungsfragen behandelt von *M. Planck*, Verhandl. Deutsch. Phys. Ges. 17 (1915), p. 407, 438; Ann. d. Phys. 50 (1916), p. 385; speziell mit bedingt periodischen Systemen beschäftigen sich *K. Schwarzschild*, Berl. Ber. 1916, p. 548, und *P. S. Epstein*, Berl. Ber. 1918, p. 435. Vom obigen Standpunkte aus sei auf *G. Krutkow*, Versl. Akad. Amsterdam 29 (1920), p. 69 verwiesen, dessen Betrachtungen sich indessen formal auf den Γ-Raum beziehen.

76) Vgl. IV 32, Nr. **3—6**, insbesondere aber Nr. **18**. Ferner *L. Boltzmann*, Vorlesungen über Gastheorie, 2 Bände, 2. Aufl. Leipzig 1912.

zwei beliebige Zustandsgebiete oder Zellen (n') und (n'') der inneren *und* Translationsbewegung eines Moleküls. Besteht nun eine der Bewegungsunstetigkeiten des Gasmodells darin, daß eines der in (n') befindlichen Moleküle innerhalb einer vernachlässigbar kurzen Zeit nach (n'') übergeht, so sei die a priori-Häufigkeit eines solchen Überganges während der Zeitstrecke dt durch

$$C_{n'}^{n''} \cdot dt \qquad (n' \rightarrow n'') \tag{18}$$

und für den inversen Vorgang durch

$$C_{n''}^{n'} \cdot dt \qquad (n' \leftarrow n'') \tag{18a}$$

gegeben.[77]) Befinden sich zu Beginn von dt gerade $N_{n'}^{(0)}$ bzw. $N_{n''}^{(0)}$ Moleküle in den Zellen (n') bzw. (n''), so wird die durch die Wechselwirkung mit (n'') verursachte Änderung von $N_{n'}^{(0)}$ während dt *im Mittel*

$$d^{(n'')} N_{n'}^{(0)} = (N_{n''}^{(0)} C_{n''}^{n'} - N_{n'}^{(0)} C_{n'}^{n''}) \cdot dt \tag{19}$$

betragen. Über die Natur derjenigen Vorgänge, welche die Existenz und Größe dieser „Übergangswahrscheinlichkeiten“ (18), (18a) bedingen, braucht an dieser Stelle noch keine spezielle Annahme eingeführt zu werden.[78])

Wie aus der Formulierung dieser Ansätze hervorgeht, sind sie im allgemeinen nicht an die Voraussetzung gebunden, daß das Gasmodell gegen seine Umgebung energetisch abgeschlossen ist (Nr. 5), sondern werden auch dessen Wechselwirkungen mit anderen warmen Körpern, sowie der Hohlraumstrahlung zu berücksichtigen gestatten (Nr. 7, 8). In letzteren Fällen wird dem Gase fortdauernd in ganz unregelmäßiger Weise Energie zugeführt oder von ihm abgeleitet werden; an Stelle der Konstanz der Energiesumme aller Moleküle tritt dann bei stationärem Verhalten des Gases die Bedingung eines für hinreichend lange Zeiten konstanten *mittleren* Gesamtenergiebetrages E (Nr. 7). In der vorliegenden Nummer beschränken wir uns

---

77) Bezüglich der Zeitdauer eines derartigen Überganges vgl. man insbesondere Anm. 192). — Der *Index* t weist wie im Vorhergehenden stets auf die *Translations*bewegung der Moleküle hin, während die *Zeit* t stets als *Argument* geschrieben wird.

78) Über jene Zellen bzw. Molekülzustände (n'), (n''), zwischen denen überhaupt keine Übergangsmöglichkeiten bestehen, für die also die Größen (18) und (18a) *zugleich* verschwinden, gibt in der Quantentheorie das *Bohrsche Korrespondenzprinzip* Auskunft. Vgl. Nr. **14**.

Man wird bemerken, daß das Verschwinden des „Gewichtes“ $g_{n'}$ einer Zelle (n') notwendig das Verschwinden von

$$C_{n'}^{n} \quad \text{und} \quad C_{n}^{n'}$$

für alle n nach sich zieht, und umgekehrt. Vgl. Anm. 80) aber auch 90).

jedoch im wesentlichen auf den Fall dauernder energetischer Isolierung des Gasmodells.

Die Größen (18) bzw. (18a) müssen naturgemäß von der Zeit unabhängig sein; im Gegensatz zu den „räumlichen“ a priori-Häufigkeiten g hingegen kann für sie eine Parameterinvarianzbedingung von der Art (16) weder erwartet noch begründet werden, da sie im allgemeinen von der Gesamtenergie des Gases abhängen müssen, wie auch aus der später zu erwähnenden Stationaritätsbedingung (32) (und in Verbindung mit (41) und (64a)) unmittelbar hervorgeht. Dieser Umstand erschwert es beträchtlich, von vornherein genauere Angaben über ihre Abhängigkeit von den zeitfreien Integralen in (9) und von der Translationsenergie E_t (2) der Moleküle zu machen. Jene Schwierigkeit wird aber zunächst vollständig wettgemacht durch die Tatsache, daß die Größen (18) und (18a) für die Ableitung des thermischen Gleichgewichtes im Gase keine wesentliche Rolle spielen (s. weiter unten), und ebenso auch bei den übrigen der statistischen Behandlung zugänglichen warmen Körpern (Nr. **6**). — Nähere Ausführungen über die Bedeutung und Unabhängigkeit der „Übergangswahrscheinlichkeiten“ (18), (18a) bei speziellen Problemen finden sich in den Nr. **11**, **12**, **26**.

Da nach Nr. **3** jeder beliebigen Zelle (n') oder (n'') ganz bestimmte Werte der Molekülenergie $E(q_k, p_k, a^*) + E_t$, etwa $E_{n'} + E_{t,n'}$ bzw. $E_{n''} + E_{t,n''}$ zuzuordnen sind, kann die Numerierung aller Zellen nach zunehmenden Energiewerten vorgenommen werden. Dann bezeichne $N_1^{(m)}, N_2^{(m)}, \ldots, N_l^{(m)}, \ldots$ die Anzahl der zur Zeit t_m in der 1., 2., ..., l^{ten}, ... Zelle befindlichen Moleküle oder deren Zustandsverteilung $\mathsf{Z}(t_m)$. Hierbei gilt dauernd für alle m

$$\sum_{l=1}^{\infty} N_l^{(m)} = N \tag{20}$$

und

$$\sum_{l=1}^{\infty} N_l^{(m)} \cdot (E_l + E_{t,l}) = \mathsf{E}, \tag{21}$$

wobei nach Annahme für alle l

$$E_{l-1} + E_{t,l-1} < E_l + E_{t,l} < E_{l+1} + E_{t,l+1} \tag{22}$$

ist. Geht man von einer beliebigen Anfangsverteilung $\mathsf{Z}(t_0)$ aus, so verändern sich die $N_l^{(0)}$ nach den gemachten Annahmen während dt in ganz zufälliger Weise zu einer $\mathsf{Z}(t_1)$, die natürlich in keiner Weise vorausberechenbar ist; ähnliches tritt nach Ablauf weiterer Teilstrecken dt ein und nach m solchen Intervallen sei $\mathsf{Z}(t_m)$ erreicht. Die Aufeinanderfolge dieser einzelnen Zustandsverteilungen nennt man die *Zeit-*

gesamtheit des Gasmodelles. Betrachtet man nun eine sehr große Zahl *m* von solchen zeitlich aufeinandergefolgten Zustandsverteilungen, so werden sich die einzelnen Zustandsverteilungen darin immer wiederholen, einige öfter, andere seltener. Um den unter Umständen makroskopisch beobachtbaren *Zeitmittelwert* einer bestimmten molekularen Größe φ (z. B. der Arbeitsleistung eines äußeren Feldes am einzelnen Molekül bei der Parameterverschiebung δa^*) zu berechnen, hat man nun folgendermaßen zu verfahren:

Der Index L kennzeichne eine beliebige dieser Zustandsverteilungen $N_{L,1}, N_{L,2}, \ldots N_{L,l}, \ldots$, welche τ_L-mal während der Zeit $t_m - t_0$ aufgetreten ist. Die Gesamtzahl aller verschiedenen Z_L sei L^*; dann ist jedenfalls

$$(23)\qquad \sum_{L=1}^{L^*} \tau_L \cdot dt = t_m - t_0 .$$

Der „räumliche“ Mittelwert von φ, d. h. der Mittelwert über den μ-Raum, etwa $[\varphi]_L$, ist dann offenbar

$$(24)\qquad [\varphi]_L = \sum_{l=1}^{\infty} N_{L,l} \cdot \varphi_l ,$$

wenn φ_l den Wert von φ in der l^{ten} Zelle des μ-Raumes bedeutet. $[\varphi]_L$ ändert sich, sowie die Z_L in der Zeitgesamtheit durch eine andere abgelöst wird. Die gesuchte Größe entspricht also dem *zeitlichen Mittelwert von* $[\varphi]_L$,

$$(25)\qquad \overline{\overline{\varphi}} = \frac{1}{t_m - t_0} \sum_{L=1}^{L^*} \tau_L \cdot dt \cdot [\varphi]_L = \frac{1}{t_m - t_0} \sum_{L=1}^{L^*} \sum_{l=1}^{\infty} \tau_L N_{L,l} \cdot \varphi_l \cdot dt ,$$

und zugleich einem *zeitlich-räumlichen Mittelwert von* φ.[79]) Durch Vertauschung der beiden Summationen nach L und l erhält man, wenn

$$(26)\qquad N_l = \frac{1}{t_m - t_0} \sum_{L=1}^{L^*} \tau_L N_{L,l} \cdot dt$$

von nun an die *mittleren* Anzahlen von Molekül-Phasenpunkten in der l^{ten} Zelle des μ-Raumes bedeuten:

$$(27)\qquad \overline{\overline{\varphi}} = \sum_{l=1}^{\infty} N_l \cdot \varphi_l .$$

Die mittels der τ_L definierten mittleren Anzahlen N_l werden,

79) Im Gegensatz zu der Bezeichnung der Zeitmittelwerte über die innere Bewegung des *einzelnen Moleküls* durch einen *einfachen* Querschnitt (s. Gl. (10)), seien im folgenden die nach (25) bzw. (27) und (32) über das *ganze Gas* gebildeten Mittelwerte (im allgemeinen stets für $\lim t_m - t_0 = \infty$) durch *zwei* Querstriche angedeutet.

auch wenn man in (26) bzw. (25) und (27) zum Limes $t_m - t_0 = \infty$ übergeht, im allgemeinen für räumlich voneinander getrennte, im übrigen aber völlig gleichbeschaffene Gasmodelle beliebig *verschieden* ausfallen können, je nachdem, wie bei ihnen gerade *zufällig* die einzelnen Zustandsverteilungen aufeinandergefolgt sind. Die Benutzung der Ansätze (18), (18a) zusammen mit jenen von Nr. **3** gestattet nun jedoch, Aussagen über ihr *wahrscheinliches* mittleres Verhalten, über ihre *wahrscheinliche mittlere Größe* zu machen.[80]) Indem man wieder von einer beliebigen, aber bestimmten Anfangsverteilung Z_0 zur Zeit t_0 ausgeht, kann man nämlich die Frage stellen, mit welcher relativen Häufigkeit das Auftreten einer bestimmten, beliebigen anderen Zustandsverteilung Z_1 nach Ablauf von dt zu erwarten sein wird, wobei natürlich an den Bedingungen (20) und (21) festgehalten werden muß. Diese relative Häufigkeit ist auf Grund der in Nr. **3** und eingangs dieser Nummer gemachten Ansätze ohne weiteres berechenbar, ebenso jene dafür, daß nach Ablauf von m Zeitstrecken dt gerade die m individuellen Zustandsverteilungen $\mathsf{Z}_0, \mathsf{Z}_1, \mathsf{Z}_2, \ldots, \mathsf{Z}_m$ aufeinandergefolgt sind[81]); usf. In dieser Reihe von Zustandsverteilungen wird z. B. die l^{te} Zelle des μ-Raumes eine ganz bestimmte Anzahl von Malen die Anzahl N_l^* von Molekülphasenpunkten enthalten haben. Fragt man nun nach der Relativhäufigkeit, mit der N_l^* Moleküle in der l^{ten} Zelle während einer *ganz beliebigen*, mit (20) und (21) verträglichen Reihe von m zeitlich aufeinandergefolgten Zustandsverteilungen, die aus Z_0

---

80) Hierin kommt am wesentlichsten der Unterschied zutage zwischen jenen Modellen, die allein mit Häufigkeitsansätzen arbeiten, und den quasiergodischen. Bei letzteren ist die Realisierung jeder Z_L zu irgendeinem Zeitpunkte *sicher* — laut Definition der quasiergodischen Mechanismen; bei ersteren, falls die für Z_L in Betracht kommenden „Übergangswahrscheinlichkeiten" (18), (18a) von Null verschieden sind, was *keineswegs* notwendig ist, *möglich* und *wahrscheinlich* — *möglich bleibt aber auch das Gegenteil!* Daß man durch geeignete Verfügung über die g oder die Übergangswahrscheinlichkeiten (vgl. Anm. 78) bei den Häufigkeitsmodellen *die Realisierung beliebig zahlreicher Zustandsverteilungen unmöglich machen kann,* begründet ihre weitaus größere Allgemeinheit und Anpassungsfähigkeit. —

Diese Gegenüberstellung hinsichtlich der *Sicherheit,* mit der überhaupt realisierbare Zustandsverteilungen erwartet werden können, verliert sehr viel an Schärfe, wenn man bedenkt, daß die statistische Deutung der Irreversibilität auch beim quasiergodischen Gasmodell den gleichen Schwierigkeiten unterworfen ist, die eben jeder wahrscheinlichkeitstheoretischen Untersuchung anhaften. Siehe IV 32. — Nach der Auffassung des Referenten ist den Bemerkungen von *P.* und *T. Ehrenfest* über die Stellung der „Wahrscheinlichkeits-Hypothesen" in der Physik — IV 32, Nr. **30** — *an dieser Stelle* auch heute nichts Tröstlicheres hinzuzufügen.

81) *R. v. Mises,* Phys. Ztschr. 21 (1920), p. 225, 256.

hervorgegangen sind, vorkommen, so ergibt sich hierfür eine bestimmte, von Z_0, E, N, m und N_l^* abhängige Größe. Wenn für E, N und m *sehr große* Zahlen gewählt werden, so zeigt sich bei geeigneten Annahmen über das Verhalten der „Übergangswahrscheinlichkeiten“ (18), (18a), daß diese Relativhäufigkeit an einer bloß von E abhängigen, *von* Z_0 *und den „Übergangswahrscheinlichkeiten“ hingegen unabhängigen*[82]), im allgemeinen unganzzahligen Stelle $N_l^* = N_l$ ein *Maximum* besitzt und überdies nur in einer *sehr engen* Umgebung von N_l von Null merklich verschiedene Beträge annimmt.[83]) Da dieses Maximum in der Grenze für $N \to \infty$, $m \to \infty$ beliebig steil gemacht werden kann und für beliebige Zellenindizes l existiert, zeigt sich das *wahrscheinliche zeitliche mittlere Verhalten* des Gases durch einen *mittleren Verteilungszustand* der Moleküle gekennzeichnet, welcher durch die Gesamtheit aller Zahlen N_l gegeben ist.[84])

82) Diese Übergangswahrscheinlichkeiten werden sich außer bei statistischem *Nicht*gleichgewicht im allgemeinen nur bei Schwankungserscheinungen äußern können, zu deren Beobachtung die gewöhnlichen „makroskopischen“ Beobachtungszeiten viel zu lange andauern.

83) Diese Überlegungen, deren eingehende Darstellung gelegentlich an anderer Stelle veröffentlicht werden soll, verlaufen ganz ähnlich wie die in der Anm. 81) zitierten von *v. Mises*. Bei *v. Mises* wird das Gasmodell jedoch nicht als energetisch abgeschlossen betrachtet und nur die Frage nach der Wahrscheinlichkeit beantwortet, mit der in seiner Zeitgesamtheit die Gesamtenergie E auftritt („kanonische Gesamtheit“, vgl. Nr. 7b). Der Beweis ist bei *v. Mises* einstweilen nur für zwei Spezialfälle durchgeführt, nämlich: 1. ruhende *Planck*sche Oszillatoren von einem Freiheitsgrade, 2. *Brown*sche Molekularbewegung. Aus dem Beweisgange ist, wie auch schon *v. Mises* nachdrücklich betont hat, zu entnehmen, daß dessen Übertragung auf wesentlich allgemeinere Fälle keinen prinzipiellen Schwierigkeiten begegnen kann; allerdings werden die zur Ausführung der Grenzübergänge $N \to \infty$, $m \to \infty$ notwendigen Umformungen sehr weitläufig und unübersichtlich — vielleicht wird sich auch hier der von *C. G. Darwin* und *R. H. Fowler* (s. Anm. 94, 95) entwickelte Formalismus als nützlich erweisen können. Welcher Art die Einschränkungen sind, die bei der Behandlung der allgemeinsten Fälle hinsichtlich der Wahl der g und der „Übergangswahrscheinlichkeiten“ (18), (18a) einzuführen sein werden, ist noch nicht untersucht. Vgl. aber Anm. 85) und 90).

Den wesentlichsten Punkt der angedeuteten Beweisgänge stellt die Berechnung m-facher, im Limes unendlicher Wahrscheinlichkeitsprodukte dar; sie wird durch einen Satz von *v. Mises* selbst ermöglicht, *R. v. Mises*, Math. Ztschr. 4 (1919), p. 1, l. Teil. Es sei noch hervorgehoben, daß die erwähnten Sätze und Beweisführungen bei *v. Mises* in der Terminologie der „Grundlagen der Wahrscheinlichkeitsrechnung“ des gleichen Autors, Math. Ztschr. 5 (1919), p. 52 ausgesprochen sind, aber auch unabhängig von ihr formuliert werden können.

84) Wie man bemerken wird, können die im allgemeinen unganzen Zahlen N_l keine Zustandsverteilung bestimmen; vgl. auch Anm. 89). Über ihre *Approximation* durch eine solche hingegen vgl. Nr. 5b.

Der Umstand, daß die gewöhnlich unbekannten oder schwer zu ermittelnden „Übergangswahrscheinlichkeiten" (18), (18a) für die Größen N_l im allgemeinen belanglos sind[85]), ermöglicht es, die N_l mittels eines geeigneten *fingierten* Gasmodelles auf wesentlich einfacherem Wege zu berechnen. Man braucht hierzu nur etwa ein Modell zu betrachten, in dessen Zeitgesamtheit sich *alle* mit den Bedingungen (20) und (21) verträglichen individuellen Zustandsverteilungen **Z** gleich oft und gleich lange Zeit realisiert zeigen.[86]) Der hierbei auftretenden besonderen Gesamtheit von Zustandsverteilungen hat man unabhängig von deren zeitlicher Aufeinanderfolge auch für jedes *beliebige* (wirkliche oder fingierte) Gasmodell eine eigene Bedeutung beigelegt und sie als *Raumgesamtheit* des Gases dessen Zeitgesamtheit gegenübergestellt. Sie ist offenbar eine rein theoretische Konstruktion[87]); man erhält sie, indem man sich eine sehr große An-

85) Die Beschränkung auf derartige Gasmodelle ist charakteristisch für den gegenwärtigen Stand der Statistik und kann in gewissem Sinne als eines ihrer *Postulate* angesehen werden. Denn die hier im Anschluß an die *v. Mises*sche Untersuchung .vorangestellte *Ableitung* des mittleren Verteilungszustandes (31) wird von den meisten Autoren überhaupt gar nicht angestrebt; dieser mittlere Verteilungszustand pflegt vielmehr entweder einfach der *Raumgesamtheit* des Gasmodelles (s. im Text weiter unten) entnommen und durch eine der Quasiergodenhypothese verwandte Annahme (s. z. B. Anm. 12) gerechtfertigt zu werden, oder eine derartige Rechtfertigung unterbleibt überhaupt. Ja, die Fragestellung wird sogar umgekehrt, (31) wird als gültig vorausgesetzt, und es wird versucht, daraus Aussagen über die Übergangswahrscheinlichkeiten (18), (18a) abzuleiten (vgl. Nr. **11**, **26**), siehe auch Anm. 90).

Wenn man bedenkt, daß die Unabhängigkeit der N_l von den Übergangswahrscheinlichkeiten (18), (18a) *wesentlich durch die ungeheure Größe der Molekülanzahl N mitbewirkt wird*, so ergibt sich jedoch, daß obige Beschränkung praktisch kaum von großer Tragweite sein dürfte. Die Frage nach der Existenz und Bedeutung *allgemeinerer Verteilungseigenschaften* ist noch unerledigt (vgl. Anm. 83). Man kann jedoch vermuten, daß sie bei der statistischen Behandlung sogenannter „unvollständiger Gleichgewichte" eine Rolle spielen könnten. Über die Position der bisherigen Statistik gegenüber solchen Gleichgewichten vgl. man *W. Schottky*, Ann. d. Phys. 68 (1922), p. 481.

86) Ein solches fingiertes Modell würde den „ergozonalen" Modellen von *Szarvassi* (s. Anm. 12) entsprechen. Denkt man sich den in Nr. **3** (I) angedeuteten Grenzübergang zu infinitesimalen μ-Raumzellen ausgeführt, so würde ein solches Modell in ein *quasiergodisches* übergehen (s. Nr. **1**). Alle älteren Darstellungen beschäftigen sich von vornherein ausschließlich mit derartigen speziellen Modellen, so daß an dieser Stelle die Benutzung der Quasiergodenhypothese oder einer verwandten Annahme für sie *unerläßlich* war. Vgl. Nr. **1** Ende, sowie Anm. 17).

87) Solche Gesamtheiten überhaupt nennt *P. Hertz*, Rep., s. Anm. 9), *virtuelle Gesamtheiten.* Nach obiger Definition erscheint die Raumgesamtheit hier somit als Spezialfall einer virtuellen Gesamtheit.

zahl von kongruenten, in Zellen eingeteilten μ-Räumen vorstellt, in deren jedem sich eine bestimmte Zustandsverteilung von N Molekülen mit der Energiesumme E realisiert vorfindet. Eine bestimmte Zustandsverteilung Z_L, gegeben durch die Molekülanzahlen

$$N_{L,1},\, N_{L,2}, \ldots N_{L,l}, \ldots \tag{28}$$

wird in ihr um so häufiger vorkommen, je größer die Zahl ihrer *Realisierungsmöglichkeiten* $R(\mathsf{Z}_L)$ ist. Wenn man berücksichtigt, daß nach Nr. **3** der l^{ten} Zelle das Gewicht g_l zukommt, daß die relative Häufigkeit für das gleichzeitige Vorkommen von $N_{L,l}$ Molekülen in dieser Zelle also

$$g_l^{N_{L,l}}$$

beträgt, so erhält man hierfür[88])

$$R(\mathsf{Z}_L) = \frac{N!}{N_{L,1}!\, N_{L,2}! \ldots N_{L,l}! \ldots} \cdot g_1^{N_{L,1}}\, g_2^{N_{L,2}} \ldots g_l^{N_{L,l}} \ldots \tag{29}$$

Damit ist die Relativhäufigkeit jeder beliebigen Zustandsverteilung Z_L in der Raumgesamtheit des Gases bestimmt, wenn die $N_{L,l}$ überdies der Bedingung

$$\sum_{l=1}^{\infty} N_{L,l}(E_l + E_{t,l}) = \mathsf{E} \tag{30}$$

(vgl. (21)) genügen. Für den Mittelwert der in der l^{ten} Zelle des μ-Raumes jeweils vorhandenen Anzahl von Molekülphasenpunkten erhält man

$$N_l = \frac{\sum_{L=1}^{L^*} R(\mathsf{Z}_L) \cdot N_{L,l}}{\sum_{L=1}^{L^*} R(\mathsf{Z}_L)} \text{ }^{89)}, \tag{31}$$

und dies wird bei über alle Grenzen wachsender Anzahl der μ-Räume mit dem zeitlichen Mittelwerte von $N_{L,l}$ für das oben erwähnte *fingierte* Gasmodell identisch (vgl. auch (26)!). Wie aus der vorangegangenen Argumentation hervorgeht und auch durch direkte Rechnung erhärtet werden kann, müssen für $N \to \infty$ die Größen N_l in (31) nun auch mit den vorhin aus der Zeitgesamtheit eines *beliebigen* Gasmodells abgeleiteten, gleichbezeichneten Größen identisch werden. *Der wahrscheinliche, zeitlich-mittlere Verteilungszustand der Moleküle eines beliebigen Gases mit den „Übergangswahrscheinlichkeiten"* (18),

88) *P. Ehrenfest*, s. Anm. 33). — Betreffs des kombinatorischen Faktors vgl. (3), ferner IV 32, Anm. 115) u. 116), wo das Volumen des Z_L-„Sternes" in gleicher Weise berechnet wird wie $R(\mathsf{Z}_L)$.

89) Während die $N_{L,l}$ nach Definition ganze Zahlen darstellen, ist das für die N nicht mehr mit Notwendigkeit der Fall.

(18 a) *wird für große Werte von N also direkt aus dessen Raumgesamtheit mittels* (31) *berechenbar.*

Da die mittleren Änderungen der N_l offenbar verschwinden müssen, folgt jetzt aus (19) für zwei beliebige Zellen (n') und (n'') eine Beziehung von der Form

$$(32) \qquad N_{n'} \cdot \overline{\overline{C_{n'}^{n''}}} = N_{n''} \cdot \overline{\overline{C_{n''}^{n'}}},$$

welche die Bedingung der *Stationarität* der Bewegung des Gasmodells zum Ausdruck bringt; die in sie eingehenden Größen $\overline{\overline{C}}$ stellen nunmehr im allgemeinen gewisse zeitlich-räumliche *Mittelwerte* der „Übergangswahrscheinlichkeiten" (18), (18a) dar.[90]) Für den *zeitlich-räumlichen Mittelwert einer beliebigen Molekülphasenfunktion* φ (vgl. (27)) ergibt sich

$$(33) \qquad \overline{\overline{\varphi}} = \sum_{l=1}^{\infty} N_l \cdot \varphi_l.$$ [91])

Den durch die Zahlen N_l charakterisierten *mittleren Verteilungszustand* im Gase bezeichnen wir im folgenden als *Boltzmannsche Verteilung*[92]); sie stellt nicht das wirkliche mittlere zeitliche Verhalten

---

90) Diese oft gefolgerte und benutzte (vgl. Nr. **11**, **26**) Beziehung ist wohl *hinreichend* für die gewünschte Stationarität, aber keineswegs *notwendig*, wie zuerst *M. Radaković* und *E. Schrödinger* anläßlich von Vorträgen hervorgehoben haben. Seien etwa (a), (b), (c) drei Zellen des μ-Raumes, für welche nur die Mittelwerte der Übergangswahrscheinlichkeiten C_a^b, C_b^c und C_c^a oder bloß diese selbst von Null verschieden seien, so wird bei

$$N_a \cdot \overline{\overline{C_a^b}} = N_b \cdot \overline{\overline{C_b^c}} = N_c \cdot \overline{\overline{C_c^a}}$$

die Bewegung stationär bleiben und ähnliches auch bei Aufnahme beliebig vieler weiterer Zellen in diesen „Zykel" bestehen können. Man sieht leicht, daß Stationarität überhaupt nur durch Einführung solcher „Zykel" erreicht werden kann, wenn

$$\overline{\overline{C_{n'}^{n''}}} \quad \text{und} \quad \overline{\overline{C_{n''}^{n'}}}$$

nicht *zugleich* verschwinden. — Man wird bemerken, daß die $N_{n'}$ bzw. $N_{n''}$ in (32) auf einem von der Benutzung der C vollkommen freien Wege, nämlich mittels der Raumgesamtheit zu berechnen sind. Auf die noch offene Frage hinsichtlich der den Übergangswahrscheinlichkeiten aufzuerlegenden Beschränkungen ist bereits in Anm. 83) hingewiesen worden; (32) stellt ersichtlich eine hierbei stets zu berücksichtigende Bedingung dar. Bezüglich eines Beispiels, welches den Zusammenhang der C und $\overline{\overline{C}}$ illustriert, vgl. man Nr. **11**, p. 972, ferner Nr. **26**.

91) Wenn φ eine zeitlich veränderliche Molekülphasenfunktion ist, so hat man in (33) anstatt φ_l dessen *Zeitmittelwert* $\overline{\varphi}_l$ (s. Anm. 79) einzuführen. Vgl. z. B. *A. Smekal,* Ann. d. Phys. 57 (1918), p. 276, § 2.

92) *P.* und *T. Ehrenfest* haben — vgl. IV 32, Nr. **3** u. Nr. **13** — die ehemals sehr verbreitete Bezeichnung *„Maxwell-Boltzmannsche Verteilung"* für jene Zustandsverteilung **Z** von der Energie **E** festgehalten, für welche $R(\mathsf{Z})$ (29) den größten Wert annimmt (s. auch Nr. **5b**). Obige, auch der Kürze halber empfeh-

des individuellen Gases dar, sondern nur das mit erdrückend großer Wahrscheinlichkeit zu erwartende. Dieser Umstand ist für die statistische Interpretation der Irreversibilitätsfragen des II. Hauptsatzes der Thermodynamik, sowie für den Nachweis des *Boltzmannschen H-Theorems* von entscheidender Bedeutung, wie *P.* und *T. Ehrenfest* in IV 32 näher ausgeführt haben. Im folgenden soll er jedoch, damit zugleich dem allgemeinen Sprachgebrauch folgend, nur an jenen Stellen eigens betont werden, wo eine besondere Veranlassung dafür vorliegt.

5. Die Boltzmannsche Verteilung des Gasmodells. Um die *Boltzmann*sche Verteilung rechnerisch zu ermitteln, haben wir die in (31) auftretenden Summen auszuführen. Der Übersichtlichkeit halber stellen wir die von den Ansätzen der früheren Nummern *formal* hierzu erforderlichen nochmals zusammen:

(a) Jede Zelle (n) des μ-Raumes besitzt ein *bestimmtes a priori-Gewicht* g_n.

(b) Jeder Zelle (n) des μ-Raumes ist ein *bestimmter Molekülenergiewert* $E_n + E_{t,n}$ zugeordnet.

(c) Die Summe der Energien aller N Moleküle beträgt E (30).

Bedeutet ferner ζ eine beliebige komplexe Veränderliche, so sei die mittels der Ansätze (a) und (b) definierte Funktion

$$(34)\qquad F(\zeta) = g_1 \zeta^{E_1 + E_{t,1}} + g_2 \zeta^{E_2 + E_{t,2}} + \cdots = \sum_{l=1}^{\infty} g_l \zeta^{E_l + E_{t,l}}$$

als „*Verteilungsfunktion*" der Gas*moleküle* bezeichnet[93]); bei geeigneter Wahl der Molekülenergiewerte und vor allem der „Gewichte" wird sie wegen (22) innerhalb des Einheitskreises $|\zeta| < 1$ als konvergent vorausgesetzt werden können.

---

lenswerte Bezeichnung betrifft definitionsgemäß keine *einzelne* Zustandsverteilung, sondern eine *mittlere.* Wegen des außerordentlichen Überwiegens der „*Maxwell-Boltzmann*schen Verteilung" (vgl. Nr. 5) fallen die beiden Verteilungen aber *praktisch* miteinander vollständig zusammen.

93) Unter Verteilungsfunktion des Gas*modells* hingegen soll aus später ersichtlichen Gründen die N^{te} Potenz von $F(\zeta)$ verstanden werden. — Da die Gewichtsfunktion nach Anm. 47) nur *relative Häufigkeiten* mißt, kann sie mit einem beliebigen konstanten, dimensionslosen Faktor multipliziert werden, ohne daß damit an ihrer physikalischen Bedeutung etwas geändert werden würde. Die gleiche Unbestimmtheit haftet demnach der Definition der Verteilungsfunktionen $F(\zeta)$ an; sie äußert sich daher überall dort, wo in den statistischen Größen keine Differentialquotienten von $\log F(\zeta)$ auftreten. Vgl. z. B. Nr. 8a. Über die Festlegung dieses Faktors durch die Quantentheorie s. Nr. 24c, 25, 27.

5a. Die strenge Methode. Betrachtet man mit *Darwin* und *Fowler*[94]) die Potenzentwicklung von

$$(35) \qquad [F(\zeta)]^N,$$

so folgt aus dem Polynomialsatz wegen (30), daß der Koeffizient von ζ^{E} in (35) gleich der im Nenner von (31) auftretenden Summe

$$(36) \quad \mathsf{R} = \sum_{L=1}^{L^*} R(\mathsf{Z}_L) = \sum_{L=1}^{L^*} \frac{N!}{N_{L,1}!\, N_{L,2}! \ldots N_{L,l}! \ldots} \cdot g_1^{N_{L,1}} \cdot g_2^{N_{L,2}} \ldots g_l^{N_{L,l}} \ldots$$

ist. Nach den *Cauchy*schen Integralformeln beträgt dieser Koeffizient

$$(37) \qquad \mathsf{R} = \frac{1}{2\pi i} \int\limits_{\gamma} \frac{d\zeta}{\zeta^{\mathsf{E}+1}} [F(\zeta)]^N,$$

wenn die Integration in der komplexen Zahlenebene etwa längs eines Kreises vom Radius $|\gamma| < 1$ erfolgt. Um für die Gesamtenergie E eine ähnliche Integraldarstellung zu erhalten, bildet man die Doppelsumme

$$(36\text{a}) \qquad \mathsf{R} \cdot \mathsf{E} = \sum_{L=1}^{L^*} R(\mathsf{Z}_L) \cdot \sum_{l=1}^{\infty} N_{L,l} \cdot (E_l + E_{t,l}),$$

welche ersichtlich mit dem Koeffizienten von ζ^{E} in

$$(35\text{a}) \qquad \zeta \cdot \frac{d}{d\zeta} [F(\zeta)]^N$$

übereinstimmt. Hieraus folgt

$$(38) \qquad \mathsf{R} \cdot \mathsf{E} = \frac{1}{2\pi i} \int\limits_{\gamma} \frac{d\zeta}{\zeta^{\mathsf{E}+1}} \zeta \frac{d}{d\zeta} [F(\zeta)]^N$$

Für die *Boltzmannsche Verteilung* ergibt sich aus (31) und (36)

$$(36\text{b}) \qquad \mathsf{R} \cdot \overline{N}_l = \sum_{L=1}^{L^*} R(\mathsf{Z}_L) \cdot N_{L,l},$$

und auf ähnlichem Wege wie in den früheren Fällen erhält man für den Koeffizienten von $\zeta^{\mathsf{E} - (E_l + E_{t,l})}$ in

$$(35\text{b}) \qquad N \cdot [F(\zeta)]^{N-1},$$

$$(39) \qquad \mathsf{R} \cdot \overline{N}_l = N \cdot \frac{1}{2\pi i} \int\limits_{\gamma} \frac{d\zeta}{\zeta^{\mathsf{E}+1}} g_l \cdot \zeta^{(E_l + E_{t,l})} \cdot [F(\zeta)]^{N-1}.$$

Integrale von der Form (37), (38), (39) lassen im Falle sehr

94) *C. G. Darwin* und *R. H. Fowler*, Phil. Mag. 44 (1922), p. 450.

großer N und E asymptotische Entwicklungen zu[95]), die eine Zurückführung von (38) und (39) auf (37) ermöglichen. Die Schlußweise ist dabei etwa die folgende[94]): Die Integranden aller dieser Integrale werden auf der reellen positiven Halbachse für $\zeta = 0$ und $\zeta = 1$ unendlich und besitzen an einer *einzigen* dazwischenliegenden Stelle ϑ ein Minimum. Führt man den Kreis γ gerade durch $\zeta = \vartheta$ hindurch, so findet man, daß unter allen Werten dieser Integranden längs der Peripherie von γ, jene, welche dem auf der positiven reellen Halbachse liegenden Punkte entsprechen, desto steilere Maxima sind, je größer N und E gewählt wurden. Man kann also die Integrale durch die Werte ihrer Integranden an der reellen Stelle $\zeta = \vartheta$ ersetzen und zur Bestimmung von ϑ von jenen ihrer Faktoren absehen, welche keine durch die Größe von N und E bedingten steilen Maxima besitzen. Von diesen letztgenannten Faktoren abgesehen, lautet die

95) Über derartige Entwicklungen vgl. z. B. II A 12 (*H. Burkhardt*), Nr. **109**. — *Darwin* und *Fowler* (l. c.) benutzen hierfür eine Form, die sie als „method of steepest descents" bezeichnen. Zu deren Rechtfertigung machen sie hinsichtlich des komplexen Linienintegrals

$$\frac{1}{2\pi i}\int_{\gamma} \psi(\zeta)\,[\Phi(\zeta)]^{\mathsf{E}}\,\frac{d\zeta}{\zeta}$$

folgende Voraussetzungen: $\Phi(\zeta)$ ist analytisch und nach zunehmenden Potenzen von ζ entwickelbar; seine Entwicklung, deren Koeffizienten reell und positiv sind, beginnt mit einer negativen Potenz und hat einen endlichen Konvergenzradius, der ohne Beschränkung der Allgemeinheit gleich Eins angenommen werden kann; die Exponenten dieser Reihe sind nicht von der Form $\alpha + \beta \cdot d$, worin α und β bestimmte ganze Zahlen sind und d alle ganzen Zahlen durchläuft. $\psi(\zeta)$ ist analytisch und besitzt keine Pole innerhalb des Einheitskreises, ausgenommen etwa für $\zeta = 0$. γ bedeutet einen einmaligen geschlossenen, positiv zu durchlaufenden Integrationsweg um den Ursprung.

In den obigen Fällen ist offenbar

$$\Phi(\zeta) = \zeta^{-1} \cdot [F(\zeta)]^{\frac{N}{\mathsf{E}}}$$

und alle erwähnten Bedingungen sind entweder trivial oder stets erfüllbar, bis auf die notwendige Konvergenz der *Verteilungsfunktion* (34) selbst, die von der Reihe der Molekül-Energiewerte $E_n + E_{t,n}$ abhängt, *welche durch geeignet gewählte rationale Zahlen beliebig weitgehend approximiert zu denken sind.* Nach *Darwin* und *Fowler* soll die Konvergenz von (34) im Quantenfalle durch das *Bohrsche Korrespondenzprinzip* (Nr. **14**) stets gesichert sein; vgl. indessen Anm. 209) und Nr. **24b**, wo ein unter allen Umständen konvergenzerzeugender Gesichtspunkt herangezogen wird. —

Die Methode von *Darwin* und *Fowler* ist engstens verwandt mit der „Methode der Sattelpunkte", die *P. Debye* [München Akad. 1910, Nr. 5; Math. Ann. 67 (1910), p. 535] zur asymptotischen Darstellung der Zylinderfunktionen benutzt und die schon früher von *Riemann* skizziert war. Im Reellen geht sie in *Lord Kelvins* „Methode der stationären Phase" über.

Minimumbedingung für die Integranden in (37), (38), (39) gemeinsam

$$\frac{d}{d\zeta}\{\zeta^{-\mathsf{E}}\cdot[F(\zeta)]^N\} = 0.$$

Wenn ϑ $(0 < \vartheta < 1)$ also ihre einzige reelle Lösung bedeutet, hat man in Übereinstimmung mit (38)

$$\mathsf{E} = N\cdot\vartheta\cdot\frac{d\log F(\vartheta)}{d\vartheta}. \tag{40}$$

Aus (39) folgt jetzt für die *Boltzmannsche Verteilung:*

$$N_l = N\cdot\frac{g_l\vartheta^{(E_l+E_{t,l})}}{F(\vartheta)} = N\cdot\frac{g_l\vartheta^{(E_l+E_{t,l})}}{\sum\limits_{l=1}^{\infty} g_l\vartheta^{(E_l+E_{t,l})}}. \tag{41}$$

Auf ähnlichem Wege wie (41) berechnen *Darwin* und *Fowler* auch das mittlere Schwankungsquadrat von N_l und finden[96])

$$\overline{\overline{(N_{L,l}-N_l)^2}} = N_l\cdot\left[1+\frac{N_l}{N}\left\{1+\frac{N\left(E_l+E_{t,l}-\frac{\mathsf{E}}{N}\right)^2}{\vartheta\frac{d\mathsf{E}}{d\vartheta}}\right\}\right]. \tag{42}$$

(41) gibt also die *mittlere* Molekülanzahl an, die nach Nr. 4 in einer beliebigen Zelle des μ-Raumes bei hinreichend langer Beobachtungszeit anzutreffen sein würde. Über die Bedeutung der durch (40) bestimmten Größe ϑ und ihren Zusammenhang mit dem *Temperaturbegriff* (Nr. 6, 7) kann an dieser Stelle noch nichts ausgesagt werden. Da E wegen (30) zugleich mit den Molekülenergiewerten $E + E_t$ von den Parametern a^* abhängt (Nr. 2), kann man aus (40) zunächst nur folgern, daß auch ϑ von diesen Parametern abhängig ist.

5b. Das ältere Verfahren. Während obige Approximationsmethode mathematisch völlig einwandfrei durchgeführt werden kann, weist der bisher übliche Weg zur Ableitung der Verteilung (41) eine gewisse Lücke auf, welche durch die Benutzung der nur für große Anzahlen n gültigen (abgekürzten) *Stirlingschen Formel*

$$n! \sim n^n\cdot e^{-n} \tag{43}$$

verursacht wird; andererseits kommt ihm aber größere Durchsichtigkeit und Anschaulichkeit zu als der allgemeinen *Darwin-Fowler*schen Methode. Wenn mit Rücksicht auf die Größe von N angenommen wird, daß einer der Summanden von (36) alle übrigen um Größen-

96) Das zweite Glied in der geschweiften Klammer kann nur weggelassen werden, wenn sich das Gas mit einem sehr großen Wärmereservoir in thermischer Berührung befindet (Nr. 7). — Die Mittelwerte beliebig hoher Schwankungspotenzen haben *Darwin* und *Fowler* ebenfalls nach ihrer Methode berechnet, vgl. Proc. Cambridge Phil. Soc. 21 (1922), p. 391.

ordnungen übertrifft, so kann die ganze Summe durch die *„Anzahl der Realisierungsmöglichkeiten“* jener Zustandsverteilung $\mathfrak{Z}_{MB}$ (*Maxwell-Boltzmannsche Verteilung*[92])) ersetzt werden[97]), welche $R(\mathfrak{Z})$ zu einem *Maximum* macht.[98])

Indem man die *Stirling*sche Formel ohne Rücksicht auf die Größe der $N_{L,l}$ auf $R(\mathfrak{Z}_L)$ anwendet, erhält man

$$\log R(\mathfrak{Z}_L) = N \cdot \log N - N + \sum_{l=1}^{\infty}\left(N_{L,l} \cdot \log \frac{g_l}{N_{L,l}} + N_{L,l}\right).$$

Um dies mit Berücksichtigung der beiden Nebenbedingungen[99])

$$\sum_{l=1}^{\infty} N_{L,l} = N \tag{20a}$$

und

$$\sum_{l=1}^{\infty} N_{L,l}(E_l + E_{t,l}) = \mathsf{E} \tag{30}$$

zu einem Maximum zu machen, hat man mittels zweier willkürlicher *Lagrange*scher Multiplikatoren ϱ und ϑ_1 den Ausdruck

$$\log R(\mathfrak{Z}_L) + \varrho N - \vartheta_1 \mathsf{E} \tag{44}$$

zu bilden und dessen Änderungen für beliebige $\delta N_{L,l}$ gleich Null zu setzen:

$$\delta[\log R(\mathfrak{Z}_L) + \varrho N - \vartheta_1 \mathsf{E}] = 0. \tag{44a}$$

---

97) Den Nachweis, daß die „wahrscheinlichste“ Zustandsverteilung $\mathfrak{Z}_{MB}$ den Einfluß aller übrigen $\mathfrak{Z}$ in (36) überwiegt, hat (ebenfalls mit Benutzung der *Stirling*schen Formel) *K. F. Herzfeld,* Phys. Zeitschr. 15 (1914), p. 785, erbracht.

98) Diejenigen Autoren, welche vom *Boltzmannschen Prinzip*

$$\mathsf{S} = k \cdot \log R(\mathfrak{Z}_{MB}) \tag{90}$$

ausgehen (vgl. Nr. 8b), pflegen die Bevorzugung von $\mathfrak{Z}_{MB}$ mit Rücksicht auf den II. Hauptsatz zu rechtfertigen, indem sie die Entropie S aus Irreversibilitätsgründen mit der Zustandsverteilung $\mathfrak{Z}_{MB}$ *maximaler „Wahrscheinlichkeit“* (siehe Anm. 29) $R(\mathfrak{Z}_{MB})$ verknüpfen. Ganz abgesehen von den gegen die unmittelbare Begründung von (90) zu erhebenden Einwendungen, ist dieser Vorgang auch methodisch bedenklich, da man an dieser Stelle noch über keine statistische Temperaturdefinition verfügt.

99) Der Einfluß eventueller weiterer Nebenbedingungen [z. B. die Forderung der Gültigkeit der Schwerpunkts- und Flächensätze für das gesamte Gasmodell (vgl. dazu Anm. 8)] läßt sich, wie *P. Ehrenfest* gezeigt hat, auf die Einführung einer im μ-Raume *nicht konstanten* (im allgemeinen allerdings von ϑ_1 abhängigen) *Gewichtsfunktion* zurückführen und braucht daher hier nicht weiter berücksichtigt zu werden. Vgl. *P. Ehrenfest,* Ann. d. Phys. 36 (1911), p. 91, Anm. 1 auf p. 95 und Phys. Ztschr. 7 (1906), p. 528. Ein Beispiel für einen solchen Fall ist in Nr. 24b, ferner auch in einer Arbeit von *A. March,* Phys. Ztschr. 22 (1921), p. 429, zu finden. — Umgekehrt kann eine nicht konstante Gewichtsfunktion als Repräsentant derartiger Nebenbedingungen angesehen werden.

Die Ausführung dieser Rechnung ergibt für Z_{MB}, wenn ϱ mittels (20a) eliminiert wird,

$$N_{MB,l} = N \cdot \frac{g_l \cdot e^{-\vartheta_1 (E_l + E_{t,l})}}{\sum_{l=1}^{\infty} g_l \cdot e^{-\vartheta_1 (E_l + E_{t,l})}}; \tag{45}$$

der *Lagrange*-Faktor ϑ_1 ist hierbei durch die Nebenbedingung (30) bestimmt.[100])

Wie der Vergleich von (41) und (45) dartut, stimmt die Zustandsverteilung Z_{MB} mit der *Boltzmannschen Verteilung* vollkommen überein, wenn man

$$\vartheta = e^{-\vartheta_1}$$

setzt. Die Einzelverteilung Z_{MB} leistet also praktisch genau dasselbe wie die *mittlere Boltzmann*-Verteilung. Sieht man von der nicht vollständig legitimen Anwendung der *Stirling*schen Formel ab, so ist damit zugleich der Beweis geliefert, daß die Zustandsverteilung Z_{MB} tatsächlich alle übrigen Z_L *zeitlich* und *räumlich erdrückend überwiegt*[101]), wie es die Ausgangsannahme fordert.

5c. Das Maxwellsche Geschwindigkeitsverteilungsgesetz. Macht man von der in Nr. **2** und **3** der Bequemlichkeit halber eingeführten, in dieser Nummer bisher jedoch noch nicht benutzten Unabhängigkeit der inneren Bewegung der Moleküle von ihrer Translationsbewegung Gebrauch, so zeigt sich, daß man an Stelle der einheitlichen *Verteilungsfunktion* $F(\zeta)$ (34) der Gasmoleküle auch das Produkt zweier solcher hätte benutzen können; die eine derselben,

$$f(\zeta) = \sum_{l_1=1}^{\infty} g_{l_1} \zeta^{E_{l_1}}, \tag{34a}$$

möge sich nur auf die innere Bewegung der Moleküle beziehen, die andere hingegen

$$f_t(\zeta) = \sum_{l_2=1}^{\infty} g_{l_2} \zeta^{E_{t,l_2}} \tag{34b}$$

allein auf die Translation. Die Größen $\ldots E_{l_1}, \ldots$ sollen jetzt die nach zunehmenden Beträgen geordnete Reihe der inneren Energien

---

100) *P. Ehrenfest,* Phys. Ztschr. 15 (1914), p. 657.

101) Damit ist der Beweis der diesbezüglichen *Boltzmann*schen Behauptung (III) bei *P.* und *T. Ehrenfest,* IV 32, Nr. **13**, ohne Benutzung der Ergoden- oder Quasiergodenhypothese erbracht. Vgl. dazu auch *K. Lichtenecker,* Phys. Ztschr. 20 (1919), p. 919, und Anm. 166).

Für konstante Gewichtsfunktionen stimmen (41) und (45) auch vollkommen mit jener μ-Raumverteilung überein, die formal der *Gibbs*schen *kanonischen Γ-Raumverteilung* entspricht. Vgl. IV 32, Nr. **21**, ferner im Text weiter unten, Nr. **7b**, und Anm. 136).

bedeuten, welche den einzelnen Zellen des μ-Raumes der inneren Bewegung (Nr. 3) zugeordnet sind, ... E_{t,l_2}, ... die entsprechende Reihe der Translationsenergien. Denkt man sich jetzt (34a) und (34b) miteinander multipliziert, so ergeben sich in der Tat lauter Glieder von der Form der einzelnen Summanden von $F(\zeta)$ und nur diese.

Die angedeutete Zerlegung der Verteilungsfunktion ermöglicht es, von der speziellen Beschaffenheit (17) der Translations-Gewichtsfunktion Gebrauch zu machen und mit Rücksicht auf sie die Summe (41) bzw. (45) durch ein Integral über den zulässigen Teil *des μ-Raumes der Translation* zu approximieren.[102]) Indem man für alle Zellen dieses μ-Raumes

$$(46)\qquad g_{l_2} = \frac{dx\,dy\,dz\,dp_x\,dp_y\,dp_z}{G_t}$$

setzt, worin G_t eine hier nicht näher bestimmbare Maßkonstante bedeutet[103]), erhält man

$$(34\text{bb})\qquad f_t(\zeta) = \frac{1}{G_t}\int\limits^{(6)}\cdots\int \zeta^{\frac{1}{2M}\left(p_x^2+p_y^2+p_z^2\right)}\cdot dx\,dy\,dz\,dp_x\,dp_y\,dp_z,$$

wobei die Integration nach x, y, z über das Volumen V[104]), nach p_x,

---

102) Vgl. Nr. 3 (I).

103) Um die Dimension von $F(\zeta)$ durch diese Approximation nicht zu verändern, muß die einstweilen unbestimmt bleibende Konstante G_t (vgl. aber Nr. 25, 27) die Dimension der dritten Potenz einer Wirkungsgröße erhalten. [Offenbar besitzt $F(\zeta)$ die Dimension der Gewichtsfunktion, die man stets zu Null wählen kann und wird; ζ *muß* ersichtlich die Dimension Null (bzw. *logarithmische Dimension*) haben und daher ebenso auch ϑ, vgl. (64).] —

Bezüglich einer eingehenderen Rechtfertigung des angedeuteten Grenzüberganges zum Integral sei auf *C. G. Darwin* und *R. H. Fowler*, Proc. Cambridge Phil. Soc. 21 (1922), p. 262, insbes. § 5, verwiesen. Vgl. auch Phil. Mag. 44 (1922), p. 450, § 12, 13.

104) Wenn die endliche Ausdehnung der Moleküle und der Einfluß von zwischen ihnen wirkenden Kräften berücksichtigt werden soll, so wird dadurch die Berechnung des Integrales (34bb) in einigen wesentlichen Punkten abgeändert; die einzige dadurch bewirkte Änderung in den nachfolgenden Formeln besteht also darin, daß $f_t(\zeta)$ im allgemeinsten Falle nicht durch (47) ersetzt, sondern von Fall zu Fall besonders ermittelt werden muß. — Literaturangaben zur *van der Waalsschen Theorie* sind in Anm. 25) angeführt; sie enthält bis jetzt noch keinerlei quantentheoretische Elemente (vgl. dazu aber Nr. 24b). Innerhalb der statistischen Mechanik sind die mit ihr zusammenhängenden Fragen, vor allem die allgemeine Berechnung des Integrales (34bb) ganz ausführlich in der Leidener Diss. von *L. S. Ornstein* „Toepassing der statistische Mechanica van Gibbs op molekulair-theoretische vraagstukken" (1908) behandelt worden, allerdings mit Bezugnahme auf den Γ-Raum. Vgl. auch *L. S. Ornstein*, Arch. Néerl. (III A) 4 (1918), p. 203.

p_y, p_z von $-\infty$ bis $+\infty$[105]) zu erstrecken ist. Wegen $\zeta < 1$ ergibt sich

$$(47) \qquad f_t(\zeta) = \left(\frac{2\pi M}{\log\frac{1}{\zeta}}\right)^{\frac{3}{2}} \frac{\mathsf{V}}{G_t}$$

und daher für die einheitliche Verteilungsfunktion (34)

$$(34\,c) \qquad F(\zeta) = \left(\frac{2\pi M}{\log\frac{1}{\zeta}}\right)^{\frac{3}{2}} \frac{\mathsf{V}}{G_t} \cdot \sum_{l=1}^{\infty} g_l \zeta^{E_l}.\ ^{106})$$

Die *Boltzmannsche Verteilung* (41) erhält jetzt die Gestalt[107])

$$(48) \quad N_l = N \left(\frac{2\pi M}{\log\frac{1}{\vartheta}}\right)^{-\frac{3}{2}} \frac{1}{\mathsf{V}} \cdot g_l \frac{\vartheta^{\frac{1}{2M}(p_x^2+p_y^2+p_z^2)+E_l}}{\sum_{l=1}^{\infty} g\, \vartheta^{E_l}} \cdot dx\, dy\, dz\, dp_x\, dp_y\, dp_z.$$

Die allein von der Translationsbewegung herrührenden Faktoren dieses Ausdrucks

$$(49) \quad \mathsf{M}(\mathsf{V}, \vartheta) = \left(\frac{2\pi M}{\log\frac{1}{\vartheta}}\right)^{-\frac{3}{2}} \frac{1}{\mathsf{V}}\, \vartheta^{\frac{1}{2M}(p_x^2+p_y^2+p_z^2)} \cdot dx\, dy\, dz\, dp_x\, dp_y\, dp_z$$

sind offenbar für alle Gase gemeinsam; mit N multipliziert gibt (49) die mittlere Zahl aller Gasmoleküle an, die sich innerhalb des Volumens zwischen x und $x + dx$, y und $y + dy$, z und $z + dz$ befinden und deren Impulse zwischen den Grenzen p_x und $p_x + dp_x$, p_y und $p_y + dp_y$, p_z und $p_z + dp_z$ liegen. Für $\vartheta = e^{-\frac{1}{kT}}$ (T absolute Temperatur, s. Nr. **8a**) entspricht (49) also dem *Maxwellschen Geschwindigkeitsverteilungsgesetz*, wie man unmittelbar sieht, wenn man anstatt der Impulsgrößen die Geschwindigkeiten $\dot{x}, \dot{y}, \dot{z}$ einführt.[108]) —

105) Eigentlich über $p_x^2 + p_y^2 + p_z^2 \leq 2M \cdot \mathsf{E}$, doch ist dieser Unterschied wegen der enormen Größe von E belanglos.

106) An Stelle des Summationsindex l_1 in (34a) schreiben wir hier und im folgenden der Bequemlichkeit halber wieder l.

107) Man beachte, daß die Maßkonstante G_t *nur* in der *Verteilungsfunktion* (34bb) und (47), bzw. (34c) auftritt, aus der *Boltzmann*schen Verteilung (48) und ebenso aus dem *Maxwell*schen Geschwindigkeitsverteilungsgesetz (49) hingegen verschwindet (s. auch Anm. 93). Das Gleiche gilt hinsichtlich der Maßkonstante G in (34aa) gegenüber (50). Über die Bestimmung von G_t vgl. Nr. **24c**, über jene von G Nr. **25**, **27**.

108) Vgl. z. B. *W. Lenz,* Phys. Ztschr. 11 (1910), p. 1175, 1260; *A. Waßmuth,* Wien Ber. (IIa) 130 (1921), p. 159. — Den Nachweis, daß die *Maxwell*sche Geschwindigkeitsverteilung als Z_{MB} im μ-Raume der Translation aufgefaßt, $R(\mathsf{Z})$ wirklich zu einem *Maximum* macht, hat, *unabhängig von der Stirlingschen Formel*, *R. v. Mises*, Phys. Ztschr. 19 (1918), p. 81, erbracht und auch die Frage

Wenn die in Nr. **3** eingeführte Gewichtsfunktion für die innere Bewegung der Moleküle eine im μ-Raum *überall konstante* oder wenigstens *stetige* Funktion darstellt, so kann auch die Verteilungsfunktion (34a) der inneren Bewegung durch einen Integralausdruck approximiert werden; der Vorgang ist dann ein ganz ähnlicher wie bei der Translationsbewegung.[109]) Man erhält so

$$\text{(34aa)} \qquad f(\zeta) = \frac{1}{G}\int\overset{(2s)}{\cdots}\int g(q_k, p_k, a^*)\cdot \zeta^{E(q_k, p_k, a^*)}\cdot d\tau,$$

wobei $d\tau$ ein Volumelement des $2s$-dimensionalen μ-Raumes der inneren Bewegung $dq_1, dq_2 \ldots dq_s.\ dp_1 \ldots dp_s$ und G eine Maßkonstante von der Dimension der s^{ten} Potenz einer Wirkungsgröße bedeutet.[110]) Die *Boltzmannsche Verteilung* (48), die mit Benutzung von (49) die Form erhält

$$\text{(48a)} \qquad N_l = N\cdot \mathbf{M}(\mathbf{V},\vartheta)\cdot \frac{g_l\vartheta^{E_l}}{\sum\limits_{l=1}^{\infty} g_l\vartheta^{E_l}},$$

wird dann

$$\text{(50)} \qquad N_l = N\cdot \mathbf{M}(\mathbf{V},\vartheta)\cdot \frac{g(q_k, p_k, a^*)\,\vartheta^{E(q_k, p_k, a^*)}\cdot d\tau_l}{\int\overset{(2s)}{\cdots}\int g(q_k, p_k, a^*)\,\vartheta^{E(q_k, p_k, a^*)}\cdot d\tau};$$

die in (34aa) und (50) auftretende Integration ist offenbar über den ganzen von der Zelleneinteilung (12) bedeckten Teil des μ-Raumes der inneren Bewegung zu erstrecken.

An Stelle der q_k, p_k können hier endlich noch überall die in Nr. **3** zur Zelleneinteilung des μ-Raumes herangezogenen *eindeutigen Parameterinvarianten* I_r der Bewegungsgleichungen (1) eingeführt werden (vgl. Nr. **3 A**). Da gezeigt werden kann, daß die Molekülenergie als Funktion der I_r und a^* allein darstellbar ist[73]), und die

---

nach der *Ganzzahligkeit* der Lösung (die aber nur für eine $\mathbf{Z}_{MB}$ einen Sinn hat — vgl. Anm. 89) behandelt. Bezüglich der älteren Literatur muß auf V 9 (*L. Boltzmann* und *J. Nabl*) und IV 32, Nr. **4** verwiesen werden.

Einen nicht ganz direkten, *experimentellen* Nachweis des *Maxwell*schen Geschwindigkeitsverteilungsgesetzes hat *O. Stern* an Molekularstrahlen erbracht, Ztschr. f. Phys. 2 (1920), p. 49; 3 (1920), p. 417; Phys. Ztschr. 21 (1920), p. 582. Zu diesen Experimenten vgl. ferner *M. Born* und *E. Bormann*, Phys. Ztschr. 21 (1920), p. 578, sowie den Bericht über Atomstrahlen von *W. Gerlach*, Erg. d. ex. Naturwiss. 3 (1924), p. 182.

109) Während bei der Translation *Form* und Größe der Zellen beliebig waren, muß bei der *inneren Bewegung* eine Zelleneinteilung des μ-Raumes von der *bestimmten* Form (12) *auch während der Ausführung des Grenzüberganges zum Integral* beibehalten werden.

110) Vgl. Anm. 103) und 107).

Gewichtsfunktion g nach (15) nur von den I_r abhängt, erhält man z. B. anstatt (50)

$$(50\text{a}) \qquad N_l = N \cdot \mathbf{M}(\mathbf{V}, \vartheta) \cdot \frac{g(I_r) \cdot \vartheta^{E(I_r, a^*)} \cdot d\Omega_l}{\int\limits^{(u)} \cdots \int g(I_r) \cdot \vartheta^{E(I_r, a^*)} \cdot d\Omega},$$

worin $d\Omega$ entsprechend (14) jetzt das Volumendifferential des μ-Raumes, ausgedrückt in den I_r, bedeutet.

6. Die Boltzmannsche Verteilung bei beliebigen statistischen Gebilden.

6 a. Gasgemische. $N^{(1)}$ Moleküle eines Gases 1, $N^{(2)}$ Moleküle eines Gases 2, ... sollen im gleichen Volumen $\mathbf{V}$ miteinander vereinigt sein und die Gesamtenergie $\mathbf{E}$ besitzen; die „Verteilungsfunktionen" (34) der einzelnen Molekülsorten seien $F_1(\zeta)$, $F_2(\zeta)$, ... Bei sinngemäßer Ausdehnung der in Nr. 2—4 gemachten Voraussetzungen auf das Gasgemisch wird man den Zustand desselben zu einem bestimmten Zeitpunkte kennzeichnen können, indem man die momentane Zustandsverteilung jeder einzelnen Molekülsorte in ihrem eigenen μ-Raume ohne Rücksicht auf die gleichzeittg in $\mathbf{V}$ befindlichen Fremdmoleküle angibt. Auf dem in Nr. 4 geschilderten Wege gewinnt man wieder die Berechtigung, die zu erwartende *mittlere zeitliche* Häufigkeitsverteilung im Gasgemische durch jene seiner *Raumgesamtheit* (vgl. (31)) zu ersetzen. Die Anzahl der Realisierungsmöglichkeiten einer aus den bestimmten Partial-Zustandsverteilungen $\mathbf{Z}_{L_1}^{(1)}$, $\mathbf{Z}_{L_2}^{(2)}$, ... bestehenden Total-Zustandsverteilung $\mathbf{Z}_L^{(1,2,\ldots)}$ ist dann gleich dem Produkte von lauter Ausdrücken $R(\mathbf{Z}_{L_1}^{(1)})$, $R(\mathbf{Z}_{L_2}^{(2)})$, ..., die analog (29) gebaut sind:

$$(29\text{A}) \qquad R(\mathbf{Z}_L^{(1,2,\ldots)}) = R(\mathbf{Z}_{L_1}^{(1)}) \cdot R(\mathbf{Z}_{L_2}^{(2)}) \ldots$$

Um entsprechend (36) die Summe $\mathbf{R}^{(1,2,\ldots)}$ für alle mit der gegebenen Gesamtenergie $\mathbf{E}$ verträglichen $\mathbf{Z}^{(1,2,\ldots)}$ zu berechnen, wird man sich mit *Darwin* und *Fowler*[94]) wieder der Verteilungsfunktionen bedienen. Dann erhält man $\mathbf{R}^{(1,2,\ldots)}$ als den Koeffizienten von $\zeta^{\mathbf{E}}$ in der Polynomialentwicklung von

$$(35\text{A}) \qquad [F_1(\zeta)]^{N^{(1)}} \cdot [F_2(\zeta)]^{N^{(2)}} \cdot [F_3(\zeta)]^{N^{(3)}} \ldots$$

in der Form

$$(37) \qquad \mathbf{R}^{(1,2,\ldots)} = \frac{1}{2\pi i} \int\limits_{\gamma} \frac{d\zeta}{\zeta^{\mathbf{E}+1}} [F_1(\zeta)]^{N^{(1)}} \cdot [F_2(\zeta)]^{N^{(2)}} \ldots$$

und findet die den Gleichungen (38) und (39) entsprechenden Beziehungen, indem man dort ebenfalls an Stelle von $[F(\zeta)]^N$ das Produkt (35A) einsetzt. Die gleiche Argumentation wie in der vorigen

Nummer führt zu der Bedingungsgleichung

$$\frac{d}{d\zeta}\{\zeta^{-\mathsf{E}}\cdot[F_1(\zeta)]^{N^{(1)}}\cdot[F_2(\zeta)]^{N^{(2)}}\cdot[F_3(\zeta)]^{N^{(3)}}\ldots\}=0$$

für die Größe ϑ, welche die asymptotische Darstellung dieser und aller verwandt gebauten Integrale für sehr große E, $N^{(1)}$, $N^{(2)}$, $N^{(3)}$, ... ermöglicht. Man erhält so

$$\text{(40 A)}\quad \mathsf{E}=N^{(1)}\vartheta\cdot\frac{d\log F_1(\vartheta)}{d\vartheta}+N^{(2)}\vartheta\cdot\frac{d\log F_2(\vartheta)}{d\vartheta}+N^{(3)}\vartheta\cdot\frac{d\log F_3(\vartheta)}{d\vartheta}+\cdots.$$

Die Energie, welche z. B. der ersten Komponente des Gasgemisches zukommt, ist nun keine konstante Größe mehr; sie schwankt um einen Mittelwert E_1, der mittels einer ähnlich wie (36) gebauten Summe zu

$$\text{(51 A)}\qquad \mathsf{E}_1=N^{(1)}\vartheta\cdot\frac{d\log F_1(\vartheta)}{d\vartheta}$$

gefunden werden kann. Gleiches gilt naturgemäß auch für die übrigen Komponenten des Gasgemisches. Man hat also

$$\text{(40 AA)}\qquad \mathsf{E}=\mathsf{E}_1+\mathsf{E}_2+\mathsf{E}_3+\cdots$$

und bemerkt, daß die Ausdrücke (51) für die einzelnen Gemischkomponenten formal vollständig mit Gleichung (40) für das energetisch abgeschlossene Einzelgas übereinstimmen. Für die *Boltzmann*sche Verteilung jeder Molekülsorte erhält man übereinstimmend mit dem Früheren

$$\text{(41 A)}\quad N_l^{(1)}=N^{(1)}\cdot\frac{g_l\,\vartheta^{(E_l+E_{t,l})}}{\sum\limits_{l=1}^{\infty}g_l\,\vartheta^{(E_l+E_{t,l})}},\ \text{usf.},$$

$$\text{(50 A)}\quad N_l^{(1)}=N^{(1)}\cdot\mathsf{M}^{(1)}(\mathsf{V},\vartheta)\cdot\frac{g(q_k,p_k,a^*)\,\vartheta^{E(q_k,p_k,a^*)}\cdot d\tau_l}{\overset{(2s)}{\int\cdots\int} g(q_k,p_k,a^*)\,\vartheta^{E(q_k,p_k,a^*)}\cdot d\tau},\ \text{usf.};$$

hierbei unterscheiden sich die *Maxwell*schen Geschwindigkeitsverteilungsausdrücke $\mathsf{M}^{(1)}(\mathsf{V},\vartheta)$, $\mathsf{M}^{(2)}(\mathsf{V},\vartheta)$, ... nach (49) nur hinsichtlich der den einzelnen Molekülsorten zukommenden Massen M_1, M_2, ...

6 b. Fester Körper und Hohlraumstrahlung. Die bisherigen Methoden und Ergebnisse sind mit Leichtigkeit auch auf beliebige statistische Gebilde anwendbar, wenn auf sie eine sinngemäße Erweiterung der in den Nummern 2—4 gemachten Ansätze möglich ist. Dazu ist vor allem erforderlich, daß sich ein solches Gebilde aus einer sehr großen Anzahl von im allgemeinen voneinander unabhängigen, gleichartigen *Teilgebilden* zusammensetzen läßt, deren Wechselwirkungen als von vernachlässigbar kurzer Dauer angesehen werden können und denen ein hinreichend großer Energiebetrag gemeinsam ist. Beispiele solcher Gebilde sind die gebräuchlichen Modelle beliebiger *fester Körper*, insbesondere von *Kristallen*, deren Moleküle (Ionen,

Atome, eventuell Elektronen) durch quasielastische Kräfte aneinander gebunden sind (V 25, *Atomtheorie des festen Zustandes* (*M. Born*)), ferner die *Hohlraumstrahlung* (V 23, *Theorie der Strahlung* (*W. Wien*)).

In den genannten beiden Fällen stellt es sich als möglich heraus, den Bewegungszustand des Gebildes mit Hilfe von *Normalkoordinaten* zu beschreiben[111]); die Bewegungsgleichungen zerfallen dann in lauter gleichgebaute Beziehungen von der Form

$$\frac{d^2q}{dt^2} + 4\pi^2\nu^2 \cdot q = 0, \tag{52}$$

welche man als Schwingungsgleichung eines *linearen harmonischen Oszillators* zu bezeichnen pflegt, wenn die darin auftretende Koordinate q als Elongation eines um seine Ruhelage linear schwingenden Massenpunktes m aufgefaßt wird. Die Frequenzen ν in (52) entsprechen den verschiedenen Eigenschwingungen des festen Körpers, beziehungsweise des durchstrahlten Hohlraumes. Die Anzahl der Eigenschwingungen, welchen eine Frequenz zwischen ν und $\nu + d\nu$ zukommt, beträgt für beliebig geformte Volumina V[112]) beim *festen* Körper

$$N_{FK}(\nu) \cdot d\nu = \frac{12\pi\nu^2 \cdot d\nu}{v^3}\,\mathsf{V}, \tag{53 a}$$

(v eine mittlere Fortpflanzungsgeschwindigkeit für transversale und longitudinale Wellen), bei der *Hohlraumstrahlung* hingegen

$$N_{HS}(\nu) \cdot d\nu = \frac{8\pi\nu^2 \cdot d\nu}{c^3}\,\mathsf{V} \tag{53 b}$$

(c Lichtgeschwindigkeit). Die Hohlraumstrahlung besitzt unbegrenzt viele Freiheitsgrade, ihr Frequenzspektrum kann als stetig angesehen

---

111) Betreffs der Kristalle vgl. für das Folgende V 25 (*M. Born*), insbes. Nr. **18** und **19**. Bezüglich der Hohlraumstrahlung siehe V 23 (*W. Wien*), ferner *P. Debye*, Ann. d. Phys. 33 (1910), p. 1427; *M. v. Laue*, Ann. d. Phys. 44 (1914), p. 1197; *H. A. Lorentz* [1], p. 23; *A. Rubinowicz*, Phys. Ztschr. 18 (1917), p. 96, und *M. Planck* [1]. — Eine Gegenüberstellung von Kristall und Hohlraumstrahlung findet sich z. B. bei *L. Flamm*, Phys. Ztschr. **19** (1918), p. 116, 166, und *M. Planck* [1].

Für *Flüssigkeiten* ist ein allgemeiner, für obige Zwecke verwendbarer Ansatz noch nicht bekannt geworden. Hingegen sind ähnliche Ansätze wie beim festen Körper auch auf die *Translationsbewegung von Gasen bei sehr tiefen Temperaturen* angewendet und zur Berechnung des quantentheoretischen Ausdrucks für die *chemische Konstante* benutzt worden. S. darüber Nr. **19**.

112) Hinsichtlich der Unabhängigkeit von Form und Größe des Volumens vgl. *F. Hasenöhrl*, Phys. Ztschr. 7 (1906), p. 37; *H. Weyl*, Math. Ann. 71 (1911), p. 441; Crelles J. 141 (1912), p. 163; 143 (1914), p. 177; Palermo Rend. 39 (1915), p. 1; *M. v. Laue*, Ann. d. Phys. 44 (1914), p. 1197; ferner V 24, *Wellenoptik* (*M. v. Laue*), Nr. **44**.

werden und erstreckt sich ins Unendliche. Der feste Körper hingegen besitzt eine endliche, wenn auch sehr große Zahl von Freiheitsgraden N_{FK}, denen genau genommen eine diskrete Reihe von Frequenzen entspricht; er hat daher eine endliche kleinste, sowie eine größte Frequenz, von denen erstere jedoch praktisch stets Null gesetzt und letztere, die *Debyesche Grenzfrequenz* ν_D, durch die Beziehung

$$\frac{12\pi}{v^3}\mathsf{V}\cdot\int_0^{\nu_D}\nu^2\cdot d\nu = N_{FK} \tag{53a'}$$

approximiert werden kann.

Es ist nun leicht zu sehen, daß die statistische Behandlung des Festkörpers oder der Hohlraumstrahlung ganz analog jener eines Gasgemisches erfolgen kann. An Stelle jeder Komponente des Gasgemisches treten sämtliche Eigenschwingungen *gleicher Frequenz*, die das betrachtete Gebilde besitzt. Um die Überlegungen von Nr. **4** und **5** auch hier anwenden zu können, muß man voraussetzen:

(1) daß zwischen den Eigenschwingungen gleicher Frequenz ungehinderter Energieaustausch stattfinden können muß,

(2) daß dies auch für Eigenschwingungen verschiedener Frequenz möglich ist.[113])

Bedeutet nun $F(\nu, \xi)$ die *Verteilungsfunktion* einer Eigenschwingung (eines Oszillators) von der Frequenz ν, so hat man zur Aufsuchung

113) Im Falle der Hohlraumstrahlung pflegen diese Annahmen tatsächlich auch explizit ausgesprochen zu werden; in der Tat entspricht die Rolle des *Planckschen Kohlestäubchens,* welches dazu bestimmt ist, die Umkehrbarkeit der mit der Hohlraumstrahlung vorgenommenen thermodynamischen Prozesse sicherzustellen (vgl. *M. Planck* [1], § 68), diesen Voraussetzungen. — Für den festen Körper scheint nur *H. A. Lorentz* [1], Note VIII, p. 112/114, besonders auf die Notwendigkeit derartiger Annahmen hingewiesen zu haben, die übrigens auch mit dem Problem der *Wärmeleitfähigkeit* eines Kristalls in engem Zusammenhang stehen. [Ohne unmittelbare Beziehung zu (1) und (2) auch vermutet bei *M. Born*, Phys. Ztschr. 15 (1914), p. 185, Schlußabsatz. Der dort behandelte und zu dieser Vermutung führende Fall stellt ein „unvollständiges Gleichgewicht" dar, bezüglich dessen auf Anm. 85) verwiesen werden möge.] Das Problem der Wärmeleitfähigkeit muß gegenwärtig noch als gänzlich ungeklärt angesehen werden [s. V 25 (*M. Born*), Nr. **35** Ende], doch ist es wohl wahrscheinlich, daß man dabei kaum ohne Berücksichtigung dieser Annahmen wird auskommen können, auch dann, wenn man wie bei hohen Temperaturen unelastische Schwingungen im Kristall zulassen muß (vgl. V 25, Nr. **34**). Strenggenommen ist die gewöhnliche und Quantenstatistik (und damit die Thermodynamik, siehe Nr. **7**) der Festkörper als nicht ganz einwandfrei begründet anzusehen, solange man sich der Notwendigkeit obiger Annahmen nicht bewußt wird. Vgl. auch Anm. 137).

des *Boltzmann*schen Verteilungszustandes analog (35 A) das Produkt

(35 B) $$P(\quad = \prod_{\nu} [F(\nu, \zeta)]^{N(\nu) \cdot d\nu}$$

zu bilden, worin $N(\nu) \cdot d\nu$, je nachdem, ob es sich um den Festkörper oder die Hohlraumstrahlung handelt, den Ausdruck (53a) oder (53b) bedeutet; Approximation durch ein Integral ergibt

(35 BB) $$\log P(\zeta) = \int F(\nu, \zeta) \cdot N(\nu) \cdot d\nu,$$

wobei vorausgesetzt werden muß, daß (35 B) bzw. (35 BB) für $|\zeta| < 1$ konvergieren. Die in (35 BB) auftretende Integration hat beim festen Körper von $\nu = 0$ bis $\nu = \nu_D$ zu erfolgen, bei der Hohlraumstrahlung von $\nu = 0$ bis $\nu = \infty$. An Stelle von (37 A) tritt jetzt für eine gegebene Gesamtenergie E des Festkörpers bzw. der Hohlraumstrahlung

(37 B) $$\mathsf{R} = \frac{1}{2\pi i} \int_{\gamma} \frac{d\zeta}{\zeta^{\mathsf{E}+1}} P(\zeta)$$

und man findet

(40 B) $$\mathsf{E} = \vartheta \frac{d \log P(\vartheta)}{d\vartheta}.$$

Dem Mittelwert der Energie der Moleküle einer beliebigen Komponente des Gasgemisches entspricht nun hier die mittlere, auf die $N(\nu) \cdot d\nu$ Eigenschwingungen (Oszillatoren) des Frequenzintervalles $d\nu$ entfallende Energie $\mathsf{E}_\nu \cdot d\nu$. Analog (51 A) beträgt sie

(51 B) $$\mathsf{E}_\nu \cdot d\nu = N(\nu) \cdot d\nu \cdot \vartheta \frac{\partial \log F(\nu, \vartheta)}{\partial \vartheta},$$

und wegen (35 BB) ist ersichtlich

(40 BB) $$\mathsf{E} = \int \mathsf{E}_\nu \cdot d\nu,$$

mit dem gleichen Integrationsbereich wie (35 BB). —

Die wirkliche Ausführung obiger Formeln sowie auch die Aufstellung der zu (41 A) analogen *Boltzmann*schen Verteilung für die Eigenschwingungen (Oszillatoren) selbst, erfordert die Kenntnis der Verteilungsfunktion $F(\nu, \zeta)$, zu deren Ermittlung auf die Schwingungsgleichung (52) zurückgegangen werden muß. Fassen wir sie, was formal ohne Einschränkung der Allgemeinheit möglich ist, direkt als Oszillator-Bewegungsgleichung des Massenpunktes m auf, so entspricht ihr die Energie

(54) $$E(q, p, \nu) \equiv \frac{p^2}{2m} + 2\pi^2 m \nu^2 q^2 = \alpha,$$

welche nunmehr an Stelle der Molekülenergie der bisherigen Betrachtungen zu treten hat. Der μ-Raum dieses Gebildes von *einem* Freiheitsgrade ist zweidimensional, und die „Energiefläche“ (54) stellt in ihm zugleich die einzige, zu $E = \alpha$ gehörige μ-Kurve dar. Die beiden Halbachsen der Ellipse (54) in der q, p-Ebene sind $\sqrt{2m\alpha}$ und $\sqrt{\frac{\alpha}{2\pi^2 m \nu^2}}$, ihr Flächeninhalt beträgt daher $\frac{\alpha}{\nu}$; für verschiedene Werte von α erhält man eine Schar konzentrischer Ellipsen, deren Flächeninhalte also proportional α anwachsen.

Um die Zelleneinteilung der μ-Ebene vornehmen zu können, hat man nach Nr. **3** zunächst als a priori gleichhäufige Oszillatorzustände die μ-Kurve (54) und alle aus ihr durch umkehrbare, unendlich langsame Parameterveränderungen hervorgehenden μ-Kurven aufzusuchen. Als makroskopisch beeinflußbarer Parameter a^* kommt hier nur die Frequenz ν in Betracht; wird nämlich das Volumen des Festkörpers oder eines durchstrahlten Hohlraumes umkehrbar unendlich langsam („adiabatisch reversibel") geändert, so ändern sich hierbei auch die Frequenzen aller Eigenschwingungen in der gleichen Art. Bei einer solchen Änderung von ν ändert sich nun auch α, die Größe $\frac{\alpha}{\nu}$ hingegen bleibt, wie *Ehrenfest* unter Benutzung eines Satzes von *Boltzmann* gezeigt hat[114]), *invariant*. Nach der in Nr. **3** und Nr. **3A** verwendeten Bezeichnungsweise ist also

$$(55) \qquad I = \frac{E(q, p, \nu)}{\nu}$$

eine *Parameterinvariante* (Adiabatische Invariante) des Oszillators bzw. jeder Eigenschwingung des Festkörpers oder des Hohlraumes, und zwar, wie man leicht einsieht, die einzige. Entsprechend (12) wird man also eine Ellipsenschar

$$(56) \qquad I = h_0, \quad I = h_1, \quad I = h_2, \quad \ldots, \quad I = h_n, \quad \ldots$$

wählen können, um die Zellen der μ-Ebene festzulegen; (56) kann mit Benutzung von (55) auch in der Form geschrieben werden

$$(56\text{a}) \quad E = h_0 \nu, \quad E = h_1 \nu, \quad E = h_2 \nu, \quad \ldots, \quad E = h_n \nu, \quad \ldots$$

Die Konstanten $h_0, h_1, h_2, \ldots, h_n, \ldots$ sind ersichtlich von der Dimension einer *Wirkungsgröße*; hinsichtlich ihrer besonderen Wahl kann, wie bereits in Nr. **3** hervorgehoben, a priori gar nichts ausgesagt werden[115]), vielmehr darf darüber nur mit Berufung auf die Erfahrung

114) *P. Ehrenfest*, Proc. Amsterdam Akad. 16 (1914), p. 591; Ann. d. Phys. 51 (1916), p. 327, Anhang I; ferner *L. Boltzmann*, Wiss. Abh. Bd. I, p. 26, 228; Prinzipien der Mechanik (Leipzig 1904), Bd. II, § 39, 40, 41, 48; *R. Clausius*, Pogg. Ann. 142 (1870), p. 211. Siehe auch Anm. 48) und 71).

115) Da E mit h_0 zugleich verschwindet und der Fall $h_0 < 0$ physikalisch bedeutungslos ist, kann nur geschlossen werden, daß $h_0 = 0$ zu setzen ist, was dem Ursprung der p, q-Ebene entspricht. Vgl. Anm. 42).

(Nr. **9**) entschieden werden. Wenn entsprechend (13) $h_{n-1} \underset{(=)}{<} h_n \underset{(=)}{<} h_{n+1}$ vorausgesetzt wird, so sieht man, daß die Fläche der n^{ten} Zelle durch

(56b) $$\Omega_n = h_n - h_{n-1}$$

(vgl. (14)) bestimmt ist. Die geometrische Bedeutung von (55) ist also die folgende: Verändert man die Frequenz ν der Oszillatoren bzw. der Eigenschwingungen umkehrbar unendlich langsam, so verändern in der μ-Ebene die Ellipsen (56a) ihre Gestalt, jedoch so, daß der Flächeninhalt (56b) zwischen je zweien von ihnen ungeändert bleibt.

Um die Verteilungsfunktion hinschreiben zu können, hat man jetzt nach Nr. **5** jeder Zelle der μ-Ebene ein bestimmtes a priori-Gewicht zuzuschreiben, welches nach Nr. **3**, Gleichung (15) nur von (55) abhängen kann: Wählt man in der n^{ten} Zelle einen bestimmten Punkt q_n, p_n, durch den die Bahnkurve

(57) $$E(q_n, p_n, \nu) = h^{(n)} \cdot \nu$$

hindurchgeht, so wird nun der Zelle zugeordnet

(a) das Gewicht

(57a) $$g_n = g(I_n) = g\left[\frac{E(q_n, p_n, \nu)}{\nu}\right] = g(h^{(n)})\,^{116)},$$

(b) die Energie

(57b) $$E_n = E(q_n, p_n, \nu) = h^{(n)} \cdot \nu .$$

Über die spezielle Form der Gewichtsfunktion $g(I)$ kann nach Nr. **3** von vornherein ebensowenig etwas Genaueres ausgesagt werden, als über die Struktur (56) bzw. (56a) der Phasenebene. Auch *ihre* endgültige Bestimmung muß der Erfahrung überlassen bleiben; doch wird es sich im nachfolgenden wenigstens für die Hohlraumstrahlung als möglich herausstellen, einige *qualitative* Angaben über ihren Verlauf vorherzusagen. — Mit diesen Ansätzen erhält man nun für die gesuchte *Verteilungsfunktion*

(58) $$F(\nu, \zeta) = \sum_{n=1}^{\infty} g_n \zeta^{h^{(n)} \cdot \nu} .$$

Da g_n nach (57a) und (55) sich umkehrbaren, unendlich langsamen ν-Änderungen gegenüber *invariant* verhält, ist im Oszillator-Spezial-

116) Daß die Gewichtsfunktion bei der Hohlraumstrahlung von der Form (57a) sein muß, hat *P. Ehrenfest*, Ann. d. Phys. 36 (1911), p. 91, mittels des statistischen Analogons zum II. Hauptsatz der Thermodynamik gezeigt. Vgl. Nr. **8**, wo darauf hingewiesen wird, daß die bloß wahrscheinlichkeitstheoretisch begründete Forderung (15) bzw. (57a) *hinreichend* ist für die Gültigkeit des II. Hauptsatzes bei den vorliegenden statistischen Modellen.

falle $F(\nu, \zeta)$ für derartige Änderungen von der Form

(58a) $$F(\nu, \zeta) = F_1(\zeta^\nu) = F_2(\nu \cdot \log \zeta).$$

Wenn $g(I)$ *stetig*[117]) ist, kann (58) durch ein Integral ersetzt werden, wobei man dann zur Rechtfertigung der Gleichungen (35B), (35BB), (37B), (40B) und (51B) den Grenzübergang $N(\nu) \cdot d\nu \to \infty$ (vgl. Nr. **3** (I)) ausführen muß. Dann ergibt sich entsprechend (34aa)

$$F(\nu, \zeta) = \frac{1}{G}\int\limits_0^\infty\int\limits_0^\infty g\left[\frac{E(q,p,\nu)}{\nu}\right] \cdot \zeta^{E(q,p,\nu)} \cdot dq \cdot dp,$$

wo G einen Maßfaktor von der Dimension einer Wirkungsgröße bedeutet[118]); führt man anstatt von q und p die Variable I (55) ein, so findet man

(58b) $$F(\nu, \zeta) = \frac{1}{G}\int\limits_0^\infty g(I) \cdot \zeta^{I \cdot \nu} \cdot dI.$$

Mit (58) bzw. (58b) erhält man jetzt für die *Boltzmannsche Verteilung* der Oszillatoren bzw. der Eigenschwingungen analog (41A) und (50A)

(41B) $$N_n(\nu) \cdot d\nu = N(\nu) \cdot d\nu \frac{g_n \vartheta^{h(n) \cdot \nu}}{\sum\limits_{n=1}^{\infty} g_n \vartheta^{h(n) \cdot \nu}},$$

(50B) $$N_n(\nu) \cdot d\nu = N(\nu) \cdot d\nu \frac{g(I) \cdot \vartheta^{I \cdot \nu} \cdot dI_n}{\int\limits_0^\infty g(I) \cdot \vartheta^{I \cdot \nu} \cdot dI}.$$

Die Anwendung von (58) bzw. (58b) auf (40B) und (51B) soll im folgenden bloß auf die *Hohlraumstrahlung*[119]) erfolgen; die aus-

117) *P. Ehrenfest* (s. die vorige Anm.) hat außerdem den Fall berücksichtigt, daß g für *einzelne* Werte von I („Punktbelegung") von der gleichen Größenordnung wird, wie die gleichzeitig vorhandene stetige Gewichtsfunktion, integriert über einen endlichen Bereich von I („Streckenbelegung"). Man kann diesen Fall dadurch berücksichtigen, daß man für $F(\nu, \zeta)$ die Summe von zwei Ausdrücken der Form (58) und (58b) setzt; die Bedeutung von (58) ist dann aber insofern eine etwas geänderte, als dann z. B. g_n *exakt* nur das Gewicht der μ-Kurve (57) darstellt, während es in (57a) für alle innerhalb der n^{ten} Zelle verlaufenden μ-Kurven steht. Eine formal andere Möglichkeit besteht darin, $F(\nu, \zeta)$ als *Stieltjessches Integral* anzusetzen, was auch bei beliebigen Molekülen für $F(\zeta)$ geschehen kann. S. Nr. **9**, Gl. (34a').

118) Vgl. Anm. 103).

119) Die Ableitung obiger Formeln für den festen Körper und die Hohlraumstrahlung nach der hier befolgten *Methode der Verteilungsfunktionen* (Nr. **5a**) ist allein für den quantentheoretischen Fall, d. h. mit spezialisierter Gewichtsfunktion, von *C. G. Darwin* und *R. H. Fowler*, Proc. Cambridge Phil. Soc. 21

führliche Darstellung der endgültigen quantentheoretischen Behandlung[120]) des Festkörpers mittels dieser Formeln ist für $\vartheta = e^{-\frac{1}{kT}}$ (T absolute Temperatur) bei *M. Born,* V 25, Nr. 25—35 zu finden.

Bezeichnet man, wie üblich, die auf die Volumeneinheit entfallende mittlere Energie der Hohlraumeigenschwingungen von der Frequenz ν als *räumliche Strahlungsdichte* $\varrho(\nu)$, so folgt hierfür aus (51B) in Verbindung mit (53b) und (58)

$$(59) \qquad \varrho(\nu) = \frac{8\pi\nu^2}{c^3} \cdot \vartheta \cdot \frac{\partial \log F_2(\nu \cdot \log\vartheta)}{\partial \vartheta} = \frac{8\pi\nu^3}{c^3} \cdot F_3(\nu \cdot \log\vartheta),$$

wobei ϑ durch die *Energie* E *der Gesamtstrahlung*

$$(60) \qquad \frac{\mathsf{E}}{\mathsf{V}} = \int_0^\infty \varrho(\nu) \cdot d\nu = \frac{8\pi}{c^3}\int_0^\infty \nu^3 \cdot F_3(\nu \cdot \log\vartheta) \cdot d\nu$$

nach Gleichung (40b) festgelegt ist. *Der zeitlich-räumliche mittlere Strahlungszustand im Hohlraume ist also durch die Zustandsgröße* ϑ *bestimmt, welche in die Strahlungsdichte* $\varrho(\nu)$ *nur in der Verbindung* $\nu \cdot \log\vartheta$ *eingeht.* Dies entspricht der Aussage des *Wienschen Verschiebungsgesetzes,* das sonst meist auf thermodynamisch-elektrodynamischer Grundlage abgeleitet zu werden pflegt.[121]) Obige Begründung setzt namentlich die dazu unerläßlichen *elektrodynamischen Voraussetzungen* klar in Evidenz, welche sich auf *das Ergebnis der Abzählung der Hohlraumeigenschwingungen* (53b) und die Benutzung der *harmonischen*

(1922), p. 262 angegeben worden. Des *älteren Verfahrens* (Nr. 5b) bedienen sich sowohl im sogenannten „klassischen" ($g =$ const.), wie im quantentheoretischen Falle alle übrigen Autoren, vor allem *M. Planck* [1]. Den allgemeinen Fall beliebiger Gewichtsfunktion $g(I)$ hat bei der Hohlraumstrahlung — ebenfalls mittels des älteren Verfahrens (Nr. 5b) — *P. Ehrenfest,* Ann. d. Phys. 36 (1911), p. 91 behandelt. Vgl. diesbezüglich die Anmerkungen 116) und 117).

120) d. h. mittels der von der Quantentheorie bzw. von der Erfahrung geforderten speziellen Gewichtsfunktion; vgl. Nr. 9.

121) Vgl. etwa V 23 (*W. Wien*) oder *M. Planck* [1], § 71—90. — Läßt man die auf p. 917 genannte Bedingung (2) fallen, so erhält man das Verschiebungsgesetz für die Eigenschwingungen gleicher Frequenz ν gesondert, wobei diesen dann eine bestimmte, willkürlich vorgegebene Energie $\mathsf{E}^{(\nu)}$ und ein durch (51B) daraus abzuleitender Zustandsparameter $\vartheta^{(\nu)}$ entspricht, der nun für verschiedene ν beliebig *verschieden* ausfallen kann. Die entsprechenden Ergebnisse der auf etwas verschiedenen Voraussetzungen beruhenden elektromagnetischen Überlegung finden sich z. B. bei *M. Planck* [1], § 91—106. — Wird von der Bedingung (2) beim *festen Körper* abgesehen, so zeigt sich mit Hilfe der in den beiden nachfolgenden Nummern angestellten Überlegungen, daß diese Ergebnisse die *Unmöglichkeit eines thermodynamischen Gleichgewichtszustandes* bei ihm zur Folge hätten — woraus sich namentlich die Unerläßlichkeit der Bedingung (2) besonders drastisch demonstrieren läßt.

Schwingungsgleichungen (52) beschränken.[122]) — Indem man in das Integral (60) anstatt ν die Größe $\nu \cdot \log \vartheta$ als neue Integrationsveränderliche einführt[123]), ergibt sich ferner, *daß die Gesamtstrahlung der vierten Potenz von* $\frac{1}{\log \vartheta}$ *proportional wird,* was dem *Stefan-Boltzmannschen Gesetze für die Gesamtstrahlung* entspricht, jedoch erst mittels der in den folgenden beiden Nummern erfolgenden Klarstellung des Temperaturbegriffes abschließend begründet werden kann.[124])

Die bisher gezogenen Folgerungen gelten für ganz beliebige Gewichtsfunktionen $g(I)$, soferne diese die Bedingung (60) für die *Endlichkeit der Energie der Gesamtstrahlung* erfüllen.[125]) Man sieht aber leicht, daß diese Bedingung keineswegs von jeder Gewichtsfunktion befriedigt werden kann; setzt man z. B. $g = 1$, so wird aus (58b)

(58bb) $$F(\nu, \zeta) = \frac{1}{G} \cdot \frac{1}{\nu \cdot \log \frac{1}{\zeta}}$$

---

122) Der in Anm. 114 zitierte *Boltzmann*sche Satz gilt für *beliebige periodische Systeme* (vgl. Nr. **3A**), so daß die Beschränkung auf die spezielle *harmonische Schwingungsgleichung* bei obigen Betrachtungen (und ähnlich fast überall in der Strahlungstheorie) *unwesentlich* ist, wenn nur *die Frequenz* (reziproke Periode) *des Systems von dessen Energie unabhängig ist.*

123) Vgl. z. B. *M. Planck* [1], § 86.

124) *C. G. Darwin* und *R. H. Fowler* (vgl. Anm. 119) haben hervorgehoben, daß eine solche Ableitung des *Stefan-Boltzmann*schen Strahlungsgesetzes weder Existenz noch Größe eines *Strahlungsdruckes* $\mathfrak{p}$ voraussetzt, ein solcher jedoch umgekehrt daraus gefolgert werden kann. In der Tat erhält man aus diesem Gesetze rein thermodynamisch

$$\mathfrak{p}\mathsf{V} = \tfrac{1}{3}\mathsf{E}$$

und daraus geht hervor, daß die elektromagnetischen Voraussetzungen zur Ableitung des *Maxwellschen Strahlungsdruckes* mit jenen übereinstimmen, welche oben für das *Wien*sche Verschiebungsgesetz namhaft gemacht worden sind. Eine spezielle Wahl der Gewichtsfunktion ist für seine Begründung also ebensowenig erforderlich, wie für das *Stefan-Boltzmann*sche Gesetz.

125) Da sich (53a) und (53b) bloß um einen Zahlenfaktor voneinander unterscheiden, gelten diese Folgerungen gleicherweise für den festen Körper, wo z. B. dem *Stefan-Boltzmann*schen Gesetze, bzw. seinen Differentialquotienten nach T, das bekannte *Debyesche* T^3*-Gesetz der spezifischen Wärme* bei tiefen Temperaturen entspricht [vgl. V 25 (*M. Born*), Nr. **26**]. Das T^3-Gesetz des Festkörpers hat also keine speziellere Gewichtswahl zur Voraussetzung als die schwarze Strahlung; über seine Grenzen vgl. *Cl. Schaefer,* Ztschr. f. Phys. 7 (1921), p. 287; *M. Planck* [1], p. 217. Wegen der Endlichkeit der *Debyeschen Grenzfrequenz* ν_D sind die weiter unten aus der Endlichkeit der Gesamtstrahlung (60) gezogenen Schlüsse über die Gewichtsfunktion für den festen Körper jedoch erst dann bindend, wenn man das T^3-Gesetz als *Erfahrungssatz* ansieht, dem die Gewichtswahl angepaßt werden muß.

und das Integral (60) divergiert („*Rayleigh-Jeans*-Katastrophe" nach *Ehrenfest*, weil dieser Ansatz zum *Rayleigh-Jeans*schen Strahlungsgesetze führt). Die genauere Diskussion der Bedingung (60) ist von *Ehrenfest*[126]) ausgeführt worden, kann hier aber nur hinsichtlich einiger ihrer Ergebnisse wiedergegeben werden. *Ehrenfest* bezeichnet die Bedingung der Konvergenz von (60) als „Violettforderung", die weitere, daß $F_2(\nu \cdot \log \vartheta)$ sich für kleine Werte von $\nu \cdot \log \vartheta$ wie (58bb) verhalte, als „Rotforderung". Er findet dann:

(A) *Die Violettforderung ist mit einer stetigen Gewichtsfunktion* $g(I)$ („reiner Streckenbelegung") *unverträglich.*

(B) Damit sie erfüllbar wird, muß der Energiewert $E = 0$ $(I = 0)$ ein *Sondergewicht* g_0 erhalten und $g(I)$ bei Annäherung an $I = 0$ *stärker als von der zweiten Ordnung gegen Null gehen.*

(C) Die Rotforderung zeigt sich nur dann nicht erfüllt, wenn $g(I)$ für große I zu stark gegen Null abnimmt.

Noch weitergehende Aussagen über das Verhalten von $g(I)$ sind bloß dann möglich, wenn man weitere, durch die bisherigen Betrachtungen nicht mehr nahegelegte Einschränkungen, etwa bezüglich des Verhaltens von (59) postuliert; solche Bedingungen können nur mehr im Wege des unmittelbaren Vergleiches von (59) mit den experimentellen Ergebnissen über die Energieverteilung im Normalspektrum gewonnen werden und sollen daher erst an späterer Stelle (Nr. **9**) zur Erörterung gelangen.

7. Thermodynamisches Gleichgewicht zwischen beliebigen warmen Körpern. In den vorigen beiden Nummern ist die Ableitung der *Boltzmannschen Verteilung* für beliebige statistische Gebilde insofern zunächst bloß formal vorgenommen worden, als es *nach außen energetisch vollkommen abgeschlossene Systeme* in Wirklichkeit gar nicht geben kann. Von der bisher stets mitgeführten Bedingung, daß die Energiesumme aller Teilgebilde (Moleküle bzw. Oszillatoren oder Eigenschwingungen) für jede vorkommende Zustandsverteilung strenggenommen *exakt* gleich E sein mußte, befreit man sich, indem man derartige Gebilde *in energetisch-thermischer Wechselwirkung untereinander* der Betrachtung unterzieht.

7a. Empirische Temperatur.

$$F_1(\zeta),\ F_2(\zeta),\ \ldots$$

sollen die Verteilungsfunktionen (34c) beliebig vieler verschiedener

126) *P. Ehrenfest*, Ann. d. Phys. 36 (1911), p. 91. Vgl. dazu ferner *P. Ehrenfest*, Naturwissenschaften 11 (1923), p. 543, wo sich auch einige hier nicht angeführte Literaturangaben zur Geschichte des Problems finden.

Gase mit den Molekülanzahlen $N_1, N_2, \ldots$ und den Volumina $\mathsf{V}_1, \mathsf{V}_2, \ldots$ bedeuten,

$$P_{FK}^{(1)}(\zeta),\ P_{FK}^{(2)}, \ldots$$

die Verteilungsfunktionen (35 B) beliebig vieler, diese Volumina begrenzender fester Körper und endlich $P_{HS}(\zeta)$ die Verteilungsfunktion der Hohlraumstrahlung. Wenn wir alle diese Gebilde in energetischer Wechselwirkung untereinander betrachten, so hat es keine Schwierigkeit, das *Darwin-Fowler*sche Verfahren (Nr. **5a**) auch auf sie zur Anwendung zu bringen. Wie in den beiden vorigen Nummern erhält man die Summe R der Realisierungsmöglichkeiten aller von ihnen ausführbaren Zustandsverteilungen, indem man den Koeffizienten von ζ^{E} der Potenzentwicklung des Ausdruckes

$$\prod [F(\zeta)]^N \cdot \prod [P_{FK}(\zeta)] \cdot P_{HS}(\zeta)$$

mittels der *Cauchy*schen Integralformeln zu

$$\mathsf{R} = \frac{1}{2\pi i} \int\limits_{\gamma} \frac{d\zeta}{\zeta^{\mathsf{E}+1}} \prod [F(\zeta)]^N \cdot \prod P_{FK}(\zeta)] \cdot P_{HS}(\zeta)$$

berechnet. Für die Größe ϑ, welche die asymptotische Entwicklung dieses und aller ähnlich gebauten Integrale anzugeben gestattet, erhält man die zu den früheren Fällen analog gebaute Bedingungsgleichung

$$\frac{d}{d\zeta}\left\{\zeta^{-\mathsf{E}} \prod [F(\zeta)]^N \cdot \prod [P_{FK}(\zeta)] \cdot P_{HS}(\zeta)\right\} = 0,$$

welche für die Gesamtenergie zu der Beziehung

$$\text{(61)} \quad \mathsf{E} = \sum N \cdot \vartheta \cdot \frac{d \log F(\vartheta)}{d\vartheta} + \sum \vartheta \frac{d \log P_{FK}(\vartheta)}{d\vartheta} + \vartheta \frac{d \log P_{HS}(\vartheta)}{d\vartheta}$$

führt. Dieser Ausdruck besteht ersichtlich aus lauter Summanden, von denen jeder nur *einem* bestimmten unter den Gasen, festen Körpern oder der Hohlraumstrahlung zugehört. Auf ganz ähnlichem Wege, wie dies beim Gasgemische (Nr. **6a**) geschehen ist, überzeugt man sich, daß jeder Summand die *mittlere Energie* darstellt, welche dem betreffenden Gebilde während hinreichend langer Beobachtungszeit zukommen wird. Bezeichnet man diese mittleren Energien mit $\mathsf{E}^{(N)}$, E_{FK}, E_{HS}, so bringt

$$\text{(61a)} \quad \mathsf{E} = \sum \mathsf{E}^{(N)} + \sum \mathsf{E}_{FK} + \mathsf{E}_{HS}$$

die *mittlere Energieverteilung* zwischen den verschiedenen in Energieaustausch befindlichen Gebilden zum Ausdruck. Die ursprüngliche Form (61) dieser Beziehung setzt nun die wichtige Eigenschaft in Evidenz, *daß dieser mittlere Verteilungszustand durch eine einzige, allen*

Gebilden gemeinsame Zustandsgröße ϑ gekennzeichnet ist.[127]) Eine derartige Größe bezeichnet man in der makroskopischen Thermodynamik als *empirische Temperatur*[128]) der miteinander in Energieaustausch befindlichen Gebilde, womit sich zugleich herausstellt, daß diese tatsächlich als Modelle warmer Körper brauchbar sind; der mittlere Zustand selbst wird dann als ihr *thermodynamisches Gleichgewicht* bezeichnet.

Man überzeugt sich leicht, daß die Ergebnisse der beiden vorigen Nummern hinsichtlich der *Boltzmannschen Verteilung* bei einzelnen Gasen, Gasgemischen, festen Körpern und der Hohlraumstrahlung auch unter den hier benutzten allgemeineren energetischen Voraussetzungen unverändert zu Recht bestehen; der einzige Unterschied besteht darin, daß man für ϑ nunmehr bei allen in *„thermischer Berührung"* befindlichen warmen Körpern den gleichen Wert einzusetzen hat. Für den einzelnen thermisch nicht isolierten warmen Körper hängt ϑ jetzt also nicht mehr von einem bestimmten willkürlich vorgegebenen, sondern von seinem *mittleren* Energieinhalte, ferner von den Werten der äußeren makroskopischen Parameter a^* ab.[129]) Die hier *statistisch definierte empirische Temperatur* eines warmen Körpers ist also genau so wie jene der makroskopischen Thermodynamik eine Funktion seiner *inneren Energie* E und, falls man von der Mitwirkung weiterer Parameter absieht, seines *Volumens* V.

Wählt man als Maß für die empirische Temperatur, wie in der makroskopischen Thermodynamik gebräuchlich, aber an sich willkürlich, die Wärmeausdehnung einer besonderen thermometrischen Substanz, eines *idealen Gases,* so läßt sich der Zusammenhang dieser Größe mit ϑ leicht aufsuchen. Das Modell eines solchen einatomigen Gases erhält man aus dem allgemeinen, in Nr. **2, 3** und **4** behandelten Modelle, indem man einfach von der inneren Bewegung der Moleküle absieht. *Die Verteilungsfunktion des idealen einatomigen Gases* ist dann durch (47) allein gegeben, seine Energie (bzw. *mittlere* Energie, wenn es in thermischem Gleichgewicht mit anderen warmen Körpern steht) nach (40) durch

---

127) Das in Nr. **5b** geschilderte ältere Verfahren führt in allem, wenn auch nicht ganz so übersichtlich, zu den gleichen Ergebnissen. Die Gemeinsamkeit der Größe ϑ bzw. $\log \frac{1}{\vartheta} = \vartheta_1$ geht insbesondere daraus hervor, daß die Bedingung konstanter *Gesamt*energie der miteinander wechselwirkenden statistischen Gebilde einen *einzigen,* ihnen allen *gemeinsamen Lagrange*-Multiplikator ϑ_1 erfordert. Vgl. *P. Ehrenfest,* Phys. Ztschr. 15 (1914), p. 657, § 4.

128) Vgl. *M. Born,* Phys. Ztschr. 22 (1921), p. 218, 249, 282; § 2.

129) Vgl. Nr. **5a** Ende.

$$(62)\quad \mathsf{E} = N\cdot\vartheta\cdot\frac{d\log F(\vartheta)}{d\vartheta} = N\cdot\vartheta\cdot\frac{d}{d\vartheta}\left\{\log\left[\left(\frac{2\pi M}{\log\frac{1}{\vartheta}}\right)^{\frac{3}{2}}\frac{\mathsf{V}}{G_t}\right]\right\} = \frac{3N}{2}\cdot\frac{1}{\log\frac{1}{\vartheta}}.$$

Bedeutet $\mathfrak{p}$ den Druck des idealen Gases, R die Gaskonstante und T die „absolute“ Temperatur der gasthermometrischen Skala, so ist pro Mol

$$(63)\qquad \mathfrak{p}\mathsf{V} = R\cdot T = \frac{2}{3}\mathsf{E}.$$

Man findet also, wenn jetzt für N die Anzahl der Moleküle pro Mol, die *Loschmidtsche Zahl* genommen wird,

$$(64)\qquad \frac{1}{\log\frac{1}{\vartheta}} = k\cdot T\,^{130)},$$

wobei

$$(65)\qquad k = \frac{R}{N}$$

universell und von der Dimension Energie pro Grad ist und als *Boltzmannsche Konstante* bezeichnet zu werden pflegt. (62) und (64) ergeben zusammen für den Energieinhalt des idealen einatomigen Gases

$$(62\text{a})\qquad \mathsf{E} = 3N\cdot\frac{k\cdot T}{2};$$

da die Anzahl der Translationsfreiheitsgrade jedes der N Moleküle drei beträgt, entfällt auf jeden Freiheitsgrad der gleiche mittlere Energiebetrag $\frac{k\cdot T}{2}$. Ein derartiger *Satz von der Gleichverteilung der Energie über die Freiheitsgrade* muß sich, wie die Ableitung von (62) aus (47) bzw. (34bb) zeigt, stets dann ergeben, *wenn die Molekülenergie eine homogene quadratische Form der in ihr vorkommenden Variablen ist und die Gewichtsfunktion konstant gesetzt werden darf.* Da der Ausdruck (54) für die Oszillatorenergie die erstgenannte Bedingung erfüllt, so findet man diesen Satz in der Tat auch für den festen Körper und die Hohlraumstrahlung, wenn man für diese beiden Gebilde versuchsweise die Gewichtsfunktion konstant setzt; der mittlere, auf jeden Freiheitsgrad entfallende Energiebetrag wird hier kT, entsprechend dem Umstande, daß zu dem Mittelwerte der *kinetischen* Energie $\frac{kT}{2}$ pro Freiheitsgrad ein gleichgroßer Betrag an mittlerer *potentieller* Energie hinzutritt.[131)]

130) Die am Ende von Nr. **3** aus theoretischen Gründen als zulässig bezeichnete beliebige Translationsgewichtsfunktion $g_t(E_t)$ würde in (62) und (64) im allgemeinen zu ganz andersartigen Abhängigkeiten von ϑ führen können. Siehe auch Nr. **9**, p. 952.

131) Die Annahme $g =$ const. ist indessen, wie sich bei der Hohlraumstrahlung bereits in Nr. **6b** gegenüber der „Violettforderung“ gezeigt hat, *unzulässig;*

Wenn in die Formeln der beiden vorhergehenden Nummern

(64a) $$\vartheta = e^{-\frac{1}{k \cdot T}}$$

eingeführt wird, so erhält man den Energieinhalt sowie die *Boltzmann*sche Verteilung für Gase, Gasgemische, feste Körper und die Strahlung ausgedrückt als Funktionen der gasthermometrischen Temperatur. Bei der Strahlung ergibt sich das *Wiensche Verschiebungsgesetz* in der üblichen Form

(59a) $$\varrho(\nu) = \frac{8\pi\nu^3}{c^3} \cdot F_4\left(\frac{\nu}{T}\right)$$

und aus (60) das *Stefan-Boltzmannsche Gesetz*, wonach die Gesamtstrahlung der vierten Potenz von T proportional ist.

7b. Energie-Schwankungen. Wie zu Beginn von **7a** bereits gezeigt worden ist, verhalten sich die einzelnen Bestandteile eines aus Gasen, festen Körpern und Hohlraumstrahlung zusammengesetzten thermischen Systems praktisch genau so, wie wenn sie gegeneinander thermisch isoliert wären, dabei aber die gleiche Temperatur ϑ bzw. T besitzen würden. Ein wesentlicher Unterschied besteht nur darin, daß der Energieinhalt jedes dieser Bestandteile nicht konstant bleibt, sondern *schwankt*, so daß durch die gemeinsame Temperatur nur ein *mittlerer Energieinhalt* für jeden von ihnen eindeutig bestimmt wird. Bedeutet $F_A(\zeta)$ die Verteilungsfunktion des Bestandteiles A und $\prod_{(A)} F(\zeta)$ das Produkt der Verteilungsfunktionen aller übrigen Bestandteile, so ist

---

beim festen Körper ergibt sich dasselbe, wenn man das *Debye*sche T^3-Gesetz als Erfahrungssatz berücksichtigt, vgl. Anm. 125) und Nr. **9**. — Für hohe Temperaturen und kleine Eigenschwingungsfrequenzen hingegen ist $g =$ const. eine brauchbare Näherung; beim festen Körper ergibt sie den Gleichverteilungssatz in der Gestalt des *Dulong-Petitschen Grenzgesetzes der spezifischen Wärmen* [V 25 (*M. Born*), Nr. **25**], bei der Hohlraumstrahlung als *Rayleigh-Jeanssches Grenzgesetz* [V 23 (*W. Wien*), Nr. **4 A**, **6**; siehe ferner die „Rotforderung", oben, Nr. **6 b**). —

Die im Text angegebenen Bedingungen sind indessen nur *hinreichend* für das Zustandekommen des Gleichverteilungssatzes in der Form (62a); ihre *Notwendigkeit* ist nur für die mit Häufigkeitsansätzen arbeitenden Modelle [Nr. **3** (II)] evident. Diesbezügliche Zweifel von *W. Peddie*, Proc. Edinburgh Roy. Soc. 26 (1906), p. 130 hat *P. Ehrenfest*, ebenda 27 (1907), p. 195 geklärt. Hinsichtlich rein mechanischer Modelle ist die Frage dieser Bedingungen noch unerledigt, vgl. Anm. 13); *quasiergodische* Modelle ergeben dagegen stets den Gleichverteilungssatz, aber für die kinetische Energie allein. S. Anm. 14). — Bezüglich der Gültigkeit des Gleichverteilungssatzes für hohe Ozillator- bzw. Rotatorfrequenzen vgl. man die Diskussion über diesen Punkt bei *G. Jaffé*, Ann. d. Phys. 74 (1924), p. 628 und *R. Becker*, Ann. d. Phys. 75 (1924), p. 556

entsprechend (38) der mittlere Energieinhalt E_A von A durch

$$(66) \qquad \mathsf{R} \cdot \mathsf{E}_A = \frac{1}{2\pi i} \int\limits_\gamma \frac{d\zeta}{\zeta^{\mathsf{E}+1}} \zeta \frac{d}{d\zeta} [F_A(\zeta)] \cdot \prod_{(A)} [F(\zeta)]$$

bestimmt, wobei

$$(67) \qquad \mathsf{R} = \frac{1}{2\pi i} \int\limits_\gamma \frac{d\zeta}{\zeta^{\mathsf{E}+1}} F_A(\zeta) \cdot \prod_{(A)} [F(\zeta)].$$

Im Fall eines Gases hat man für $F_A(\zeta)$ den Ausdruck (35) einzuführen, für ein Gasgemisch, einen festen Körper oder die Strahlung die Ausdrücke (35A) bzw. (35B), (35BB). Dann ergibt sich (vgl. z. B. (51A))

$$(66\text{a}) \qquad \mathsf{E}_A = \vartheta \frac{d \log F_A(\vartheta)}{d\vartheta} = k \cdot T^2 \cdot \frac{d \log F_A(k \cdot T)}{dT}.$$

Sei nun $\mathsf{E}_{A,L}$ ein beliebiger, mit der gegebenen Gesamtenergie E des thermischen Systems verträglicher Energiewert von A, so wird das *mittlere Schwankungsquadrat* von E_A

$$\overline{\overline{(\mathsf{E}_{A,L} - \mathsf{E}_A)^2}} = \overline{\overline{\mathsf{E}^2_{A,L}}} - \mathsf{E}^2_A.$$

Zur Ermittlung dieses Ausdruckes hat man also noch

$$\overline{\overline{\mathsf{E}^2_{A,L}}}$$

zu berechnen, was z. B. im Falle eines Gases (Nr. 5) folgendermaßen geschehen kann:

Bedeutet $\mathsf{Z}_L^{(A)}$ eine beliebige Zustandsverteilung des Gases und $\mathsf{E}_{A,L}$ die ihr entsprechende Energie, so hat man, entsprechend (30)

$$\mathsf{E}_{A,L} = \sum_{l=1}^{\infty} N_{L,l}^{(A)} \cdot \left(E_l^{(A)} + E_{t,l}^{(A)}\right).$$

Wendet man den Operator $\zeta \cdot \frac{d}{d\zeta}$ zweimal hintereinander auf

$$F_A(\zeta) = [F^{(A)}(\zeta)]^{N_A} = \Big[\sum_{l=1}^{\infty} g_l^{(A)} \cdot \zeta^{E_l^{(A)} + E_{t,l}^{(A)}}\Big]^{N_A}$$

an, so erhält man nach Ausführung der Polynomialentwicklung für das allgemeine Glied derselben

$$R(\mathsf{Z}_L^{(A)}) \cdot \mathsf{E}^2_{A,L} \cdot \zeta^{\mathsf{E}_{A,L}}.$$

Um $\overline{\overline{\mathsf{E}^2_{A,L}}}$ zu berechnen, hat man jetzt die Summe aller Ausdrücke dieser Art zu bilden, für welche $\mathsf{E}_{A,L}$ mit der Energie E des *Gesamtsystems* verträglich ist. Diese Summe ist der *Darwin-Fowler*schen Schlußweise[94]) gemäß aber nichts anderes als der Koeffizient von ζ^{E}

in der Entwicklung von

$$\left\{\left(\xi \frac{d}{d\xi}\right)^2 F_A(\xi)\right\} \cdot \prod_{(A)} [F(\xi)]$$

und beträgt

$$(68) \qquad \mathsf{R} \cdot \overline{\overline{\mathsf{E}^2_{A,L}}} = \frac{1}{2\pi i} \int\limits_{\gamma} \frac{d\xi}{\xi^{\mathsf{E}+1}} \left\{\left(\xi \frac{d}{d\xi}\right)^2 F_A(\xi)\right\} \cdot \prod_{(A)} [F(\xi)].$$

Die asymptotische Entwicklung dieses Integrals gibt bis auf Glieder zweiter Ordnung nach dem allgemeinen Verfahren von Nr. **5a**

$$(68\text{a}) \qquad \overline{\overline{\mathsf{E}^2_{A,L}}} = \frac{\left(\vartheta \frac{d}{d\vartheta}\right)^2 \cdot F_A(\vartheta)}{F_A(\vartheta)} = \frac{\vartheta \frac{d}{d\vartheta} \{\mathsf{E}_A \cdot F_A(\vartheta)\}}{F_A(\vartheta)} = (\mathsf{E}_A)^2 + \vartheta \frac{d\mathsf{E}_A}{d\vartheta}.$$

Die Gültigkeit dieser Formeln ist ersichtlich nicht auf den zur Illustration herangezogenen Fall eines Gases beschränkt. Für das mittlere Schwankungsquadrat der Energie von A ergibt sich also in erster Näherung allgemein

$$(69) \qquad \overline{\overline{(\mathsf{E}_{A,L} - \mathsf{E}_A)^2}} = \vartheta \frac{d\mathsf{E}_A}{d\vartheta} = k \cdot T^2 \frac{d\mathsf{E}_A}{dT};$$

dieser Ausdruck hängt nur von der mittleren Energie von A ab, gleichgültig mit wie vielen anderen warmen Körpern A sich in thermischer Wechselwirkung befindet.[132]) Bis auf Glieder von der dritten Ordnung hingegen ergibt sich nach *Darwin* und *Fowler*[133])

$$(69\text{a}) \qquad \overline{\overline{(\mathsf{E}_{A,L} - \mathsf{E}_A)^2}} = \vartheta \frac{d\mathsf{E}_A}{d\vartheta} \left(1 - \frac{\frac{d\mathsf{E}_A}{d\vartheta}}{\frac{d\mathsf{E}}{d\vartheta}}\right).$$

---

132) Wird für A ein ideales einatomiges Gas gewählt, so ergibt (69) wegen (62a) für das mittlere Schwankungsquadrat seiner Energie den Betrag $\frac{3N}{2} \cdot k^2T^2$. Da die im Vorhergehenden betrachteten Gasmodelle sich hinsichtlich ihrer Translation genau so wie ideale Gase verhalten, stellt dieser Betrag für beliebige solche Gase in erster Annäherung auch gleichzeitig das mittlere Schwankungsquadrat des auf ihre *Translation* entfallenden Energiebetrages dar. Der Umstand, daß die Verteilungsfunktion eines beliebigen solchen Gases nach (34c) als Produkt der Verteilungsfunktion für ein ideales einatomiges Gas (47) (s. oben Nr. **7a**) und eines nur von der inneren Energie der Moleküle herrührenden Anteils geschrieben werden kann, zeigt nämlich (vgl. die Betrachtungen von Nr. **6** und **7a**), daß es formal immer ersetzt werden kann durch ein ideales einatomiges Gas, welches sich in Wärmegleichgewicht mit einem Gebilde *ruhender Moleküle* befindet, deren Verteilungsfunktion durch (34a) gegeben ist. — Die Möglichkeit einer solchen Ersetzung zeigt ferner, daß man in vielen Fällen sich auf die Betrachtung dieses statistischen Gebildes ruhender Moleküle beschränken kann, ohne damit der Allgemeinheit irgendwelchen Abbruch zu tun.

133) Vgl. Anm. 94), ferner *C. G. Darwin* und *R. H. Fowler*, Proc. Cambridge Phil. Soc. 21 (1922), p. 391, Gl. (2, 5).

Der Schwankungsausdruck (69) ist also nur dann hinreichend gerechtfertigt, wenn E genügend groß gegenüber E_A ist, d. h. wenn A sich entweder in thermischem Kontakt mit einem „Wärmereservoir" befindet oder nur einem sehr kleinen Teil des Gesamtsystems ausmacht.

Besteht das Gesamtsystem aus sehr vielen gleichartigen[134]), Energie austauschenden Bestandteilen A, so kann man nicht nur auch für diesen Fall den Schwankungsausdruck (69) ableiten[135]), sondern auch die relative Häufigkeit des Auftretens beliebiger von E_A verschiedener Energiewerte $\mathsf{E}_{A,L}$ während hinreichend langer Beobachtungszeiten ermitteln. Das letztere wird am einfachsten dadurch ermöglicht, daß man A als „Molekül" eines „A-Gases" von willkürlich vielen „A-Molekülen" auffaßt, die Annahmen der Nummern **2**—**4** sinngemäß auf diesen Fall erweitert, wobei der μ-Raum zum „Γ-Raum" (vgl. Nr. **1**) wird, und die *Boltzmannsche Verteilung* für das A-Gas aufsucht. Man gelangt so ohne Benutzung der Ergoden- oder Quasiergodenhypothese (Nr. **1**) zu Verteilungsgesetzen, welche den *Boltzmann*schen Ergebnissen sowie denen der von *Gibbs* behandelten *kanonischen Gesamtheit* entsprechen.[136]) Diese Methode ist indessen nur anwendbar, wenn die

134) Dann wird, wenn N die Anzahl der A bedeutet, $\mathsf{E} = \mathsf{E}_A \cdot N$ und der Klammerausdruck in (69a): $\left(1 - \frac{1}{N}\right)$.

135) *J. W. Gibbs*, Elementary Principles in Statistical Mechanics (1902), deutsch von *E. Zermelo*, Leipzig 1905, p. 71, Gl. (198) und (205); *A. Einstein*, Ann. d. Phys. 14 (1904), p. 360; Congres Solvay Bruxelles 1912, p. 419; *M. v. Laue*, Verh. Deutsch. Phys. Ges. 17 (1915), p. 198; *K. Szell*, Verh. Deutsch. Phys. Ges. 17 (1915), p. 122; *L. Brillouin*, J. d. Phys. et le Rad. (6) 2 (1921), p. 65; *M. Planck*, Berl. Ber. 1923, p. 350, 355.

Die Mittelwerte höherer Potenzen der Energie hat ebenfalls zuerst *Gibbs* (auf Grund seiner „kanonischen" Gesamtheit) berechnet, l. c. p. 76, Gl. (220). *C. G. Darwin* und *R. H. Fowler*, Proc. Cambridge Phil. Soc. 21 (1922), § 2 haben hierfür unter ähnlichen Voraussetzungen wie sie im Text zur Ableitung von (68) benutzt worden sind, auch die Glieder zweiter und dritter Ordnung ermittelt. —

Alle Überlegungen dieser Nummer setzen stillschweigend voraus, daß die makroskopischen Parameter a^* hierfür als exakt konstant angesehen werden können. Während diese Annahme bei den benutzten Gasmodellen unbedenklich ist, bedeutet sie beim festen Körper, daß er sich strenggenommen vollständig *inkompressibel* verhalten muß. Den Einfluß der Kompressibilität haben mit Benutzung des *Boltzmannschen Prinzipes* (Nr. **8b**) *H. A. Lorentz* [1], Note V und *M. v. Laue*, Phys. Ztschr. 18 (1917), p. 542; 19 (1918), p. 23 berücksichtigt. Vgl. z. B. auch *R. Fürth*, Schwankungserscheinungen in der Physik, Braunschweig 1920, III. Kapitel. Fehlresultate von *K. C. Kar*, Phys. Rev. 21 (1923), p. 672; Phys. Ztschr. 24 (1923), p. 429 sind jüngst von *R. Fürth*, Phys. Ztschr. 25 (1924), p. 111 berichtigt worden.

136) Vgl. IV 32 (*P.* und *T. Ehrenfest*), Nr. **25** und **28**; *P. Hertz*, Rep., siehe Anm. 9, Kapitel II; *C. G. Darwin* und *R. H. Fowler*, Phil. Mag. 44 (1922), p. 823,

Wechselwirkungen der „A-Moleküle" im Sinne von Nr. 2 und 4 nur während vernachlässigbar kurzen Zeitstrecken stattfinden, so daß es berechtigt ist, sie praktisch als voneinander unabhängig anzusehen. Werden die „A-Moleküle" z. B. dadurch erhalten, daß man sich ein genügend großes Gasvolumen in gleichgroße Parallelepipede eingeteilt denkt, deren Inhalt je ein „A-Molekül" repräsentiert, so wird dies bei Benutzung der bisherigen Gasmodelle stets zulässig sein, wenn nur jedes „A-Molekül" genügend zahlreiche wirkliche Moleküle enthält. Eine gleichartige Unterteilung hinsichtlich der benutzten Modelle für den festen Körper[137]) und die Hohlraumstrahlung ist indessen im allgemeinen nicht mehr ohne weiteres zulässig.

Für letztere haben *Ornstein* und *Zernike*[138]) direkt nachgewiesen, daß es grundsätzlich nicht gestattet ist, den Strahlungszustand innerhalb beliebiger *Teilvolumina* eines von vollkommen spiegelnden[139]) Wänden abgegrenzten, evakuierten Hohlraumes als unabhängig anzusehen; dies ist unmittelbar evident, da ja innerhalb eines solchen *die Annahmen* (1) *und* (2) *von Nr.* **6b** *unerfüllbar* sind, wenn die Strahlung in ihm *stehende Schwingungen* ausführt, wie in erster Annäherung wohl aus jeder beliebigen Theorie der Optik gefolgert werden müßte. Bei

wo allerdings nirgends der denkbar allgemeinste Fall entwickelt wird. S. auch Anm. 101). Bezüglich der *Gibbs*schen Resultate selbst vgl. man sein in der vorigen Anmerkung zitiertes Buch, ferner IV 32, Nr. **19—24**. — Unter den oben angedeuteten Umständen entspricht E_A dem Mittelwerte der Energie von A in einer kannonischen Gesamtheit, deren *Modul* gleich $k \cdot T$ ist. — Eine direkte Ableitung der kanonischen Verteilung ohne Benutzung der Ergoden- oder Quasiergodenhypothese und ohne Bezugnahme auf ein A-Gas gibt *R. v. Mises*, siehe Anm. 81).

137) Bei festen Körpern, namentlich bei *schlechten Wärmeleitern* (vgl. Anm. 113), könnte es wesentlich von der *zeitlichen Häufigkeit* der nach den Bedingungen (1) und (2) von Nr. **6b** erfolgenden Wechselwirkungen zwischen den einzelnen Eigenschwingungen abhängen, ob die Anwendung von (69) bzw. (69a) zu Resultaten führt, denen innerhalb der üblichen makroskopischen Beobachtungszeiten eine Bedeutung beigemessen werden kann. Im Fall der Gase ist dieser Punkt wegen der enormen Häufigkeit der „Zusammenstöße" vollkommen belanglos.

138) *L. S. Ornstein* und *F. Zernike*, Versl. Akad. Amsterdam 28 (1919), p. 281, § 2, 3. In dieser Arbeit wird vom *Planck*schen Strahlungsgesetze Gebrauch gemacht, um ältere Überlegungen *Einsteins* zu entkräften, welche zur *Lichtquantentheorie* geführt hatten. Vgl. darüber Nr. **12**, Anm. 234). Der von *Ornstein* und *Zernike* bezüglich der Anwendung der Schwankungsformel (69a) auf die Hohlraumstrahlung gefundene Widerspruch wird im Texte ohne Benutzung einer speziellen Strahlungsformel abgeleitet.

139) Oder was grundsätzlich auf dasselbe hinausläuft, von diffus vollkommen reflektierenden Wänden, wie sie *A. Einstein*, Ann. d. Phys. 17 (1905), p. 132; Phys. Ztschr. 10 (1909), p. 185, 817, verwendet.

Zugrundelegung der harmonischen Schwingungsgleichung (52) kann man unter dieser Voraussetzung das mittlere Schwankungsquadrat der Energie $\mathsf{E}_\nu^* \cdot d\nu$ berechnen, welche im Mittel auf alle Eigenschwingungen von der Frequenz ν des Teilvolumens V^* entfällt. Man erhält für diese sogenannten *Interferenzschwankungen unabhängig von einer speziellen Energieverteilung und einem besonderen Strahlungsgesetz*[140])

$$(70) \qquad \overline{(\mathsf{E}_{\nu,L}^* \cdot d\nu - \mathsf{E}_\nu^* \cdot d\nu)^2} = \frac{(\mathsf{E}_\nu^* \cdot d\nu)^2}{N_{HS}(\nu) \cdot d\nu}.$$

Nach (69) wäre anderseits, wenn V^* klein gegen das Gesamtvolumen des Hohlraumes ist,

$$(70\text{a}) \qquad \overline{(\mathsf{E}_{\nu,L}^* \cdot d\nu - \mathsf{E}_\nu^* \cdot d\nu)^2} = k \cdot T^2 \frac{\partial \mathsf{E}_\nu^*}{\partial T} d\nu,$$

was zusammen mit (70) zu einer Differentialgleichung führt, deren Integration mit Rücksicht auf das *Wiensche Verschiebungsgesetz* (59a) und die mit der „Rotforderung" von Nr. **6b**, Ende, gleichbedeutende Bedingung, daß E_ν^* mit T zugleich unendlich werden muß, ergeben würde

$$(71) \qquad \mathsf{E}_\nu^* \cdot d\nu = N_{HS}(\nu) \cdot d\nu \cdot k \cdot T.$$

Die zugehörige Strahlungsdichte wäre

$$(71\text{a}) \qquad \varrho(\nu) = \frac{8\pi\nu^2 \cdot k \cdot T}{c^3}$$

und stimmt mit jener überein, die sich aus (58bb) herleitet *(Rayleigh-Jeanssches Strahlungsgesetz)*. Da (71a) zugleich mit (58bb) der Forderung nach Endlichkeit der Gesamtstrahlung (60) („Violettforderung" von Nr. **6b**) widerspricht, ist die eingangs dieses Absatzes behauptete Unzulässigkeit der Anwendung von (69) bzw. (69a) auf Teilvolumina der Vakuumstrahlung nunmehr auch auf rechnerischem Wege erwiesen.[141])

---

140) *L. S. Ornstein* und *F. Zernike*, l. c. § 2; *H. A. Lorentz* [1], Note IX. Zur *quantentheoretischen* Deutung des Ausdruckes (70) vgl. man auch Anm. 242). — Die oben besonders hervorgehobene Allgemeinheit des Ausdruckes (70) ist von entscheidender Bedeutung für die nachfolgenden Betrachtungen, welche die Aussagen über Strahlungsschwankungen soweit zu führen trachten, als dies ohne Benutzung einer speziellen Elektrodynamik möglich erscheint.

141) Die Ursachen dieses Widerspruches liegen also in der *Kohärenz* der die einzelnen Teilvolumina in gesetzmäßigem Ablauf überstreichenden stehenden Schwingungen. Da *M. v. Laue*, Ann. d. Phys. 20 (1906), p. 365; 23 (1907), p. 1, 795, gezeigt hat, daß die Entropien kohärenter Strahlenbündel sich *nicht additiv* zusammensetzen lassen, kann man die der ganzen Strahlung zukommende Entropie nicht gleich der Summe der mittleren Entropien setzen, welche den verschiedenen Volumsteilen des durchstrahlten Hohlraumes zuzuordnen wären. *Ornstein* und *Zernike* (l. c.) legen auf diese Form der Begründung obigen Widerspruches das Hauptgewicht, da *Einstein* (vgl. Anm. 139) sich zur Ableitung von (69) des *Boltzmannschen Prinzipes* (Nr. **8b**) bedient und hierzu jene Additivität

Offenbar würde das Ergebnis (70), das *gesamte* Schwankungsquadrat der Strahlungsenergie innerhalb des *ganz beliebig wählbaren* Teilvolumens **V*** darzustellen, von dem Augenblicke an erst fehlerhaft werden, wo es eine über den ganzen Hohlraum hin wirksame Vorrichtung gäbe, welche den vorausgesetzten stehenden Schwingungszustand *innerhalb* desselben und *längs seiner Begrenzungen willkürlich* immer wieder unterbricht und umordnet, wodurch die Bedingungen (1) und (2) von Nr. **6b** und damit die erforderliche statistische *Unabhängigkeit beliebiger Teilvolumina* zur Realisierung gelangen würden. Wenn man sich nach einer derartigen Vorrichtung umsieht, so wird man zunächst genötigt, auf die *Grundlagen der elektromagnetischen Lichttheorie in ihrer elektronentheoretischen Weiterbildung* (V 14, (*H. A. Lorentz*)) zurückzugreifen. Wie *H. A. Lorentz* und namentlich *Ritz*[142]) betont haben, müssen sich alle Feld- bzw. „Äther“-Vorgänge der *Maxwell-Lorentzschen Theorie mittels retardierter Potentiale auf die Bewegungen der das elektromagnetische Feld „begrenzenden“ materiellen elektrischen Teilchen* (Bestandteile der Atome von Gasen und festen Körpern in den vorangegangenen Betrachtungen) *zurückführen lassen;* innerhalb des Hohlraumes mit *ideal spiegelnden Wänden* ist eine derartige Zurückführung begreiflicherweise *nicht möglich.* Eine solche Hohlraumstrahlung kann nur als ideale, in Strenge nicht verwirklichbare Abstraktion angesehen werden, da bei ihr auf die Mitwirkung von Materie als grundsätzlich notwendige Quelle oder Senke elektromagnetischer Feldenergie bewußt Verzicht geleistet wird.[143]) Denkt man sich den Hohlraum hingegen von *wirklichen* warmen Körpern (Festkörpern und einzelnen Gasmolekülen) begrenzt, so wird das statistische Verhalten der Strahlung durch jenes der umgebenden Materie im Sinne der *Lorentz-Ritz*schen Deutung der Strahlungsvorgänge mitbestimmt sein, wobei man es allerdings offen lassen muß, *ob die Maxwell-Lorentzsche Theorie eine zutreffende Darstellung dieser Abhängigkeit zu liefern vermag.* Die oben genannte Vorrichtung kann also nur in dem Vermögen der *wirklichen* Materie, Strahlung zu absorbieren und emittieren gesucht werden, und dies ist der *einzige* Weg, die Erfüllung der Bedingungen (1) und (2) von Nr. **6b** für die Strahlung sicherzustellen.[144]) Die Energieschwan-

voraussetzen muß. *Allerdings führt die Maxwellsche Theorie auch unabhängig davon auf* (70a), was offenbar in den speziellen Voraussetzungen begründet ist, welche sie für die Wechselwirkungen zwischen Strahlung und Materie benutzt.

142) *W. Ritz,* Ann. Chim. Phys. (8) 13 (1908), p. 145.

143) *W. Ritz,* Phys. Ztschr. 9 (1908), p. 903; *A. Einstein,* Phys. Ztschr. 10 (1909), p. 185; *W. Ritz,* Phys. Ztschr. 10 (1909), p. 224.

144) Vgl. die Rolle des *Planck*schen Kohlestäubchens, Anm. 113), ferner Anm. 121).

kungen der Strahlung können daher nur für einen von *wirklicher* Materie begrenzten Hohlraumteil in Übereinstimmung mit den in Nr. **6b** an das Strahlungsgesetz gestellten Anforderungen[145]) erhalten und mittels (69) bzw. (69a) berechnet werden. Durch Anwendung von (69) auf das *Wien*sche Verschiebungsgesetz (59a) erhält man für die Strahlung des Frequenzintervalles $d\nu$ allgemein

$$\overline{(\mathsf{E}_{\nu,L}\cdot d\nu - \mathsf{E}_\nu \cdot d\nu)^2} = k \cdot T^2 \nu \cdot N_{HS}(\nu) \cdot d\nu \frac{\partial F_4\left(\frac{\nu}{T}\right)}{\partial T}.$$

Zieht man hiervon die im Hohlrauminnern unabhängig von dem Einfluß der begrenzenden Materie erfolgenden *Interferenzschwankungen* (70) ab, so kann der Beitrag der Wechselwirkungen mit der Wandmaterie zum mittleren Schwankungsquadrat der Strahlungsenergie pro Volumseinheit in der Form

$$k \cdot T^2 \frac{\partial \varrho(\nu, T)}{\partial T} \cdot d\nu - \frac{c^3}{8\pi\nu^2}[\varrho(\nu, T)]^2 \cdot d\nu > 0 \tag{72}$$

geschrieben werden. Der Umstand, daß diese Größe nach dem Obigen nicht verschwinden kann, weist darauf hin, daß es unmöglich ist, das Strahlungsgesetz für irgendwelche Arten von Materie zu begründen[146]), ohne hierbei von deren *speziellen Absorptions-* und *Emissionsgesetzen* wesentlichen Gebrauch zu machen.

7c. Impuls-Schwankungen. Neben dem *Energieaustausch*, den die in Nr. 2 und 4 eingeführten kurzandauernden, zeitlich regellos aufeinanderfolgenden Wechselwirkungen zwischen den Molekülen bzw.

---

145) *W. Ritz*, Phys. Ztschr. 9 (1908), p. 903 meint, daß wegen der oben an der *idealen* Hohlraumstrahlung geübten Kritik auch der Ausdruck (53b) für die Anzahl der Eigenschwingungen bzw. Freiheitsgrade der Strahlung im Volumen **V** hinfällig werden müßte, und folgert, daß es durch Verminderung dieser Anzahl möglich sein müßte, die *Rayleigh-Jeans-Katastrophe* von Nr. **6b**, Gl. (58bb) zu vermeiden. Es ist indessen leicht einzusehen, daß (53b) von obiger Kritik nicht berührt wird und bei Befolgung des *Ritz*schen Vorschlages weder das *Wien*sche Verschiebungsgesetz noch das *Stefan-Boltzmann*sche Gesetz zutreffend sein könnte; ebenso würde sich der Strahlungsdruck (s. Anm. 124) nicht zu dem von der *Maxwell*schen Theorie geforderten Betrage ergeben, von der *Ritz* ja bei seinen Betrachtungen ausgeht.

Die in Anm. 143) zitierte Diskussion zwischen *Ritz* und *Einstein* wurde durch eine gemeinsame Erklärung, *W. Ritz* und *A. Einstein*, Phys. Ztschr. 10 (1909), p. 323 abgeschlossen, welche sich nur auf die Frage nach der Begründung der *Irreversibilität* der Strahlungsvorgänge bezieht.

146) Mit anderen Worten: die Gewichtsfunktion $g(I)$ in (41B) bzw. (50B) zu bestimmen. Die Feststellungen (A) bis (C) am Ende von Nr. **6b** enthalten daher implizit bereits die ersten, vorläufigen, endgültig aber erst auf Grund der Erfahrung näher präzisierbaren Aussagen über Strahlungseigenschaften der Materie.

Eigenschwingungen der betrachteten statistischen Gebilde vermitteln, wird unter Umständen auch ein Austausch von *linearem* oder von *Drehimpuls* unter ihnen eintreten, dessen genauere Kenntnis in einigen Fällen von Interesse ist. Innerhalb homogener warmer Körper kommt er allerdings nur bei Gasen in Betracht, wo in der *kinetischen Gastheorie* bei der Aufstellung des *Stoßzahlansatzes*[147]) auf ihn Rücksicht genommen werden muß. Der mittlere Linearimpuls-Austausch zwischen Gas und begrenzendem festen Körper, auf Grund dessen die Größe des an der Grenzfläche herrschenden *Druckes* angegeben werden kann, findet ebenfalls im Rahmen der *kinetischen Gastheorie* seine Behandlung.[148]) Für den Rahmen der vorliegenden Darstellung kommt demnach nur der Impulsaustausch *zwischen materiellen Körpern und der Strahlung* in Betracht, wobei hier zunächst nur auf den *Linearimpuls* eingegangen werden soll.[149])

Ein materielles Kügelchen oder ein Gasmolekül von der Masse M bewege sich innerhalb der Hohlraumstrahlung der Einfachheit halber nur in *einer* bestimmten Richtung, z. B. der x-Achse, mit der Geschwindigkeit v. Nach einer von *Einstein* mehrfach auch in der Theorie der *Brownschen Molekularbewegung* benutzten Methode kann man zweierlei Änderungen unterscheiden, die der Impuls $M \cdot v$ des Kügelchens bzw. Gasmoleküls während der kurzen Zeit τ erfährt[150]):

(1) Der Strahlungsdruck verursacht eine Widerstandskraft, die jene Bewegung zu hemmen sucht und bei Vernachlässigung von $\left(\frac{v}{c}\right)^2$ und höheren Potenzen dieses Verhältnisses proportional der Geschwindigkeit wird. Die dadurch während der Zeit τ hervorgerufene Impulsänderung beträgt: $-D \cdot v \cdot \tau$.

(2) Die Unregelmäßigkeiten des Strahlungsfeldes bewirken einen nach Größe und Vorzeichen stets wechselnden elektromagnetischen Impuls Δ, der innerhalb der angestrebten Genauigkeit als von v unabhängig angesehen werden kann.

Bei Abwesenheit der Strahlung und Wärmegleichgewicht ergibt

---

147) Vgl. Anm. 76).

148) V 9 (*L. Boltmann* und *J. Nabl*), Nr. 2—5. Hinsichtlich der zugehörigen *Impuls-* bzw. *Druckschwankungen* auch für beliebige warme Körper vgl. *R. Fürth*, Phys. Ztschr. 20 (1919), p. 350 oder das in Anm. 135) zitierte Buch des gleichen Autors.

149) Die Frage nach der Erhaltung des *Drehimpulses* bei den Strahlungsvorgängen wird erst in Nr. 20 Erwähnung finden.

150) *A. Einstein,* Phys. Ztschr. 10 (1909), p. 185, 817; Ann. d. Phys. 33 (1910), p. 1105; Phys. Ztschr. 18 (1917), p. 121; *L. Brillouin,* J. de Phys. et le Rad. (6) 2 (1921), p. 140.

sich die mittlere kinetische Energie des Teilchens in der Bewegungs richtung zu

$$(73) \qquad \frac{M \cdot \overline{v^2}}{2} = \frac{k \cdot T}{2};$$

für ein Gasmolekül geht dies unmittelbar aus dem Gleichverteilungssatz (62a) hervor[151]), ebenso für ein beliebiges materielles Kügelchen, wie man leicht nachweist, wenn z. B. eine Suspension sehr vieler solcher gleicher Teilchen in einem Gase nach dem Vorbild von Nr. **6a** behandelt wird. Da die Anwesenheit der Strahlung im Falle des Wärmegleichgewichtes an dieser Beziehung nichts ändern kann, hat man zunächst

$$\overline{(M \cdot v)^2} = \overline{(M \cdot \dot{v} - D \cdot v \cdot \tau + \Delta)^2}$$

und wegen

$$\overline{v \cdot \Delta} = 0$$

bis auf das zu vernachlässigende Glied mit τ^2

$$\overline{\Delta^2} = 2D \cdot M \cdot \overline{v^2} \cdot \tau.$$

Mit Benutzung von (73) ergibt sich endlich

$$(74) \qquad \frac{\overline{\Delta^2}}{\tau} = 2Dk \cdot T.$$

(I) Um D zu ermitteln, hat man die Strahlungsvorgänge nach der speziellen Relativitätstheorie von einem Koordinatensystem aus zu beurteilen, in welchem das bewegte Teilchen ruht. Bezüglich der Gefäßwände ist die Strahlung naturgemäß in ihrem *mittleren* Verhalten isotrop und beträgt pro Volumeneinheit für einen bestimmten infinitesimalen Körperwinkel dK, welcher eine bestimmte Strahlrichtung kennzeichnet, sowie für das Frequenzintervall $d\nu$

$$(75) \qquad \varrho(\nu, T) \cdot d\nu \frac{dK}{4\pi}.$$

Im bewegten Koordinatensystem ist die Volumdichte der Strahlung hingegen von der Strahlrichtung abhängig, welche durch den Winkel φ' mit der x-Achse festgelegt sei. An Stelle von (75) tritt daher

$$(75\text{a}) \qquad \varrho'(\nu', \varphi', T) \cdot d\nu' \frac{dK'}{4\pi},$$

wofür die relativistischen Transformationsformeln ergeben

$$(75\text{b}) \quad \varrho'(\nu', \varphi', T) = \left[\varrho(\nu') + \frac{v}{c}\nu' \cdot \cos\varphi' \frac{\partial \varrho(\nu', T)}{\partial \nu'}\right] \cdot \left(1 - 3\frac{v}{c}\cos\varphi'\right).$$

Einstein hebt hervor, daß die Gültigkeit dieser Beziehung *wesentlich über jene der Maxwellschen Elektrodynamik hinausgeht,* aus der sie ur-

151) Vgl. p. 927 und Anm. 131).

sprünglich abgeleitet wird; da in ihre Grundlagen nur der Energiesatz, das *Doppler*sche Prinzip und die Aberration eingehen, müsse sie auch von jeder anderen als der Undulationstheorie des Lichtes geliefert werden können. Bedeutet nun σ einen mittleren Querschnitt und $\alpha(\nu')$ den *mittleren Absorptionskoeffizient* des Teilchens für Strahlung des Frequenzintervalles $d\nu'$, so wird die aus der Richtung φ' während der Zeit τ im Mittel absorbierte Energie

$$\alpha(\nu') \cdot \tau \cdot c \cdot \sigma \cdot \varrho'(\nu', \varphi', T) \cdot d\nu' \frac{dK'}{4\pi}. \tag{76}$$

Der zugehörige auf das Teilchen übertragene Linearimpuls beträgt den c^{ten} Teil hiervon; seine hier allein in Betracht kommende x-Komponente ergibt sich durch Multiplikation mit $\cos\varphi'$, und daraus der mittlere Gesamtimpuls in der x-Richtung, indem man

$$dK' = 2\pi \sin\varphi' \cdot d\varphi'$$

setzt und über φ' von Null bis π integriert. So findet man, wenn anstatt ν' wieder ν geschrieben wird, für die von der Strahlung des Frequenzbereiches $d\nu$ verursachten Impulswirkungen

$$D = \frac{4\pi}{c}\alpha(\nu)\sigma\left[\varrho(\nu, T) - \frac{\nu}{3}\frac{\partial\varrho(\nu, T)}{\partial\nu}\right]. \tag{77}$$

(II) Zur Berechnung des mittleren Quadrates der auf das Teilchen übertragenen unregelmäßigen Impulse Δ, bedient man sich am einfachsten des im vorigen Abschnitte diskutierten Ausdruckes für das mittlere Energie-Schwankungsquadrat. Hierzu ist es notwendig, nacheinander die Impulswirkung jener Schwankungen zu berechnen, welche zu einer Energieaufnahme bzw. Energieabgabe des Teilchens in bezug auf das Strahlungsfeld führen. Offenbar sind diese Energiebeträge bei Wärmegleichgewicht im Mittel einander gleich; da die Erhaltung des Impulsgleichgewichtes auch die Gleichheit der dabei übertragenen mittleren Bewegungsgrößen verlangt, wird es hinreichen, allein die mit Energieabsorption verbundenen Impulsschwankungen zu betrachten und das so erhaltene Resultat nachträglich zu verdoppeln. Eine Transformation der Strahlungsdichte auf das bewegte Koordinatensystem ist hier überflüssig, da das Teilchen für diese Betrachtung und bei der angestrebten Genauigkeit als ruhend angesehen werden kann. Wendet man (70a) auf die Volumeneinheit von in Wärmegleichgewicht mit Materie befindlicher Hohlraumstrahlung an, so hat man

$$k \cdot T^2 \frac{\partial\varrho(\nu, T)}{\partial T} \cdot d\nu;$$

um die auf das Teilchen ausgeübten Impulswirkungen zu berechnen, müssen jedoch die Energieschwankungen jeder beliebigen Strahl*richtung* gesondert untersucht und *als voneinander unabhängig* angesehen werden dürfen.[152]) Wird der obige Ausdruck daher auf das Volumen eines dem Teilchen umschriebenen Zylinders angewendet, dessen Erzeugenden parallel einer beliebigen Strahlrichtung und von der Länge $\tau \cdot c$ sind, so würde er durch c^2 dividiert, das mittlere Quadrat der Impulsschwankungen während τ angeben, wenn sämtlichen vorgekommenen Energieschwankungen Absorptionsprozesse des Teilchens entsprechen würden. Für sämtliche Strahlrichtungen entsprechen nun gerade dem Bruchteil $4\pi \cdot \alpha(\nu) \cdot \tau \cdot c \cdot \sigma$ (vgl. (76) und (77)) der Energieschwankungen pro Volumeneinheit derartige Absorptionsvorgänge; dieser Betrag ist noch durch 3 zu dividieren, wenn man aus ihm das mittlere Quadrat aller x-Komponenten der dabei übertragenen Impulse ableiten will, wie aus seiner Unabhängigkeit von den Koordinatenrichtungen und der vorausgesetzten Unabhängigkeit aller Einzelschwankungen hervorgeht. Insgesamt erhält man also für Absorption *und* Emission

$$(78) \qquad \overline{\Delta^2} = \frac{2}{3} \cdot 4\pi\alpha(\nu) \cdot \tau \cdot c \cdot \sigma \frac{kT^2}{c^2} \frac{\partial \varrho(\nu, T)}{\partial T} \cdot d\nu.$$

(III) Führt man (77) und (78) in (74) ein, so folgt

$$(79) \qquad \frac{T}{3} \frac{\partial \varrho}{\partial T} = \varrho - \frac{\nu}{3} \frac{\partial \varrho}{\partial \nu},$$

welche Differentialgleichung das *Wien*sche Verschiebungsgesetz (59a) ergibt. Wie man bemerkt, fallen die individuellen Eigenschaften des betrachteten Materieteilchens (mittlerer Querschnitt, Absorptions- und Emissionseigenschaften) vollständig aus obigen Überlegungen wieder hinaus. Es ist einleuchtend, daß eine analoge Untersuchung einer im Strahlungsraume mit der Geschwindigkeit v bewegten, vollständig reflektierenden oder spiegelnden Platte oder eines ebensolchen Kügelchens zu dem gleichen Ergebnisse führen muß, wenn man sich wieder der

152) Diese Annahme enthält formal eine Voraussetzung über *gerichtete* Energie-Absorption und *-Emission.* Wie *L. Brillouin* (l. c.) hervorhebt, ist sie für die nachfolgende Ableitung des *Wienschen Verschiebungsgesetzes* von grundsätzlicher Bedeutung und soll der von *Einstein* in seinen älteren Arbeiten benutzten Annahme gleichwertig sein, daß die Schwankungen benachbarter Teile einer ebenen klassisch-elektromagnetischen Welle als voneinander unabhängig angesehen werden können. Nach *G. Breit,* Phys. Rev. **22** (1923), p. 313 hingegen soll in der Wellentheorie den *Interferenzvorgängen* der stets in *endlicher Spektralbreite* $d\nu$ zur Absorption gelangenden Strahlung für das Zustandekommen von (78) die Hauptrolle zugeschrieben werden. — Während die Vorstellung *gerichteter Strahlungsemission* mit der *Maxwell*schen Theorie noch am ehesten bei makroskopischen Teilchen verträglich scheint, führt sie namentlich bei einzelnen Molekülen zu ernsten Widersprüchen mit den üblichen Folgerungen hinsichtlich der Emission in Kugelwellen. Vgl. dazu Nr. **11**, **12** und **20**.

allgemeinen Schwankungsformel (69) bzw. (70a) bedient[153]); würde man anstatt dessen, wie in Nr. **7b** als im allgemeinen ungerechtfertigt nachgewiesen, den Ausdruck (70) für die Interferenzschwankungen allein benutzen, so käme man ähnlich wie in Nr. **7b** zum unbrauchbaren *Rayleigh-Jeansschen Strahlungsgesetz* (71), (71a).

Bei näherer Prüfung der den Überlegungen dieses Abschnittes zugrunde liegenden Voraussetzungen findet man, daß sie ihrer statistischen Seite nach im wesentlichen mit jenen von Nr. **6b** und **7b** übereinstimmen. Die Gruppierung der aus der *Maxwell*schen Elektrodynamik herübergenommenen Annahmen ist hier jedoch eine etwas verschiedene. Dementsprechend unterscheidet sich die obige Ableitung des *Wien*schen Verschiebungsgesetzes wesentlich von jener in Nr. **6b**: letztere ist auf das Modell der Hohlraumstrahlung an sich gegründet, erstere hingegen auf deren Wechselwirkung mit Materie von bekannten bzw. prüfbaren thermisch-statistischen Eigenschaften. Die Tragweite beider Ableitungen reicht, wie sich bereits gezeigt hat, wesentlich über jene der benutzten Aussagen der *Maxwell*schen Elektrodynamik hinaus. Um die *vollständige Maxwell*sche Theorie zu prüfen, ist aber unmittelbar nur die Methode des vorliegenden Abschnittes brauchbar. *Einstein* und *Hopf*[154]) haben zu diesem Zwecke die Rechnung für einen gedämpften *Planck*schen Oszillator ausgeführt und *dessen Strahlungseigenschaften nach der Maxwellschen Elektrodynamik ermittelt.* Indem hierbei $\overline{\Delta^2}$ auf einem von dem obigen abweichenden Wege berechnet wird, gelangen sie zur Differentialgleichung

$$\text{(79a)} \qquad \frac{c^3}{24\pi k\cdot T\cdot \nu^2}\varrho^2 = \varrho - \frac{\nu}{3}\frac{\partial \varrho}{\partial \nu},$$

deren Integration wieder zum *Rayleigh-Jeans*schen Strahlungsgesetze führt und damit der „Violettforderung" (Nr. **6b**) widerspricht. Während die bisher benutzten Aussagen der *Maxwell*schen Theorie sich in vollem Umfange als brauchbar erwiesen, versagen also ihre darüber hinausgehenden Ansätze und Folgerungen hinsichtlich der Strahlungseigen-

153) *L. Brillouin,* l. c. § 10, 11.

154) *A. Einstein* und *L. Hopf,* Ann. d. Phys. 33 (1910), p. 1105. Dieser Untersuchung geht eine damit in Zusammenhang stehende Arbeit der gleichen Autoren, Ann. d. Phys. 33 (1910), p. 1096 voran, in der gezeigt wird, daß die Koeffizienten einer *Fourier*-Reihe, welche die Schwingung natürlicher Strahlung darstellen soll, als statistisch voneinander unabhängig angesehen werden dürfen. Dieser Satz wurde von *M. v. Laue,* Ann. d. Phys. 47 (1915), p. 853 bestritten; die anschließende Diskussion, *A. Einstein,* Ann. d. Phys. 47 (1915), p. 879; *M. v. Laue,* Ann. d. Phys. 48 (1915), p. 668, vermochte *für Maxwellsche Strahlung* im wesentlichen den *Einstein-Hopf*schen Standpunkt sicherzustellen. S. dazu ferner *M. Planck,* Ann. d. Phys. 73 (1924), p. 272.

schaften materieller Körper. Die Ursachen der „*Rayleigh-Jeans*-Katastrophe" liegen demnach auf klassisch-elektrodynamischem und nicht auf statistischem Gebiete.

8. Die statistische Form des II. Hauptsatzes der Thermodynamik.

8a. Das Entropiedifferential. Die Klarstellung der statistischen Bedeutung des Temperaturbegriffes kann erst als abgeschlossen gelten, wenn gezeigt werden kann, daß einer ganz bestimmten Funktion der in Nr. 7a als empirische Temperatur erkannten Größe ϑ Eigenschaften zukommen, wie sie in der makroskopischen Thermodynamik die absolute Temperatur *T als integrierender Nenner des Differentialausdrucks für die „zugeführte Wärme" besitzt.* E bedeute wieder die Gesamtenergie des in 7a betrachteten Systems warmer Körper und ebenso a^* ihre gemeinsamen äußeren makroskopischen Parameter. Werden die letzteren unendlich langsam und umkehrbar verschoben, so folgt aus dem Energiesatz, daß hierzu die Leistung einer äußeren Arbeit

$$\sum_{a^*} \mathsf{A} \cdot da^*$$

aufgewendet werden muß. Erfolgt gleichzeitig mit dieser Arbeitsleistung eine Energieänderung $d\mathsf{E}$, so ist der Differentialausdruck der „zugeführten Wärme" durch

$$\delta \mathfrak{Q} = d\mathsf{E} + \sum_{a^*} \mathsf{A} \cdot da^* \tag{80}$$

definiert. Der II. Hauptsatz besagt dann die Existenz eines integrierenden Nenners T, welcher $\delta\mathfrak{Q}$ zu dem vollständigen Differential

$$d\mathsf{S} = \frac{\delta \mathfrak{Q}}{T} \tag{81}$$

der Entropie S des Körpersystems macht.

Zur Berechnung der den makroskopischen Kräften A entsprechenden Mittelwerte hat man zu bedenken, daß die Parameteränderungen da^* an jedem einzelnen Molekül bzw. jeder Eigenschwingung der verschiedenen warmen Körper angreifen und dort eine Kraft $-\frac{\partial E(I_r^i, a^*)}{\partial a^*}$ [73]) hervorrufen, wenn unter E wieder die Energie eines beliebigen Moleküls bzw. einer Eigenschwingung verstanden wird. Die *Boltzmann*sche Verteilung ergibt dann allgemein als Gesamtkraft (z. B. für ein Gas (Nr. 5) nach (48a) oder (50a) und wenn a^* nicht mit dem Volumen identisch ist[155])):

155) Falls $a^* = \mathsf{V}$ wäre, hätten die Formeln nur äußerlich ein anderes Aussehen, wegen des in (48a) und (50a) isoliert geschriebenen *Maxwell*schen Verteilungsfaktors (49), der bei den Gasen, im Gegensatz zu (34a) allein von V abhängig ist.

$$(82)\quad \begin{cases} N\dfrac{-\sum\limits_{l=1}^{\infty} g_l \dfrac{\partial E_l}{\partial a^*}\cdot \vartheta^{E_l}}{\sum\limits_{l=1}^{\infty} g_l\cdot \vartheta^{E_l}} = \dfrac{\dfrac{\partial F(\vartheta, a^*)}{\partial a^*}}{F(\vartheta, a^*)}\cdot \dfrac{N}{\log\dfrac{1}{\vartheta}} - \dfrac{N\sum\limits_{l=1}^{\infty}\dfrac{\partial g_l}{\partial a^*}\cdot\vartheta^{E_l}}{\sum\limits_{l=1}^{\infty} g_l\cdot\vartheta^{E_l}}\cdot\dfrac{1}{\log\dfrac{1}{\vartheta}} \\ \qquad = \dfrac{1}{\log\dfrac{1}{\vartheta}}\cdot\left[\dfrac{\partial\log[F(\vartheta, a^*)]^N}{\partial a^*} - \dfrac{N\sum\limits_{l=1}^{\infty}\dfrac{\partial g_l}{\partial a^*}\cdot\vartheta^{E_l}}{\sum\limits_{l=1}^{\infty} g_l\cdot\vartheta^{E_l}}\right]. \end{cases}$$

Hat man die Gewichtsfunktion entsprechend den Feststellungen und Ansätzen von Nr. **3** gewählt, so verschwindet $\frac{\partial g_l}{\partial a^*}$ nach (16) für jeden beliebigen Zellenindex l und damit der in obiger Beziehung auftretende Ausdruck

$$(82\text{a})\qquad N\cdot\frac{\sum\limits_{l=1}^{\infty}\dfrac{\partial g_l}{\partial a^*}\cdot\vartheta^{E_l}}{\sum\limits_{l=1}^{\infty} g_l\cdot\vartheta^{E_l}} = 0.$$ [156]

Bedeutet nun

$$(83)\qquad \Pi \equiv \Pi[F_A(\zeta, a^*)]$$

das Produkt der Verteilungsfunktionen *aller* Bestandteile A des betrachteten thermischen Gesamtsystems (vgl. p. 925 und 928), so hat man nach (82) und (82a)

$$(84)\qquad \mathsf{A} = \frac{1}{\log\frac{1}{\vartheta}}\cdot\frac{\partial\log\Pi[F_A(\vartheta, a^*)]}{\partial a^*};$$

die Gesamtenergie beträgt anderseits nach (61)

$$(84\text{a})\qquad \mathsf{E} = \vartheta\cdot\frac{\partial\log\Pi[F_A(\vartheta, a^*)]}{\partial\vartheta}.$$

Der Differentialausdruck der „zugeführten Wärme" wird auf Grund dieser Beziehungen von der Form

$$(80\text{a})\quad \begin{cases} \delta\mathfrak{Q} = \left\{\dfrac{\partial\log\Pi}{\partial\vartheta} + \vartheta\dfrac{\partial^2\log\Pi}{\partial\vartheta^2}\right\}\cdot d\vartheta \\ \qquad\qquad + \sum\limits_{a^*}\left\{\vartheta\dfrac{\partial^2\log\Pi}{\partial\vartheta\cdot\partial a^*} + \dfrac{1}{\log\dfrac{1}{\vartheta}}\cdot\dfrac{\partial\log\Pi}{\partial a^*}\right\}\cdot da^* \\ \quad = \dfrac{1}{\log\dfrac{1}{\vartheta}}\cdot d\left\{\log\Pi + \log\dfrac{1}{\vartheta}\cdot\vartheta\cdot\dfrac{\partial\log\Pi}{\partial\vartheta}\right\}. \end{cases}$$

156) *A. Smekal*, Phys. Ztschr. 19 (1918), p. 137, 200.

$\log\frac{1}{\vartheta}$ ist also ein integrierender Faktor von $\delta\mathfrak{Q}$, und zwar offenbar der einzige, der von ϑ allein abhängig ist. Es ergibt sich daher

$$\log\frac{1}{\vartheta}\cdot\delta\mathfrak{Q} = d\left\{\log\Pi + \log\frac{1}{\vartheta}\cdot\mathsf{E}\right\}; \tag{81a}$$

würde der Ausdruck (82a) nicht verschwinden, so ist leicht einzusehen, daß $\delta\mathfrak{Q}$ im allgemeinen überhaupt keine integrierenden Faktoren besitzt, jedenfalls aber auch in Spezialfällen keinen von ϑ allein abhängigen besitzen kann. *Das Verschwinden von* (82a) *ist also hinreichend und notwendig*[157]) *für die Möglichkeit einer statistischen Interpretation des II. Hauptsatzes der Thermodynamik.*[158]) *Diese Bedingung ist nach obigem stets erfüllt, wenn,* wie auch gerechtfertigterweise nicht anders möglich, *die Gewichtsfunktion g auf Grund der in Nr.* **3** *erörterten Gesichtspunkte als Funktion von Parameterinvarianten allein angesetzt worden ist.*[159]) Da ϑ bereits früher als *empirische Temperatur* erkannt worden ist, kann man aus (81) in Übereinstimmung mit Nr. **7a** schließen, daß

$$\frac{1}{\log\frac{1}{\vartheta}} = k\cdot T, \tag{64}$$

worin k wieder durch (65) bestimmt ist. Die Entropie des betrachteten Körpersystems ist demnach *bis auf eine willkürliche additive Konstante* durch

$$\mathsf{S} = k\cdot\log\Pi + \frac{\mathsf{E}}{T} \tag{85}$$

gegeben.[160]) Setzt man für Π das Produkt (83) der Verteilungsfunktionen aller Körper A ein, so wird

$$\mathsf{S} = \sum_A\left\{k\cdot\log F_A(\vartheta, a^*) + \frac{\mathsf{E}_A}{T}\right\} = \sum_A \mathsf{S}_A. \tag{85a}$$

Die in S_A bzw. S auftretenden willkürlichen additiven Konstanten hängen offenbar mit einer Unbestimmtheit zusammen, welche der Definition der Gewichtsfunktionen insgesamt und damit auch der Ver-

157) Notwendig, weil der eventuell existierende integrierende Faktor neben ϑ sonst auch noch die Parameter der verschiedenen Körper A enthalten müßte, was seiner Eigenschaft, ebenso wie ϑ allein als empirische Temperatur gelten zu können, widerspricht.

158) *P. Ehrenfest,* Phys. Ztschr. 15 (1914), p. 657, § 2; vgl. auch Anm. 48).

159) *P. Ehrenfest,* Ann. d. Phys. 51 (1916), p. 327, § 8; *A. Smekal,* Phys. Ztschr. 19 (1918), p. 137, 200; Wien. Anz. 1921, p. 126; Verh. Deutsch. Phys. Ges. (3) 2 (1921), p. 47; *G. Krutkow,* Versl. Akad. Amsterdam 29 (1920), p. 693; *N. Bohr* [2], p. 11.

160) Vgl. z. B. *C. G. Darwin* und *R. H. Fowler,* Phil. Mag. 44 (1922), p. 823.

teilungsfunktionen anhaftet: Multipliziert man g mit einem beliebigen konstanten Zahlenfaktor, so erhalten auch die $F_A(\zeta, a^*)$ diesen Faktor, ohne daß sich an den bisherigen Betrachtungen auch nur das Geringste ändern würde.[93]) Ebenso können die im Falle *stetiger* Gewichtsfunktionen eingeführten unbestimmten Maßfaktoren G (vgl. z. B. (47), (34aa), (58bb)) stets mit den unbekannten Entropiekonstanten vereinigt gedacht werden. Auf die Bedeutung der letzteren für das *chemische Verhalten der Gase* und *das Gesetz ihrer Sättigungsdrucke* kann erst in Nr. **25** eingegangen werden.

Die Beziehung (85a) bringt zum Ausdruck, daß die Entropie eines in thermodynamischem Gleichgewichte befindlichen Systems warmer Körper gleich der Summe ihrer Einzel-Entropien ist. Hält man an der *Definition*

$$\mathsf{S}_A = k \cdot \log F_A(\vartheta, a^*) + \frac{\mathsf{E}_A}{T} + \text{const.} \tag{86}$$

auch für *Nicht-Gleichgewicht* fest, so ist leicht einzusehen, daß bei geeigneter Verfügung über die willkürliche Konstante (Nr. **27**) in

$$\mathsf{S}_A + \mathsf{S}_B \leqq \mathsf{S}_{A+B} \tag{87}$$

das Gleichheitszeichen nur im Falle des Wärmegleichgewichtes zwischen A und B gelten kann. Man hat nämlich im allgemeinen

$$\frac{1}{k} \cdot \mathsf{S}_A = \log F_A(\vartheta_A, a^*) - \mathsf{E}_A \cdot \log \vartheta_A,$$

wobei ϑ_A für den thermisch isolierten Körper A nach (40), (40A) oder (40B) durch

$$\mathsf{E}_A = \vartheta_A \cdot \frac{\partial \log F_A(\vartheta_A, a^*)}{\partial \vartheta_A}$$

bestimmt ist; letztere Beziehung besagt aber nichts anderes, als daß S_A für die vorgegebene Energie E_A an der Stelle $\vartheta = \vartheta_A$ ein *Minimum* besitzt. Es ist also jedenfalls für $\vartheta \neq \vartheta_A, \vartheta_B$

$$\frac{1}{k} \cdot \mathsf{S}_A < \log F_A(\vartheta) - \mathsf{E}_A \log \vartheta$$

und

$$\frac{1}{k} \cdot \mathsf{S}_B < \log F_B(\vartheta) - \mathsf{E}_B \log \vartheta.$$

Die Vereinigung dieser beiden Ungleichungen ergibt daher für konstant gehaltene Energie*summe* die Behauptung (87), *womit die Irreversibilität des Wärmeausgleiches* von A und B *im makroskopischen Sinne* bewiesen ist.[161]) Die in Nr. **7b** näher behandelte Tatsache der *Schwankungen*

161) Wie *Darwin* und *Fowler* (vgl. die vorige Anm.) hervorheben, hätte die Funktion $\Sigma = \mathsf{S} + b \cdot \mathsf{E}$ die gleiche Eigenschaft der Zunahme, wobei b eine universelle Konstante bedeutet. Würde man daher darauf ausgehen, eine Funk-

des Energieinhaltes aller miteinander in thermischem Gleichgewichte befindlichen warmen Körper zeigt hingegen, daß von einer solchen Irreversibilität *im molekularen Sinne* keine Rede sein kann[162]); die mittels (86) statistisch definierte Entropiegröße *schwankt* zugleich mit dem mittleren Energieinhalte des betrachteten warmen Körpers.

Bezeichnet man mit *Planck*[163]) die *charakteristische Funktion* eines warmen Körpers, wenn T und die Parameter a^* (Volumen usw.) als dessen unabhängige Zustandsvariablen gewählt werden, mit $\Psi(T, a^*)$, so ergibt die makroskopische Thermodynamik

$$(88)\qquad \begin{cases} \mathsf{A} = T \cdot \dfrac{\partial \Psi}{\partial a^*} \\ \mathsf{E} = T^2 \cdot \dfrac{\partial \Psi}{\partial T} \\ \mathsf{S} = \Psi + T \cdot \dfrac{\partial \Psi}{\partial T}, \end{cases}$$

wobei Ψ mit der *freien Energie*[164]) F des Körpers durch

$$(88\text{a})\qquad \mathsf{F} = - T \cdot \Psi$$

zusammenhängt. Der Vergleich von (88) mit den Beziehungen (84), (84a) und (85a) zeigt, daß, abgesehen von willkürlichen additiven Konstanten, allgemein

$$\Psi = k \cdot \log \Pi,$$

tion dieser Eigenschaft allein statistisch aufzubauen und als statistisches Entropieanalogon zu wählen, so würde die makroskopisch-thermodynamische Beziehung $\dfrac{\partial \mathsf{S}}{\partial \mathsf{E}} = \dfrac{1}{T}$ für T keine bestimmte Festlegung durch ϑ herbeiführen können; dies gilt für alle Vereinigungs- und Trennungsüberlegungen bei konstanter Energie. Vgl. ferner *K. F. Herzfeld,* Wien. Ber. (IIa) 122 (1913), p. 1553.

162) Siehe auch Nr. 4 Ende. — Über die Gültigkeitsgrenzen des II. Hauptsatzes vergleiche man insbesondere *M. v. Smoluchowski,* Göttinger Vorträge über die kinetische Theorie der Materie und der Elektrizität, Leipzig 1914, p. 88—121, ferner Phys. Ztschr. 13 (1912), p. 1069; Wien. Ber. (IIa) 124 (1915), p. 339.

163) *M. Planck* [1], § 127; Thermodynamik, 6. Aufl., Leipzig 1921, § 152a.

164) Genauer: *Freie Energie bei konstantem Druck* (*Eucken*). — Zur Veranschaulichung von Ψ kann man sich auf Grund von (89) den ganzen zellenbedeckten Teil des μ-Raumes mit der Dichte

$$\vartheta^{(E_l + E_{t,l})}$$

für jede Zelle belegt denken. Dann ist z. B., im Falle eines Gases, das „Gesamtgewicht" des μ-Raumes identisch mit der Verteilungsfunktion $F(\zeta)$ (34) für $\zeta = \vartheta$ und gleich

$$e^{-\frac{\Psi}{N \cdot k}}.$$

Bezüglich einer näheren Diskussion der statistischen Formeln für die verschiedenen thermodynamischen Funktionen vgl. man insbesondere *K. F. Herzfeld,* Ztschr. f. phys. Chem. 95 (1920), p. 139; Phys. Ztschr. 22 (1921), p. 186; 23 (1922), p. 95 oder V 11 (*K. F. Herzfeld*), Nr. 5.

bzw. für jeden einzelnen Bestandteil A des thermischen Systems

$$\Psi_A = k \cdot \log F_A(T, a^*); \tag{89}$$

die freie Energie F_A von A wird

$$\mathsf{F}_A = -k \cdot T \cdot \log F_A(T, a^*). \tag{89a}$$

Mit Rücksicht auf die Bedeutung der zur Ableitung von (85) herangezogenen *Boltzmann*schen Verteilung (vgl. Nr. 4 Ende) möge auch an dieser Stelle ausdrücklich betont werden, daß diese, wie überhaupt alle statistischen Ergebnisse strenggenommen keineswegs die *wirklichen* Werte der betreffenden makroskopisch-thermodynamischen Größen darstellen, oder deren Zeitmittelwerte über praktisch unendlich lange Beobachtungsdauern. Obige Beziehungen geben vielmehr nur deren *wahrscheinlichste* zeitliche Mittelwerte an und es ist innerhalb der Statistik prinzipiell unmöglich, beliebig große Abweichungen von ihnen auszuschließen.[165])

8b. Das Boltzmannsche Prinzip. Anstatt die Begründung der statistischen Form des Entropiesatzes in Anlehnung an die Ergebnisse der exakten Methode von Nr. **5a** vorzunehmen, hätte man sich auch unmittelbar jener des in Nr. **5b** skizzierten älteren Verfahrens bedienen können. Dieses letztere gestattet überdies dem Ausdruck für die Entropie jene andere, weitverbreite Deutung zu geben, welche den Inhalt des sogenannten *Boltzmannschen Prinzips* ausmacht. Aus der auch für ganz beliebige statistische Gebilde gültigen Gleichung (44a) kann nämlich unmittelbar die Gleichheit der vollständigen Differentiale

$$d \log R(\mathsf{Z}_{MB}) = d\{-\varrho \cdot N + \vartheta_1 \cdot \mathsf{E}\}$$

abgelesen werden, wenn man bedenkt, daß unter allen überhaupt denkbaren und ganz beliebigen, in (44a) zulässigen Änderungen δN_e auch jene vorkommen müssen, welche einer infinitesimalen Energieänderung $d\mathsf{E}$ und umkehrbar unendlich langsamen Arbeitsleistung $\sum\limits_{a^*} \mathsf{A} \cdot da^*$ entsprechen. Mittels (20a) und (45) wird $-\varrho N$, abgesehen von Gliedern, welche von E und den a^* *unabhängig* sind, unschwer

165) Siehe auch Anm. 80). Demgegenüber hat *Planck* mehrfach die Ansicht vertreten, daß es dem Physiker frei steht, *durch eine besondere physikalische Zusatzannahme* solche Abweichungen auszuschließen, welche eine Verletzung des anerkannt eindeutigen Ablaufes der makroskopischen Erscheinungen hervorrufen würden. Vgl. IV 32 (*P.* und *T. Ehrenfest*), Nr. **30**, ferner Anm. 1).

166) Mittels dieser Beziehung und der *Stirling*schen Formel (43) läßt sich nach *K. Lichtenecker*, Verh. Deutsch. Phys. Ges. 21 (1919), p. 236 die Entropie nur mit einer Unsicherheit von mehr als $^1/_2\,\%$ ermitteln. Da *Lichtenecker* die *Stirling*sche Formel selbst nicht benutzt, gilt seine Abschätzung auch für die erste Näherung von (85) bzw. (86).

zu $\log [F(e^{-\vartheta_1}, a^*)]^N$ bzw. für das oben betrachtete Gesamtsystem nach (83) zu $\log \Pi$ bestimmt; dann ergibt die auf (82a) gegründete Beziehung (81a) wegen $\vartheta_1 = \log \frac{1}{\vartheta}$

$$\vartheta_1 \cdot \delta \mathfrak{Q} = d \log R(\mathsf{Z}_{MB})$$

und daher wegen (64) und (85) bzw. (86)

(90) $$\mathsf{S} = k \cdot \log R(\mathsf{Z}_{MB}) + \text{const.}$$ [166])

Hierbei bedeutet Z_{MB} (vgl. p. 909) jene Zustandsverteilung des betrachteten statistischen Gebildes (Körpersystem oder einzelner warmer Körper), welche die „Anzahl der Realisierungsmöglichkeiten" $R(\mathsf{Z})$ [167]) oder die *„thermodynamische Wahrscheinlichkeit"* nach *Planck* [168]) zu einem Maximum macht. In der Form (90) besagt das *Boltzmannsche Prinzip* also, *daß die Entropie* bis auf eine willkürliche additive Konstante *durch den k-fachen Logarithmus der (thermodynamischen) Wahrscheinlichkeit der* mit den gegebenen äußeren Bedingungen verträglichen *Zustandsverteilung maximaler Komplexionsanzahl gegeben sei.* [169]) Wie die Resultate von Nr. **5b** zeigen, kann man übrigens an Stelle von $R(\mathsf{Z}_{MB})$ in (90) nach Belieben auch $\mathbf{R}$ oder $R(\mathsf{Z}_m)$ (für die zeitlich *mittlere* Zustandsverteilung Z_m) setzen, ohne das ja stets nur asymptotisch ausgewertete Ergebnis derselben irgendwie zu verändern. Schließ-

---

167) Vgl. z. B. Gl. (29), (36), (29A).

168) Vgl. Anm. 29). — Eine andere, auf einem Vorschlag von *D. Hilbert* beruhende Definition der „thermodynamischen Wahrscheinlichkeit", zu deren Begründung man *zweier verschiedener* Zelleneinteilungen des μ-Raumes bedarf, wird von *D. Enskog,* Ann. d. Phys. 72 (1923), p. 321 benutzt. Sie stellt jedoch ebenso wie die *Planck*sche keine „echte" Wahrscheinlichkeit dar und eine auf sie gegründete Ableitung des *Boltzmann*schen Prinzipes analog jener von (90a) wäre den gleichen Einwendungen ausgesetzt, wie sie weiter unten im Texte näher angegeben werden. Über die Bedeutung dieser abgeänderten Definition vgl. man Anm. 762).

169) Vgl. V 8 (*L. Boltzmann* und *J. Nabl*), Nr. **13**; IV 32 (*P.* und *T. Ehrenfest*), insbesondere Nr. **28** und **29**; *M. Planck* [1], § **113—127**. — Die in Anm. 158) zitierte Arbeit von *P. Ehrenfest* ist ursprünglich dem (oben etwas vereinfachten) Beweise von (90) gewidmet, ebenso *A. Smekal,* Phys. Ztschr. 19 (1918), p. 137, 200. Von den zahlreichen Arbeiten über das *Boltzmann*sche Prinzip seien noch hervorgehoben: *A. Einstein,* Ann. d. Phys. 33 (1910), p. 1277; *L. S. Ornstein,* Arch. Néerl. (III A) 2 (1912), p. 78; *K. F. Herzfeld,* Wien. Ber. (IIa) 122 (1913), p. 1553; Phys. Ztschr. 15 (1914), p. 785; *T. Ehrenfest-Afanassjewa,* Versl. Akad. Amsterdam 26 (1918), p. 1437; *P. Ehrenfest* und *V. Trkal,* Ann. d. Phys. 65 (1921), p. 609; Versl. Akad. Amsterdam 28 (1920), p. 162; *M. Planck,* Ann. d. Phys. 66 (1921), p. 365; *C. G. Darwin* und *R. H. Fowler,* Phil. Mag. 44 (1922), p. 823, § 4; *R. H. Fowler,* Phil. Mag. 45 (1923), p. 497; *R. C. Tolman,* J. Amer. Chem. Soc. 44 (1922), p. 75; *D. Enskog,* Ann. d. Phys. 72 (1923), p. 321.

lich möge auch noch hervorgehoben werden, *daß der Beweis von* (90) *ebenso wie jener von* (85) *bzw.* (86) *vollständig unabhängig von bestimmten Verfügungen über die Gewichtsfunktion verläuft,* sofern diese wegen (82a) der bereits anderwärts als notwendig begründeten Bedingung (16) genügt.

Im Gegensatz zu obiger, in jeder Hinsicht konsequenter Begründung leitet *Planck* in seinen Darstellungen der Strahlungstheorie das *Boltzmannsche Prinzip* mittels einer eigentümlichen Methode ab, die in der Literatur zu mehrfachen Einwendungen Anlaß gegeben hat. Erblickt man mit *Boltzmann* das Wesen der Irreversibilität der Wärmeerscheinungen darin, daß die statistischen Systeme „im allgemeinen" von Zustandsverteilungen „geringerer Wahrscheinlichkeit" zu solchen „höherer Wahrscheinlichkeit" überzugehen streben, so gelangt man dazu, „die Größe der Entropie als ein direktes allgemeines Maß für die physikalische Wahrscheinlichkeit" aufzufassen. *Ohne daß es notwendig sein soll, diese Wahrscheinlichkeit vorher genau zu definieren,* wird *angenommen,* daß $\mathbf{S}$ eine *universelle Funktion* dieser Wahrscheinlichkeit W sei. Für die zwei voneinander als vollkommen unabhängig (thermisch isoliert) vorausgesetzten warmen Körper A und B wird auf Grund des Ansatzes

$$\mathbf{S}_A = f(W_A), \qquad \mathbf{S}_B = f(W_B)$$

sowie aus dem *Multiplikationstheorem der Wahrscheinlichkeiten unabhängiger Ereignisse*

$$\mathbf{S}_{A+B} = \mathbf{S}_A + \mathbf{S}_B = f(W_{A+B}) = f(W_A \cdot W_B)$$

gefolgert und aus dieser Funktionalgleichung

$$\mathbf{S} = k \cdot \log W \tag{90a}$$

abgeleitet, wobei in (90a) entgegen (90) *keine willkürliche additive Konstante mehr auftreten kann.* Indem *Planck* eine bestimmte Zelleneinteilung des μ-Raumes und die konstante Gewichtsfunktion *Eins axiomatisch* festlegt, *wird die bisherige „echte" Wahrscheinlichkeit ohne nähere Rechtfertigung mit Bezug auf die zeitlichen Vorgänge an dem betrachteten System, hinterher durch die Definition der „thermodynamischen" Wahrscheinlichkeit* $R(\mathbf{Z}_{MB})$ *ersetzt.* Obwohl die Größen $R(\mathbf{Z}_{MB})$ *sehr große, stets ganze Zahlen* darstellen, *muß es also stillschweigend als unbedenklich angesehen werden, auf sie das oben benutzte Multiplikationstheorem „echter Wahrscheinlichkeiten" unabhängiger Ereignisse anwenden zu können.* Auf diese Art gelangt man wieder zu (90), wobei aber die willkürliche Konstante wegen der Verfügung über die Gewichtsfunktion bereits zu Null festgelegt erscheint.

Obige Darstellung des *Planck*schen Gedankenganges läßt durch die Hervorhebung der dabei notwendigen, einer besonderen Begründung entbehrenden *Annahmen* die Angriffspunkte der meisten gegen ihn erhobenen Einwendungen erkennen. Hat man aber einmal die *universelle Bedeutung von* $R(\mathbf{Z}_{MB})$ mit Rücksicht auf die *Zeitgesamtheit* der betrachteten beliebigen statistischen Gebilde klargestellt (Nr. **4, 5 b**), so läßt sich der größte Teil seiner übrigen Schwierigkeiten vermeiden, wenn es gelingt, an Stelle der „thermodynamischen" Wahrscheinlichkeiten mit „echten" zu operieren. Hierzu wäre es zunächst am naheliegendsten, wie in der Thermodynamik überhaupt, nur Entropie*differenzen* zu betrachten, in welchem Falle bei gegebener Gesamtenergie sowohl (90) als (90 a) zu

$$\mathbf{S}' - \mathbf{S}'' = k \cdot \log\left[\frac{R(\mathbf{Z}')}{R(\mathbf{Z}'')}\right] \tag{90b}$$

führen, da dann z. B. nach (36) allgemein für beliebige Zustandsverteilungen $W(\mathbf{Z}) = \frac{R(\mathbf{Z})}{\mathbf{R}}$ ist. Wegen der asymptotischen Gleichheit von $R(\mathbf{Z}_{MB})$ und $\mathbf{R}$ beträgt aber das Maximum von $\frac{R(\mathbf{Z})}{\mathbf{R}}$ stets *Eins*, so daß man bei Verwendung *echter* Wahrscheinlichkeiten für das innere thermodynamische Gleichgewicht eines *isolierten* warmen Körpers aus (90 a) stets $\mathbf{S} = 0$ erhalten müßte. Diese Schwierigkeit fällt dagegen sofort weg, wenn man den betrachteten warmen Körper A in thermische Berührung mit einem sehr großen System oder Wärmereservoir W bringt (vgl. Nr. **7 b** Ende). Jetzt wird nämlich (vgl. z. B. (29 A))

$$W_A = \frac{R_A(\mathbf{Z}^{(A)}) \cdot R_W(\mathbf{Z}^{(W)})}{\mathbf{R}_{A+W}},$$

wobei der Faktor $\frac{R_W(\mathbf{Z}^{(W)})}{\mathbf{R}_{A+W}}$ für ein sehr großes Gebilde W als von den Zustandsverteilungen $\mathbf{Z}^{(A)}$ unabhängig angesehen werden kann. Die „echte" Wahrscheinlichkeit W_A wird so bis auf einen von A unabhängigen Faktor gleich der „thermodynamischen", und die Aufsuchung ihres Maximalwertes kann nun wie bei *Planck* erfolgen.

9. Bestimmung von Gewichtsfunktionen auf Grund experimenteller Ergebnisse. Existenz diskreter stationärer Quantenzustände. Wie aus (88) und (89) bereits hervorgegangen ist, lassen sich sämtliche thermodynamische Größen eines warmen Körpers A durch Vermittlung der *Planck*schen Funktion Ψ statistisch auf seine *Verteilungsfunktion* $F_A(T, a^*)$ zurückführen. *Dieses fundamentale Ergebnis ermöglicht prinzipiell die Bestimmung der in die* F_A *eingehenden Gewichtsfunktionen und Molekülenergien, sofern die makroskopisch-thermischen*

Größen empirisch gegeben sind. Wie die Ergebnisse von Nr. **6 b** über die Gewichtsfunktion der Hohlraumstrahlung gezeigt haben, wird man im allgemeinen nicht einmal erwarten dürfen, mit *stetigen* Gewichtsfunktionen das Auslangen zu finden. Um auch die Unstetigkeiten der Gewichtsverteilung ermitteln zu können, setzt man die allgemeine Verteilungsfunktion (34a) der inneren Bewegung der Moleküle am einfachsten als *Stieltjessches Integral* an, in der Form

$$(34a') \qquad F(\tau) = \int_0^\infty e^{-\tau E} \cdot dg',$$

wobei $\tau = \frac{1}{k \cdot T}$ gesetzt ist.[170]) *R. H. Fowler*[171]) hat nun in Weiterführung eines Gedankens von *Poincaré* zeigen können, daß für derartige Integrale ein Umkehrtheorem analog dem bekannten *Fourier*schen Integraltheorem gilt. Dieses ergibt, auf (34a') angewendet, den Zusammenhang zwischen g' und der Molekülenergie E in der Gestalt:

$$(91) \qquad g' = \frac{1}{2\pi i} \int_{\alpha - i\infty}^{\alpha + i\infty} F(\tau) \cdot e^{\tau E} \cdot \frac{d\tau}{\tau},$$

wobei α eine beliebige positive reelle Zahl bedeutet, die einen gewissen Grenzwert nicht unterschreiten darf.[172]) Aus (91) entnimmt

170) Wie man sieht, wird die bisherige Rolle von g hier nun von dg' übernommen (vgl. auch den Ansatz (46) und (34 aa)). Die a priori-Häufigkeit dafür, daß die Energie E eines Moleküles zwischen E_1 und E_2 ($> E_1$) gelegen sei, wird jetzt durch $g'(E_2) - g'(E_1)$ gemessen.

171) *R. H. Fowler*, Proc. Roy. Soc. A **99** (1921), p. 462. Eine Behandlung der Integralgleichung (34 a') findet sich in allem Wesentlichen aber bereits 1859 bei *B. Riemann*, Ges. Werke, II. Aufl., p. 149 (vgl. hierzu auch die Note von *H. Weber*, p. 154), und hat seither oftmalige Anwendung namentlich in der analytischen Zahlentheorie gefunden. Siehe etwa *H. Bachmann*, Analytische Zahlentheorie.

172) Die genaueren Festsetzungen und Voraussetzungen hierfür sind die folgenden: g' sei eine monoton-zunehmende Funktion von E für alle in Betracht kommenden Werte von E, welche in jedem endlichen Intervall (E_m, E_n) nur eine endliche Anzahl von Sprungstellen besitzt. Die Größe der zugehörigen Sprungwerte bei E_i sei j_i, wobei $E_i \to \infty$, wenn $i \to \infty$. Unter $\int f(E) \cdot dg'(E)$ werde nicht das allgemeinste *Stieltjes*sche Integral verstanden, sondern dieses Integral gleich $\sum f(E_i) \cdot j_i + \int f(E) \frac{dg'}{dE} \cdot dE$ gesetzt, wobei $\frac{dg'}{dE}$ existieren und stetig sein soll, abgesehen von einer endlichen Zahl von Stellen in jedem endlichen Intervalle (E_m, E_n), in welchem es auch beschränkt sein muß. Wenn überdies

$$\sum_0^\infty j_i \cdot e^{-\tau E_i} \quad \text{und} \quad \int_{-a}^\infty e^{-\tau E} \cdot \frac{dg'}{dE} \cdot dE$$

für $\tau = \gamma_0$ konvergieren und a so gewählt wird, daß in $(-a, 0)$ keine Sprung-

man, daß $F(\tau)$ als *komplexe* Funktion ihres Arguments gegeben sein muß, was im allgemeinen nur annäherungsweise der Fall sein wird, wenn $F(\tau)$ auf Grund der experimentellen Ergebnisse durch eine empirische Formel dargestellt werden konnte; indessen läßt sich diese Schwierigkeit — wenn erforderlich — auch vermeiden und g' als Funktion von E direkt mit Benutzung bloß reeller Tabellenwerte für $F(\tau)$ bestimmen.[173])

Thermische Grenzgesetze für hinreichend hohe Temperaturen. Um die Anwendbarkeit der obigen Methode zu illustrieren, möge zunächst auf das Verhalten der verschiedenen warmen Körper einschließlich der Strahlung bei hinreichend hohen Temperaturen eingegangen werden. Erfahrungsgemäß wird die spezifische Wärme bei konstantem Volumen sowohl bei festen Körpern (*Dulong-Petitsches Gesetz*) als bei ein- und mehratomigen Gasen für hohe Temperaturen *konstant*[174]) und zwar gleich $\varkappa$ bzw. $\frac{\varkappa}{2}$ pro Freiheitsgrad. Da $c_V = \frac{\partial \mathsf{E}}{\partial T}$, ergibt sich aus (88), daß der thermische Energieinhalt (abgesehen von der hier belanglosen Energiekonstante) in diesem Grenzgebiete proportional der absoluten Temperatur wird, was nach dem *Rayleigh-Jeans*schen Grenzgesetze (71a) für lange Wellen und hohe Temperaturen auch für die Hohlraumstrahlung zutrifft. Aus (88) und (89) folgt dann, daß die Verteilungsfunktion der Teilsysteme für diese Arten thermischer Systeme pro Freiheitsgrad entweder der absoluten Temperatur oder deren Quadratwurzel proportional wird.[175]) Man hat demnach $F(\tau)$ proportional $\frac{1}{\tau}$ oder $\frac{1}{\sqrt{\tau}}$ und findet allgemein

$$(92) \qquad g = \text{const} \qquad (\lim T \to \infty).$$

werte von g' vorkommen, sei nun

$$F(\tau) = \int_{-a}^{\infty} e^{-\tau E} \cdot dg'(E).$$

Dann ist $F(\tau)$ holomorph für alle Punkte der komplexen Halbebene, für welche der reelle Teil von τ größer als γ_0 ist, und man hat

$$(91') \qquad \frac{1}{2}[g'(E+0) + g'(E-0)] - g'(-a) = \lim_{\Gamma \to \infty} \frac{1}{2\pi i} \int_{\gamma - i\Gamma}^{\gamma = i\Gamma} F(\tau) \cdot e^{\tau E} \cdot \frac{d\tau}{\tau}.$$

wobei $\gamma > \gamma_0$, $\gamma > 0$.

173) *R. H. Fowler*, l. c. § 5. Vgl. auch *C. G. Darwin* und *R. H. Fowler*, Phil. Mag. 44 (1922), p. 823.

174) Der Einfluß anharmonischer Schwingungen und des Schmelzens bei den festen Körpern und der der beginnenden Dissoziation bzw. Ionisation bei den Gasen, welche unter Umständen ein Überschreiten dieser konstanten Grenzwerte zu bewirken oder deren Erreichen zu verhindern vermögen, kann hier außer Betracht bleiben.

175) Bezüglich der Hohlraumstrahlung vgl. (58 bb) in Verbindung mit (64); das gleiche gilt für den Festkörper.

Für hohe Temperaturen verhält sich die Gewichtsfunktion aller hier betrachteten thermischen Systeme wie eine Konstante, in vollster Übereinstimmung mit der in Nr. **3** (I) *angeführten Gleichhäufigkeitsbehauptung* (b_I) *der älteren statistischen Mechanik*, in welcher diese allerdings auch für beliebig tiefe Temperaturen unverändert in Geltung bleiben sollte. Das gleiche Ergebnis hinsichtlich der *Translationsbewegung* der Gase allein, für beliebige Temperaturen bis herab zum hypothetischen *Entartungsgebiet* (s. Nr. **19**, **24c**) ist bereits in Nr. **3**, Ende und Nr. **5c** vorweggenommen worden.[176])

Die Energieverteilung im Normalspektrum der Hohlraumstrahlung. Eine das thermische Verhalten für beliebig hohe und tiefe Temperaturen gleichmäßig gut darstellende, vollkommen selbständige und *empirisch* gesicherte Beziehung besitzt man nur für die Hohlraumstrahlung: das für die Quantentheorie fundamentale *Plancksche Strahlungsgesetz*.[177]) Die neuesten, zur Prüfung dieser Beziehung angestellten Messungen von *Rubens* und *Michel* haben ergeben, daß der Ausdruck

$$\varrho(\nu) = \frac{8\pi h \nu^3}{c^3} \cdot \frac{1}{e^{\frac{h\nu}{kT}} - 1} \tag{93}$$

die beobachteten Größen innerhalb der 1% betragenden Meßgenauigkeit vollständig darstellt.[178]) Durch diese Untersuchung müssen die auf Verarbeitung der gesamten älteren experimentellen Literatur gegründeten Schlüsse von *Nernst* und *Wulf* zugunsten einer Strahlungsformel von der Gestalt

$$\varrho(\nu) = \frac{8\pi h \nu^3}{c^3} \cdot \frac{1}{e^{\frac{h\nu}{kT}} - 1} \cdot (1 + \alpha) \tag{93a}$$

als wenigstens innerhalb der zuletzt erreichten Meßgenauigkeit widerlegt gelten; α sollte nämlich für große und kleine Werte von $\frac{\nu}{T}$

176) Vgl. dazu auch die auf p. 927 und in Anm. 131 über den *Gleichverteilungssatz der Energie* gemachten Bemerkungen.

177) *M. Planck*, Verhandl. Deutsch. Phys. Ges. 19. Okt. 1900, p. 202. Zur Geschichte dieser Strahlungsformel vgl. man insbesondere die 1. Auflage von *M. Planck* [1] (1906), sowie den *Planck*schen Nobelvortrag: „Die Entstehung und bisherige Entwicklung der Quantentheorie", Leipzig 1920 (Barth) oder *M. Planck*, Physikalische Rundblicke, Leipzig 1922 (Hirzel).

178) *H. Rubens* und *G. Michel*, Berl. Ber. 1921, p. 590; Phys. Ztschr. 22 (1921), p. 569. Spätere Messungen im Ultraviolett nach einer lichtelektrischen Methode übertreffen diese Untersuchung nicht an Genauigkeit und befinden sich mit ihr innerhalb der Fehlergrenzen völlig in Übereinstimmung. Vgl. *E. Császár*, Programm der Hochschule in Pápa 1918, Ztschr. f. Phys. 14 (1923), p. 220; *E. Steinke*, Ztschr. f. Phys. 11 (1922), p. 215.

gegen Null konvergieren, dazwischen aber einen maximalen Wert von 7 % erreichen.[179])

Sieht man (93) als *exakt* an, so folgt daraus mit Rücksicht auf (53b)

$$F(\tau, \nu) = \frac{C}{1 - e^{-\tau \cdot h\nu}} = C \cdot \sum_{n=0}^{\infty} e^{-\tau \cdot nh\nu} \tag{94}$$

und zufolge (91) [bzw. (91')] oder durch direkten Vergleich mit (58)

$$\lim_{\varepsilon \to 0} \int_{nh-\varepsilon}^{nh+\varepsilon} g(E) \cdot dE = C \qquad (n = 0, 1, 2, \ldots, \infty),$$

wobei E die Energie einer beliebigen Hohlraumeigenschwingung von der Frequenz ν bedeutet und die Konstante C willkürlich bleibt.[180]) Hierfür kann auch einfacher geschrieben werden

$$\begin{cases} g = C = \text{const.} & \text{für} \quad E_n = n \cdot h\nu \quad (n = 0, 1, 2, \ldots, \infty) \\ g = 0 & \text{für} \quad E \neq E_n. \end{cases} \tag{95}$$

[181])

Die Gewichtsfunktion der Hohlraumstrahlung ist demnach unstetig. Jede ihrer Eigenschwingungen besitzt entweder überhaupt keine Energie oder einen Energiebetrag, welcher einem ganzzahligen Vielfachen des „Energie-

179) *W. Nernst* und *Th. Wulf*, Verhandl. Deutsch. Phys. Ges. **21** (1919), p. 294. Auf diese Arbeit sei ferner hinsichtlich aller älteren, zur Prüfung der *Planck*schen Formel angestellten experimentellen Untersuchungen verwiesen. Bis 1909 sind diese auch in V 23 (*W. Wien*), Nr. **12** besprochen.

180) Vgl. Anm. 93).

181) *P. Ehrenfest*, Ann. d. Phys. 36 (1911), p. 91; *H. Poincaré*, J. d. Phys. (5) 2 (1912), p. 5; *M. Planck*, Acta math. 38 (1921), p. 387; *R. H. Fowler*, Proc. Roy. Soc. A 99 (1921), p. 462. — Obige Analyse, bei *Poincaré* mittels des gewöhnlichen *Fourier*schen Integraltheorems durchgeführt, enthält eine Lücke, welche durch die oben angeführte Erweiterung desselben durch *Fowler* vermieden werden kann. Auf Grund von (91') findet man im einzelnen

$$\frac{1}{2}[g'(E+0) + g'(E-0)] - g'(-a) = \frac{1}{2\pi i} \int_{\gamma - i\infty}^{\gamma + i\infty} \frac{C \cdot e^{\tau E}}{1 - e^{-\tau h\nu}} \cdot \frac{d\tau}{\tau}$$

$$= \frac{C}{2\pi i} \int_{\gamma - i\infty}^{\gamma + i\infty} \sum_{n=0}^{p} e^{\tau(E - nh\nu)} \cdot \frac{d\tau}{\tau} + \frac{C}{2\pi i} \int_{\gamma - i\infty}^{\gamma + i\infty} \frac{e^{-\tau[(p+1)h\nu - E]}}{1 - e^{-\tau h\nu}} \cdot \frac{d\tau}{\tau}.$$

Das erste Integral auf der rechten Seite gibt $C(p+1)$ für $ph\nu < E < (p+1)h\nu$ und $C(p+\frac{1}{2})$ für $E = ph\nu$, das zweite hingegen verschwindet. Zufolge Anm. 170) hat man also für die a priori-Häufigkeit dafür, daß die Energie einer Hohlraumeigenschwingung im Intervall (E_b, E_a) gelegen ist,

$$g'(E_b) - g'(E_a) = 0 \quad \text{für} \quad ph\nu < E_a < E_b < (p+1)h\nu$$

und

$$g'(E_b) - g'(E_a) = C \quad \text{für} \quad (p-1)h\nu < E_a < ph\nu < E_b < (p+1)h\nu,$$

was mit (95) identisch ist.

quantums" $h\nu$ gleich ist[182]), wobei das diese Größe bestimmende *Planck*sche *„Wirkungsquantum"* h direkt aus den empirisch bestimmten Konstanten der Strahlungsgleichung (93) zu $6{,}52 \cdot 10^{-27}$ erg · sec berechnet werden kann.[183]) Alle übrigen denkbaren Energiewerte haben das Gewicht *Null*, kommen also, zumindest praktisch, überhaupt nicht vor. Trotzdem ist (95) mit dem früher für kleine Werte von $\frac{\nu}{T}$ erhaltenen Grenzgesetze (92) wohl verträglich. In diesem Falle haben für die Strahlungsformel vor allem jene unter den ausgezeichneten Werten von (95) Bedeutung, für welche n sehr groß ist; sind n' und n'' zwei solche Anzahlen, für welche überdies $n'' - n' \ll n', n''$, so wird $\frac{E_{n''} - E_{n'}}{E_{n'}}$ mit wachsenden n', n'' beliebig klein, die Schwingungszustände, welche den ausgezeichneten Energiewerten E_n entsprechen, rücken im Verhältnis zu diesem selbst immer dichter zusammen, so daß für sehr große n *praktisch* für jeden *beliebigen* Energiewert $g = \text{const.}$ wird, wie in der älteren statistischen Mechanik. — Fragt man auf Grund des Ergebnisses (95) nach jener Struktur der μ-Ebene (56) bzw. (56a), die gewählt werden muß, um bei *Annahme* von (95) das *Planck*sche Strahlungsgesetz (93) *abzuleiten*, so ist klar, daß jede beliebige Ellipseneinteilung (56) zulässig sein wird, in deren Zellen *höchstens* je *eine* μ-Kurve mit von Null verschiedenem Gewicht g vorkommt. Setzt man z. B. $h_n = n \cdot h$ und rechnet die äußere Begrenzung der Zellen als nicht mehr zu ihnen gehörig[184]), so wäre das ebenso

---

182) Diese Aussage ist wesentlich von jener zu unterscheiden, daß auf jede Eigenschwingung nur eine ganze Anzahl selbständiger „Lichtquanten" $h\nu$ entfallen könne. Vgl. *P. Ehrenfest*, Ann. d. Phys 36 (1911), p. 91, § 14, insbesondere p. 112/114; s. auch Anm. 226), ferner *G. Krutkow*, Phys. Ztschr. 15 (1914), p. 133, 363 und *P. Ehrenfest* und *H. Kamerlingh Onnes*, Ann. d. Phys. 46 (1915), p. 1021, Anhang, sowie Anm. 545).

183) Vgl. z. B. *M. Planck* [1] § 164, wo aus den älteren Messungen genauer $h = 6{,}525 \cdot 10^{-27}$ abgeleitet wird. Aus den neuesten Messungen von *Rubens* und *Michel*, s. Anm. 178), hat *G. Michel*, Ztschr. f. Phys. 9 (1922), p. 285, $h = 6{,}521 \cdot 10^{-27}$ berechnet. — Über sämtliche Methoden zur Bestimmung von h und deren Ergebnisse bis Mai 1920 berichtet zusammenfassend *R. Ladenburg*, Jahrb. d. Rad. 17 (1920), p. 93, 273 und erhält als besten Mittelwert $h = 6{,}54 \cdot 10^{27}$ mit einer Unsicherheit von etwa 2 Promille.

184) Eine derartige Zelleneinteilung ist z. B. von *M. Planck* [1] und auch bei fast allen übrigen Ableitungen des Strahlungsgesetzes zugrunde gelegt worden, welche hierzu Oszillatoren oder Hohlraumeigenschwingungen benutzen; in den ersten drei Auflagen des *Planck*schen Buches wird (95) dabei für die sogenannte *I. Fassung der Planckschen Quantentheorie* als Postulat an die Spitze gestellt und ebenso bei den meisten anderen Autoren. Von derartigen Ableitungen seien noch hervorgehoben: *P. Ehrenfest*, Phys. Ztschr. 7 (1906), p. 528; *P. Debye*,

zulässig, wie z. B. $h_n = (n - \frac{1}{2})h$; man kann die Zellen aber auch beliebig schmal wählen, so daß nur wenige von ihnen überhaupt Phasenpunkte enthalten können oder allein mit den durch (95) ausgezeichneten μ-Ellipsen $E_n = n \cdot h\nu$ operieren. —

Die fundamentale Bedeutung, welche das Ergebnis einer *unstetigen, nur diskrete, von Null verschiedene Werte* aufweisenden Gewichtsfunktion der Hohlraumstrahlung für die gesamte Theorie der Materie erhalten hat, läßt es wünschenswert erscheinen, auch die statistischen Grundlagen einer Strahlungsformel zu ermitteln, welche im Sinne von (93a) von der *Planck*schen Formel abweicht[185]), wobei α eine will-

---

Ann. d. Phys. 33 (1910), p. 1427; *P. Ehrenfest* und *H. Kamerlingh Onnes*, Ann. d. Phys. 46 (1915), p. 1021; *A. Szarvassi*, Denkschr. Wien. Akad. 95 (1918), p. 391; *L. Flamm*, Phys. Ztschr. 19 (1918), p. 116, 166; *J. Kunz*, Phil. Mag. 45 (1923), p. 300; *S. N. Bose*, Ztschr. f. Phys. 26 (1924), p. 178. Bemerkenswerterweise ist sich von allen Autoren nur *Szarvassi* dessen bewußt gewesen, daß die Anwendung der statistischen Formeln von Nr. 5 und 6 auf die Quantentheorie der Hohlraumstrahlung die Ersetzbarkeit einer *Zeitgesamtheit* durch eine *Raumgesamtheit* zur Voraussetzung hat. Da die Untersuchung von *v. Mises* (Anm. 81), auf Grund welcher diese Sachlage in Nr. 4 geklärt worden ist, damals noch nicht vorlag, formulierte *Szarvassi* eine eigene, der *Planck*schen Quantentheorie angepaßte Voraussetzung, welche die Rolle der *Quasiergodenhypothese* in der älteren statistischen Mechanik (Nr. 1) zu übernehmen bestimmt war; weil von der „Bahnkurve" des statistischen Gebildes im Γ-Raume bei *grundsätzlicher Endlichkeit* des Volumens der μ-Raumzellen und konstanter Gewichtsfunktion hier nur mehr verlangt werden mußte, daß sie nach genügend langer Zeit in jede der nun ebenfalls *endlichen* Γ-Raumzellen gelange, und zwar durchschnittlich in jede Zelle *gleich oft* (anstatt *jedem Punkte der Energiefläche immer wieder beliebig nahezukommen*), hat *Szarvassi* derartige Gebilde *ergozonal* genannt. Diese oder eine verwandte Annahme hätte man seinerzeit übrigens auch zur Rechtfertigung aller im Rahmen der inzwischen aufgegebenen *II. Fassung der Planckschen Quantentheorie* (vgl. hierzu Anm. 191) vorgenommenen Anwendungen der Statistik benötigt. — Eine allgemeine, *auf die Wechselwirkung von Strahlung mit beliebiger Materie* gegründete Ableitung des *Planck*schen Strahlungsgesetzes von größter prinzipieller Tragweite ist von *Einstein* gegeben worden und wird in Nr. 11 dargestellt. Die oben erwähnten, auf einer Oszillatoren- oder Hohlraumeigenschwingungs-Statistik beruhenden Ableitungen von (93) sind ihr gegenüber in der neueren Literatur etwas in den Hintergrund getreten, jedoch mit Unrecht; wie die Ausführungen von Nr. 6b zeigen, ist ein Großteil von den Grundlagen der ersteren für den Beweis des *Wienschen Verschiebungsgesetzes* unerläßlich, dessen Kenntnis die *Einstein*sche Ableitung voraussetzen muß. Siehe ferner Anm. 224). — Vom Standpunkt einer Erweiterung der *Jaumannschen Kontinuitätstheorie der Physik*, welche atomistische Bilder und Modelle völlig zu vermeiden bestrebt ist, hat *E. Lohr*, Denkschr. Wien. Akad. 99 (1924), p. 11, insbes. §§ 2, 3, 5 eine Ableitung des *Planck*schen Strahlungsgesetzes skizziert.

185) Abgesehen von den auf empirischen Daten beruhenden, nunmehr entkräfteten Einwendungen von *Nernst* und *Wulf* gegen (93) (s. Anm. 179), hat auf

kürliche, numerisch beliebig klein zu haltende Funktion von $\frac{\nu}{T}$ bedeutet, die für große und kleine Werte ihres Arguments gegen Null konvergiert. Diese und ähnliche Fragen sind von *P. Ehrenfest* im Anschluß an seine bereits am Ende von Nr. 6b angeführten Ergebnisse untersucht und beantwortet worden. In Verschärfung der dort angeführten Bedingungen (A) bis (C) findet man für (93a)

$$(95\text{a})\quad \begin{cases} g = C = \text{const.} & \text{für } E_0 = 0,\ E_1 = h \cdot \nu \\ g = 0 & \text{für } 0 < E < E_1 \\ g \text{ beliebig} & \text{für } E > E_1 \\ \text{jedoch} & \\ \lim g \rightarrow C = \text{const.} & \text{für } \lim \frac{E}{kT} \rightarrow 0. \end{cases}$$ [186]

Die Existenz zumindest einer *zweiten* Singularität von g ist demnach auch in diesem Falle nicht mehr zu umgehen. Damit zufolge (93a) auf eine Hohlraumeigenschwingung überhaupt Energie entfällt, muß diese also mindestens $h\nu$ betragen. Tatsächlich sind von der Annahme der Wirksamkeit einer derartigen „Reizschwelle" für die Eigenschwingungsenergie einige Autoren ausgegangen, welche bestrebt waren, die zur Ableitung eines brauchbaren Strahlungsgesetzes unumgänglichen Diskontinuitäten nach Möglichkeit zu reduzieren.[187]) Wird bloß eine *endliche* Anzahl von „Energiestufen" in (95) zugelassen, im übrigen

---

Grund der (hier freilich nicht sehr ins Gewicht fallenden) klassischen Elektrodynamik auch *E. Kretschmann*, Ann. d. Phys. 65 (1921), p. 310, eine derartige Abweichung vom *Planck*schen Gesetze als möglich bezeichnet.

186) *P. Ehrenfest*, l. c. Anm. 126), § 12 und 13, Beispiel III. — Läßt man hingegen die in (93) und (93a) enthaltene, im Grunde genommen wesentlich über jede experimentelle Kontrollmöglichkeit hinausgehende Annahme eines *exponentiellen* Abfalles der Nennerfunktion in der Strahlungsgleichung fallen, so kann die Unerläßlichkeit eines zweiten „Punktgewichtes" (s. Anm. 117), wie *Ehrenfest* besonders hervorhebt, nicht mehr gefolgert werden. Die Annahme $\lim g \rightarrow C$ für $\lim \frac{E}{kT} \rightarrow 0$ in (95a) entspricht dem allgemeinen Grenzgesetze (92).

187) *H. v. Jüptner*, Ztschr. f. Elektrochem. 19 (1913), p. 711; *J. de Boissoudy*, Paris C. R. 156 (1913), p. 765; J. d. Phys. (5) 3 (1913), p. 385 (vgl. dazu *E. Bauer*, ebenda, p. 641; *J. de Boissoudy*, ebenda, p. 649); *E. Császár*, Ztschr. f. Phys. 14 (1923), p. 342; 19 (1923), p. 213. Bei *A. Einstein* und *O. Stern*, Ann. d. Phys. 40 (1913), p. 551 fungierte vorübergehend eine derartige Schwellenwertenergie als Nullpunktsenergie [vgl. dazu die Bemerkungen von *A. Eucken* im Anhange zu „Die Theorie der Strahlung und der Quanten" (Solvay-Kongreß 1911), Halle 1914, p. 374]. S. ferner den Versuch von *W. Nernst*, Verhandl. Deutsch. Phys. Ges. 18 (1916), p. 83, die an (95) anschließende Quantentheorie überhaupt zu vermeiden.

aber (95a) beibehalten und diese Anzahl hinreichend groß genommen, so approximiert (95a) das *Planck*sche Strahlungsgesetz bis zu jedem gewünschten Genauigkeitsgrade.[188])

Materielle Festkörper bei beliebigen Temperaturen. Wie in Nr. **6b** gezeigt worden ist, stimmen die Grundlagen einer statistischen Behandlung der *festen Körper* in den meisten wesentlichen Punkten mit jenen der Hohlraumstrahlung überein; insbesondere ist die allgemeine Verteilungsfunktion (58) der Eigenschwingungen von gleicher Frequenz in beiden Fällen dieselbe. Hinsichtlich der experimentellen makroskopisch-thermischen Daten, welche zur Ermittlung des Verlaufes der Gewichtsfunktion beim Festkörper in Betracht kommen, besteht aber ein wesentlicher Unterschied gegenüber der Hohlraumstrahlung: während es bei letzterer experimentell keine Schwierigkeiten hat, das Strahlungsgesetz (83) für beliebiges *monochromatisches* Licht empirisch zu ermitteln, bezieht sich die Kenntnis des Verlaufes der *spezifischen Wärme* (c_p, woraus c_v berechenbar) des Festkörpers als Funktion seiner Temperatur auf sämtliche an ihm auftretende Eigenfrequenzen *zugleich*. Wie die Prüfung der *Debye*schen Theorie[189]) an der Erfahrung ergeben hat, läßt sich c_v für etwa 20, meist regulär kristallisierende, chemisch verhältnismäßig einfache Stoffe[190]) mit bemerkens-

188) *E. Császár,* l. c. Dieser Fall kann vielleicht insofern ein gewisses Interesse beanspruchen, als ja die Existenz von zumindest endlich vielen Energiestufen (allerdings an Materie) direkt experimentell sichergestellt werden konnte (s. weiter unten). Um z. B. die Messungen von *Rubens* und *Michel* (vgl. Anm. 178) auf diese Weise innerhalb der Beobachtungsgenauigkeit darzustellen, würde man *mindestens 15 diskrete Energiewerte* von (95) benötigen.

189) V 25 (*M. Born*), Nr. **26**, **27**.

190) Vgl. z. B. den vortrefflichen Bericht von *E. Schrödinger,* Phys. Ztschr. 20 (1919), p. 420, 450, 474, 497, 523, insbesondere Fig. 6 und die Tabellen II, III und V. — Auch hier muß aber natürlich, wie schon oben bei der Strahlung, hervorgehoben werden, daß die experimentellen Ergebnisse die *exakte* Gültigkeit eines Funktionsverlaufes (96) [eventuell in Verbindung mit (96a)] nicht zu erweisen vermögen. Während jede Festkörpereigenschwingung bei *exakter* Gültigkeit von (96) nach (100) *abzählbar unendlich viele Energiestufen* annehmen können müßte, wird man hier, ebenso wie in Anm. 188) bei der Strahlung, fragen können, *wie vieler diskreter Energiestufen* es bedarf, um den gemessenen Verlauf der spezifischen Wärme mit der Temperatur *innerhalb der Beobachtungsfehlergrenzen* wiedergeben zu können. Mit einer einzigen *Schwellenwertenergie* (vgl. Anm. 187), oberhalb welcher $g = \text{const.}$ gesetzt wird, sucht *H. v. Jüptner,* Ztschr. f. Elektrochem. 19 (1913), p. 711; 20 (1914), p. 10, 105, das Auslangen zu finden. Nach *E. Császár,* Ztschr. f. Phys. 19 (1923), p. 213 reicht beim Cu die Annahme *der ersten,* beim Ag jene *der ersten und zweiten Stufe* von (100) für eine befriedigende Wiedergabe von c_v hin; indessen zeigt sich, daß die mittels solcher Darstellungen errechneten Werte von Θ, bzw. ν_D [vgl. (96')] dann im allgemeinen wesentlich

werter Genauigkeit bis zu den tiefsten Temperaturen durch

$$c_V = N_{FK} \cdot k \left[\frac{12}{x^3} \int_0^x \frac{\xi^3}{e^\xi - 1} d\xi - \frac{3x}{e^x - 1} \right] \tag{96}$$

darstellen, wobei

$$\xi = \frac{h \cdot \nu}{k \cdot T}, \quad x = \frac{h \cdot \nu_D}{k \cdot T} = \frac{\Theta}{T} \tag{96'}$$

(Θ *Debyes* „charakteristische" Temperatur) gesetzt ist und der Zusammenhang zwischen der Gesamtzahl der Freiheitsgrade des Festkörpers N_{FK} und der *Debye*schen Grenzfrequenz ν_D durch (53a') gegeben wird. In einer weiteren, ebenfalls recht beträchtlichen Anzahl von Fällen[190]) entspricht der Verlauf von c_V den Folgerungen der weitergehenden *Born-Kármán*schen Theorie[189]), nach welcher c_V durch Ausdrücke von der Form (96) („*Debye*funktionen") und damit additiv verbundene von der Gestalt

$$N_{FK} \cdot k \frac{x^2 \cdot e^x}{(e^x - 1)^2} \qquad \left(x = \frac{h\nu_0}{k \cdot T} \right) \tag{96a}$$

(„*Einstein*funktionen") darstellbar wird; die Größen ν_0 bedeuten dann gewisse charakteristische Eigenfrequenzen des Kristallgitters. Durch Integration nach der Temperatur ergibt sich für den Energieinhalt aus (96)

$$\mathsf{E} = N_{FK} \cdot kT \frac{3}{x^3} \int_0^x \frac{\xi^3}{e^\xi - 1} d\xi + \mathsf{E}_0(\nu_D), \tag{97'}$$

was sich mit Benutzung von (53a) auf die Form bringen läßt

$$\mathsf{E} = \int_0^{\nu_D} N_{FK}(\nu) \cdot \left[\frac{h\nu}{e^{\frac{h\nu}{kT}} - 1} + \varepsilon_0(\nu) \right] \cdot d\nu; \tag{97}$$

(96a) hingegen ergibt

$$N_{FK} \cdot \left[\frac{h\nu_0}{e^{\frac{h\nu_0}{kT}} - 1} + \varepsilon_0'(\nu_0) \right]. \tag{97a}$$

Da die bei der Integration auftretenden willkürlichen additiven Konstanten E_0 bzw. ε_0 und ε_0' im allgemeinen Funktionen von ν_D bzw. ν und ν_0 sein werden und sich zeigen wird, daß sie den Verlauf der Gewichtsfunktion grundsätzlich zu beeinflussen vermögen, muß auf sie im folgenden besondere Rücksicht genommen werden. Schreibt man das

---

schlechter mit den auf anderen Wegen berechneten übereinstimmen, als bei Benutzung der ursprünglichen *Debye*schen Formel (96). Siehe ferner *E. Schrödinger*, Ztschr. f. Phys. 25 (1924), p. 173; *E. Császár*, Ztschr. f. Phys. 32 (1925), p. 872.

*Planck*sche Strahlungsgesetz (93) mit Rücksicht auf (35b) in der Form

$$(93') \qquad \mathsf{E}_\nu = \varrho(\nu) \cdot \mathsf{V} = N_{HS}(\nu) \cdot \frac{h\nu}{e^{\frac{h\nu}{kT}} - 1},$$

so erkennt man, *daß das Zeitmittel der Energie einer einzelnen Hohlraumeigenschwingung*

$$(98) \qquad \varepsilon(\nu) = \frac{h\nu}{e^{\frac{h\nu}{kT}} - 1}$$

bis auf die unbekannte additive Funktion $\varepsilon_0(\nu)$ bzw. $\varepsilon_0'(\nu)$ mit jenem einer beliebigen Festkörpereigenschwingung gleicher Frequenz übereinstimmt.

Wenn $\varepsilon_0 = \varepsilon_0' = 0$, so ist der Verlauf der Gewichtsfunktion der Festkörpereigenschwingungen offenbar zugleich mit jenem der Hohlraumeigenschwingungen durch (95) gegeben und alle im Anschluß an das *Planck*sche Strahlungsgesetz angestellten Erwägungen gelten sinngemäß auch für alle festen Körper, auf welche sich die *Debye-Born-Kármán*sche Theorie anwenden läßt. Ist ε_0 bzw. ε_0' hingegen von Null verschieden, so ist für $T = 0$, $\mathsf{E} = \mathsf{E}_0$ bzw. $\varepsilon = \varepsilon_0$, und der Körper sowie auch jede seiner Eigenschwingungen besitzen eine *Nullpunktsenergie*. An Stelle der Verteilungsfunktion (94) erhält man jetzt

$$(99) \qquad F(\tau, \nu) = \frac{C \cdot e^{-\tau \cdot \varepsilon_0}}{1 - e^{-\tau \cdot h\nu}} = C \cdot \sum_{n=0}^{\infty} e^{-\tau(\varepsilon_0 + n \cdot h\nu)}.$$

Wie der Vergleich mit (94) und (58) zeigt, ergibt sich für die Gewichtsfunktion

$$(100) \qquad \begin{cases} g = C = \text{const.} & \text{für} \quad E_n^* = \varepsilon_0 + n \cdot h\nu \quad (n = 0, 1, \ldots, \infty) \\ g = 0 & \text{für} \quad E \neq E_n^*. \end{cases}$$

g ist also beim festen Körper auch im Falle des Vorhandenseins einer Nullpunktsenergie nur an einer Reihe isolierter Stellen von Null verschieden, nämlich für jene Schwingungszustände der Eigenfrequenzen, welche einem Energiebetrag der Wertereihe $E_0^*, E_1^*, \ldots, E_n^*, \ldots$ entsprechen. Alle übrigen, zufolge der makroskopisch-mechanischen Bewegungsgleichungen in gleicher Weise zulässigen Schwingungszustände besitzen das Gewicht Null.[191]) Indem man sie wegen ihres praktischen

191) *M. Planck* hat in der sogenannten „zweiten Fassung" der Quantentheorie (s. die II. Auflage von [1], 1913, ferner die IV., 1921) versucht, den Fall $\varepsilon_0 = \frac{1}{2} h \cdot \nu$ auf Grund klassisch-elektrodynamischer Kompromißhypothesen zu begründen. Diese, von ihrem Urheber inzwischen wenigstens hinsichtlich ihrer extremen Form zurückgenommene Fassung [s. *M. Planck,* Die Naturwissenschaften 11 (1923), p. 535], ist übrigens auch mit der Statistik nicht ohne weiteres in Einklang zu bringen. Nach der „zweiten Fassung" sollten nämlich z. B. auch alle Schwin-

Nicht-Auftretens als *nichtstationär* ansieht, bezeichnet man die in (95) bzw. (100) durch das Eingehen des *Planckschen Wirkungsquantums*

---

gungszustände von Festkörpereigenfrequenzen möglich sein, welchen eine von den E_n (95) bzw. E_n^* (100) verschiedene Energie zukommt, und zwar sollten im Mittel alle solchen Zustände, für welche $E_{n-1} < E \leqq E_n$ ist, *gleich häufig* vorkommen. Nach *Planck* wäre daher innerhalb dieser Theorie die Gesamtzahl der Eigenschwingungen, für welche $E_{n-1} < E \leqq E_n$ ist, proportional

$$e^{-\frac{E_n - E_{n-1}}{2k \cdot T}}$$

zu setzen gewesen. Nun treten aber zufolge der *Boltzmannschen Verteilung* (Nr. 5, 6) die Eigenschwingungen von der Energie E mit der zeitlich-räumlichen Relativhäufigkeit

$$e^{-\frac{E}{kT}}$$

auf, so daß grundsätzlich nur *infinitesimal* benachbarten Energiewerten gleiche Relativhäufigkeiten entsprechen können. Die genannte Annahme von *Planck* sollte nun aber für die *prinzipiell endlichen* Energieintervalle (E_{n-1}, E_n) gelten und könnte daher nur zu einem *unechten, vom jeweiligen Anfangszustande abhängigen* Wärmegleichgewicht des betrachteten statistischen Gebildes führen. Zu einem Ausweg aus diesen Schwierigkeiten kann man mit *K. F. Herzfeld,* Wien. Ber. (IIa) 121 (1912), p. 1449, nur dann gelangen, wenn man die mit den Energiewerten E ausgestatteten Schwingungszustände von vornherein als *voneinander statistisch abhängig* ansieht, was auf eine Modifikation der statistischen Grundlagen hinausläuft.

Durch die bereits mehrfach zitierte Untersuchung der statistischen Grundlagen des *Planck*schen Strahlungsgesetzes von *P. Ehrenfest* war im Grunde genommen bereits 1911 (also im Entstehungsjahre der „zweiten Fassung" und ohne ihre Kenntnis) gezeigt worden, daß die „zweite Fassung" der gewöhnlichen Statistik widerspricht und keine legitime Ableitung des *Planck*schen Ausdruckes (98) mit $\varepsilon_0 = \frac{1}{2} h \cdot \nu$ ermöglichen kann. Ein Jahr darauf hat *H. Poincaré*, J. d. Phys. (5) 3 (1913), p. 5 diese Frage direkt behandelt und das negative Ergebnis formuliert. Die in Anm. 181) erwähnte Lücke seines Beweises hat *M. Planck*, Acta math. 38 (1921), p. 387 den Anlaß zu einem Versuch geboten, der angefochtenen Ableitung einen neuen Beweisgrund zu geben. Die in Anm. 181) angedeutete *Fowler*sche Beweisführung, angewendet auf den Fall einer Nullpunktsenergie $\varepsilon_0 = \frac{1}{2} h \cdot \nu$, widerlegt nunmehr jeden derartigen Versuch endgültig, indem sie eindeutig zu (100) führt.

Allerdings muß man sich aber auch darüber im klaren sein, daß Ergebnissen wie etwa (95) und (100) in letzter Linie doch nur größenordnungsmäßige Bedeutung zukommen kann. Würde man z. B. annehmen wollen, daß die mittleren „Lebensdauern" der oben ausgeschlossenen Zwischenzustände um mindestens drei Größenordnungen geringer sind als jene der Quantenzustände, so findet man leicht, daß ein derartiges Verhalten bisher weder bei den Strahlungsmessungen, noch bei jenen der spezifischen Wärme der Festkörper hätte bemerkt werden können. Tatsächlich liegt in der Quantentheorie der Dispersionserscheinungen eine derartige Möglichkeit vor, wie *K. F. Herzfeld* und namentlich *A. Smekal* jüngst näher ausgeführt haben. Vgl. dazu Nr. 21.

gekennzeichneten, realisierbaren Eigenschwingungszustände auch als *stationäre* oder *Quantenzustände.*[192])

Die Frage nach der Existenz und Größe einer Nullpunktsenergie des festen Körpers ist außer für die Festlegung seiner Quantenzustände auch für seine Thermodynamik von Belang, da E_0 wegen seiner Abhängigkeit von ν_D auch als Funktion des Körper*volumens* V aufgefaßt werden kann.[193]) Wird sie mit *Planck* als der kalorische Energiedefekt des Körpers im *Dulong-Petit*schen Gebiet gegenüber der ihm nach der älteren klassischen Statistik zustehenden Energie angesehen, so hat man auf Grund der empirisch bestätigten Beziehung (96)

$$(101) \qquad E_0 = \lim_{T \to \infty} \left[N_{FK} \cdot kT - \int_0^T c_{\mathsf{V}} \cdot dT \right] = \tfrac{3}{8} N_{FK} \cdot h\nu_D.^{194})$$

Bennewitz und *Simon* haben jüngst wahrscheinlich machen können, daß eine Nullpunktsenergie dieser Größenordnung aus der niedrigen

---

192) Die Ergebnisse (95) und (100), sowie die analogen, weiter unten hinsichtlich der Quanteneigenschaften von *Gasmolekülen* zusammengestellten Folgerungen und experimentellen Feststellungen beweisen also z. B., daß die *mittlere Abklingungsdauer,* welche von einem Quantengebilde zur Ausführung eines mit spontaner Energieausstrahlung verbundenen *Überganges zwischen zwei Quantenzuständen* benötigt wird, von *niedrigerer Größenordnung* sein muß als die *mittleren Verweilzeiten* des Gebildes in diesen ausgezeichneten Zuständen selbst. Ähnliches gilt ersichtlich auch von allen übrigen mit derartigen *Quantenübergängen* verbundenen Vorgängen. Diese wichtige Folgerung bestätigt hinterher die Berechtigung der am Ende von Nr. 2 und zu Beginn von Nr. 4 gemachten, für die in den Nummern 4 bis 8 geschilderte Form der Statistik wesentliche Voraussetzung, daß jene Übergangszeitdauern praktisch gegen die Verweilzeiten vernachlässigt werden können. — Die in der vorigen Anmerkung erörterte Unzulänglichkeit der „zweiten Fassung" der *Planck*schen Quantentheorie kann in diesem Zusammenhange auch mit dem Hinweise auf die von ihr für den Absorptionsprozeß geforderte *endliche „Akkumulationszeit"* in Verbindung gebracht werden. Der gleiche Widerspruch würde durch die Annahme einer merklichen *Abklingungszeit* leuchtender Atome hervorgerufen werden, wie sie anfangs von *W. Wien,* Ann. d. Phys. 60 (1919), p. 597 zur Deutung seiner Versuche über die Abnahme der Lichtemission von ins Vakuum auslaufenden Kanalstrahlen herangezogen worden ist. Diese Annahme wurde von *G. Mie,* Ann. d. Phys. 66 (1921), p. 237; 73 (1924), p. 195 übernommen und sogar zu einer Strahlungstheorie weiter ausgebildet, führt aber in ihrer Anwendung auf die spezifische Wärme materieller Körper ersichtlich zu Widersprüchen mit experimentell gesicherten Ergebnissen der Quantentheorie, wie z. B. (96) und (100).

193) Vgl. z. B. *P. Debye,* Wolfskehlvorträge Göttingen 1913, Leipzig 1914 (Teubner), p. 19; oder *M. Planck* [1], IV. Aufl. 1921, § 184.

194) Vgl. auch V 25 (*M. Born*), Nr. 35, Gl. (390'). Die aus der *Born-Kármán*schen Theorie hervorgehenden Beziehungen für c_{V} führen naturgemäß zu Ausdrücken von der gleichen Größenordnung.

Schmelztemperatur des Wasserstoffes gefolgert werden kann und auch in den Abweichungen der tiefsiedenden Gase von der *Trouton*schen Regel zum Ausdruck gelangt.[195]) Sollten diese Ergebnisse — was aber gegenwärtig unstatthaft, und vielleicht auch in Zukunft unwahrscheinlich — direkt zugunsten des Ausdruckes (101) gedeutet werden dürfen, so könnte man wegen

$$(101') \qquad \int_0^{\nu_D} N_{FK}(\nu) \cdot \tfrac{1}{2} h\nu \cdot d\nu = \tfrac{3}{8} N_{FK} \cdot h\nu_D$$

[vgl. (53a) und (53a')] geneigt sein, auf das Vorhandensein einer Nullpunktsenergie vom Betrage

$$(102) \qquad \varepsilon_0(\nu) = \tfrac{1}{2} h\nu$$

für jede einzelne Festkörperschwingung von der Frequenz ν zu schließen.[196]) Die Definition (101) setzt allerdings stillschweigend voraus,

195) *K. Bennewitz* und *F. Simon*, Ztschr. f. Phys. 16 (1923), p. 183. Die Verfasser kündigen weitere Untersuchungen zu dieser wichtigen Frage an und heben hervor, daß die von *A. Byk*, Ann. d. Phys. 66 (1921), p. 157; 69 (1922), p. 161; Ztschr. f. phys. Chem. 110 (1924), p. 291 (vgl. dazu auch Anm. 436) als Quanteneffekte gedeuteten Abweichungen verschiedener Eigenschaften namentlich der tiefsiedenden Gase vom Theorem der übereinstimmenden Zustände auf das Vorhandensein einer Nullpunktsenergie zurückgeführt werden können. Zu den Arbeiten von *Byk* vgl. man auch noch *G. M. Schwab*, Ztschr. f. Phys. 11 (1922), p. 188.

196) Es muß aber betont werden, daß ein solcher Rückschluß nicht unbedingt als zwingend anerkannt zu werden braucht. Wie die neuere Entwicklung der *Bohr*schen Atomtheorie gezeigt hat (s. *N. Bohr* [3], 3. Vortrag, oder auch Nr. 14, Gl. (134)) hängt die stets endliche Nullpunktsenergie der Atominnenbewegung von mannigfachen Stabilitätsverhältnissen ab. Es mag daher sein, daß $\varepsilon_0(\nu)$ nicht für alle Frequenzen den gleichen Ausdruck (102) besitzt, namentlich wird man bei den Frequenzen ν_0 der „*Einstein*"-Glieder in der *Born-Kármán*schen Theorie an eine Sonderstellung denken können. Aus den gleichen Gründen wäre auch denkbar, daß sich $\varepsilon_0(\nu)$ für Festkörper verschiedener chemischer Zusammensetzung verschieden groß ergibt.

Eine einwandfreie quantentheoretische *Begründung* des Ausdruckes (102) ist bisher nicht möglich gewesen (vgl. dazu Anm. 191). Jedenfalls erinnert (102) an das Auftreten *halber Quantenzahlen* bei den Bandenspektren [hier handelt es sich vielfach ebenfalls um Ionenbindungen wie im Kristall! S. z. B. *A. Kratzer*, Ergeb. d. exakt. Naturwiss. 1 (1922), p. 315], ferner bei den Gesetzmäßigkeiten des anomalen Zeemaneffektes (vgl. dazu V 26, *C. Runge*). In Analogie zu den quantentheoretisch einfachsten Fällen (z. B. beim H-Atom) würde man jedoch eher $\varepsilon_0(\nu) = h \cdot \nu$ erwarten, wie dies bereits vor der *Bohr*schen Theorie von *A. Einstein* und *O. Stern*, Ann. d. Phys. 40 (1913), p. 374 als wahrscheinlich angesehen worden ist. Zugunsten des letztgenannten Werkes können Beobachtungen von *G. E. M. Jauncey*, Phys. Rev. 20 (1922), p. 421 über die Temperaturabhängigkeit der Zerstreuung von Röntgenstrahlen durch NaCl-Kristalle ge-

daß der Energieinhalt des Festkörpers den von der klassischen Theorie gegebenen Wert bei hohen Temperaturen auch wirklich annimmt; trifft dies nicht zu, so bedeuten (101) bzw. (102) bloß jene Energiebeträge, um welche die tatsächlichen Energieinhalte bei hohen Temperaturen hinter den klassischen zurückbleiben.[196a]

Gase. Wie *Eucken* erstmals an Wasserstoff festgestellt hat, stimmt das thermische Verhalten *mehratomiger* Gase bei hinreichend tiefen Temperaturen mit jenem der *einatomigen* überein.[197] Der Abfall der spezifischen Wärme ist *qualitativ* hierbei ein ähnlicher wie bei den Festkörpern, so daß wegen (92) in bezug auf die innere Bewegung der Moleküle (Rotation und Schwingungen der atomaren Bestandteile gegeneinander) ohne weitere Rechnung auf die Wirksamkeit einer *nicht konstanten Gewichtsfunktion* geschlossen werden kann. Wie bereits am Ende von Nr. **3A** hervorgehoben worden ist, kann bereits aus diesem Umstande allein gefolgert werden, daß die innere Bewegung der Moleküle einer bestimmten *speziellen* Klasse von dynamischen Problemen angehören muß[198], womit auch eine bestimmte Art ihres inneren Aufbaues vor allen anderen denkbaren Möglichkeiten

---

deutet werden, wenn man sie nach der Theorie von *P. Debye*, Ann. d. Phys. 43 (1914), p. 47 berechnet. *Debye* und *Jauncey* rechnen allerdings nur mit der *Planck*schen Nullpunktsenergie (102), mit welcher *Jauncey* keine befriedigende Übereinstimmung findet und daher, auf *L. Brillouin*, Ann. de phys. 17 (1922), p. 88 verweisend, geneigt ist, die *Debye*sche Theorie als mangelhaft anzusehen; $\varepsilon_0(\nu) = h\nu$ ergibt indessen eine verhältnismäßig zufriedenstellende Übereinstimmung zwischen Theorie und Experiment.

Eine Nullpunktsenergie von der Größe (102) spielt auch in der *Stern*schen Ableitung des quantentheoretischen Ausdrucks für die *chemische Konstante* eine wesentliche Rolle (s. Nr. **25**, **27**); da der gleiche Ausdruck aber auch noch auf zahlreiche andere Arten erhalten werden kann, scheint diesem Umstande keine entscheidende Beweiskraft zugunsten von (102) zuerkannt werden zu sollen.

196a) Siehe V 11 (*K. F. Herzfeld*), Nr. **27**, p. 1037/1038.

197) *A. Eucken*, Berl. Ber. 1912, p. 141; s. auch *K. Scheel* und *W. Heuse*, Ann. d. Phys. 40 (1913), p. 473.

198) Nach Nr. **3A** muß die innere Bewegung der Atome und Moleküle daher so beschaffen sein, daß sie

a) eindeutige Parameterinvarianten besitzt,

b) diese zumindest für alle makroskopischen Parameter *a* miteinander übereinstimmen.

Wie dort näher ausgeführt, können bisher nur *bedingt periodische Systeme oder bedingt periodische Partikularlösungen nicht bedingt periodischer Systeme* als diesen Bedingungen genügend angesehen werden. Bei letzteren Systemen bleibt dann einstweilen die Frage offen, *ob und auf welche Art dafür gesorgt ist, daß die wirkliche Bewegung tatsächlich nur in derartigen Partikularlösungen erfolgen kann?* S. Nr. **14** und **16**.

ausgezeichnet und gefordert erscheint. Die gleichen Folgerungen ergeben sich aus dem Anstieg der spezifischen Wärmen mehratomiger und einatomiger[174]) Gase in der Nähe beginnender Dissoziation bzw. Ionisation. Eine rechnerische Entscheidung auf Grund der experimentellen Daten darüber, ob die Gewichtsfunktion der Gasmoleküle ebenso einen *diskontinuierlichen* Verlauf zeigt, wie beim festen Körper, oder nicht, ist bisher nicht versucht worden.[199]) Die Existenz und Bestimmung von *Anregungs-* und *Ionisationsspannungen* zahlreicher ein- und mehratomiger Gase mittels der *Franck-Hertzschen Elektronenstoßmethode*, vor allem der direkte Nachweis von *zu den einzelnen Spektrallinien gehörigen diskreten Energiestufen der Atome und Moleküle* durch *Franck* und seine Mitarbeiter[200]) können jedoch nur im Sinne einer *diskreten* Gewichtsfunktion gedeutet werden; die relative Größe von g für die einzelnen Quantenzustände bleibt dadurch allerdings noch unbestimmt. Von fundamentaler Bedeutung ist der Umstand, daß sich die gemessenen Größen der Energiestufen, im Gegensatz zu (95) und (100), im allgemeinen um *verschieden große Beträge* voneinander unterscheiden.[201]) Einen vom Elektronenstoßverfahren völlig unabhängigen, ganz direkten experimentellen Nachweis der *Existenz diskreter Quantenzustände* haben endlich *Stern* und *Gerlach* zu erbringen vermocht, indem sie zeigten, daß sich die Atome eines Ag-Dampfstrahles im magnetischen Felde nur auf zwei bestimmte diskrete Weisen gegen die Feldrichtung ein-

---

199) Über die Versuche, bei *Voraussetzung einer diskontinuierlichen Gewichtsfunktion* die spezifische Wärme des Wasserstoffes formelmäßig darzustellen, wird in Nr. **24b** berichtet werden.

200) *J. Franck* und *P. Knipping*, Ztschr. f. Phys. 1 (1920), p. 320 (He); *J. Franck* und *E. Einsporn*, Ztschr. f. Phys. 2 (1920), p. 18; *E. Einsporn*, Diss. Berlin 1920; Ztschr. f. Phys. 5 (1921), p. 208 (Hg); *E. Brandt*, Ztschr. f. Phys. 8 (1922), p. 32 (N_2). Ferner neuerdings *G. Hertz*, Physica 3 (1923), p. 302; Naturwissenschaften 11 (1923), p. 778; Ztschr. f. Phys. 22 (1924), p. 18 (He, Ne, Hg, Zn, Tl); *P. S. Olmstead* und *K. T. Compton*, Phys. Rev. 22 (1923), p. 559 (H); *G. Hertz* und *R. K. Kloppers*, Ztschr. f. Phys. 31 (1925), p. 463 (A, Kr, Xe); *G. Hertz* und *J. C. Scharp de Visser*, Ztschr. f. Phys. 31 (1925), p. 470 (Ne).

Bezüglich der Anregungs- und Ionisierungsspannungen, aller Einzelheiten, sowie der experimentellen Methodik muß auf den vorangehenden Artikel über *Serienspektren:* V 26 (*C. Runge*) oder *A. Sommerfeld* [1] verwiesen werden, ferner auf die zusammenfassenden Berichte von *J. Franck* und *G. Hertz*, Phys. Ztschr. 20 (1919), p. 132 und *J. Franck*, Phys. Ztschr. 22 (1921), p. 388, 409, 441, 446.

201) Setzt man die Existenz einer *diskreten* Gewichtsfunktion *voraus*, so kann die Frage, ob die Energieunterschiede benachbarter Quantenzustände mit zunehmender Energie monoton *abnehmen* oder nicht, unter Umständen bereits aus den Abweichungen des empirisch ermittelten Verlaufes der spezifischen Wärmen von einer „*Einstein*“-Funktion (96a) beurteilt werden.

stellen; die Gewichte der beiden Quantenzustände ergaben sich hierbei als *gleich groß*.[202])

10. Allgemeine Quantenstatistik. Die Ergebnisse der vorigen Nummer zeigen, *daß die Gewichtsfunktion in allen der unmittelbaren oder mittelbaren Prüfung zugänglichen Fällen statistischer Gebilde nur eine diskrete Reihe von nicht verschwindenden Werten besitzt.* Man wird darum nicht zögern, *diese Eigenschaft auf ganz beliebige materielle Körper zu übertragen*, welche einer statistischen Behandlung zugänglich sind.[203]) Offensichtlich ist diese Annahme gleichbedeutend mit der *Existenz diskreter stationärer Zustände der Teilsysteme* (Atome, Moleküle, Eigenschwingungen) aus denen sich das statistische Gebilde zusammensetzt.[204]) Für *isolierte Atome und Moleküle beliebiger chemischer Beschaffenheit* ist dieses *Postulat* zuerst von *Bohr* im Jahre 1913 in der Form ausgesprochen worden, daß solche Gebilde *dauernd* nur in einer diskreten Reihe stationärer Zustände zu existieren vermögen[205]) (*I. Grundpostulat der Bohrschen Theorie*).

---

202) *W. Gerlach* und *O. Stern*, Ztschr. f. Phys. 8 (1921), p. 110; 9 (1922), p. 349, 353; Ann. d. Phys. 74 (1924), p. 673. Inzwischen hat *Stern* auch die Untersuchung des gleichen Effektes im *elektrischen* Felde angekündigt. — Die Gleichheit der Gewichte konnte im obigen Falle nur ungefähr festgestellt werden.

Bezüglich der quantentheoretischen *Ableitung* dieser Effekte und ihrer Deutung vgl. man Nr. **15b**.

203) Da Größe und Verlauf der spezifischen Wärme bei konstantem Volumen zumindest für *einatomige* Flüssigkeiten mit jenen der festen Körper nahezu übereinstimmen, gilt dies vermutlich nicht bloß für die neben der Hohlraumstrahlung bisher allein in Betracht gezogenen *Gase* und *Festkörper*, sondern auch für *Flüssigkeiten*, obwohl für diese ein spezielles, brauchbares Modell gegenwärtig nicht vorliegt. Roh ausgedrückt, verhalten sich wenigstens einatomige Flüssigkeiten thermisch so ähnlich wie ein submikroskopisch feines, lockeres Kristallpulver, dessen Körnchen in unausgesetzter Bewegung umeinander begriffen sind. Vgl. zu dieser Frage u. a. *H. Mache*, Wien. Ber. (2a) 110 (1901), p. 176; *G. Mie*, Ann. d. Phys. 11 (1903), p. 657; *E. Madelung*, Phys. Ztschr. 14 (1913), p. 729; *M. Born* und *R. Courant*, Phys. Ztschr. 14 (1913), p. 731; *A. Eucken*, Berl. Ber. 1914, p. 682; Verhandl. Deutsch. Phys. Ges. 18 (1916), p. 4, 18; *C. V. Raman*, Nature 111 (1923), p. 428; *W. H. Bragg*, Nature 111 (1923), p. 428; *C. V. Raman*, Nature 111 (1923), p. 532; *K. Honda*, Phil. Mag. 45 (1923), p 189; *F. A. Lindemann*, Phil. Mag. 45 (1923), p. 1119.

204) Die Existenz stationärer Zustände ist also *keine statistische Eigenschaft* der Teilsysteme, nur der *Weg*, welcher zur Ermittlung dieser Eigentümlichkeit geführt hat, war *statistischer* Natur. Er hat daher auch die Frage nach der Existenz stationärer Zustände materieller Systeme, welche *nicht* als Bestandteile eines statistisch behandelbaren Gebildes aufgefaßt werden können (z. B. Gase, deren Moleküle merkliche Wechselwirkungen aufeinander ausüben), einen guten Sinn. Vgl. diesbezüglich Nr. **17**.

205) *N. Bohr* [1], [2], [3]; Ztschr. f. Phys. 13 (1923), p. 117. Die *Bohr*sche

Da die quantenstatistische Behandlung der Festkörper bereits in V 25 (*M. Born*) entwickelt worden ist, kann die folgende Darstellung der allgemeinen Quantenstatistik ausschließlich auf *Gase* beschränkt werden, für deren *Translation* nach (92) die Ergebnisse von Nr. **5c** in unveränderter Geltung bleiben. Wenn vorausgesetzt wird, daß die innere Energie eines beliebigen Gasmoleküls $E(q_k, p_k, a^*)$ nach Nr. **3A** als Funktion der eindeutigen, für alle a^* miteinander übereinstimmenden Parameterinvarianten I_r der inneren Molekularbewegung dargestellt ist[206]), so können die ausgezeichneten Werte E_n der diskreten stationären Zustände aus $E(I_r, a^*)$ nur dadurch erhalten werden, daß man den I_r für jede Nummer n ausgezeichnete Werte

$$(103) \qquad I_{r,1}, I_{r,2}, \ldots, I_{r,n}, \ldots \qquad \begin{cases} (r = 1, 2, \ldots, u) \\ (n = 1, 2, \ldots, \infty) \end{cases}$$

erteilt, so daß

$$(103') \qquad E(I_{r,n}, a^*) = E_n$$

wird. Ist die *Funktion* $E(I_r, a^*)$ bekannt, so lassen sich die Größen (103) ohne weiteres aus der Reihe der ausgezeichneten, stets nach zunehmenden Beträgen geordnet gedachten Energiewerte E_n berechnen, wenn man letztere, entweder zugleich mit dem Verlauf der Gewichtsfunktion aus makroskopischen Daten ermittelt hat (Nr. **9**) oder aus spektroskopischen Eigenschaften der Moleküle ableitet (Nr. **11**); die ausgezeichneten Größen (103) sind hierbei dann stets ebenfalls nach *zunehmenden* bzw. *nicht abnehmenden* Beträgen geordnet.[207]) Über die Reihe der den einzelnen stationären Zuständen zuzuordnenden *Gewichte*

$$g_1, g_2, \ldots, g_n, \ldots \qquad (n = 1, 2, \ldots, \infty)$$

läßt sich hingegen, abgesehen von dem allgemein gültigen Grenzgesetze (92), von vornherein keine besondere Aussage machen.

Nach Nr. **5c** und (64), sowie auf Grund dieser Festsetzungen hat die Verteilungsfunktion einer beliebigen Art von *ruhenden* Molekülen, abgesehen von einer willkürlichen multiplikativen Konstante,

---

(hier nur abgekürzt wiedergegebene) Formulierung legt also keinen Wert darauf, z. B. den Fall der festen Körper mitzuumfassen.

206) Vgl. Anm. 73).

207) *W. Pauli,* Ann. d. Phys. 68 (1922), p. 177, § 4 beweist für *bedingt periodische Systeme* (vgl. Nr. **3A** und Nr. **15**), daß stets $\frac{\partial E}{\partial I_r} > 0$ $(r = 1, 2, \ldots, u)$, was mit obiger Behauptung identisch ist. Der Beweis läßt sich ohne weiteres auf *mehrfach periodische Partikularlösungen* von *nicht bedingt periodischen Systemen* übertragen und gilt damit für alle Systeme, für welche sich nach Nr. **3A** bisher die Existenz von Parameterinvarianten der oben angegebenen Beschaffenheit hat nachweisen lassen.

jetzt die Gestalt

$$F(T, a^*) = \sum_{n=1}^{\infty} g_n \cdot e^{-\frac{E_n}{kT}}. \quad (104)$$ [208]

Die in Nr. 3 besprochene Zelleneinteilung des μ-Raumes kann auf vielerlei Arten vorgenommen werden (vgl. p. 954/955), z. B. so, daß man in (12) $I_r^{(n_r)} = I_{r,n}$ setzt [vgl. (103)], woran im folgenden stets stillschweigend festgehalten werden soll. Für hinreichend *hohe Temperaturen* können zufolge (92) alle jene Glieder in (104) weggelassen werden, deren Gewichtsfaktoren von dem konstanten Grenzwerte merklich abweichen. Die Eigenschaft der $I_{r,n}$ mit E_n zugleich zuzunehmen [207]), zusammen mit der Konvergenz[209]) von (104) gestatten den Rest durch ein Integral zu approximieren, für welches man bei obiger Zelleneinteilung wegen (14), analog (34aa), bzw. (50a) wie in der *älteren „klassischen" statistischen Mechanik* erhält

$$F(T, a^*) = \frac{1}{G} \int_0^{\infty} \cdots \int_0^{\infty} {}^{(u)}\, e^{-\frac{E(I_r, a^*)}{kT}} \cdot d\Omega \qquad (T \to \infty). \quad (104\text{a})$$

Bei Mitberücksichtigung der *Translation* erhält man für die *Boltzmannsche Verteilung* der Moleküle entsprechend (48a)

$$N_n = N \cdot \mathbf{M}(\mathbf{V}, T) \frac{g_n \cdot e^{-\frac{E_n}{kT}}}{F(T, a^*)}. \quad (105)$$

---

208) S. Anm. 132).

209) Die für die Anwendbarkeit des *Darwin-Fowler*schen Verfahrens (Nr. **5a**) unerläßliche *Konvergenzforderung* für (104) (vgl. Anm. 95) ist namentlich für einatomige *Bohr-Rutherford*sche Moleküle (Nr. **12**) wegen deren negativen Energiewerten im allgemeinen *nicht* erfüllbar. Formal kann diese Schwierigkeit durch Einführung einer Gewichtsfunktion vermieden werden, welche zwar (92) widerspricht, aber die Konvergenz erzeugt. Vgl. hierzu *K. F. Herzfeld*, Ann. d. Phys. 51 (1916), p. 261; *J. M. Burgers* [1], § 42; *E. Fermi*, Atti Accad. Naz. Lincei 32 (1923), p. 493; Ztschr. f. Phys. 26 (1924), p. 54, sowie das in Nr. **24a** behandelte, der letztgenannten Arbeit entnommene Beispiel. [Die *Herzfeld*sche Gewichtsfunktion ist jedoch, wie bereits *Burgers* hervorgehoben hat, mit der Bedingung (16) unverträglich.] Nach Anm. 99) läuft die Benutzung jeder derartigen Gewichtsfunktion auf Hinzunahme einer neuen, besonderen Grenzbedingung hinaus. Der dabei notwendig werdende Verzicht auf (92) läßt in allen diesen Fällen stets eine sachliche Rechtfertigung zu, nämlich die, daß das Gas für hohe Temperaturen nicht mehr alle Eigenschaften des Gasmodelles von Nr. 2 besitzt und als hinreichend „verdünnt" gelten kann. Zur Frage der Berücksichtigung der zwischenmolekularen Wechselwirkungen vergleiche man Nr. 17. Für nicht zu hohe Temperaturen kommt in (104) nur eine *endliche* Anzahl von Gliedern in Betracht, so daß die Konvergenzschwierigkeit entfällt.

Wie die Überlegungen von Nr. **4** und **6** gezeigt haben, muß das *mittlere zeitliche Verhalten des Gases bei Wärmegleichgewicht* als durch (105) gekennzeichnet angesehen werden, wenn ein, wenigstens praktisch, regellos funktionierender Mechanismus existiert, der bewirkt, daß die Moleküle im Laufe der Zeit jeden ihrer möglichen inneren und Translationsbewegungszustände annehmen können.[210]) Der weitgehende Unterschied, welcher in der *Quantenstatistik* zwischen den *diskreten* stationären Zuständen der *inneren* und den praktisch in *stetiger*[211]) Mannigfaltigkeit vorhandenen Zuständen der *Translations*bewegung offenbar wird, erfordert die Existenz besonderer „Übergangswahrscheinlichkeiten“ (18), (18a), welche den Austausch von *stetig veränderlicher Translationsenergie* und *nur in endlichen Beträgen umsetzbarer innerer Energie* der Moleküle ermöglichen. Zieht man nun noch die Wechselwirkungen der Moleküle mit dem Strahlungsfelde in Betracht, so ergeben sich noch weitere derartige Möglichkeiten für den Energieaustausch. Die eingehende Darstellung dieser Fälle überweisen wir den *Anwendungen der Quantenstatistik*, wo in Nr. **26a** *die strahlungslosen Wechselwirkungen zwischen Translation und innerer Bewegung*, in Nr. **26b** hingegen *die strahlungslosen Ionisations- und Wiedervereinigungsstöße*, endlich in Nr. **26c** *der lichtelektrische Effekt und das Wiedervereinigungsleuchten*, zur Erörterung gelangen. Bei allen diesen Möglichkeiten spielen wegen der durch die Translation hervorgerufenen gastheoretischen Zusammenstöße und deren Wirkungen die Wechselbeziehungen zwischen *mehreren verschiedenen Arten von Atomsystemen* (z. B. Atome, Ionen und freie Elektronen) eine wesentliche Rolle, wodurch sie sich als Spezialfälle der Betrachtungen über das *allgemeine Dissoziationsgleichgewicht* (Nr. **25**) erweisen. Die Wechselwirkung des Strahlungsfeldes mit der *inneren Bewegung* der Moleküle läßt sich im Gegensatz zu den bisher aufgezählten Fällen, wenigstens hinsichtlich des Energieaustausches, praktisch unabhängig von den Translationsvorgängen behandeln. Dieser Fall, der in der folgenden Nummer besprochen wird, ist für die anschließende Darstellung der *Grundlagen der Quantentheorie* deswegen von besonderem Interesse, weil er gewisse grundlegende Aussagen über die Strahlungs-

---

210) Da dies, wie namentlich in Nr. **11** und Nr. **26a** gezeigt wird, auf keinerlei besondere Schwierigkeiten stößt, entbehren Zweifel an der Legitimität dieses Ausdruckes bzw. seines Faktors (104), wie sie gelegentlich von *A. Eucken*, Jahrb. d. Rad. 16 (1920), p. 361, ebenda p. 379 geäußert worden sind, nunmehr jeder Unterlage.

211) Diese Aussage ist experimentell natürlich gleichbedeutend mit *beliebig dichter* Erfüllung einer stetigen Mannigfaltigkeit, vgl. Nr. **17**, **19**.

eigenschaften *isolierter*, ruhend gedachter Atome und Moleküle zu folgern erlaubt.

11. Absorption und Emission durch Gasmoleküle im Wärmegleichgewicht mit schwarzer Strahlung. Um die Wechselwirkung der *inneren* Bewegung der Moleküle mit dem Strahlungsfelde bei Wärmegleichgewicht beschreiben zu können, handelt es sich vor allem darum, geeignete „Übergangswahrscheinlichkeiten" (18), (18a) aufzufinden, welche den Übergang eines zunächst *ruhend* gedachten Moleküls aus seinem n''^{ten} in den n'^{ten} stationären Zustand durch *Aufnahme* von Strahlungsenergie, sowie den entgegengesetzen, mit Energie*abgabe* verbundenen Vorgang in solcher Weise mit der Strahlungsdichte $\varrho(\nu, T)$ verknüpfen, daß die Stationaritätsbedingung (32) zum *Planck*schen Strahlungsgesetze (93) führt. Eine derartige *Ableitung* der *Planck*schen Strahlungsformel, welche ganz unabhängig von der besonderen Natur der Moleküle verläuft, ist in der Tat möglich und von *Einstein* angegeben worden.[212]) In Analogie zu dem Verhalten eines gewöhnlichen, *linearen elektromagnetischen Oszillators*[213]) *im Maxwellschen Strahlungsfelde* unterscheidet *Einstein* die folgenden *drei* Möglichkeiten von Energieaustausch der Moleküle mit dem Strahlungsfelde[214]):

1. Das Molekül vermag *spontan*, d. h. ohne Beeinflussung durch das Strahlungsfeld, seinen stationären Zustand zu verändern, welcher Prozeß offenbar nur mit *Ausstrahlung* von Energie verbunden sein kann.[215]) Die zugehörige „Übergangswahrscheinlichkeit" sei

$$A_{n'}^{n''} \cdot dt \qquad (n' \to n''). \tag{106}$$

2. Den mit Energie*aufnahme* verbundenen Prozeß $n'' \to n'$ vermag das Molekül nur unter dem Einfluß des Strahlungsfeldes, auszuführen (*positive Einstrahlung*). Wenn er durch Strahlung von der Frequenz ν verursacht wird, betrage seine „Übergangswahrscheinlichkeit"

$$B_{n''}^{n'}\, \eta(\nu, t) \cdot dt \qquad (n'' \to n'), \tag{107 a}$$

---

212) *A. Einstein*, Verhandl. Deutsch. Phys. Ges. 18 (1916), p. 318; Mitt. Phys. Ges. Zürich 1916, Nr. 18; Phys. Ztschr. 18 (1917), p. 121.

213) S. oben p. 918.

214) Vgl. die Folgerungen aus dem *Bohrschen Korrespondenzprinzipe* (Nr. **14**), welche die nachfolgenden *Postulate* näher zu begründen geeignet erscheinen, ferner eine naheliegende, von *A. Smekal*, Ztschr. f. Phys. 33 (1925), p. 613, gelegentlich benutzte Ergänzung der *Einstein*schen Betrachtungen, welche jene korrespondenzmäßige Rechtfertigung näher ausführt.

215) Der formale Charakter dieser Folgerung aus dem Energiesatze ist namentlich von *N. Bohr*, Ztschr. f. Phys. 13 (1923), p. 117, III. Kapitel, § 4, betont worden.

wobei $\eta(\nu, t)$ die zum Zeitpunkt t des als praktisch momentan anzusehenden Absorptionsvorganges im betrachteten Raume gerade vorhandene Gesamtenergie der Strahlung von der Frequenz ν, bezogen auf die Volumeneinheit, darstellen soll.[216])

3. Das Molekül vermag den unter Energie*abgabe* verlaufenden Übergang $n' \rightarrow n''$ auch unter dem Einfluß des Strahlungsfeldes auszuführen (*negative Einstrahlung*); wird er durch Strahlung von der Frequenz ν bewirkt, so soll seine „Übergangswahrscheinlichkeit" durch

$$B_{n'}^{n''}\,\eta(\nu, t)\cdot dt \qquad (n' \rightarrow n'') \tag{107b}$$

gegeben sein.[217])

---

216) *L. S. Ornstein* und *F. Zernike,* Versl. Akad. Amsterdam 28 (1919), p. 281, § 4. — Da nach Nr. **6b** und **9** auf jeden Freiheitsgrad der Hohlraumstrahlung zu jedem Zeitpunkt entweder *gar keine Energie* oder aber ein *ganzzahliges Vielfaches* des Betrages $h\nu$ entfällt, so entspricht $\eta(\nu, t)$ ebenfalls einem bestimmten, sehr großen und mit der Zeit „sprungweise" veränderlichen ganzzahligen Vielfachen von $h\nu$. Übrigens kann man formal in der Zurückführung der ursprünglichen Ansätze (107a') und (107b') von *Einstein* auf elementarere Annahmen ohne Schwierigkeit noch weiter gehen als *Ornstein* und *Zernike* und an Stelle von $\eta(\nu, t)$ in (107a) und (107b) einfach einen der durch (95) bestimmten, wechselnden *Momentanwerte der Energie einer beliebigen Hohlraumeigenschwingung von der Frequenz* ν einführen; die von der *Einstein*schen Ableitung des *Planck*schen Strahlungsgesetzes gelieferte Begründung der *Bohrschen Frequenzbedingung* (114) wird damit geradezu trivial, vgl. Anm. 224) (auch Anm. 244), zweiter Absatz). — Faßt man die gesamte vorhandene Strahlungsenergie als „Wechselwirkungsenergie" der das Strahlungsfeld begrenzenden materiellen elektrischen Teilchen auf, so sieht man, daß die „Einstrahlungsvorgänge", welche an einem bestimmten dieser Teilchen, z. B. dem hervorgehobenen Molekül, stattfinden, nach den *Ornstein-Zernike*schen Ansätzen (**107a**) und ebenso (107b) von dem zeitlichen Verhalten *aller übrigen* Teilchen abhängen, während die „Ausstrahlungs"akte nur durch das zeitliche Verhalten des betrachteten Teilchens selbst bedingt sind. Vgl. dazu Nr. **17.**

217) Man erkennt, daß 1. der spontanen Emission des klassischen linearen Oszillators entspricht, 2. und 3. seiner Beeinflussung durch das Strahlungsfeld, je nachdem, wie die *Phasen* des Oszillators und des Feldes zu einem bestimmten Zeitpunkte gerade beschaffen sind. Diese drei Möglichkeiten bestehen naturgemäß auch für kompliziertere klassisch-elektromagnetische Gebilde, als für lineare Oszillatoren (vgl. dazu Anm. 287a). Während solche Gebilde aber im allgemeinen, d. h. wenn sie mehrere Freiheitsgrade besitzen, *gleichzeitig von Strahlung verschiedenster Frequenz beeinflußt werden können,* spricht der lineare Oszillator nur *monochromatisch,* nämlich auf Strahlung seiner Eigenfrequenz an. Obige Ansätze stehen den Verhältnissen am linearen Oszillator insofern näher, als sie *postulieren,* daß der Übergang zwischen zwei stationären Zuständen eines Moleküls unter allen Umständen *nur durch monochromatische* Anregung hervorgerufen werden kann; andererseits ist es aber durch (107a) und (107b) zunächst

Die Größen $A_{n'}^{n''}$, $B_{n''}^{n'}$, $B_{n'}^{n''}$ bedeuten hierbei für den n'^{ten} und n''^{ten} stationären Zustand gemeinsam charakteristische Konstante und sind für isolierte und in Strenge ruhende Moleküle ebenso wie die zeitlich veränderlichen Energiegrößen $\eta(\nu, t)$ temperaturunabhängig; offensichtlich entspricht der Ansatz (106) dem Gesetz einer *radioaktiven Zerfallsreaktion.*[218]) Sind die *Gewichte* der beiden betrachteten stationären Zustände einander *gleich*, so muß man in Analogie zu dem Verhalten des linearen elektromagnetischen Oszillators im *Maxwell*schen Strahlungsfelde erwarten, daß

$$B_{n''}^{n'} = B_{n'}^{n''} \tag{108}$$

ist[219]), welche Beziehung im Falle *verschiedener* Gewichte ersichtlich zu

$$g_{n''} B_{n''}^{n'} = g_{n'} B_{n'}^{n''} \tag{109}$$

erweitert werden muß.[220])

---

noch nicht ausgeschlossen, daß monochromatische Strahlung *jeder beliebigen Frequenz* ν zu einem solchen Übergangsakte befähigt sein könnte.

Mit Rücksicht auf die stets *endliche Breite* $d\nu$ der Spektrallinien (vgl. dazu Nr. **17** und Anm. 323) müßte eigentlich in (107 a) und (107 b) $\eta(\nu, t)$ durch $\eta(\nu, t) \cdot d\nu$ ersetzt werden, was beim linearen klassischen Oszillator dem Umstande entspricht, daß auch er streng genommen stets auf Strahlung *endlicher Spektralbreite* reagiert. (Vgl. dazu Anm. 152.) Siehe ferner *R. Becker,* Ztschr. f. Phys. 27 (1924), p. 173.

218) Dieser Umstand ist im Zusammenhang mit einer quantentheoretischen Deutung der *radioaktiven Zerfallsvorgänge,* wie sie von *A. Smekal,* Wien. Anz. 1922, p. 129; Ztschr. f. Phys. 10 (1922), p. 275; 25 (1924), p. 265; 28 (1924), p. 142 und *S. Rosseland,* Ztschr. f. Phys. 14 (1923), p. 173 versucht worden ist, von besonderem Interesse.

219) *A. Einstein* und *P. Ehrenfest,* Ztschr. f. Phys. 19 (1923), p. 301. — Man vgl. ferner die Darstellung der Begründung dieser Beziehung bei *M. Planck* [1], §§ 154—159, wo (108) als „Hauptgesetz der Einstrahlung" mittels der *Fokker-Planck*schen Differentialgleichung [l. c. § 147, ferner *A. Fokker,* Ann. d. Phys. 43 (1914), p. 812; *M. Planck,* Berl. Ber. 1917, p. 324] und Berufung auf die Verhältnisse bei sehr großen Werten der „Quantenzahlen" n' und n'' abgeleitet wird. Übrigens sieht man auch ohne jede Rechnung ein, daß bei elektromagnetischen Gebilden mit einer *einzigen* Eigenfrequenz *für große n' und n'' aus klassisch-elektromagnetischen Gründen* [vgl. dazu Nr. **14**, p. 994, 999 und Nr. **15** a, Gl. (142)] (108) gelten muß, während bei komplizierteren Gebilden wegen der dort möglichen *polychromatischen* Beeinflussung durch das Strahlungsfeld (s. Anm. 217) diese Folgerung im allgemeinen unzulässig wird und nicht ohne das *Bohrsche Korrespondenzprinzip* (s. Nr. **14**) gerechtfertigt werden kann. Tatsächlich zieht *Planck,* l. c. auch nur Gebilde der erstgenannten Art (lineare Oszillatoren, Rotatoren von einem Freiheitsgrade und Kreisbahnen *Bohr*scher Wasserstoffatome) in Betracht.

220) (109) ist von *Einstein* ursprünglich aus (111) auf Grund der Forderung abgeleitet worden, daß *erfahrungsgemäß* $\varrho(\nu, T)$ mit wachsender Temperatur T zugleich über alle Grenzen wächst.

Um nun jene Strahlungsdichte $\varrho(\nu, T)$ zu erhalten, welche herrschen muß, damit die vorausgesetzten Übergangsprozesse den durch die *Boltzmannsche Verteilung* gekennzeichneten *mittleren* stationären Gleichgewichtszustand der ruhenden Moleküle nicht zu stören vermögen, hat man die zeitlichen Mittelwerte der Übergangswahrscheinlichkeiten (106), (107a) und (107b) zu bilden und in die allgemeine Stationaritätsbedingung (32) für das Wärmegleichgewicht einzuführen. Wegen

$$(110) \qquad \overline{\overline{\eta(\nu, t)}} = \varrho(\nu, T)$$ [221])

erhält man für jene Mittelwerte

$$(106') \qquad A_{n'}^{n''} \cdot dt$$

$$(107a') \qquad B_{n''}^{n'} \varrho(\nu, T) \cdot dt$$

$$(107b') \qquad B_{n'}^{n''} \varrho(\nu, T) \cdot dt$$

und sodann auf Grund von (32) mittels des in (105) eingehenden *Boltzmann*schen Verteilungsfaktors für die inneren Energien der ruhenden Moleküle

$$(111) \qquad g_{n''} e^{-\frac{E_{n''}}{kT}} \cdot B_{n''}^{n'} \varrho(\nu, T) = g_{n'} e^{-\frac{E_{n'}}{kT}} \cdot (A_{n'}^{n''} + B_{n'}^{n''} \cdot \varrho(\nu, T)).$$ [222])

Aus (109) folgt jetzt allgemein

$$(112) \qquad \varrho(\nu, T) = \frac{\dfrac{A_{n'}^{n''}}{B_{n'}^{n''}}}{e^{\frac{E_{n'} - E_{n''}}{k \cdot T}} - 1}$$

und damit bereits die *Temperaturabhängigkeit* des *Planck*schen Ge-Gesetzes (93). Der Vergleich mit dem in seinen Grundlagen nach Nr. **6b** wesentlich über die klassische *Maxwell*sche Elektrodynamik hinausgehenden *Wienschen Verschiebungsgesetze* (59a) ergibt

---

221) Bezüglich der Nichtberücksichtigung der zur Ausführung der vorausgesetzten Quantenübergänge benötigten Zeitdauern vgl. man Anm. 192).

222) Der in Anm. 90) formulierte Einwand gegen (32) und damit auch (111) widerspricht in seiner Anwendung auf den obigen Fall dem Korrespondenzprinzip (s. Nr. 14, p. 999). Er kann daher nur dort wirksam sein und ist es auch, wo der Übergang zu großen Werten von n' und n'', bzw. zu kleinen Werten von n' und n'' *grundsätzlich* undurchführbar ist, wie bei mancherlei Arten von *Scheingleichgewichten*, z. B. bei stationärer Anregung der charakteristischen Antikathodenstrahlung in der Röntgenröhre. [Vgl. dazu und zur *Einseitigkeit des radioaktiven Zerfalls A. Smekal*, Ztschr. f. Phys. 10 (1922), p. 275; § 6, p. 298; Ztschr. f. Phys. 28 (1924), p. 142.]

$$\frac{8\pi h\nu^3}{c^3} = \frac{A_{n'}^{n''}}{B_{n'}^{n''}} \quad (113)$$[223]

und

$$E_{n'} - E_{n''} = h \cdot \nu, \quad (114)$$

womit (112) direkt in das *Plancksche Strahlungsgesetz* (93) übergeht.[224]) Wie aus (114) hervorgeht, gibt es für jedes Paar n', n'' von stationären Zuständen *nur eine einzige, ganz bestimmte Frequenz*, welche die auf Grund von (107a) und (107b) bereits als *monochromatisch* postulierte Anregung von Übergängen zwischen n' und n'' durch das Strahlungsfeld zu bewirken vermag[225]), und mit der Frequenz der, beim analogen, *spontanen* Übergang $n' \rightarrow n''$ ausgestrahlten, scharfen *Spektrallinie* übereinstimmt. Diese, von *Bohr* seit 1913 in seiner Quantentheorie der Linienspektren selbständig postulierte *„Frequenzbedingung“* (*II. Grundpostulat der Bohrschen Theorie*) besagt überdies, *daß bei der Wechselwirkung zwischen Strahlung und Innenbewegung der Moleküle Energie nur in ganzen Beträgen $h\nu$ umgesetzt werden kann*,

---

223) Bei Berücksichtigung von Strahlung *endlicher Spektralbreite* findet man an Stelle von (113)

$$\frac{8\pi h\nu^3}{c^3} \cdot d\nu = \frac{A_{n'}^{n''}}{B_{n'}^{n''}}; \quad (113')$$

s. auch *E. A. Milne*, Phil. Mag. 47 (1924), p. 209. — Wie der Vergleich mit (53b) ergibt, ist der Ausdruck $\frac{A_{n'}^{n''}}{h\nu \cdot B_{n'}^{n''}}$ gleich der Anzahl der Hohlraumeigenschwingungen pro Volumeneinheit von der Frequenz ν.

224) Das fundamentale Ergebnis (114) ermöglicht es zusammen mit (95) unmittelbar, das Verhältnis der obigen Ableitung des *Planck*schen Gesetzes zu den in Anm. 184) angeführten Ableitungen zu überblicken. Während die letzteren ausschließlich auf die *Hohlraumstrahlung* Bezug nehmen, knüpft die erstere wesentlich an die *Strahlungseigenschaften der Materie* an, ohne jedoch von Daten unabhängig bleiben zu können, welche für die reine Hohlraumstrahlung kennzeichnend sind; außer den Ansätzen für die Übergangswahrscheinlichkeiten selbst [(107a), (107b) und Anm. 216)] vgl. man namentlich die Rolle von (110) und die in der vorigen Anm. hervorgehobene Bedeutung von (113) bzw. (113'). — Die Beziehung (114) beweist, daß jedes Molekül während der Ausführung eines mit Strahlung verbundenen Überganges zwischen zweien seiner Quantenzustände mit *einer* ganz bestimmten Hohlraumeigenschwingung in Energieaustausch tritt [vgl. dazu Nr. 9, Gl. (95), sowie Anm. 216)]. *Den spontanen Ausstrahlungsvorgängen kann hierbei auch die Wechselwirkung mit einem, vorher keine Energie besitzenden Freiheitsgrade der Strahlung entsprechen, den positiven und negativen Einstrahlungsvorgängen hingegen nur eine solche mit Hohlraumeigenschwingungen, deren Energie ein ganzzahliges Vielfaches von $h\nu$ beträgt.*

225) Vgl. Anm. 217); bezüglich der *endlichen Breite der Spektrallinien* ferner Anm. 323) und Nr. 17.

wobei h wieder das *Plancksche Wirkungsquantum* (p. 954) bedeutet.[226]) Wie in der Theorie der *Serien-* und *Bandenspektren* (V 26, *C. Runge* und V 27, *A. Kratzer*) gezeigt wird, entspricht diese der *klassischen Maxwell-Lorentzschen Elektrodynamik prinzipiell entgegengesetzte* Folgerung dem ausnahmslos bewährten *Ritzschen Kombinationsprinzip*, dessen Gültigkeit bis zu den hochfrequentesten *Röntgen-* und *Gammastrahlen* hin sichergestellt ist, so daß (114) gegenwärtig als eines der experimentell bestfundierten Naturgesetze angesehen werden darf.[227]) Die damit gewonnene Interpretation des Kombinationsprinzipes ermöglicht mittels (114) grundsätzlich *die Berechnung sämtlicher quantenmäßig ausgezeichneter, diskreter Energiewerte* (103') *für beliebige Atome und Moleküle* aus der Gesamtheit ihrer spektroskopischer Eigenschaften; dieses Ergebnis, das von fundamentalster Bedeutung für die gesamte Atomtheorie ist, bietet somit eine *allgemeine Sicherstellung* für die eingangs der vorigen Nummer postulierte *allgemeine Existenz stationärer Zustände für beliebige Atome und Moleküle*, indem es diese unmittelbar mit der *Fähigkeit jener Gebilde zur Aussendung diskreter, scharfer Spektrallinien* verknüpft. Die Tragweite der *universellen* Beziehung (113) wird in Nr. 20 einer näheren Erörterung unterzogen werden.

Die vorstehende allgemeine Ableitung der *Planck*schen Strahlungsformel ist grundsätzlich auf Temperaturen und Gasdichten beschränkt, bei welchen die Wechselwirkungen benachbarter Moleküle *praktisch* noch nicht in Betracht gezogen werden brauchen; diese nach Nr. 2

---

226) Die obige Aussage ist wesentlich von der Behauptung der *Lichtquantenhypothese* (Nr. 20) zu unterscheiden, nach welcher sich die Strahlungsenergie *im Vakuum in selbständigen, räumlich konzentrierten Lichtquanten von der Größe hν ausbreiten soll.* Vgl. Anm. 182) und Anm. 545).

227) Vgl. dazu vor allem *N. Bohr* [1], [2], [3] und *A. Sommerfeld* [1], ferner *W. Gerlach* [1]. Im Gebiete der *Röntgenspektren* wurde die vorübergehend bezweifelte allgemeine Gültigkeit des Kombinationsprinzipes abschließend erwiesen von *A. Smekal,* Wien. Ber. (2a) 130 (1921), p. 25; Ztschr. f. Phys. 5 (1921), p. 91, 121; 7 (1921), p. 410; Phys. Ztschr. 22 (1921), p. 559; *D. Coster,* Ztschr. f. Phys. 5 (1921), p. 139; 6 (1921), p. 185; Paris C. R. 172 (1921), p. 1176; 173 (1921), p. 77; Phys. Rev. 19 (1922), p. 20; Diss. Leiden 1922; *A. Dauvillier,* Paris C. R. 172 (1921), p. 1350; 173 (1921), p. 35; *G. Wentzel,* Ztschr. f. Phys. 6 (1921), p. 84; Ann. d. Phys. 66 (1921), p. 437; *A. Sommerfeld* und *G. Wentzel,* Ztschr. f. Phys. 7 (1921), p. 86.

Hinsichtlich der *Gammastrahlung* vgl. man *C. D. Ellis,* Proc. Roy. Soc. A 99 (1921), p. 261; 101 (1922), p. 1; Ztschr. f. Phys. 10 (1922), p. 303; *L. Meitner,* Ztschr. f. Phys. 9 (1922), p. 145; *A. Smekal,* Ztschr. f. Phys. 10 (1922), p. 275; 25 (1924), p. 265; *C. D. Ellis* und *H. W. B. Skinner,* Proc. Roy. Soc. A 105 (1924), p. 165, 185.

auch bei beliebigen statistischen Betrachtungen im allgemeinen unvermeidliche Einschränkung kann hier auch in der Form ausgesprochen werden, daß die von dem Strahlungsfelde auf die Moleküle ausgeübten *äußeren* Kräfte vernachlässigbar klein sein müssen gegenüber den zwischen den Bestandteilen des Einzelmoleküls wirkenden *inneren* Kräften.[228]) Die Ableitung gilt nach den gemachten Voraussetzungen ferner zunächst bloß für *ruhende* Moleküle, kann aber mit Leichtigkeit auf den Fall thermisch *bewegter* Teilchen erweitert werden, indem man die Größen $A_{n'}^{n''}$, $B_{n''}^{n'}$, $B_{n'}^{n''}$ der Ansätze (106), (107a), (107b) bzw. (106′), (107a′), (107b′) in entsprechender Weise von *Geschwindigkeitsgröße* und *-richtung* des betrachteten Moleküls *vor* und *nach* jedem Quantenübergang $n' \to n''$ bzw. $n'' \to n'$ abhängen läßt und für die Anwendung der Stationaritätsbedingung (32) die *vollständige Boltzmannsche Verteilungsformel* (105) benutzt. Eine ähnliche Betrachtung wie oben ergibt zugleich mit dem *Planckschen Strahlungsgesetz* wiederum (113), während an Stelle von (114) jetzt die *verallgemeinerte Frequenzbedingung*

$$E_{n'} + E_t^{(n')} - E_{n''} - E_t^{(n'')} = h \cdot \nu \tag{115}$$

tritt, in welcher $E_t^{(n')}$ bzw. $E_t^{(n'')}$ die *Translationsenergien* bedeuten, die das Molekül vor bzw. nach Ausführung des Quantenüberganges $n' \to n''$ bzw. $n'' \to n'$ besessen hat.[229]) Da die Translationsenergien praktisch unter allen Umständen als *stetig* veränderlich angesehen werden müssen, wird durch (115) im Gegensatz zu (114) ein *kontinuierliches* Spektrum dargestellt; dieses enthält die zugehörige „scharfe" Spektrallinie (114) des *ruhenden* Moleküls in sich und bedingt deren *thermokinetische Verbreiterung,* wie man im Zusammenhang mit dem *Dopplerschen Prinzip* (Nr. **20**) und dem *Maxwellschen Geschwindigkeitsverteilungsgesetze* (49) nachweisen kann.

Die Anwendung der Stationaritätsbedingung (32) bei den obigen

---

228) Die erwähnte Einschränkung, deren letztgenannte Form von *N. Bohr,* Ztschr. f. Phys. 13 (1923), p. 117, II. Kap., § 1, im Zusammenhang mit dem Ansatz (106), (106′) und dessen Unabhängigkeit von der Strahlungsdichte hervorgehoben worden ist, kann demnach weder als eine den *Einstein*schen Ansätzen (106′), (107a′), (107b′), noch der bisherigen Form der Quantentheorie im allgemeinen, entgegenstehende Schwierigkeit gewertet werden. Bleibt $A_{n'}^{n''}$ zufolge obiger Einschränkung in (106′) von der Strahlungsdichte $\varrho(\nu, T)$ unabhängig, so sieht man leicht, daß die *Einstein*schen Ansätze die *einzigen* sind, welche das *Planck*sche Strahlungsgesetz in obiger Weise abzuleiten gestatten und dementsprechend mit einem Wärmegleichgewicht zwischen Strahlung und Molekülen verträglich sind.

229) *A. Einstein* und *P. Ehrenfest,* Ztschr. f. Phys. 19 (1923), p. 301, § 2; *E. Schrödinger,* Phys. Ztschr. 23 (1922), p. 301.

Überlegungen hat zur Folge, *daß Energie und Impuls*, einerseits für das *ganze* Gas, andererseits für die schwarze Strahlung, *im zeitlichen Mittel unverändert bleiben*, womit hier die Gültigkeit des *Energie-* und *Impulssatzes* im *makroskopisch-statistischen* Sinne gesichert erscheint. Fordert man das Bestehen dieser beiden Sätze jedoch auch noch *für den Vorgang der Wechselwirkung zwischen der Strahlung und dem Einzelmolekül*, so bedürfen obige Betrachtungen einer Ergänzung von prinzipieller Bedeutung.[230]) Was das Bestehen des *Energiesatzes* beim Einzelmolekül anbetrifft, so wird es formal durch die aus obiger Ableitung hervorgegangene *Bohrsche Frequenzbedingung* (114) bzw. (115) allerdings bereits gewährleistet. Bezüglich des *Impulssatzes* hingegen ist man auf eine eigene Betrachtung der durch die Wechselwirkung mit dem Strahlungsfelde bedingten *Impulsschwankungen* am Einzelmolekül angewiesen, eine Betrachtung, deren Methodik von *Einstein* herrührt und bereits in Nr. 7c geschildert worden ist. Wie dort hervorgehoben, hat man zur Berechnung der Impulswirkungen auf ein im Strahlungsfelde bewegtes materielles Teilchen die durch Absorption und Emission des letzteren verursachten *Energieschwankungen für jede beliebige Strahlrichtung getrennt zu behandeln und als voneinander unabhängig anzusehen.* Wird für das bewegliche Teilchen ein einzelnes Molekül gewählt, so ist die Größe der von ihm verursachten Einzelenergieschwankungen zufolge (114) bzw. (115) bereits bekannt und durch $h\nu$ gegeben. Nach Nr. 7c ist nun zu schließen, *daß dem räumlich gerichteten Umsatz der Strahlungsenergie $h\nu$ bei Absorption und Emission ein Umsatz von Strahlungsimpuls von der Größe $\frac{h\nu}{c}$ entspricht.* Die Anwendung dieses Ergebnisses[231]) liefert (vgl. Nr. 7c) mit Be-

---

230) Diesen Umstand hat *O. Halpern*, Ztschr. f. Phys. 21 (1924), p. 151, übersehen und ist dadurch zu der unbegründeten Meinung veranlaßt worden, die im Texte nachfolgenden *Einstein*schen Überlegungen und deren Ergebnis als entbehrlich ansehen zu dürfen.

231) *A. Einstein*, Mitt. Phys. Ges. Zürich 1916, Nr. 18; Phys. Ztschr. 18 (1917), p. 121.

Wie die Betrachtungen auf p. 938/939 ergeben haben, ist der Ansatz *räumlich-gerichteter Impulsübertragungen*, unabhängig von der *Größe* des umgesetzten Impulses, bereits für eine *von einer speziellen Elektrodynamik möglichst unabhängige* Ableitung des *Wienschen Verschiebungsgesetzes* erforderlich und ist daher nicht als eine besondere *quantentheoretische* Folgerung anzusehen. Wenn man sie nicht vollkommen exakt, sondern nur mit beliebig weitgehender Annäherung gelten lassen will, so ist sie, wie *C. W. Oseen*, Ann. d. Phys. 69 (1922), p. 202 gezeigt hat, sogar mit der bereits mehrfach als unzulänglich erkannten *Maxwell*schen Elektrodynamik vereinbar. [Vgl. dazu jüngst auch *E. Weber*, Ztschr. f. Phys. 32 (1925), p. 370.] Allerdings verlangt die *Maxwell*sche Theorie dann

rücksichtigung von (111) und (114) bzw. (115):

$$(77\text{a})\qquad D = \frac{h\nu}{c^2} \cdot \frac{g_{n''} B_{n''}^{n'} \cdot e^{-\frac{E_{n''}}{kT}} \cdot \left(1 - e^{-\frac{h\nu}{kT}}\right)}{g_{n'} \cdot e^{-\frac{E_{n'}}{kT}} + g_{n''} \cdot e^{-\frac{E_{n''}}{kT}}} \cdot \left[\varrho(\nu, T) - \frac{\nu}{3} \frac{\partial \varrho(\nu, T)}{\partial \nu}\right],$$

$$(78\text{a})\qquad \Delta^2 = \frac{2\tau}{3}\left(\frac{h\nu}{c}\right)^2 \cdot \frac{g_{n''} B_{n''}^{n'} \cdot e^{-\frac{E_{n''}}{kT}} \cdot \varrho(\nu, T)}{g_{n'} \cdot e^{-\frac{E_{n'}}{kT}} + g_{n''} \cdot e^{-\frac{E_{n''}}{kT}}}.$$

In die Impulsgleichgewichtsbedingung

$$(74)\qquad \frac{\overline{\Delta^2}}{\tau} = 2D \, . \, kT$$

eingesetzt, führen diese Ausdrücke zu der Differentialgleichung

$$(79\text{a})\qquad \left(\varrho - \frac{\nu}{3} \frac{\partial \varrho}{\partial \nu}\right) \cdot \left(1 - e^{-\frac{h\nu}{kT}}\right) = \frac{1}{3} \frac{h\nu}{kT} \varrho,$$

welche wiederum das *Planck*sche Strahlungsgesetz (93) ergibt.

Bedeuten $\mathfrak{J}^{(n')}$ und $\mathfrak{J}^{(n'')}$ die Linearimpulsvektoren des Moleküls vor und nach Ausführung eines Quantenüberganges $n' \to n''$ bzw. $n'' \to n'$, und bezeichnet $\mathfrak{i}$ einen Einheitsvektor, dessen Richtung mit jener der dabei durch das Strahlungsfeld bewirkten Impulsübertragung zusammenfällt, so ist mit den zuletzt angeführten *Einstein*schen Betrachtungen zugleich auch *die allgemeine Gültigkeit der Vektorgleichung*

$$(116)\qquad \mathfrak{J}^{(n')} - \mathfrak{J}^{(n'')} = \mathfrak{i} \frac{h}{c} \cdot \nu$$

für jeden elementaren Strahlungsprozeß als notwendige Folgerung der Gültigkeit des Impulssatzes am Einzelmolekül erwiesen. Da in (115) die gleiche Frequenz ν auftritt, wie in (116), so kann ν gegebenenfalls auch mittels der letzteren Beziehung bestimmt werden: *die „Impulsfrequenzbedingung“* (116) *tritt so unmittelbar in Parallele zu der „Energiefrequenzbedingung“* (115), entsprechend der naturgemäßen *Ko-*

---

auch eine Fortpflanzung der Lichtenergie im Vakuum innerhalb eines Kegels von beliebig kleinem Öffnungswinkel, und dieser Kegel wird erst dann zu einer „unendlich dünnen Schußlinie“ (*Einsteinsche Nadelstrahlung*), wenn man zwar die *Maxwell*sche Theorie fallen läßt, aber den (hier experimentell allerdings *grundsätzlich unkontrollierbaren*) *Satz von der Erhaltung des Drehimpulses im Vakuumstrahlungsfelde* beibehält. Vgl. *W. Schottky*, Die Naturwissenschaften 9 (1921), p. 492, 506; rechte Spalte von p. 509. — Alle derartigen Folgerungen über die *Lichtausbreitung* gehen jedoch weit über die bloße Feststellung gerichteter Impuls*übertragung* bei Absorption und Emission hinaus und dürfen mit ihr ebensowenig verwechselt werden, wie der Umsatz von Strahlungsenergie $h\nu$ mit der Existenz freier „Lichtquanten“ im Strahlungshohlraume [Anm. 182), 226) und 545)]. S. Nr. **20**.

ordination von Energie- und Impulssatz, welche von der *Relativitätstheorie* aufgedeckt worden ist.[232]) Die Geringfügigkeit der in (116) auftretenden Größen, sowie der in (115) vorkommenden Translationsglieder, selbst bei beträchtlicheren Molekulargeschwindigkeiten, hat jedoch zur Folge, daß für die *praktische* Berechnung von ν nur die ursprüngliche *Bohrsche Frequenzbedingung* (114) als erste Näherung von (115) in Betracht kommt. Bezüglich der prinzipiellen Bedeutung von (116) für die Erklärung des *Dopplereffekts* und für die Frage nach der *Zulässigkeit der Wellentheorie* vgl. man Nr. **20.**

12. Allgemeine Gesetze der Wechselwirkung zwischen Materie und Hohlraumstrahlung bei Wärmegleichgewicht. In der vorangehenden Nummer ist für den Spezialfall isolierter, thermisch bewegter Gasmoleküle gezeigt worden, daß die Absorption und Emission von Strahlungsenergie grundsätzlich an die Wirksamkeit *monochromatischer* Strahlung gebunden ist, wobei jeder dieser Elementarvorgänge zwischen Molekül und Strahlung wenigstens formal verknüpft gedacht werden muß mit dem Umsatz eines „Energiequantums" $h\nu$ und dem gleichzeitigen Austausch des Linearimpulsbetrages $\frac{h\nu}{c}$. Zu einer *vollständigen* Beschreibung des Wärmegleichgewichts zwischen den Molekülen und der Strahlung reichen diese Ergebnisse indessen noch nicht hin: wie für den Grenzfall tieferer Temperaturen und praktisch ruhender Moleküle unmittelbar aus obiger Ableitung der *Bohr*schen Frequenzbedingung (114) ersichtlich wird, sollten hier sonst praktisch überhaupt nur Wechselwirkungen der Moleküle mit Strahlung von

---

232) Während die *Bohrsche Frequenzbedingung* (114) sogleich allgemeine Anerkennung gefunden hat, haben sich einige der führenden Forscher, namentlich *Bohr* [Ztschr. f. Phys. 13 (1923), p. 117; Anm. auf p. 150], der Übertragung gerichteten Impulses $\frac{h\nu}{c}$ gegenüber noch längere Zeit hindurch sehr reserviert verhalten. Als Erklärung hierfür mag in Betracht kommen, daß aus dieser faszinierenden Folgerung *Einsteins* bis vor kurzem keinerlei Schlüsse von so weittragender Bedeutung gezogen worden sind, wie aus der Frequenzbedingung (114). Wie in den Nrn. **20**, **21**, **22** näher gezeigt werden wird, hat sich das jüngst in ganz entscheidender Weise geändert. Unabhängig davon muß aber betont werden, daß die obige Betrachtung keine anderen hypothetischen Elemente enthält, als die eingangs dieser Nr. beim Energiegleichgewicht verwendeten *Einstein*schen Ansätze (106′), (107a′), (107b′) (vgl. dazu Anm. 228); die Sicherheit von (116) und jene von (115) bzw. (114) ist demnach die gleiche. Ein entgegengesetzter Standpunkt ist jüngst von *P. Jordan,* Ztschr. f. Phys. 30 (1924), p. 297 zu begründen versucht worden, doch hat *A. Einstein,* Ztschr. f. Phys. 31 (1925), p. 784, darauf hingewiesen, daß *Jordan* eine Annahme benutzt, welche sämtlichen Erfahrungen über die Lichtabsorption widerspricht.

irgendwelchen der durch (114) gegebenen *diskreten Spektralfrequenzen* möglich sein — im Gegensatz zu der durch das ganze Spektrum hindurch feststellbaren *Zerstreuung* und *Dispersion* von Strahlung *beliebiger* Frequenzen.[233]) Betrachtet man ferner die Mitwirkung von so kurzwelliger Strahlung an dem Wärmegleichgewicht mit der Hohlraumstrahlung, daß mit einer merklichen *Ionisation* (Nr. **18b**, **25a**, **26c**) oder *Dissoziation* (Nr. **18b**, **25**, **26c**) der Moleküle gerechnet werden muß, endlich die Teilnahme beliebiger materieller Körper, auf welche die obigen statistischen Betrachtungen, wenn überhaupt, so ebenfalls nicht unmittelbar übertragen werden können, so erhebt sich auch hier die Frage nach den *allgemeinen Gesetzen* der Wechselwirkung zwischen Materie und Hohlraumstrahlung.

Die Beantwortung dieser Frage wird ermöglicht durch die Anwendung der allgemeinen Schwankungsbeziehung (69) auf den Energieaustausch *zwischen einem beliebigen materiellen Körper und der durch das Plancksche Strahlungsgesetz* (93) *für das gesamte Spektrum empirisch gekennzeichneten schwarzen Strahlung.* Wird (93) in (69) eingeführt, so erhält man für das mittlere Energieschwankungsquadrat pro Volumeneinheit, *bezogen auf einen von beliebiger Materie begrenzten Teil des durchstrahlten Vakuums* (Nr. **7b**, p. 935),

$$(117) \qquad k \cdot T^2 \frac{\partial \varrho(\nu, T)}{\partial T} \cdot d\nu = \left\{ h\nu \cdot \varrho(\nu, T) + \frac{c^3}{8\pi\nu^2} [\varrho(\nu, T)]^2 \right\} \cdot d\nu .$$

Wie der Vergleich mit (70) lehrt, stellt das zweite Glied auf der rechten Seite von (117) genau die nach der klassischen Theorie von der Mitwirkung der Materie unabhängigen *Interferenzschwankungen* der Strahlung dar. Nach (72) beträgt also der Anteil der Moleküle an den Energieschwankungen der Strahlung (*Einsteinsche Schwankungen*)

$$(72\text{a}) \qquad h\nu \cdot \varrho(\nu, T) \cdot d\nu ,$$

und bezogen auf die Strahlungsdichte $\varrho(\nu, T) \cdot d\nu$ selbst,

$$(115\text{a}) \qquad h\nu .$$

Die Deutung dieses für ganz *beliebige Materie* gültigen Ergebnisses bestätigt die für isolierte Moleküle vermittels der *Bohrschen Frequenzbedingung* (114) bzw. (115) bereits erworbene Erkenntnis im denkbar weitgehendsten Sinne, *daß bei der Wechselwirkung zwischen Materie und Strahlungsfeld Energie grundsätzlich nur in ganzen „Quanten" $h\nu$ umgesetzt werden kann.*[234]) Vergleicht man nämlich (115a) mit den

233) Offenbar besagt das Postulat von der allgemeinen Existenz diskreter stationärer Zustände, daß es Gasmoleküle mit der Eigenschaft, *absolut schwarze Körper* zu sein, prinzipiell nicht geben kann.

234) Obige Schwankungsbetrachtung ist bereits lange vor der *Bohr*schen Theorie von *Einstein* herangezogen worden, um Aufschlüsse über die Strahlungs-

in Nr. **9** aufgedeckten *statistischen Grundlagen des Planckschen Strahlungsgesetzes* (93), so sieht man, daß (115a) gerade dadurch seine Bedeutung erhält, daß es die kleinste Energiedifferenz darstellt, um welche sich der Energieinhalt einer Hohlraumeigenschwingung vermöge der Wechselwirkung mit einer beliebigen absorbierenden oder emittierenden Substanz zu *ändern* vermag. Auf Moleküle angewandt, liefert die obige Schwankungsbetrachtung insbesondere eine von der vorangehenden in gewisser Hinsicht unabhängige, *zweite* Begründung der Frequenzbedingung (114) bzw. (115).[235]) (115a) umfaßt außerdem die von *Einstein* schon 1905 gegebene quantitative Behandlung des *lichtelektrischen Effektes*, sowie die erfolgreiche Deutung aller Arten von *kontinuierlichen Spektren* nach *Bohr* (Nr. **18 b**).

Wird die Betrachtung des in Nr. **7 c** und auch in der vorigen Nummer behandelten *Impulsgleichgewichtes* nunmehr auch auf den vorliegenden Fall der Wechselwirkung zwischen Strahlung und *beliebiger* Materie ausgedehnt, so folgt aus (115a) in Verallgemeinerung von (116), *daß jeder derartige Vorgang von dem Austausch eines gerichteten Impulses vom Betrage*

$$\frac{h\nu}{c} \tag{116a}$$

begleitet sein muß.[236]) Der dadurch bedingte „Rückstoß" ist beim *lichtelektrischen Effekt von Röntgen- und Gammastrahlung* experimentell nachweisbar[237]) und scheint berufen zu sein, *die quantentheoretische Deutung aller mit Richtungsänderungen verbundenen optischen Erscheinungen, einschließlich der Interferenzvorgänge zu liefern* (Nr. **20, 21, 22**).

---

eigenschaften der Materie zu gewinnen, vgl. *A. Einstein,* Ann. d. Phys. **17** (1905), p. 132; Phys. Ztschr. **10** (1909), p. 185. *Einsteins* Rückschluß auf die Fortpflanzung selbständiger räumlich konzentrierter „Lichtquanten" $h\nu$ [vgl. Anm. 182), 226), 231), 545)] im Vakuum wurde eingehend erst von *L. S. Ornstein* und *F. Zernike* (Anm. 138) zu widerlegen gesucht (Nr. **6 b**, p. 932/933, insbesondere Anm. 141) und auf die oben formulierte Aussage zurückgeführt, nachdem letztere von verschiedenen Seiten, namentlich auch von *Bohr,* schon früher als allein bindend angesehen worden war.

235) Natürlich muß hierzu strenggenommen außer dem *Planck*schen Strahlungsgesetz auch noch das weitere Erfahrungsresultat der allgemeinen Existenz stationärer Zustände bei materiellen Gebilden hinzugenommen werden. Siehe Anm. 204).

236) Vgl. *A. Smekal,* Die Naturwissenschaften **11** (1923), p. 873.

237) *A. H. Compton,* Nature **112** (1923), p. 435; *F. W. Bubb,* Nature **112** (1923), p. 363; *P. Auger,* Paris C. R. **177** (1923), p. 169; **178** (1924), p. 929, 1535; *W. Bothe,* Ztschr. f. Phys. **20** (1923), p. 237; **26** (1924), p. 59; *L. Meitner,* Ztschr. f. Phys. **22** (1924), p. 334; *C. T. R. Wilson,* Proc. Roy. Soc. A **104** (1923), p. 1; *A. H. Compton* und *J. C. Hubbard,* Phys. Rev. **23** (1924), p. 439.

Was insbesondere die oben als notwendig bezeichnete Ergänzung zur Behandlung des Wärmegleichgewichtes zwischen Gasmolekülen und schwarzer Strahlung anbetrifft, so ist durch die Ergebnisse (115a) und (116a) auch der Weg gewiesen, den Einfluß der Wechselwirkung von Molekülen mit monochromatischer Strahlung zu verfolgen, deren Frequenz mit den gleichzeitigen Frequenzbedingungen (115) und (116) unverträglich ist. Die Forderung der Gültigkeit des Energie- und Impulssatzes für derartige Elementarprozesse führt hier zusammen mit (115a) und (116a) zu der Annahme *einer nur teilweisen Energieabsorption durch das Molekül, verbunden mit der Emission von monochromatischer Sekundärstrahlung von anderer als der Primärfrequenz.*[238]) Bezeichnet ν' die Primärfrequenz, ν'' die Sekundärfrequenz und $\mathfrak{i}'$ bzw. $\mathfrak{i}''$ die Einheitsvektoren für die Richtung der beiden Strahlungen, so erhält man in Verallgemeinerung von (115) und (116) als Analoga der *positiven Einstrahlungsvorgänge*

$$E_{n'} + E_t^{(n')} + h\nu' = E_{n''} + E_t^{(n'')} + h\nu'' \tag{118a}$$

und

$$\mathfrak{J}^{(n')} + \mathfrak{i}'\frac{h}{c}\nu' = \mathfrak{J}^{(n'')} + \mathfrak{i}''\frac{h}{c}\nu'', \tag{119a}$$

für die Analoga der *Ausstrahlungsvorgänge* und *negativen Einstrahlungsprozesse* hingegen

$$E_{n'} + E_t^{(n')} - h\nu' = E_{n''} + E_t^{(n'')} + h\nu'' \tag{118b}$$

und

$$\mathfrak{J}^{(n')} - \mathfrak{i}'\frac{h}{c}\nu' = \mathfrak{J}^{(n'')} + \mathfrak{i}''\frac{h}{c}\nu'', \tag{119b}$$

---

238) *A. Smekal*, Die Naturwissenschaften 11 (1923), p. 873; *W. Pauli*, Ztschr. f. Phys. 18 (1923), p. 272 (Schlußabsatz); *A. H. Compton*, Phys. Rev. 24 (1924), p. 168. Ferner jüngst: *H. A. Kramers* und *W. Heisenberg*, Ztschr. f. Phys. 31 (1925), p. 681; *A. Smekal*, Ztschr. f. Phys. 32 (1925), p. 241 (Zusatz b. d. Korrektur)

239) Die durch (118) und (119) gekennzeichneten *Grundgleichungen für die Zerstreuung des Lichtes* und damit auch für die *Dispersion* stehen demnach in wesentlichem Zusammenhange mit der *Molekültranslation*, während die *Bohr*sche Frequenzbedingung (114) für die *Eigenstrahlung der Moleküle* als erste Näherung von (115) noch für *ruhende Moleküle* hat abgeleitet werden können. Tatsächlich haben *C. G. Darwin* und der Referent bei früheren Versuchen einer Quantentheorie der Dispersion nur Strahlungsbeeinflussungen *ruhender* Moleküle vorausgesetzt und *kein stationäres Energiegleichgewicht* erhalten können. *C. G. Darwin*, Nature 110 (1922), p. 841; Proc. Nat. Acad. Amer. 9 (1923), p. 25; Nature 111 (1923), p. 771; *A. Smekal*, Naturwissenschaften 11 (1923), p. 873.

Ein von ganz ähnlichen Voraussetzungen wie im Texte ausgehender Beweis für das Wärmegleichgewicht zwischen schwarzer Strahlung und (longitudinalen) *Kompressionswellen* („Schall"wellen bzw. Wärmebewegung) *in festen oder flüssigen Körpern* ist jüngst, ebenfalls unter Hinweis auf das *Dispersionsproblem*, von *E. Schrödinger*, Phys. Ztschr. 25 (1924), p. 89 gegeben worden.

welche Beziehungen für $\nu' = 0$ in (115) und (116) übergehen.[239]) Für die „Übergangswahrscheinlichkeiten" eines derartigen Vorganges und seines inversen ergibt sich durch entsprechende Verallgemeinerung von (106'), (107a') und (107b')

$$(120\text{a}) \quad B_{n''}^{n'}(\nu') \cdot \varrho(\nu', T) \cdot [A_{n'}^{n''}(\nu'') + B_{n'}^{n''}(\nu'') \cdot \varrho(\nu'', T)] \cdot dt,$$

$$(120\text{a}') \quad [A_{n'}^{n''}(\nu') + B_{n'}^{n''}(\nu') \cdot \varrho(\nu', T)] \cdot B_{n''}^{n'}(\nu'') \cdot \varrho(\nu'', T) \cdot dt,$$

beziehungsweise

$$(120\text{b}) \quad [A_{n'}^{n''}(\nu') + B_{n'}^{n''}(\nu') \cdot \varrho(\nu', T)] \cdot [A_{n'}^{n''}(\nu'') + B_{n'}^{n''}(\nu'') \cdot \varrho(\nu'', T)]$$

$$(120\text{b}') \quad B_{n''}^{n'}(\nu') \cdot \varrho(\nu', T) \cdot B_{n''}^{n'}(\nu'') \cdot \varrho(\nu'', T),$$

wodurch das Wärmegleichgewicht mit der schwarzen Strahlung ebenso wie bei den in Nr. **11** betrachteten Vorgängen garantiert erscheint, sofern noch entsprechend (113)

$$(120\text{c}) \quad \frac{8\pi\nu'^3}{c^3} = \frac{A_{n'}^{n''}(\nu')}{B_{n'}^{n''}(\nu')}; \quad \frac{8\pi\nu''^3}{c^3} = \frac{A_{n'}^{n''}(\nu'')}{B_{n'}^{n''}(\nu'')}$$

vorausgesetzt wird.[240]) Da durch die Gleichungen (118) und (119) bei vorgegebenen Energie- und Impulsgrößen *jeder beliebigen Frequenz* ν' *ein bestimmtes* ν'' *zugeordnet wird*, ermöglichen obige Betrachtungen zusammen mit jenen der vorangehenden Nummer einen *vollständigen* Beweis für die Stationarität des Wärmegleichgewichtes zwischen *Planck*scher Strahlung und Quantenmolekülen für Temperaturen, bei welchen *Ionisation* bzw. *Dissoziation* noch keine merkliche Rolle spielen.[241])[242])

240) *A. Einstein* und *P. Ehrenfest*, Ztschr. f. Phys. 19 (1923), p. 301, § 3; *H. A. Kramers* und *W. Heisenberg*, Ztschr. f. Phys. 31 (1925), p. 681; *A. Smekal*, Ztschr. f. Phys. 32 (1925), p. 241.

241) Die für den Fall *thermischer* oder *lichtelektrischer Ionisation* bzw. *Dissoziation* notwendig werdenden Ergänzungen ergeben sich aus den Betrachtungen von Nr. **26b** und **26c**.

242) Denkt man sich die in (120a) bzw. (120a') angezeigten Multiplikationen ausgeführt, so erhält man bei Beschränkung auf die *„normale" Zerstreuung* (Nr. **21**) und Berücksichtigung von (120c) einen Ausdruck, der, abgesehen von einem von der Strahlungsdichte unabhängigen Faktor, mit der rechten Seite von (117) übereinstimmt, wenn man nachträglich $\nu = \nu' = \nu''$ setzt. Diese näherungsweise Gleichsetzung ist sachlich begründet durch den Umstand, daß der Unterschied von ν' und ν'' für gewöhnliche Moleküle dann unmeßbar klein wird und nur für freie Elektronen und harte Röntgenstrahlung meßbare Beträge erreichen kann.

Im Zusammenhang mit den am Ende der Anm. 224) gemachten Bemerkungen möge noch darauf hingewiesen werden, daß sich das „streuende" Molekül während des Streuvorganges sowohl mit Hohlraumeigenschwingungen in Wechselwirkung befinden kann, welche „energiefrei" sind, als mit solchen, die ein beliebiges ganzzahliges Vielfaches von $h\nu'$ bzw. $h\nu''$ als Energie besitzen. — Über die Frage nach der *Zeitdauer des Streuvorganges* vgl. man Nr. **21**.

Streicht man in (118a) $E_{n'}$ und $E_{n''}$, so wird bei dem betrachteten Strahlungsvorgange keine Änderung der inneren Energie des Moleküls und damit seines Quantenzustandes vor sich gehen; für diesen Sonderfall, der auch die Wechselwirkung *freier Elektronen* mit der Strahlung umfaßt, lassen sich (120a) bzw. (120a') direkt aus relativitätstheoretischen Invarianzforderungen herleiten.[243]) Die Beziehungen (118a) und (119a) sind für praktisch als frei anzusehende Elektronen zuerst von *A. H. Compton* und *P. Debye*[244]) aufgestellt und mit Rücksicht auf die bei der *Zerstreuung der Röntgenstrahlen* bemerkte *Frequenzerniedrigung* diskutiert worden (Nr. **21**).

II. Allgemeine Grundlagen der Quantentheorie.

A. Quantentheorie isolierter Atome und Moleküle.

13. Das Rutherford-Bohrsche Atommodell.[245]) In der vorangehenden Darstellung der Entwicklung statistisch-mechanischer Betrachtungen zur Quantenstatistik sind Atome und Moleküle im allgemeinen ohne Rücksicht auf ihre genauere Konstitution kurzweg als „mechanische" Gebilde angesehen worden — eine aus der statistischen *Mechanik* vererbte, veraltete Bezeichnungsweise, in welcher „mechanisch" der Sache nach aber nur im Sinne von „dynamisch" aufgefaßt zu werden braucht.[246]) Wie insbesondere die durch die Namen *Lenard* und *Rutherford* gekennzeichneten Untersuchungen über die Zerstreuung von Kathoden- und α-Strahlen beim Durchgang durch die Materie gezeigt haben, muß letztere *universell* aus *elektrisch geladenen* Partikeln aufgebaut gedacht werden: Atome und Moleküle sind *elektrodynamische* Gebilde. Ihre bisher erkannten letzten Bausteine sind (negative) *Elektronen* und *Protonen* (positive Elektronen oder Wasserstoffatomionen), wie etwa die Erscheinungen der Vakuumentladung und des lichtelektrischen Effektes, die Radioaktivität und *Astons* Isotopenforschung,

---

243) *W. Pauli,* Ztschr. f. Phys. 18 (1923), p. 272; 22 (1924), p. 261.

244) *A. H. Compton,* Phys. Rev. 21 (1923), p. 483; *P. Debye,* Phys. Ztschr. 24 (1923), p. 161.

245) Vgl. hierzu und zum folgenden allgemein *A. Sommerfeld* [1]; *J. M. Burgers* [1]; *N. Bohr* [1], [2], [3]; *K. Fajans,* Radioaktivität, IV. Aufl., Braunschweig 1922.

246) Damit soll gemeint sein, daß es hierbei nur auf die „Bewegung" *an sich* ankommt, für welche man solange mit „Bewegungs"gleichungen von der Form (1) zu operieren versuchen wird, als dem von der Erfahrung nicht widersprochen wird. [Siehe Anm. 22) und 280).] Dieser Standpunkt ist wesentlich allgemeiner als z. B. jener der *Newtonschen Mechanik* bzw. *Dynamik,* den er aber als Spezialfall in sich schließt.

endlich zuletzt und wohl am direktesten die *künstliche Atomzertrümmerung* von *Rutherford* und *Chadwick, Kirsch* und *Pettersson* dargetan haben.[246a]) Über die nähere Struktur dieser Bausteine ist gegenwärtig, von willkürlichen und haltlosen Spekulationen (Kugelgestalt usw.) abgesehen, nichts bekannt; dem Experimentator haben sie sich bisher in allen Fällen als praktisch *punktförmig wirksame Kraftzentren* erwiesen, *deren unveränderliche elektrische Ladung als wahre Substanz der Materie erscheint.* Für *Elektron* ($-e$) und *Proton* ($+e$) ist sie, abgesehen vom Vorzeichen, durch das *Elementarquantum der Elektrizität*, $e = 4{,}774 \pm 0{,}005 \cdot 10^{-10}$ elektrostatische Einheiten (*Millikan*) gegeben; für die *Ruhmasse des Elektrons* m hat man $0{,}899 \cdot 10^{-27}$ Gramm, für jene des *Protons* $m' = 1{,}649 \cdot 10^{-24}$ Gramm berechnet. Weitere zahlenmäßig angebbare Eigenschaften der beiden Elementarladungen sind gegenwärtig nicht bekannt.

Die unter normalen Umständen stets beobachtete elektrische Neutralität der Atome und Moleküle verlangt, daß gleich viel Elektronen und Protonen am Aufbau eines jeden derartigen Gebildes teilnehmen. Unabhängig von den chemischen Bindungsverhältnissen befinden sich nach *Rutherford* sämtliche im einzelnen *Atom* vorhandenen positiven Ladungen zusammen mit einer bestimmten Anzahl von Elektronen, auf ein Raumgebiet vereinigt, dessen Durchmessergrößenordnung experimentell zu 10^{-12} bis 10^{-13} cm bestimmt worden ist.[247]) Die resultierende Gesamtladung $+Z \cdot e$ dieses *Atomkernes* ist offenbar gleich dem Überschuß der Protonenanzahl $Z + Z_1$ über jene der Kernelektronen Z_1; die *Kernladungszahl* Z nimmt im *periodischen System der Elemente* von Element zu Element um eine Einheit zu und heißt daher auch *Ordnungszahl* oder *Atomnummer.* Jedes chemische Element ist demnach durch eine bestimmte *ganze Zahl* zwischen $Z = 1$ für Wasserstoff und $Z = 92$ für Uran gegeben; die zu einem bestimmten Z-Werte gehörigen verschiedenen Anzahlen Z_1 kennzeichnen die einzelnen *Atomarten* oder *Isotopen* des betreffenden Elementes. Experimentell hat der Verlauf von Z durch das ganze periodische System, und damit die „richtige" Anordnung der Elemente, mittels des *Moseleyschen Gesetzes der Röntgenspektren* eindeutig festgelegt werden können[248]); für einzelne Elemente sind die Kernladungszahlen in Übereinstimmung damit von *Chadwick* auf Grund von Zerstreuungsver-

246a) Siehe etwa *H. Pettersson* und *G. Kirsch, Atomzertrümmerung,* Leipzig 1925 (Akad. Verl.-Ges.).

247) *E. Rutherford,* Phil. Mag. 27 (1914), p. 494; *C. G. Darwin,* Phil. Mag. 27 (1914), p. 506.

248) Vgl. V 26 (*C. Runge*).

suchen an α-Strahlbündeln experimentell *direkt* bestimmt worden.[249]) Bezieht man die Atomgewichte, wie üblich, auf Sauerstoff $= 16$, so wird das Atomgewicht eines Protons ~ 1; wegen der relativen Geringfügigkeit der Elektronenmassen wird dann das Atomgewicht jeder Atomart eines chemischen Elementes einfach durch die zugehörige Protonenanzahl $Z + Z_1$ bestimmt sein müssen, was der praktischen *Ganzzahligkeit der Astonschen Isotopenatomgewichte* entspricht. Z_1 muß also jeweils gleich der Differenz von ganzzahligem Atomgewicht und Atomnummer gesetzt werden; eine davon unabhängige, direkte Bestimmung dieser Größe ist bisher noch nicht möglich gewesen, kann aber auch als entbehrlich angesehen werden für den gegenwärtigen Stand der Theorie, welcher die Annahme *punktförmig* bzw. kugelsymmetrisch wirksamer Atomkerne als bislang so gut wie vollständig ausreichende Annäherung zur Voraussetzung hat.[250])

Außerhalb des Atomkernes werden sich beim neutralen Atom nach dem Vorangehenden gerade Z Elektronen befinden müssen, welche im „Normalzustand" des Atoms Abstände vom Atomzentrum bis zur Größenordnung 10^{-8} cm erreichen; ähnliches gilt für die Moleküle, welche je nach der betreffenden chemischen Verbindung aus mehreren Atomkernen und den entsprechenden Anzahlen von Elektronen bestehen werden.[251]) Nach Ausweis von Zerstreuungsversuchen mit Kathoden- und α-Strahlen sind diese Elektronen *einzeln* wirksam und umgeben die Kerne als *Elektronenhülle* mit einer nach innen hin *zunehmenden Dichte.*[252]) Die Anzahl Z der Hülleelektronen des Atoms ergibt sich aus den gleichen Versuchen in befriedigender Übereinstimmung mit der Kernladungszahl, ferner aus dem *Brechungsquotienten für Röntgenstrahlung*[253]); die genaueste Methode zur erfolgreichen *Zählung der einzelnen Hülleelektronen,* welche zugleich gewisse Eigenschaften ihrer *mittleren räumlichen Konfigurationen* zu bestimmen ge-

249) *J. Chadwick,* Phil. Mag. 40 (1920), p. 734.

250) Bezüglich der gegenwärtigen Bedeutung der Quantentheorie für die Frage nach den Einzelheiten des Kernaufbaues vgl. Nr. **17**, Anm. 439).

251) Vgl. den Bericht von *K. F. Herzfeld,* Jahrb. d. Rad. 19 (1923), p. 259 über die Größe der Atome, Ionen und Moleküle und die Methoden zu ihrer Bestimmung.

252) S. *W. Bothe,* Ztschr. f. Phys. 4 (1921), p. 161. Zu diesen und auch den übrigen Ergebnissen der Untersuchungen über den Durchgang korpuskularer Strahlen durch die Materie sowie ihre Bedeutung für die Fragen des Atombaues vgl. man ferner die zusammenfassenden Berichte von *R. Seeliger,* Jahrb. d. Rad. 16 (1920), p. 19 und *W. Bothe,* Jahrb. d. Rad. 20 (1923), p. 46.

253) *A. H. Compton,* Phil. Mag. 45 (1923), p. 1121; vgl. ferner jüngst *B. Davis* und *R. v. Nardroff,* Proc. Nat. Acad. Amer. 10 (1924), p. 60, 384; *R. v. Nardroff,* Phys. Rev. 24 (1924), p. 143.

stattet, gründet sich jedoch auf *Intensitätsmessungen an von kristallisierten Körpern reflektiertem Röntgenlicht.*[254])

Das Kernproblem der Quantentheorie — letztere als Theorie der Materie aufgefaßt — besteht nun darin, die Elektrodynamik der Atombestandteile, zunächst der Elektronenhülle, auf Grund obiger, empirisch sichergestellter Tatsachen und in Übereinstimmung mit den vorangegangenen Ergebnissen der Statistik zu entwickeln. Der naheliegendste Weg einer Anwendung der *Maxwellschen Elektrodynamik* auf die Bewegung von Z einzelnen Elektronen im Felde eines Z-fach positiv geladenen, massebeschwerten Atomkernes erweist sich indessen sogleich als ungangbar — in Übereinstimmung mit dem bereits oben in Nr. **6b**, **7b**, **7c** und **9** festgestellten *Versagen der Maxwellschen Theorie* beim Strahlungsproblem und ihrer Unvereinbarkeit mit den in Nr. **12** behandelten allgemeinen Strahlungseigenschaften beliebiger materieller Körper. Wie man etwa aus der *Lorentz-Ritzschen Form*[255]) *der Maxwellschen Elektrodynamik* entnehmen kann, läßt sich das genannte Bewegungsproblem zwar grundsätzlich aus einem Variationsprinzip ableiten, so daß seine Bewegungsgleichungen auf die kanonische Form (1) gebracht werden können[256]); doch geht in sie wegen der Anwesenheit der *retardierten Potentiale* die Zeit explizit ein und bewirkt, daß jede Art von beschleunigter Bewegung dauernd von *irreversibler Energie- (und Drehimpuls-)Ausstrahlung* begleitet wird. Dieser ununterbrochene Energieverlust widerspricht aber offensichtlich der nach Nr. **9** statistisch abgeleiteten und auch experimentell direkt sichergestellten *Energiekonstanz der Atome (und Moleküle) in ihren stationären Quantenzuständen.*

Um diesem Widerspruch zu entgehen, ist immer wieder versucht worden, innerhalb der *Maxwell*schen Theorie wenigstens spezielle Typen von strahlungsfreien Elektronenbewegungen ausfindig zu machen[257]),

254) *P. Debye* und *P. Scherrer,* Phys. Ztschr. 19 (1918), p. 474; *W. L. Bragg, R. W. James* und *C. H. Bosanquet,* Phil. Mag. 41 (1921), p. 309; Ztschr. f. Phys. 8 (1921), p. 77; Phil. Mag. 44 (1922), p. 433; *D. R. Hartree,* Proc. Cambr. Phil. Soc. 21 (1923), p. 625; Phil. Mag. 46 (1923), p. 1091.

255) *W. Ritz,* Ann. Chim. Phys. (8) 13 (1908), p. 145; Arch. Sc. phys. et nat. (4) 26 (1908), p. 209; Gesamm. Werke, Paris 1911 (Gauthier-Villars), p. 317, 427.

256) Vgl. Anm. 19).

257) Vgl. z. B. *G. Nordström,* Proc. Akad. Amst. 22 (1919), p. 145; *A. D. Fokker,* Physica 1 (1921), p. 107; *S. R. Milner,* Phil. Mag. 41 (1921), p. 403; 44 (1922), p. 1052; *G. H. Livens,* Phil. Mag. 42 (1921), p. 807; *G. A. Schott,* Phil. Mag. 45 (1923), p. 769; *L. Page,* Phys. Rev. 24 (1924), p. 296. Durch *Abänderung* der *Maxwell*schen Theorie hat *L. Page,* Phys. Rev. 18 (1921), p. 292, strahlungsfreie Elektronenbahnen zu erhalten gesucht, ähnlich *H. Bateman,* Mess. of Math. 53 (1924), p. 145.

doch hat sich auch ihre Strahlungslosigkeit nur als eine scheinbare herausgestellt[258]); wie sich später zeigen wird (Nr. **14**), wäre es aber auch im Falle ihrer Existenz mit Rücksicht auf das *Bohrsche Korrespondenzprinzip* ausgeschlossen, ihnen für die Quantentheorie irgendwelche Bedeutung zuzubilligen.

Während sich die *Maxwell*sche Elektrodynamik bei allen Arten von *makroskopischen* Erscheinungen durchaus bewährt und auch für den *Grenzfall hinreichend kleiner Frequenzen* („langer Wellen") in der Strahlungstheorie zu brauchbaren Grenzgesetzen geführt hat [Nr. **9**, ferner V 22 und V 23 (*W. Wien*)], ist ihr Widerspruch zu den strahlungsfreien Quantenzuständen der *Rutherford-Bohrschen Atommodelle* ein ebenso vollständiger wie zu deren quantenhaften Strahlungseigenschaften (Nr. **11**, **12**). Erwägt man den Umfang der experimentellen Sicherstellung der klassischen Grundlagen, so kann diese Tatsache jedoch nicht weiter befremdlich erscheinen.[259]) Von diesen Grundlagen darf das *Coulombsche Gesetz der Elektrostatik* im Inneren des Atoms jedenfalls noch als am besten gesichert angesehen werden[260]), wenngleich es für sehr kleine Distanzen, etwa von 10^{-12} cm abwärts, auch nicht mehr den Tatsachen entspricht.[261]) Gegen die Allgemeingültigkeit des *Biot-Savartschen Gesetzes* im Atominnern liegen nach den quantitativen Ergebnissen beim *experimentellen Nachweis der Ampèreschen Molekularströme durch die magnetomechanischen Effekte von Barnett*[262]) *und Einstein-de Haas*[263]) gewichtige Bedenken vor, welche durch eine Reihe spektroskopischer Tatsachen [*anomaler Zeemaneffekt*, s. V 26 (*C. Runge*) und V 27 (*A. Kratzer*)] bekräftigt zu werden scheinen.[264]) Was schließ-

258) *G. A. Schott*, Phil. Mag. 45 (1923), p. 769, ferner auch Phil. Mag. 36 (1918), p. 243 und *H. Bateman*, Proc. Nat. Acad. Amer. 5 (1919), p. 367.

259) S. etwa *A. Smekal*, Verhandl. Deutsch. Phys. Ges. (3) 2 (1921), p. 20.

260) Vgl. z. B. *J. Chadwick*, Phil. Mag. 40 (1920), p. 734, § 5.

261) *W. Lenz*, München Ber. 1918, p. 355, § 3; *A. Smekal*, Wien. Ber. (2 a) 129 (1920), p. 455; *C. G. Darwin*, Phil. Mag. 41 (1921), p. 486. S. ferner Anm. 316). Ob diese Abweichungen vom *Coulomb*schen Gesetze nicht nur im Atomkernbereiche, sondern auch bei der Wechselwirkung der Hülleelektronen eines Atoms von höherer Kernladung eine wesentliche Rolle spielen, entzieht sich gegenwärtig noch jeder näheren Beurteilung.

262) *S. J. Barnett*, Phys. Rev. 6 (1915), p. 239; *I. G. Stewart*, Phys. Rev. 11 (1918), p. 100; *S. J. Barnett* und *L. J. H. Barnett*, Phys. Rev. 17 (1921), p. 404; 20 (1922), p. 90; Phys. Ztschr. 24 (1923), p. 14.

263) *A. Einstein* und *J. W. de Haas*, Verhandl. Deutsch. Phys. Ges. 17 (1918), p. 152; *E. Beck*, Ann. d. Phys. 60 (1919), p. 109; *G. Arvidson*, Phys. Ztschr. 21 (1920), p. 88; *A. P. Chattock* und *L. F. Bates*, Nature 90 (1922), p. 721; Trans. Phil. Soc. (A) 223 (1922), p. 257. Der Effekt wurde übrigens bereits von *O. W. Richardson*, Phys. Rev. 26 (1908), p. 248, vorausgesagt.

264) Vgl. z. B. *A. Landé*, Ztschr. f. Phys. 11 (1922), p. 353.

lich das *Induktionsgesetz* anbetrifft, so ist unmittelbar ersichtlich, daß es innerhalb von Atomen mit stationären Quantenzuständen überhaupt nicht ohne wesentliche Modifikation formuliert werden kann.

Wenn somit auf eine vollständige Brauchbarkeit der klassischen Elektrodynamik im Atominnern von vornherein überhaupt nicht gerechnet werden kann, so wird man anderseits doch erwarten dürfen, wenigstens gewisse von ihren Ergebnissen für die Quantentheorie des Atombaues nutzbar machen zu können. Dieser in der folgenden Nummer geschilderte Weg ist vor allem von *Bohr*[265]) eingeschlagen worden, und ihm verdankt man so ziemlich alles, was, abgesehen von den beiden fundamentalen Frequenzbedingungen (115) und (116), den gegenwärtigen Bestand der Atomelektrodynamik ausmacht. Die Mängel, mit welchen ein derartiges Verfahren notwendig behaftet ist, namentlich aber die zahlreichen Lücken, welche es unausgefüllt lassen muß, sind anderseits so offenkundige, daß es nicht überraschen kann, wenn die gegenwärtige Form der Quantentheorie jene strenge Einheitlichkeit und Folgerichtigkeit vermissen läßt, die man an der klassischen Elektrodynamik innerhalb *ihrer* Domäne so sehr bewundern muß.

14. Die Korrespondenz- und Stabilitätsprinzipe der Quantentheorie. Um die Ergebnisse der *Maxwellschen Elektrodynamik* der *Atomelektrodynamik* nach Möglichkeit zugänglich zu machen, hat man jenes Grenzgebiet aufzusuchen, in welchem diese beiden theoretischen Gebiete miteinander zur Berührung gelangen müssen. Von der Strahlungstheorie ausgehend, hat *Planck* mehrfach darauf hingewiesen, *daß für die klassische Theorie das Wirkungsquantum h als unmeßbar klein angesehen werden müsse.*[266]) Nach *Planck* erscheint demnach die *Maxwell*sche Elektrodynamik gewissermaßen als Spezialfall der Quantentheorie für den ausgezeichneten *Grenzübergang*

$$\lim h \to 0, \tag{121}$$

was man unmittelbar bestätigt findet, wenn man (121) z. B. auf das *Plancksche Strahlungsgesetz* (93) anwendet und damit zum *Rayleigh-Jeansschen Strahlungsgesetz* (71 a) der klassischen Theorie gelangt. Bringt man (121) in der *Bohr*schen Frequenzbedingung (114) *bei endlich bleibender Frequenz* ν zur Ausführung, *so rücken die ausgezeichneten Energiewerte* $E_{n'}$, $E_{n''}$ *der Quantenmoleküle beliebig dicht aneinander, was der grundsätzlichen Zulässigkeit beliebig stetig veränderlicher Energiewerte bei einem klassisch-elektrodynamischen Gebilde korrespondiert.*

Einen zweiten Weg, der in einem gewissen Zusammenhange mit

---

265) *N. Bohr* [1], [2], [3].

266) Vgl. z. B. *M. Planck* [1], p. 143, § 140.

der notwendigen Strahlungsfreiheit der stationären Quantenzustände steht, verdankt man *Bohr*.[265]) Nach der klassischen Theorie wird ein Elektron desto weniger Energie ausstrahlen, je geringfügiger die Beschleunigung ist, welche es erfährt. Dies entspricht, wie man sich z. B. an einer einfach periodischen Elektronenbewegung leicht überzeugen kann, dem *Grenz*übergange

$$\lim \nu \to 0. \tag{122}$$

Führt man (122) im *Planckschen Strahlungsgesetze bei festgehaltenem h* aus, so gelangt man ebenfalls wieder zum *Rayleigh-Jeansschen Strahlungsgesetze* (71a) der klassischen Theorie. Auf die *Bohr*sche Frequenzbedingung (114) angewendet, führt (122) auf solche ausgezeichnete Energiewerte $E_{n'}, E_{n''}$ der Moleküle bzw. Atome, deren Differenzen *beliebig klein* werden können müssen. *Damit nach Bohr eine eindeutige Korrespondenz zwischen klassischer und Atomelektrodynamik erzielt werden kann, muß die diskrete Reihe der ausgezeichneten Energiewerte E_n demnach eine und nur eine Häufungsstelle besitzen. Wenn E_n überdies nach* (103′) *als Funktion der u eindeutigen, voneinander unabhängigen Parameterinvarianten $I_{r,n}$ $(r = 1, 2, \ldots, u)$ der inneren Molekül- bzw. Atombewegung dargestellt werden kann, so muß auch die diskrete Reihe aller ausgezeichneten Werte $I_{r,n}$ $(n = 1, 2, \ldots)$ je eine einzige Häufungsstelle besitzen.*[267]) In diesem Grenzgebiete unterscheiden sich dann — jetzt immer bei festgehaltenem h! — die Energien benachbarter Quantenzustände um im Limes infinitesimal werdende Beträge, welche mit den beim Übergang zwischen zwei solchen Zuständen *klassisch* ausgestrahlten Energien unmittelbar in Vergleich gezogen werden können. — Der Grenzübergang (122) und die daranschließenden Folgerungen bilden den Kern des *Bohrschen Korrespondenzprinzipes*, auf dessen Bedeutung für die Festlegung der stationären Zustände im Nachfolgenden besonders eingegangen werden wird.[268]) Der *Planck*sche Grenzübergang (121), welcher die Ableitung von ganz ähnlichen Konsequenzen ermöglicht, soll zur Unterscheidung davon als Grundlage

---

267) Vgl. Nr. **10** und insbesondere die Anm. 207. Das obige Ergebnis führt zusammen mit (133) zu der wichtigen Folgerung, *daß bei vollständiger Korrespondenz zwischen klassischer und Atomelektrodynamik keine von den Quantenzahlen n_r in* (133) *eine endliche obere Grenze besitzen kann*, was einzelnen in der Literatur aufgetretenen gegenteiligen Äußerungen widerspricht. Vgl. z. B. *D. Enskog*, Ann. d. Phys. 72 (1923), p. 321, insbes. p. 342; *P. Tartakowsky*, Ztschr. f. Phys. 15 (1923), p. 153, dagegen jedoch *A. Kratzer*, Ztschr. f. Phys. 26 (1924), p. 40.

268) Vgl. dazu namentlich auch *N. Bohr*, Ztschr. f. Phys. 13 (1923), p. 117, II. Kap., §§ 2 und 3.

eines „*Planck*schen Korrespondenzprinzipes" weiterhin ebenfalls mit berücksichtigt werden.[269])

Um zur praktischen Auswertung der Grenzübergänge (121) und (122), sowie der in Verbindung damit zu fordernden *allgemeinen Korrespondenz zwischen klassischer und Atomelektrodynamik* übergehen zu können, hat man zunächst eine geeignete *Annahme* über das Verhalten eines beliebigen *Bohr*schen Atommodells in jenem Grenzzustande einzuführen, welcher der Häufungsstelle seiner ausgezeichneten Quantenenergiewerte entspricht. Wegen der notwendigen Strahlungslosigkeit dieses Zustandes darf man voraussetzen, daß seine Bewegungsgleichungen mit genügender Annäherung aus den klassisch-elektrodynamischen Bewegungsgleichungen bei Vernachlässigung aller jener Glieder gefunden werden können, welche eine *Ausstrahlung* des Modells zur Folge haben müßten.[270]) Wenn angenommen wird, daß sich das elektrische Vielkörpersystem in einem äußeren elektromagnetischen Felde mit den zeitlich konstanten Potentialen Φ und $\mathfrak{A}$ befindet, und wenn e_α, m_α Ladung und Ruhemasse seines α^{ten} Bestandteiles ($\alpha = 1, 2, \ldots, Z+1$), $\mathfrak{r}_\alpha$ und $\mathfrak{p}_\alpha$ seinen Koordinaten- und Impulsvektor in bezug auf den Massenschwerpunkt bedeuten, so lassen sich diese Bewegungsgleichungen nach *Darwin*[271]) bis auf Glieder von höherer als der zweiten Ordnung in $\frac{\dot{\mathfrak{r}}}{c}$ ganz allgemein auf die kanonische Form

---

269) In einer nach Niederschrift obiger Nummer erschienenen Untersuchung von *H. A. Senftleben,* Ztschr. f. Phys. 22 (1924), p. 127, wird der hier und im folgenden mit Berufung auf *Planck* benutzte Grenzübergang (121) in ganz ähnlichem Sinne systematisch zur Anwendung gebracht.

270) Diese Bewegungsgleichungen des Modells sind für das *Planck*sche und *Bohr*sche Korrespondenzprinzip naturgemäß gemeinsam. Bei Anwendung des ersteren haben sie jedoch *allgemein* zu gelten, während das *Bohr*sche Korrespondenzprinzip strenggenommen nur zu der Erwartung berechtigt, daß die Gleichungen für einen Modellbewegungszustand richtig sind, *bei dem sowohl die Abstände der Elektronen vom Atomkern, als auch jene der Elektronen untereinander dauernd „sehr groß" sind.* Man beachte den Unterschied dieses Modellzustandes und desjenigen, der etwa allein durch hinreichende Entfernung eines Valenzelektrons vom *Atomrest* gekennzeichnet ist! Vgl. dazu Anm. 450).

Postuliert man die Energiekonstanz der Elektronenbewegungen im Atom ohne Rücksicht auf die klassische Ausstrahlung, so ergibt die Vereinigung dieser Annahme mit der klassischen Elektrodynamik eine Reihe bemerkenswerter „Gleichgewichtssätze" für elektromagnetisch aufgebaute Materie, von denen einige in der Quantentheorie mehrfach Anwendung gefunden haben. Vgl *W. Schottky,* Phys. Ztschr. 21 (1920), p. 232 und dazu *M. v. Laue,* Phys. Ztschr. 22 (1921), p. 46.

271) *C. G. Darwin,* Phil. Mag. 39 (1920), p. 537; Proc. Cambr. Phil. Soc. 20 (1920), p. 56.

1) bringen; die zugehörige *Hamilton*sche Funktion ist

$$(123)\quad H=\sum_{\alpha=1}^{Z+1}\frac{\mathfrak{p}_\alpha^2}{2m_\alpha}+\sum_{\alpha=1}^{Z+1}\sum_{\beta}^{(\beta\neq\alpha)}\frac{e_\alpha e_\beta}{r_{\alpha\beta}}-\sum_{\alpha=1}^{Z+1}\frac{\mathfrak{p}_\alpha^4}{8c^2m_\alpha^3}$$

$$-\sum_{\alpha=1}^{Z+1}\sum_{\beta}^{(\beta\neq\alpha)}\frac{e_\alpha e_\beta}{2c^2m_\alpha m_\beta}\left[\frac{(\mathfrak{p}_\alpha,\mathfrak{p}_\beta)}{r_{\alpha\beta}}+\frac{(\mathfrak{p}_\alpha,\mathfrak{r}_\beta-\mathfrak{r}_\alpha)(\mathfrak{p}_\beta,\mathfrak{r}_\beta-\mathfrak{r}_\alpha)}{r_{\alpha\beta}^3}\right]$$

$$+\sum_{\alpha=1}^{Z+1}e_\alpha\Phi-\sum_{\alpha=1}^{Z+1}\frac{e_\alpha}{cm_\alpha}(\mathfrak{p}_\alpha,\mathfrak{A}),$$

und stimmt mit der Energie des Modells überein (c Lichtgeschwindigkeit, $r_{\alpha\beta}$ gegenseitige Entfernung von m_α und m_β). Beschränkt man sich auf den *feldfreien* Fall, der an dieser Stelle zunächst allein in Betracht kommt, so sind die beiden letzten Glieder in (123) fortzulassen und man erhält ein dynamisches Problem, das mathematisch noch wesentlich schwieriger ist, wie das *gewöhnliche Mehrkörperproblem*, welches durch die beiden ersten Glieder von H allein gegeben wäre.[272]) Nach den Eigenschaften der Lösungen des *gewöhnlichen Mehrkörperproblems* [VI 2, 12 (*E. T. Whittaker*)] ist zu erwarten, daß das allgemeine Problem (123) neben *stabilen* auch *instabile Lösungen* besitzen wird (vgl. dazu Nr. **3 A**), von denen hier offenbar nur die ersteren in Betracht kommen können. Aber auch unter *diesen* Lösungen muß noch eine engere Wahl getroffen werden, wenn der Fähigkeit des Quantengebildes zu *monochromatischer* Energieemission und -absorption in *einzelnen* Frequenzen des durch (114) gegebenen Linienspektrums eine klassisch-elektrodynamische Parallele zugeordnet werden können soll. *Damit das Modell, auch als klassisch-elektrodynamisches Gebilde betrachtet, befähigt sein kann, ein Linienspektrum zu emittieren oder zu absorbieren*[273]), *muß seine Bewegung*, wenigstens in erster Annäherung, *eine mehrfach periodische sein*, so daß die Verschiebung $\mathfrak{x}$ jedes ein-

272) Die Schwierigkeiten des durch die *Hamilton*sche Funktion (123) gekennzeichneten allgemeinen Falles sind so große, daß er bisher trotz seiner Bedeutung für das *Problem des Heliumatommodelles* (s. Nr. **16 a**) (verallgemeinertes Dreikörperproblem) nur für den Fall *zweier* Körper (Wasserstoffatommodell) integriert worden ist. Vgl. die in der vorigen Anm. zitierte Untersuchung von *Darwin*.

273) Dieser Notwendigkeit zufolge müßte jedes klassisch-elektromagnetische Modell für die Zwecke der Quantentheorie verworfen werden, das die Eigenschaft besäße, dauernd strahlungsfrei bleiben zu können. Auf die daraus zu folgernde Zwecklosigkeit aller Bemühungen, strahlungslose Elektronenbahnen auf klassisch-elektromagnetischem Wege zu konstruieren (Anm. 257), ist bereits auf p. 987 hingewiesen worden.

zelnen seiner Teilchen im Raum als Funktion der Zeit dargestellt werden kann durch die *mehrfache Fouriersche Reihe*

$$(124)\quad \xi = \sum_{\tau_1 \ldots \tau_u} C_{\tau_1 \ldots \tau_u} \cos 2\pi([\tau_1 \omega_1 + \cdots + \tau_u \omega_u] t + \gamma_{\tau_1 \ldots \tau_u}).$$

$\omega_1 \ldots \omega_u$ heißen die *Grundschwingungszahlen* der Bewegung[274]); ihre Anzahl u oder der „Periodizitätsgrad" der Bewegung ist, da es sich bei derartigen Lösungen des dynamischen Problems (123) wie bereits erwähnt, im allgemeinen nur um bestimmte Klassen von *Partikularlösungen* handeln kann, *kleiner* als die Anzahl $3Z$ der Freiheitsgrade der auf den Schwerpunkt bezogenen *inneren Bewegung* des Modells. Die Lösungen (124) von (123) scheinen ferner jedenfalls eine *kontinuierliche*, $2u$-dimensionale Mannigfaltigkeit bilden zu müssen, entsprechend den *Stetigkeitseigenschaften* klassisch-elektrodynamischer Gebilde.[275]) Werden für ein derartiges Gebilde die Größen $C_{\tau_1 \ldots \tau_u}$ und $\omega_{\tau_1 \ldots \tau_u}$ vermöge der klassischen Ausstrahlung als mit der Zeit langsam veränderlich angesehen, so wird von dem Gebilde *Linienstrahlung* ausgesendet, welche sämtliche Frequenzen

$$\tau_1 \omega_1 + \cdots + \tau_u \omega_u$$

zugleich enthalten wird, *deren zugehörige Amplituden* $C_{\tau_1 \ldots \tau_u}$ *in* (124) *von Null verschiedene Werte besitzen.* Aus den Korrespondenzprinzipien (121) und (122) ist nun zu folgern, daß für $\lim h \to 0$ bzw. $\lim \nu \to 0$

274) Die Summation in (124) [und ebenso in (147)] ist über alle ganzzahligen Werte von $\tau_1, \ldots, \tau_u$ auszuführen. Die Eindeutigkeit der Darstellung ist gesichert, wenn es keine ganzen Zahlen $m_1, \ldots, m_u$ gibt, für welche eine Beziehung von der Form

$$m_1 \omega_1 + \cdots + m_u \omega_u = 0$$

möglich ist. Vgl. dazu Anm. 70).

275) Vgl. dazu ähnliche Überlegungen bei *A. Smekal,* Ztschr. f. Phys. 11 (1922), p. 294; 15 (1923), p. 58. — Obige Lösungen entsprechen der in Nr. **3 A** unterschiedenen Klasse (B) von „mechanischen" Problemen; im Falle nicht entarteter, *bedingt periodischer Systeme* (Nr. **15 a**), nach gegenwärtiger Kenntnis aber auch *nur* in diesem Falle, wird allerdings $u = 3Z$, so daß das Problem dann der Klasse (A) beizuzählen wäre. Mit Rücksicht auf die kanonische Form der Bewegungsgleichungen von (123) wird dabei hier wie im folgenden überall vorausgesetzt, daß die mehrfach periodischen *Partikular*lösungen von *bedingt periodischem Typus* sind. Die Vermutung von *P. Ehrenfest,* Ztschr. f. Phys. 19 (1923), p. 242, daß es Reihenlösungen vom *Fourier*schen Typus (124) geben könnte, für welche u gegebenenfalls *größer* als die Anzahl der Freiheitsgrade s werden, aber stets $\leqq 2s - 1$ sein müßte, halten wir für nicht erweisbar; jedenfalls ist bisher kein Beispiel für die Möglichkeit eines derartigen Falles bekannt geworden. — In der Tat findet *T. M. Cherry,* Trans. Cambr. Phil. Soc. 23 (1924), p. 43, daß stets $u \leqq s$ sein muß, ähnlich *G. Wataghin,* Ann. d. Phys. 76 (1925), p. 41 (Zusatz bei der Korrektur).

alle und nur diese Frequenzen mit bestimmten, aus der *Bohr*schen Frequenzbedingung (114) folgenden Quantenfrequenzen *asymptotisch* zusammenfallen müssen:

$$\nu \sim \tau_1 \omega_1 + \cdots + \tau_u \omega_u . \tag{125}$$

Während das Quantenatom aber immer nur *einzelne* der Frequenzen (125) auszustrahlen vermag, werden vom klassischen Gebilde *sämtliche durch* (125) *gegebene Frequenzen zugleich* ausgesendet. *Dieser prinzipielle Unterschied zwischen klassischer und Atomelektrodynamik bleibt somit aufrechterhalten und enthüllt den statistischen Charakter der klassischen Ergebnisse.* Damit die klassische Ausstrahlung in der Grenze (121) oder (122) direkt als Resultat einer *zeitlichen Mittelbildung* aufgefaßt werden kann, braucht nur noch mit *Bohr* gefolgert zu werden, *daß die relative Intensität der Frequenzen* (125) *im klassischen Spektrum als Maß für die mittlere zeitliche Häufigkeit der zeitlich voneinander unabhängig erfolgenden, spontanen, monochromatischen Ausstrahlungsvorgänge des Quantenatoms angesehen werden muß.* Entwickelt man das *elektrische Moment*

$$\sum_{\alpha=1}^{Z+1} e_\alpha \mathfrak{r}_\alpha \tag{123a}$$

des betrachteten Modells nach einer entsprechend (124) gebauten *Fourier*reihe und bezeichnet mit $\overline{A^2}$ den Mittelwert des Quadrates der zu einer von den Frequenzen (125) gehörigen Schwingungsamplitude, so sind jene Intensitäten durch Ausdrücke von der Form

$$\Delta E = \frac{2}{3} (2\pi)^4 \frac{e^2}{c^3} \nu^4 \overline{A^2} \cdot \Delta t \tag{126}$$

gegeben, wo ΔE die auf die Frequenz ν entfallende und während der Zeit Δt im Mittel ausgesandte Energie darstellt. In ähnlicher Weise können nach *Bohr* auch die Polarisationsverhältnisse der einzelnen Spektralfrequenzen (125) der *Fourier*entwicklung des elektrischen Momentes entnommen werden.[276])

Um noch die quantentheoretische Kennzeichnung der stationären Zustände zu ermitteln, welche der Bewegung (124) in der Grenze (121) bzw. (122) entsprechen, möge diese mit Hilfe der *zyklischen* „Winkelvariablen" von der Periode 1,

$$w_r = \omega_r \cdot t + \delta_r \qquad (r = 1, 2, \ldots, u) \tag{127}$$

und der dazu kanonisch konjugierten Parameterinvarianten und „Wir-

---

276) Vgl. dazu namentlich *A. Sommerfeld* [1], Zusatz 10.

kungsvariablen" I_r dargestellt gedacht werden (Nr. **3A**). Wegen

$$\omega_r = \frac{\partial E}{\partial I_r} = \frac{\partial H}{\partial I_r} \qquad (r = 1, 2, \ldots, u) \tag{128}$$

ergibt die *Bohr*sche Frequenzbedingung (114) zusammen mit (125) für jeden der beiden Grenzübergänge (121) und (122)

$$\lim \frac{E(I_{r,n'}) - E(I_{r,n''})}{h} = \sum_{r=1}^{u} \tau_r \frac{\partial E}{\partial I_r}. \tag{129}$$

Indem man die *Taylor*sche Entwicklung von $E(I_r)$ nach dem zweiten Gliede abbricht und für ein entsprechendes Verhalten des Restgliedes sorgt, erhält man im Falle des *Planck*schen Grenzüberganges für beliebige Indizes n', n''

$$\lim_{h \to 0} I_{r,n'} - I_{r,n''} = \tau_r \cdot h \qquad (r = 1, 2, \ldots, u). \tag{130}$$

Im *Bohr*schen Falle (122) hingegen findet man wegen des monotonen Verhaltens der $I_{r,n'}$, $I_{r,n''}$ bei wachsenden Indizes n', n'' (Nr. **10**)

$$\lim_{\substack{n' \to \infty \\ n'' \to \infty}} I_{r,n'} - I_{r,n''} = \tau_r \cdot h \qquad (r = 1, 2, \ldots, u), \tag{131}$$

vorausgesetzt, daß die Differenz $n' - n''$ *endlich* bleibt.[277]) Man hat demnach allgemein für beide Grenzfälle

$$\lim I_{r,n} = n_r \cdot h + h_r^{(0)} \qquad (r = 1, 2, \ldots, u), \tag{132}$$

wo die n_r *ganze* Zahlen sind[278]) und die $h_r^{(0)}$ *beliebige, hier nicht näher bestimmbare Konstante* von der Dimension einer Wirkungsgröße darstellen.

Im Anschluß an (123) ist zunächst die feldfreie Bewegung des Modells im Grenzzustande der Erörterung unterzogen worden, doch sieht man ohne weiteres, daß die Ergebnisse (130) und (131) bzw. (132) unter den entsprechenden Voraussetzungen auch im Falle *konstanter äußerer Felder* zu Recht bestehen bleiben. Von besonderem Interesse ist nun aber auch der Fall *hinreichend langsam veränderlicher äußerer Felder*, welcher sich hinsichtlich der dynamischen Seite des durch (123) gekennzeichneten Problems jenem der in Nr. **3A** behandelten *unendlich langsamen, umkehrbaren Parameterverschiebungen* an einem beliebigen dynamischen System einordnet. Wie aus den Betrachtungen von Nr. **3A** hervorgeht, bleibt in diesem Falle die Gültig-

277) Wie man sieht, hat die ganze an (129) anknüpfende Überlegung zur Voraussetzung, daß (128) auch noch in einer gewissen *Umgebung* des dynamischen Grenzzustandes (124) einen Sinn hat und beim Übergang gegen ihn gleichmäßig konvergiert.

278) Im *Bohr*schen Falle müssen die n_r offenbar „sehr große" ganze Zahlen sein, im *Planck*schen können sie auch beliebig kleine ganzzahlige Werte besitzen.

keit der kanonischen Bewegungsgleichungen (1) noch erhalten, und dies wird auch hier zutreffen, wenn die Geschwindigkeit der vorgenommenen Parameterverschiebungen bzw. Feldänderungen so beschränkt gedacht wird, daß sie mit der in (123) vorausgesetzten Vernachlässigung der klassischen Ausstrahlung verträglich bleibt. Da nach den Ergebnissen von Nr. **3 A** die Größen I_r *Parameterinvarianten* oder *adiabatische Invarianten* sind, so ist damit *auch für den Fall beliebiger mit* (124) *verträglicher, hinreichend langsam veränderlicher, makroskopischer und molekularer Parameter die Gültigkeit der Beziehungen* (130), (131) *bzw.* (132) *sichergestellt.* Dieses Ergebnis ist anderseits aber auch vom Standpunkt der gewöhnlichen Dynamik aus unmittelbar verständlich und unerläßlich, wenn die linken Seiten von (130) bzw. (131) derartigen Parameteränderungen gegenüber ebenso unverändert bleiben können sollen, wie das für deren rechte Seite wegen des universellen Charakters von h von vornherein ersichtlich ist.[279]) Diese Ergebnisse bedeuten offenbar zugleich auch eine *Sicherstellung der Stabilität des betrachteten Modelles in seinen stationären Grenzquantenzuständen* (132); im Anschluß an Nr. **3 A** muß jedoch betont werden, daß dies nur für solche äußere Störungen zutrifft, welche aus einer u-fach periodischen Partikularlösung der Bewegungsgleichungen wieder eine solche hervorgehen lassen. Ob andersartige Störungen, namentlich solche durch *Instabilitätsparameter* bewirkte (Nr. **3 A**), prinzipiell ausgeschlossen sind oder nicht, ist ebenso unbekannt wie die Gründe dafür, daß das Modell im Grenzzustande überhaupt nur Bewegungsvorgänge ausführen zu können scheint, welche den erwähnten Partikularlösungen entsprechen.

Um die im Vorstehenden zusammengestellten Ergebnisse nun auch für die Bestimmung *beliebiger, nicht an die Grenzübergänge* (121) *oder* (122) *gebundener Quantenzustände* verwerten zu können, ist man zur Einführung einer Reihe von *Annahmen* genötigt, welche das Verhalten der betrachteten Modelle im eigentlichen Gebiete der Atomelektrodynamik betreffen und über deren Brauchbarkeit und Zulässigkeit im Grunde genommen nur der praktische Erfolg entscheiden kann. Am wenigsten bedenklich scheint die Annahme zu sein, daß es überhaupt Differentialgleichungen für die Beschreibung der Bewegung der Modelle in ihren stationären Zuständen gibt und diese aus einem Varia-

---

279) Wie man sieht, müssen daher für das klassisch-elektrodynamische Modell alle in Betracht kommenden Änderungen der Größen I_r mit *spontaner Strahlungsemission* verbunden sein, was im Quantenfalle den Änderungen (130) bzw. (131) der I_r entspricht, von welchen die *Emission der einzelnen Spektrallinien* (125) begleitet wird.

tionsprinzipe ableitbar sind, was wieder ermöglichen würde, sie in der kanonischen Form (1) auszudrücken.[280]) Wesentlich weitgehender ist hingegen die in vielen Fällen bewährte Annahme der speziellen *Hamilton*schen Funktion (123), vor allem auch noch unter Fortlassung der in (123) vorkommenden Doppelsumme. Diese läuft darauf hinaus, *die Gesetze der klassischen Elektrodynamik unter Vernachlässigung der klassischen Ausstrahlung auch für die Bewegung in beliebigen Quantenzuständen versuchsweise beizubehalten* und im wesentlichen *bloß die Coulombschen Kraftwirkungen zwischen Atomkernen und Elektronen zu berücksichtigen.* Die Vernachlässigung der Ausstrahlung bedingt hierbei nach *Bohr* prinzipiell eine gewisse Unschärfe in der Festlegung der Quantenzustände. Für letztere wird es entsprechend der Beibehaltung der oben als für den Grenzzustand maßgebend angesehenen Bewegungsgesetze naheliegend sein, *auch die allgemeinen „Quantenbedingungen"* (132) *unverändert festzuhalten.* Setzt man demzufolge unabhängig von irgendwelchen Grenzbetrachtungen

$$I_r = n_r \cdot h + h_r^{(0)}, \qquad \begin{cases} (r = 1, 2, \ldots, u) \\ (n_r = 0, 1, 2, \ldots) \end{cases} \tag{133}$$

so ist dies zwar eine mögliche und mit (132) verträgliche Quantenvorschrift, aber keineswegs die einzige, welche zufolge (121) oder (122) in (132) übergehen würde. *Die allgemeinen Quantenbedingungen* (133) *stellen demnach ein selbständiges Postulat dar, dessen Berechtigung ebenso bloß durch den praktischen Erfolg erwiesen werden kann, wie die alleinige Berücksichtigung Coulombscher Wechselwirkungskräfte im Inneren der Atome.*[281]) Auch für die Festlegung der additiven Konstanten $h_r^{(0)}$ in (133) läßt sich von vornherein keinerlei Gesetzmäßigkeit zwangläufig angeben.[282]) Nach *Bohr* und *Burgers* kann man zwar $h_r^{(0)}$ zu

280) Vgl. Anm. 19). Die Voraussetzung der Ableitbarkeit einer Gesetzlichkeit aus einem Variationsprinzipe besagt im Grunde genommen nur, daß die betreffende physikalische Erscheinung unter geringfügigen und daher unbeobachtbaren Änderungen der Bedingungen für ihr Zustandekommen *beobachtbar,* sowie reproduzierbar bleibt und somit überhaupt *als gesetzlich erkennbar* ist. Diese Bemerkung rührt von *W. Wirtinger* her. In der Tat haben sich die physikalischen Gesetzmäßigkeiten bisher ausnahmslos Variationsprinzipien unterordnen lassen; doch bleibt jedenfalls unsicher, ob man in Anbetracht der Diskontinuitäten der Quantentheorie prinzipiell noch berechtigt ist, eine derartige Schlußweise bis in das Innere des Atoms fortzusetzen. Vgl. hierzu Anm. 428).

281) In dem sonst ausgezeichneten Büchlein von *E. Buchwald,* Das Korrespondenzprinzip, Braunschweig 1923, ist der Schluß von (132) auf die Quantenbedingungen (133) versehentlich als eindeutig dargestellt. Vgl. dazu auch die Besprechung von *W. Pauli,* Die Naturwissenschaften 12 (1924), p. 36.

282) Vgl. dazu und zu einem Versuche, eine solche aufzufinden, *A. Smekal,* Ztschr. f. Phys. 10 (1922), p. 275, § 6.

(134) $$h_r^{(0)} = 0 \quad \text{bzw.} \quad = h$$

festlegen, je nachdem, ob man n_r in (133) mit Eins oder Null beginnen lassen will, wenn man das *Zusatzpostulat* einführt, daß sich die in gewöhnlichen kanonischen Koordinaten q_k, p_k geschriebene invariante „Wirkungsgröße"

$$W = \int_{t_0}^{t} \sum_{r=1}^{u} p_k \cdot d q_k$$

von der in den „Quantelungskoordinaten" w_r, I_r geschriebenen

$$\int_{t_0}^{t} \sum_{r=1}^{u} I_r \cdot d w_r = (t - t_0) \sum_{r=1}^{u} I_r \cdot \omega_r$$

für jede Bewegung des betrachteten dynamischen Gebildes nur um zeitlich periodische Glieder unterscheidet, so daß das Zeitmittel der Wirkungsgröße einfach durch

(135) $$\overline{W} = \sum_{r=1}^{u} I_r \cdot \omega_r$$

gegeben sein wird.[283]) Das Auftreten sogenannter „halber" Quantenzahlen n_r bei der Deutung der *Komplexstrukturen* und *anomalen Zeemaneffekte in den Serienspektren der Elemente,* ferner bei den *Bandenspektren* (V 26, *C. Runge* und V 27, *A. Kratzer*) scheint anderseits, wenigstens für einzelne von den u Bedingungen (133), mit (134) unverträglich zu sein und dürfte daher einer allgemeinen Gültigkeit von (135) widersprechen.

Wie oben hervorgehoben, wird durch die *adiabatische* oder *Parameterinvarianz* der Größen I_r die allgemeine Gültigkeit der Beziehungen (132) und damit auch die *Stabilität der Quantenzustände* in dem oben gekennzeichneten Ausmaße für die Grenzgebiete (121) bzw. (122) sichergestellt. *Die Ausdehnung dieses Ergebnisses auf alle beliebigen, nach* (133) *möglichen Quantenzustände kann wiederum nur im Wege eines neuen selbständigen Postulates vorgenommen werden,* welches zuerst von *Ehrenfest* ausgesprochen worden ist und als *Ehrenfestsches Adiabatenprinzip* bezeichnet wird.[284]) Nach *Bohr* ist dieses Prinzip auch von

283) *N. Bohr,* Ztschr. f. Phys. 13 (1923), p. 117, I. Kap., § 2; Ann. d. Phys. 71 (1923), p. 228, § 2.

284) Diese Annahme, welche von *P. Ehrenfest* bereits Ann. d. Phys. 36 (1911), p. 91; Verhandl. Deutsch. Phys. Ges. 15 (1913), p. 453; Proc. Acad. Amsterdam 16 (1914), p. 591 benutzt worden ist, hat *A. Einstein,* Verhandl. Deutsch. Phys. Ges. 16 (1914), p. 826 mit dem Namen „Adiabatenhypothese" belegt. Ihre eingehende Formulierung und Diskussion bei *P. Ehrenfest,* Ann. d. Phys. 51 (1916), p. 327. *N. Bohr* [2] hat sie später zuerst unter dem Namen „Prinzip der mechanischen

grundsätzlicher Bedeutung für die Festlegung der quantenhaften Energiewerte, welche den Quantenbedingungen (133), (134) entsprechen; da alle Zwischenzustände zwischen den stationären Zuständen sonst prinzipiell nicht realisierbar sind, ist es wichtig, *daß man mittels gewisser virtueller adiabatischer Transformationsprozesse verschiedene stationäre Zustände ineinander überzuführen vermag.*[285]) Dieser Umstand ist auch von entscheidender Bedeutung für die *Möglichkeit einer a priorischen Bestimmung von statistischen Gewichten für die einzelnen stationären*

Transformierbarkeit der stationären Zustände" verwendet, aber jüngst, Ztschr. f. Phys. 13 (1923), p. 117, die obige, der zuerst gewählten verwandte Bezeichnung vorgeschlagen. S. ferner *P. Ehrenfest,* Die Naturwissenschaften 11 (1923), p. 543.

Wie man sich mit Rücksicht auf die in Nr. 3 auseinandergesetzte Methode zur Ermittlung der Struktur des μ-Raumes und die allgemeine Bedingung (82a) in Nr. 8 für die Möglichkeit eines Entropiedifferentials leicht überzeugt, *ist das Adiabatenprinzip als fundamentale Voraussetzung für eine allgemeine, rein quantenstatistische Ableitung des II. Hauptsatzes der Thermodynamik anzusehen.* Siehe *P. Ehrenfest*, Phys. Ztschr. 15 (1914), p. 657; Ann. d. Phys. 51 (1916), p. 327; *A. Smekal,* Phys. Ztschr. 19 (1918), p. 137, 200; *N. Bohr,* Ztschr. f. Phys. 13 (1923), p. 117, Anmerkung auf p. 136. Im Rahmen der allgemeinen, in Nr. 2—8 entwickelten Statistik, welche (vgl. Nr. 9) die Quantenstatistik als Spezialfall mitumfaßt, sind die Grundlagen des Adiabatenprinzips demnach in jenen Annahmen mitenthalten, welche dort hinsichtlich der dynamischen Eigenschaften der Moleküle zugrundegelegt worden sind.

Ein in mehrfacher Hinsicht anfechtbarer Versuch, die Quantenbedingungen (133), (134) sowie die *Bohr*sche Frequenzbedingung (114) mittels der „Adiabatenhypothese" zu begründen, ist von *K. Försterling,* Ann. d. Phys. 60 (1919), p. 673 unternommen worden, doch kann er seit dem *Bohrschen* Korrespondenzprinzip, zumindest was die Frequenzbedingung anbetrifft, nicht mehr aufrechterhalten werden. Vgl. dazu neuerdings jedoch *K. Försterling,* Ztschr. f. Phys. 25 (1924), p. 253.

285) Ein Beispiel für einen derartigen Fall bei *N. Bohr* [2], p. 32/33, wo von den Eigenschaften sogenannter „entarteter" Zustände (vgl. Nr. 15) wesentlicher Gebrauch gemacht werden muß, ferner bei *H. Geppert,* Ztschr. f. Phys. 24 (1924), p. 208. Wie *Bohr* an der gleichen Stelle, p. 10, hervorhebt, kann man zur Vermittlung des Überganges aber auch immer von einem Zustand des betrachteten Gebildes Gebrauch machen, in dem die auf alle seine Teilchen wirkenden Kräfte sehr klein sind und für welchen die Energiewerte in allen stationären Zuständen nahe miteinander zusammenfallen. *Allerdings bedarf es hierzu fast immer nichtrealisierbarer Verschiebungen von molekularen Parametern.* Die Frage, ob dieser Umstand in jedem Falle als unbedenklich angesehen werden kann, ist nach den auf p. 995 gemachten Bemerkungen naheliegend, scheint jedoch gegenwärtig nicht beantwortbar zu sein.

Im Rahmen der vorliegenden Darstellung erscheint der im Texte zuletzt berührte Punkt allerdings von untergeordneterer Bedeutung, da hier, wie in Nr. 9—12, im Grunde genommen von einer *empirischen* Bestimmung der quantenhaften Energiewerte ausgegangen worden ist, sei es mit Hilfe der *Statistik* (Nr. 9), der *spektroskopischen Tatsachen* (p. 974) oder direkt mittels des Experiments (Anm. 200).

Zustände, wie man durch Vergleich mit den in Nr. 3 auseinandergesetzten Gesichtspunkten für die Ermittlung von a priori gleichhäufigen Molekülzuständen unmittelbar erkennen kann.[286]) Bringt man diese Ergebnisse auch im Gebiete der beiden Grenzübergänge (121) und (122) zur Durchführung, so kann leicht gezeigt werden, wie sich die diskontinuierliche Gewichtsverteilung der Quantentheorie hier der kontinuierlich-konstanten Gewichtsverteilung der älteren klassischen statistischen Mechanik beliebig weitgehend annähern läßt.[287])

Der allen vorangehenden Folgerungen für beliebige Quantenzustände zugrundeliegende Gedanke einer allgemeinen Korrespondenz zwischen den Ergebnissen der klassischen Elektrodynamik und den entsprechenden Ansätzen in der Atomelektrodynamik legt weiterhin gewisse *Annahmen über die Strahlungseigenschaften* der Quantenatome und -moleküle nahe, welche ebenfalls jenen der klassisch-elektrodynamischen Gebilde in dem durch (121) bzw. (122) gekennzeichneten Grenzgebiete nachgebildet sind. So wird man aus der Fähigkeit der letzteren zu *spontaner Energieausstrahlung*, zu *„positiver" und „negativer" Einstrahlung*, endlich zur *Zerstreuung des Lichtes* bei Wechselwirkung mit dem umgebenden Strahlungsfelde, auf das Bestehen analoger Eigenschaften der ersteren schließen, auf welchen *Annahmen* in der Tat auch die in Nr. **11** und **12** benutzten *Einstein*schen Ansätze (106′), (107a′), (107b′) beruhen.[287a]) Vor allem aber wird man mit *Bohr* trachten, die oben (p. 993) für den Fall der Grenzübergänge (121) und (122) erwähnten Ergebnisse über die *Intensitäts- und Pola-*

286) Auch dieser Punkt ist (vgl. die vorangehende Anmerkung) für die gegenwärtige Darstellung von geringerer Aktualität, weil nach Nr. 9 die Bestimmung der Gewichte zugleich mit jener der Quantenenergiewerte aus der *Statistik* erfolgen kann, falls hierzu geeignete makroskopische Daten vorliegen. Vgl. aber Nr. **24**.

287) Vgl. *N. Bohr*, Ztschr. f. Phys. 13 (1923), p. 117, I. Kap., § 5, wo auch der Sonderstellung der „entarteten Systeme" besonders gedacht wird. Ferner z. B. *N. Bohr* [2], p. 34 und Nr. **24**.

287a) Für Gebilde von *einem* Freiheitsgrade hat *M. Planck* [1] [siehe auch Anm. 217) und 219)] die *Korrespondenz der Einsteinschen Ansätze* (106′), (107a′), (107b′) *mit der klassischen Elektrodynamik* systematisch benutzt; für Gebilde mit *zwei* und *drei* Freiheitsgraden ist diese Korrespondenz allgemein von *J. H. Van Vleck*, J. Opt. Soc. Amer. 9 (1924), p. 27; Phys. Rev. 24 (1924), p. 330, 347, und *K. F. Niessen*, Ann. d. Phys. 75 (1924), p. 743, nachgewiesen worden. — Die *Zerstreuung des Lichtes* (Nr. **21**) durch Quantengebilde von beliebig vielen Freiheitsgraden ist auf Grund der quantentheoretischen Deutung dieser Erscheinung von *A. Smekal*, Naturwissenschaften 11 (1923), p. 873, korrespondenzmäßig durchgeführt worden von *H. A. Kramers* und *W. Heisenberg*, Ztschr. f. Phys. 31 (1925), p. 681 (Zusatz bei der Korrektur).

risationsverhältnisse der einzelnen Spektrallinien (125) auch für die bei Übergängen zwischen *beliebigen* Quantenzuständen nach (114) ausgestrahlten Spektrallinien nutzbar zu machen. Sind $n_1', n_2', \ldots, n_u'$ und $n_1'', n_2'', \ldots, n_u''$ die ganzzahligen Werte der Quantenzahlen n_r in (133) vor bzw. nach einem beliebigen, ins Auge gefaßten Quantenübergang und wird

$$\tau_r = n_r' - n_r'' \qquad (r = 1, 2, \ldots, u) \tag{136}$$

gesetzt, so ordnet *Bohr* alle jene Quantenübergänge, für welche die Anzahlen τ_r in (136) mit jenen in (125) übereinstimmen, der mittels des Grenzüberganges (122) erhaltenen Spektralfrequenz (125) des klassisch-elektrodynamischen Modelles zu. Dieser Frequenz muß eine ganz bestimmte harmonische Schwingungskomponente in der allgemeinen *Fourier*entwicklung für das elektrische Moment (123a) des betrachteten Atomgebildes entsprechen. Ist sie im konkreten Falle tatsächlich *vorhanden, so werden alle mit den Bedingungen* (136) *verträglichen Quantenübergänge als möglich anzunehmen sein*; ist sie hingegen *abwesend* — d. h. *ist ihre Intensität Null* — *so werden alle diese Quantenübergänge als unausführbar zu gelten haben.*[288]) Diese für (136) maßgebende harmonische Schwingungskomponente, welche naturgemäß auch außerhalb des Grenzzustandes (122) aufgesucht werden kann, heißt nach *Bohr* die zu den betreffenden Quantenübergängen „korrespondierende“ Schwingungskomponente in der Bewegung des Atoms; der Inhalt obiger Aussagen wird von *Bohr* neuerdings als „Korrespondenzprinzip“ im engeren Sinne des Wortes bezeichnet und stellt ein auch ohne Bezugnahme auf die klassische Elektrodynamik formulierbares, *rein quantentheoretisches Postulat* dar.[289])

Während man ohne weitere Schwierigkeiten annehmen können wird, *daß der Polarisationszustand aller Spektrallinien*

$$\nu = \frac{1}{h}\left[E(n_r') - E(n_r'')\right], \tag{136a}$$

für welche (136) *gilt, der gleiche ist und mit jenem übereinstimmt, welcher der „korrespondierenden“ Schwingungskomponente entspricht,* ist eine ähnliche Aussage hinsichtlich der *Intensitätsverhältnisse* schon deswegen unmöglich, weil das Intensitätsmaß (126) die Spektralfrequenz ν ex-

---

288) Für gewisse Quantenzahlen ist ein derartiges „Auswahlprinzip“ etwa gleichzeitig mit der Aufstellung des wesentlich allgemeineren *Bohr*schen Korrespondenzprinzipes und unabhängig davon von *A. Rubinowicz*, Phys. Ztschr. 19 (1918), p. 441, 465, formuliert und auf Betrachtungen über die Erhaltung des Drehimpulses während der Ausstrahlungsvorgänge gegründet worden. Vgl. dazu *N. Bohr* [2], p. 46, 84, ferner *A. Sommerfeld* [1], V. Kap., §§ 1, 2.

289) *N. Bohr,* Ztschr. f. Phys. 13 (1923), p. 117, II. Kap., § 2.

plizit enthält. Da an der Aussendung jeder Spektrallinie nach der Quantentheorie *zwei* verschiedene Quantenzustände teilnehmen, der Intensitätsausdruck (126) hingegen einen Amplitudenquadrat-Mittelwert für einen *einzigen* Bewegungszustand des Modelles enthält, so kann man überdies nur *versuchen*, diesen Faktor für beide beteiligten Quantenzustände zu berechnen und einen geeigneten *Mittelwert* dieser Ergebnisse an Stelle von $\overline{A^2}$ in (126) einzuführen.[290]) Dieses provisorische Verfahren wird durch die Möglichkeit nahegelegt, nach (133) mittels

$$I_r(\lambda) = h \cdot [n_r'' + \lambda(n_r' - n_r'')] + h_r^{(0)} \quad (r = 1, 2, \ldots, u) \tag{137}$$

einen Parameter λ $(0 \leqq \lambda \leqq 1)$ einzuführen, welcher die Frequenzen (136a) in Anlehnung an (125) durch

$$\nu = \int_0^1 \sum_{r=1}^{u} (n_r' - n_r'') \cdot \omega_r(\lambda) \cdot d\lambda \tag{137a}$$

darzustellen gestattet.[291]) Die speziellen Darstellungen (137) bzw. (137a) für eine derartige Mittelbildung werden allerdings gegenstandslos, wenn man es unternimmt, das Korrespondenzprinzip und die damit zusammenhängenden Aussagen in Anlehnung an die Folgerungen des *Planck*schen Grenzüberganges (121) zu formulieren; im übrigen gelangt man dabei aber zu Annahmen, welche mit den oben geschilderten in allen Punkten übereinstimmen.

Wenn man die oben in formaler Analogie zu dem Verhalten klassisch-elektrodynamischer Modelle im Grenzzustande (121) oder (122) entwickelten Annahmen zusammenfassend überblickt, so heben sich als Grundpfeiler der gegenwärtigen Form der Quantentheorie für ruhend

---

290) *H. A. Kramers,* Dansk. Vid. Selsk. Skr. 8, III (1918). Ein dagegen von *N. Bohr* [2], p. 121 seinerseit geäußertes Bedenken, ist von ihm Ztschr. f. Phys. 13 (1923), p. 117, p. 145, 149 inzwischen selbst entkräftet worden. — Versuche, auf rechnerischem Wege und durch Vergleich mit experimentellen Ergebnissen die passendste Mittelungsfunktion ausfindig zu machen, hat *F. C. Hoyt,* Phil. Mag. 46 (1923), p. 135; 47 (1924), p. 826, unternommen.

291) Bei Systemen mit *einem* Freiheitsgrade und demnach einer einzigen Quantenbedingung (133) wäre es anstatt derartiger Mittelungsprozesse naheliegender, den Intensitätsausdruck (126) versuchsweise einfach für jenen Bewegungszustand des Modells zu berechnen, für welchen die Spektralfrequenz ν mit der „korrespondierenden“ Schwingungsfrequenz $\tau\omega$ der Bewegung *numerisch* übereinstimmt. Ein derartiger Ersatz des Quantengebildes durch ein klassisch-stetiges ist gelegentlich bereits von *G. Mie,* Ann. d. Phys. 66 (1921), p. 237, jedoch zu ganz anderen Zwecken, benutzt worden. Wie man leicht sieht, ist eine derartige Möglichkeit jedoch grundsätzlich auf den Fall eines Freiheitsgrades beschränkt.

gedachte, isolierte *Bohr*sche Atom- und Molekülgebilde aus ihnen *die Quantenbedingungen* (133) *und das Ehrenfestsche Adiabatenprinzip* als *Stabilitätsprinzipien* hervor. Demgegenüber werden die *Strahlungsvorgänge* als Geschehnisse, welche mit dem zeitweilig-vorübergehenden *Instabilwerden der stationären Zustände* verknüpft sind, im wesentlichen von *der Bohrschen Frequenzbedingung* (114) *und dem Bohrschen Korrespondenzprinzip* (136) beherrscht. *Alle diese Grundlagen bleiben ersichtlich anwendbar, auch wenn man für die Quantengebilde an Stelle der klassisch-elektrodynamischen, künstlich strahlungslos gemachten Näherungsgleichungen*[292]) *beliebige kanonische Differentialgleichungen einführt*, sofern letztere nur die Eigenschaft besitzen, für die Grenzübergänge (121) und (122) in die ersteren überzugehen und Partikularlösungen vom allgemeinen Typus (124) zuzulassen. Sollte sich im Verlaufe der künftigen Entwicklung der Quantentheorie zeigen, wofür aber gegenwärtig noch keine entscheidenden Anhaltspunkte bestehen, daß Differentialgleichungen überhaupt nicht geeignet sind, das Verhalten der Atomsysteme in ihren stationären Zuständen zu beschreiben, dann würden allerdings sowohl die Quantenbedingungen (133) als das *Bohr*sche Korrespondenzprinzip in seiner engeren Fassung (136) durch weitergehende Annahmen ersetzt werden müssen.[293]) Die Gültigkeit der

292) Diese Gleichungen werden in der quantentheoretischen Literatur merkwürdigerweise als „mechanische" bezeichnet, wohl wegen der bisher fast ausschließlichen Beschränkung auf jene Näherung, welche mit alleiniger Berücksichtigung der elektro*statischen Coulomb*schen Kräfte verbunden ist. Man hat daher gelegentlich vom „Versagen der Mechanik" in der Quantentheorie gesprochen (Nr. **16a**), was dem Obigen zufolge aber *nicht mit dem Versagen der allgemeinen dynamischen Differentialgleichungen* (1) *verwechselt werden darf* [vgl. dazu Anm. 246), 280)]. Eine diesbezügliche Unklarheit findet sich auch bei *N. Bohr,* Ztschr. f. Phys. 13 (1923), p. 117, im Texte auf p. 134; vgl. dazu und zu der dortigen Anmerkung *A. Smekal,* Ztschr. f. Phys. 15 (1923), p. 58.

293) Das erstere scheint *Bohr* vor Augen zu haben, wenn er Ztschr. f. Phys. 13 (1923), p. 117, auf p. 135, jedoch ohne nähere Formulierung, von der Einführung eines allgemeinen „Prinzips der Existenz und Permanenz der Quantenzahlen" spricht, welches auch weiterhin die Zuordnung von bestimmten Quantenzahlen zu den verschiedenen stationären Zuständen ermöglichen müßte. Was das Korrespondenzprinzip in seiner engeren Fassung anbetrifft, so würde bei dem Verzicht auf Differentialgleichungen die zu (136) „korrespondierende" Schwingungskomponente der Bewegung außerhalb eines der beiden Grenzzustände (121) und (122) *nicht mehr definiert werden können* und das Gleiche würde sich auch im *Bohr*schen Grenzfalle (122) aus praktischen Gründen herausstellen — möglicherweise jedoch *nicht* im *Planck*schen Falle (121). Unabhängig von dieser Frage würde es aber jedenfalls genügen, allen Quantenübergängen, welchen (136) für *feste* Quantenzahldifferenzen τ_r gemeinsam ist, *die gleichen „Auswahl"- und Polarisationsverhältnisse zuzuordnen.* Dieses formale Verfahren hat sich, ohne Rücksicht-

*Bohr*schen Frequenzbedingung (114) erscheint demgegenüber empirisch durch das *Plancksche Strahlungsgesetz* und das *Ritzsche Kombinationsprinzip* der Serienspektren bereits ebenso allgemein gesichert, wie das *Ehrenfest*sche Adiabatenprinzip durch seine Beziehungen zu den statistischen Grundlagen des II. Hauptsatzes der Thermodynamik.[284])

In den nächstfolgenden Nummern wird nun die Anwendung der vorstehend besprochenen allgemeinen Prinzipien, vornehmlich jene der Quantenbedingungen (133) auf die quantentheoretische Behandlung *konkreter Atom- und Molekülprobleme* auseinandergesetzt, womit sich zugleich ein Bild ihrer bisher erkannten Tragweite ergeben wird. Hingegen sollen im folgenden verschiedene ihrer Anwendungen auf fiktive Systeme unberücksichtigt gelassen werden, womit jedoch keineswegs beabsichtigt ist, deren fördernder und klärender Bedeutung für den Verlauf der bisherigen *Entwicklung* der Quantenlehre die Anerkennung zu versagen.[294])

15. Quantentheorie bedingt periodischer Systeme. Modell des Wasserstoffatoms und des einfach positiv geladenen Heliumatoms.

15a. Das störungsfreie Modell. Nach dem allgemeinen *Rutherford-Bohr*schen Atommodell (Nr. **13**) besteht das Wasserstoffatommodell aus einem Proton als Atomkern ($Z = 1$), um welches ein einziges Elektron seine Bahnen beschreibt; ähnliches gilt für das Modell des einfach positiv geladenen Heliumatoms, bei dem jedoch der Kern durch

---

nahme auf die Frage nach der Existenz oder Nichtexistenz einer „korrespondierenden" Schwingungskomponente, bei der Deutung der optischen Serienspektren, ihrer Komplexstrukturen und *Zeeman*effekte, sowie bei den *Röntgen*spektren längst ausgezeichnet bewährt und namentlich in den Händen von *A. Sommerfeld* und *A. Landé* zu den bewundernswertesten Erfolgen geführt. Vgl. V 26, *C. Runge* und V 27, *A. Kratzer*.

294) Z. B. Oszillatoren von mehreren Freiheitsgraden: *H. A. Lorentz*, Versl. Akad. Amst. 20 (1912), p. 1103; *M. Planck*, Verhandl. Deutsch. Phys. Ges. 17 (1915), p. 407, 438; Ann. d. Phys. 50 (1916), p. 385; *F. Reiche*, Ann. d. Phys. 58 (1919), p. 657, Anhang I u. II; *R. Gans*, Ann. d Phys. 61 (1920), p. 400.

Asymmetrische Oszillatoren: *P. Debye*, Wohlfskehl-Vorträge, Göttingen 1913, erschienen Leipzig 1914, p. 17; *P. Ehrenfest*, Ann. d. Phys. 51 (1916), p. 327; *M. Born* u. *E. Brody*, Ztschr. f. Phys. 6 (1921), p. 140; *E. Schrödinger*, Ztschr. f. Phys. 11 (1922), p. 170; *P. Tartakowsky*, Ztschr. f. Phys. 15 (1923), p. 153. — In sämtlichen bisher angeführten Arbeiten werden zugleich auch quantenstatistische Fragen eingehender behandelt.

Periodisch gestörter Rotator: *P. Ehrenfest* u. *G. Breit*, Ztschr. f. Phys. 9 (1922), p. 207; *N. Bohr*, Ztschr. f. Phys. 13 (1923), p. 117, auf p. 146/147 u. p. 152; *P. Ehrenfest* und *R. C. Tolman*, Phys. Rev. 24 (1924), p. 287.

*Rayleigh*sches Pendel: *G. Krutkow* u. *V. Fock*, Ztschr. f. Phys. 13 (1923), p. 195; *T. H. Havelock*, Phil. Mag. 47 (1924), p. 754.

Ferner zahlreiche Beispiele bei *N. Bohr* [2] und *J. M. Burgers* [1].

ein Alphateilchen von der zweifachen Elementarladung ($Z = 2$) ersetzt zu denken ist, ebenso für das Modell des doppelt positiv geladenen Lithiumatoms mit einem dreifach geladenen Kern ($Z = 3$), usf. Rechnet man dieses Modell nach der klassischen Elektrodynamik durch, so ergeben sich bei fortdauernder Energieausstrahlung Spiralbahnen des Elektrons um seinen Kern, welche mit der schließlichen Vereinigung der beiden Partikel endigen. Um dieser „Katastrophe" gegenüber eine den Tatsachen gemäße *Stabilität* der Atome zu gewährleisten, hat *Bohr* 1913 die Quantentheorie auf das Modell angewendet und damit den ersten und zugleich grundlegendsten Schritt für die gesamte neuere Atomlehre gewagt.[295]) Vernachlässigt man mit *Bohr* die Ausstrahlung und sieht das *Coulomb*sche Gesetz für die Kraftwirkung zwischen Kern und Elektron als allein maßgebend an, so hat man es bei Anwendung der Gesetze der klassischen Dynamik mit einem *elektrischen Analogon zum Keplerschen Planetensystem* zu tun; die Bewegung des Elektrons wird elliptisch und damit *einfach periodisch*. Indem *Bohr* in gewisser Anlehnung an die *Planck*sche Behandlung des linearen Oszillators

$$-E_n = n \cdot h \frac{\omega}{2} \qquad (n = 1, 2, \ldots) \tag{138}$$

setzte, wo ω die Umlaufsfrequenz der Bewegung bedeutet, erhielt er

$$E_n = -Z^2 \frac{Rh}{n^2}, \qquad (n = 1, 2, \ldots) \tag{139}$$

und mittels der als *Postulat* eingeführten *Frequenzbedingung* (114) die allgemeine Spektralformel

$$\nu = Z^2 \cdot R\left(\frac{1}{n''^2} - \frac{1}{n'^2}\right). \tag{140}$$

(140) ergab für $Z = 1$ *die Balmersche Serienformel für sämtliche Spektralfrequenzen des Wasserstoffatoms* und ermöglichte in ganz besonders überzeugender Weise für $Z = 2$ *die Identifizierung der Linien des Heliumfunkenspektrums*, sowie deren Unterscheidung von den *Balmer*linien, indem an Stelle der *Rydbergschen Konstante* R bei ruhend (d. h. unendlich schwer) gedachtem Kern ($M = \infty$)

$$R_\infty = \frac{2\pi^2 \cdot e^4}{h^3} \cdot m, \tag{141}$$

jene des mitbewegten Kernes von der Masse M

$$R = \frac{2\pi^2 \cdot e^4}{h^3} \cdot \frac{m \cdot M}{m + M} \tag{141a}$$

in (140) eingeführt werden konnte, welche für H und He^+ zu merklich unterscheidbaren Zahlwerten führt. (Vgl. V 26, *C. Runge* und

295) *N. Bohr* [1], Abhandlung I—III; hier auch die ältere Literatur zur Geschichte des Problems.

V 27, *A. Kratzer.*) Läßt man n' und zugleich n'' sehr groß werden, jedoch so, daß die Differenz $n' - n''$ klein bleibt und in der Grenze $n' = n''$ gesetzt werden darf, so wird aus (140)

$$(142) \qquad \lim_{\substack{n' \to \infty \\ n'' \to \infty}} \nu \sim 2R \frac{n'-n''}{n'^3} = (n' - n'') \cdot \omega,$$

entsprechend (131) und (125).[296]) Für das Impulsmoment des Elektrons in seinen Quantenbahnen bekommt man in der Bezeichnungsweise von Nr. **14** nach (139)

$$(143) \qquad \frac{I_n}{2\pi} = n \cdot \frac{h}{2\pi} \qquad (n = 1, 2, \ldots)$$

in Übereinstimmung mit (133) und (134); die Anwendung der Quantentheorie auf die Atomprobleme hat demnach von allem Anfang an einen Weg eingeschlagen, welcher zu identischen Ergebnissen führt, wie der in der vorigen Nummer auseinandergesetzte, allgemeine und bewußt möglichst weitgehende Anschluß an die Folgerungen der *Maxwell*schen Theorie.

Die vorstehend angedeutete, erste quantentheoretische Behandlung der Atommodelle mit einem einzigen Elektron reicht indessen trotz ihrer erwähnten, glänzenden Anfangserfolge nicht hin, um alle genaueren *Einzelheiten der Linien des Balmer- und Heliumfunkenspektrums,* ihre *Feinstruktur,* sowie ihren *Stark-* und *Zeemaneffekt quantitativ* wiederzugeben. Dies und damit den ferneren Ausbau der Theorie ermöglicht zu haben, ist das Verdienst von *A. Sommerfeld.*[297]) Indem *Sommerfeld* die zur Behandlung der „relativistischen" *Kepler*bewegung geeigneten Methoden entwickelte, war die Anwendung der Quantentheorie auf Systeme von *mehreren Freiheitsgraden* mit gewissen *Periodizitätseigenschaften*[298]) bereits so weit klargestellt, daß kurz darauf

---

296) *N. Bohr* [1], Abhandlung X, ferner vor allem [2] [3].

297) *A. Sommerfeld,* Münchn. Ber. 1915, p. 425, 459; 1916, p. 131; Ann. d. Phys. 51 (1916), p. 1, 125, ferner vor allem [1].

298) Ein zeitlich etwas früherer Versuch von *W. Wilson,* Phil. Mag. 29 (1915), p. 795, ferner 31 (1916), p. 156, beschränkt sich im wesentlichen auf die Formulierung der gleichen Quantenbedingungen wie bei *Sommerfeld,* ohne Erkenntnis ihrer Tragweite, und ist in den Händen seines Urhebers ebenso unfruchtbar geblieben, wie die anfechtbare Theorie von *I. Ishiwara,* Tokyo Sugaki-Buturgakkwai Kizi, 2nd Ser., Vol. 8, Nr. 4, p. 166, bezüglich welcher auf *N. Bohr* [1], p. 142 verwiesen werden muß.

Eine der *Sommerfeld*schen Behandlung der Quantenprobleme von mehreren Freiheitsgraden nahezu völlig äquivalente und ebenfalls gleichzeitige Lösung rührt hingegen von *M. Planck,* Verhandl. Deutsch. Phys. Ges. 17 (1915), p. 407, 438; Ann. d. Phys. 50 (1916), p. 385, her und geht von einer tiefgründigen Analyse der geometrischen Verhältnisse im *μ-Phasenraum* (vgl. Nr. 3) aus. Die er-

deren endgültige Präzisierung durch Untersuchungen von *Schwarzschild* und *Epstein* herbeigeführt werden konnte.[299])

Die „relativistische" *Kepler*bewegung des Wasserstoffatomelektrons[300]) gehört zu jenen Problemen der Dynamik, *deren Hamilton-Jacobische partielle Differentialgleichung* (5) *sich durch Separation der Variablen vollständig integrieren läßt.* In diesem Falle hat die „Wirkungsfunktion" (6) als vollständige Lösung der Differentialgleichung die spezielle Form

$$(6a)\qquad S(q_1, \ldots, q_s, \alpha_1, \ldots, \alpha_s) + C = \sum_{k=1}^{s} S_k(q_k, \alpha_1, \ldots, \alpha_s) + C,$$

wodurch es möglich wird, jede der s Impulsgrößen p_k mittels (4) durch die zugehörige, kanonisch konjugierte Koordinate q_k und die s willkürlichen Integrationskonstanten $\alpha_1, \ldots, \alpha_s$ auszudrücken:

$$(4a)\qquad p_k = p_k(q_k, \alpha_1, \ldots, \alpha_s) \qquad (k = 1, 2, \ldots, s).$$[301])

Die notwendigen und hinreichenden Bedingungen für die Möglichkeit einer derartigen Darstellung sind von *Levi-Cività*[302]) aufgestellt worden und bestehen aus dem folgenden System von $\frac{s(s-1)}{2}$ partiellen Differentialgleichungen:

$$(144)\qquad \frac{\partial H}{\partial p_k}\frac{\partial H}{\partial p_l}\frac{\partial^2 H}{\partial q_k \partial q_l} - \frac{\partial H}{\partial p_k}\frac{\partial H}{\partial q_l}\frac{\partial^2 H}{\partial q_k \partial p_l} - \frac{\partial H}{\partial q_k}\frac{\partial H}{\partial p_l}\frac{\partial^2 H}{\partial p_k \partial q_l} + \frac{\partial H}{\partial q_k}\frac{\partial H}{\partial q_l}\frac{\partial^2 H}{\partial p_k \partial p_l} = 0$$

$$(k = 1, 2, \ldots, s;\; l = 1, 2, \ldots, k-1, k+1, \ldots, s).$$

Bei gegebener, von der Zeit unabhängiger und dann zugleich mit der

wähnte Äquivalenz wurde für Systeme mit den entsprechenden Periodizitätseigenschaften von *P. S. Epstein*, Berl. Ber. 1918, p. 435 nachgewiesen, ferner hat *H. Kneser*, Math. Ann. 84 (1921), p. 277, gezeigt, daß die *Planck*schen Quantelungsprinzipien jene Periodizitätseigenschaften notwendig zur Folge haben.

299) *K. Schwarzschild*, Berl. Ber. 1916, p. 548; *P. S. Epstein*, Ann. d. Phys. 50 (1916), p. 489; 51 (1916), p. 168.

300) Vgl. dazu die Untersuchung von *G. Jaffé*, Ann. d. Phys. 67 (1922), p. 212.

301) Im Gegensatz zu der in (6) und auch sonst in Nr. 3 und 3 A bevorzugten Schreibweise sehen wir im folgenden von der Angabe der Parameter a bzw. a^* als Argumente der vorkommenden Funktionen ab, da alle mit den Parametern in Zusammenhang stehenden und hier noch in Betracht kommenden Fragen durch Nr. 3 A und die Ausführungen in Nr. 14 über das *Ehrenfest*sche *Adiabatenprinzip* als erledigt angesehen werden können.

302) *T. Levi-Cività*, Math. Ann. 59 (1904), p. 383; vgl. auch *H. Kneser*, Math. Ann. 84 (1921), p. 277, § 3. Eine vollständige Diskussion der Bedingungen (144) ist von *Levi-Cività* für $s = 2$ ausgeführt worden; bezüglich $s = 3$ vgl. man *F. A. Dall'Acqua*, Math. Ann. 66 (1909), p. 398.

Energie übereinstimmender *Hamilton*schen Funktion $H(q_1, \ldots, q_s, p_1, \ldots, p_s)$ der Bewegungsgleichungen (1) ist es somit ein Leichtes, festzustellen, ob diese Bedingungen für irgendwelche kanonische Variable q_k, p_k erfüllt sind oder nicht. Ist ersteres für *bestimmte* q_k, p_k der Fall, so wird diese Eigenschaft offenbar auch noch für alle jene kanonischen Veränderlichen Q_k, P_k erhalten bleiben, für welche

$$(145) \qquad Q_k = Q_k(q_k) \qquad (k = 1, 2, \ldots, s)$$

ist. Gibt es außer den durch (145) gekennzeichneten kanonischen Veränderlichen noch weitere, in welchen die allgemeinen Bedingungen (144) erfüllbar sind, so nennt man das System „entartet“ und kann sich leicht davon überzeugen, daß es dann durch geeignete Transformationen in ein solches mit *weniger als s Freiheitsgraden* übergeführt werden kann. — Erweist sich ein vorgelegtes dynamisches Problem in verschiedenen bequem zugänglichen Variablen q_k, p_k *nicht* als „separierbar“, so wäre der Nachweis zu erbringen, ob es überhaupt kanonische Veränderliche geben kann, in denen die Separation möglich wird.[303]) Zu diesem Zwecke hätte man die Bedingungen für jene Berührungstransformationen aufzusuchen, deren Anwendung auf das vorgelegte Problem die Befriedigung des Differentialgleichungssystems (144) ermöglichen würde. Die allgemeine Erledigung dieser an sich recht bedeutsamen Fragestellung ist bisher nicht gelungen, sie ist im vorliegenden Falle der Dynamik *Bohr*scher Atom- und Molekülmodelle aber auch von geringerem Interesse, da die allgemeine Theorie des *Drei-* und *Mehrkörperproblems* (Nr. 16) erkennen läßt, daß die Separationsmethode grundsätzlich nur im Falle störungsfreier oder durch äußere Kraftfelder gestörter Atommodelle mit einem *einzigen* Elektron anwendbar sein kann.

In der gewöhnlichen Mechanik ist die Differentialgleichung (5) vom zweiten Grade, so daß man im Falle der Separation für (4a)

$$(4\text{a}') \qquad p_k = \sqrt{f_k(q_k, \alpha_1, \ldots, \alpha_s)} \qquad (k = 1, 2, \ldots, s)$$

erhält, und Gleiches gilt auch z. B. im Falle der relativistischen *Kepler*bewegung. Sind a_k und b_k zwei aufeinanderfolgende, reelle und einfache Wurzeln des Radikanden in (4a′) und ist die Bedingung $a_k < q_k < b_k$ für alle Freiheitsgrade simultan realisierbar, so kann gezeigt werden, daß die q_k, wenn sie einmal zwischen a_k und b_k gelegen waren, dauernd zwischen diesen festen „Librationsgrenzen“ hin und her pendeln. Die Wirkungsfunktion (6a) wächst hierbei nach jeder

303) Über *teilweise separierbare Systeme* vgl. man *P. S. Epstein*, Verhandl. Deutsch. Phys. Ges. 19 (1917), p. 116, § 4.

einzelnen Schwingung und für jedes q_k um den festen „Periodizitätsmodul"

$$(146) \qquad 2\int_{a_k}^{b_k} \sqrt{f_k(q_k, \alpha_1, \ldots, \alpha_s)} \cdot dq_k \qquad (k = 1, 2, \ldots, s);$$

die Bewegung des Gesamtsystems ist dann *stabil* (vgl. Nr. **2**, **3** und **3 A**) und, wenn das Problem *nicht entartet* ist, gerade *s-fach periodisch.* Derartige Systeme heißen *bedingt periodisch*, weil man mittels geeigneter *Bedingungen* für die $\alpha_1, \ldots, \alpha_s$ in (4a′) und (146) die Länge der s verschiedenen Perioden kommensurabel und damit die Systembewegung *einfach periodisch* machen kann.[304]) Ist das Problem hingegen *entartet*, so wird die Bewegung *u-fach periodisch*, wobei u gleich der Anzahl jener Freiheitsgrade wird, auf welche das System im äußersten Falle zurückgeführt werden kann. Man findet demnach, *daß der „Periodizitätsgrad" u eines bedingt periodischen Systems $\leqq s$ sein muß, je nachdem „Entartung" vorliegt oder nicht.*[305])

Will man die Bewegung nun entsprechend den allgemeinen Anforderungen der vorangehenden Nummer, insbesondere des *Bohrschen Korrespondenzprinzipes*, durch u-fache *Fourier*sche Reihen darstellen, so hat man eine Berührungstransformation auszuführen, welche die Separationsvariablen q_k, p_k in solche „Uniformisierungsvariable" w_r, I_r überführt, daß z. B. die

$$(147) \qquad q_k = \sum C^{(q_k)}_{\tau_1 \ldots \tau_u} \cos 2\pi(\tau_1 w_1 + \cdots + \tau_u w_u + \gamma_{\tau_1 \ldots \tau_u})$$
$$(k = 1, 2, \ldots, s;\ u \leqq s)^{274)}$$

und ebenso die p_k in den w_r periodisch von der Periode 1 werden, wobei die „Winkelvariablen" w_r überdies den Relationen (127) und (128) gehorchen müssen und gegebenenfalls auch die Bedingung (135) hinzugenommen werden kann.[306]) [307]) Dann erhält man allgemein in

304) *P. Stäckel*, Habilitationsschrift, Halle 1891, p. 16; Paris C. R. 116 (1893), p. 485; 121 (1895), p. 489; *C. L. Charlier*, Die Mechanik des Himmels, Bd. I, Leipzig 1902.

305) Der Begriff der „Entartung" ist von *K. Schwarzschild*, Berl. Ber. 1916, p. 548, geprägt und zuerst im Zusammenhange mit den Quantenproblemen erörtert worden. — Zu obiger Stelle des Textes vgl. man auch Anm. 275).

306) Vgl. dazu vor allem *J. M. Burgers* [1], wo von derartigen Berührungstransformationen für die Atomprobleme an zahlreichen Beispielen systematischer Gebrauch gemacht wird. Ferner etwa *N. Bohr*, Ztschr. f. Phys. **13** (1923), p. **117**, I. Kapitel, § 2. — Faßt man die Gleichungen (4) und (7) in Nr. **3** als Ausdruck einer Berührungstransformation auf, so werden die q_k, p_k ($k = 1, 2, \ldots, s$) dadurch zunächst in die kanonischen Größen α_i, β_i ($i = 1, 2, \ldots, s$) übergeführt. Die im Text erwähnte Berührungstransformation kann dann durch eine solche ersetzt werden, welche die $\alpha_1, \ldots, \alpha_s; \beta_1, \ldots, \beta_s$ weiterhin in die Größen $I_1, \ldots, I_u$,

den *Separations*koordinaten q_r, p_r

$$(148)\quad I_r = 2\int_{a_r}^{b_r} p_r \cdot dq_r = \oint \sqrt{f_r(q_r, \alpha_1, \ldots, \alpha_s)} \cdot dq_r = \oint \frac{\partial S}{\partial q_r} \cdot dq_r$$

$$(r = 1, 2, \ldots, u;\ u \leqq s),$$

oder in *beliebigen* kanonischen Veränderlichen q_k, p_k geschrieben (vgl. (11″)):

$$(148\,\text{a})\qquad I_r = \int_0^1 dw_r \cdot \sum_{k=1}^{s} p_k \cdot \frac{\partial q_k}{\partial w_r} \qquad (r = 1, 2, \ldots, u);$$

für einen von Anfang an *zyklischen* Freiheitsgrad z, welcher einer *stabilen* Bewegung entspricht (z. B. Rotationswinkel und Drehimpuls) ergibt sich an Stelle von (148) insbesondere

$$(148')\qquad I_z = \oint p_z \cdot dq_z = \int_0^{2\pi} p_z \cdot dq_z = 2\pi \cdot p_z.$$

Wendet man jetzt die Quantenbedingungen (133) auf den vorliegenden Fall an,

$$(149)\qquad I_r = \oint p_r \cdot dq_r = n_r \cdot h + h_r^{(0)} \quad \begin{cases} (r = 1, 2, \ldots, u;\ u \leqq s) \\ (n_r = 0, 1, 2, \ldots), \end{cases}$$

so besagen sie nach (146), *daß bei bedingt periodischen Systemen die Periodizitätsmoduln der Wirkungsfunktion*, abgesehen von den eventuellen additiven Konstanten $h_r^{(0)}$, *ganze Vielfache des Planckschen Wirkungsquantums h sein müssen.*[308]) Führt man sie aus, so werden da-

---

$\bar\alpha_1, \ldots, \bar\alpha_{s-u};\ w_1, \ldots, w_u,\ \bar\beta_1, \ldots, \bar\beta_{s-u}$ überführt. Die dadurch neu eingeführten *Konstanten* $\bar\alpha_j, \bar\beta_j$ $(j = 1, 2, \ldots, s-u)$ sind gewisse, für die Periodizitätseigenschaften des dynamischen Systems belanglose Funktionen der α_i, β_i $(i = 1, 2, \ldots, s)$ und werden daher im folgenden nicht weiter berücksichtigt; eine besondere Bedeutung kommt ihnen jedoch in der *Störungstheorie* (Nr. **15b**, Fall I, 2) zu, wo sie die Veranlassung zum Auftreten der „säkularen" Störungen geben.

307) Mit Rücksicht auf die weiter unten (Nr. **15b**) zu besprechende Behandlung bedingt periodischer Systeme, bei welchen die Separation der Variablen praktisch nur *mittels einer unendlichen Folge von Berührungstransformationen* bewerkstelligt werden kann, möge noch darauf hingewiesen werden, daß *jede Darstellung der allgemeinen Lösung* eines dynamischen Problems (1) von der Form (147) die Zurückführung auf kanonisch konjugierte Uniformisierungsveränderliche w_r, I_r ermöglicht und diese daher mit ihr gleichbedeutend ist. Der Beweis hierfür stammt von *G. Herglotz,* siehe Anm. 69).

308) Bezüglich des für die Anwendung des *Ehrenfestschen Adiabatenprinzips* (Nr. **14**) bedeutsamen allgemeinen Nachweises dafür, daß die „Quantenintegrale" in (149) für bedingt periodische Systeme *Parameterinvarianten* oder *adiabatische Invarianten* sind, vgl. man Nr. **3A**, namentlich aber die in Anm. 71) zitierte Literatur.

durch — wegen der notwendigen *Eindeutigkeit der Integrale*

$$(9a) \qquad A_i(q_k, p_k) = \alpha_i \qquad (i = 1, 2, \ldots, s)$$

im Separationsfalle — bei nicht entarteten Problemen die Werte der bisher willkürlich gebliebenen Integrationskonstanten $\alpha_1, \ldots, \alpha_s$ *eindeutig* festgelegt, und ebenso bei entarteten Systemen jene u von diesen Konstanten, welche für den Bewegungsverlauf allein maßgebend sind; die in (127) eingehenden Phasenkonstanten δ_r, welche mit den willkürlichen Integrationskonstanten $\beta_1, \ldots, \beta_s$ in (7) zusammenhängen, bleiben hingegen beliebig wählbar. Zu jedem einzelnen der abzählbar unendlich vielen Quantenzustände, welchen entsprechend (103′) nach (149) die *eindeutig bestimmten, ausgezeichneten Energiewerte*

$$(150) \qquad E_n(I_{1,n}, \ldots, I_{u,n}) = E(n_1 h + h_1^{(0)}, \ldots, n_u h + h_u^{(0)})$$

zugehören, gibt es demnach noch u-dimensional-kontinuierlich viele *verschiedene* mögliche Einzelbewegungen, deren Verhalten für hinreichend lange Zeiten betrachtet, jedoch übereinstimmt.[309]) Setzt man $h_r^{(0)}$ in (149) gemäß (134) fest, so erhält man für quasiperiodische Systeme genau die von *Sommerfeld*[297]) und *Wilson*[298]) vorgeschlagene Form des Quantenansatzes, für allgemeine bedingt periodische Systeme jene von *Schwarzschild* und *Epstein.*[310])[311]) Zur praktischen Berechnung

---

309) Der Beweis erfolgt auf Grund eines Satzes von *P. Stäckel* (Anm. 304), welcher dem *Poincaré-Carathéodoryschen Wiederkehrsatz* (Nr. **3 A**) bei bedingt periodischen Systemen entspricht. Siehe Anm. 52) und 66).

310) Siehe Anm. 299), ferner auch *P. Debye,* Gött. Nachr. **1916**, p. 1; Phys. Ztschr. 17 (**1916**), p. 507. — Eine Formulierung der Quantenbedingungen, welche analog der oben im Anschluß an (146) gewählten, von *Sommerfeld* herrührenden Fassung bloß auf das Verhalten der Wirkungsfunktion (6) Bezug nimmt, hat *A. Einstein,* Verhandl. Deutsch. Phys. Ges. 19 (1917), p. 82, aufgestellt, wozu auch noch auf *P. S. Epstein,* Verhandl. Deutsch. Phys. Ges. 19 (1917), p. 116, zu verweisen ist. Die damit verfolgte Absicht, eine Übertragung der Quantenbedingungen auch auf nicht bedingt periodische Systeme zu ermöglichen, hat sich jedoch leider nicht verwirklichen lassen, wie sich allgemein im Zusammenhang mit dem in Anm. 69), 307) erwähnten *Herglotz*schen Satz beweisen läßt, und auch von *H. Kneser,* Math. Ann. 84 (1921), p. 277, § 6, gezeigt worden ist. Weitere Formulierungen, die ebenfalls nichts Neues zu liefern imstande waren, rühren her von *E. Brody,* Ztschr. f. Phys. 6 (1921), p. 224, und *V. Trkal,* Proc. Cambr. Phil. Soc. 21 (1922), p. 80; Verhandl. Deutsch. Phys. Ges. (3) 3 (1922), p. 48. Zur letzterwähnten Untersuchung vgl. man noch eine Erweiterung von *J. H. Van Vleck,* Phys. Rev. 22 (1923), p. 547.

Einen eigenartigen Versuch zu einer Neuformulierung der Quantenbedingungen von *Sommerfeld-Wilson, Schwarzschild* und *Epstein* hat *W. Wilson* in einer dem Referenten im Original nicht zugänglich gewesenen Veröffentlichung, Proc. Roy. Soc. A 102 (1922), p. 478 unternommen. Mit Rücksicht auf die *all-*

sind die „Quantenintegrale" in (149) von *Sommerfeld* als *komplexe Integrale* aufgefaßt worden, wie in (148) und (149) durch Angabe des Zeichens für einen geschlossenen Integrationsweg bereits angedeutet worden ist, womit der *rechnenden* Quantentheorie ein mächtiges funktionentheoretisches Hilfsmittel an die Hand gegeben worden ist.[312])

---

gemeine Relativitätstheorie wird für mehrfach(?) periodische Systeme allgemein

$$\int (p_k + e \cdot \mathfrak{A}_k) \cdot dq_k = n_k \cdot h \qquad (k = 1, 2, 3, 4)$$

gesetzt ($\mathfrak{A}$ Vierer-Vektorpotential). Während *drei* derartige Bedingungen für Raumkoordinaten eine sachgemäße Behandlung des z. B. durch ein äußeres homogenes Magnetfeld *gestörten* Wasserstoffatommodells (Nr. **15b**) ermöglichen [vgl. *A. M. Mosharrafa,* Proc. Soy. Soc. A 102 (1922), p. 529], würde eine *vierte* Bedingung, deren Integrationsbereich zudem unklar bliebe, zu Ergebnissen führen, welche dem Korrespondenzprinzip gegenüber absurd erscheinen müßten. Wie *O. W. Richardson,* Phil. Mag. 46 (1923), p. 911 besonders zeigt, kann n_4 schon bei *einfach* periodischen Systemen im allgemeinen nicht mehr ganzzahlig sein, was aber von ihm mit dem beim anormalen *Zeeman*effekt, bei der Komplexstruktur und bei den Bandenspektren auftretenden „halben" Quantenzahlen (siehe p. 997) in Verbindung gebracht wird. Ein dem obigen verwandter Versuch rührt von *S. C. Kar,* Phil. Mag. 45 (1923), p. 610, her, doch liegt dessen Unzulänglichkeit unmittelbar auf der Hand, vgl. *A. Smekal,* Phys. Ber. 4 (1923), p. 1083. — Die Bedeutung der *gewöhnlichen* Quantenbedingungen (149) für die *Weylsche Erweiterung der allgemeinen Relativitätstheorie* wird in hochinteressanter Weise von *E. Schrödinger,* Ztschr. f. Phys. 12 (1922), p. 13 diskutiert; die dabei auftretende *Weyl*sche Linearform scheint in direkter Beziehung zu den ersten drei Quantenbedingungen in der obigen neuen Form von *W. Wilson* zu stehen. Zu den letzteren vgl. man auch die Bemerkungen von *M. v. Laue,* Ann. d. Phys. 73 (1924), p. 190, zur *G. A. Schott*schen Form der relativistischen Dynamik.

311) In den ersten Arbeiten, welche von den genannten Autoren der Begründung und Anwendung obiger Quantenbedingungen gewidmet worden sind, hat vor allem die Frage *nach den zur Quantelung eines vorgelegten Systems geeigneten Koordinaten* eine wesentliche Rolle gespielt. Demgegenüber ist der obigen Darstellung, insbesondere der allgemeinen Schreibweise in (148a) zu entnehmen, daß die Größen I_r *zeitfreie Integrale der Bewegungsgleichungen* (1) und als solche *beliebigen* (kanonischen oder nicht kanonischen) Transformationen der benutzten Variablen gegenüber *invariant* sind. Die *Eindeutigkeit* der obigen Quantenvorschriften besteht daher für ganz *beliebige* q_k, p_k zu Recht, und die Quantenintegrale (148) bzw. (148a) können grundsätzlich in ganz willkürlichen Veränderlichen berechnet werden. Die durch die Bedingungen (145) gekennzeichnete Gruppe von Separationsvariablen ist aber dadurch ausgezeichnet, daß wegen ihrer unmittelbaren Beziehung zu den Periodizitätseigenschaften der bedingt periodischen Systeme, die Ermittlung der Quantenintegrale durch sie auf dem einfachsten und natürlichsten Wege ermöglicht wird; am unmittelbarsten findet dies seinen Ausdruck darin, daß die Veränderlichen w_r, I_r, wie man unmittelbar auch aus (5') entnehmen kann, der Gruppe der Separationsvariabeln selbst mitangehören.

312) Vgl. namentlich *A. Sommerfeld* [1], Zusatz 6 und 7. — Einwendungen gegen die dabei benutzte Entwicklungsmethode der Quantenintegrale sind von

Spezialisiert man die Quantenbedingungen (149) für *einfach periodische Systeme von beliebig vielen Freiheitsgraden*, so hat man es im Falle $s > 1$ stets mit *entarteten* Systemen zu tun und erhält die *einzige* Quantenbedingung

$$I = \int_0^{\frac{1}{\omega}} p \cdot dq = n \cdot h + h^{(0)} \qquad (n = 0, 1, 2 \ldots) \tag{151}$$

worin ω die Umlaufsfrequenz der Bewegung darstellt.[313]) Für die Energie des *linearen Planckschen Oszillators* (52) bzw. für jene einer beliebigen *Hohlraum-* oder *Festkörpereigenschwingung* von der Frequenz ν $(s = 1)$ (Nr. **6 b**) erhält man daraus nach (55)

$$E_n = n \cdot h\nu + h^{(0)}\nu \qquad (n = 0, 1, 2, \ldots). \tag{152}$$

Der Vergleich mit den aus der *Statistik* (Nr. **9**) erhaltenen Daten (95) bzw. (100) zeigt, daß in der *Strahlungstheorie* $h^{(0)} = 0$ zu setzen ist, wie dies *Planck* von Anbeginn der Quantentheorie an auch für notwendig befunden hatte; für den *festen Körper* hingegen scheint $h^{(0)}$ von Null verschieden und nach p. 962 entweder gleich $\frac{1}{2} \cdot h$ oder gleich $1 \cdot h$ zu sein. Bei der *einfach periodischen* und darum *entarteten*[314]), „nicht-

E. C. Kemble, Proc. Nat. Acad. Amer. 7 (1921), p. 283 erhoben, von *A. Sommerfeld,* J. Opt. Soc. Amer. 6 (1922). p. 25 und *P. S. Epstein,* Proc. Nat. Acad. Amer. 8 (1922), p. 251, jedoch als unberechtigt zurückgewiesen worden.

313) Eine einheitliche Quantentheorie rein periodischer Systeme, wie sie auf Grund von (151) allgemein entwickelt werden könnte, ist von *Bohr* 1916 verfaßt, wegen des gleichzeitigen Erscheinens *Sommerfelds* grundlegender Untersuchungen (Anm. 297) damals jedoch nicht publiziert worden; sie ist nunmehr als Abhandlung X bei *N. Bohr* [1] abgedruckt. Die *Bohr*sche Behandlung stützt sich wesentlich auf das in Anm. 114) zitierte mechanische Theorem von *Boltzmann,* das für einfach periodische Systeme beliebig vieler Freiheitsgrade gilt und seit 1913 von *Ehrenfest* für die Quantentheorie nutzbar gemacht worden ist.

314) Während *Bohr* die nicht-relativistische *Kepler*bewegung konsequent als *entartetes* ebenes Problem $(s = 2)$ mit der *einzigen* Quantenbedingung (151) behandelt, ist sie von *Sommerfeld* (Anm. 297), ferner [1]) ursprünglich als *nicht entartetes* ebenes Problem mit *zwei* Bedingungen von der Form (151) gequantelt worden. Obwohl das Endergebnis formal mit jenem der *Bohr*schen Behandlung übereinstimmt, bestehen doch mancherlei wesentliche Unterschiede zwischen den beiden Darstellungen. Die *Bohr*sche Auffassung läßt Ellipsenbahnen von beliebig stetig veränderlicher Exzentrizität zu, nach der *Sommerfeld*schen hingegen sind nur quantenhaft ausgezeichnete Exzentrizitäten möglich. Während die *adiabatische Invarianz* von (151) für periodische Systeme auf Grund des in der vorigen Anmerkung genannten Satzes von *Boltzmann* sichersteht, sind die beiden *Sommerfeld*schen Quantenintegrale im Falle der nicht-relativistischen *Kepler*bewegung (aber auch *nur* in diesem Falle) *keine* adiabatischen Invarianten, sondern nur deren *Summe,* welche mit (151) übereinstimmt. Da nach Nr. **14** überdies wegen des *Korrespondenzprinzipes* ausschließlich der *Periodizitätsgrad* der Bewegung

relativistischen" *Kepler*bewegung des Elektrons im H- oder He^+-Atommodell nach *Bohr* ($s = 2$ für das ebene, $s = 3$ für das räumliche Problem!), ist zufolge (143), wie oben bereits bemerkt, $h^{(0)}$ jedoch wiederum durch (134) gegeben.

Im Falle des ebenen „relativistischen" *Kepler*problems ($s = 2$) hat man für die mit der Energie identische *Hamilton*sche Funktion

$$(123\,\mathrm{a}) \qquad H \equiv mc^2\left(\frac{1}{\sqrt{1-\frac{v^2}{c^2}}} - 1\right) - \frac{Ze^2}{r} = E,$$

wobei v die Geschwindigkeit des Elektrons und r seinen Abstand vom ruhend gedachten Atomkern mit der Ladung $+ Z \cdot e$ bedeuten und nur die *Coulomb*sche Anziehung zwischen Kern und Elektron berücksichtigt ist.[315]) Bezeichnet man mit p_r den zu r kanonisch konjugierten Impuls, ebenso mit p_φ das zum Polarwinkel φ gehörige Impulsmoment des Elektrons, so findet man unschwer

$$p_r^2 + \frac{1}{r^2} p_\varphi^2 = \frac{m^2 v^2}{1 - \frac{v^2}{c^2}}.$$

Mit der Energiegleichung vereinigt, ergibt dies nach Substitution von (4) die *Hamilton-Jacobi*sche partielle Differentialgleichung (5) des Problems

$$\left(\frac{\partial S}{\partial r}\right)^2 + \frac{1}{r^2}\left(\frac{\partial S}{\partial \varphi}\right)^2 = 2mE + \frac{2mZe^2}{r} + \frac{1}{c^2}\left(E + \frac{Ze^2}{r}\right)^2.$$

Wie man sieht, läßt sich die Gleichung in den Polarkoordinaten r, φ unmittelbar separieren; eine genauere Untersuchung lehrt, daß die Bewegung *doppelt periodisch* und somit *nicht entartet* ist und einer Ellipse mit Periheldrehung entspricht. Da φ für das Problem zyklisch ist, hat man nach (148′) und (149) als „azimutale" Quantenbedingung

$$I_\varphi = 2\pi p_\varphi = n_\varphi \cdot h \qquad (n_\varphi = 1, 2, \ldots)$$

---

für die Art der Anwendung und die Zahl der Quantenbedingungen maßgebend sein darf, so kann mit Rücksicht auf das Adiabaten- und Korrespondenzprinzip gegenwärtig nur die *Bohr*sche Behandlung der nicht-relativistischen *Kepler*bewegung als folgerichtig angesehen werden. Die *Sommerfeld*sche Darstellung ergibt sich *formal* unmittelbar aus der im Text weiter unten behandelten und mit den späteren *Bohr*schen Prinzipien übereinstimmenden *Sommerfeld*schen Behandlung der *relativistischen Kepler*bewegung, indem man den Relativitätseinfluß vernachlässigt und hierzu die Lichtgeschwindigkeit c unendlich setzt.

315) Vgl. dazu und zu der nachfolgend angedeuteten Rechnung etwa *A. Sommerfeld* [1], Zusatz 16. — Entwickelt man die Quadratwurzel bis einschließlich der Glieder in $\left(\frac{v}{c}\right)^4$, so entspricht dies den ersten drei Gliedern der allgemeinen *Hamilton*schen Funktion (123) in Nr. **14**, bei Vernachlässigung der dort implizite mitberücksichtigten Kernmitbewegung.

Die „radiale" Quantenbedingung hingegen ist von der Form

$$I_p = \oint \sqrt{A + \frac{2B}{r} + \frac{C}{r^2}} \cdot dr = -2\pi i \cdot \left(\sqrt{C} - \frac{B}{\sqrt{A}}\right) = n_r \cdot h$$

$$(n_r = 1, 2, \ldots),$$

worin für

$$A = 2mE + \frac{E^2}{c^2}, \quad B = mZe^2 + \frac{Ze^2E}{c^2}, \quad C = -p_\varphi^2 + \frac{Z^2e^4}{c^2}$$

gesetzt ist. Indem man p_φ mittels der azimutalen Quantenbedingung eliminiert, bekommt man für die Energie E des Modells den geschlossenen Ausdruck

$$\text{(139a)} \qquad E_n = mc^2 \cdot \left\{\left[1 + \frac{Z^2\alpha^2}{(n_\varphi + \sqrt{n_r^2 - Z^2\alpha^2})^2}\right]^{-\frac{1}{2}} - 1\right\},$$

oder, wenn man nach Potenzen der dimensionslosen *Sommerfeldschen „Feinstrukturkonstante"*

$$\text{(153)} \qquad \alpha = \frac{2\pi e^2}{hc}$$

entwickelt,

$$\text{(139a')} \qquad E_n = -Z^2R_\infty h \cdot \left\{\frac{1}{(n_\varphi + n_r)^2} + \frac{Z^2\alpha^2}{(n_\varphi + n_r)^4} \cdot \left(\frac{1}{4} + \frac{n_r}{n_\varphi}\right) + \cdots\right\}$$

$$(n_\varphi = 1, 2, \ldots), \quad (n_r = 0, 1, 2, \ldots).$$

Setzt man $n_\varphi + n_r = n$, so stimmt dies für $c = \infty$ bzw. $\alpha = 0$ genau mit dem ursprünglichen *Bohr*schen nicht-relativistischen Energieausdruck (139) überein, wobei die *Rydberg*sche Konstante R_∞ wieder durch (141) gegeben ist. Um hier nachträglich noch der *Mitbewegung des Atomkernes* Rechnung zu tragen, ist es ausreichend, R_∞ in (139a') mit *Sommerfeld* einfach durch R gemäß (141a) zu ersetzen. Die strenge Behandlung dieses Problems, welche auf Grund der *Hamilton*schen Funktion (123) außerdem noch den Einfluß der *Retardierung der Potentiale* berücksichtigt, ist von *Darwin*[316]) ausgeführt worden und er-

316) *C. G. Darwin*, Phil. Mag. 39 (1920), p. 537. — Eine Anwendung der *allgemeinen Relativitätstheorie* auf das oben behandelte Modell, jedoch *ohne* Berücksichtigung von Kernmitbewegung und Retardierung der Potentiale, ist (mit Unterstützung von *Bohr* und *Kramers*) von *Th. Wereide*, Phys. Rev. 21 (1923), p. 391 veröffentlicht worden. Das Ergebnis fällt praktisch mit (139a') und (139b) zusammen, indem an Stelle von $\frac{1}{4}$ im zweiten Klammergliede auf der rechten Seite von (139a') eine mittels der Beobachtungsdaten zu bestimmende Konstante tritt, zu deren exakter Festlegung die gegenwärtige Meßgenauigkeit aber nicht hinreicht; wie man unmittelbar sehen kann, ist der Wert dieser Konstante für die allein durch das Verhältnis $\left(\frac{n_r}{n_\varphi}\right)$ bedingte *relative Lage der Feinstrukturkomponenten* ebenso belanglos, wie das in (139b) gegenüber (139a') hinzugekommene konstante Glied. — Die auf p. 987 angegebene Grenze für die Gültigkeit

gibt das von (139a') kaum merklich verschiedene Resultat

$$(139\text{b})\quad E_n = -Z^2 Rh \cdot \left\{ \frac{1}{(n_\varphi + n_r)^2} + \frac{Z^2\alpha^2}{(n_\varphi + n_r)^4} \cdot \left(\frac{1}{4} + \frac{1}{4} \frac{\frac{m}{M}}{\left(1 + \frac{m}{M}\right)^2} + \frac{n_r}{n_\varphi} \right) + \cdots \right\}.$$

Während n_φ in Übereinstimmung mit den spektralen Tatsachen der Normierung (134) der Quantenintegrale genügt, welche hier den Umstand zum Ausdruck bringt, daß $I_\varphi \neq 0$ sein muß, damit es zu keinem Zusammenstürzen von Kern und Elektron kommt, kann $I_r = 0$ werden, was dem von *Bohr* bereits vor *Sommerfeld* berechneten *Relativitätseffekt an Kreisbahnen* entspricht.[317]) Um die Normierung (134) bei *beiden* Quantenbedingungen möglich zu machen, kann man mit *Bohr*[318]) n_φ als *Impulsquantenzahl „k“* allgemein beibehalten, an Stelle von n_r aber als *Hauptquantenzahl „n“* die bereits hervorgehobene

---

des *Coulomb*schen Gesetzes soll nach *Wereide* mittels der allgemeinen Relativitätstheorie qualitativ hinreichend erklärt werden können.

Den Einfluß der Gravitation auf die relativistische Keplerbewegung hat jüngst auch *K. Ogura*, Japan. J. of phys. 3 (1924), p. 85, untersucht und dessen Unmerklichkeit bestätigt.

317) *N. Bohr* [1], Abhandlung VII; [2], p. 90.

318) *N. Bohr* [3], p. 78, hier jedoch auch aus Gründen der Analogie zu den Serienspektren der übrigen Elemente benutzt. — Um die in Anm. 314) erwähnte Beziehung zwischen den Behandlungen der *nicht-relativistischen Kepler*bewegung von *Bohr* und *Sommerfeld* näher zu erläutern, möge zunächst darauf hingewiesen werden, daß sich die mittels mehrfacher *Fourier*scher Reihen vom Typus (147) darstellbaren Lösungen beliebiger dynamischer Probleme *jeder ganzzahligen, linearen Transformation ihrer Uniformisierungsvariablen w_r, I_r gegenüber invariant verhalten* und daß dies *nach* (133) *auch für deren stationäre Quantenzustände gilt.* Führt man bei der *relativistischen Kepler*bewegung etwa die kanonische Transformation

$$w' = a_1 w_\varphi + a_2 w_r, \qquad I_\varphi = a_1 I' + a_3 I''$$
$$w'' = a_3 w_\varphi + a_4 w_r, \qquad I_r = a_2 I' + a_4 I''$$

aus, so bleiben alle an die Benutzung der früheren Variablen und ihrer Quantenwerte geknüpften Folgerungen *ungeändert.* Für ein *entartetes* System ist nun die in Anm. 274) angegebene Eindeutigkeitsbedingung *nicht* erfüllt, indem z. B. bei der *entarteten, nicht-relativistischen Kepler*bewegung $\omega_r = \omega_\varphi$ und daher bis auf eine Phasenkonstante $w_r = w_\varphi$ wird. Setzt man speziell $a_1 = a_4 = 1$, $a_2 = 0$, $a_3 = -1$ und bezeichnet w', w'', I', I'' jetzt mit w_n, w_k, I_n, I_k, so wird $w_k = w_r - w_\varphi$ *konstant* und gibt die nun willkürliche Perihellage der Bewegung an, ferner $w_n = w_\varphi$, sowie $I_n = I_\varphi + I_r$ und $I_k = I_r$. Indem *Bohr* diese Variablen auch noch zur Beschreibung und quantentheoretischen Behandlung der *relativistischen Kepler*bewegung benutzt, ordnet er der *sich jetzt langsam verändernden* Perihellage w_k das *Sommerfeld*sche azimutale Quantenintegral I_φ zu, während die Summe der beiden *Sommerfeld*schen Quantenintegrale $I_n = I_\varphi + I_r$ jetzt als Hauptquantenintegral der Radialbewegung zugehört.

Quantensumme $n_\varphi + n_r$ einführen, welche offenbar ebenfalls (134) gehorcht; mit diesen Bezeichnungen erhält man für die *große Achse* $2a$ und den *Parameter* $2p$ (Länge der Sehne im Brennpunkt, senkrecht zu $2a$) der relativistischen *Kepler*ellipse — für letzteren mit einer Annäherung, welche (139a') entspricht — die symmetrischen Ausdrücke

$$(154)\qquad 2a = n^2 \cdot \frac{h^2}{2\pi^2 Z e^2 m}, \quad 2p = k^2 \cdot \frac{h^2}{2\pi^2 Z e^2 m},$$

wobei $n, k = 1, 2, \ldots$, aber stets $n \geqq k$ sein muß.

Wie *Sommerfeld* zeigen konnte, gibt (139a) bzw. (139a') (und ebenso auch (139b)) eine quantitative Deutung für die *Feinstruktur der Balmer- und Heliumfunkenlinien*[319]); sie wird bestätigt und vervollständigt durch die Anwendung des Korrespondenzprinzipes auf die relativistische *Kepler*bewegung, welche *Bohr* vorgenommen und *Kramers* zur Ermittlung der *Intensitäts- und Polarisationsverhältnisse der Feinstrukturkomponenten* verarbeitet hat.[320]) Die dem Problem entsprechende *Fourier*entwicklung der Bewegung, welche dem allgemeinen Ansatz (124) in Nr. 14 bzw. (147) analog ist, wird hier, wenn x und y in der Elektronenbahnebene gelegene, rechtwinklige Koordinaten bedeuten, von der Gestalt:

$$(155)\qquad \begin{cases} x = \sum\limits_{\tau=-\infty}^{\tau=+\infty} C_\tau \cos 2\pi[(\tau\omega_r + \omega_\varphi)t + c_\tau], \\ \pm y = \sum\limits_{\tau=-\infty}^{\tau=+\infty} C_\tau \sin 2\pi[(\tau\omega_r + \omega_\varphi)t + c_\tau], \end{cases}$$

wo τ eine beliebige ganze Zahl und ω_φ und ω_r die den beiden Quantengrößen I_φ und I_r nach (128) zugeordneten Grundschwingungszahlen der Bewegung darstellen. Wegen der Gleichheit der Koeffizienten C_τ in den beiden Entwicklungen kann die Bewegung aufgefaßt werden als Überlagerung einer Anzahl zirkularer harmonischer Schwingungen, deren Umdrehungssinn jenem des Elektrons um den Kern gleich oder entgegengesetzt ist, je nachdem die Größe $\tau\omega_r + \omega_\varphi$ positiv oder negativ ist. Da τ beliebig, der Koeffizient von ω_φ hingegen gleich Eins ist, folgt aus dem Korrespondenzprinzip (136), *daß überhaupt nur solche Quantenübergänge des störungsfreien Atoms möglich sind, bei denen sich die azimutale oder Impulsquantenzahl* $n_\varphi = k$

319) Vgl. Anm. 297) und [1], 8. Kap. „Theorie der Feinstruktur".

320) *N. Bohr* [2], II. Teil, § 2; *H. A. Kramers*, Dansk. Vid. Selsk. Skr. 8, III (1918), §§ 2, 7. — Ein vor Aufstellung des Korrespondenzprinzips unternommener Versuch zur theoretischen Deutung der Intensitätsverhältnisse rührt her von *A. Sommerfeld*, Münchn. Ber. 1917, p. 83.

um ± 1 *ändert*[321]), *während* $n_r' - n_r''$ *beliebig groß werden kann;* dies, sowie die auf Grund von (155) zu erwartenden Intensitätsverhältnisse für die einzelnen Quantenübergänge haben sich an den *Paschen*schen Feinstrukturbeobachtungen der Heliumfunkenlinien auf das überzeugendste bestätigen lassen.

Was die Frage anbetrifft, mit welcher *Genauigkeit* man von vornherein erwarten kann, die spektralen Tatsachen durch obige Theorie der relativistischen *Kepler*bewegung *numerisch* wiederzugeben, so läßt sich darauf zunächst nur für die durch (121) oder (122) gekennzeichneten Grenzzustände des Modells aus der Vernachlässigung der klassischen Ausstrahlung folgern, daß man von allen jenen Größen bei der praktischen Berechnung abzusehen hat, welche von derselben Ordnung klein sind, wie das Verhältnis der klassisch-elektrodynamischen Strahlungskräfte zu den Hauptkräften der vom Kern auf das Elektron ausgeübten Anziehung.[322]) Die Benutzung der künstlich strahlungsfrei gemachten, klassisch-elektromagnetischen Bewegungsgleichungen auch *für beliebige Quantenzustände* des Modells legt es nahe, den erwähnten Genauigkeitsgrad auch im Gebiete der letzteren für maßgebend anzusehen; diese von *Bohr*[323]) vertretene *Annahme* ist aber

321) Dies ist, wie *N. Bohr* [2], p. 45/48, 83/84 gezeigt hat, auch für *achsensymmetrische Atommodelle* mit beliebig vielen Elektronen der Fall und entspricht der auch von *A. Rubinowicz* (Anm. 288) betrachteten *Erhaltung des Drehimpulses bei den Ausstrahlungsvorgängen.*

322) Für den Grenzzustand (122) entspricht dies genau der in (123) berücksichtigten Annäherung in den relativistischen Gliedern.

323) *N. Bohr* [2], p. 5, 94. *Bohr* hebt an letzterer Stelle und ebenso Ztschr. f. Phys. 13 (1923), p. 117, auf p. 150/152 auch die Beziehung dieser Frage zu jener nach der *Schärfe der Spektrallinien* und der Größe der *endlichen Zeitdauer eines Strahlungsvorganges* (*Abklingungsdauer,* s. Anm. 192) hervor, welche nach der klassischen Elektrodynamik gerade von der Größenordnung obigen Genauigkeitsgrades sein müßten, und von jener der *Strahlungszeit,* welche von einem mit *gleicher Amplitude und Frequenz* harmonisch schwingenden Elektron benötigt würde, um klassisch die *gleiche Energiemenge* auszustrahlen, welche dem „Quantum“ $h\nu$ der betreffenden Spektrallinie entspricht. Auf dies und den Umstand, daß die Unschärfe, mit welcher darnach die Quantenzustände und damit die ausgezeichneten Energiewerte vorausberechnet werden können, vermittels der *Bohr*schen Frequenzbedingung (114) *rein quantentheoretisch* zu einer Unschärfe der ausgesandten Spektralfrequenzen führt, haben *A. Sommerfeld* und *W. Heisenberg,* Ztschr. f. Phys. 10 (1922), p. 393, Betrachtungen und Berechnungen über die „wahre“ Spektrallinienbreite angestellt; wie *Bohr* hervorgehoben hat, scheint aber eine völlig *zwangläufige* Behandlung dieses Problems auf Grund des Korrespondenzprinzipes gegenwärtig noch nicht durchführbar zu sein.

Wie diese Andeutungen erkennen lassen dürften, wird in den genannten Untersuchungen die Diskussion von dem ursprünglichen Ausgangspunkt einer

naturgemäß ebensowenig die einzig mögliche und zulässige, wie der Versuch einer Beibehaltung der den Grenzzuständen entsprechenden Bewegungsgleichungen im gleichen Gebiete, so daß gerade *ihre* Prüfung an der Erfahrung stets im Auge zu behalten sein dürfte.[324]) Für den vorliegenden Fall ergibt die *Bohr*sche Annahme, daß in der Entwicklung von (139a) Glieder von gleicher oder höherer Größenordnung wie $Z^2 \cdot \left(\frac{e^2}{pc}\right)^3$ zu vernachlässigen wären, was für kleine Werte von Z der Näherung (139a') entspricht. Für große Werte von Z hingegen kann noch mindestens ein weiteres Entwicklungsglied hinzugenommen werden[325]), was sich an der faszinierenden *Anwendung der Feinstrukturtheorie auf die Röntgenspektren* durch *Sommerfeld* bestätigt[326]), deren modellmäßige Deutung von einer endgültigen Klar-

praktischen Unzulänglichkeit der benutzten Methoden auf eine *prinzipielle Unmöglichkeit* hin verschoben, die stationären Zustände mit größerer Schärfe festzulegen, als jener, welche durch den angegebenen Genauigkeitsgrad bedingt sein soll. Ein Gesichtspunkt der letzteren Art ist jedenfalls im höchsten Maße beachtenswert, doch muß es wohl noch als gänzlich ungeklärt angesehen werden, ob nicht weit eher die *Vernachlässigung der Retardierung der Potentiale im Zusammenhang mit den zwischenatomaren und -molekularen Wechselwirkungen* (Nr. **17**) als eine grundsätzliche Ursache für die *Unmöglichkeit einer absolut scharfen Quantelung* in Betracht kommt, um so mehr als für die Vernachlässigung der Energieausstrahlung in den klassisch-elektrodynamischen Bewegungsgleichungen ja ohnehin durch die nach (114) festgelegte quantenhafte Ausstrahlung ein geeignetes Äquivalent vorliegt. Da die *allgemeine* Gültigkeit der außerhalb des „Grenzzustandes" benutzten Bewegungsgleichungen überdies *aus theoretischen* (Nr. **14**), *vor allem aber auch aus empirischen* (Nr. **16**) *Gründen fraglich erscheint*, soll die weitergehende Frage nach der erzielten Genauigkeit der theoretischen Darstellung im Texte wesentlich von ihrer, letzten Endes allein maßgeblichen, *empirischen* Seite her betrachtet werden. Jedenfalls aber ist es durch Verknüpfung der Intensitätseigenschaften einer beliebigen Spektrallinie von der Frequenz ν mit den klassisch-elektrodynamischen Strahlungseigenschaften eines Modelloszillators von der gleichen Frequenz möglich, die Frage nach der „wahren" Spektrallinienbreite und der Abklingungsdauer auf dem von *Bohr* angeregten Wege auch *unabhängig von einer speziellen Annahme über die Beschaffenheit der Bewegungsgleichungen der Atome in ihren stationären Zuständen* zu behandeln.

324) So wäre es z. B. denkbar, daß im Gebiete *kleiner Quantenzahlen* die Genauigkeit der obigen Darstellung eine wesentlich *größere* sein könnte, als die *Bohr*sche Annahme erwarten ließe. Eine weitgehende Unvoreingenommenheit in diesem Punkte scheint jedenfalls überall dort von besonderer Wichtigkeit zu sein, wo man zu der Vermutung Anlaß hat, daß die für die Anzahl der Quantenbedingungen (133) bzw. (149) so wichtige *Bestimmung des Periodizitätsgrades* eines vorgelegten Bewegungsproblems *von der Berücksichtigung höherer als der nach Bohr zugelassenen Entwicklungsglieder abhängig sein könnte* (Nr. **15b, 16a**).

325) *N. Bohr* [2], p. 95.

326) *A. Sommerfeld* [1], 8. Kap.; ferner *A. Sommerfeld* und *W. Heisenberg*, Ztschr. f. Phys. **10** (1922), p. 393.

stellung allerdings noch ziemlich weit entfernt zu sein scheint.[327]) Vergleicht man die absolute Größe des von der Theorie nach (139a′) ermittelten „Wasserstoffdubletts" mit den experimentellen Ergebnissen, so zeigt sich, daß einige Autoren zu einer völligen numerischen Übereinstimmung gelangen, während andere um 10—20% kleinere Werte gemessen haben — ein Ergebnis, das unter allen Umständen *als weitgehende Bestätigung für die der Bohr-Sommerfeldschen Theorie zugrundeliegenden Voraussetzungen angesehen werden muß.* Wenn die Meinung zutreffen sollte, daß die bisher erkannten Fehlerquellen im Sinne einer scheinbaren Vergrößerung des gemessenen Dublettabstandes wirken müssen[328]), so wäre es denkbar, daß künftige Untersuchungen die Realität einer derartigen Diskrepanz und damit gewisser Grenzen für die Anwendbarkeit der obigen Theorie sicherstellen könnten; in Anbetracht der theoretisch vorauszusehenden *großen Empfindlichkeit der fraglichen Feinstrukturen gegenüber Störungen der leuchtenden Atome durch homogene oder inhomogene äußere Felder* (Nr. **15b**) muß eine solche Möglichkeit einstweilen aber noch als sehr unwahrscheinlich angesehen werden.

15b. Theorie der Störungen des Modells durch äußere makroskopische Kraftfelder. Wenn das im vorigen Abschnitte betrachtete Modell eines Atoms mit einem einzigen Elektron der Wirkung eines äußeren elektrischen oder magnetischen Feldes ausgesetzt wird, so ist seine bisher stillschweigend angenommene *Isoliertheit* insofern aufgehoben, als es nunmehr mit jenen Konfigurationen von anderen, neutralen oder elektrisch geladenen Atomen und Molekülen in Wechselwirkung tritt, durch welche jene Felder erzeugt werden. Wenn diese Felder aber hinreichend ausgedehnt sind und *zeitlich konstante* oder *nur wenig veränderliche* Feldstärken besitzen, so wird es durch geeignete räumlich-zeitliche Mittelbildungen über das Verhalten jener äußeren Molekülanordnungen immer möglich sein, den Einfluß der molekularen Struktur dieser Anordnungen praktisch beliebig weit-

---

327) *A. Landé,* Ztschr. f. Phys. 16 (1923), p. 391; 24 (1924), p. 88; 25 (1924), p. 46; *R. A. Millikan* und *J. S. Bowen,* Phys. Rev. 24 (1924), p. 209, 223. In diesen Arbeiten wird überdies gezeigt, daß die *Sommerfeld*schen Feinstrukturgesetze auch für die *Komplexstrukturen der optischen Serienspektren* maßgebend sind.

328) Man vgl. den zusammenfassenden Bericht über diese Messungen von *E. Lau,* Phys. Ztschr. 25 (1924), p. 60, welcher zu der theoretischen Seite des Problems allerdings in unzureichender Weise Stellung nimmt. — Mit der Frage, wie als real anzusehende Abweichungen von der vorausberechneten Größe des „Wasserstoffdubletts" innerhalb der Theorie aufgeklärt werden könnten, haben sich beschäftigt *H. A. Wilson,* Proc. Roy. Soc. (A) 102 (1923), p. 9; *J. D. v d. Waals jr.,* Arch. Néerl. (III A) 8 (1924), p. 136.

gehend zum Verschwinden zu bringen. Versteht man nun unter einem *makroskopischen* Felde ein solches, welches praktisch außer etwa „im Unendlichen“ keinerlei weitere Singularitäten aufweist, so wird das Atom in diesem prinzipiell natürlich niemals realisierbaren Falle wieder in gewissem Sinne als „isoliert“ gelten können, indem die äußeren Störungen nun wenigstens jedes molekularstrukturellen Charakters entkleidet sind.

Was nun den *Ansatz* für die Wirkung eines derartigen störenden elektromagnetischen Feldes anbetrifft, so wird er nach den Darlegungen von Nr. **14** für die durch (121) bzw. (122) gekennzeichneten „Grenzzustände“ des gestörten Modells einfach mittels der beiden letzten Glieder der allgemeinen *Hamilton*schen Funktion (123) zu bestimmen sein. Entsprechend der in Nr. **14** *postulierten*, sowie in Nr. **15a** bereits *bewährten* Gültigkeit der strahlungsfrei gemachten, klassisch-elektrodynamischen Bewegungsgleichungen auch für *beliebige* stationäre Quantenzustände, wird es naheliegend sein, *die näherungsweise Gültigkeit jenes Ansatzes ebenfalls für beliebige Quantenzustände anzunehmen.*[329]) Das Bewegungsproblem eines auf solche Art gestörten elektrischen Zweikörpermodells unterscheidet sich seiner funktionentheoretischen Seite nach qualitativ nicht mehr von jenem des ungestörten Modells, so daß von der „gestörten“ Bewegung erwartet werden darf, daß sie ebenso *bedingt periodischen Charakters* sein wird, wie dies von der „ungestörten“ Bewegung in Nr. **15a** gezeigt werden konnte.

Betrachtet man nun zunächst den Einfluß eines *unveränderlichen homogenen elektrischen Feldes* auf die *„nicht-relativistische“ Kepler*bewegung des Elektrons, so zeigt sich, daß das Problem durch Separation der Variablen gelöst und somit tatsächlich unmittelbar als *bedingt*

---

329) Diese *Annahme* und die obigen auf sie hinführenden Überlegungen ergeben jene Rechtfertigung für den Ansatz makroskopischer Feldwirkungen, den *J. Stark*, Jahrb. d. Rad. 17 (1920), p. 161 in den bisherigen Darstellungen der Quantentheorie mit einem gewissen Rechte vermißt. Eine weitere Rechtfertigung kann auf den oben in Nr. **14** gekennzeichneten *statistischen Charakter der Maxwellschen Theorie* gegenüber der Quantentheorie bezogen werden; da für *stationäre* Wirkungen das Ergebnis der *zeitlichen Mittelung* über eine Größe mit ihrem Konstantwerte übereinstimmt, so kann der *Maxwell*sche Ansatz für *konstante*, oder nur *unendlich langsame, umkehrbar veränderliche äußere Felder* unbedenklich übernommen werden, vgl. *A. Smekal*, Verhandl. Deutsch. Phys. Ges. (3) 2 (1921), p. 20. — Daß die Wirkungen unendlich langsam und umkehrbar veränderlicher Felder als Spezialfall einer der in Nr. **3A** betrachteten allgemeinen *Parameterverschiebungen* angesehen werden können und daher quantentheoretisch dem *Ehrenfestschen Adiabatenprinzip* (Nr. **14**) unterliegen, ist von *N. Bohr* [2] und Ztschr. f. Phys. 13 (1923), p. 117, hervorgehoben worden und wird auch weiter unten im Texte berührt.

periodisch erkannt werden kann. Die Bewegung wird hierbei infolge des orientierenden Einflusses durch das Feld *räumlich* und somit ***nicht** entartet* ($s = 3$) und entspricht jener eines Teilchens, das unter der anziehenden Wirkung zweier fester Zentren steht, von denen sich eines im Unendlichen befindet[330]); nach Nr. **15a** erhält man hier somit *drei* voneinander unabhängige Quantenbedingungen und für die rechtwinkligen Koordinaten als Funktionen der Zeit im allgemeinen *drei*fache *Fourier*sche Reihenentwicklungen ($u = 3$) vom Typus (124). Die Anwendung dieser Ergebnisse auf den von *Stark* an den *Balmer*linien beobachteten und gemessenen *Starkeffekt* des elektrischen Feldes hat zu einer bis in die kleinsten Einzelheiten gehenden quantitativen Darstellung der Beobachtungen geführt, wie hinsichtlich der *Lage* der *Stark*effektkomponenten von *Schwarzschild* und namentlich von *Epstein*[331]), hinsichtlich ihrer *Polarisations-* und *Intensitätsverhältnisse* von *Bohr* und *Kramers*[332]) gezeigt werden konnte.[333]) Ebenso ist eine be-

330) Da die Bewegung unter dem Einfluß der Anziehung zweier fester, *im Endlichen* befindlicher Zentren nach *Jacobi* in *elliptischen* Koordinaten separierbar ist (vgl. Nr. **16**), so kommen im vorliegenden Falle *parabolische* Koordinaten für die Separation in Betracht.

331) Vgl. Anm. 299). Die ersten Ergebnisse von *P. S. Epstein* erschienen Phys. Ztschr. 17 (1916), p. 148. Auf die Möglichkeit, den *Stark*effekt quantentheoretisch mittels des *Bohr*schen Wasserstoffatommodells zu deuten, hatte bereits *E. Warburg*, Verhandl. Deutsch. Phys. Ges. 15 (1913), p. 1259 hingewiesen, während nur wenig später und unabhängig davon *N. Bohr* [1], Abhandlung VI, die Lage der Hauptkomponenten des Effektes berechnete. Vgl. ferner einen rein klassischen Erklärungsversuch von *K. Schwarzschild*, Verhandl. Deutsch. Phys. Ges. 16 (1914), p. 20.

332) *N. Bohr* [2], II. Teil, § 4; *H. A. Kramers*, Dansk. Vid. Selsk. Skr. 8, III (1918), §§ 3, 6; *N. Bohr*, Proc. London Phys. Soc. 35 (1923), p. 275.

333) Die erzielte Übereinstimmung ist von solcher Güte, daß selbst ein so erbitterter Gegner der Quantentheorie wie *J. Stark* ihr seine Anerkennung nicht versagt hat. Eine unter gewissen Umständen auftretende, von *J. Stark*, Jahrb. d. Rad. 17 (1920). p. 161 allein als unerklärt bezeichnete Intensitätsdissymmetrie der *Stark*effektkomponenten hat *A. Rubinowicz*, Ztschr. f. Phys. 5 (1921), p. 331 gedeutet; vgl. auch *N. Bohr* [1], Abhandlung VI. An anderer Stelle [Proc. London Phys. Soc. 35 (1923), p. 275, auf p. 294] hat *Bohr* dann darauf hingewiesen, daß jene von den experimentellen Bedingungen abhängige Intensitätsdissymmetrie als anschaulicher Beweis für die *Unabhängigkeit* jener monochromatischen Elementarprozesse aufzufassen ist, welchen die einzelnen Komponenten nach der Quantentheorie ihre Entstehung verdanken.

Der von *Stark* bereits anläßlich der Entdeckung des nach ihm benannten Effektes ausgesprochene Gedanke, daß die Ursache für die *Verbreiterung der Spektrallinien* in der Beeinflussung der leuchtenden Atome durch die Nachbaratome bzw. das zwischenmolekulare Feld (vgl. Anm. 25) zu suchen sei, ist von *Holtsmark* auf Grund der obengenannten Ergebnisse über den *Stark*effekt einer quantitativen Theorie dieser Verbreiterung zugrunde gelegt worden. Vgl. Anm. 375).

friedigende theoretische Wiedergabe der experimentellen Grobzerlegung des *Stark*effektes an den Funkenlinien der *Fowler*schen Heliumserie von *Nyquist* und *Stark* möglich gewesen.[334]) In allen diesen Fällen handelt es sich um den Einfluß von elektrischen Feldstärken, welche Störungen der Elektronenbahn bewirken, die um so vieles beträchtlicher sind als die Unterschiede zwischen der „relativistischen" und „nicht-relativistischen" Bewegung des *ungestörten* Modells, daß die Vernachlässigung des Relativitätseffektes vollauf gerechtfertigt erscheint; gleichwohl ist es in dem Ausdruck für die Energie des Modells nicht notwendig, Glieder von höherer als der *ersten* Ordnung in der störenden Feldstärke beizubehalten.[335]) Erst für sehr hohe Feldstärken erhält man den von *Takamine* und *Kokubu* an den *Balmer*linien beobachteten „*Starkeffekt zweiter Ordnung*", zu dessen theoretischer Deutung das in der Feldstärke quadratische Energieglied noch mit herangezogen werden muß; die erhaltene Übereinstimmung ist qualitativ befriedigend[336]), doch muß es einstweilen wohl noch weiteren Beobachtungen vorbehalten bleiben zu entscheiden, ob hier ebenfalls eine quantitative Übereinstimmung erhalten werden können wird, oder ob hier der Beginn reeller Abweichungen von der Theorie erreicht worden ist, deren man nach den Ausführungen von Nr. **14** stets gewärtig sein muß. — Befindet sich das betrachtete Modell in einem äußeren *makroskopischen*, konstanten aber *inhomogenen* elektrischen Felde, so bleiben obige Ergebnisse *für jeden einzelnen Punkt* des Feldes zu Recht bestehen, da dieses für den Bereich eines einzelnen Atoms dann immer

---

334) *H. A. Kramers*, Anm. 332); *P. S. Epstein*, Ann. d. Phys. 58 (1919), p. 553. Zu der letzteren Untersuchung vgl. man auch *H. A. Kramers*, Ztschr. f. Phys. 3 (1920), p. 199, Anm. 3 auf p. 217.

335) Wie *N. Bohr* [2], II. Teil, § 4 mittels der im Text weiter unten geschilderten Methoden der *quantentheoretischen Störungstheorie* gezeigt hat, ist die Bewegung des Elektrons bei Beschränkung auf diesen Genauigkeitsgrad in der Entwicklung des Energieausdruckes *entartet* und bloß *doppelt*periodisch ($u = 2$). Dies hatte schon *K. Schwarzschild* in seiner in Anm. 299) zitierten Untersuchung gefunden, worauf *P. S. Epstein*, Ann. d. Phys. 51 (1916), p. 168 betonte, daß diese Entartung verschwindet, sobald man auch quadratische und höhere Glieder in der Feldstärke zuläßt.

336) *A. Sommerfeld*, Ann. d. Phys. 65 (1921), p. 36. — In Unkenntnis der bereits von *Epstein* (Anm. 331) vorgenommenen Berechnung des in der Feldstärke quadratischen Gliedes hat auch *A. M. Mosharrafa*, Phil. Mag. 43 (1922), p. 943; 44 (1922), p. 371 den quadratischen Effekt berechnet und mit den Beobachtungen verglichen. Auf die Fehlerhaftigkeit eines das quadratische Glied betreffenden, abweichenden Ergebnisses von *H. O. Newboult*, Phil. Mag. 45 (1923), p. 1081, haben *A. M. Mosharrafa*, Phil. Mag. 46 (1923), p. 751 und *P. S. Epstein*, Phil. Mag. 46 (1923), p. 964 hingewiesen.

als hinreichend homogen angesehen werden kann; die Inhomogenität des Feldes bewirkt aber weiterhin das Auftreten einer *ponderomotorischen Kraft* an dem Atom, welche, zunächst wenigstens theoretisch, *die Trennung der verschiedenen diskreten stationären Quantenzustände bei schnell bewegten Atomstrahlen ermöglichen muß.*[337])

Der Einfluß eines konstanten, *homogenen*, äußeren *Magnetfeldes* auf die Elektronenbewegung läßt sich ebenso ohne besondere Schwierigkeiten behandeln wie der Fall des elektrischen Feldes, wenn man für hinreichend große Feldstärken den Relativitätseinfluß vernachlässigt und von dem geringfügigen, in der Feldstärke quadratischen Gliede des Energieausdruckes absieht. Die Variablenseparation erfolgt hier in einem um die Feldrichtung rotierenden Polarkoordinatensystem; man erhält formal drei Quantenbedingungen vom Typus (149), doch erweist sich die Bewegung innerhalb der erwähnten Annäherung als *doppelt*periodisch und darum *entartet* ($s = 3$, $u = 2$). Wie *Sommerfeld* und *Debye* zeigen konnten, ermöglicht die Theorie eine zutreffende Wiedergabe der beim *Zeemaneffekt* des Wasserstoffes beobachteten Linienaufspaltungen[338]); die Beschränkung der letzteren auf das *normale Lorentzsche Triplett* ist dann von *Bohr* als Folge des Korrespondenzprinzipes gedeutet worden, ebenso wie die Polarisations- und Intensitätsverhältnisse der *Zeeman*komponenten.[339]) Wie *Sommerfeld* bereits anläßlich seiner ersten Untersuchungen über die Quantelung des Wasserstoffatommodells fand[340]), kann die Bahn*ebene* des Elektrons ($u = 2$!) bei hinreichend kleinen Feldstärken nur eine beschränkte

---

337) *O. Stern,* Phys. Ztschr. 23 (1922), p. 476.

338) *A. Sommerfeld,* Phys. Ztschr. 17 (1916), p. 491; *P. Debye,* Phys. Ztschr. 17 (1916), p. 507, auch Gött. Nachr. 1916. Eine andere Darstellung, welche die in Anm. 310) erwähnte Formulierung der Quantenbedingungen von *W. Wilson* zugrunde legt, hat *A. M. Mosharrafa,* Proc. Roy. Soc. A 102 (1922), p. 529 veröffentlicht. Die Schlußformel für die Größe der Linienaufspaltung stimmt mit der auf klassischem Wege, nämlich mittels des *Larmorschen Satzes* erhaltenen *Lorentz*schen Deutung überein; dies wird, wie *A. Sommerfeld* [1], p. 369 hervorhebt, dadurch möglich, daß aus ihr bei der Berechnung mittels der Frequenzbedingung (114) das *Planck*sche Wirkungsquantum h herausfällt. — Ältere quantentheoretische Versuche, den *Zeeman*effekt zu begründen, welche mit dem gegenwärtigen Stande der Theorie jedoch nicht mehr vereinbar sind, haben *K. F. Herzfeld,* Phys. Ztschr. 15 (1914), p. 193 und *N. Bohr* [1], Abhandlung VI (und X) unternommen. Zu der letztgenannten Untersuchung vgl. man ferner das Geleitwort von *Bohr* zu *N. Bohr* [1], sowie *N. Bohr* [2], p. 115, Anm. 2).

339) *N. Bohr* [2], II. Teil, § 5.

340) *A. Sommerfeld,* Ann. d. Phys. 51 (1916), p. 1; hier wird die „räumliche“ Quantelung auf ein „magnetisches Feld von der Stärke Null“ bezogen, dessen *Richtung* als vorgegeben angesehen wird.

Anzahl von *diskreten Orientierungen gegen das Magnetfeld* annehmen, welche durch die Bedingung bestimmt werden, daß die zur Feldrichtung parallele Komponente des Drehimpulsvektors ebenso wie der letztere selbst, entsprechend (148') und den Quantenbedingungen nur ein *ganzzahliges Vielfaches von* $\frac{h}{2\pi}$ betragen kann. Dieses auch für die diskrete Einstellung des Drehimpulsvektors von Atommodellen mit *beliebig vielen* Elektronen gegen das Feld maßgebende Resultat[341]) sollte nach *Stern*[342]) direkt verifiziert werden können, indem man die von einem *inhomogenen Magnetfelde* auf die Atome in ihren verschiedenen Einstellungen ausgeübten verschiedenen *ponderomotorischen Kräfte* benutzt, um durch die magnetische Ablenkung schnell bewegter Atomstrahlen *eine Trennung der verschiedenen Quantenzustände* herbeizuführen. Die Ausführung des Experiments durch *Stern* und *Gerlach* an Silberatomstrahlen ergab in der Tat eine direkte Bestätigung für die Existenz einer *scharfen „Richtungsquantelung" im magnetischen Felde.*[343])

Wie bereits hervorgehoben, gelten die geschilderten Theorien des *Stark*- und *Zeeman*effektes nur für Feldstärken, welche hinreichend groß sind, um den Einfluß der relativistischen Feinstruktur der *Balmer*- und Heliumfunkenlinien völlig zu verwischen. Versucht man aber das Problem der Einwirkung eines äußeren elektrischen oder magnetischen Feldes auf die *relativistische Keplerbewegung* nach den gleichen Methoden zu behandeln, so zeigt sich, daß eine Separation in den verschiedenen leicht zugänglichen Koordinatensystemen nicht bewerk-

---

341) Vgl. z. B. *A. Landé*, Phys. Ztschr. 24 (1923), p. 441, wo auch die verschiedenen, durch den *anomalen Zeemaneffekt* bedingten *Abweichungen von der Ganzzahligkeit der Quantenzahlen* zusammengestellt sind, für die eine endgültige modellmäßige Deutung noch aussteht. Diese Abweichungen von der Ganzzahligkeit laufen auf eine der Festlegung (134) widersprechende Verfügung über $h_r^{(0)}$ hinaus. für die zur Zeit noch mehrere verschiedene Möglichkeiten in Betracht gezogen werden können. Wie den Ausführungen von Nr. 14, p. 996, zu entnehmen ist, kann die Festlegung von $h_r^{(0)}$ nach der gegenwärtigen Form der Quantentheorie überhaupt *nur auf empirischem Wege* vorgenommen werden; daß diese beim anomalen *Zeeman*effekt *halbzahlig* auszufallen scheint, besagt natürlich nicht das Geringste für oder gegen die Gültigkeit der „Mechanik" (vgl. Anm. 246), 292) in der Quantentheorie, wie in der Literatur mehrfach angenommen zu werden scheint. — Hinsichtlich einer ganz analogen Einstellungsvorschrift für den Drehimpulsvektor von Atomen mit *beliebig vielen* Elektronen gegen ein *inhomogenes elektrisches Feld* beim „normalen" und „anomalen" *Stark*effekt vgl. man *O. Stern*, Phys. Ztschr. 32 (1922). p. 476.

342) *O. Stern*, Ztschr. f. Phys. 7 (1921), p. 249.

343) *W. Gerlach* und *O. Stern*, Ztschr. f. Phys. 8 (1921), p. 110; 9 (1922), p. 349, 353; Ann. d. Phys. 74 (1924), p. 673. Vgl. dazu auch Nr. 9 Ende, ferner für weitere *prinzipielle* Folgerungen aus dem Experiment Nr. 17.

stelligt werden kann. Trotzdem ist es denkbar, und aus analytischen Gründen sogar wahrscheinlich, daß für die genannten Probleme mittels (144) und einer, gegebenenfalls *unendlichen Folge von Berührungstransformationen* Separationsvariable gefunden werden können.[344]) Da man mit Rücksicht auf das Korrespondenzprinzip letzten Endes doch nur an Darstellungen der Bewegung interessiert ist, welche die Ausgangsveränderlichen q_k, p_k entsprechend (124) *direkt als u-fache Fourierreihen der kanonischen zyklischen Uniformisierungsvariablen* w_r, I_r erscheinen lassen, so wird es hinreichen, für die *allgemeine Lösung* des Problems mittels eines beliebigen Verfahrens u-fache *Fourier*reihen nach der Zeit aufzusuchen, welche die Bewegung *darstellen*, d. h. gleichmäßig *konvergieren;* es ist dann *stets* möglich[307]), zu den *kanonischen* Veränderlichen w_r, I_r überzugehen, welche mit den nun nicht mehr interessierenden Separationsvariablen (145) entsprechend (148) zusammenhängen werden.

Ergebnisse von der gewünschten Beschaffenheit, deren *Konvergenz* allerdings in jedem Falle als *fraglich* angesehen werden muß, liefern die Methoden der astronomischen *Störungstheorie* (VI 2, 12, *E. T. Whittaker*), welche für die Quantentheorie zuerst von *Burgers* und *Bohr* nutzbar gemacht worden sind.[345]) Handelt es sich, wie bei den oben genannten Problemen, um den Einfluß von störenden Feldern, deren Wirkung gegenüber jener der inneren Atomkräfte im allgemeinen geringfügig ist, so bietet sich als naturgemäß die namentlich von *Poincaré* und *Lindstedt*[346]) benutzte Methode (I) der Entwicklung nach

344) Wie *H. A. Kramers*, Ztschr. f. Phys. 3 (1920), p. 199, auf p. 201 ohne genauere Kennzeichnung vermerkt, ist ihm und *O. Klein* der Nachweis gelungen, daß das *Stark*effektproblem der relativistischen Feinstruktur in „räumlichen Koordinaten" nicht separierbar ist; im Texte ist jedoch an ganz *beliebige* kanonische Separationskoordinaten p_r, q_r gedacht.

345) *J. M. Burgers* [1], *N. Bohr* [2]. Die Darstellung von *Burgers* ist ausgezeichnet durch den systematischen Gebrauch von Berührungstransformationen, dem sich *Bohr* in seiner letzten zusammenfassenden Arbeit, Ztschr. f. Phys. 13 (1923), p. 117, I. Kap., § 3 anschließt; vgl. auch *H. A. Kramers*, Ztschr. f. Phys. 3 (1920), p. 199. Die *Bohr*sche Behandlungsweise beschränkt sich grundsätzlich auf die Ermittlung einer *ersten Näherung*, entsprechend der von *Bohr postulierten Genauigkeitsschranke* für die mögliche *Festlegung der stationären Zustände* (vgl. dazu Anm. 323), 324). Die quantentheoretische Einkleidung der Methoden zur Bestimmung *höherer Annäherungen* ist hingegen (mit Ausnahme der von *Epstein* behandelten *Delaunay*schen Methode, Anm. 347), 348) von *M. Born* und seinen Mitarbeitern vorgenommen worden. Siehe Anm. 350).

346) Vgl. etwa *H. Poincaré*, Méthodes nouvelles de la mécanique céleste, Paris 1893, Bd. II, Kap. IX ff.; zur *Bohlin*schen Methode ebenda, Bd. II, Kap. XIX oder *C. L. Charlier*, Die Mechanik des Himmels, Leipzig 1902, Bd. II. — Ferner: VI 2, 12 (*E. T. Whittaker*), Nr. 11.

Potenzen eines kleinen störenden Parameters ε dar, welche für den Fall der *Entartung* des ungestörten Systems durch ein von *Bohlin*[346]) herrührendes Verfahren ersetzt werden muß. Will man hingegen die Methode der Entwicklung nach einem kleinen konstanten Parameter vermeiden, bzw. kommt ein solcher in dem betrachteten Falle nicht vor, so hat man sich mit *Epstein*[347]) einer von *Delaunay* in der Mondtheorie benutzten Methode[348]) (II) zu bedienen.

I. Die erstgenannte Methode besteht in folgendem: Das *ungestörte System* habe s Freiheitsgrade und sei etwa auf Grund der in Nr. **15a** geschilderten Separationsmethode als *u-fach bedingt periodisch* erkannt; seine Bewegung wird dann bestimmt sein durch die $2u$ Uniformisierungsvariablen w_r, I_r $(r = 1, 2, \ldots, u)$ sowie weitere $2(s - u)$ willkürliche Integrationskonstanten der Bewegung $\bar{\alpha}_j$, $\bar{\beta}_j$ $(j = 1, 2, \ldots, s - u)$.[306]) Seine *Hamilton*sche Funktion $H^{(0)}(I_1^{(0)}, \ldots, I_u^{(0)})$ hängt dann von den $I_r^{(0)}$ allein ab und stimmt mit seiner Energie $E^{(0)}$ überein. Das *gestörte System* besitze hingegen, in den Variablen des ungestörten Systems ausgedrückt, die *Hamilton*sche Funktion

$$(156)\left\{\begin{aligned} &H(I_1^{(0)}, \ldots, I_u^{(0)}, \bar{\alpha}_1^{(0)}, \ldots, \bar{\alpha}_{s-u}^{(0)};\ w_1^{(0)}, \ldots, w_u^{(0)}, \bar{\beta}_1^{(0)}, \ldots, \bar{\beta}_{s-u}^{(0)}) \\ &\quad = H^{(0)}(I_r^{(0)}) + \varepsilon H^{(1)}(I_r^{(0)}, \bar{\alpha}_j^{(0)};\ w_r^{(0)}, \bar{\beta}_j^{(0)}) + \varepsilon^2 H^{(2)}(\ldots) + \cdots, \end{aligned}\right.$$

wo $H^{(1)}$, $H^{(2)}$, ... wegen der Eindeutigkeit von H in den $w_r^{(0)}$ periodisch mit der Periode Eins sein werden, im übrigen aber beliebige Funktionen der $I_r^{(0)}$, $\bar{\alpha}_j^{(0)}$, $\bar{\beta}_j^{(0)}$ darstellen.[349]) Wie man aus der Gültigkeit des Energiesatzes für das gestörte System unmittelbar entnimmt, werden die $I_r^{(0)}$, $\bar{\alpha}_j^{(0)}$, $\bar{\beta}_j^{(0)}$ jetzt aber im allgemeinen nicht mehr konstant und die $w_r^{(0)}$ nicht mehr wie etwa in (127) bloß lineare Funktionen der Zeit sein; mittels der kanonischen Differentialgleichungen (1) und der Beziehungen (128) erhält man für ihre Änderungen

---

347) Dieses Verfahren wurde von *Epstein* bereits 1917 ausgearbeitet, aber erst kürzlich publiziert, siehe *P. S. Epstein,* Ztschr. f. Phys. 8 (1922), p. 211, 305, auch Phys. Rev. 19 (1922), p. 578. Zur Kritik des Verfahrens an sich vgl. man *M. Born* und *W. Pauli,* Ztschr. f. Phys. 10 (1922), p. 137; ferner *A. Smekal,* Phys. Ber. 3 (1922), p. 1108.

348) Vgl. dazu den II. Bd. des in Anm. 346) genannten Werkes von *H. Poincaré;* ferner: *E. T. Whittaker,* Analytical Dynamics, II. Aufl., Cambridge 1917, wo das *Delaunay*sche Verfahren nach *Epstein* indessen unzureichend bzw. unvollständig dargestellt ist. Die *Whittaker*sche Form der Theorie hat *Burgers* (Anm. 345) angewendet — Ferner: VI 2, 12 (*E. T. Whittaker*), Nr. **10**.

349) Ein derartiges System wird mitunter auch als „Normalsystem" bezeichnet, insbesondere für den Fall $s = u$.

$$(157\text{a})\quad \left\{\begin{aligned} \frac{dI_r^{(0)}}{dt} &= -\left(\varepsilon\frac{\partial H^{(1)}}{\partial w_r^{(0)}} + \varepsilon^2\frac{\partial H^{(2)}}{\partial w_r^{(0)}} + \cdots\right); \\ \frac{dw_r^{(0)}}{dt} &= \omega_r + \varepsilon\frac{\partial H^{(1)}}{\partial I_r^{(0)}} + \varepsilon^2\frac{\partial H^{(2)}}{\partial I_r^{(0)}} + \cdots, \end{aligned}\right\}(r = 1, 2, \ldots, u)$$

$$(157\text{b})\quad \left\{\begin{aligned} \frac{d\bar{\alpha}_j^{(0)}}{dt} &= -\left(\varepsilon\frac{\partial H^{(1)}}{\partial \bar{\beta}_j^{(0)}} + \varepsilon^2\frac{\partial H^{(2)}}{\partial \bar{\beta}_j^{(0)}} + \cdots\right); \\ \frac{d\bar{\beta}_j^{(0)}}{dt} &= \varepsilon\frac{\partial H^{(1)}}{\partial \bar{\alpha}_j^{(0)}} + \varepsilon^2\frac{\partial H^{(2)}}{\partial \bar{\alpha}_j^{(0)}} + \cdots \end{aligned}\right\}(j = 1, 2, \ldots, s - u).$$

Um die Integration dieser Differentialgleichungen zu bewerkstelligen, wird man die zugehörige *Hamilton-Jacobi*sche Differentialgleichung (5), nämlich

$$(158)\qquad H\left(\frac{\partial S}{\partial w_r^{(0)}}, w_r^{(0)}, \frac{\partial S}{\partial \bar{\beta}_j^{(0)}}, \bar{\beta}_j^{(0)}\right) = E,$$

mittels einer „Wirkungsfunktion" S zu lösen haben, welche man so zu konstruieren trachtet, daß sie zugleich eine Berührungstransformation von den „ungestörten" kanonischen Uniformisierungsvariablen $I_1^{(0)}, \ldots, I_u^{(0)}, \bar{\alpha}_1^{(0)}, \ldots, \bar{\alpha}_{s-u}^{(0)}; w_1^{(0)}, \ldots, w_u^{(0)}, \bar{\beta}_1^{(0)}, \ldots, \bar{\beta}_{s-u}^{(0)}$ zu *neuen kanonischen Uniformisierungsvariablen* für das *gestörte System* zu liefern imstande ist. Da nach dem bereits oben Gesagten vermutet werden darf, daß derartige Veränderliche für die im vorliegenden Abschnitt in Betracht kommenden Fälle tatsächlich gefunden werden können, so wird man *für die gestörte Bewegung einen bestimmten Periodizitätsgrad* u' erwarten, der von u verschieden sein können wird, und die gewünschten Veränderlichen mit

$$(159\text{a})\qquad I_1, \ldots, I_{u'};\ w_1, \ldots, w_{u'},$$

$$(159\text{b})\qquad \bar{\alpha}_1, \ldots, \bar{\alpha}_{s-u'};\ \bar{\beta}_1, \ldots, \bar{\beta}_{s-u'}$$

bezeichnen. Wenn man nun

$$(160)\qquad S = S^{(0)} + \varepsilon S^{(1)} + \varepsilon^2 S^{(2)} + \cdots$$

setzt, so werden die $S^{(1)}, S^{(2)}, \ldots$ offenbar periodische Funktionen der $w_{r^1}^{(0)}$, während $S^{(0)}$ z. B. für $u = u'$ gleich $\sum_{r=1}^{u} I_r \cdot w_r^{(0)}$ ist. Die gewünschte Berührungstransformation lautet dann

$$(161)\qquad \left\{\begin{aligned} I_r^{(0)} &= \frac{\partial S}{\partial w_r^{(0)}}, & \bar{\alpha}_j^{(0)} &= \frac{\partial S}{\partial \bar{\beta}_j^{(0)}} & &\begin{matrix}(r = 1, 2, \ldots, u)\\ (j = 1, 2, \ldots, s - u)\end{matrix} \\ w_{r'} &= \frac{\partial S}{\partial I_{r'}}, & \bar{\beta}_{j'} &= \frac{\partial S}{\partial \bar{\alpha}_{j'}} & &\begin{matrix}(r' = 1, 2, \ldots, u')\\ (j' = 1, 2, \ldots, s - u')\end{matrix} \end{aligned}\right.$$

und man hat nun S mittels *sukzessiver Approximationen* als Funktion von den $w_r^{(0)}, \bar{\beta}_j^{(0)}; I_{r'}, \bar{\alpha}_{j'}$ zu bestimmen. Wenn das Verfahren etwa bis einschließlich der m^{ten} Näherung durchgeführt und der dabei ermittelte Periodizitätsgrad wieder mit u' bezeichnet wird, so hat man z. B. für $u' > u$

$$(162\text{a})\qquad I_r = I_r^{(0)} + \varepsilon I_r^{(1)} + \cdots + \varepsilon^m \cdot I_r^{(m)} \qquad (r = 1, 2, \ldots, u)$$

$$(162\text{b})\qquad I_{r'} = I_{r'}^{*} + \varepsilon I_{r'}^{(1)} + \cdots + \varepsilon^m \cdot I_{r'}^{(m)} \qquad (r' = u+1, \ldots, u')$$

und ähnliche Entwicklungen gelten für die $w, \bar{\alpha}$ und $\bar{\beta}$; für die Energie E des gestörten Systems erhält man

$$(163)\qquad E = E^{(0)} + \varepsilon E^{(1)} + \cdots + \varepsilon^m E^{(m)}.$$

Ist $u' = u$, so spricht man von dem alleinigen Auftreten *periodischer Störungen*, bei einer *Zunahme des Periodizitätsgrades* der Bewegung ($u' > u$) hingegen von *säkularen Störungen;* der letztere Fall ist namentlich durch das Vorkommen der *Größen nullter Ordnung* $I_{u+1}^{*}, \ldots, I_{u'}^{*}$ in (162b) gekennzeichnet, *welche* ungleich jenen in (162a) *für das ungestörte System nicht charakteristisch sind* und bei jedem individuellen Störungsproblem gesondert bestimmt werden müssen.

Die allgemeine Durchführung der vorstehend angedeuteten Rechenoperationen verdankt man *Born* und seinen Mitarbeitern.[350]) Um ihre wesentlichen Züge kennen zu lernen, genügt es jedoch, sich auf die Ermittlung der *ersten Näherung* zu beschränken, die bereits früher von *Bohr*[345]) dargestellt worden war. Um die Gleichungen (157a), (157b) in der gewünschten Weise in erster Annäherung zu integrieren, entwickelt man zunächst $H^{(1)}$ in eine u-fache *Fourier*reihe nach den $w_r^{(0)}$:

$$(164)\qquad H^{(1)} = \sum_{\tau_1 \ldots \tau_u} \Psi_{\tau_1 \ldots \tau_u}(I_r^{(0)}, \bar{\alpha}_j^{(0)}, \bar{\beta}_j^{(0)}) \cdot \cos 2\pi(\tau_1 w_1^{(0)} + \cdots + \tau_u w_u^{(0)} + \gamma_{\tau_1 \ldots \tau_u})$$ [274])

und hat nun zwei wesentlich verschiedene Hauptfälle voneinander zu unterscheiden:

1. Wenn die *ungestörte Bewegung* entweder *nicht entartet* ($u = s$) oder so beschaffen ist, daß bei $u < s$ *die Größen* $\bar{\alpha}_j^{(0)}, \bar{\beta}_j^{(0)}$ *in* (164), *zumindest aber in das erste Glied* Ψ_0 *in* (164), *nicht eingehen,* so tritt an Stelle von (161) die infinitesimale Berührungstransformation

$$(161_1)\qquad \begin{cases} I_r = I_r^{(0)} - \varepsilon \dfrac{\partial S^{(1)}}{\partial w_r^{(0)}}, & w_r = w_r^{(0)} + \varepsilon \dfrac{\partial S^{(1)}}{\partial I_r^{(0)}} \quad (r = 1, 2, \ldots, u) \\ \bar{\alpha}_j = \bar{\alpha}_j^{(0)} - \varepsilon \dfrac{\partial S^{(1)}}{\partial \bar{\beta}_j^{(0)}}, & \bar{\beta}_j = \bar{\beta}_j^{(0)} + \varepsilon \dfrac{\partial S^{(1)}}{\partial \bar{\alpha}_j^{(0)}} \quad (j = 1, 2, \ldots, s-u). \end{cases}$$

Zur Bestimmung der Transformationsfunktion $S^{(1)}$ bedient man sich der Bedingung, daß die *Hamilton-Jacobi*sche Differentialgleichung (158)

350) *M. Born* und *W. Pauli,* Ztschr. f. Phys. 10 (1922), p. 137; *M. Born* und *W. Heisenberg,* Ztschr. f. Phys. 14 (1923), p. 44; *L. Nordheim,* Ztschr. f. Phys. 17 (1923), p. 316; 21 (1923), p. 242.

in erster Näherung mittels der Ansätze (160) und (163) befriedigt werden muß, was die Differentialgleichung

$$H^{(1)} + \sum_{r=1}^{u} \frac{\partial H^{(0)}}{\partial I_r^{(0)}} \frac{\partial S^{(1)}}{\partial w_r^{(0)}} = E^{(1)} \tag{165}$$

für $S^{(1)}$ ergibt. Bildet man das Zeitmittel über diese Beziehung, so gibt das zweite Glied auf der linken Seite wegen der Periodizität von $S^{(1)}$ in den $w_r^{(0)}$ Null, während das erste Glied zufolge (164) Ψ_0 liefert. Man hat demnach

$$E^{(1)} = \Psi_0, \tag{166}$$

und damit den Satz, *daß die Energie des gestörten Systems als Funktion der I_r in erster Näherung gleich jener des ungestörten Systems ist vermehrt um den Zeitmittelwert der „Störungsfunktion" in erster Näherung $\varepsilon H^{(1)}$ bzw. des Potentials der störenden Kräfte, genommen über die ungestörte Bewegung:*

$$E = E^{(0)}(I_1, \ldots, I_u) + \varepsilon \Psi_0(I_1, \ldots, I_u). \tag{163$_1$}$$

Die Integration der nach Abzug von (166) aus (165) resultierenden Differentialgleichung ergibt nun mit Benutzung von (128)

$$S^{(1)} = -\frac{1}{2\pi} \sum_{\tau_1 \ldots \tau_u} \frac{\Psi_{\tau_1 \ldots \tau_u}}{\tau_1 \omega_1^{(0)} + \cdots + \tau_u \omega_u^{(0)}} \sin 2\pi (\tau_1 w_1^{(0)} + \cdots + \tau_u w_u^{(0)} + \gamma_{\tau_1 \ldots \tau_u}), \tag{167}$$

wo die Summation über alle ganzzahligen Kombinationen der $\tau_1, \ldots, \tau_u$, ausgenommen $\tau_1 = \cdots = \tau_u = 0$, zu erstrecken ist.[351])

---

351) Zur Ermittlung der höheren Näherungen geht man mit *Born* und *Pauli* (Anm. 350) nun ganz ebenso vor, indem man die zu (165) analogen Bedingungen für die einzelnen Näherungen aufstellt und sukzessive integriert, was mittels der Ergebnisse der vorangegangenen Näherungen stets möglich ist, wenn die $H^{(1)}$, $H^{(2)}$; ... von den $\bar{\alpha}_j^{(0)}$, $\bar{\beta}_j^{(0)}$ *unabhängig* sind. Unter diesen Voraussetzungen degenerieren die letzten $2(s-u)$ Gleichungen (161$_1$) in

$$\bar{\alpha}_j = \bar{\alpha}_j^{(0)}, \quad \bar{\beta}_j = \bar{\beta}_j^{(0)} \qquad (j = 1, 2, \ldots, s-u)$$

für beliebig hohe Näherungen. Setzt man jedoch wie im Text nur die Unabhängigkeit von Ψ_0 von den $\bar{\alpha}_j^{(0)}$, $\bar{\beta}_j^{(0)}$ voraus, so muß man sich zur Ermittlung der höheren Näherungen einer Fortsetzung des Verfahrens bedienen, welche der unter 2. geschilderten Methode angepaßt ist. — Das mathematisch äußerst elegante Verfahren ergab sich *Born* und *Pauli* durch Verallgemeinerung einer von *Born* und *Brody* auf die spezielle Behandlung eines Systems von gekoppelten Resonatoren mit schwach unharmonischer Bindung zugeschnittenen Methode. Siehe *M. Born* und *E. Brody*, Ztschr. f. Phys. 6 (1921), p. 140 oder V 25 (*M. Born*), Nr. 30, wo p. 671—673 die Methode ebenfalls geschildert ist, ferner *E. Schrödinger*, Ztschr. f. Phys. 11 (1922), p. 170.

Da der Ausdruck $\tau_1 \omega_1^{(0)} + \cdots + \tau_u \omega_u^{(0)}$ bei beliebigen festen $\omega_1^{(0)}, \ldots, \omega_u^{(0)}$ für absolut genommen hinreichend große positive und negative Anzahlen τ_r *beliebig*

Wie das Ergebnis (161_1) zeigt, besitzt das gestörte System in erster Näherung hier die Eigenschaften *eines bedingt periodischen Systems mit dem gleichen Periodizitätsgrad wie das ungestörte System.* Die Größen I_r in (161_1) bzw. (162a) werden daher innerhalb dieser Näherung zufolge Nr. **3A** *adiabatische* oder *Parameterinvarianten* darstellen und den allgemeinen Quantenbedingungen (133) zu unterwerfen sein. *Die Anzahl der Quantenbedingungen des ungestörten und des gestörten Systems sind hier also gleich.* Wie aus (161_1) unmittelbar ersichtlich ist, werden diese Quantenbedingungen in jene des ungestörten Systems übergehen, wenn man $\varepsilon \rightarrow 0$ macht und damit die äußeren Störungen zum Verschwinden bringt; indem man diesen Vorgang unendlich langsam und umkehrbar vor sich gehen läßt, erkennt man, daß er sich in keiner Weise von den in Nr. **3A** betrachteten Parameterverschiebungen unterscheidet. Durch Umkehrung dieses Gedankenganges und Benutzung des *Ehrenfestschen Adiabatenprinzips* ist damit die auch prinzipiell bedeutsame Möglichkeit gegeben, *die Quantelung des gestörten Systems direkt aus jener des ungestörten Systems abzuleiten*[352]), *wobei* $E^{(0)}$ *in* (163_1) *seine ursprünglichen Quantenwerte beibehält.*

2. Wenn die *ungestörte Bewegung entartet* ist ($u < s$) und *die Größen* $\bar{\alpha}_j^{(0)}$, $\bar{\beta}_j^{(0)}$ *in der Störungsfunktion erster Ordnung* (164), *namentlich aber in* Ψ_0 *vorkommen*, so gibt die unter 1. vorgenommene infinitesimale Berührungstransformation (161_1), (167) wieder die gewünschten Uniformisierungsveränderlichen I_r, w_r für die ersten u Freiheitsgrade in erster Näherung; die Größen $\bar{\alpha}_j'$, $\bar{\beta}_j'$, welche ihr zufolge aus den $\bar{\alpha}_j^{(0)}$, $\bar{\beta}_j^{(0)}$ hervorgehen mögen, sind nun aber ungleich den $\bar{\alpha}_j$, $\bar{\beta}_j$ in (161_1) noch Funktionen der Zeit, die nach (157b), (164) und (167) jetzt den *kanonischen Differentialgleichungen*

---

klein gemacht werden kann, und zwar *unendlich oft* innerhalb des Summationsbereiches von (167) („höhere Kommensurabilitäten" der Himmelsmechanik), so konvergiert die Reihe, wie *Bruns* gezeigt hat, nur für Verhältnisse $\omega_1^{(0)} : \omega_2^{(0)} : \cdots : \omega_u^{(0)}$ von bestimmten zahlentheoretischen Eigenschaften [vgl. z. B den II. Band des in Anm. 346) genannten Werkes von *Charlier*, p. 307, oder VI 2, 12 (*E. T. Whittaker*), Nr. **12**]. Der dadurch verursachte Mangel an gleichmäßiger Konvergenz von (167) ist bei *bedingt periodischen Störungsproblemen* naturgemäß nur in der angewendeten *Methode* begründet und braucht daher innerhalb der vorliegenden Nummer nicht weiter in Betracht gezogen zu werden. Bei *nicht bedingt periodischen Systemen* hingegen, z. B. beim *Dreikörperproblem*, ist diesem Umstande *prinzipielle Bedeutung* beizumessen, s. Nr. **16**.

352) Siehe z. B. *P. Ehrenfest*, Ann. d. Phys. 51 (1916), p. 327, namentlich aber *N. Bohr* [2], I. Teil, § 2 und Ztschr. f. Phys. 13 (1923), p. 117, I. Kapitel, § 4, ferner p. 998 und Anm. 285).

$$(168)\qquad \frac{d\bar{\alpha}_j'}{dt} = -\varepsilon\frac{\partial\Psi_0}{\partial\bar{\beta}_j'},\quad \frac{d\bar{\beta}_j'}{dt} = \varepsilon\frac{\partial\Psi_0}{\partial\bar{\alpha}_j'}\quad (j=1,2,\ldots,s-u)$$

genügen müssen. In diesen Größen ausgedrückt, erscheint an Stelle des Energieausdruckes in erster Näherung (163_1) jetzt die von der Zeit abhängige Funktion

$$(163_2')\ E = E^{(0)}(I_1,\ldots,I_u) + \varepsilon\Psi_0(I_1,\ldots,I_u,\bar{\alpha}_1',\ldots,\bar{\alpha}_{s-u}',\bar{\beta}_1',\ldots,\bar{\beta}_{s-u}').$$

Durch die Aufstellung der Gleichungen (168) für die „säkularen“ Störungen ist die weitere Behandlung des Problems auf jene eines beliebigen *Systems von* $s-u$ *Freiheitsgraden* zurückgeführt. Für die in der vorliegenden Nummer allein in Betracht kommenden Fälle kann vermutet werden, daß die Lösungen von (168) *bedingt periodischer Natur, etwa vom Periodizitätsgrad* $u'-u$, sind und daher entweder direkt durch *Variablenseparation* (Nr. **15a**) oder mittels der hier geschilderten störungstheoretischen Methoden (I, II) aufgefunden werden können.[353]) Man erhält dann entweder exakt oder in entsprechender Annäherung an Stelle der $\bar{\alpha}_s'$, $\bar{\beta}_s'$ *neue, uniformisierende kanonische Variable* $w_{u+1},\ldots,w_{u'}$; $I_{u+1},\ldots,I_{u'}$ (vgl. (162b)) mit den neuen Bewegungs*konstanten* $\bar{\alpha}_1,\ldots,\bar{\alpha}_{s-u'}$; $\beta_1,\ldots,\beta_{s-u'}$, welche die säkularen Störungen (168) jetzt ebenso beschreiben, wie vordem die Größen $w_1^{(0)},\ldots,w_u^{(0)}$; $I_1^{(0)},\ldots,I_u^{(0)}$ und $\bar{\alpha}_1^{(0)},\ldots,\bar{\alpha}_{s-u}^{(0)}$; $\bar{\beta}_1^{(0)},\ldots,\bar{\beta}_{s-u}^{(0)}$ das ungestörte Bewegungsproblem; denkt man sich die *beiden* Berührungstransformationen, welche hier zur vollständigen Ermittelung der ersten Näherung in den gewünschten Uniformisierungsvariablen erforderlich waren, zu einer einzigen zusammengefaßt, so entspricht ihre Transformationsfunktion, dem allgemeinen Ansatz (160) zufolge, dessen beiden ersten Gliedern $S^{(0)} + \varepsilon S^{(1)}$, wo $S^{(1)}$ nun natürlich von (167) verschieden ist. Für die Energie erhält man in erster Näherung mittels der neuen Veränderlichen aus ($163_2'$)

$$(163_2)\qquad E = E^{(0)}(I_1,\ldots,I_u) + \varepsilon\Psi_0'(I_1,\ldots,I_u\cdot I_{u+1},\ldots,I_{u'}),$$

woraus unmittelbar deutlich wird, *daß der Periodizitätsgrad des gestörten Systems hier jenem der ungestörten Bewegung gegenüber zugenommen hat.* Will man die Bewegung mit höherer als der ersten Annäherung kennen lernen, so hat man, je nach den Umständen, wieder den unter 1. oder 2. geschilderten Rechenvorgang zur Anwendung zu bringen.[354])

353) Man wird dann Ψ_0 etwa nach einem darin auftretenden, kleinen konstanten Parameter η entwickeln und die unter 1. oder 2. skizzierten Methoden zur Anwendung bringen, oder, falls ein solcher Parameter nicht zur Verfügung steht, das unter II. geschilderte Verfahren zu benutzen trachten.

354) Vgl. § 2 der in Anm. 350) genannten Arbeit von *Born* und *Pauli,* wo indessen bloß des Falles gedacht wird, daß (168) sich direkt mittels Separation

Um die stationären Zustände eines *säkular gestörten Systems* festzulegen, hat man nach Nr. **14** die allgemeinen Quantenbedingungen (133) auf die u' Größen $I_1, \ldots, I_u, I_{u+1}, \ldots, I_{u'}$ anzuwenden, wodurch die Energie des Systems nach (163_2) ebenso eindeutig festgelegt wird, wie etwa zufolge (163_1) für ein bloß *periodisch gestörtes Problem* mittels der u Größen $I_1, \ldots, I_u$. *Die stationären Zustände eines säkular gestörten bedingt periodischen Systems werden also durch eine größere Anzahl von Quantenbedingungen bestimmt als jene des ungestörten oder periodisch gestörten Systems.* Während die adiabatische oder Parameterinvarianz der *Zahlwerte* der $I_1, \ldots, I_u, I_{u+1}, \ldots, I_{u'}$ innerhalb der vorgesehenen Annäherung auf Grund der Ergebnisse von Nr. **3 A** allgemein sichersteht, solange $\varepsilon \neq 0$, wird sie für $\varepsilon \to 0$ offenbar nur mehr bei den $I_1, \ldots, I_u$ erhalten bleiben können[355]), trotzdem dann auch die *Funktionen* $I_{u+1}, \ldots, I_{u'}$ gegen *endliche Grenzfunktionen* $I^*_{u+1}, \ldots, I^*_{u'}$ konvergieren, wie aus der in (162b) gewählten Schreibweise entnommen werden kann.[356])

3. Abgesehen von den beiden in 1. und 2. geschilderten Hauptfällen kommen namentlich für die quantentheoretischen Anwendungen zwei möglicherweise wichtige Nebenfälle in Betracht, bei welchen die

der Variablen lösen läßt. Über die Bedeutung jener Fälle, in welchen die allgemeine Lösung von (168) *nicht* von bedingt periodischer Natur ist, und über deren Bewertung in der Literatur vgl. man Nr. **16a**. Jedenfalls ist (168) für *alle* bisher durchgerechneten Störungsmöglichkeiten des Wasserstoffatommodells (und damit ebenso für das He^+) *separierbar* gewesen, so daß sich innerhalb des vorliegenden Abschnittes ein Eingehen auf die anders beschaffenen Möglichkeiten erübrigt.

355) Wie man sich etwa durch Anwendung von (128) auf (163_1) und (163_2) leicht überzeugen kann, sind die *Grundschwingungszahlen* $\omega_1, \ldots, \omega_u$ für das periodisch gestörte System oder für die ersten u, periodisch gestörten Freiheitsgrade des säkular gestörten Systems stets *endlich*, während jede der Grundschwingungszahlen $\omega_{u+1}, \ldots, \omega_{u'}$ zugleich mit ε proportional den störenden Kräften wird. Läßt man ε gegen Null gehen oder von Null aus anwachsen, so wird es also unmöglich sein, die Änderung der äußeren Störungen beliebig klein gegen jene der $\omega_{u+1}, \ldots, \omega_{u'}$ zu machen, so daß eine Änderung von ε während dieses Grenzüberganges nicht als „unendlich langsam und umkehrbar" gelten kann, wie dies nach Nr. **3 A** für den Beweis der Parameterinvarianz von $I_{u+1}, \ldots, I_{u'}$ unerläßlich wäre. Vgl. dazu etwa auch *N. Bohr* [2], I. Teil, § 3, p. 30—31. — Über die Frage, wie sich das säkular gestörte Atom *während der Entstehung äußerer Felder* verhält, vgl. man Nr. **17**, Anm. 436).

356) Um Ψ_0' in (163_2) zu berechnen, hat man ähnlich wie auf p. 1029 das Zeitmittel des Potentials der Störungskräfte über die *ungestörte Bewegung* zu bilden, hier aber gerade über diejenige, *bei welcher die* $I_{u+1}, \ldots, I_{u'}$ in (162b) durch die im Texte erwähnten Grenzwerte $I^*_{u+1}, \ldots, I^*_{u'}$ für $\varepsilon = 0$ ersetzt worden sind.

vorausgesetzten *Entartungszustände des ungestörten Systems* von der bisher aufgetretenen „*eigentlichen Entartung*" als „*zufällige Entartung*", sowie als „*Grenzentartung*" unterschieden werden.

Während die *eigentliche Entartung* gegenüber dem *nicht entarteten* Bewegungszustand durch das *allgemeine Verschwinden* von $s-u$ Grundschwingungszahlen ω_j des Systems gekennzeichnet werden kann, wird bei der *zufälligen Entartung* vorausgesetzt, daß etwa σ von den u Grundschwingungszahlen ω_r der Bewegung ($u \leqq s$) *nur für ganz bestimmte Wertesysteme* $I_1^{(0)}, \ldots, I_u^{(0)}$ *verschwinden.*[357]) Wie sich zeigt, wird der allgemeine Ansatz (160) für die Wirkungsfunktion S des Störungsproblems unter diesen Umständen hinfällig und muß, der *Bohlin*schen Methode entsprechend, durch eine Entwickelung nach aufsteigenden Potenzen von $\sqrt{\varepsilon}$ ersetzt werden. Die Analyse der säkularen Störungen ergibt hier das Auftreten einer Anzahl $\mathfrak{u}$ neuer Grundschwingungen ($\mathfrak{u} \leqq s-u$), für welche die zugehörigen kanonischen Uniformisierungsvariablen $w_{u+1}, \ldots, w_{u+\mathfrak{u}}$; $I_{u+1}, \ldots, I_{u+\mathfrak{u}}$ in erster Näherung ermittelt werden können; da die Entwickelungen der Größen $I_{u+1}, \ldots, I_{u+\mathfrak{u}}$ aber mit zu $\sqrt{\varepsilon}$ proportionalen Gliedern beginnen, so daß die $I_{u+1}, \ldots, I_{u+\mathfrak{u}}$ für $\varepsilon \to 0$ zugleich mit den neuen Grundschwingungszahlen *stetig gegen Null gehen* müssen, so sieht man unmittelbar, daß sie in bezug auf hinreichend kleine Werte von ε *keine adiabatischen* oder *Parameterinvarianten* der Bewegung darstellen können.[358])

Im Falle der *Grenzentartung* handelt es sich um ähnliche Verhältnisse; sie tritt ein, wenn einige der I_r des ungestörten Systems die Grenzwerte einer Realitätsbedingung annehmen. Setzt man z. B.

---

357) Hierfür genügt auch schon das Auftreten *zufälliger Kommensurabilitäten* zwischen den ω_r, da man dann, ähnlich wie in Anm. 318), eine Berührungstransformation dazu benutzen kann, um einige von den ω_r auf Null zu transformieren. Die *zufällige Entartung* entspricht daher den sogenannten *niederen Kommensurabilitäten* der Himmelsmechanik (z. B. Kommensurabilität der Planetenbahnen); da die Quantentheorie jeweils ganz bestimmte Werte der I_r auszeichnet, kann sie für einzelne Quantenzustände bestimmter Modelle von besonderer Bedeutung sein. *Sie wird es aber jedenfalls für die allgemeine Beurteilung des Effektes unendlich langsamer, umkehrbarer Parameterverschiebungen sein, welche einen vorgelegten stationären Zustand so verändern, daß während der Verschiebung gewisse Kommensurabilitäten zwischen den* ω_r *entweder direkt oder mit großer Annäherung passiert werden.* Siehe dazu Anm. 360). — Auf das Bestehen von Schwierigkeiten dieser Art bei Parameterverschiebungen hat bereits *J. M. Burgers* [1], p. 244, in Verbindung mit seinem Beweise für die *Parameterinvarianz der* I_k (Anm. 71) hingewiesen, doch hat jüngst *M. v. Laue,* Ann. d. Phys. 76 (1925), p. 619, zeigen können, daß derartige Kommensurabilitäten für jenen Nachweis in vielen Fällen unbedenklich sind (Zusatz bei der Korrektur).

358) Vgl. dazu Anm. 355).

bei der *relativistischen Kepler*bewegung ($s = u = 2$) (Nr. **15a**) $n = k$, während im allgemeinen $n \geqq k$ ist (p. 1016), so erhält man *Kreisbahnen mit den beiden inkommensurablen Grundschwingungszahlen* ω_n und ω_k; die allgemeine relativistische *Keplerellipse*, welche einen *zwei*dimensionalen Kreisring in der Bahnebene überall dicht bedeckt, geht hierbei in eine *ein*dimensionale und geschlossene Grenzkurve über. Die säkularen Störungen eines derartigen Bewegungstypus lassen sich auch wieder mittels Uniformisierungsveränderlichen beschreiben, welche für $\varepsilon \to 0$ gleich den zugehörigen Grundschwingungszahlen *stetig gegen Null gehen,* so daß die betreffenden $I_{u+1}, \ldots, I_{u+u}$ für hinreichend kleine Werte von ε auch wieder *keine Parameterinvarianten* darstellen können.[358])

Die quantentheoretische Behandlung derartiger Fälle bietet gewisse Schwierigkeiten, welche eben damit zusammenhängen, daß die neuauftretenden Größen $I_{u+1}, \ldots, I_{u+u}$ für $\varepsilon \to 0$ gegen Null gehen, während die erhaltenen Entwickelungen der benutzten Methode zufolge im allgemeinen nur für so kleine Werte von ε konvergieren, daß damit die Anwendung der mittels (134) normierten Quantenbedingungen (133) auf sie illusorisch würde. Ist jene Konvergenz indessen für hinreichend große Werte von ε vorhanden, so kann mit Rücksicht auf das Korrespondenzprinzip wohl nicht daran gezweifelt werden, daß die Anwendung von (133) hier ebenso zu erfolgen hat, wie bei den unter 2. behandelten säkularen Störungen *eigentlich entarteter* Systeme.[359]) Unabhängig von dieser Frage ist es aber von Interesse, die Konsequenzen der *Annahme*

$$I_{u+1} = 0, \ \ldots, \ I_{u+u} = 0 \tag{169}$$

für das *gestörte* System zu verfolgen, da (169) nach dem Obigen jedenfalls für die *ungestörte* Bewegung gilt, und eine diesbezügliche Verfügung über die Konstanten $h_r^{(0)}$ in den betreffenden Quantenbedingungen (133) solange freisteht, als ihr von der Erfahrung nicht widersprochen wird. Wie sich zeigt, bedeutet (169) dann das Bestehen und die Erhaltung *ganz bestimmter Phasenbeziehungen im gestörten System,* so daß *die gestörte Bewegung den gleichen Periodizitätsgrad u behält wie die ungestörte Bewegung.*[360])

---

359) Diese Folgerung scheint hingegen von *Born* und *Heisenberg* bzw. *Nordheim* (Anm. 350) geleugnet zu werden, ohne daß dafür eine genauere Begründung ersichtlich wäre. Vgl. jedoch Anm. 360) und bereits *J. M. Burgers* [1], § 26, p. **143/144.**

360) Dieses Ergebnis ist auf Grund der Anm. 318), 357) wohl ohne weiteres einleuchtend; seine eingehende Begründung geben *Born* und *Heisenberg* bzw. *Nordheim* (Anm. 350), welche auch zeigen, daß im allgemeinen eine endliche

II. Wenn in dem zu integrierenden Störungsproblem kein kleiner konstanter Parameter zur Verfügung steht, so kann man mit *Delaunay* und *Epstein*[361]) ein *bedingt periodisches System* von der gleichen Anzahl von Freiheitsgraden wie an dem vorgelegten Problem als Ausgangssystem *wählen*, dessen Bewegung der zu untersuchenden *„möglichst nahe“ kommen soll.*[362]) Ist $H^{(0)}(I_1^{(0)}, \ldots, I_u^{(0)})$ die *Hamilton*sche

Anzahl *verschiedener zulässiger Phasenbeziehungen* möglich ist, zwischen denen dann noch eine anschließende *Stabilitätsuntersuchung* zu entscheiden hat. Zu ihrer Ermittlung kann man bei der *zufälligen Entartung* die Größen $w_{u+1}, \ldots, w_{u+\mathfrak{u}}$; $I_{u+1}, \ldots, I_{u+\mathfrak{u}}$ als Konstante betrachten und das Störungsproblem nach 1. oder 2. mit beliebiger Annäherung durchführen. Im Ausdruck (163) für die Energie des gestörten Systems sind dann $E^{(1)}, E^{(2)}, \ldots$ nach Ausführung von (169) noch von den $w_{u+1}, \ldots, w_{u+\mathfrak{u}}$ abhängig. Man bestimmt sie, indem man die $\mathfrak{u}$ Gleichungen

$$\frac{\partial E^{(1)}(I_1, \ldots, I_u, w_{u+1}, \ldots, w_{u+\mathfrak{u}})}{\partial w_{r'}} = 0 \quad (r' = u+1, \ldots, u+\mathfrak{u})$$

nach den $w_{u+1}, \ldots, w_{u+\mathfrak{u}}$ auflöst, wodurch für die verschiedenen möglichen Wurzelsysteme Funktionen der $I_1, \ldots, I_u$ erhalten werden. Setzt man diese in den Energieausdruck ein, so bekommt man $E^{(1)}, E^{(2)}, \ldots$ ebenso wie $E^{(0)}$ als Funktion der $I_1, \ldots, I_u$ allein; bei einer quantenmäßigen Festlegung der $I_1, \ldots, I_u$ nach (133) erscheint E daher ebenso allein durch Quantengrößen bestimmt, wie bei den vorangegangenen Hauptfällen 1. und 2. — Bei der *Grenzentartung* führt (169) an Planetenbahnen zu den *periodischen Lösungen 1. Art* von *Poincaré* [siehe z. B. VI 2, 12 (*E. T. Whittaker*), Nr. 5 u. 6].

Würde man (169) als alleiniges Ergebnis einer formalen, durch das Korrespondenzprinzip jedoch nicht zu begründenden Anwendung der Quantenbedingungen auffassen, so wäre damit der von *Bohr* aus dem Korrespondenzprinzip in Übereinstimmung mit (133) gefolgerte allgemeine Satz in gewissem Sinne durchbrochen, *daß die Anzahl der Quantenbedingungen beliebiger ungestörter oder gestörter Systeme mit deren Periodizitätsgrad übereinstimmen muß.* Eine gewisse Begründung für den *Ausschluß aller übrigen Quantenstufen* von (133) mit $h_{r'}^{(0)} = 0$ $(r' = u+1, \ldots, u+\mathfrak{u})$ gegenüber (169) kann nur in der vielleicht plausiblen Forderung gesucht werden, *daß die gestörte Bewegung bei* $\varepsilon \to 0$ *stetig in die ungestörte Bewegung übergehen möge.* Wie am Ende von 1. hervorgehoben, ist sie dort von selbst erfüllt und bei 2. gilt ähnliches wenigstens für *bestimmte* von den ungestörten Bewegungen, falls man die $h_r^{(0)}$ in (133) für das ungestörte und das gestörte System in entsprechender Weise festlegt. Ein starkes Argument *gegen* den Ausschluß der erwähnten Quantenstufen in (169) bildet jedoch die im Zusammenhang mit Anm. 357) wichtige Bemerkung, *daß es nur bei Anwendung der vollständigen Quantenbedingungen* (133) *möglich zu sein scheint, den störenden Einfluß der niederen Kommensurabilitäten bei der Ausführung unendlich langsamer, umkehrbarer Parameterverschiebungen möglichst weitgehend zu unterdrücken.*

361) Siehe Anm. 347) und 348), namentlich aber VI 2, 12 (*E. T. Whittaker*), Nr. 10, wo die Methode in wesentlich speziellerer Form am Dreikörperproblem auseinandergesetzt wird.

362) In diesem Punkte wurzeln die Vor- und Nachteile der Methode zugleich. Welche Bewegung kommt der erst zu untersuchenden „möglichst nahe“? —

Funktion dieses Hilfssystems (der *„ersten intermediären Bewegung“*) und bedeuten die Größen $w_r^{(0)}, I_r^{(0)} (r = 1, 2, \ldots, u)$; $\bar{\alpha}_j^{(0)}, \bar{\beta}_j^{(0)} (j = 1, 2, \ldots, s - u)$ seine Uniformisierungsvariablen bzw. Bewegungskonstanten, so werde vorausgesetzt, daß die *Hamilton*sche Funktion H des zu untersuchenden Problems in der Form

$$(170)\quad H(I_r^{(0)}, w_r^{(0)}), \bar{\alpha}_j^{(0)}, \bar{\beta}_j^{(0)}) = H^{(0)}(I_r^{(0)}) + \sum_{\tau_1 \ldots \tau_u} \Phi_{\tau_1 \ldots \tau_u} \cos 2\pi(\tau_1 w_1^{(0)} + \cdots + \tau_u w_u^{(0)} + \gamma_{\tau_1 \ldots \tau_u})^{274})$$

dargestellt werden kann. Nun hat man ebenso wie bei I. zwei Hauptfälle voneinander zu unterscheiden:

1. Wenn das gewählte Hilfssystem entweder *nicht entartet* ($u = s$) oder so beschaffen ist, daß $u < s$ die Größen $\bar{\alpha}_j^{(0)}, \bar{\beta}_j^{(0)}$ in den Entwickelungskoeffizienten $\Phi_{\tau_1 \ldots \tau_u}$ von (170) *nicht vorkommen*, so kann ohne Beschränkung der Allgemeinheit $\Phi_0 = 0$ angenommen werden. Dann sei $\Phi_{\tau_1 \ldots \tau_u}^{(1)}$ derjenige von den Entwickelungskoeffizienten, *welcher den numerisch größten Wert besitzt;* man definiert nun durch

$$(171)\quad H^{(1)}(I_r^{(0)}, w_r^{(0)}) = H^{(0)}(I_r^{(0)}) + \Phi_{\tau_1 \ldots \tau_u}^{(1)}(I_r^{(0)}) \cdot \cos 2\pi(\tau_1 w_1 + \cdots + \tau_u w_u + \gamma_{\tau_1 \ldots \tau_u})$$

die *Hamilton*sche Funktion der *„zweiten intermediären Bewegung“*. Da nach dem Energiesatz in dieser Näherung $H^{(1)} = E$ sein muß, können die $I_r^{(0)}$ nicht mehr konstant und die $w_r^{(0)}$ nicht länger lineare Funktionen der Zeit sein. Die kanonische Transformation

$$(172)\quad \begin{aligned} &\bar{w}_1^{(1)} = \tau_1 w_1^{(0)} + \cdots + \tau_u w_u^{(0)} + \gamma_{\tau_1 \ldots \tau_u}, \quad I_1^{(0)} = \tau_1 \bar{I}_1^{(1)} \\ &w_\varrho^{(1)} = w_\varrho^{(0)}, \qquad I_\varrho^{(0)} = I_\varrho^{(1)} + \tau_\varrho \bar{I}_1^{(1)} \qquad (\varrho = 2, 3, \ldots, u) \end{aligned}$$

liefert zunächst

$$(171')\quad H^{(1)} = H^{(0)}(\bar{I}_1^{(1)}, I_2^{(1)}, \ldots, I_u^{(1)}) + \Phi_{\tau_1 \ldots \tau_{\bar{u}}}^{(1)}(\bar{I}_1^{(1)}, I_2^{(1)}, \ldots, I_u^{(1)}) \cdot \cos \bar{w}_1^{(1)} E,$$

Während diese Frage allgemein wohl unbeantwortbar bleibt, wird die andere nach der Unabhängigkeit des Endergebnisses von dem gewählten Hilfssystem wohl unter einigermaßen definierten Voraussetzungen erbracht werden können. Wenn man sich dem Gegenstande der vorliegenden Nummer entsprechend, auf *voraussichtlich bedingt periodische Probleme* beschränkt, so fehlt auch hier noch der Nachweis, ob und inwieweit der Entartungszustand des benutzten Hilfssystems das Endergebnis beeinflußt, namentlich was seinen Periodizitätsgrad anbetrifft. [Vgl. dazu *Epstein* (Anm. 347), § 10, Ende.] Alle diese Bedenken, über welche man sich gegenwärtig wohl nur durch Ignorierung aller Schwierigkeiten hinwegsetzen kann, kommen bei den unter I. geschilderten Methoden ganz von selbst nicht in Betracht. — Eine wesentlich günstigere Stellungnahme zu II. gegenüber I. vertritt jüngst *J. Woltjer,* Ztschr. f. Phys. 31 (1925), p. 107 (Zusatz bei der Korrektur).

welcher Beziehung offenbar eine *separierbare Hamilton-Jacobi*sche Differentialgleichung entspricht, da

$$I_\varrho^{(1)} = \text{const.} \qquad (\varrho = 2, 3, \ldots, u) \tag{172'}$$

wird. Führt man anstatt $\bar{w}_1^{(1)}, \bar{I}_1^{(1)}$ das Paar $w_1^{(1)}, I_1^{(1)}$ von neuen Uniformisierungsvariabeln ein, was rechnerisch allerdings nur mit Benutzung von *Entwickelungen nach einem kleinen konstanten Parameter* durchführbar ist[362a]), so bekommt man mittels der neuen Veränderlichen für $H^{(1)}$ eine Funktion von den $I_1^{(1)}, \ldots, I_u^{(1)}$ allein; (170) erhält dann die Form

$$H = H^{(1)}(I_r^{(1)}) + \sum_{\tau_1' \ldots \tau_u'} \Phi'_{\tau_1' \ldots \tau_u'} \cos 2\pi(\tau_1' w_1^{(1)} + \cdots + \tau_u' w_u^{(1)} + \gamma_{\tau_1' \ldots \tau_u'}), \tag{170'}$$

auf welche das Verfahren nun wiederum von neuem angewendet werden kann, bis zu dem gewünschten Grade der Annäherung. Offenbar liegt es in der Methode selbst begründet, daß man nicht ohne weiteres in der Lage sein wird, auf diese Weise einen bestimmten *vorgegebenen* Annäherungsgrad zu erzielen. Eine unerwünschte Folge dieses Umstandes ist, daß die *adiabatische* oder *Parameterinvarianz* der „Wirkungsvariablen" $I_r^{(m)}$ dann genau genommen nur für die $(m+1)^{\text{te}}$ „intermediäre" Bewegung einen exakt angebbaren Sinn besitzt, für die wirkliche Bewegung gegebenenfalls aber nur von höchst problematischem Werte sein kann, namentlich dann, wenn die Konvergenz von (170) eine sehr schlechte ist. Wie man sieht, *stimmt der Periodizitätsgrad der* durch die verschiedenen intermediären Bewegungen zu ersetzenden *gestörten Bewegung hier mit jenem des Hilfssystemes überein, und dies gilt auch für die Anzahl der Quantenbedingungen,* welche man dann für die $I_r^{(m)}$ nach (133) einzuführen haben wird. — Während die soeben geschilderte Methode dem unter I behandelten Falle 1. der *periodischen Störungen* entspricht, bekommt man das Analogon zu den *säkularen Störungen* (2.).

2. wenn das gewählte Hilfssystem *entartet* ist $(u < s)$ und die Größen $\bar{\alpha}_j^{(0)} \bar{\beta}_j^{(0)}$ in den Entwickelungskoeffizienten $\Phi_{\tau_1 \ldots \tau_u}$ von (170) *vorkommen.* Hier muß zunächst das Glied $\Phi_0(I_r^{(0)}, \bar{\alpha}_j^{(0)}, \bar{\beta}_j^{(0)})$ in (170)

362a) Vgl. *P. S. Epstein,* Anm. 247, §§ 7, 8. Es zeigt sich, daß die mittels der $\bar{I}_1^{(1)}, \bar{w}_1^{(1)}$ beschriebene Bewegung von zweierlei Charakter sein kann [„Libration" und „Periodizität" (nach *Epstein*) bzw. „Rotation" (nach *Born* und *Pauli*)], von denen jedoch der erstere von der *Whittakerschen Methode* (vgl. Anm. 348) nicht mitumfaßt wird. Eine ganz analoge Duplizität tritt nach *Born* und *Pauli* (Anm. 350) bei I. auf, *jedoch nur im Falle* 2.

berücksichtigt werden, falls es von Null verschieden ist.[363]) Dann ist die *zweite intermediäre Bewegung* durch die *Hamilton*sche Funktion $H^{(1)} = H^{(0)} + \Phi_0$ definiert; wegen

$$I_r^{(1)} = I_r^{(0)} = \text{const.} \qquad (r = 1, 2, \ldots, u)$$

reduzieren sich ihre Bewegungsgleichungen auf das System von $2(s - u)$ kanonischen Differentialgleichungen

$$(173) \qquad \frac{d\bar{\alpha}_j^{(0)}}{dt} = -\frac{\partial \Phi_0}{\partial \bar{\beta}_j^{(0)}}, \quad \frac{d\bar{\beta}_j^{(0)}}{dt} = \frac{\partial \Phi_0}{\partial \bar{\alpha}_j^{(0)}} \quad (j = 1, 2, \ldots, s-u),$$

in welchen Φ_0 analog zu $\varepsilon\Psi_0$ in (168) durch einen entsprechenden

---

363) Dieser Fall tritt bei *Epstein* [Anm. 247), § 10] nur in sehr undurchsichtiger Form auf, indem (170) dort für den vorliegenden Fall ebenso wie für $u = s$ in eine *s-fache Fourier*sche Reihe entwickelt wird, welches Verfahren bloß rein formal ist, da es unendlich viele *konstante* Reihenglieder ergibt, deren Aufeinanderfolge und Größe von der benutzten, unendlich vieldeutigen Wahl der „uneigentlichen" Uniformisierungsvariablen $w_{u+1}^{(0)}, \ldots, w_s^{(0)}; I_{u+1}^{(0)}, \ldots, I_s^{(0)}$ wesentlich abhängen. An Stelle dieser Teilreihe konstanter Glieder von (170), welche z. B. divergieren kann, ergibt die obige, konsequentere Behandlungsweise den Entwicklungskoeffizienten Φ_0, so daß man nun überblicken kann, zu welchen bedenklichen Konsequenzen die *Voraussetzung* führen muß, Φ_0 durch eine solche *konvergente* Reihenentwicklung ersetzen zu dürfen. Während die natürlich ebenfalls nicht immer unbedenkliche *Voraussetzung einer konvergenten Entwickelbarkeit von H nach einer u-fachen Fourierreihe* implizit auch in dem unter I. benutzten Verfahren steckt [vgl. dazu Anm. 351), namentlich aber Nr. **16**], wird die obige, von *Epstein* stillschweigend gemachte weitergehende Annahme zum Ursprung der *unrichtigen* Behauptung, *daß das Verfahren* II., *ungleich jenem von* I., *stets mit beliebiger Annäherung zu für die Quantelung geeigneten Uniformisierungsvariablen führen müsse.* Wie im Text hervorgehoben, trifft dies nur dann zu, wenn das hier auftretende, zu (168) analoge System von kanonischen Differentialgleichungen mittels solcher Veränderlicher integriert werden kann, was ebenso wie bei I. nur für die innerhalb der vorliegenden Nummer in Betracht kommenden Fälle vermutet werden kann. Indem *Epstein* jedes einzelne seiner Entwicklungsglieder von Φ_0 für sich mit $H^{(0)}$ bzw. $H^{(1)}, \ldots$ vereinigt und als eigene, neue „intermediäre" Bewegung ähnlich wie unter II., 1. behandelt, bleiben jene entscheidenden Schwierigkeiten unbemerkt; da man praktisch doch immer nur endlich viele Glieder einer unendlichen Entwicklung berücksichtigen kann, läuft der Mangel der *Epstein*schen Behandlung darauf hinaus, *daß sie nicht einmal den Einfluß des aperiodischen Gliedes* Φ_0 *in* (170) *voll zu berücksichtigen vermag.*

Die vorstehende Diskussion würde im Zusammenhang mit dem in Anm. 362) Bemerkten den Gedanken nahelegen, *als richtig gewähltes Hilfssystem überhaupt nur ein solches gelten zu lassen, bei welchem von vornherein* $\Phi_0 = 0$ *wird.* Dadurch würde wenigstens eine *untere Grenze für den Periodizitätsgrad des Hilfssystems* festgelegt werden können, hingegen bleibt die Frage, inwieweit die gewählte Bewegung der zu untersuchenden „möglichst nahe" angepaßt ist oder nicht, weiterhin unbeantwortet.

Zeitmittelwert von $H - H^{(0)}$, genommen über die erste intermediäre Bewegung, erhalten werden kann, und zwar auch dann noch, *wenn keine Entwickelung von der Gestalt* (170) *möglich ist.*[364]) Wie unter I kann vermutet werden, daß die Gleichungen (173) für die in der vorliegenden Nummer in Betracht kommenden Fälle separierbar oder mittels einer der hier behandelten störungstheoretischen Methoden bei Benutzung von $u' - u$ neuen Uniformisierungsvariablen ($u' \leqq s$) integrierbar sind; analog (163_2) wird $H^{(0)} + \Phi_0$ dann durch die u früheren und die $u' - u$ neu hinzugekommenen „Wirkungsvariablen $I_r^{(1)}$ allein dargestellt werden können. *Der Periodizitätsgrad hat hier demnach gegenüber jenem des benutzten Ausgangssystems zugenommen* und ähnliches gilt auch für die Anzahl der Quantenbedingungen, welche der intermediären Bewegung nach (133) auferlegt werden können, falls man nach ihrer Ermittelung das Verfahren abbricht. Will man zu weiteren Annäherungen übergehen, so hat man (170) mittels der neuen Uniformisierungsveränderlichen auszudrücken und nun ähnlich wie unter 1. einzelne periodische Glieder zu $H^{(0)} + \Phi_0$ hinzuzunehmen. Wenn $u' < s$, können die Entwicklungskoeffizienten noch $2(s - u')$ von den Größen $\bar{\alpha}_j^{(0)}$, $\bar{\beta}_j^{(0)}$ enthalten, so daß die Integration eines neuen, aus $2(s - u')$ Gleichungen bestehenden und zu (173) analog gebauten kanonischen Differentialgleichungssystems notwendig werden und eine *weitere Erhöhung des Periodizitätsgrades* zur Folge haben kann. Was den erzielbaren Annäherungsgrad dieses Verfahrens und die Parameterinvarianz der von ihm gelieferten „Wirkungsvariablen" anbetrifft, so gilt hier das gleiche, wie es oben bereits unter 1. hervorgehoben worden ist.

Überblickt man die geschilderten störungstheoretischen Methoden, so findet man, *daß der Periodizitätsgrad der gestörten Bewegung nicht immer schon innerhalb der ersten Näherung ermittelt werden kann* (I, 2.; II, 2.). Dies, sowie die Tatsache, daß unter Umständen auch die in den störenden Kräften *quadratischen* Glieder zu beobachtbaren Effekten Anlaß geben können, lassen es angezeigt erscheinen, dann auch den höheren Näherungen eine wesentliche physikalische Bedeutung für die betreffenden Atomprobleme zuzuschreiben. Aus den am Ende von Nr. **15a** angeführten Gründen für einen bestimmten *Genauigkeitsgrad der Quantenrechnungen* hingegen wird von *Bohr* der Standpunkt ver-

364) In diesem Falle kann man also wenigstens zu einer *ersten* Näherung mittels (173) gelangen. — Der im Text betonte Umstand wird von *Epstein,* l. c., p. 317/318 hervorgehoben und ebenso wie oben mit dem von *Bohr* benutzten Ergebnis (168) von I. in Parallele gebracht, merkwürdigerweise jedoch ohne den in der vorigen Anm. gezogenen Folgerungen nachzugehen.

treten, daß für die Festlegung der stationären Quantenzustände im wesentlichen *allein die erste Näherung* einer störungstheoretischen Untersuchung in Betracht zu kommen hat.[365])

Von den in den Bereich der vorliegenden Nummer fallenden quantentheoretischen Anwendungen der störungstheoretischen Methoden ist vor allem die korrespondenzmäßige Behandlung des *Stark*- und *Zeemaneffektes* der *Balmer*- und Heliumfunkenlinien bei hinreichend starken äußeren homogenen Feldern zu nennen, mit welcher *Bohr* die Ergebnisse von *Schwarzschild* und *Epstein, Sommerfeld* und *Debye* (p. 1021, 1023) in erster Näherung bestätigt und die dabei auftretenden und bereits früher erwähnten Entartungsverhältnisse geklärt hat. In gleicher Weise hat *Bohr* ferner eine störungstheoretische Behandlung der *relativistischen Keplerbewegung* (Nr. **15 a**) geben können, indem er zeigte, daß die von der Relativitätstheorie bedingten Abweichungen von der *gewöhnlichen Kepler*bewegung in erster Annäherung auch als durch ein schwaches äußeres zentrales Zusatzfeld hervorgerufen angesehen werden können, dessen Potential dem Entfernungs*quadrate* verkehrt proportional ist.[366]) Von besonderer Tragweite für den Vergleich der *Sommerfeldschen Feinstrukturtheorie* mit der Erfahrung ist namentlich die Untersuchung des *Einflusses kleiner äußerer homogener elektrischer und magnetischer Störungsfelder* auf die *relativistische Kepler*bewegung, welche von *Sommerfeld, Debye* und namentlich von *Bohr* behandelt[367]), von *Kramers* in allen Einzelheiten, insbesondere für elektrische Felder beliebiger Stärke, ausgeführt worden ist.[368]) Die dabei zutage getretene große *Empfindlichkeit der Feinstrukturkomponenten* bereits gegenüber ganz minimalen äußeren Feldstärken läßt es vollkommen erklär-

---

365) Vgl. z. B. *N. Bohr* [2], [3]; Ztschr. f. Phys. 13 (1923), p. 117. — Wie bereits in Anm. 323) hervorgehoben, kommen hier die beiden Gesichtspunkte einer *praktischen Unzulänglichkeit* der benutzten Bewegungsgleichungen und einer *prinzipiellen Unmöglichkeit absolut scharfer Quantelung* miteinander zur Berührung. Wenn man, wie am Schluß von Anm. 323) angedeutet, das Problem der *Spektrallinienbreite* auf Grund der klassisch-elektrodynamischen Eigenschaften eines „Ersatzoszillators" mit Spektrallinienfrequenz zu lösen versucht, so dürfte das zulässige Genauigkeitsmaß für die Quantenrechnung mit dem oben im Text gegenüber *Bohr* eingenommenen Standpunkt im allgemeinen verträglich sein, wodurch der *Bohr*schen Forderung auf etwas anderem Wege Rechnung zu tragen versucht werden kann.

366) *N. Bohr* [2], II. Teil, § 3.

367) *A. Sommerfeld,* Phys. Ztschr. 17 (1916), p. 491; *P. Debye,* Phys. Ztschr. 17 (1916), p. 507; *N. Bohr* [2], II. Teil, §§ 4, 5; Proc. London Phys. Soc. 35 (1923), p. 275.

368) *H. A. Kramers,* Dansk. Vid. Selsk. Skr. 8, III (1918), §§ 4, 7, 8; Ztschr. f. Phys. 3 (1920), p. 199.

lich erscheinen, daß die bisherigen Messungen der Größe des „Wasserstoffdubletts“ bei verschiedenen Autoren noch immer merkliche Unterschiede voneinander zeigen[328]) und zum Teil von *Sommerfelds* theoretischem Werte abweichen; da die bei den Messungen in Betracht kommenden Störungen vor allem durch die *inhomogenen* und *zeitlich variablen molekular-elektrischen* Felder der den leuchtenden Atomen benachbarten Ionen und Moleküle verursacht werden, für welche eine hinreichende theoretische Behandlung bisher noch nicht möglich gewesen ist, so muß man überdies auf eine noch wesentlich weitgehendere Beeinflußbarkeit der Feinstrukturzerlegungen gefaßt sein, als sie bisher von *Kramers* für *makroskopische* und *konstante* Felder vorausberechnet werden konnte. Die gleichen störenden Einflüsse dürften sich voraussichtlich auch bei der *magnetischen Zerlegung der Feinstrukturkomponenten* in erheblichem Maße geltend machen, wo eine volle Übereinstimmung zwischen der zuerst von *Sommerfeld* und *Debye*[367]) gefolgerten Aufspaltung jeder einzelnen Feinstrukturkomponente in ein normales *Lorentz*sches Triplett mit den Beobachtungen[369]) bisher nicht erzielt werden konnte. Die bei der *gleichzeitigen Wirkung starker äußerer, homogener elektrischer und magnetischer Felder auf die* (nicht-relativistische) *Keplerbewegung* zu erwartenden Verhältnisse sind zuerst von *Bohr*[370]) diskutiert worden, doch stehen für diesen Fall gegenwärtig noch keinerlei Beobachtungen zur Verfügung, welche einen Vergleich mit den theoretischen Vorhersagen ermöglichen würden. Während es *Bohr* verhältnismäßig einfach gelang, den Fall paralleler oder aufeinander senkrechter Feldrichtungen zu erledigen, glaubte er, daß es für die säkularen Störungen bei unter einem *beliebigen Winkel*

---

369) Siehe etwa *H. M. Hansen* und *J. C. Jacobsen*, Dansk. Vid. Selsk. Medd. 11, III (1921), sowie *K. Försterling* und *G. Hansen*, Ztschr. f. Phys. 18 (1923), p. 26, ferner die dort zitierte ältere Literatur. Während die erstgenannten Forscher an He^+ im wesentlichen eine qualitative Bestätigung der Theorie erhalten, finden *Försterling* und *G. Hansen* an H_α und H_β eine Art *Paschen-Backeffekt* vom Typus der Alkalidubletts (vgl. dazu V 26, *C. Runge*). Da eine Verschiedenheit aus Modellgründen wohl so gut wie ausgeschlossen ist, kann der beobachtete Unterschied direkt als Beweis für die Wirksamkeit der in beiden Fällen ja mit Sicherheit verschiedenen störenden Einflüsse der Nachbaratome angesehen werden. Eine theoretische Behandlung jener Einflüsse wird vermutlich auch wesentlich auf die *Orientierung* Rücksicht nehmen müssen, welche die Nachbaratome bzw. -moleküle durch das Magnetfeld erfahren. — Der störende Einfluß eines schwachen, homogenen, zum Magnetfelde senkrechten elektrischen Feldes auf den *Zeeman*effekt der Feinstrukturkomponenten ist jüngst von *H. C. Urey*, Ztschr. f. Phys. 29 (1924), p. 86; Dansk. Vid. Selsk. Skr. VI (1924), Nr. 2, eingehender untersucht worden (Zusatz bei der Korrektur).

370) *N. Bohr* [2], II. Teil, § 5.

gekreuzten Feldern unmöglich sei, die durch das Differentialgleichungssystem (168) gegebene Bewegung mittels für die Quantelung geeigneter Uniformisierungsvariablen zu beschreiben. Dieses Problem ist dann unabhängig erst von *Epstein*[371]) und *Klein*[372]) mit positivem Ergebnisse befriedigend erledigt worden[373]), wobei sich *Epstein* im Gegensatz zu allen übrigen bisher angeführten störungstheoretischen Untersuchungen der von ihm entwickelten, oben unter II. geschilderten Methode bediente. Ebenso wie der gleichzeitige Einfluß elektrischer und magnetischer Felder hat sich bisher auch der störungstheoretisch berechenbare *Zeemaneffekt 2. Ordnung*[374]) der Beobachtung entzogen.[375])

16. Quantentheorie nicht bedingt periodischer Systeme. Wenn ein elektrodynamisches Gebilde aus mehr als zwei beweglichen elektrischen Ladungen besteht, so werden für seine Bewegung in den *Grenzzuständen* (121) oder (122), wie bereits in Nr. **14** (p. 992) angedeutet worden ist, nur *mehrfach periodische Partikular*lösungen des durch die *Hamilton*sche Funktion (123) gekennzeichneten allgemeinen dynamischen Problems in Betracht kommen können. Erweitert man den Gültigkeitsbereich der strahlungsfrei gemachten klassisch-elektrodynamischen Bewegungsgleichungen nun wiederum *versuchsweise* auch

---

371) *P. S. Epstein,* Phys. Rev. 22 (1923), p. 202, doch wurde das Ergebnis bereits Ztschr. f. Phys. 8 (1922), p. 319 angekündigt.

372) *O. Klein,* Ztschr. f. Phys. 22 (1924), p. 109.

373) Vgl. ferner *W. Lenz,* Ztschr. f. Phys. 24 (1922). p. 197, wo das Ergebnis sogar ohne Benutzung der Störungstheorie auf elementarem Wege hergeleitet wird. — Eine störungstheoretische Behandlung von *O. Halpern,* Ztschr. f. Phys. 18 (1923), p. 287 gibt im Gegensatz zu den übrigen Autoren kein Resultat in geschlossener Form, sondern in jener einer unendlichen Reihe von jedoch fraglicher Konvergenz.

374) *A. M. Mosharrafa,* Phil. Mag. 46 (1923), p. 514 berechnet den Effekt für die *relativistische Keplerbewegung* auf Grund der von ihm und von *W. Wilson* (Anm. 310) aufgestellten Form der Quantenbedingungen, ähnlich wie bei seiner Behandlung des gewöhnlichen *Zeeman*effektes (Anm. 338). Für die *nicht-relativistische Kepler*bewegung hat *O. Halpern,* Ztschr. f. Phys. 18 (1923), p. 352 eine Berechnung veröffentlicht, jedoch ohne den zugehörigen Energieausdruck explizit aufzustellen, so daß eine Nachprüfung der beiden Ergebnisse aneinander eine genauere Untersuchung erfordern würde.

375) Schließlich ist von *Burgers* auch noch ein Versuch zur quantentheoretischen Erfassung der *Druckverschiebung* der Spektrallinien gemacht worden, vgl. *J. M. Burgers* [1], § 25. Die damit in unmittelbarem Zusammenhange stehende Frage nach der *Druckverbreiterung* der Spektrallinien hat *J. Holtsmark,* Ann. d. Phys. 58 (1919), p. 577; Phys. Ztschr. 25 (1924), p. 73; Ztschr. f. Phys. 31 (1925), p. 803, im Anschluß an die oben erwähnte Theorie des *Starkeffektes* eingehend und *quantitativ* zu beantworten gesucht. Siehe ferner *W. Lenz,* Ztschr. f. Phys. 25 (1924), p. 299.

auf *ganz beliebige* stationäre Quantenzustände derartiger Gebilde, so ergibt sich, *daß die Quantenzustände der Modelle beliebiger Atome und Moleküle*, abgesehen vom Wasserstoffatommodell (Nr. 15), *gewissen stetigen, mehrfach periodischen Partikularlösungsfamilien der nicht bedingt periodischen Bewegung dieser Modelle angehören müßten.*[376])

Bezeichnet man die Anzahl der „mechanisch" (bzw. „dynamisch"[246])) gezählten Freiheitsgrade eines derartigen, *ruhend* gedachten Modelles wieder mit s, so wäre z. B. für ein neutrales, durch äußere *makroskopische* Felder (p. 1020) gestörtes Atom mit Z-fach positiv geladenem Kern, $s = 3Z$, wie bei der gestörten *räumlichen* Bewegung des Wasserstoffatommodelles speziell für $Z = 1$. Ebenso wie beim Wasserstoffatommodell *erniedrigt* sich diese Anzahl jedoch um Eins für den *feldfreien Fall*, infolge der hier willkürlichen Orientierung der invariablen Ebene des Modells im Raume.[377]) Da nun der Periodizitätsgrad u einer mehrfach periodischen *Partikular*lösung eines nicht bedingt periodischen Problems offenbar höchstens $s - 1$ sein kann[378]), so muß z. B. für ein *Atom*modell bei $Z \geqq 2$, $u \leqq 3Z - 2$ sein. *Der Periodizitätsgrad und* zufolge (133) auch *die Anzahl der Quantenbedingungen sind demnach für Atome* ($Z \geqq 2$) *und Moleküle grundsätzlich kleiner als die Anzahl ihrer „mechanischen" Freiheitsgrade.* Tatsächlich ist die Anzahl u der „Quantenfreiheitsgrade", wie man aus den Atom- und Molekülspektren auf empirischem Wege entnehmen kann, sogar im allgemeinen *ganz wesentlich kleiner als* $s - 2$ und spricht damit neben zahlreichen anderen Argumenten physikalischer und namentlich *valenzchemischer*

376) *A. Smekal,* Ztschr. f. Phys. 11 (1922), p. 294; 15 (1923), p. 58. Siehe auch die Übersicht über das Problem, welche jüngst von *M. S. Vallarta,* J. Math. and Phys. Massach. Inst. Techn. 3 (1924), p. 109 gegeben worden ist. In weniger systematischer Form und ohne Bezugnahme auf das in Nr. 14 benutzte und erst später aufgestellte *Bohrsche Korrespondenzprinzip* ist obiger Satz auch bereits von *J. M. Burgers* [1], § 26 ausgesprochen worden. Tatsächlich hat man sich seiner, wenn auch unausgesprochen, jedoch von den ersten Untersuchungen *Bohrs* angefangen, bei *sämtlichen* bisherigen Versuchen zur Aufstellung brauchbarer Atom- und Molekülmodelle bedient, wie auch aus deren Schilderung weiter unten im Text entnommen werden kann.

377) Vgl. etwa *J. M. Burgers* [1], § 16; dieser Umstand ist in einer älteren Veröffentlichung des Referenten, Ztschr. f. Phys. 4 (1921), p. 26 übersehen worden.

378) Wäre er nämlich *gleich* s, so müßte die Bewegung nach dem in Anm. 307) erwähnten Satze von *Herglotz* von *bedingt periodischem* Charakter sein, was nach den Theoremen von *Bruns* und *Poincaré* über die Eigenschaften der *Integrale der Vielkörperprobleme* (vgl. VI 2, 12, *E. T. Whittaker,* Nr. 4) unmöglich ist. Allerdings unterscheidet sich das *elektrische Vielkörperproblem* von jenem der Gravitation durch das prinzipielle Auftreten von *Massenkommensurabilitäten* und *abstoßenden Kräften* neben den anziehenden, doch wird die Gültigkeit der erwähnten Theoreme davon nicht berührt.

Natur zugunsten weitgehender Symmetrieeigenschaften der in den stationären Zuständen auftretenden Bewegungstypen.

Eine allgemeine Methode zur Ermittlung jener stetigen, mehrfach periodischen Partikularlösungstypen nicht bedingt periodischer Systeme, welche den *größtmöglichen Periodizitätsgrad* besitzen, ist gegenwärtig noch nicht bekannt; in einigen Fällen scheint hierzu die von *Poincaré* herrührende *Methode der charakteristischen Exponenten*[379]) geeignet zu sein, welche es ermöglicht, *mehrfach periodische Partikularlösungen* in der Umgebung einer bereits anderweitig bekannten *einfach periodischen Partikularlösung* zu bestimmen.[380]) Von grundsätzlicher Bedeutung ist in diesem Zusammenhange, daß es im allgemeinen *einfach periodische Partikularlösungen „verschiedener Instabilität"* gibt, welche durch *stetige* Veränderung der Integrationskonstanten der Bewegung *nicht ineinander übergeführt werden können.* Die solchen Lösungen entsprechenden Familien von mehrfach periodischen Partikularlösungen werden dann

379) *H. Poincaré,* Acta Math. 13 (1890), p. 249; ferner VI 2, 12 (*E. T. Whittaker*), Nr. **12**, p. 552.

380) Vgl. *A. Smekal,* Anm. 376). Die *Poincaré*sche Methode bezweckt ursprünglich eine Untersuchung der *Stabilität* einer vorgelegten *rein periodischen Partikularlösung* gegenüber kleinen Änderungen in den Werten der Integrationskonstanten der Bewegung. Aus dem Verhalten der charakteristischen Exponenten kann nun geschlossen werden, welche von den einzelnen Freiheitsgraden „Störungen" periodischer oder säkularer Natur erleiden; die säkularen Störungen bedürfen dabei allerdings einer über das *Poincaré*sche Verfahren hinausgehenden Untersuchung, um im Anschluß daran den Periodizitätsgrad der der Ausgangsbewegung benachbarten und an sie stetig anschließenden *mehrfach periodischen Partikularlösungen* ermitteln zu können. Diejenigen Änderungen der Bewegungskonstanten, welche die Stabilität der Ausgangsbewegung im Sinne von Nr. **3 A** *aufheben,* entsprechen der Verschiebung von „Instabilitätsparametern" und müssen nach Nr. **3 A** und Nr. **14** (p. 995) für *ausgeschlossen* erklärt werden (siehe auch weiter unten im Text); das gleiche gilt für solche Änderungen der Bewegungskonstanten, welche zwar die Stabilität unberührt lassen, jedoch zu Nachbarbewegungen von nicht bedingt periodischem Charakter führen. Zur Illustration des letztgenannten Falles sei auf das in Anm. 10) und 11) erwähnte *Herglotz-Artin*sche Beispiel eines *quasiergodischen* Systems von zwei Freiheitsgraden hingewiesen. [Da für $s \geqq 2$ jedes quasiergodische System nicht bedingt periodisch ist, kommen für die Quantentheorie nur seine mehrfach periodischen Partikularlösungen] in Betracht, während seine allgemeinen quasiergodischen Bahnkurven ausgeschlossen werden müssen; im Gegensatz hierzu würde die ältere statistische Mechanik (Nr. **1**) zufolge dem in Anm. 165) Bemerkten gerade den Ausschluß jener Partikularlösungen fordern müssen.]

Ersetzt man die rein periodische Ausgangslösung durch eine *mehrfach periodische* Partikularlösung, so kommt man mittels der *Poincaré*schen Methode u. a. zu Ergebnissen, welche in naher Beziehung zu den in Nr. **15 b** unter I, 3 geschilderten störungstheoretischen Fragen stehen.

ebenfalls voneinander völlig unabhängig sein und gegebenenfalls sogar einen verschiedenen Periodizitätsgrad besitzen können. Da nach dem *Korrespondenzprinzip* (Nr. **14**) nur Quantenübergänge zwischen stationären Zuständen möglich sind, welche einem *einheitlichen Grenzzustande* (121) oder (122) zugeordnet sind, *so muß ein Atom, dessen stationäre Zustände aus derartigen voneinander unabhängigen Partikularlösungsfamilien mittels der Quantenbedingungen* (133) *ausgewählt sind, mehrere voneinander völlig unabhängige Spektralserien besitzen, welche untereinander keine „Kombinationslinien" besitzen.*[381]) Jede dieser Spektralserien nimmt dann ihren Anfang von einem energieärmsten Zustand des Atoms, unter denen wiederum jener mit der absolut kleinsten Energie als *Normalzustand* des Atoms anzusehen sein wird; da der Übergang aus einem der anderen Serienanfangsquantenzustände in ihn jetzt nur mehr auf *strahlungslosem* Wege (Nr. **18a**) möglich ist, kann man jene als *„metastabile" Atomzustände* bezeichnen, im Anschluß an die von *J. Franck* und seinen Mitarbeitern anläßlich des experimentellen Nachweises dieser Erscheinung beim He eingeführten Terminologie. Daß das Spektrum des neutralen Heliums in Übereinstimmung damit aus *zwei, völlig unabhängigen, miteinander nicht kombinierenden Spektralserien* („Ortho"- und „Parhelium"spektrum) besteht, entspricht obiger Voraussage und ist im Zusammenhange mit dem Korrespondenzprinzip namentlich von *Bohr* immer wieder hervorgehoben worden.[382]) Diese Übereinstimmung von Tatsachen und aus dem Korrespon-

381) *A. Smekal,* Ztschr. f. Phys. 11 (1922), p. 294, wo in Anm. 1) auf p. 299 auch entsprechende Beispiele am *Dreikörperproblem* angegeben sind, die für das Problem des *Heliumatommodells* von Bedeutung werden. Daß es bei Hinzunahme *individueller Bedingungen*, etwa *bestimmter Stabilitätsforderungen*, auch schon bei *bedingt periodischen* Systemen *voneinander unabhängige* Partikularlösungsfamilien geben kann, freilich nicht analytisch, sondern nur im Sinne jener Zusatzforderungen, ist z. B. den Untersuchungen von *Pauli* und *Niessen* (Anm. 415) über das *Zweizentrenproblem* zu entnehmen. Siehe etwa *W. Pauli,* l. c., Ende von § 8.

382) *N. Bohr* [2], III. Teil, § 2; [3], 2. Vortrag, p. 62 ff., 3. Vortrag, p. 100 ff. — Mit Rücksicht auf die große prinzipielle Tragweite einer solchen Tatsache muß jedoch hervorgehoben werden, daß die beobachtete Nichtexistenz der erwähnten Kombinationslinien immer auch durch die Annahme *sehr kleiner* Übergangswahrscheinlichkeiten für die betreffenden Quantenübergänge gedeutet werden könnte — eine zwar mögliche Auffassung, die aber mit Rücksicht auf die *Feinstruktur der beiden He-Serienspektren* (Anm. 404), sowie die Eigenschaften des „metastabilen" He-Zustandes von *Franck* als höchst unwahrscheinlich angesehen werden muß. (Die erwähnten Übergangswahrscheinlichkeiten brauchen hierzu etwa *bloß von der Größenordnung des Verhältnisses : Elektronenmasse zu Kernmasse* zu sein!) — Die jüngst von *T. Lyman,* Nature 113 (1924), p. 785 gefundene He-Kombinationslinie entsteht vermutlich erst unter dem Einfluß eines störenden elektrischen Feldes (Zusatz bei der Korrektur).

denzprinzip gezogenen theoretischen Folgerungen scheinen dafür zu sprechen, daß die strahlungsfrei gemachten klassisch-elektrodynamischen Bewegungsgleichungen zumindest in *qualitativer* Hinsicht auch für Atomprobleme mit mehr als zwei beweglichen Ladungen ausreichend sind und bei einem durchaus zu gewärtigenden *Versagen in quantitativer Hinsicht* (p. 996, 1022) nicht etwa so abgeändert werden *müßten*, daß derartige Probleme nunmehr *bedingt periodisch* würden. Aus ähnlichen Gründen entnimmt man auch, daß die in Nr. **15b** geschilderten störungstheoretischen Methoden für eine Behandlung solcher Probleme im allgemeinen *nicht* in Betracht kommen können.[383]) Was schließlich die *Stabilität* der stationären Quantenzustände anbetrifft, welche

---

383) *A. Smekal,* Ztschr. f. Phys. 11 (1922), p. 294. — Eine genauere Begründung dieser Behauptung hat zunächst darauf hinzuweisen, daß alle diese Probleme nach Anm. 378) wesentlich *nicht bedingt periodisch* sind, so daß z. B. *die allgemeinen Lösungen der Differentialgleichungen* (168) *bzw.* (173) *für die säkularen Störungen, welche eine beliebige Bewegung durch ein neu hinzukommendes Elektron erfährt (Einfangen eines Elektrons durch ein Atom- oder Molekülion!), nicht mehrfach periodischen Charakters sein können.* Im allgemeinen wird für diese Probleme überdies auch noch die, sämtlichen störungstheoretischen Methoden von Nr. **15b** zugrundeliegende *Voraussetzung unerfüllbar sein,* daß bei ihnen Entwicklungen nach mehrfachen *Fourier*schen Reihen wie in (164) oder (170) *überhaupt möglich und konvergent sind* (vgl. Anm. 363). Eine *Divergenz* der störungstheoretischen Entwicklungen muß daher bei solchen Problemen von *prinzipieller Bedeutung* sein, im Gegensatz zu jener, welche bei *bedingt periodischen* Problemen in den benutzten Methoden selbst begründet sein kann (vgl. Anm. 351). Diese *Divergenz* rührt im allgemeinen davon her, daß die störungstheoretischen Methoden für die *allgemeinen Lösungen* eines *nicht bedingt periodischen* Problems formal und automatisch *einen höheren Periodizitätsgrad voraussetzen, als er bei geeignet gewählten Partikularlösungen im günstigsten Falle verwirklicht sein kann.* Erst wenn der Periodizitätsgrad jener Partikularlösungen irgendwie ermittelt ist, kann eine, meist beschränkte Anwendung der störungstheoretischen Methoden auf legitime Art möglich werden.

Während die im Texte bevorzugte Argumentation wesentlich auf Folgerungen aus dem *Bohrschen Korrespondenzprinzipe* beruht, hat *N. Bohr* [2] ursprünglich mehr auf die als selbständiges Postulat für sich betrachteten, formalen Quantenbedingungen (149) bzw. (133), (134) gestützte Gesichtspunkte vertreten. Wenn man den Unterschied zwischen *allgemeinen Lösungen* und *Partikularlösungen bestimmter Periodizitätseigenschaften* bei *nicht bedingt periodischen* Problemen außer Betracht läßt, kann man so mit *Born* und *Pauli* (Anm. 350) zu der Auffassung kommen, daß eine „scharfe Quantelung" hier unmöglich sei und daß z. B. das Heliumatom, ebenso wie alle schwereren Atome und die Moleküle, prinzipiell unscharfe Spektrallinien besitzen müsse. Mit Rücksicht auf die im Text genannten Belege zugunsten der direkt auf das Korrespondenzprinzip fundierten Auffassung erübrigt es sich indessen wohl, auf die anderen Schwierigkeiten jenes älteren Standpunktes einzugehen, der gegenwärtig überdies als allgemein verlassen angesehen werden kann.

aus den mehrfach periodischen Partikularlösungen nicht bedingt periodischer Systeme mittels der allgemeinen Quantenbedingungen (133) auszuwählen sind, so ist bereits oben in Nr. **14** (p. 995) hervorgehoben worden, daß sie der Natur der Sache nach durch das *Ehrenfestsche Adiabatenprinzip* nur für solche äußere Störungen gesichert werden kann, welche jene Bewegungen in solche vom gleichen analytischen Charakter überführen würden. Betrachtet man die Quantenbedingungen als *außermechanische, kinematische Zusatzrelationen* zu den allgemeinen Bewegungsgleichungen solcher Probleme, so wäre es denkbar, die erwartete Stabilität auch andersbeschaffenen Störungen gegenüber zu erhalten[384]); demgegenüber könnte jedoch auch vermutet werden, daß die Stabilität der stationären Zustände nur in dem oben gekennzeichneten Ausmaße besteht und so auch den normalen zwischenmolekularen Wechselwirkungen gegenüber hinreicht[385]), außer wenn es sich um direkte *Stoßvorgänge* (Nr. **18**) handelt, welche durch entsprechend raschen Ablauf und ein bestimmtes Ausmaß gegenseitiger Annäherung gekennzeichnet sind.

Da die vorstehenden Ausführungen allein gewisse analytische Eigenschaften der Lösungen *beliebiger kanonischer Differentialgleichungssysteme* zur Grundlage genommen haben, so werden sie für die Quantentheorie nicht bedingt periodischer Systeme auch dann noch maßgebend sein, wenn sich die strahlungsfrei gemachten klassisch-elektrodynamischen Bewegungsgleichungen quantitativ endgültig als unzureichend erweisen sollten (p. 1053), ohne daß es damit zugleich unmöglich würde, die innere Bewegung der Atome und Moleküle in ihren stationären Quantenzuständen *überhaupt mittels Differentialgleichungen beschreiben zu können.*[386])

16a. Spezielle Atommodelle mit mehreren Elektronen und idealisierte Atommodelle. Im Zusammenhange mit der auf Grund von

---

384) Versuche in dieser Beziehung sind für *Elektronenring*systeme (vgl. weiter unten im Text) von *N. Bohr* [1], I. Abhandlung, und *L. Föppl*, Phys. Ztschr. 15 (1914), p. 707 unternommen worden, nachdem sich bereits *J. W. Nicholson*, Monthly Not. 72 (1911/12), p. 49, 139, 677, 729; 74 (1913/14), p. 204, 486, 623, mit der Stabilisierungsuntersuchung derartiger und verwandter Bewegungen befaßt hatte. Siehe hierzu ferner *J. M. Burgers* [1], § 27, wo auch eingehendere Literaturangaben zu finden sind.

385) Wenn auch die zwischenmolekularen Wechselwirkungen provisorisch Quantengesetzen unterworfen würden (Nr. **17**), so könnten sie nach den Ausführungen der vorliegenden Nummer wiederum nur mehrfach periodischer Natur sein, was die im Text geäußerte Vermutung begünstigen würde.

386) *A. Smekal*, Ztschr. f. Phys. 15 (1923), p. 58. Vgl. dazu Anm. 19), 22), 246), 280), aber auch Nr. **23**, letzter Absatz.

(151) anfangs nur für einfach periodische Systeme möglichen Anwendung der Quantentheorie hatte *Bohr*, und bereits vor ihm *Nicholson*, ursprünglich *ebene, aus mehreren, konzentrisch angeordneten Elektronen-„ringen" bestehende Atommodelle* angegeben[387]), bei welchen man in der Folge mit Rücksicht auf die im *periodischen System der Elemente* zum Ausdruck kommenden *Valenzverhältnisse*[388]), sowie auf eine numerische Darstellbarkeit einiger *Hauptlinien der Röntgenspektren*[389]) in geeigneter Weise über die Besetzungsanzahlen der einzelnen „Ringe" zu verfügen suchte.[390]) Jeder Elektronenring erscheint hierbei als einfachste periodische Partikularlösung des entsprechenden Vielkörperproblemes ausgezeichnet und wird zunächst als von seinen Nachbarn völlig unabhängig behandelt; er heißt *ein-, zweiquantig* usw., je nachdem, welchem ganzzahligen Vielfachen von $\frac{h}{2\pi}$ der *Drehimpuls des einzelnen Ringelektrons* gleichgesetzt wird.[391]) Um die nur rohe numerische Wiedergabe zu verbessern, welche für die Frequenzen der wichtigsten Röntgenlinien auf Grund der Annahme eines innersten einquantigen, eines nächsten zweiquantigen Elektronenringes usw. im Normalzustand der Atome erzielt werden konnte, ist man alsbald dazu übergegangen, die gegenseitigen Störungen solcher Ringsysteme zu berücksichtigen, ferner quantenmäßig vorbestimmte Neigungen der verschiedenen Ringebenen zu prüfen und auch elliptische Bewegungszustände der Ringelektronen zuzulassen.[392]) Gestützt auf eine ein-

---

387) *N. Bohr* [1], namentlich Abhandlung I—III, ferner *J. W. Nicholson*, Anm. 384) und die übrige, bei *J. M. Burgers* [1], § 26—27, aufgezählte ältere Literatur. Siehe auch *A. Sommerfeld* [1]. 2. Kapitel, §§ 3, 4.

388) *N. Bohr* [1], Abhandlung III; *J. W. Nicholson*, Phil. Mag. 27 (1914), p. 558; *A. v. d. Broek*, Elster-Geitel-Festschrift, Braunschweig 1915, p. 428; *L. Vegard*, Verhandl. Deutsch. Phys. Ges. 19 (1917), p. 344.

389) *N. Bohr* [1], Abhandlung I, III, IX; *A. Sommerfeld*, Münchn. Ber. 1916, p. 131; Ann. d. Phys. 51 (1916), p. 125.

390) *P. Debye*, Phys. Ztschr. 18 (1917), p. 276; *L. Vegard*, Verhandl. Deutsch. Phys. Ges. 19 (1917), p. 328; *J. Kroo*, Phys. Ztschr. 19 (1918), p. 307; *L. Vegard*, Phil. Mag. 35 (1918), p. 294; 37 (1919), p. 237; Phys. Ztschr. 20 (1919), p. 97, 121.

391) Nach (151) wäre es, wie *J. M. Burgers* [1], p. 138, Anm. 1), hervorhebt, allein gerechtfertigt, jenen Drehimpuls dem *vollständigen* Elektronenring (anstatt jedem Elektron einzeln) zuzuordnen, wie dies auch von *Nicholson* gelegentlich gemacht worden ist. Eine Rechtfertigung des obigen Ansatzes wäre nur auf Grund bestimmter Vorstellungen über die *sukzessive Bildung* eines mehrfach besetzten Elektronenringes aus einzelnen Elektronen denkbar, doch haben gerade derartige Gesichtspunkte mit zu der im nachfolgenden erwähnten *Aufgabe der Elektronenringvorstellung* beigetragen.

392) *F. Reiche* und *A. Smekal*, Naturwissenschaften 6 (1918), p. 304; Ann. d. Phys. 57 (1918), p. 124; *A. Smekal*, Wien. Ber. (2a) 127 (1918), p. 1229;

gehende numerische Prüfung der Konsequenzen dieser und einiger weiterer noch in Betracht kommender Möglichkeiten, hat indessen *Smekal* schließlich zeigen können, *daß die Elektronenringvorstellung quantitativ überhaupt unbrauchbar ist und verworfen werden muß*[393]), nachdem ähnliche Ergebnisse von *kristallgittertheoretischer*[394]) und *valenzchemischer*[395]) Seite zum Teil bereits früher zugunsten *räumlicher Atommodelle*[396]) vorgelegen hatten. Der Mißerfolg der Elektronenringvorstellung wird begreiflich, wenn man die *maximale Instabilität ebener Modelle* überhaupt in Betracht zieht[397]) und bedenkt, daß die klassisch-elektrodynamische Ausstrahlung derartiger Elektronenbewegungen zugleich mit deren geometrischen Abmessungen von desto höherer Ordnung unendlich klein wird, je mehr Elektronen einem einzelnen Ringe angehören[398]); nach dem *Bohrschen Korrespondenzprinzip* (Nr. **14**) würden sich derartige Bewegungszustände auch in quantentheoretischer Hinsicht als praktisch *strahlungsunfähig* erweisen müssen, außerdem erscheint es nach dem gleichen Prinzipe unmöglich, *Elektronenringe als Endprodukt einer sukzessiven Bindung einzelner Elektronen durch die verschiedenen Ionisierungsstufen der Atome zu erhalten*, wie es im Wege ihrer verschiedenen Serienspektren experimentell verfolgt werden

---

A. Sommerfeld, Phys. Ztschr. 19 (1918), p. 297; *A. Landé*, Verhandl. Deutsch. Phys. Ges. 21 (1919), p. 578, 585; *A. D. Fokker*, Arch. Néerl. (IIIA) 5 (1921), p. 193.

393) *A. Smekal*, Wien. Ber. (2a) 128 (1919), p. 639; 129 (1920), p. 635; Phys. Ztschr. 21 (1920), p. 505; *L. Vegard*, Phys. Ztschr. 22 (1921), p. 271; *A. Smekal*, Phys. Ztschr. 22 (1921), p. 400.

394) *A. Johnsen*, Phys. Ztschr. 16 (1915), p. 269; *M. Born* und *A. Landé*, Berl. Ber. 1918, p. 1048; Verhandl. Deutsch. Phys. Ges. 20 (1918), p. 210; *H. Thirring*, Phys. Ztschr. 21 (1920), p. 281; *H. Tertsch*, Wien. Ber. (1) 129 (1920), p. 91; Doelter-Festschrift, Leipzig 1921, p. 68; *M. Born*, V 25, Nr. 38; ferner die in Anm. 238) genannte *experimentelle* Literatur.

395) *W. Kossel*, Ann. d. Phys. 49 (1916), p. 229; *G. N. Lewis*, J. Amer. Chem. Soc. 38 (1916), p. 762; *M. Born*, Verhandl. Deutsch. Phys. Ges. 20 (1918), p. 230.

396) *M. Born*, Verhandl. Deutsch. Phys. Ges. 20 (1918), p. 230; *A. Smekal*, Ztschr. f. Phys. 1 (1920), p. 309. — Ähnliche *Würfelatommodelle* mit *ruhenden* Elektronen, wie sie *Born* zu qualitativen Zwecken in der genannten Arbeit in Betracht zieht, kommen bereits 1916 bei *G. N. Lewis* (Anm. 395) und später bei *J. Langmuir*, J. Amer. Chem. Soc. 41 (1919), p. 868 vor.

397) Bezüglich eines Versuches, die quantentheoretische Unbrauchbarkeit ebener Modelle nachzuweisen, vgl. man *O. Halpern*, Ztschr. f. Phys. 18 (1923), p. 344, wo allerdings nicht-realisierbare Parameterverschiebungen (s. Anm. 285) benutzt werden.

398) *L. Page*, Phys. Rev. 20 (1922), p. 18. Bezüglich des vernachlässigbar geringen Einflusses der zugelassenen klassisch-elektrodynamischen Ausstrahlung auf die zwecks numerischer Wiedergabe der Röntgenspektren betrachteten Ringmodelle vgl. man auch *A. D. Fokker*, Arch. Néerl. (IIIA) 5 (1921), p. 193.

kann (V 26, *C. Runge*). Ähnliche entscheidende Schwierigkeiten knüpfen sich an *räumlich dynamische Atommodelle*, bei welchen an Stelle der früheren Elektronenringbewegungen ebenfalls wieder *einfach periodische* Partikularlösungen der zugehörigen Vielkörperprobleme, diesmal jedoch von *räumlich maximaler Symmetrie*, auftreten.[399]) Tatsächlich hat *Bohr* in letzter Zeit, allerdings *auf halbempirischem Wege* unter wesentlicher Benutzung des experimentellen Materials über die Serienspektren der Elemente und deren Anregungsbedingungen, feststellen können, daß die Elektronenbewegung im Normalzustande der Atome als eine *wesentlich verwickeltere* angesehen werden muß.[400]) Eine formale Deutung der *Bohr*schen Ergebnisse in der Terminologie der vorliegenden Nummer würde ergeben, daß sich die Elektronen im Innern der Atome in enger Beziehung zu den Gesetzmäßigkeiten des *periodischen Systems der Elemente* auf einzelne *Untergruppen von maximal zwei, vier, sechs oder acht Individuen* verteilen müssen, *deren phasengebundene Bewegung in jedenfalls räumlich symmetrischen, mindestens doppeltperiodischen Bahnen* („harmonische Wechselspiele") *verläuft;* über die Art der nicht unbeträchtlichen wechselseitigen Beeinflussungen dieser Untergruppen ist jedoch noch so wenig bekannt, daß es gegenwärtig auch nicht annähernd möglich wäre, Aussagen über die analytische Beschaffenheit und namentlich über den Periodizitätsgrad jener Partikularlösungen der atomaren Vielkörperprobleme zu machen, welche dem Normalzustand der Atome entsprechen sollten, *falls die in der vorliegenden Nummer benutzten Begriffe und Grundlagen zu dessen Beschreibung überhaupt ausreichend sind.*[401])

399) *A. Landé*, Verhandl. Deutsch. Phys. Ges. 21 (1919), p. 2, 644, 653; Berl. Ber. 1919, p. 101; Ztschr. f. Phys. 1 (1920), p. 191; 2 (1920), p. 83, 87, 380; *E. Madelung* und *A. Landé*, Ztschr. f. Phys. 3 (1920), p. 230; *T. Rella*, Ztschr. f. Phys. 3 (1920), p. 157. — Eine *vierdimensionale* Verallgemeinerung derartiger Modelle ist gegeben worden von *N. H. Kolkmeijer*, Phys. Ztschr. 22 (1921), p. 457; Proc. Acad. Amsterdam 23 (1922), p. 1419, 1428, 1434.

Die allen diesen Atommodellen zugrundeliegende These einer *einfach periodischen* Bewegung aller Elektronen der gleichen „Elektronenschale" kann auch so ausgedrückt werden, daß alle jene Elektronen *gleichzeitig miteinander „in Phase" schwingen.* Die gleiche Annahme wird für die Bewegung *sämtlicher Elektronen des Atoms in seinem Normalzustande* neuerdings von *M. Born* und *W. Heisenberg* (Anm. 350) im Zusammenhang mit den in Nr. **15b** unter I, 3 besprochenen störungstheoretischen Ergebnissen vertreten, jedoch ohne daß auf die eingangs dieser Nummer besprochenen prinzipiellen Schwierigkeiten einer störungstheoretischen Behandlung derartiger Probleme näher eingegangen werden würde.

400) *N. Bohr* [3], 3. Vortrag; *N. Bohr* und *D. Coster*, Ztschr. f. Phys. 12 (1923), p. 342; *N. Bohr*, Ann. d. Phys. 71 (1923), p. 228. Vgl. ferner V 26, *C. Runge* und V 27, *A. Kratzer*.

401) Siehe Nr. **23**, letzter Abschnitt.

Untersuchungen *rein theoretischer* Natur, welche ähnlich wie beim Wasserstoffatommodell (Nr. 15) darauf gerichtet waren, sämtliche beobachtbaren atomaren Eigenschaften bloß auf Grund universeller Konstanten wiederzugeben, sind nach dem Mißerfolg der oben aufgezählten, allgemeineren Versuche nur mehr am *Heliumatom*modell ($Z = 2$) angestellt worden. Aus der großen Anzahl bisher zu diesem Zwecke vorgeschlagener und zum Teil wenigstens mit Rücksicht auf ihre Ionisierungsenergie durchgerechneter Modelle für das He-Atom[402]), welche

402) 1. Einquantiger „Ring" von zwei Elektronen: *N. Bohr* [1], p. 38; vgl. auch *A. Sommerfeld* [1], p. 84, 428, 726. — Falsche Ionisierungsspannung, widerspricht überdies dem Korrespondenzprinzip.

2. Störungstheoretische Behandlung des Dreikörperproblems (vgl. dazu jedoch Anm. 383!): *P. S. Epstein*, Naturwissenschaften 6 (1918), p. 230, § 18; Ztschr. f. Phys. 8 (1922), p. 211, 305; *A. Landé*, Phys. Ztschr. 20 (1919), p. 228; 21 (1920) p. 114; *N. Bohr* [3], p. 63. — Falsche Termwiedergabe für den Ortho- und Parheliumzustand, Widerspruch mit dem Korrespondenzprinzip.

3. Ebenes Modell mit halbkreisbogenförmigen Elektronenschwingungen: *J. Langmuir*, Science 51 (1920), p. 605; *H. O. Newboult*, Phil. Mag. 45 (1923), p. 1085; *R. de Laer Kronig*, Science 58 (1923), p. 537. — Widerspricht dem Korrespondenzprinzip.

4. *Modell des Parheliumzustandes* mit zwei symmetrischen einquantigen, unter 120° gegeneinander geneigten Elektronenkreisbahnen: *E. C. Kemble*, Phil. Mag. 42 (1921), p. 123; *N. Bohr* [3], p. 100. — Ionisierungsspannung berechnet und fehlerhaft befunden von *J. H. Van Vleck*, Phil. Mag. 44 (1922), p. 842 und *H. A. Kramers*, Ztschr. f. Phys. 13 (1923), p. 312. Spektralterme des angeregten Modells *störungstheoretisch* (vgl. Anm. 383!) berechnet und fehlerhaft befunden von *J. H. Van Vleck*, Phys. Rev. 21 (1923), p. 372 und *M. Born* und *W. Heisenberg*, Ztschr. f. Phys. 16 (1923), p. 229.

5. *Ebenes Modell des Orthoheliumzustandes* mit innerer einquantiger und äußerer zweiquantiger Elektronenbahn (nahe verwandt zu 2.). *N. Bohr*, Ann. d. Phys. 71 (1923), p. 228, § 7, nach gemeinsamen Untersuchungen mit *H. A. Kramers*. — Spektralterme des angeregten Modells störungstheoretisch berechnet und fehlerhaft befunden von *M. Born* und *W. Heisenberg*, Ztschr. f. Phys. 16 (1923), p. 229. Stabilitätsfragen: *O. Halpern* (nach Mitteilungen von *A. Rubinowicz* und *W. Pauli*), Ztschr. f. Phys. 18 (1923), p. 344.

6. Modell mit Elektronenbahnen ohne gegenseitige Störungen: *L. Silberstein*, Astrophys. J. 56 (1922), p. 119; 57 (1923), p. 248; Nature 110 (1922), p. 247; 111 (1923), p. 46. — Nach *W. M. Hicks*, Nature 111 (1923), p. 146; *C. V. Raman*, Nature 110 (1922), p. 700; *C. V. Raman* und *A. S. Ganesan*, Astrophys. J. 57 (1923), p. 243; 59 (1924), p. 61 ist im Gegensatz zur Behauptung *Silbersteins* keine brauchbare Wiedergabe der He-Linien zu erzielen, außerdem widerspricht das Modell dem Korrespondenzprinzip.

7. Modell mit verschiedenen gegenseitigen Neigungen der Elektronenbahnebenen: *L. Silberstein*, Astrophys. J. 57 (1923), p. 257; Nature 111 (1923), p. 567; 112 (1923), p. 53. — Widerspricht dem Korrespondenzprinzip.

8. Ebenes Modell des Parheliumzustandes mit bemerkenswerter Anwendung der Quantenbedingungen: *A. Sommerfeld*, J. Opt. Soc. Amer. 7 (1923), p. 509. —

nahezu alle, verschiedene von den einfach oder doppelt periodischen Partikularlösungen des Dreikörperproblems benutzen, tritt ein einziges, von *Kemble* und *Bohr* herrührendes Modell hervor[403]), dem von Anfang an mit Rücksicht auf die bereits oben (p. 1045) berührten *spektralen Eigentümlichkeiten des* He und das *Korrespondenzprinzip* eine erhebliche Wahrscheinlichkeit zugebilligt werden konnte. Wie aber namentlich die Berechnung der von dem experimentellen Werte verschiedenen Größe der Ionisierungsspannung des Modells durch *Van Vleck* und *Kramers* dargetan hat[403]), muß entweder das Modell[404]) oder die Benutzung der strahlungsfrei gemachten klassisch-elektrodynamischen Bewegungsgleichungen[405]) als unzulässig angesehen werden. Der letztere Standpunkt wird namentlich von *Bohr* vertreten und erscheint durch mancherlei Schwierigkeiten gestützt, welche sich jedem

---

Ionisierungsspannung noch nicht berechnet, vgl. dazu und zu einem ähnlichen, noch unpublizierten Modell von *W. Heisenberg: O. Laporte,* Phys. Ber. 5 (1924), p. 91. Modell vermutlich instabil.

9. Ein theoretischer Versuch von *F. J. de Wisniewski,* Phys. Ztschr. 25 (1924), p. 135, scheint zwar angenähert richtige Termwerte zu liefern, enthält aber willkürliche Abänderungen der Bewegungsgleichungen, welche nach *W. Heisenberg,* Ztschr. f. Phys. 25 (1924), p. 175, mit den bisherigen quantentheoretischen Grundlagen unvereinbar sind. Bezüglich eines analogen Versuches am Li-Atommodell siehe *F. J. de Wisniewski,* Phys. Ztschr. 25 (1924), p. 330.

403) Siehe 4. und 5. der vorigen Anmerkung; während der Parheliumzustand dem Normalzustand des Heliumatoms entspricht, stimmt der Orthoheliumzustand mit dem auf p. 1045 erwähnten „metastabilen" Heliumzustande überein, der von *J. Franck* und seinen Mitarbeitern festgestellt worden ist.

404) Hierfür käme in Betracht, daß die für den Parheliumzustand gewählte *doppelt*-periodische Partikularlösungsfamilie des Dreikörperproblems nicht die richtige sein könnte, wofür vielleicht spricht, *daß es hier voraussichtlich auch drei- und vierfach-periodische Partikularlösungen geben kann.* Wenn es als gerechtfertigt anzusehen wäre [vgl. jedoch den in Anm. 399) erwähnten Standpunkt von *Born* und *Heisenberg*], *mit Rücksicht auf die Stabilitätsverhältnisse des Modells* die Realisierung jener mehrfach periodischen Partikularlösungen zu erwarten, *welche den größtmöglichen Periodizitätsgrad besitzen,* so könnte der bisherige Mißerfolg der Theorie wenigstens teilweise auf diesen Umstand zurückgeführt werden. Tatsächlich scheint die Existenz einer *Feinstruktur* der He- und Li^+-Linien sehr zugunsten eines Periodizitätsgrades $u > 2$ zu sprechen. Bezüglich der ersteren vgl. man für He: *W. Lohmann,* Ztschr. f. wiss. Phot. 6 (1906), p. 1, 41; *A. E. Ruark, P. D. Foote* und *F. L. Mohler,* J. Opt. Soc. Amer. 8 (1924), p. 17; *L. S. Ornstein* und *H. C. Burger,* Ztschr. f. Phys. 26 (1924), p. 57; *R. Brunetti,* Rend. Acad. Lincei (5) 33 (1924), p. 413; für Li^+: *H. Schüler,* Ann. d. Phys. 76 (1925), p. 292.

405) Wie bereits in Anm. 272) hervorgehoben, ist es beim Heliumatommodell bisher noch nicht versucht worden, die Retardierung der Potentiale gemäß (123) zu berücksichtigen, so daß hier noch eine weitere Lücke (vgl. die vorige Anm.) auszufüllen wäre, um den im Texte weiterhin gezogenen Folgerungen eine endgültige Rechtfertigung zu verleihen.

Versuche einer von den Gesichtspunkten der vorliegenden Nummer ausgehenden theoretischen Deutung der in den Serienspektren auftretenden *Komplexstrukturen* und *anomalen Zeemaneffekten* entgegenzusetzen scheinen.[406]) Wenn man bedenkt, daß bei jeder Art gegenseitiger Wechselwirkung von Elektronen im Atomverbande auf das Einzelelektron dauernd quasiperiodisch veränderliche Kraftwirkungen ausgeübt werden, *deren Frequenzen von der gleichen Größenordnung sind wie jene der ausgesandten Spektralfrequenzen,* so kann man in der Tat vermuten, daß jene Wechselwirkungen ebensowenig auf strahlungslos-klassisch-elektrodynamischem Wege berechenbar sein werden, wie dies nach der *Bohrschen Frequenzbedingung* (114) für die Spektralfrequenzen möglich ist. Ob diese Analogie aber weiter zu der Erwartung berechtigen darf, auch derartige Wechselwirkungen mit Hilfe gewisser *Differenz-* oder *Mittelungsprozesse* entsprechend (114) bzw. (137a) wiedergeben zu können[407]), muß noch als ebenso fraglich angesehen werden wie jeder Versuch einer direkten Abänderung der strahlungsfrei-klassisch-elektrodynamischen Bewegungsgleichungen für das Gebiet „niederer" Quantenzahlen.

Die vorstehend angedeuteten, selbst von einer vorläufigen Auflösung wohl noch ziemlich weit entfernten Schwierigkeiten haben bewirkt, daß eine wenigstens *qualitative Theorie der spektralen Gesetz-*

406) Vgl. z. B. *N. Bohr,* Ann. d. Phys. 71 (1923), p. 228; *A. Landé,* Phys. Ztschr. 24 (1923), p. 441; *R. A. Millikan* und *J. S. Bowen,* Phys. Rev. 24 (1924), p. 209, 223; *A. Landé,* Ztschr. f. Phys. 24 (1924), p. 88; 25 (1924), p. 46; ferner jüngst *W. Pauli,* Ztschr. f. Phys. 31 (1925), p. 373.

407) Ein diesbezüglicher, sehr beachtenswerter Versuch rührt von *W. Heisenberg* her, ist jedoch erst nach der Niederschrift der obigen Nummer Ztschr. f. Phys. 26 (1924), p. 291 erschienen; die benutzten Bewegungsgleichungen scheinen, soweit sich das gegenwärtig schon übersehen läßt, gegebenenfalls mit den strahlungsfrei gemachten klassisch-elektrodynamischen Bewegungsgleichungen übereinstimmen zu können (jedenfalls aber im Grenzfalle „hoher" Quantenzahlen), sind jedoch für die Bewegung in den stationären Quantenzuständen nur mehr sozusagen *indirekt* maßgebend. Ein der *Heisenberg*schen Untersuchung verwandter Versuch auf störungstheoretischer Grundlage rührt von *M. Born,* Ztschr. f. Phys. 26 (1924), p. 379 her; entgegen ausdrücklicher Angabe sind dessen Überlegungen auch nur wieder auf mehrfach-periodische Partikularlösungen der Vielkörperprobleme legitim anwendbar (vgl. Anm. 383), ebenso wie die Betrachtungen der vorliegenden Nummer (Anmerkung nach Abschluß des Manuskriptes). Vgl. dazu auch die sich den vorliegenden Schwierigkeiten auf mehr empirischem Wege annähernden Betrachtungen von *W. Pauli,* Ztschr. f. Phys. 31 (1925), p. 765, die auf eine neuartige, wichtige quantentheoretische Deutung des periodischen Systems der Elemente von *E. C. Stoner,* Phil. Mag. 48 (1924), p. 719, Bezug nehmen, an welche auch *A. Sommerfeld,* Phys. Ztschr. 26 (1925), p. 70, anknüpft (Zusatz bei der Korrektur).

mäßigkeiten (V 26, *C. Runge*) für Atome mit mehreren Elektronen von *stark idealisierten Grundannahmen* auszugehen genötigt war. Im Anschluß an die bahnbrechenden Untersuchungen von *Sommerfeld* und seinen Schülern betrachtet man hierzu mittels der Methoden von Nr. **15** die Bewegung des „Serien"- oder „Leucht"elektrons eines beliebigen Atoms in dem zunächst als *unveränderlich* vorgestellten Felde des Atom„rumpfs", das man sich etwa durch eine Kugelfunktionenentwicklung mit unbestimmten Koeffizienten gegeben denken kann. Man erhält so im allgemeinen durch *drei* Quantenbedingungen festgelegte *präzessierende Zentralbahnen*, welche den *Rydbergschen* und *Ritzschen Typus der Serienformeln*[408]), samt den daran wahrgenommenen Sonderfällen[409]), im Einklang mit dem *Bohrschen Korrespondenzprinzipe*[410]) wiederzugeben gestattet haben. Das gleiche idealisierte Atommodell hat auch die grundsätzliche Verschiedenheit des *Stark*-[411]) und *Zeemaneffektes*[412]) an den Serienlinien gegenüber der an den Wasserstofflinien gefundenen Form dieser Effekte (Nr. **15 b**) theoretisch vorherzusehen ermöglicht. Um auch die *Komplexstruktur der Serienlinien* und ihre *anomalen Zeemaneffekte* wiedergeben zu können, erweist es sich indessen als unumgänglich, bestimmte, weitergehende Annahmen über die *Wechselwirkung zwischen Serienelektron und Atom-*

---

408) *A. Sommerfeld,* Münchn. Ber. 1916, p. 131, ferner [1], 6. Kapitel. Vgl. auch eine der *Sommerfeld*schen Untersuchung verwandte, jedoch speziellere Untersuchung von *F. Tank,* Ann. d. Phys. 59 (1919), p. 293. Zu der teilweise auch auf empirische Argumente gestützten Weiterführung der Theorie vgl. man *E. Fues,* Ztschr. f. Phys. 11 (1922), p. 364; 12 (1922), p. 1; *N. Bohr,* Ann. d. Phys. 71 (1923), p. 228, auf p. 257—259; *G. Wentzel,* Ztschr. f. Phys. 19 (1923), p. 53.

409) *E. Schrödinger,* Ztschr. f. Phys. 4 (1921), p. 347; *N. Bohr,* Nature, 24. März 1921; [3], 3. Vortrag; *Th. v. Urk,* Ztschr. f. Phys. 13 (1923), p. 268 (Anfangsterme der „scharfen" Nebenserie, „Tauchbahnen"); *G. Wentzel,* Ztschr. f. Phys. 19 (1923), p. 53 („gebrochene" *Rydberg*serien). Zum Inhalt der in dieser und der vorhergehenden Anmerkung genannten Untersuchungen vgl. man vor allem die systematische Darstellung von *A. Sommerfeld* und *G. Wentzel* in *Marx'* Handbuch der Radiologie, Bd. VI (Leipzig 1924), p. 206 ff.: „Theorie der Spektralterme".

410) *N. Bohr,* Phil. Mag. 43 (1922), p. 1112; [3], 3. Vortrag; Ann. d. Phys. 71 (1923), p. 228.

411) *R. Becker,* Ztschr. f. Phys. 9 (1922), p. 332; ferner bereits *N. Bohr* [2], III. Teil, sowie Literatur bei *R. Ladenburg,* Ztschr. f. Phys. 28 (1924), p. 51. Der „inhomogene" und der „anomale" *Stark*effekt wird behandelt von *O. Stern,* Phys. Ztschr. 23 (1922), p 476; die Bedeutung der Quantentheorie des *Stark*- und *Zeeman*effektes *für die Theorien des Kerr- und Faradayeffektes* diskutiert *K. F. Herzfeld,* Ann. d. Phys. 69 (1922), p. 369.

412) *A. M. Mosharrafa,* Phil. Mag. 46 (1923), p. 177.

rumpf zu benutzen[413]), was jedoch zu den bereits oben angedeuteten grundsätzlichen Schwierigkeiten führt. Bei allen diesen Untersuchungen spielt, unabhängig von der übrigen Bewegung und ihrer quantentheoretischen Behandlung, die auf die Quantenbedingung (148') gestützte Annahme eine wesentliche Rolle, daß der *Gesamtdrehimpuls* eines beliebigen Atoms durch ein ganzzahliges (oder halbzahliges!) Vielfaches von $\frac{h}{2\pi}$ gegeben sei.

16b. Molekülmodelle. Es ist klar, daß die im Vorstehenden berührten quantentheoretischen Schwierigkeiten für eine Theorie des Atombaues sich in noch weit höherem Maße dem Versuch einer *quantitativen Theorie des Molekülbaues* entgegenstellen müssen. Tatsächlich sind, von einigen älteren, auf die inzwischen erledigte *Elektronenring*vorstellung (p. 1049) gegründeten allgemeinen Versuchen[414]) abgesehen, bisher nur die beiden denkbar einfachsten Molekülmodelle einer quantentheoretischen Behandlung unterzogen worden: das Modell des *Wasserstoffmolekülions* und das des *Wasserstoffmoleküls* selbst. Das erstere Modell läßt sich nach *Niessen* und *Pauli*[415]) auf das Problem der Anziehung eines Elektrons durch zwei feste, positive Einheitsladungen tragende Zentren zurückführen, wenn man die Bewegung der beiden Wasserstoffatomkerne wegen ihrer im Verhältnis zu jener des Elektrons großen Massen in erster Annäherung vernachlässigt; da das Zweizentrenproblem nach *Jacobi* in elliptischen Koordinaten *separierbar* ist[416]), können hier die in Nr. **15a** entwickelten Methoden der quantentheoretischen Behandlung bedingt periodischer Systeme zur Anwendung gebracht werden, wobei die vernachlässigte Kernbewegung eine

---

413) *A. Sommerfeld,* Ztschr. f. Phys. 8 (1921), p. 257; *W. Heisenberg,* Ztschr. f. Phys. 8 (1921), p. 273; *A. Sommerfeld* [1], 6. Kapitel und Nachtrag hierzu; *A. Sommerfeld* und *W. Heisenberg,* Ztschr. f. Phys. 11 (1922), p. 131; *A. Landé,* Ztschr. f. Phys. 11 (1922), p. 353; 15 (1923), p. 189; 19 (1923), p. 112; *W. Pauli,* Ztschr. f. Phys. 16 (1923), p. 155; 20 (1924), p. 371; *A. Sommerfeld,* Ann. d. Phys. 70 (1923), p. 32; *N. Bohr,* Ann. d. Phys. 71 (1923), p. 228; *A. Landé,* Phys. Ztschr. 24 (1923), p. 441; *W. Heisenberg,* Ztschr. f. Phys. 26 (1924), p. 291.

414) *N. Bohr* [1], namentlich Abhandlung III, siehe ferner *J. M. Burgers* [1], § 27 ff. Die *Dispersion* derartiger Molekülmodelle hat *A. Sommerfeld*, Elster-Geitel-Festschrift, Braunschweig 1915, p. 549, Ann. d. Phys. 53 (1917), p. 497 untersucht, die *Rotationsdispersion* hingegen *F. Pauer,* Ann. d. Phys. 56 (1918), p. 261. Über die *Zerstreuung* des Lichtes durch solche Modelle vgl. *M. Born,* Verhandl. Deutsch. Phys. Ges. 20 (1918), p. 16, über ihre *spezifische Wärme* (Nr. 24): *G. Laski,* Phys. Ztschr. 20 (1919), p. 269, 550.

415) *K. F. Niessen,* Physica 2 (1922), p. 345; Diss. Utrecht 1922; Ann. d. Phys. 70 (1923), p. 129; *W. Pauli,* Ann. d. Phys. 68 (1922), p. 177.

416) Vgl. hierzu Anm. 330).

ergänzende Stabilitätsuntersuchung für die einzelnen gefundenen Bahntypen erforderlich macht.[417]) Mangels hierzu geeigneter experimenteller Daten ist eine Prüfung der so gewonnenen Ergebnisse einstweilen *nicht möglich* gewesen.[417a]) Die bisherigen Versuche einer quantentheoretischen Behandlung des *Wasserstoffmolekülmodells* hingegen, welche sich sämtlich gewisser mehrfach periodischer Partikularlösungen des *Vierkörperproblems* mit praktisch in Ruhe befindlichen Kernen bedienen, haben ausnahmslos zu *negativen* Ergebnissen und ähnlichen Schwierigkeiten wie beim oben besprochenen Problem des Heliumatommodells geführt.[418])

---

417) Diese Stabilitätsuntersuchung schließt z. B. alle Typen der Bewegung im *ebenen* Zweizentren-Problem aus, auf welche sich eine frühere Untersuchung des Modells durch *J. Marshall,* Proc. Edinb. Roy. Soc. 42 (1922), p. 247, von vornherein beschränkt hatte. Ähnlich wie in Nr. 16a findet man also auch hier, daß ein *ebenes* Modell aus Stabilitätsgründen als unbrauchbar angesehen werden muß.

Ein anderes *ebenes* Modell des Wasserstoffmolekülions, bestehend aus zwei, ein ruhendes Elektron in einquantiger Kreisbahn umlaufenden Protonen (vgl. das unbrauchbare ältere *Bohr*sche Heliumatommodell, Anm. 402), 1.!), hat *M. Wolfke,* Phys. Ztschr. 21 (1920), p. 407, benutzt und mit dem *Viellinienspektrum des Wasserstoffes* in Verbindung gebracht.

417a) Diese Prüfung ist seither von *H. D. Smyth,* Proc. Roy. Soc. A 105 (1924), p. 116, durch Messung der Ionisierungsspannung des H_2^+ ermöglicht worden; der gefundene Wert *widerspricht* dem theoretisch vorausberechneten, so daß die Theorie sich hier ebenso wie bei dem *neutralen* H_2 (s. weiter unten) als *unzulänglich* erweist.

418) 1. Das *Bohr-Debye*sche Wasserstoffmolekülmodell besteht aus zwei ruhenden Protonen und einem einquantigen „Ring" von zwei Elektronen, dessen Mittelpunkt den Kernabstand halbiert und dessen Ebene zu letzterem senkrecht steht (vgl. das analog gebaute He-Modell von *Bohr,* Anm. 402), 1.!): *N. Bohr* [1], III. Abhandlung, *P. Debye,* Münchn. Ber. 1915, p. 1. Die *Strahlungseigenschaften* des Modells hat *M. Wolfke,* Phys. Ztschr. 17 (1916), p. 71, betrachtet, seine *Dispersion* ist von *P. Debye* (l. c.) berechnet worden, seine *Rotationsdispersion* von *P. Scherrer,* Diss. Göttingen 1916; Phys. Ztschr. 17 (1916), p. 71 und *F. Pauer,* Ann. d. Phys. 56 (1918), p. 261, der die *Scherrer*schen Ergebnisse berichtigt hat. Außer der *Dispersion* hat *R. Gans*, Ztschr. f. Phys. 9 (1922), p. 81, für das Modell noch die *Depolarisation des Tyndall-Lichtes,* die *Kerrkonstante* und den *Absorptionskoeffizienten* berechnet. Im Gegensatz zu der dabei erhaltenen, meist ziemlich befriedigenden Übereinstimmung mit der Erfahrung erweist sich die zuletzt von *M. Planck*, Berl. Ber. 1919, p. 914, eingehend diskutierte *Dissoziationswärme* des Modells als *unrichtig.* Die *Instabilität* des Modells gegenüber gewissen äußeren Störungen hat *H. J. van Leeuwen,* Proc. Acad. Amsterdam 18 (1916), p. 1071; Phys. Ztschr. 17 (1916), p. 196 festgestellt und *A. Rubinowicz,* Phys. Ztschr. 18 (1917), p. 187 eingehend untersucht. Bezüglich weiterer Einwände gegen das Modell vgl. man *W. Lenz,* Verhandl. Deutsch. Phys. Ges. 21 (1919), p. 632 und *W. Nernst,* Die theoretischen und experimentellen Grundlagen

Diese Mißerfolge der quantitativen Modellversuche haben ähnlich wie bei den Atombauproblemen dazu genötigt, *allgemeine* Gesetzmäßigkeiten, wie die *Struktur der Bandenspektren* (V 27, *A. Kratzer*), sowie die *Temperaturabhängigkeit der spezifischen Wärme mehratomiger Moleküle* („*Rotationswärme*") (Nr. **24b**) bloß *qualitativ* und ausschließlich auf Grund geeignet *idealisierter Molekülmodelle* quantentheoretisch zu behandeln. In der Tat gestattet bereits die quantentheoretische Behandlung der *Rotationsbewegung eines beliebigen starren Molekülmodells* die Grundzüge der genannten Erscheinungen wiederzugeben, wobei zweiatomige Moleküle als „Hantel"modelle durch gewöhnliche *Rotatoren* von *einem* Freiheitsgrade ersetzt werden können[419]), mehratomige Moleküle hingegen als *Kreisel* von auch mehr als einem Freiheitsgrade Behandlung zu finden haben.[420]) Läßt man die An-

---

des neuen Wärmesatzes, Halle 1918, p. 153. Hinsichtlich einer Verallgemeinerung des *Bohr-Debye*schen Modells mit Bezug auf mehrquantige, nicht-kreisförmige Elektronenbewegungen vgl. man die erwähnte Untersuchung von *M. Planck*, ferner *H. Kallmann*, Diss. Berlin 1920.

2. Das *ebene* „Fahrrad"-Modell von *W. Lenz*, Verhandl. Deutsch. Phys. Ges. 21 (1919), p. 632, ist vermutlich (vgl. Anm. 417) instabil.

3. Modell wie unter 1., aber mit halbkreisbogenförmigen Elektronenschwingungen: *J. Langmuir*, Science 52 (1920), p. 433 (vgl. das analoge He-Modell von *Langmuir*, Anm. 402), 3.). Bildungsmöglichkeit des Modells fraglich.

4. Ein „Pendelbahn"-Modell (ebenfalls im Anschluß an 1.) hat *A. Eucken*, Naturwissenschaften 10 (1922), p. 533, 947, erwogen und seine Bildungsmöglichkeit gegenüber *M. Born*, Naturwissenschaften 10 (1922), p. 677 diskutiert.

5. Ein Modell mit „gekreuzten" einquantigen Elektronenbahnen wie beim *Bohr-Kemble*schen He-Modell (Anm. 402), 4.) hat *M. Born*, Naturwissenschaften 10 (1922), p. 677 zu begründen versucht. Die eingehende störungstheoretische Untersuchung desselben durch *L. Nordheim*, Ztschr. f. Phys. 19 (1923), p. 69, hat indessen seine Unbrauchbarkeit dargetan.

419) Dieser Gesichtspunkt ist zuerst von *N. Bjerrum*, Nernst-Festschrift 1912, p. 90, mit der Quantentheorie in Verbindung gebracht worden. Bezüglich der gesamten älteren Literatur zu den Fragen der Molekülmodelle vgl. man den zusammenfassenden Bericht von *A. Eucken*, Jahrb. d. Rad. 16 (1920), p. 361, bezüglich der Moleküldimensionen insbesondere auch Ztschr. f. Elektrochem. 26 (1920), p. 377 und den Bericht von *K. F. Herzfeld*, Jahrb. d. Elektrochem. 19 (1923), p. 259.

Zur quantentheoretischen und statistischen Behandlung von einfachen Rotatoren vergleiche man vor allem *M. Planck* [1], ferner Ann. d. Phys. 52 (1917), p. 491; 53 (1917), p. 241 und Nr. **24b**.

420) Die älteste quantentheoretische Behandlung des allgemeinen Kreiselproblemes rührt von *M. Planck*, Verhandl. Deutsch. Phys. Ges. 17 (1915), p. 415; Ann. d. Phys. 50 (1916), p. 385 und *K. Schwarzschild*, Berl. Ber. 1916, p. 548, her. Den *symmetrischen Kreisel* haben speziell mit Rücksicht auf das *Bohr-Debye*sche Wasserstoffmolekülmodell (Anm. 418), 1.) und die spezifische Wärme des Wasser-

nahme starrer Verbindungen zwischen den Atomen des Einzelmoleküls fallen und berücksichtigt deren *gegenseitige Bewegungen* zunächst in der Form von selbständigen *harmonischen Schwingungen*[421]), so erhält man Zusammenhänge zwischen den Einzelbanden eines Bandenspektrums.[422]) Eine weitere Annäherung an die wirklichen Verhältnisse, welche jedoch ebenfalls nur mehr für die Theorie der Bandenspektren von Bedeutung ist, wird erzielt, wenn man die *Wechselwirkungen zwischen der Rotation und jenen Atomschwingungen* berücksichtigt, die nun überdies auch als *anharmonisch* in Rechnung gesetzt werden müssen.[423]) Während die bisherigen Annäherungen bis auf die etwa empirisch zu berücksichtigenden energetischen Beiträge der Bewegung eines „Leucht"elektrons von *starren Atomen* Gebrauch machen, kann man, ähnlich wie in der allgemeinen Theorie der *Serienspektren* (p. 1054), nun auch noch versuchen, *der Bewegung des Leuchtelektrons quantenmäßig scharf definierte Drehimpulswerte zuzuschreiben*[424]), welche dann von der gleichen Größenordnung sein müssen, wie jene der Moleküldrehung selbst, und die Kreiselbewegung wesentlich beeinflussen. Eine noch weitergehende Annäherung hinsichtlich des Problems der inneren Bewegungen eines Moleküls würde nun schon auf die Betrachtung konkreter Molekülmodelle hinauslaufen müssen, welche wie die oben betrachteten einfachsten dieser Art, aus einzelnen Atomkernen und Elektronen aufgebaut gedacht werden müssen. Ansätze dafür, wie die aufgezählten Näherungsschritte als sukzessive Approximationen

---

stoffes *P. S. Epstein,* Verhandl. Deutsch. Phys. Ges. 18 (1916), p. 398; Phys. Ztschr. 20 (1919), p. 289; *F. Krüger,* Ann. d. Phys. 50 (1916), p. 346; 51 (1916), p. 450 und *H. Kallmann,* Diss. Berlin 1920, untersucht. Die Quantentheorie des *asymmetrischen Kreisels* haben *F. Reiche,* Phys. Ztschr. 19 (1918), p. 394 und *M. Planck,* Berl. Ber. 1918, p. 1166, sowie *G. Thomsen,* Math. Ann. 94 (1925), p. 146, behandelt. Bezüglich der allgemeinen Theorie und der Deutung der Bandenspektren vergleiche man vor allem *T. Heuerlinger,* Phys. Ztschr. 20 (1919), p. 188; Ztschr. f. Phys. 1 (1920), p. 82 und *W. Lenz,* Verhandl. Deutsch. Phys. Ges. 21 (1919), p. 632; ferner auch die Darstellung bei *A. Sommerfeld* [1], sowie die Berichte von *A. Kratzer,* Ergebn. d. exakt. Naturwiss. 1 (1922), p. 315 und *R. Mecke,* Phys. Ztschr. 26 (1925), p. 217.

421) Vgl. insbesondere die in Anm. 419) zitierten Untersuchungen von *Bjerrum.*

422) *H. Sponer,* Diss. Göttingen 1920; Jahrb. d. Phil. Fak. Gött. 1921, p. 153; *A. Kratzer,* Ztschr. f. Phys. 3 (1920), p. 289; 16 (1923), p. 353; Phys. Ztschr. 22 (1921), p. 552; Ann. d. Phys. 67 (1922), p. 127; 71 (1923), p. 72; Münchn. Ber. 1922, p. 107; Naturwissenschaften 11 (1923), p. 577.

423) *A. Kratzer,* s. die vorige Anmerkung; *M. Born* und *E. Hückel,* Phys. Ztschr. 24 (1923), p. 1.

424) *A. Kratzer,* l. c., ferner *H. A. Kramers,* Ztschr. f. Phys. 13 (1923), p. 343; *H. A. Kramers* und *W. Pauli,* Ztschr. f. Phys. 13 (1923), p. 351.

des allgemeinen Bewegungsproblems solcher Molekülmodelle dargestellt werden können, sind für zweiatomige Moleküle von *Kratzer*[425]), für beliebige mehratomige Moleküle jüngst auch von *Born* und *Heisenberg*[426]) gegeben worden.[427])

B. Quantentheorie unabgeschlossener Systeme.

17. Allgemeine Gesichtspunkte zu einer einheitlichen Anwendung der Quantentheorie. Die bisherigen Betrachtungen haben sich ausschließlich auf in Strenge *isolierte* bzw. durch äußere *makroskopische* Felder (Nr. **15b**) gestörte *Atomsysteme* bezogen. Ihre *Anwendbarkeit* scheint demgemäß zunächst die gleiche, *prinzipiell mit beliebig weitgehender Annäherung mögliche Isolierbarkeit* derartiger Gebilde von ihrer raumzeitlichen Umgebung zur Voraussetzung zu haben, wie sie die grundsätzliche *Stetigkeit*, z. B. der klassisch-physikalischen Zustandsgrößen zu rechtfertigen erlauben würde.[428]) Die Annahme einer

---

425) *A. Kratzer*, Anm. 422).

426) *M. Born* und *W. Heisenberg*, Ann. d. Phys. 74 (1924), p. 1.

427) Da die experimentelle Untersuchung des *Stark*- und *Zeeman*effektes an Bandenlinien bisher noch keinen größeren, einem quantitativen Vergleiche günstigen Umfang erreicht hat, ist der theoretischen Behandlung der durch äußere Felder *gestörten* Molekülbewegung noch wenig Mühe gewidmet worden. Die Quantelung der Bewegung eines *magnetischen Dipols im magnetischen Felde* haben mit Rücksicht auf Fragen des *Paramagnetismus F. Reiche*, Ann. d. Phys. 54 (1917), p. 401; *S. Rotszajn*, Ann. d. Phys. 57 (1918), p. 181 und *A. Smekal*, Ann. d. Phys. 57 (1918), p. 376, untersucht; sie stimmt mit jener eines *elektrischen Dipols im elektrischen Felde* überein, doch reicht die benutzte Annäherung zur Berechnung des *Stark*effektes der Bandenlinien nicht aus, welche später von *G. Hettner*, Ztschr. f. Phys. 4 (1920), p. 349, veröffentlicht worden ist. Das Verhalten elektrischer Dipole in *inhomogenen* äußeren Kraftfeldern ist von *H. Kallmann* und *F. Reiche*, Ztschr. f. Phys. 6 (1921), p. 352 untersucht worden. Die gegenseitige elektrische Beeinflussung von Dipol- und Quadrupolmolekülen hat *P. Debye* in den in Anm. 25) zitierten Arbeiten behandelt, vgl. ferner auch die ebendort genannten Untersuchungen von *J. Holtsmark* zum Problem der Spektrallinienverbreiterung.

428) Eine wenigstens *bis zu gewissen Genauigkeitsgraden* realisierungsfähige *Isolierbarkeit* ist für die gesamte theoretische Physik *makroskopischer* Systeme unerläßlich und kann in dem hierzu notwendigen Ausmaße gewiß auch als experimentell erwiesen gelten; sie ermöglicht die Feststellung bzw. definiert (vgl. Anm. 280) den Bereich der überhaupt als *gesetzmäßig* erkennbaren Erscheinungen und gestattet, jene als Konsequenzen eines *Variationsprinzipes* (vgl. Anm. 19 u. 280) darzustellen. Eine *prinzipiell vollständige Isolierbarkeit* dagegen wäre schon aus allgemeinen Erkenntnisgründen unmöglich. — Wenn die *Stetigkeit* der klassisch-physikalischen Zustandsgrößen eine mit *beliebig weitgehender* Annäherung verwirklichbare Isolierbarkeit eines beliebigen Gebildes zu folgern gestattet, so geht sie hierin ersichtlich weit über die Möglichkeit jeder direkten experimen-

allgemeinen derartigen Stetigkeit auch für die *quantentheoretischen* Zustandsgrößen (insofern solche überhaupt generell definierbar sind)[429]) *widerspräche* indessen offensichtlich den für jene isolierbaren Gebilde postulierten Eigenschaften, vor allem der *Existenz diskreter stationärer Quantenzustände* (Nr. 9, 10), sowie ihrer *Fähigkeit zur Emission scharfer Spektrallinien* (Nr. 11).[430]) Der Umstand, daß namentlich erstere Eigenschaft nach Nr. 9 auch für *makroskopische* Gebilde, nämlich für *Debye-Born-Kármán*sche *Festkörper*, als erwiesen gelten darf, scheint hierbei den sonst denkbaren Ausweg zu versperren, die Quantengesetze in ihrer Gänze als provisorische Grenzgesetze für Gebilde von bloß molekularer Größenordnung anzusehen. Legt man der Quantentheorie daher eine Auffassung zugrunde, welche wenigstens in den beiden eben erwähnten Punkten Grundzüge von *ganz allgemeiner Tragweite* erblickt, so ergibt sich, wie zuerst *Schottky* und *Smekal*[431]) betont haben, *daß eine beliebig weitgehende Isolierung sowohl molekularer als makroskopischer Gebilde von ihrer raumzeitlichen Umgebung prinzipiell unmöglich sein muß.*[432]) Daß speziell die Wechselwirkung *benachbarter*

---

tellen Kontrolle hinaus. Eine solche wird indessen sofort entbehrlich, wenn man sich auf Grund der aus der Theorie der *thermischen Schwankungserscheinungen* (Nr. 7) ableitbaren *empirischen* Aussagen über die energetischen und Impulswechselwirkungen zwischen Strahlung und beliebigen molekularen *und* makroskopischen Gebilden (Nr. 11, 12) klarmacht, daß jene klassische Folgerung tatsächlich *nicht* zu Recht bestehen kann. Siehe weiter unten im Text und Anm. 432).

429) Siehe Nr. 23, letzter Absatz, wo auf die erkenntnistheoretischen Folgerungen aus den im Texte berührten Gesichtspunkten hingewiesen wird.

430) *W. Schottky*, Naturwissenschaften 9 (1921), p. 492, 506; *A. Smekal*, Monatsh. Math. Phys. 32 (1922), p. 245.

431) Siehe Anm. 430, ferner vor allem *A. Smekal*, Wien. Anz. 1922, p. 79 (auch Naturwissenschaften 11 (1923), p. 411). Implizit findet sich eine derartige Anschauung bereits in den Untersuchungen zur Theorie der Reaktionsgeschwindigkeiten von *M. Polanyi*, Ztschr. f. Phys. 2 (1920), p. 90; 3 (1920), p. 31, doch konnte *K. F. Herzfeld*, Ztschr. f. Phys. 8 (1921), p. 132 den dort vorgelegenen Anlaß zur Einführung derartiger Vorstellungen auch auf Grund klassisch-kinetischer Annahmen aufklären. Eine teilweise Wiederaufnahme des *Polanyi*schen Standpunktes findet sich indessen später bei *J. A. Christiansen* und *H. A. Kramers*, Ztschr. f. phys. Chem. 104 (1923), p. 451, auf p. 463/464. — Von anderen, zum Teil wesentlich spezielleren Momenten ausgehend, sind ferner auch *H. Tetrode*, Ztschr. f. Phys. 10 (1922), p. 317 und *H. Skaupy*, Ztschr. f. Phys. 12 (1922), p. 184, auf Anschauungen bzw. Vermutungen gekommen, welche den im Text vertretenen Standpunkt zur Voraussetzung haben.

432) Dem in Anm. 428 Gesagten zufolge wird diese Nicht-Isolierbarkeit im allgemeinen jedoch nur innerhalb *molekularer Genauigkeitsschranken* praktisch fühlbar werden können und müssen. Allerdings wären auch beliebig große, „zufällige“ *makroskopische* Ausnahmen von diesem Verhalten denkbar und mög-

Atomsysteme in Übereinstimmung mit den experimentellen Ergebnissen über den gegenseitigen *Zusammenstoß molekularer Gebilde* (Nr. 18) und über den *lichtelektrischen Effekt* (Nr. 18b) *nicht* auf Grund der klassischen Bewegungsgesetze allein gedeutet werden kann[433]), ist daraufhin unmittelbar einleuchtend, doch ist einstweilen jeder Versuch, genauere Angaben über die tatsächlichen Gesetze jener Wechselwirkungen zu erschließen, fehlgeschlagen.[434])

Würde man indessen die Anwendung der in den vorangehenden Nummern formulierten Grundpostulate der Quantentheorie zumindest provisorisch auch auf die zwischenmolekularen Wechselwirkungen auszudehnen versuchen, so würde man die immerhin bereits qualitativ bedeutungsvolle Aussage erhalten, *daß sich freie Elektronen, Ionen, Atome und Moleküle im Felde ihrer wechselseitigen Kraftwirkungen* ebenso *in ganz bestimmten Quantenbahnen bewegen* sollten, wie dies nach Nr. 14—16 für die Elektronenbewegungen im Inneren dieser

---

lich, müßten jedoch von der gleichen Seltenheit („praktischen Unmöglichkeit") sein, wie Abweichungen ähnlicher Größenordnung vom II. Hauptsatz der makroskopischen Thermodynamik (Nr. 8).

433) Vgl. z. B. *N. Bohr,* Ztschr. f. Phys. 13 (1923), p. 117, II. Kapitel, § 5.

434) Man kann diese Lücke aus der Welt zu schaffen suchen, indem man die Möglichkeit, derartige Wechselwirkungen eingehender zu beschreiben, überhaupt leugnet und einen geeigneten *Ersatzmechanismus* benutzt, welcher wenigstens eine *formelle* Verknüpfung der bei solchen Wechselwirkungen auftretenden Energie- und Impulsbilanzen gewährleistet. Daß die Inanspruchnahme eines derartigen Bildes jedenfalls dazu nötigen müßte, *dem Energie- und Impulssatz beim elementaren Strahlungsvorgange eine bloß statistische Bedeutung zuzuschreiben,* ist von *W. Schottky* und dem Referenten gelegentlich einer (an die in Anm. 430) zitierte Veröffentlichung von *W. Schottky* anschließenden) im September 1921 stattgefundene, unpublizierte Unterredung gefolgert worden. Die Aufgabe dieses Standpunktes wurde indessen trotz weitergehender, aussichtsreicher Konsequenzen, namentlich in bezug auf die Strahlungsfragen, durch gewisse Impuls-Schwierigkeiten nahegelegt, sowie durch die gänzliche Entfernung einer derartigen Theorie von den Erfahrungstatsachen. Betrachtet man es als eigentliche Aufgabe der theoretischen Physik, *Zusammenhänge zwischen beobachtbaren Erscheinungen* aufzusuchen und möglichst quantitativ zu formulieren, so kann allen jenen Bildern, welche nur um den Preis von *experimentell grundsätzlich unkontrollierbaren Annahmen* jene Bedingungen indirekt zu erfüllen geeignet wären, wohl kaum viel mehr als bestenfalls heuristische Bedeutung zugeschrieben werden. Annahmen dieser Art scheinen auch wesentliche Grundlagen einer jüngst von *N. Bohr, H. A. Kramers* und *J. C. Slater,* Ztschr. f. Phys. 24 (1924), p. 69, vertretenen strahlungstheoretischen Deutung der Quantenvorgänge (Nr. 20) zu bilden, welche in vielen Punkten mit dem oben erwähnten unpublizierten Versuch übereinstimmt. In der vorliegenden Fassung ist diese Theorie allerdings nur auf hochverdünnte Gase anwendbar, so daß sie für das im Texte berührte Problem einstweilen keine neuen Gesichtspunkte geliefert hat.

Gebilde zutreffen soll.[435]) In der Tat scheint die experimentell sichergestellte *Richtungseinstellung der Stern-Gerlachschen Atomstrahlen im in-*

---

435) *A. Smekal,* Wien. Anz. 1922, p. 79; Naturwissenschaften 11 (1923), p. 411; Ztschr. f. Phys. 11 (1922), p. 294, § 6. Man wird indessen nicht daran vorübergehen können, festzustellen, daß es sich hier häufig um Quantenzustände handeln wird, deren „mittlere Lebensdauer" von der gleichen Größenordnung sein wird, wie einzelne Perioden der gequantelten Bewegungsvorgänge selbst, was bei isolierten Atomsystemen (Nr. **14**—**16**) nicht vorkommt, bzw. vorzukommen braucht. Wenn *Bohr* in solchen und einigen anderen Fällen (vgl. z. B. Ztschr. f. Phys. 13 (1923), p. 117, auf p. 146/147) mit besonderer Rücksichtnahme auf das Korrespondenzprinzip von einer *Grenze für die Anwendbarkeit der* in Nr. **14** entwickelten *Quantenpostulate* spricht, so möchten wir glauben, daß dies mehr hinsichtlich der Zulässigkeit gewisser beim isolierten Wasserstoffatommodell (Nr. **15**) bewährter Vereinfachungen und Vernachlässigungen (z. B. Benutzung der strahlungsfrei *und zeitunabhängig* gemachten Bewegungsgleichungen) angenommen werden brauchte, nicht aber bezüglich der *Existenz diskreter strahlungsfreier Quantenbewegungen* selbst. Jedenfalls wird es aber als zweckmäßig angesehen werden können, mit *P. Ehrenfest* und *R. C. Tolman,* Phys. Rev. 24 (1924), p. 287, die bei isolierten Atomsystemen meist auftretenden Verhältnisse als „starke" Quantelung qualitativ von den oben erwähnten Fällen mit „schwacher" Quantelung zu unterscheiden.

Ein weiterer Unterschied zwischen der Quantelung isolierter Atomsysteme und jener bei Berücksichtigung der zwischenmolekularen Wechselwirkungen liegt darin, daß bei letzteren „entartete" Bewegungen (p. 1008), welche sonst von einer *räumlich beliebigen Orientierung der Atomsysteme* herrühren könnten, im allgemeinen *nicht* auftreten werden. Wegen der willkürlichen räumlichen Lage der invariablen Ebene eines *beliebigen* isolierten Atom- und Molekülmodelles im feldfreien Raum müßten letztere sonst in der Tat *sämtlich* als „entartet" angesprochen werden; die obige Auffassung hingegen trägt automatisch der von *P. S. Epstein,* Ann. d. Phys. 51 (1916), p. 168, geäußerten Idee Rechnung, welche „entartete" Systeme als einen grundsätzlich nicht realisierten Idealfall ansieht. Daß nach Ausweis der Statistik (Nr. **24**) trotzdem im makroskopisch feldfreien Raume alle möglichen Orientierungen der Moleküle vorkommen, läßt auf einen räumlich-zeitlich *ungeordneten Charakter* der *zwischenmolekularen Wechselwirkungen* schließen, wie er auch aus den praktischen Erfolgen der *Statistik* (s. Anm. 438) notwendig gefolgert werden muß. Nach dieser Auffassung würde die *Gesamtzahl aller an einer bestimmten Raumstelle und zu einem bestimmten Zeitpunkte möglichen Orientierungen* zwar durch die *Sommerfeldsche Theorie der Richtungsquantelung* (Nr. **15b**) gegeben sein, die individuelle Orientierung des einzelnen Büschels von zugelassenen Richtungen hingegen *von Ort zu Ort verschieden und mit der Zeit im Tempo des zwischenmolekularen Wechselfeldes veränderlich sein.* Man vgl. hierzu eine ähnliche Art von „Orientierungsquantelung" der im übrigen ungeordneten Wärmebewegung, welche *Schrödinger* zur quantentheoretischen Behandlung der *Molekültranslation* (Nr. **19**) eingeführt hat, ferner einen verwandten strahlungstheoretischen Fall in Anm. 548. Einen Beleg für die Brauchbarkeit derartiger Vorstellungen liefert die *Intensitätstheorie der Mehrfachlinien* in den Serienspektren nichtwasserstoffähnlicher Atome, welche *von äußeren makroskopischen Feldern unbeeinflußt* sind. Wie namentlich *A. Sommerfeld,* Ztschr. f. techn. Phys. 6 (1925),

homogenen Magnetfelde[343]) allein auf Grund dieser Folgerung widerspruchsfrei verstanden werden zu können.[436]) Um sie rechnerisch näher verfolgen zu können, hätte man die unter dem Einfluß ihrer Wechselwirkungskräfte vor sich gehende Bewegung sämtlicher Protonen und Elektronen eines hinreichend großen[437]) Raumgebietes der

p. 2, gezeigt hat, sind die Intensitätsverhältnisse der Komplexstrukturen aus der Theorie der Richtungsquantelung *in äußeren makroskopischen Feldern* vorausberechenbar; vgl. dazu auch die grundlegenden Arbeiten der Utrechter Schule, *H. B. Dorgelo,* Ztschr. f. Phys. 22 (1924), p. 170; *H. C. Burger* und *H. B. Dorgelo,* Ztschr. f. Phys. 23 (1924), p. 258; *L. S. Ornstein* und *H. C. Burger,* Ztschr. f. Phys. 24 (1924), p. 41; 28 (1924), p. 135; 29 (1924), p. 241. Der Erfolg der Theorie auch an einem *feldfreien* Problem erscheint ohne die obige Auffassung unverständlich, falls man ohne Bezugnahme auf bestimmte *Gewichtsansätze für entartete Systeme* (Nr. 24) das Auslangen zu finden wünscht.

436) *A. Smekal,* Verhandl. Deutsch. Phys. Ges. (3) 4 (1923), p. 16, wo die Gründe angegeben sind, welche gegen die übrigen, von *A. Einstein* und *P. Ehrenfest,* Ztschr. f. Phys. 11 (1922), p. 31, sowie *N. Bohr,* Ztschr. f. Phys. 13 (1923), p. 117; Anm. 1 auf p. 149, diskutierten Deutungsmöglichkeiten des *Stern-Gerlach*schen Effektes sprechen. Eine ähnliche Bedeutung wie diesem kommt für die im Text berührte Frage auch der Einstellung von beliebigen Atomen und Molekülen in *anwachsenden homogenen äußeren Kraftfeldern* zu.

Von anderen Effekten, welche zugunsten obiger Folgerung gedeutet werden können, kommen gewisse *reaktionskinetische Einzelheiten* (vgl. Anm. 430), sowie Beobachtungen von *S. Datta,* Proc. Roy. Soc. A 101 (1922), p. 539 in Betracht, welcher die K-Hauptserie bis zum 42. Gliede in Absorption beobachtete und von deren 37. Gliede an Abweichungen von der serientheoretischen Lage der Linien fand, die auf den Einfluß der Nachbaratome zurückgeführt werden müssen, ohne daß dies wie bei der gewöhnlichen Linienverbreiterung eine Einbuße an Linienschärfe zur Folge gehabt haben konnte. Auf die Bedeutung der Erfolge der *Quantentheorie der Festkörper* wird in obigem Zusammenhange weiter unten im Texte verwiesen. Vgl. schließlich auch die quantenthermodynamischen Ergebnisse von *A. Byk* (Anm. 195), welche, soweit sie sich nicht restlos auf das Vorhandensein einer Nullpunktsenergie zurückführen lassen sollten, auch im obigen Sinne gedeutet werden können. Übrigens kann bei prinzipieller Berücksichtigung aller zwischenmolekularen Wechselwirkungen auch eine derartige Nullpunktsenergie nur im obigen Sinne verstanden werden, wie für Gase noch im Besonderen aus den Betrachtungen von Nr. 19 entnommen werden kann.

437) Während prinzipiell zwar die *ganze Welt* hierzu in Betracht gezogen werden müßte, genügt innerhalb atomar homogener Bereiche, sowie bei normalen Druck- und Temperaturverhältnissen jedenfalls bereits die näherungsweise Betrachtung von Raumteilen submikroskopischer Abmessungen. Zur Beurteilung des auf diese Weise erzielbaren Annäherungsgrades kann man sich etwa *zwei* derartige Bereiche, einmal voneinander getrennt, das andere Mal miteinander vereinigt, untersucht denken; man vgl. hierzu eine analoge, speziell für *Debye*sche Festkörpereigenschwingungen, jedoch zu ganz anderem Zwecke durchgeführte Betrachtung bei *M. Born,* Phys. Ztschr. 15 (1914), p. 185. — Besonderheiten treten bloß an den *Grenzflächen kondensierter Phasen,* ferner bei *extrem niederen Drucken und Temperaturen* (z. B. *Supraleitung*) auf.

Welt als *einheitliches Quantenproblem*[438]) aufzufassen und deren stationäre Zustände auf Grund der allgemeinen, in Nr. **16** entwickelten Methoden zu ermitteln.[439]) Der in Nr. **16** hervorgehobene, bisherige *quantitative,* vielleicht aber auch *prinzipielle Mißerfolg* dieser Methoden lehrt indessen die gegenwärtige Aussichtslosigkeit eines derartigen Beginnens. Nur im Falle der *Kristallgittertheorie der Festkörper* (Nr. **6b, 9** und V 25, *M. Born*) ist dieses Verfahren, übrigens bereits seit langem und mit quantitativ ganz besonders erfolgreichen Ergebnissen durchführbar gewesen; hier ist es aber einstweilen unumgänglich, *die Gitterionen durch näherungsweise statische Gebilde zu idealisieren.*[440])

---

438) Dieser Umstand hat zur Folge, daß z. B. die Betrachtungen der *Quantenstatistik* (Nr. **1**—**12**) *nur* innerhalb der in Anm. 428 gekennzeichneten Genauigkeitsschranken zulässig (vgl. dazu etwa p. 974/975, vor Anm. 228, sowie diese Anm. selbst), außerhalb dieser hingegen *prinzipiell unzulässig* sind, im Gegensatz zu jenen der *klassischen Statistik,* welche bei geeignet gewählten äußeren Bedingungen stets mit beliebig weitgehender Genauigkeit anwendungsfähig bleiben. Vgl. *A. Smekal,* Monatsh. Math. Phys. 32 (1922), p. 245, § 3. Bezüglich der bei Berücksichtigung der zwischenmolekularen Wechselwirkungen anzuwendenden Methodik vgl. man z. B. die Behandlung des Problems der Elektronenleitfähigkeit bei *E. Kretschmann,* Ann. d. Phys. 74 (1924), p. 189, 405, oder von einem ganz anderen Gesichtspunkt aus *A. Smekal,* Ztschr. f. Phys. 33 (1925), p. 613.

439) Eine wörtliche Durchführung dieses Programmes würde u. a. auch eine *Quantentheorie des Atomkernbaues* notwendig machen, für welche neben theoretischen Ansätzen auch bereits experimentell bedeutsame Ergebnisse vorliegen. Bezüglich des Nachweises der Gültigkeit des *Kombinationsprinzipes* an der *Kerngammastrahlung* vgl. man die in Anm. 227 hierzu erwähnte Literatur; die daraus zu folgernde *Existenz diskreter stationärer Zustände in den Atomkernen* wird von den in Anm. 261) zitierten Arbeiten von *W. Lenz* und *A. Smekal* bereits vorausgesetzt und zusammen mit den experimentellen Daten über die Raumbeanspruchung der Atomkerne dazu benutzt, die *Giltigkeitsgrenzen des Coulombschen Gesetzes im Atominneren* abzuschätzen. Zur *quantentheoretischen Deutung der radioaktiven Zerfallsvorgänge* vgl. man die in Anm. 218 genannten Arbeiten von *A. Smekal* und *S. Rosseland,* von welchen die des ersteren auch auf die grundsätzlich quantenmäßige Wechselwirkung zwischen Kernbau und Elektronenhülle hinweisen. Die Frage nach dem Einfluß einer *statischen Anisotropie des Kernkraftfeldes* auf die Elektronenhülle und deren optische Spektren hat *L. Silberstein,* Phil. Mag. 39 (1920), p. 46, nach *P. S. Epstein,* Phys. Ber. 1 (1920), p. 648, freilich in unzureichender Weise behandelt. Bezüglich der quantentheoretischen Deutung der experimentell sichergestellten geringfügigen Abweichungen der Spektren *isotoper* Elemente voneinander vgl. man *P. Ehrenfest* und *N. Bohr,* Nature 109 (1922), p. 745, über die mögliche Bedeutung des Kernaufbaues für das *Abbrechen des periodischen Systems der Elemente mit dem Uran S. Rosseland,* Nature 111 (1923), p. 357.

440) Mit Rücksicht auf den fehlenden Anteil hypothetischer „freier" Elektronen an der spezifischen Wärme der Elektronenleiter wird deren Leitfähigkeit

Ähnliche Beschränkungen, jedoch zusammen mit noch wesentlich weitgehenderen Vereinfachungen haben sich in der *Quantenkinetik* (Nr. **18**), sowie bei allen Versuchen zu einer wenigstens qualitativen *quantentheoretischen Behandlung der Molekültranslation* (Nr. 19) als notwendig erwiesen — Fragen, welche demgemäß in direktem Anschluß an den Gegenstand der vorliegenden Nummer zur Darstellung gelangen sollen.

Sucht man den im Vorstehenden angedeuteten Versuch einer Anwendung des *Postulates von der Existenz stationärer Quantenzustände* (bzw. *Quantenbewegungen*) auf die zwischenmolekularen Wechselwirkungen nun auch noch durch die Benutzung von (115a) als *Bohrsche Frequenzbedingung* nach der Seite der Strahlungsfragen hin zu ergänzen[441]), so begegnet man gewissen prinzipiellen, einstweilen noch unüberwundenen Schwierigkeiten, welche mit der endlichen Ausbreitungsgeschwindigkeit des Lichtes zusammenhängen und die Abgrenzung bzw. überhaupt die Endlichkeit jener räumlichen Bereiche betreffen, deren materieller Inhalt an einem einzelnen elementaren Strahlungsvorgange grundsätzlich teilnimmt.[433]) Diese Schwierigkeiten scheinen indessen in vielen Fällen (Nr. 18) wenigstens *praktisch* bedeutungslos zu sein für die Anwendung des *Energie-* und *Impulssatzes,* welche nach dem gegenwärtigen Stande der Strahlungsfragen in der Quantentheorie zufolge (115) und (116) hier vor allem in Betracht zu kommen hat. Die Anwendung dieser Frequenzgesetze ergibt allgemein, daß die Lichtemission eines beliebigen atomaren Gebildes wenigstens prinzipiell von dessen Wechselwirkung mit seiner Umgebung abhängig sein muß[442]), wodurch unmittelbar verständlich wird, daß alle Spektral-

---

zweifelsohne durch *relativ stark gebundene* Valenzelektronen bewerkstelligt werden müssen (Nr. **19**), deren Bahnen grundsätzlich nicht mehr auf die Wirkungssphäre einzelner Gitteratome bzw. -Ionen beschränkt sind. (Die Bahnen könnten etwa „Tauchbahnen" (vgl. Anm. 409) sein, bei welchen das Wieder„eintauchen" jedoch stets in die Elektronenhülle eines beliebigen *Nachbar*atoms erfolgt.) Diese insbesondere für die Deutung der *Supraleitung* wohl unerläßliche Annahme widerspricht jedoch der oben im Texte hervorgehobenen Beschränkung auf statische Gitterbausteine, was es bisher unmöglich gemacht hat, eine befriedigende Theorie der Temperaturabhängigkeit der elektronischen Leitfähigkeit aufzustellen.

441) Die prinzipielle Bedeutung der Strahlungsfragen und der nach Nr. **11** (unabhängig von den in Anm. 438) zur Quantenstatistik gemachten Bemerkungen) als *statistisch* anzusehende Charakter der elementaren Strahlungsvorgänge bewahrt jenen Versuch davor, auf die tatsächliche Statuierung einer „prästabilierten Harmonie" hinauszulaufen, wie sie, sonst allerdings mit viel geringerer Tragweite, jedem *klassisch-stetigen* Weltbilde zugrundegelegt werden muß.

442) Wenn es möglich sein sollte, die *Lorentz-Ritz*sche Auffassung der *Maxwell*schen Elektrodynamik, *welche den der Materie gegenübergestellten Begriff des Strahlungsfeldes völlig entbehrlich macht,* auf die Quantentheorie auszudehnen,

linien, auch vom Dopplereffekt abgesehen, eine *endliche Breite* haben müssen[443]), deren untere Grenze, ihre „wahre" Breite, somit ebenfalls durch jene Wechselwirkungen bedingt sein muß.[444]) Die vorausgesetzte Anwendbarkeit der jeweils nur eine einzige, „scharfe" Frequenz liefernden *Bohr*schen Frequenzbedingung wird dabei zur Folge haben, daß jene experimentell scheinbar *kontinuierlich*[445]) erfüllte Spektrallinienbreite in Wahrheit nur eine beliebig *dichte Zusammendrängung einzelner „scharfer" Spektralfrequenzen* darstellen kann[446]), wie auch *die*

---

so wäre damit, wie bereits in Anm. 216) angedeutet, das Eingehen der *Strahlungsdichte* in die *Einstein*schen Ansätze (107a'), (107b') bzw. (107a), (107b) unmittelbar verständlich gemacht. Wie man leicht sieht, muß aber im Falle einer prinzipiellen Berücksichtigung der zwischenmolekularen Wechselwirkungen auch die *Einstein*sche „Übergangswahrscheinlichkeit" (106) für spontane Strahlungsemission von den „Feldgrößen" abhängig werden. Daß sie es in Nr. 11 nicht zu sein braucht, hängt mit der grundsätzlich unvermeidbaren Vernachlässigung der zwischenmolekularen Wechselwirkungen bei molekular-statistischen Betrachtungen (Anm. 438) zusammen, wie sie an jener Stelle vorliegen und worauf auch p. 974/975 bereits hingewiesen worden ist. (Siehe auch Anm. 228.)

443) Bezüglich des *Dopplereffektes* vgl. man die Bemerkungen im Anschluß an (115) und Nr. 20; ferner zur Verbreiterung der Spektrallinien durch *Starkeffekt* in benachbarten Molekularfeldern Anm. 333), 375). *Magnetische* Molekularfelder als Verbreiterungsursache scheinen bisher noch nicht diskutiert worden zu sein, kommen aber praktisch aus quantitativen Gründen wohl meist nicht in Betracht.

444) Vgl. dazu Anm. 323). — Zur *klassischen* Theorie der Spektrallinienbreite vgl. man Lord *Rayleigh*, Phil. Mag. 29 (1915), p. 274; *H. A. Lorentz*, Proc. Acad. Amsterdam 18 (1915), p. 134; zu deren *quantentheoretischer* Behandlung: *A. Sommerfeld* und *W. Heisenberg*, Ztschr. f. Phys. 10 (1922), p. 393; *G. Green*, Phys. Rev. April 1923; *G. Breit*, Proc. Nat. Acad. Amer. 9 (1923), p. 244; ferner die in Anm. 323) eingehender gewürdigten Ansichten von *Bohr*.

445) Siehe Anm. 211).

446) Dieser Folgerung liegt offensichtlich noch die stillschweigende Voraussetzung zugrunde, daß die Lichtemission eines Atoms in einem *zeitlich veränderlichen, inhomogenen* Molekularfelde ausschließlich durch den *Momentanwert des Feldes* beeinflußt wird und daher mit der Lichtemission eines in einem *zeitlich konstanten, homogenen* äußeren Felde von entsprechender Stärke befindlichen Atoms übereinstimmt. *Daß die Lichtemission rasch bewegter Atome durch inhomogene, makroskopische Felder in jedem Feldpunkte genau so modifiziert wird, wie die Lichtemission daselbst ruhender Atome*, ist durch Versuche von *J. Stark*, Ann. d. Phys. 43 (1914), p. 965, 991; 48 (1915), p. 193; sowie *H. Rausch v. Traubenberg*, Vortrag auf der Naturf.-Versamml. Innsbruck 1924, auch Phys. Ztschr. 25 (1924), p. 607, experimentell festgestellt worden und kann für nicht allzu rasch veränderliche Molekularfelder zur Rechtfertigung obiger Annahme herangezogen werden. Was die quantentheoretische Deutung der genannten Erscheinung anbetrifft, so muß sie sich vor allem auf die aus den Ergebnissen der *Statistik* (Nr. 9) zu ziehende Folgerung stützen, *daß die einzelnen elementaren Strahlungsvorgänge von vernachlässigbar kurzer Zeitdauer sein müssen* [vgl. Anm. 192), 191),

kontinuierlichen Spektren der Atomsysteme (Nr. **18b**) gleich dem *kontinuierlichen Spektrum der Wärmestrahlung* (Nr. **18b, 19**) grundsätzlich nur als hinreichend dichte Aufeinanderfolgen solcher Frequenzen angesehen werden dürften. Zieht man die Möglichkeit in Betracht, daß der von einem Atom emittierte, *individuelle* Betrag $h\nu$ an Strahlungsenergie von einem entfernten Atom absorbiert werden kann, so folgt aus der in dieser Nummer provisorisch vertretenen Anwendung der Quantenpostulate auf die zwischen-molekularen Wechselwirkungen, daß das emittierende und das absorbierende Atom *prinzipiell als miteinander gekoppelt* angesehen werden müssen, was für die *Quantentheorie der Dispersion* (Nr. **21**) von Bedeutung zu sein scheint.[447])

18. Quantenkinetik. Wenn man die Wohldefiniertheit der Atome und Moleküle (Nr. **13**) bei der Betätigung der meisten ihrer physikalischen und chemischen Eigenschaften, insbesondere im Gaszustande, als Ausdruck dafür auffaßt, daß ihren gegenseitigen Wechselwirkungen in vielen Fällen, vor allem energetisch, eine nur höchst untergeordnete Bedeutung zukommt, so wird man von den letzteren nicht nur absehen können bei der Beurteilung der *spektralen Eigenschaften von isolierten Atomsystemen* (Nr. **14—16**)[448]), sondern auch bei der Frage nach den Folgen der Wechselwirkung von nur ganz *wenigen* derartigen Gebilden. Wenn jene Wechselwirkung *nach* vorübergehender gegenseitiger Annäherung praktisch wieder belanglos geworden ist, *werden sich die beteiligten Gebilde*, deren Anzahl sich unterdessen durch Zerfall, Ionisation, Dissoziation oder Wiedervereinigung geändert haben mag, dann ebenso wie *vor* ihrer Begegnung, *in ganz bestimmten*

---

560), 579)], wie es auch von der *Lichtquantentheorie* (Nr. **20**) gefordert zu werden scheint. Eine andere Deutung des erwähnten Effektes, welche den oben verfolgten Gedankengängen jedoch völlig fernliegt, entwickeln *Bohr*, *Kramers* und *Slater* in ihrer in Anm. 434) erwähnten Veröffentlichung.

447) *A. Smekal*, Wien. Anz. 1922, p. 79; *G. Wentzel*, Ztschr. f. Phys. 22 (1924), p. 193. — Einer ähnlichen Vorstellung scheint sich anfangs auch *Slater* bedient zu haben, vgl. *J. C. Slater*, Nature 113 (1924), p. 307, sowie *N. Bohr, H. A. Kramers* und *J. C. Slater*, Ztschr. f. Phys. 24 (1924), p. 69, auf p. 70.

448) Die Frage, inwieweit etwa jene Wechselwirkungen grundsätzlich für die *Stabilität* verschiedener Atomsysteme maßgebend oder mitbestimmend sein könnten, wird damit naturgemäß jeder Beantwortungsmöglichkeit entzogen. Daß dieser Frage in Verbindung mit jener nach der Konstitution des festen und flüssigen Aggregatzustandes eine erhebliche, bislang noch wenig gewürdigte Bedeutung zukommt, scheint unzweifelhaft. Hingegen dürften nach den bisher bekannten experimentellen Tatsachen die Wechselwirkungen zwischen Elektronenhülle und Atomkernen für die Stabilität der letzteren von untergeordneter Bedeutung sein (vgl. indessen letztes Zitat von Anm. 439).

stationären Zuständen befinden müssen[449]), gleich dauernd isolierten Atomsystemen. Hat jene Wechselwirkung („*Zusammenstoß*") eine *bleibende Veränderung* der beteiligten Gebilde zur Folge gehabt, so ist diese nach Nr. **14** nur dann auf *klassischem* Wege berechenbar, wenn der ganze Vorgang im Sinne des *Ehrenfestschen Adiabatenprinzips* als *umkehrbar, unendlich langsam* angesehen werden kann; die bisher vorliegenden Erfahrungen haben indessen gezeigt, daß den wirklichen Vorgängen im allgemeinen *keine* diesem Grenzfalle eigentümlichen Bedingungen zukommen.[450]) Eine Ausnahme hiervon bilden bloß jene Stoßvorgänge, bei welchen die beteiligten Atomsysteme sich vor und nach ihrer Wechselwirkung in stationären Zuständen mit *hohen* Quantenzahlen befinden; hier wird man jedenfalls hinsichtlich aller *beobachtbaren Mittelwerte* auf Grund von Überlegungen, ähnlich jenen von Nr. **14**, eine weitgehende Annäherung an die von der *kinetischen Gastheorie* gelieferten *klassischen* Ergebnisse erwarten dürfen.[451]) Für die Möglichkeit einer künftigen, genaueren *quantentheoretischen Beschreibung von Stoßvorgängen* muß man es mit *Bohr* jedenfalls als bedeutsam ansehen, daß die quantentheoretischen Gesetze der Festlegung stationärer Zustände für *isolierte* Systeme (Nr. **14**), sowie der Überführung solcher Zustände ineinander (Nr. **11**), den für klassische Gesetze charakteristischen Forderungen der Relativität der Bezugssysteme und der Umkehrbarkeit der Prozesse genügen — Eigenschaften, welche auch für eine Durchführung des in der vorangehenden Nummer geschilderten allgemeinen Programmes von prinzipieller Bedeutung sind. Da die Ermittlung jener Quanten-

---

449) *N. Bohr* [1], Abhandlung I, p. 19.

450) Dies hat sich sowohl bei der Frage nach der Möglichkeit einer „*adiabatischen*" *Bildung von Wasserstoffmolekülen aus Bohrschen Wasserstoffatomen* herausgestellt, welche *Born* und *Nordheim* (s. Anm. 418) unter 5.) diskutiert haben, wie bei der *Anlagerung von Elektronen an bereits eine Elektronenhülle besitzende Atomionen.* Der letztere Punkt ist von prinzipieller Tragweite für die *halbempirische Quantentheorie des Atombaues von Bohr* (Anm. 400); wenn *Bohr* und *Landé* (Anm. 406) hier von einem unerwarteten „Versagen der Mechanik" (Anm. 292) sprechen, so ist dies insofern nicht vollständig berechtigt, als die Brauchbarkeit der strahlungsfrei gemachten, klassisch-elektrodynamischen Bewegungsgleichungen für diesen Fall nach Anm. 270) von vornherein überhaupt gar nicht erwartet werden kann.

451) Vgl. hierzu und zu Folgerungen, welche hieraus auch für den Fall *niedriger* Quantenzahlen versuchsweise extrapoliert werden können, *W. Pauli,* Ann. d. Phys. 68 (1922), p. 177, § 3, ferner *N. Bohr,* Ztschr. f. Physik. 13 (1923), p. 117, II. Kapitel, § 4 und insbesondere Anm. 1) auf p. 130.

Daß obige Vorstellungen erfolgreich sind, hat *S. Rosseland,* Phil. Mag. 45 (1923), p. 164 gezeigt.

gesetze aber noch aussteht, ist es einstweilen bloß möglich, die Stoßvorgänge durch *bilanzmäßige Anwendung des Energie-, Impuls- und Drehimpulssatzes* auf die beteiligten Atomsysteme vor und nach dem Stoße näher zu kennzeichnen. Wir beschränken uns hierbei auf den Fall *zweier* zusammenstoßender Gebilde, da Dreier- und Mehrfachstöße im allgemeinen nur in der *Theorie der Reaktionsgeschwindigkeit* von wesentlicher Bedeutung sind[452]), welche jedoch außerhalb des vorliegenden Berichtes gelegen ist[453]); im Anschluß an die allgemeinen Ausführungen der vorangehenden Nummer erscheint es jedenfalls unerläßlich, *die Translation der beiden Gebilde für hinreichende Entfernungen von der Zusammenstoßstelle als strahlungsfreie Quantenbewegungen aufzufassen.* Zumindest insofern die zu betrachtenden Stoßvorgänge durch das Eintreten von Änderungen der stationären Quantenzustände der beteiligten Gebilde oder durch Strahlungsvorgänge gekennzeichnet sind, muß ihr tatsächliches Zustandekommen ebenso wie jenes der zu ihnen *inversen* Vorgänge *als von gewissen „Übergangswahrscheinlichkeiten" abhängig* angesehen werden; diese *Annahme* entspricht den diesbezüglichen allgemeinen Ansätzen (18), (18a) der *Statistik* und stellt zugleich eine rationelle Verallgemeinerung der für beliebige *Quantenübergänge isolierter Atomsysteme* in Nr. **11** und **12** erforderlich gewesenen Ansätze (106), (107a), (107b) dar, welche für eine *vollständige* Behandlung des *thermodynamisch-statistischen Gleichgewichts zwischen Strahlung und Materie* (Nr. **26b, 26c**) unerläßlich erscheint.

18a. Strahlungslose Zusammenstöße und Quantenübergänge. Denkt man sich die Bewegung auf den gemeinsamen Schwerpunkt der zusammenstoßenden Gebilde mit den Massen M_1 und M_2 bezogen, so beträgt deren *kinetische Energie vor dem Zusammentreffen* $\frac{1}{2}\mu v^2$, wo

$$\mu = \frac{M_1 \cdot M_2}{M_1 + M_2} \tag{174}$$

ist und die anfängliche Relativgeschwindigkeit v nach Nr. **3** und **19** als zumindest *praktisch stetig veränderlich* angesehen werden darf. *Die beim Zusammenstoß gegebenenfalls zum Umsatz gelangende Translationsenergie kann daher ebenso wie der Linearimpuls des gemeinsamen Schwerpunktes beliebige Werte annehmen.* Im Gegensatz hierzu würde es naheliegen, *für den gemeinsamen Drehimpuls* der beiden Gebilde auf Grund von (148'), (149) und (134) *bloß die diskreten Werte* $0, \frac{h}{2\pi}, \frac{2h}{2\pi}, \frac{3h}{2\pi}, \ldots$

---

452) Siehe etwa *K. F. Herzfeld*, Ztschr. f. Phys. 8 (1921), p. 132; *J. A. Christiansen* und *H. A. Kramers*, Ztschr. f. phys. Chem. 104 (1923). p. 451.

453) Vgl. V 11 (*K. F. Herzfeld*), Nr. **6, 9.**

zu erwarten.[454]) Man überzeugt sich jedoch leicht, daß eine derartige Bedingung bei nachträglicher Berücksichtigung der Wechselwirkungen mit benachbarten Atomsystemen in vielen Fällen wesentlich *abgeändert, wenn nicht vollkommen umgestoßen werden müßte,* so daß man ihr Versagen im allgemeinen auch bei anfänglichen Relativgeschwindigkeiten der stoßenden Gebilde, welche jene der umgebenden Gasmoleküle um Bedeutendes übertreffen, zu gewärtigen haben wird.[455])

Wenn die innere Energie jedes der beiden zusammenstoßenden Gebilde vor und nach dem Zusammentreffen dieselbe ist, erleiden jene bloß Änderungen hinsichtlich ihrer Translationsenergie und Geschwindigkeitsrichtung; im Gegensatz zu den hierfür in der *kinetischen Gastheorie* benutzten schematisierenden *mechanischen Voraussetzungen*[456]) muß jeder Versuch einer rechnerischen Verfolgung solcher Vorgänge an *realen* Atomsystemen auf die *individuelle* Natur derartiger Gebilde (Nr. **13**) und die zwischen ihnen wirksamen *elektrischen* Kräfte Rücksicht nehmen. Wie *Debye*[457]) indessen für neutrale *Rutherford-Bohr*sche Atom- und Molekülmodelle *allgemein* zeigen konnte, werden bei beginnender gegenseitiger Annäherung stets *anziehende Kräfte* geweckt, welche erst von einer individuellen Minimaldistanz an in *abstoßende* Kräfte umschlagen. Ist einer der Stoßteilnehmer ein *Elektron* ($M_1 = m$), so kann das getroffene Atom oder Molekül wegen seiner verhältnis-

454) *P. S. Epstein,* Proc. Acad. Amsterdam 23 (1922), p. 1193, ferner auch *P. M. S. Blackett,* Proc. Cambr. Phil. Soc. 22 (1924), p. 56, wo ein derartiger Ansatz insbesondere auf die Anregung von Spektrallinien angewendet wird. — In einer früheren Arbeit, Ann. d. Phys. 50 (1916), p. 815, hat *Epstein* eine (inzwischen fallen gelassene) *vollständige* Quantelung der von ihm allein behandelten *relativistischen Hyperbelbewegung* vorgeschlagen, welche obige Drehimpulsvorschrift bereits in sich geschlossen hatte.

455) Dies trifft in der Tat zu für den von *Epstein* (Anm. 454) betrachteten Spezialfall der Erzeugung von „H-Strahlen" durch α-Strahlstoß in (molekularem) Wasserstoffgas, wo die vernachlässigten Wechselwirkungen des einen stoßenden Teilchens (H-Kern) mit seiner Umgebung jedenfalls ganz erhebliche sind; vgl. *A. Smekal,* Phys. Ber. 3 (1922), p. 1112.

Von obiger Formulierung wohl zu unterscheiden wäre hingegen die weit eher in Betracht zu ziehende Annahme, *daß sich ein anfänglich beliebiger Drehimpuls als Folge des Zusammenstoßes nur um ganzzahlige Vielfache von* $\frac{h}{2\pi}$ *ändern könnte.*

456) V 8 (*L. Boltzmann* und *J. Nabl*). Eine Ausnahme von obiger Behauptung bilden nur Zusammenstöße von praktisch als hinreichend *punktförmig* anzusehenden Gebilden, wie z. B. die Erzeugung von H-Strahlen in Wasserstoffgas durch α-Strahlstoß, an welchen dann zugleich die eindrucksvollsten Bestätigungen für die Gültigkeit des Energie- und Linearimpuls-Satzes in der Quantenkinetik erbracht werden können. Vgl. *E. Rutherford,* Phil. Mag. 37 (1919), p. 538.

457) Siehe Anm. 25).

mäßig ungeheuren Masse (M_2) als *praktisch ruhend* angesehen werden; dann ist nach (174) $\mu = m$, also die Stoßenergie $\frac{1}{2}mv^2$, oder in Volt V gemessen, $e \cdot V$, und das Elektron wird von dem Atom praktisch ohne Energieverlust, jedoch mit *Richtungsänderung* „elastisch" reflektiert. Für hinreichend große Geschwindigkeiten folgt hieraus die *Zerstreuung von Kathoden- und β-Strahlen beim Durchgang durch die Materie*, deren quantitative Verfolgung unter Zugrundelegung *Coulombscher Wechselwirkungskräfte mit den verschiedenen Atombestandteilen*, gleich jener der *α-Strahlstreuung*, die in Nr. **13** bereits vorweggenommenen *experimentellen Grundlagen des Atombaues* geliefert haben.[458]) Die von *Ramsauer* entdeckte[458a]) *experimentelle* Tatsache, daß *sehr langsame Elektronen* in großer Anzahl anscheinend *strahlungsfrei und ohne merkliche Richtungsänderung Atome zu durchdringen vermögen*, hat mehrfach quantentheoretische Deutungsversuche veranlaßt, welche auch wieder genötigt waren, auf die allgemeine elektrische Struktur solcher Gebilde Bedacht zu nehmen[459]), ohne jedoch bisher zu allseitig befriedigenden Ergebnissen gelangen zu können.[460])

Wird durch den Zusammenstoß zweier Atomsysteme bewirkt, *daß eines von ihnen hierbei aus dem Quantenzustande n' in den Quantenzustand n'' übergeht*, so muß für die Translationsenergie vor bzw. nach dem Stoß, je nachdem, ob $E_{n''}$ größer oder kleiner als $E_{n'}$ ist,

$$(175) \qquad \frac{1}{2}\mu v^2 \geqq E_{n''} - E_{n'} \qquad (n', n'' \text{ beliebig})$$

sein; wenn $E_{n'} < E_{n''}$, spricht man von strahlungslosen *Stößen 1. Art*, wenn $E_{n'} > E_{n''}$, von strahlungslosen *Stößen 2. Art.* Für *Elektronen-*

458) Siehe Anm. 252), ferner insbesondere *G. Wentzel*, Ann. d. Phys. 69 (1922), p. 335; 70 (1923), p. 561. — Der Hauptgrund, warum die Theorien der α- und β-Strahlzerstreuung gerade in der *Quanten*kinetik mitangeführt werden müssen, liegt in der vorausgesetzten und durch den damit erzielten Erfolg gerechtfertigten *Strahlungslosigkeit* der betreffenden Elementarvorgänge.

458a) *C. Ramsauer*, Ann. d. Phys. 64 (1921), p. 513; 66 (1921), p. 546; 72 (1923), p. 345; *H. F. Mayer*, Ann. d. Phys. 64 (1921), p. 451.

459) Bezüglich der allgemeinen Bahneigenschaften eines Elektrons mit hyperbolischer Anfangsgeschwindigkeit im Felde einer positiven Punktladung vgl. man die in Anm. 252) angegebene Literatur, für die Bewegung im Felde von Dipol- oder Quadrupolmolekülen hingegen: *D. Wrinch*, Phil. Mag. 43 (1922), p. 993; *G. Greenhill*, Phil. Mag. 46 (1923), p. 364; *F. Zwicky*, Phys. Ztschr. 24 (1923), p. 171.

460) *F. Hund* (nach einem Gedanken von *J. Franck*), Ztschr. f. Phys. 13 (1923), p. 241; *F. Zwicky*, Phys. Ztschr. 24 (1923), p. 171. Zur Kritik der Ergebnisse, ferner zu den experimentellen Tatsachen vgl. man den zusammenfassenden Bericht von *R. Minkowski* und *H. Sponer*, Ergebnisse der exakten Naturwiss. 3 (1924), p. 67, zu der Untersuchung von *Hund* ferner *G. Wentzel*, Ztschr. f. Phys. 25 (1923), p. 172; *E. Rüchardt*, Ztschr. f. Phys. 25 (1923), p. 164.

stöße 1. Art ist (175) zuerst von *Franck* und *Hertz* bei der Deutung ihrer Versuche über die *Anregung von Spektrallinien durch Elektronenstoß* verwendet und bewahrheitet worden[461]), für die *Anregung durch Atom-, Molekül- oder Ionenstöße* hingegen haben *Joos* und *Kulenkampff* (175) erst jüngt eingehender diskutiert.[462]) Die notwendige Existenz der Stöße 2. Art ist auf Grund von Betrachtungen über die *Erhaltung des statistisch-thermodynamischen Gleichgewichtes gegenüber den Stößen 1. Art* (Nr. **26a**) für *Elektronen*stöße zuerst von *Klein* und *Rosseland,* für *Molekül*stöße von *Franck* ausgesprochen[463]), von *Franck* und seinen Mitarbeitern auch experimentell erwiesen und verwertet worden.[464])

Wird die kinetische Energie der stoßenden Gebilde so weit gesteigert, daß sie die *Ionisierungsarbeit* für irgendeine Elektronengruppe eines derselben (z. B. *K-*, *L-*, *M-*, ... Valenzelektronen) übertrifft,

$$(176) \qquad \tfrac{1}{2}\mu v^2 \geqq E_1 \qquad (\text{bzw. } E_K, E_L, \ldots),$$

so wird das betreffende Gebilde nach dem Stoße in *ein* (*Atom-* oder *Molekül-*)*Ion und ein freies Elektron* zerlegt sein können, während das andere Gebilde im allgemeinen[465]) unverändert bleibt; wird bei *Molekül*stößen die *Dissoziationsenergie* eines der Stoßteilnehmer von der verfügbaren Translationsenergie übertroffen, so kann der Zusammenstoß auch die Bildung *mehrerer Atom-* (bzw. Molekül-)*Ionen* zur Folge

461) Siehe die in Anm. 200) genannte Literatur, ferner die an der gleichen Stelle im Text hervorgehobene Tragweite jener Untersuchungen für die Quantentheorie des Atombaues.

462) *G. Joos* und *H. Kulenkampff,* Phys. Ztschr. 25 (1924), p. 257. Vgl. inzwischen auch *J. Franck,* Ztschr. f. Phys. 25 (1924), p. 312.

463) *O. Klein* und *S. Rosseland,* Ztschr. f. Phys. 4 (1921), p 46; *J. Franck,* Ztschr. f. Phys. 9 (1922), p. 259. Überlegungen, welche im wesentlichen auf die Mitwirkung von Stößen 1. *und* 2. Art mit hinauslaufen, sind jedoch bereits früher von *M. Polanyi,* Ztschr. f. Phys. 3 (1920), p. 31 benutzt und Ztschr. f. Phys. 2 (1920), p. 90 sogar zur Aufstellung einer *Theorie der Reaktionsgeschwindigkeiten* herangezogen worden; hier muß auch noch damit gerechnet werden, daß *angeregte* Stoßteilnehmer ihre Energie beim Stoße strahlungslos einbüßen und daß diese Anregungsenergie *zugleich* mit der verfügbaren Translationsenergie Anregung bzw. Ionisation und Dissoziation (s. im Text weiter unten) bei anderen Stoßteilnehmern bewirkt.

464) *J. Franck,* Ztschr. f. Phys. 9 (1922), p. 259; *G. Cario,* Ztschr. f. Phys. 10 (1922), p. 185; *G. Cario* und *J. Franck,* Ztschr. f. Phys. 11 (1922), p. 161; *V. v. Keußler,* Ztschr. f. Phys. 14 (1923), p. 19; *G. Cario* und *J. Franck,* Ztschr. f. Phys. 17 (1923), p. 202. Vgl. ferner etwa noch *H. Kautsky* und *H. Zocher,* Ztschr. f. Phys. 9 (1922), p. 267; *F. Haber* und *W. Zisch,* Ztschr. f. Phys. 9 (1922), p. 302, sowie den zusammenfassenden Bericht von *J. Franck,* Ergeb. d. exakten Naturwiss. 2 (1923), p. 106.

465) Vgl. jedoch die Bemerkung zu *Polanyis* Theorie der Reaktionsgeschwindigkciten in Anm. 463).

haben. Alle diese Vorgänge sind tatsächlich beobachtbar[466]) und entsprechen gewissermaßen den vorgenannten Stößen 1. Art; mit Rücksicht auf die Rolle derartiger Vorgänge bei *Wärmegleichgewicht* (Nr. **26 b**) schließt man[467]) wiederum auch auf das notwendige Vorkommen der zu ihnen *inversen* Vorgänge, welche den Stößen 2. Art analog werden und das Zusammentreffen von mindestens *drei* verschiedenen Gebilden zur Voraussetzung haben, von welchen zwei nach dem Stoße miteinander vereinigt sein müssen.[468])

Wenn das Zusammentreffen zweier Atomsysteme schließlich zu einer *strahlungslos erfolgenden Vereinigung* führen soll, so überzeugt man sich leicht, daß dies, wenn überhaupt, so *praktisch nur bei ganz bestimmten Werten ihrer kinetischen Relativenergie* möglich sein kann, da das aus dem Zusammenstoß hervorgehende einheitliche Gebilde sich in einem *bestimmten stationären Quantenzustand mit zugehörigem diskreten Energiewert* befinden muß. Während die Vereinigung zweier Atome zu einem Molekül ohne Mitwirkung eines dritten Stoßteilnehmers auch dann keine besondere Tragweite für wirkliche Reaktionsvorgänge zu besitzen scheint, wenn erstere sich in angeregten Zuständen befinden[468]), ist die *strahlungslose Bindung freier Elektronen durch Atomionen oder angeregte Atome* zumindest von großer prinzipieller Bedeutung. Da der dazu *inverse* Vorgang der Ausführung eines *strahlungslosen Quantenüberganges durch ein isoliertes Atomsystem unter Aussendung eines Elektronen„strahls"* entspricht, sieht man unmittelbar ein, daß solche Vorgänge nur an zumindest in ihren *inneren* Elektronengruppen *angeregten Atomen* vor sich gehen können. Tatsächlich liegen auch bereits Beobachtungen von *Rutherford* und *Robinson*, sowie *M. de Broglie* vor[469]), welche von *Rosseland* als strahlungslose Quantenübergänge der eben erwähnten Beschaffenheit aufgefaßt worden sind[470]), nachdem die *radioaktive Korpuskularemission* bereits

466) Für die gewöhnliche Ionisation und Dissoziation vgl. man die in Anm. 200) und 462) genannte Literatur, sowie etwa *A. Sommerfeld* [1], für die Anregung der Röntgenniveaus der Atome außer dem letztgenannten Werke auch noch *M. Siegbahn,* Spektroskopie der Röntgenstrahlen, Berlin 1924 (Springer).

467) Vgl. z. B. *R. Becker,* Ztschr. f. Phys. 18 (1923), p. 325; *R. H. Fowler,* Phil. Mag. 47 (1924), p. 257.

468) Vgl. die *reaktionskinetische* Tragweite solcher Dreierstöße in den in Anm. 452) genannten Untersuchungen.

469) *E. Rutherford* und *H. Robinson,* Phil. Mag. 26 (1913), p. 717; *M. de Broglie,* Paris C. R. 172 (1921), p. 746, 806; J. de phys. et le Radium (6) 2 (1921), p. 265. Vgl. jüngst auch *P. Auger,* Paris C. R. 180 (1925), p. 65; J. de phys. et le Radium (6) 6 (1925), p. 205.

470) *S. Rosseland,* Ztschr. f. Phys. 14 (1923), p. 173, § 1; implizit aber findet sich eine derartige Deutung eigentlich bereits bei *C. D. Ellis,* Proc. Roy. Soc. A 101 (1922), p. 3.

vorher schon von *Smekal*[471]) in diesem Sinne gedeutet worden war. Diese Ergebnisse legen es nahe, überhaupt allgemein zu erwarten, daß ein in seinen inneren Elektronengruppen angeregtes Atomsystem *grundsätzlich sowohl zu strahlungslosen als zu mit Strahlungsemission verbundenen spontanen Quantenübergängen* befähigt sein wird; die ersteren haben allerdings stets eine *spontane Ionisierung* des Atoms zur Folge, welche bei den letzteren unmöglich ist. Betrachtet man auch die *Atomkerne als nach Quantengesetzen aufgebaute Gebilde*[439]), *so erscheint die spontane Emission von α- und β-Strahlen durch radioaktive Atomkerne ganz von selbst als Ergebnis strahlungsloser Quantenübergänge,* wobei an Stelle der Selbstionisation die *spontane Elementumwandlung* tritt; wie die experimentell wohlbekannten Energieverhältnisse der radioaktiven Korpuskularstrahlungen und der ihnen zugehörenden *Rückstoßatome* erkennen lassen, darf die zu Beginn dieser Nummer vorausgesetzte *Gültigkeit des Energie- und Linearimpulssatzes in der Quantenkinetik* insbesondere hier als auf das Schlagendste *bestätigt* gelten[472]), und das gleiche gilt auf Grund des radioaktiven *Zerfallsgesetzes* von dem angenommenen *wahrscheinlichkeitstheoretischen Charakter der quantenkinetischen Vorgänge.*[473]) Durch *Umkehrung der strahlungslosen radioaktiven Quantenübergänge* läßt sich ohne Schwierigkeit voraussehen, unter welchen Bedingungen der *Aufbau* radioaktiver Elemente, und auf ähnlichem Wege wohl aller Elemente überhaupt, zustandekommend gedacht werden kann.[471])

18 b. Strahlungsbedingte Zusammenstöße, kontinuierliche Spektren und lichtelektrischer Effekt. Während gegenwärtig kaum Näheres über das Vorkommen von Zusammenstößen bekannt ist, durch welche einer der (gegebenenfalls angeregten) Stoßteilnehmer zu sofortiger *Spektrallinienemission oder -absorption* veranlaßt werde würde[474]),

---

471) *A. Smekal,* Ztschr. f. Phys. 10 (1922), p. 275; 25 (1924), p. 265; ferner *S. Rosseland,* l. c.

472) Literatur siehe etwa bei *St. Meyer* und *E. v. Schweidler,* Radioaktivität, Leipzig 1916 (Teubner).

473) Daß das experimentell begründete *Zerfallsgesetz der radioaktiven Umwandlungen* formal mit dem Ansatz (106) für *spontane* Lichtemission isolierter Atomsysteme übereinstimmt, ist bereits in Nr. 11 und Anm. 218) hervorgehoben worden. Dies entspricht aber vollkommen der eingangs dieser Nummer gemachten *Annahme* eines allgemeinen *wahrscheinlichkeitstheoretischen Charakters der quantenkinetischen Vorgänge,* so daß letzterer durch die radioaktiven Tatsachen — *und bisher wohl durch diese allein* — als *experimentell direkt gerechtfertigt* angesehen werden darf.

474) Diese Möglichkeit erscheint namentlich bei Zusammenstößen angeregter Atome mit Ionen oder freien Elektronen naheliegend, wenn man erwägt,

muß allen jenen Stoßvorgängen eine ganz besondere Tragweite, namentlich auch in *prinzipieller* Hinsicht, zugeschrieben werden, *bei welchen die kinetische Relativenergie der Stoßteilnehmer für den eintretenden Strahlungsvorgang von wesentlicher Bedeutung ist.* Dies gilt vor allem für die bereits im Vorangehenden betrachtete *Vereinigung der beiden Stoßteilnehmer*, wo der Energiesatz in Übereinstimmung mit dem Experiment ergibt, daß ein derartiger Vorgang bei *beliebigen* Werten der anfänglichen kinetischen Relativenergie im allgemeinen tatsächlich nur unter *Strahlungsemission* vor sich gehen kann.

Wenn die Vereinigung zu einem, in seinem n^{ten} Quantenzustande befindlichen Gebilde erfolgt und P_n den bei der Vereinigung selbst freiwerdenden Energiebetrag bezeichnet, so wird die Frequenz ν des „Anlagerungsleuchtens" bei Vernachlässigung von (116a) und *formaler* Anwendung von (115a) durch

$$h\nu = \tfrac{1}{2}\mu v^2 + P_n \qquad (n = 1, 2, 3, \ldots) \tag{177}$$

gegeben sein. Da v praktisch als *stetig veränderlich* angesehen werden muß, folgt, wiederum formal, aus (177), daß der betrachtete Mechanismus durch das Neben- und Nacheinander sehr vieler verschiedener Zusammenstöße mit beliebigen Relativgeschwindigkeiten v zur Entstehung eines *kontinuierlichen Spektrums* Anlaß geben muß, das eine scharfe, *langwellige Grenze* ν_n besitzen wird, welche durch

$$h\nu_n = P_n \qquad (n = 1, 2, 3, \ldots) \tag{178}$$

bestimmt sein wird. Betrachtet man z. B. die Anlagerung eines Elektrons an einen Wasserstoffatomkern, so wird nach (139) $P_n = -E_n$ $(n = 1, 2, \ldots)$, und da $\frac{P_n}{h}$ nach (140) die Häufungsstelle (*Seriengrenze*) der durch $n'' = n$ gekennzeichneten Wasserstoffserie darstellt, so fällt diese nach (178) gerade mit ν_n zusammen. Wie demgemäß bereits von *Bohr* und *Debye*[475]) hervorgehoben worden ist, beginnen die kontinuierlichen Spektren des Wasserstoffes in Übereinstimmung mit den Ergebnissen von Laboratoriumsuntersuchungen und stellarspektroskopischen Feststellungen sowohl in Emission als in Absorption[476]) an den Seriengrenzen seines Linienspektrums und erstrecken

daß die elektrodynamischen Wirkungen der Strahlung durch dieselben Kräfte hervorgerufen werden, wie jene, welche eine beschleunigte Elementarladung nach der klassischen Elektrodynamik auszuüben befähigt ist, und bedenkt, daß eine die Lichtemission auslösende Wirkung der Strahlung nach (107a) und (107b) bereits sichersteht.

475) *N. Bohr* [1], Abhandlung I, p. 17; [2], II. Teil, § 6; *P. Debye*, Phys. Ztschr. 18 (1917), p. 428.

476) Emission: *J. Evershed*, Phil. Trans. Roy. Soc. A 197 (1901), p. 399; *W. H. Wright*, Lick Observ. Bull. Nr. 291 (1917) [vgl. ferner noch einer Deutung

sich von da aus *unbegrenzt* in der Richtung abnehmender Wellenlängen, sofern nicht etwa durch eine in den speziellen Versuchsbedingungen begründete *endliche Maximalgeschwindigkeit* v_m der schließlich zur Anlagerung kommenden Elektronen eine *endliche Maximalfrequenz* ν_m,

$$h\nu_m = \tfrac{1}{2}\mu v_m^2 + P_2, \qquad (n = 1, 2, 3, \ldots) \tag{179}$$

erzeugt wird, welcher eine *kurzwellige Grenze des kontinuierlichen Spektrums* entspricht.[477]) Ähnliche Verhältnisse gelten auch für die gewöhnlichen und röntgenoptischen kontinuierlichen Spektren beliebiger Atome, Moleküle und Ionen.[478])

Eine gewisse Vertiefung der obigen, einstweilen bloß auf (115a) und den Energiesatz gegründeten Folgerungen wird ermöglicht, wenn man auf die betrachteten Vorgänge mit *Bohr* Gesichtspunkte zur Anwendung bringt, welche jenen des *Korrespondenzprinzipes* (Nr. **14**) entsprechen.[479]) Betrachtet man hierzu nämlich die beiden zusammenstoßenden Atomsysteme vor und nach ihrer Vereinigung als *einheitliches, in strahlungsfreien Quantenzuständen befindliches Gebilde,* so kann man zunächst anstatt (115a) direkt die *Bohrsche Frequenzbedingung* (114) bzw. die verallgemeinerte Frequenzbedingung (115) zur Begründung von (177) heranziehen. Denkt man sich nun einen der *Grenzzustände* (121) bzw. (122) des Gebildes aufgesucht, so zeigt sich, daß der *grundsätzlich unperiodische Charakter der Bewegung vor* der Strahlungsemission *keine* Zuordnung der letzteren zu *diskreten* Grundschwingungszahlen der Bewegung gestatten kann[480]), wie dies in

---

bedürftige Ergebnisse des gleichen Verf., Nature 109 (1922), p. 810]; *J. Stark,* Ann. d. Phys. 52 (1917), p. 255. — Absorption: *W. Huggins*, An Atlas of Representative Stellar Spectra, 1899, p. 85; *J. Hartmann,* Phys. Ztschr. 18 (1917), p. 429.

477) Daß auch die *Intensitätsverteilung* in den kontinuierlichen Spektren wesentlich von den Versuchsumständen, namentlich von der *Geschwindigkeitsverteilung der stoßenden Elektronen,* abhängig sein kann, wird von *J. Stark,* Ann. d. Phys. 52 (1917), p. 255, auf p. 264, hervorgehoben.

478) Z. B. Na: *R. W. Wood,* Physical Optics, 1911, p. 513; *J. Holtsmark,* Phys. Ztschr. 20 (1919), p. 88; J^-: *W. Steubing,* Ann. d. Phys. 64 (1921), p. 673; *J. Franck,* Ztschr. f. Phys. 5 (1921), p. 428; Br^-: *J. M. Eder* und *E. Valenta,* Beiträge zur Photochemie und Spektralanalyse, p. 358 ff.; *W. Steubing,* Ztschr. f. Phys. 1 (1920), p. 426; Cl^-: *E. v. Angerer,* Ztschr. f. Phys. 11 (1922), p. 167. Bezüglich der *kontinuierlichen Röntgenspektren der Atome* möge etwa verwiesen werden auf *W. Kossel,* Ztschr. f. Physik 1 (1920), p. 119, ferner auf das in Anm. 466) zitierte Werk von *M. Siegbahn.*

479) *N. Bohr* [2], II. Teil, § 6; Ztschr. f. Phys. 13 (1923). p. 117, § 5.

480) Bei diesen Bewegungen fällt auch der sonst in Nr. **14** und **16** beschrittene Ausweg fort, die quantentheoretisch zugelassenen Bewegungen auf

Nr. 14 — durch Extrapolation dann auch außerhalb jener Grenzzustände — bei isolierten Atomsystemen möglich war. In allen Einzelheiten lassen sich diese Verhältnisse wiederum am klarsten bei der Anlagerung eines Elektrons an einen Wasserstoffatomkern verfolgen, dessen *vor* der Lichtemission beschriebene *Keplersche Hyperbelbewegung* mittels *Fourier*scher Integrale durch einen *kontinuierlichen* Bereich von Grundschwingungszahlen dargestellt werden kann[481]); indem man diese Eigenschaft der Bewegung nun wieder ähnlich wie in Nr. **14** allgemein mit der zu erwartenden Strahlungsemission verknüpft, ergibt sich mit Rücksicht auf die quantenmäßige Unbestimmtheit der Relativbewegung somit auch im Rahmen korrespondenzmäßiger Betrachtungen der *kontinuierliche* Charakter der durch (177) beschriebenen Spektralerscheinung.[482])

Fragt man endlich noch nach den Aussagen, welche eine Hinzunahme des *Linearimpulssatzes* und die Berücksichtigung des *Strahlungsrückstoßes* (116a) hinsichtlich der *räumlichen Orientierung* der durch (177) in erster Annäherung beschriebenen Strahlungsvorgänge zu machen erlauben, so zeigt sich, daß man hier nur durch weitere einschränkende Voraussetzungen zu bestimmten, experimentell prüfbaren Ergebnissen kommen kann. Hierbei wird vor allem auf die Ergebnisse der *klassischen Elektrodynamik* Rücksicht genommen werden

---

mehrfach-periodische Partikularlösungen zu beschränken, da auch solche hier nicht auftreten können, wie man sich z. B. leicht an der *Keplerschen* unrelativistischen oder relativistischen *Hyperbelbewegung* überzeugen kann.

481) Vgl. dazu die vorige Anmerkung, ferner etwa *H. A. Kramers*, Phil. Mag. 46 (1923), p. 836; *G. Wentzel*, Ztschr. f. Phys. 27 (1924), p. 257. Allerdings hat *P. S. Epstein* (Anm. 454), eine gewisse Singularität der Hyperbelbewegung benutzend, den Versuch zu einer *vollständigen Quantelung* dieses Bewegungstypus unternommen, welche zu einer Auslese *diskreter* Bahnformen geführt hat, inzwischen aber aufgegeben worden ist.

482) Allerdings wird man sich darüber keiner Täuschung hingeben dürfen, daß diese Analogie zu den Korrespondenzbetrachtungen an isolierten, *abgeschlossenen* Atomsystemen (Nr. **14**) in manchen, nicht unwesentlichen Punkten versagt. So ist hier z. B. die Mittelwertdarstellung (**137a**) grundsätzlich unmöglich, und ähnliches gilt für die an (126) geknüpften *Intensitätsbetrachtungen*; in beiden Fällen wird der Umstand entscheidend bemerkbar, daß der Anfangs- und Endzustand des betrachteten einheitlichen Gebildes *analytisch verschiedenen Bewegungstypen* angehören. Daß dieser Umstand weiterhin zu keiner Unsicherheit bezüglich des allgemeinen Charakters der eintretenden Strahlungsvorgänge führt, ist nur durch die alleinige Bestimmtheit der letzteren durch *einen* von diesen beiden verschiedenen Zuständen bedingt, nämlich jenen, in welchem das Gebilde zu *spontaner Strahlungsemission* befähigt ist; hierdurch erscheint dann auch der allgemeine Charakter der zu diesen Vorgängen *inversen* Art von Strahlungs*absorption* (*lichtelektrischer Effekt*, s. im Text weiter unten) eindeutig mitbestimmt.

müssen, von welchen man erwarten wird, daß sie sich, als räumlich-zeitliche Mittelwerte aufgefaßt, für $\lim \nu \to 0$ (122) brauchbar erweisen werden. Handelt es sich insbesondere um Anlagerung von *Elektronen* genügend *hoher Geschwindigkeit*[483]) an Atome oder Atomionen, so scheint der emittierte Strahlungsimpuls genähert allein auf Kosten des Elektronenimpulses geliefert zu werden, und zwar so, daß jene Komponente des Elektronenimpulses, welche in die *Emissionsrichtung* fällt, gerade $\frac{h\nu}{c}$ beträgt[484]), was der klassischen Theorie[485]) qualitativ jedenfalls nicht widerspricht und, ebenfalls zumindest qualitativ, die beobachtete *Asymmetrie der beim Auftreffen von Kathodenstrahlen auf Materieschichten hervorgerufenen Strahlungsemission*[486]) wiedergibt.

Wie die *Umkehrung* der bisher betrachteten Strahlungsvorgänge ergibt, *muß durch Absorption von Strahlung der Frequenz* ν *Ionisation bzw. Dissoziation von isolierten abgeschlossenen Atomsystemen bzw. Molekülen stets dann herbeigeführt werden können, wenn* ν *größer als* ν_n *in* (178) *ist.* Dieser als *lichtelektrisch* bezeichnete Effekt wird daher im allgemeinen die Erzeugung *sowohl negativer oder positiver Ladungsträger* zur Folge haben können, deren Relativgeschwindigkeit v jetzt als durch (177) gegeben angesehen werden muß; handelt es sich speziell um die Losreißung von *Elektronen* auf lichtelektrischem Wege, so wird (177) mit dem von *Einstein* bereits 1905 aufgestellten *Quantengesetz der lichtelektrischen Elektronenemission*[487]) identisch, für welches

483) Bezüglich einer analogen Sonderstellung *hoher* Geschwindigkeiten bei *strahlungslosen Elektronenstößen* (Nr **18a**) vgl. man die in Anm. 462) zitierte Untersuchung von *Joos* und *Kulenkampff*.

484) Vgl. die Ansätze von *O. W. Richardson,* Phil. Mag. 25 (1913), p. 144; *F. W. Bubb,* Nature 113 (1924), p. 237; Phys. Rev. 23 (1924), p. 289; 24 (1924); p. 177; Phil. Mag. 49 (1925), p. 824; *W. Bothe,* Ztschr. f. Phys. 26 (1924), p. 74.

485) *A. Sommerfeld,* Phys. Ztschr. 10 (1909), p. 969.

486) Vgl. z. B. *J. Stark,* Phys. Ztschr. 10 (1909), p. 902; *W. Friedrich,* Ann. d. Phys. 39 (1912), p. 377; *W. W. Loebe,* Ann. d. Phys. 44 (1914), p. 1033; *E. Wagner,* Jahrb. d. Rad. u. Elektr. 16 (1920), p. 190.

487) *A. Einstein,* Ann. d. Phys. 17 (1905), p. 132; vgl. dazu auch Anm. 234). Setzt man in (177) bzw. (180) $n = 1$ und bedenkt, daß für alle zu dem betreffenden Anregungsvorgang gehörigen Spektrallinien des lichtelektrisch ionisierten Gebildes $\nu^* \leq \nu_1$ ((178), für $n = 1$) ist, so erhält man mit $\nu^* \leq \nu$ die von *Einstein* in der gleichen Untersuchung auf Grund von (115a) und dem Energiesatz bewiesene *Stokessche Fluoreszenzregel.* Ist hingegen $n > 1$, so zeigt sich, daß die *Stokes*sche Regel für nicht zu große ν allgemein nicht richtig sein kann; die gleiche Folgerung ergibt sich auf Grund der *Bohr*schen Frequenzbedingung (114) auch schon für die durch gewöhnliche Lichtabsorption (*ohne* Ionisation bzw. Dissoziation) an Atomen und Molekülen bewirkte Fluoreszenzstrahlung, sofern

man auch

$$(180) \qquad h\nu = e \cdot V + P_n \qquad (n = 1, 2, 3, \ldots)$$

erhält, wenn es vorgezogen wird, die Elektronenenergie in Volt auszudrücken. Die Gleichung (180) ermöglicht es offensichtlich, *die Frequenz einfarbigen Lichtes unabhängig von der ursprünglich auf wellentheoretischer Grundlage entwickelten Interferenzspektroskopie zu bestimmen* und auf das Ergebnis einer Geschwindigkeitsmessung zurückzuführen[488]); sie gilt ferner für den *lichtelektrischen Effekt an festen Körpern und Flüssigkeiten*[489]), wo sie u. a. von *Millikan* auch zu einer Präzisionsbestimmung des *Planck*schen Wirkungsquantums h angewendet worden ist[490]) und wo an Stelle von P_n in (177) bzw. (180) eine *individuelle*, mehr oder minder unscharfe „*Ablösungsarbeit*" zu treten hat. Schließlich enthält (177) auch noch das von *Einstein* formulierte *photochemische Äquivalentgesetz*[491]), nach welchem die Anzahl der absorbierten Beträge $h\nu$ gleich der Anzahl der gerade infolge Absorption von Strahlung der Frequenz ν zerfallenden Moleküle sein soll.[492]) — Hinsichtlich der *räumlichen Orientierung* der lichtelektrischen Elektronenemission gegenüber der Einfallsrichtung der wirksamen Strahlung gilt ebenfalls die genaue *Umkehrung* der oben bereits bezüglich des *Anlagerungsleuchtens* gemachten Angaben. In Korrespondenz mit den Folgerungen der klassischen Theorie, wonach die Elektronen *in der Richtung des elektrischen Vektors*, d. h. senkrecht zur Strahlrichtung fortgerissen werden sollten, zeigt sich eine *durchweg seitliche* Elektronenemission, welche die Wirksamkeit einer *in die Strahlrichtung fallenden Linearimpulskomponente von der nach* (116a) *zu erwartenden Größen-*

---

diese Gebilde sich bereits *vor* ihrer Absorption in *angeregten* Zuständen befunden haben. In der Tat sind derartige Widersprüche zur *Stokes*schen Regel bei der Anregung von *Bandenspektren* (V 27, *A. Kratzer*) mehrfach beobachtet worden.

488) Abgesehen von ihrer prinzipiellen Bedeutung hat diese Methode es auch ermöglicht, die Spektrallücke zwischen *Millikan*schem Ultraviolett und langwelliger Röntgenstrahlung zu überbrücken, sowie die Wellenlängen der kürzesten Gammastrahlung zu ermitteln.

489) Für das Gesamtgebiet des lichtelektrischen Effektes, namentlich für die experimentelle Literatur vgl. man etwa *R. Pohl* und *P. Pringsheim*, Die lichtelektrischen Erscheinungen, Braunschweig 1914 (Vieweg); *W. Gerlach* [1], ferner *A. Sommerfeld* [1], für die Beziehungen zwischen lichtelektrischer und thermischer Elektronenemission z. B. *A. Becker*, Ann. d. Phys. 60 (1919), p. 30.

490) Literatur s. Anm. 183).

491) *A. Einstein*, Ann. d. Phys. 17 (1905), p. 132; 37 (1912), p. 832; 38 (1912), p. 881; *J. Stark*, Phys. Ztschr. 9 (1908), p. 889; Ann. d. Phys. 38 (1912), p. 467.

492) Über den Umfang der Bestätigung dieses unmittelbar nur auf ideale photochemische Vorgänge anwendbaren Gesetzes vgl. man etwa den Bericht von *M. Bodenstein*, Ergebn. d. exakten Naturwiss. 1 (1922), p. 210.

ordnung $\frac{h\nu}{c}$ *erkennen läßt*[493]) und damit auch die ***Asymmetrie*** der bei der senkrechten Bestrahlung ebener Materieschichten durch Röntgen- oder Gammastrahlen lichtelektrisch ausgelösten Elektronenemission[494]) qualitativ verständlich macht.

Wie die *Quantentheorie der Streustrahlung* (Nr. **21**) ergeben hat, muß wesentlich mit der Annahme gerechnet werden, daß die Absorption eines hinreichend großen Strahlungsenergiebetrages $h\nu'$ neben Ionisation oder Dissoziation des absorbierenden Gebildes auch noch das Auftreten einer *Streustrahlung von niedrigerer Frequenz* ν'' *als jener der absorbierenden Primärstrahlung* ν' zur Folge haben kann. Die Theorie dieses Effektes ist erst kürzlich von *A. H. Compton*[495]) näher entwickelt worden und führt im Gegensatz zu (177) bzw. (180) bei Ver-

---

493) Vgl. die Literaturangaben in Anm. 237). Daß die Elektronenemission in und entgegengesetzt der Strahlrichtung praktisch verschwindet, hat insbesondere *W. Bothe,* Ztschr. f. Phys. 26 (1924), p. 59 experimentell erwiesen. Über spezielle theoretische Ansätze zur Deutung aller dieser Verhältnisse s. Anm. 484). — Daß — entsprechend den Folgerungen der klassischen Theorie — die lichtelektrische Elektronenemission bei Anregung mit *linear polarisierter Strahlung* nach *F. W. Bubb*, Phys. Rev. 23 (1924), p. 137, die Richtung des „elektrischen Vektors" merklich bevorzugt, muß trotz eines diesbezüglichen Deutungsversuches des gleichen Verfassers, Phys. Rev. **24** (1924), p. 177, einstweilen als quantentheoretisch unverständlich angesehen werden. Wie *Bubb* zutreffend hervorhebt, muß hierzu ein *quantentheoretisches Analogon zu dem klassischen „elektrischen Vektor" eines linear polarisierten Lichtstrahls* gefunden werden. Es erscheint denkbar, daß diese Schwierigkeit nur durch die bereits am Ende von Nr. **17** betonte Möglichkeit behebbar sein wird, Emission und Absorption eines individuellen Energiebetrages $h\nu$ prinzipiell als miteinander gekoppelte Vorgänge anzusehen.

494) Vgl. z. B. das von *W. Bothe*, Ztschr. f. Phys. 26 (1924), p. 59 und *L. Meitner*, Ztschr. f. Phys. 22 (1924), p. 334, diskutierte (übrigens nicht vollständige) experimentelle Material. Allerdings wird jene Asymmetrie von *Meitner* zuungunsten des lichtelektrischen Effektes vor allem auf die durch den *Compton-effekt* (s. weiter unten im Text und Nr. **21**) bewirkte Asymmetrie zurückgeführt, eine *Annahme,* welche nach der Untersuchung von *Bothe* jedenfalls nur für sehr kurzwellige Strahlung volle Berechtigung haben dürfte. Unabhängig von dem Ergebnis einer quantitativen Trennung der beiden stets gleichzeitig auftretenden (und eigentlich ineinander übergehenden) Effekte bleibt hingegen der Hinweis auf jene Asymmetrie, welche bei dem zum lichtelektrischen Effekte *inversen* „Anlagerungsleuchten" auftritt, wo eine Störung durch den *Compton*effekt praktisch ausgeschlossen sein dürfte. Das Ergebnis der in Anm. 486) angeführten Untersuchungen spricht demnach ebenfalls für eine merkliche Asymmetrie beim lichtelektrischen Effekte allein.

495) *A. H. Compton,* Phys. Rev. 24 (1924), p. 168. Dieser Effekt bedeutet nichts anderes als einen Spezialfall der zuerst von *A. Smekal,* Naturwiss. 11 (1923), p. 873, angegebenen „anomalen Zerstreuung" (Nr. **21**), welche durch ihn somit ihre experimentelle Bestätigung findet.

nachlässigung von (116a) als erster Annäherung zu der Energiebedingung

$$hv' = \tfrac{1}{2}\mu v^2 + P_n + hv'', \qquad (n = 1, 2, 3, \ldots) \tag{181}$$

aus welcher hervorgeht, daß das Spektrum der auftretenden Streustrahlung *kontinuierlich* sein muß und sich von einer *kurzwelligen Grenze* angefangen bis zu beliebig *langen* Wellen herab erstrecken wird; für letztere wird $h\nu''$ unmerklich, so daß (181) dann in die Gleichung (177) des lichtelektrischen Effektes übergeht. Der Vergleich mit den experimentellen Ergebnissen über den *Comptoneffekt*[496]) zeigt, daß der Energie- und Linearimpulssatz hier ebenso wie beim gewöhnlichen lichtelektrischen Effekt für eine vollständige Kennzeichnung der *räumlichen Vorgänge* nicht ausreichen. Die zum *Comptoneffekt inversen* Vorgänge, deren Existenz aus dem allgemeinen thermischen Gleichgewicht zwischen Strahlung und Materie (Nr. **12**) gefolgert werden muß, lassen auf Grund von (181) erkennen, daß ein „Anlagerungsleuchten" von der Frequenz ν' auch unter dem direkten Einfluß monochromatischer Strahlung von der Frequenz ν'' auf zwei miteinander zusammenstoßende Gebilde zustandekommen kann.

Die im Vorangegangenen in Verbindung mit dem kontinuierlichen Charakter des *Anlagerungleuchtens* angestellten korrespondenzmäßigen Betrachtungen legen die Erwartung nahe, *daß es bei dem Zusammenstoß zweier Atomsysteme auch ohne nachfolgende Vereinigung und auf alleinige Kosten ihrer Translation*[497]) *zu Strahlungsemission oder -absorption kommen kann.* Diese ebenfalls zuerst von *Bohr* betrachtete und zur Deutung des *kontinuierlichen Untergrundes im Wasserstoffspektrum* herangezogene Möglichkeit[498]) scheint insbesondere ganz allgemein von fundamentaler Bedeutung zu sein für die Interpretation des *kontinuierlichen Spektrums der Wärmestrahlung* überhaupt.[499]) Bedeuten v_1 und v_2 (etwa $< v_1$) die quantentheoretisch unbestimmt bleibenden Relativgeschwindigkeiten der beiden (unendlich weit vonein-

---

496) Vgl. Anm. 495), ferner etwa die in Anm. 494) zitierte Arbeit von *L. Meitner*.

497) Da nach (115) und (116) (vgl. Nr. **20**) schon bei der *spontanen* Ausstrahlung isolierter, abgeschlossener Atomsysteme eine Einbuße von innerer *und* Translationsenergie notwendig stattfindet, so wäre es (u. a. auch aus Gründen, welche den in Anm. 474) angeführten verwandt sind) naheliegend, auch Zusammenstöße für möglich zu halten, bei welchen innere *und* Translationsenergie, letztere in *beliebigem, stetig* veränderlichem Betrage, von *beiden* Stoßteilnehmern gemeinsam zur *Ausstrahlung* bzw. zur *Absorption* durch Strahlung gelangt.

498) *N. Bohr* [2], II. Teil, § 6.

499) Vgl. hierzu auch die in Nr. **19** gegebene Deutung jenes Spektrums, welche der obigen in mehrfacher Hinsicht als verwandt angesehen werden muß.

ander zu denkenden) Gebilde vor und nach dem Zusammenstoße, so ergibt der Energiesatz nach (115 a) und bei Vernachlässigung von (116 a) die Bedingung

(182) $$h\nu = \tfrac{1}{2}\mu v_1^2 - \tfrac{1}{2}\mu v_2^2;$$

sie zeigt — ebenso wie auch eingehender die angedeutete korrespondenzmäßige Betrachtung — daß das resultierende Spektrum in Emission, wie auch bei *Umkehrung* von (182) in Absorption, in der Tat ein *kontinuierliches* sein wird, im welchem für ganz beliebige Werte von v_1 und v_2 *beliebig kleine und beliebig große Frequenzen* auftreten. Wenn die Versuchsumstände jedoch, wie z. B. bei der Bremsung der Kathodenstrahlelektronen durch das Antikathodenmaterial einer mit der Spannung V_m betriebenen Röntgenröhre, einen *endlichen Maximalwert* der nach (182) in Strahlung umsetzbaren Stoßenergie bedingen, so wird das entstehende kontinuierliche Spektrum analog (179) eine scharfe *kurzwellige Grenze* besitzen müssen, deren Frequenz ν_m z. B. im Falle des kontinuierlichen Spektrums der Röntgenröhre durch das auf das vollkommenste bestätigte *Duane-Huntsche Gesetz*

(183) $$h\nu_m = e \cdot V_m$$

gegeben erscheint.[500]) Eine eingehende Theorie der *Intensitätsverteilung im kontinuierlichen Röntgenspektrum* ist von *Kramers* und *Wentzel* auf Grund der angedeuteten Korrespondenzüberlegungen, allerdings nicht ohne hier einstweilen noch willkürlich bleibende Zusatzannahmen, ausgearbeitet worden[501]) und hat zu einer recht befriedigenden Über-

500) Siehe etwa *W. Gerlach* [1] oder das in Anm. 466) zitierte Werk von *M. Siegbahn.* — Eine andere Anwendung von (183), bei welcher V_m die Geschwindigkeit *radioaktiver Primär-Betastrahlen* mißt, ist zur Deutung eines *kontinuierlichen Beta- und Gammastrahlspektrums* diskutiert worden von *S. Rosseland*, Ztschr. f. Phys. 14 (1923), p. 173, § 2 und *A. Smekal*, Ztschr. f. Phys. 25 (1924), p. 265, §§ 3, 5.

501) *H. A. Kramers*, Phil. Mag. 46 (1923), p. 836; *G. Wentzel*, Ztschr. f. Phys. 27 (1924), p. 257. — Eine rechnerische Auswertung von Korrespondenzüberlegungen erscheint hier gegenüber der in Anm. 482) bezüglich des *Anlagerungsleuchtens* gekennzeichneten Sachlage insofern aussichtsreich, als der Anfangs- und Endzustand des betrachteten Quantenüberganges jetzt dem *gleichen unperiodischen Bewegungstypus* angehören. Allerdings muß es einstweilen noch als völlig ungeklärt angesehen werden, wie man aus der *Fourierschen Integraldarstellung der Keplerschen Hyperbelbewegung,* welche die Intensitätsverteilung im *klassisch* gerechneten Bremsspektrum vorstellen würde, auf die Intensitätsverteilung im *quantentheoretischen* Bremsspektrum zu schließen hat; beim abgeschlossenen Atomsystem hat diese Frage in Nr. 14 im Anschluß an (136) und (136 a) völlig eindeutig und konsequent beantwortet werden können — eine Möglichkeit, die wesentlich an das Vorhandensein einer *diskreten* Anzahl von klassischen Eigenschwingungen gebunden ist und bei der hier vorliegenden *konti-*

einstimmung mit der Erfahrung geführt.[502]) Diese Theorie umfaßt auch eine die Grenzfrequenz (103) ausnehmende *Richtungsabhängigkeit* jener Intensitätsverteilung in bezug auf das die Bremsstrahlung erzeugende Kathodenstrahlbündel; diese Richtungsabhängigkeit kann nach *Bohr*[503]) als besonderes Zeugnis dafür aufgefaßt werden, daß die von der Theorie vorausgesetzten strahlungsbedingten Stoßvorgänge auch tatsächlich realisiert werden.

19. Quantentheorie der Molekültranslation. Wie bereits in Nr. **17** allgemein ausgeführt und von der speziellen *Quantenkinetik* in Nr. **18** mehrfach benutzt worden ist, scheint es unumgänglich zu sein, die strahlungsfreie Translationsbewegung von Atomen, Molekülen, Ionen oder freien Elektronen im Felde ihrer gegenseitigen Wechselwirkungen als *Quantenbewegung* in einem ähnlichen Sinne zu betrachten, wie etwa jene eines Elektrons in den stationären Zuständen des Wasserstoffatommodells (Nr. 15) Diese Auffassung entspricht den *prinzipiellen* Folgerungen, welche *Nernst* aus dem von ihm aufgestellten

---

nuierlichen Verteilung derselben hinfällig wird. Während *Kramers* die Intensitäten miteinander übereinstimmender klassischer und Quantenfrequenzen des Bremsspektrums einander gleichsetzt und daher genötig ist, den von (183) sich bis ins Unendliche erstreckenden Teil des klassischen Spektrums einfach zu unterdrücken, benutzt *Wentzel* eine dem Linienspektrum des Wasserstoffatoms entnommene *Umrechnung von klassischen Frequenzen auf quantentheoretische Frequenzen gleicher Intensität* und vermag so das gesamte *unendliche* klassische Bremsspektrum für die Quantentheorie in Anspruch zu nehmen.

502) Ältere Versuche einer Theorie des kontinuierlichen Röntgenspektrums rühren her von *B. Davis*, Phys. Rev. 9 (1917), p. 64; *L. Brillouin*, Paris C. R. 170 (1920), p. 274; *A. March*, Phys. Ztschr. 22 (1921), p. 209, 429; Ann. d. Phys. 65 (1921), p. 449; 75 (1924), p. 711; *H. Behnken*, Ztschr. f. Phys. 4 (1921), p. 241.

503) *N. Bohr*, Ztschr. f. Phys. 13 (1923), p. 117, auf p. 154/155. — Nach *Bohr* soll allerdings in dem vorliegendem Falle zum ersten Male die Schwierigkeit auftreten, daß kein bestimmtes *materielles* Bezugssystem angegeben werden könne, in welchem die Frequenz ν in (182) gemessen werden soll. Daß diese Schwierigkeit wegen des Eingehens der Translation in (115) und (116) indessen schon bei abgeschlossenen Einzelatomsystemen allgemein auftreten muß, wird in Nr. **20** gezeigt, ist bei letzteren allerdings (vgl. auch *Bohr*, l. c., p. 150, Anm. 1) quantitativ völlig zu vernachlässigen, sobald der *Dopplereffekt* außer Betracht bleiben darf. Die Existenz eines *nicht-materiellen* Bezugsystems von der gewünschten Eigenschaft kann aber prinzipiell bereits durch das Auftreten des *Einstein*schen „Nadelstrahlungsimpulses“ (115) bzw. (115 a) an sich als gesichert gelten (Nr. **20**). — Eine andere, *offene* Frage bei den betrachteten Vorgängen ist es hingegen, ob der Fehler, den man zwecks Anwendung der *Bohr*schen Frequenzbedingung (114) bei der Energieberechnung durch die *willkürliche Isolierung* (s. Nr. **17**) eines zusammenstoßenden Paares von Atomsystemen von dessen Umgebung begeht, nicht wesentlich größer ausfällt, als bei der Isolierung eines *einzelnen* Atomsystems. Vgl. dazu die allgemeinen Bemerkungen auf p. 1065.

Wärmetheorem auch für das Verhalten der *Gase* bei sehr tiefen Temperaturen gezogen und als *Gasentartung* bezeichnet hat[504]); allerdings sind praktische, insbesondere experimentell prüfbare Konsequenzen von Belang *diesen* Folgerungen bisher kaum beschieden gewesen.[505]) Bei einer derartigen Sachlage ist so gut wie ausschließlich die Feststellung von Interesse, ob die quantentheoretische Behandlung der Translation mit jenen negativen Ergebnissen verträglich ist oder nicht. Tatsächlich ist dies auch — neben der ungleich bedeutsameren Ableitung des quantentheoretischen Ausdruckes für die *chemische Konstante* (Nr. **25**) — mehr oder minder das Ziel aller der zahlreichen Untersuchungen, welche der Gasentartung bisher gewidmet worden sind. Diesen ist überdies das Auftreten einer charakteristischen *Länge* gemeinsam, welche indirekt[506]) oder direkt[507]) mit der Quantenbewegung

---

504) *W. Nernst,* Die theoretischen und experimentellen Grundlagen des neuen Wärmesatzes, Halle 1918 (Knapp); zur thermodynamischen Theorie der Gasentartung vgl. man ferner *H. Mache,* Ztschr. f. Phys. 5 (1921), p. 363.

505) Vgl. die Betrachtungen von *W. Nernst,* Berl. Ber. 1919, p. 118 ferner etwa eine mögliche Deutung der Ergebnisse von *Byk* (Anm. 195), 436)). *Nernst* versucht, die Temperaturabhängigkeit der Gasreibung bei sehr tiefen Temperaturen auf Grund seiner Entartungstheorie (Anm. 504), 508)) vorauszuberechnen, was mit den verfügbaren experimentellen Daten stimmt und auch durch die Untersuchungen von *P. Günther,* Berl. Ber. 1920, p. 720; Ztschr. f. phys. Chem. 110 (1924), p. 626 (*Nernst*-Jubelband) an Wasserstoff bestätigt zu werden scheint. Eine ganz andersartige Begründung für diesen Effekt gibt jüngst *A. Einstein,* Berl. Ber. 1925, p. 3, ebenfalls im Zusammenhang mit einer Entartungstheorie (Berl. Ber. 1924, p. 261, vgl. Nr. **27**, Ende).

506) Im *statistischen* Teile dieser Betrachtungen (vgl. dazu Nr. **24c**) wird hier gewöhnlich vorausgesetzt, daß die *Zellen,* in welche der Translationsphasenraum der Moleküle (Nr. **3**) einzuteilen ist, die universelle Größe h^3 besitzen sollen, was durch Bezugnahme auf die allgemeine Form der Quantenbedingungen (113) gerechtfertigt werden kann (s. p. 1134).

507) *M. Planck,* Berl. Ber. 1916, p. 653; *P. Scherrer,* Gött. Nachr. 1916, p. 159 (hier wird das ideale Gas formal als *bedingt periodisches System* (Nr. **15a**) behandelt); *E. Brody,* Sitzb. Ungar. Akad. 15 (1917), p. 10; 16 (1918), p. 98; Ztschr. f. Phys. 6 (1921), p. 79; *G. Schay,* Ztschr. f. Phys. 25 (1924), p. 37. (Die Arbeiten der beiden letzterwähnten Autoren unterscheiden sich nur in ihrem statistischen Teile von der *Scherrer*schen Behandlung); *E. Schrödinger,* Phys. Ztschr. 25 (1924), p. 41.

Während in diesen Arbeiten der *Translationsbewegung des Einzelmoleküls* quantenhafte Einschränkungen auferlegt werden, hat eine andere Gruppe von Autoren die von *Debye* mit so großem Erfolg auf die Festkörper angewendete Methode der Eigenschwingungen (Nr. **6b**) zur quantentheoretischen Behandlung der *Schallschwingungen* im Gase benutzt: *H. Tetrode,* Phys. Ztschr. 14 (1913), p. 214; *W. H. Keesom,* Phys. Ztschr. 14 (1913), p. 665, 695; *A. Sommerfeld* und *W. Lenz,* Gött. Wolfskehl-Vorträge 1913, Leipzig 1914 (Teubner), p. 125.

der Moleküle des nahezu stets als *ideal* und *einatomig* vorausgesetzten Gases zusammenhängt; jene *Länge* ist meist von der Größenordnung des *mittleren Abstandes der Moleküle*[508]), soll aber in einigen Fällen sogar den *makroskopischen Dimensionen von Gefäßwänden*[509]) entsprechen. Beide Annahmen erscheinen von vornherein in hohem Grade unnatürlich, doch ist es nach einem auf Anregung von *Nernst* unternommenen, aber gescheiterten Versuch von *Sommerfeld* und *Lenz*[510]) erst kürzlich *Schrödinger*[507]) gelungen, die *mittlere freie Weglänge* $\bar{\lambda}$ der Moleküle einer befriedigenden Theorie der Gasentartung zugrunde zu legen. Hierzu erweist es sich als notwendig, zunächst von dem *ungeordneten*[511]) Charakter der Molekülbewegungen abzusehen und diese so zu schematisieren, daß sie in lauter *einfach-periodische Teilbewegungen* aufgelöst werden können, auf welche die Quantenvorschrift (151) dann ohne Schwierigkeit anwendbar wird. Faßt man jede dieser Teilbewegungen als einen geradlinig und mit konstanter Geschwindigkeit v ausgeführten Hin- und Hergang eines Moleküls von der Masse M zwischen je zwei Zusammenstößen auf, deren räumlicher Abstand λ beträgt, so ergibt (151) zusammen mit (134) für die ausgezeichneten Quantenwerte der Translationsgeschwindigkeit v_n

$$2 M\lambda \cdot v_n = n \cdot h, \qquad (n = 1, 2, 3, \ldots) \tag{184}$$

worin für λ *im Mittel* noch die mittlere freie Weglänge $\bar{\lambda}$ einzusetzen

508) *W. Nernst,* Verhand. Deutsch. Phys. Ges. 18 (1916), p. 83 und Anm. 504); sowie die in der vorigen Anm. genannten Arbeiten, welche sich der *Debye*schen Eigenschwingungsmethode bedienen, ferner jüngst *M. Planck,* Berl. Ber. 1925, p. 49.

509) Vgl. die in Anm. 507) erwähnten Arbeiten von *Planck, Scherrer, Brody, Schay* und *A. Schidlof,* C. R. Soc. phys. et d'hist. nat. Geneve 41 (1924), p. 61. — Wie *E. Schrödinger* kürzlich bemerkt hat, führt das in diesen Arbeiten benutzte Rechenschema jedoch im Grunde genommen auch wieder auf eine Länge von der Größenordnung des mittleren gegenseitigen Abstandes der Moleküle zurück.

510) *A. Sommerfeld* und *W. Lenz* (Anm. 507) haben versucht, die mittlere freie Weglänge als Analogon zur *Debye*schen Grenzfrequenz (53a') einzuführen, sind aber auf diese Weise schon für hohe Temperaturen zu einer ganz unmöglichen Zustandsgleichung für das ideale Gas gelangt. — Zum ersten Male wird die mittlere freie Weglänge allerdings bereits einer Theorie der Gasentartung von *O. Sackur,* Ann. d. Phys. 40 (1913), p. 67, zugrunde gelegt, fällt aus ihr aber infolge eines von *Schrödinger* (Anm. 507) bemerkten, nicht mehr gut zu machenden Versehens wieder hinaus.

511) Vgl. Anm. 435). — Eine *nachträgliche* Berücksichtigung dieses Umstandes erscheint bei *Schrödinger* implizit durch die Anwendung der *Statistik* zur Berechnung der thermischen Zustandsgrößen-Mittelwerte für das entartete Gas gegeben, von deren Wiedergabe im obigen Zusammenhange abgesehen werden kann. Vgl. jedoch Nr. 24c.

sein wird.[512]) Da λ an sich aber *beliebige* Werte anzunehmen vermag, so führt (184) allgemein zu *beliebig dicht verteilten Quantengeschwindigkeiten* $v_n(\lambda)$.[513]) Weil nun die *eine* Quantenbedingung (184) für die *drei* Freiheitsgrade der Translation nicht ausreichen kann, eine *Richtungsquantelung* (Nr. **15 b**) hier aber von der Wahl eines ausgezeichneten Koordinatensystems unabhängig bleiben muß, wird man mit *Schrödinger* festsetzen, daß von einer bestimmten Quantengeschwindigkeit $v_n(\bar{\lambda})$ *im Mittel* so viele verschiedene *Richtungen* zu unterscheiden sein werden, daß die Vektordifferenz benachbarter Richtungen gerade von der Größenordnung

$$(185) \qquad v_1 = v_n - v_{n-1} = \frac{h}{2M\bar{\lambda}} \qquad (n \text{ beliebig})$$

wird. Die Anzahl k_n dieser Richtungen erhält so die Größenordnung

$$(186) \qquad k_n = \frac{4\pi v_n^2}{v_1^2} = 4\pi n^2 \qquad (n = 1, 2, 3, \ldots)$$

und erscheint damit nunmehr ebenfalls quantenmäßig festgelegt; (186) gibt ersichtlich den zu erwartenden Umstand in befriedigender Weise wieder, daß die Bewegung der Gasmoleküle desto *ungeordneter*[514]) und den klassischen Verhältnissen desto ähnlicher wird, je größere Geschwindigkeiten die Moleküle im Mittel besitzen, bzw. je höher demgemäß die Temperatur des Gases sein wird.[515])

Wendet man die *Bohr*sche Frequenzbedingung (114) auf (184) an, so ergibt sich in gewisser Analogie zu (182) allgemein

$$(187) \qquad h\nu = \tfrac{1}{2}Mv_{n'}^2 - \tfrac{1}{2}Mv_{n''}^2 = \frac{h^2}{8M\bar{\lambda}^2}(n'^2 - n''^2);$$

---

512) Da die Temperatur als *statistische* Zustandsgröße (Nr. **7**) in eine Quantenbedingung nicht eingehen kann, so ist die weitgehende Temperaturunabhängigkeit der mittleren freien Weglänge idealer einatomiger Gase bei konstantem Volumen für die Zulässigkeit der obigen Auffassung von wesentlicher Bedeutung.

513) Vgl. dazu den hiervon praktisch, nicht aber prinzipiell, ununterscheidbaren Fall *quasiergodischer* Molekülbewegungen, auf den in Nr. **3**, Ende, Bezug genommen worden ist. — Die Feststellung des Vorkommens beliebig dicht verteilter Quantengeschwindigkeiten nach (184), auf welche die absichtlich skizzenhaft gehaltenen Ausführungen von *Schrödinger* wegen alleiniger Benutzung von $\bar{\lambda}$ nicht eingehen, widerlegt die von *A. Schidlof* (Anm. 509) der Theorie als unannehmbar entgegengehaltene Folgerung, daß (184) mit $\bar{\lambda}$ für λ (wie bei *Schrödinger*) z. B. bei Helium von Atmosphärendruck und $T = 273$, $v_n - v_{n-1} \sim 15$ m/sec ergeben würde.

514) Siehe Anm. 511).

515) Da man mit *Schrödinger* offenbar $n \geq 1$ annehmen wird, erhält man nach obiger Theorie für das ideale einatomige Gas eine *endliche Nullpunktsenergie* (Nr. **9**) pro Molekül von der Größenordnung $\frac{h^2}{8M\bar{\lambda}^2}$.

dies gibt zunächst *diskrete* Spektrallinien[516]), welche das ganze unendliche Spektrum aber überall *dicht*, d. h. praktisch *kontinuierlich*, erfüllen werden, sobald man der tatsächlichen Variabilität von λ Rechnung trägt. Das so zustandekommende kontinuierliche Spektrum entspricht offenbar wiederum dem *kontinuierlichen Spektrum der Wärmestrahlung.*[517])

Während die statistische Verarbeitung der vorstehenden, durch (184) und (186) zusammengefaßten Ansätze für Gasmoleküle in Übereinstimmung mit den Tatsachen ergibt, daß auch noch bei den tiefsten, bisher zur Messung von spezifischen Wärmen aufgesuchten Temperaturen eine *Gasentartung unmerklich* bleibt, führt sie zu einer praktisch *vollständigen Entartung* noch bei gewöhnlichen Temperaturen, wenn man sie auf die Bewegung der *„freien" Elektronen im Inneren eines Metalles* sinngemäß zu übertragen versucht[518]), — ein Ergebnis, das mit dem Fehlen eines Beitrages dieser Elektronen zur spezifischen Wärme des Festkörpers übereinstimmen würde.[519]) Denkt man sich das Kristallgitter eines solchen und in ihm eine beliebige Gitterrichtung mit dem Gitterabstande d, längs welcher sich ein „freies" Elektron von Gitteratom (bzw. -ion) zu Gitteratom fortbewegt, so wäre es naheliegend, die Quantenbedingung (151) jetzt für das *einseitige Fortschreiten mit der Periodenlänge d* anstatt (184) in der Form

(184a) $$mv_n \cdot d = n \cdot h \qquad (n = 1, 2, 3, \ldots)$$

anzusetzen.[519a]) Betrachtet man das Gitter wegen seiner großen Massen

---

516) Man beachte die formale Übereinstimmung von (187) mit der Spektralformel eines „reinen Rotationsspektrums" in der *Bandentheorie* (V 27, *A. Kratzer*).

517) Siehe Nr. **17**, Ende, ferner die in Nr. **18b** gegebene Deutung des kontinuierlichen Spektrums der Wärmestrahlung, welche praktisch auf die obige hinausläuft, sobald man die Quantenübergänge (187) jeweils nur in räumlicher Nähe eines Zusammenstoß-Umkehrpunktes der betrachteten idealisierten Molekülbewegung vor sich gehen läßt, was auch mit Rücksicht auf den oben nicht berücksichtigten *Impulssatz* unerläßlich zu sein scheint. Die in Anm. 503) erwähnten Schwierigkeiten bestehen naturgemäß auch hier. — Vielleicht ist die oben benutzte Schematisierung der Molekülbewegungen noch nicht zu weitgehend, um gestützt auf das *klassische Verteilungsgesetz der freien Weglängen* im Gase und das *Planck*sche Strahlungsgesetz physikalisch sinnvolle Aussagen über die Intensitätseigenschaften der Übergänge (187) abzuleiten.

518) *E. Schrödinger* (Anm. 507).

519) Vgl. Anm. 440), oder V 20, *Elektronentheorie der Metalle* (*R. Seeliger*), Nr. **17**–**19**.

519a) Eine genauere Rechtfertigung dieses Ansatzes wäre auf Grund der von *Ehrenfest* und *Breit*, sowie *Bohr* eingehend diskutierten Quantelung eines periodisch gestörten Rotators mit irrationalem Verhältnis zwischen der „echten"

als unbeweglich, so gibt der *Impulssatz* für jeden Quantenübergang, bei welchem sich n um eine Einheit ändern würde, die Aufnahme bzw. Abgabe des von n *unabhängigen* Linearimpulses

$$\frac{h}{d}, \tag{184b}$$

während die dabei umgesetzte Energie, entsprechend (187) von n abhängig bleibt; doch ist es noch völlig ungeklärt, ob diesen Ergebnissen, wie aus formalen Gründen naheliegend, innerhalb einer quantentheoretischen Deutung der *Röntgenstrahlreflexion an Kristallen* (Nr. 22) eine wesentliche Rolle zugeschrieben werden darf oder nicht.

C. Quantentheorie der Strahlungsvorgänge.

20. Wellentheorie und Quantentheorie. Die klassisch-elektromagnetische Wellentheorie der Strahlung geht davon aus, daß alle Lösungen der *Maxwell*schen Gleichungen zugleich auch Lösungen der *Wellengleichung* sind — ein Satz, der bedeutsamerweise keine Umkehrung zuläßt, so daß ein Versagen der klassischen Elektrodynamik jenes einer Wellentheorie keineswegs nach sich ziehen muß. Indem die am meisten gangbare Form der *Maxwell-Lorentz*schen Elektrodynamik dem mit *unendlich* vielen Freiheitsgraden begabten wellentheoretischen Strahlungsfelde die Materie mit ihren nur *endlich* vielen Freiheitsgraden als Quelle oder Senke elektromagnetischer Strahlungsenergie gegenüberstellte, mußte sie versuchen, die Strahlungseigenschaften der letzteren dem wellentheoretischen Charakter des ersteren gemäß zu bestimmen. Die von den *Maxwell*schen Gleichungen geforderte Bedingtheit eines *differentiellen Zusammenhanges zwischen Strahlung und ungleichförmiger Bewegung elektrischer Massen* führt so

Periode der Störung und der „Quasi"periode der Rotation (Anm. 294) möglich. Wenn die Bahn eines im Kristallgitter etwa nach Anm. 440) von Ion zu Ion wandernden Elektrons als geschlossen (oder wenigstens quasiperiodisch) angenommen würde, was der „echten" Periode des angeführten Beispieles zu entsprechen hätte, so würde das zwischen zwei Nachbarionen befindliche Bahnstück als „Quasi"periode der Bewegung aufgefaßt werden können. Ist nun die „echte" Periode sehr lang, so dominiert nach *Bohr* die Quasiperiode und deren jetzt berechtigte, selbständige Quantelung führt auf (184a). Eine andere, problematischere Begründung gibt *A. H. Compton,* Phys. Rev. 23 (1924), p. 118. — Ein Modell für die Elektronenbewegung im Kristallgitter, welches Anm. 440) entspricht und an dem sich sämtliche angedeuteten Schlüsse eingehend illustrieren lassen, ist jüngst von *K. Höjendahl,* Phil. Mag. 48 (1924), p. 349 mit befriedigendem Erfolge hinsichtlich einer theoretischen Deutung der Temperaturabhängigkeit der elektrischen Leitfähigkeit von Metallen und Legierungen diskutiert worden.

mit Rücksicht auf die Unveränderlichkeit der Spektralfrequenzen dazu, in Atomen und Molekülen die *Existenz mehrfach-periodischer Elektronenbewegungen mit energie-* (ebenso impuls- und drehimpuls-)*unabhängigen*[520]) *Frequenzen* zu folgern, was im einfachsten Falle auf quasielastische Elektronenschwingungen mit *konstanten*[520]) Eigenfrequenzen hinausläuft. Wegen der notwendigen *Übereinstimmung dieser* von vornherein als gegebene *Materialkonstanten* zu betrachtenden *Bewegungsfrequenzen* ω *mit den verschiedenen Strahlungsfrequenzen* ν, welche in den von jenen Gebilden unaufhörlich *kontinuierlich und irreversibel* ausgestrahlten *Kugelwellen* stets *gleichzeitig vorhanden* sein sollten, erscheint jede einzelne dieser Strahlungsfrequenzen als das Primäre gegenüber der *Wellenlänge* des ihr entsprechenden Lichtes, welche erst durch die endliche Ausbreitungsgeschwindigkeit c des letzteren ihre Bedeutung erhält.

Wie aus den insbesondere in Nr. **13** und **14** behandelten allgemeinen Grundlagen der Quantentheorie isolierter Atomsysteme hervorgeht, stehen diese Folgerungen der *Maxwell*schen Elektrodynamik indessen mit gesicherten experimentellen Tatsachen in unüberbrückbarem Widerspruch, womit die Frage nach der Brauchbarkeit einer Wellentheorie des Lichtes der Neubeantwortung bedürftig wird. Dadurch, *daß die Quantentheorie einen unmittelbaren differentiellen Zusammenhang zwischen Elektronenbewegung und Strahlung prinzipiell zu verwerfen nötigt*, fällt aber gerade der einzige Umstand weg, welcher jene Beantwortung in der klassischen Theorie — strenggenommen erst durch Umkehrung der oben geschilderten Schlußweise — ermöglicht hatte. An seine Stelle treten die *Mittelwertaussagen des Korrespondenzprinzipes* (Nr. **14**), die auch im realisierbaren Grenzfalle (122) *nur zu einer asymptotischen, daher nicht prinzipiellen Verknüpfung von Bewegung und Strahlung führen.* Auch hier ist allerdings stets nur *eine* Spektral*frequenz* ν — im Wege über die *Bohr*sche Frequenzbedingung (114) bzw. (115) und (116), zunächst ebenfalls als von vornherein gegebene *Materialkonstante* — die für den einzelnen, *prinzipiell diskontinuierlichen* Strahlungsvorgang *primäre* Größe, welcher ebenso wie in der klassischen Theorie durch Vermittlung der Lichtgeschwindigkeit c eine *Zahl* $\frac{c}{\nu} = \lambda$ als „Wellen*länge*", *wenn auch einstweilen ohne deren Bedeutung*, zugeordnet werden kann. Das Analogon zur *unpolarisierten* klassischen Kugel*welle* erhält man erst, indem man durch *zeitlich-räumliche Mittelbildung* über alle denkbaren Orientierungen des Atomsystems die Impulsgrößen (116) zum Verschwinden

520) Vgl. dazu Anm. 122).

bringt. *Die prinzipielle Umkehrbarkeit der Quantenvorgänge* ergibt dann allerdings im Gegensatz zur obigen Form der klassischen Theorie, daß jene „statistische“ Kugelwelle *nicht nur als divergierende, sondern auch als konvergierende Welle auftreten kann* — was auf klassischem Wege allenfalls nur über die *Lorentz-Ritzsche Auffassung der Maxwellschen Elektrodynamik*[521]) erschlossen werden könnte.

Die vorstehende Übersicht[522]) zeigt, daß die gegenwärtigen Grundlagen der Quantentheorie ebensowenig einen Rückschluß auf die Notwendigkeit einer Wellennatur des Lichtes zulassen, wie auf deren grundsätzliche Unmöglichkeit[523]); hier müssen einstweilen bestimmte *Annahmen* weiterhelfen, von denen solche wellentheoretischer Natur jedenfalls zumindest beträchtliche heuristische Bedeutung besitzen und solange allein in Betracht gezogen worden sind, als die Möglichkeit einer rein quantentheoretischen Deutung der *Interferenz- und Kohärenzerscheinungen* (Nr. 22) noch unbekannt war. Diese Annahmen hängen vor allem von der Bedeutung ab, welche den ausgezeichneten Quantenzuständen der Atomsysteme zugeschrieben wird.

Wie die *Statistik* und auch das direkte Experiment (Nr. 9) ergeben haben, bleiben die Quantenzustände durch *endliche Zeitdauern* („mittlere Lebensdauern“) hindurch erhalten, um dann in *praktisch unmeßbar kurzer Zeit*[524]) („Quantensprung“) durch andere Quantenzustände abgelöst zu werden. Diese Tatsachen sind im Vorangehenden stets so gedeutet worden, als würde das Atomsystem in ihnen notwendig *strahlungsfrei* sein, während seine *quantentheoretische Leuchtdauer* mit jener vernachlässigbar kurzen Zeit zusammenfallen müsse, welche zur Zurücklegung eines Quantenüberganges benötigt wird. Diese — ältere — Auffassung von *Bohr* geht auf den stillschweigend gehegten Wunsch zurück, einen stetig-differentiellen Kausalzusammenhang, wie er nach dem oben Bemerkten der *Maxwell*schen Theorie, ebenso wie auch der gesamten übrigen klassischen Physik, zugrunde liegt,

---

521) Siehe Anm. 142).

522) Siehe etwa Anm. 143), ferner *A. Einstein,* Phys. Ztschr. 10 (1909), p. 817 und *A. Smekal,* Naturwissenschaften 11 (1923), p. 873.

523) *P. S. Epstein* und *P. Ehrenfest,* Proc. Nat. Acad. Amer. 10 (1924), p. 133, haben sich darüber allerdings bereits in Form eines Kompromisses geäußert, dahingehend, daß das *Bohr*sche Korrespondenzprinzip die wesentlichen Züge der Wellentheorie in einer für die Quantentheorie brauchbaren Form enthalte, so daß diese mehr im Sinne einer Neuanpassung, denn einem vollständigen Verlassen der Wellentheorie aufgefaßt werden müsse.

524) Vgl. dazu namentlich die in Anm. 446) angeführte experimentelle Literatur, welche dort allerdings nur im Sinne der ersten von den beiden nachstehend besprochenen Auffassungen gedeutet erscheint, ferner Anm. 560) und 579).

in der Quantentheorie wenigstens möglichst weitgehend beizubehalten; *die Abwesenheit experimentell feststellbarer äußerer Wirkungen des Atomsystems in seinen Quantenzuständen gibt so den Anlaß zu der Vorstellung seiner Strahlungslosigkeit in diesen Zuständen,* womit die der Erfüllung obigen Wunsches ohnehin entzogenen *Strahlungswirkungen* bloß auf die minimalen Zeitdauern der Quantenübergänge verlegt erscheinen. *Diese Auffassung hat es in den vorangehenden Nummern zugelassen, den Energie- und Impulssatz bei den Molekularvorgängen beizubehalten.* Nach *Oseen*[525]) widerspricht sie einer Brauchbarkeit der *Maxwell*schen Theorie auch weit außerhalb eines nichtstrahlenden Atomsystems; das gleiche gilt nach Nr. **13** und **14** für die strahlungsfreien Elektronenbewegungen selbst, welche der Anwendbarkeit des Korrespondenzprinzipes zuliebe eigenartigerweise sogar unbedingt so beschaffen sein müssen, daß sie eine beträchtliche *klassische* Ausstrahlung zur Folge haben würden.[526]) Man findet dementsprechend, *daß die klassische Abklingungszeit τ eines linearen Oszillators von der Eigenfrequenz $\omega = \nu$,*

$$\tau = \frac{3mc^3}{8\pi^2 e^2 \nu^2} \tag{188}$$

größenordnungsmäßig mit der mittleren Lebensdauer eines beliebigen angeregten (n^{ten}) Quantenzustandes übereinstimmen wird[527]), welche ihrerseits in einfacher Weise entweder direkt durch den reziproken Wert von

$$A_n^1 + A_n^2 + \cdots + A_n^{n-1} \tag{189}$$

mit den *Einstein*schen „Übergangswahrscheinlichkeiten" verknüpft erscheint[528]) oder mittels der fundamentalen *Einstein*schen Beziehung

---

525) *C. W. Oseen,* Phys. Ztschr. 16 (1915), p. 395; Ann. d. Phys. 43 (1914), p. 639. Auf einen anderen Standpunkt, *der ladungsfreien Singularitäten der Maxwellschen Gleichungen eine prinzipielle Bedeutung beimißt,* hat *F. Kottler,* Wien. Ber. (IIa) 129 (1920), p. 3, hingewiesen.

526) Siehe p. 987, ferner Anm. 273) und 257).

527) Daß (188) auch als Maß für die *Schärfe der Spektrallinien* in Betracht kommt, ist bereits in Anm. 323) eingehender hervorgehoben worden.

528) *O. Stern* und *M. Volmer,* Phys. Ztschr. 20 (1919), p. 183; *R. Ladenburg* und *F. Reiche,* Naturwissenschaften 11 (1923), p. 584. Allerdings muß ausdrücklich hervorgehoben werden, daß die größenordnungsmäßige Übereinstimmung zwischen (188) und (189) auf nicht allzu hohe Quantenstufen n beschränkt ist, da z. B. beim linearen Oszillator (188) *unabhängig* von n ausfällt, während seine mittlere Lebensdauer quantentheoretisch nach (126) und (189) *umgekehrt proportional* n sein muß; im Grenzfall großer Quantenzahlen sind mittlere Lebensdauer und klassische Abklingungsdauer daher sogar von verschiedener Größenordnung, was korrespondenzmäßig besonders dann zu eigenartigen Konsequenzen führt, wenn die erstere von derselben Größenordnung wie die „Schwingungsperiode" $\frac{1}{\nu}$ wird.

(113) auf *Absorptionsdaten* zurückgeführt werden kann.[529]) Berechnet man $\tau = \frac{1}{A_{\frac{1}{2}}^{1}}$ für den *linearen Quantenoszillator* von der Frequenz ν (Nr. 6 b, 9) auf Grund von (126) in Nr. 14, so erhält man tatsächlich auch quantentheoretisch den Ausdruck (188)[530]); daß dieses Ergebnis aber von noch viel größerer, wenn auch theoretisch einstweilen unverstandener Tragweite sein muß, haben Messungen der klassischen „Abklingungszeit" von *W. Wien* insbesondere an Wasserstoffkanalstrahlen gelehrt.[531]) Die nach diesen verschiedenen Wegen ermittelten Werte von τ ergeben übereinstimmend für Atome und sichtbares Licht eine mittlere Lebensdauer der Quantenzustände von der Größenordnung 10^{-7} bis 10^{-8} sec, für Moleküle im Ultrarot hingegen 10^{-3} bis 1 sec.[529])

Eine andere, jüngst von *Bohr*, *Kramers* und *Slater*[532]) eingehender diskutierte Auffassung versucht den bereits oben betonten Grad von Unabhängigkeit zwischen Elektronenbewegung und Strahlungsfrequenzen in der Quantentheorie sozusagen zum Prinzip zu erheben. *Der Kontinuität jedes stationären Quantenzustandes wird eine kontinuierliche Kugelwellenstrahlung zugeordnet, welche gleichzeitig sämtliche Spektralfrequenzen enthalten soll, die nach der Bohrschen Frequenzbedingung* (114) *sowie dem Korrespondenzprinzip von jenem Quantenzustande aus möglich*

529) *C. Füchtbauer*, Phys. Ztschr. 21 (1920), p. 322; *R. Ladenburg* und *F. Reiche*, l. c.; *R. C. Tolman*, Proc. Nat. Acad. Amer. 10 (1924), p. 85; Phys. Rev. 23 (1924), p. 693; *E. A. Milne*, Phil. Mag. 47 (1924), p. 209.

530) *O. Stern* und *M. Volmer*, l. c.; *M. Planck* [1], § 158, Gleichung 361; *R. Ladenburg* und *F. Reiche*, l. c.

531) *W. Wien*, Ann. d. Phys. 60 (1919), p. 597; 66 (1921), p. 229; 70 (1923), p. 1. Außerdem hat *R. Ladenburg*, Ztschr. f. Phys. 4 (1921), p. 451; 6 (1921), p. 153 (s. auch ferner *R. Ladenburg* und *F. Reiche*, l. c.) gezeigt, daß (188) für das erste Glied der Alkalihauptserien gilt, wo die betreffenden Atome bezeichnenderweise ebenso wie klassische lineare Oszillatoren nur zu Ausstrahlung einer *einzigen* Spektralfrequenz befähigt sind. Das Eingehen der *Quantengewichte* g_n in (109) hat zur Folge, daß ein eindeutiger, gesicherter Zusammenhang zwischen (188) und der mittleren Lebensdauer für beliebige Quantenzustände beliebiger isolierter Atomsysteme eine einwandfreie Bestimmung jener Gewichte ermöglichen würde.

532) *N. Bohr*, *H. A. Kramers* und *J. C. Slater*, Ztschr. f. Phys. 24 (1924), p. 69; vgl. dazu auch Anm. 434). Nähere Ausführungen zu dieser Auffassung stammen von *H. A. Kramers*, Nature 113 (1924), p. 673; 114 (1924), p. 310; *E. Schrödinger*, Naturwissenschaften 12 (1924), p. 720; *R. Becker*, Ztschr. f. Phys. 27 (1924), p. 173; *N. Bohr*, Naturwissenschaften 12 (1924), p. 1115; *J. C. Slater*, Phys. Rev. 25 (1925), p. 395; der Grundgedanke rührt her von *J. C. Slater*, Nature 113 (1924), p. 307. — Insbesondere die Behandlung der Dispersionserscheinungen weist mehrfache Berührungspunkte auf mit den Untersuchungen von *R. Ladenburg* (Anm. 531).

sind. Diese überhaupt nur als „virtuell" anzusehende Strahlung muß aber die stationären Zustände unverändert lassen können, so daß Energie- und Impulssatz nur mehr statistische Gültigkeit beanspruchen dürfen[533]); *ihre einzige, der Beobachtung zugängliche Wirkung*[534]) *soll darin bestehen, die Einsteinschen Übergangswahrscheinlichkeiten* (106), (107 a), (107 b) *für die verschiedenen möglichen Quantenübergänge hervorzurufen.* Mit dem Eintritt eines derartigen Überganges in einen anderen Quantenzustand muß daher die vorherige Strahlung nach einer *mit der „Lebensdauer" des Ausgangs-Quantenzustandes übereinstimmenden „Leuchtdauer"* abgebrochen[535]) werden, um einer neuen kontinuierlichen Strahlung von anderer spektraler Zusammensetzung Platz zu machen; der oben nach der älteren Auffassung diskutierte Zusammenhang zwischen mittlerer Lebensdauer und *klassischer* Oszillatorleuchtdauer wird hier besonders dann eine wesentlich befriedigendere Deutung finden, wenn das Atom in jedem seiner Quantenzustände mit so vielen „virtuellen Oszillatoren" ausgerüstet und klassisch strahlend gedacht wird[536]),

---

533) Siehe auch Anm. 434). Für den *Energiesatz* sind die diesbezüglichen Verhältnisse von *E. Schrödinger*, Naturwissenschaften 12 (1924), p. 720, durchgerechnet worden, wobei sich ergeben hat, daß das Auftreten meßbarer Schwankungen nicht zu befürchten ist. Ob der gleiche Optimismus auch hinsichtlich des *Impulssatzes* berechtigt wäre, kann wohl erst die genaue Untersuchung lehren, da hier beim *Comptoneffekt* an sehr kurzwelliger Röntgen- und Gammastrahlung große Schwierigkeiten zu erwarten sind (vgl. Nr. 21). (Vgl. dazu die nachfolgende Anmerkung!) Bezüglich der Bedeutung eines bloß statistisch erfüllten Energiesatzes für die gesamte Physik vgl. man diesbezügliche Ausführungen von *F. Exner,* Vorlesungen über die physikalischen Grundlagen der Naturwissenschaften, Wien 1919, IV. Kapitel: Über Naturgesetze.

534) *Dieser* Punkt der Theorie kann aus allgemeinen Erkenntnisgründen unbefriedigend erscheinen, vgl. Anm. 434). — Das virtuelle Strahlungsfeld soll nach *Bohr, Kramers* und *Slater* allerdings auch noch eine weitgehende gegenseitige Unabhängigkeit der in voneinander entfernteren Atomsystemen auftretenden Strahlungsvorgänge bedingen, welche ebenfalls der experimentellen Prüfung zugänglich ist. Diese von den genannten Forschern offensichtlich als wesentlichste Aussage ihrer Theorie angesehene Behauptung würde im Falle ihrer Richtigkeit der am Ende von Nr. 17 ausgesprochenen Koppelungsfolgerung (Anm. 447) widersprechen, ist jedoch ganz kürzlich von *W. Bothe* und *H. Geiger,* Naturwiss. 13 (1925), p. 440; Ztschr. f. Phys. 32 (1925), p. 639 am *Compton*-Effekt Nr. 21 experimentell widerlegt worden, so daß sich im folgenden ein näheres Eingehen auf sie erübrigt.

535) Zu diesem „Zerhacken" der Atomstrahlung (*Schrödinger*) in einzelne *Wellenzüge von endlicher Länge* vergleiche man das damit übereinstimmende Ergebnis einer formal-wellentheoretischen Analyse des *Einstein*schen Schwankungsausdruckes (117) durch *M. Planck,* Ann. d. Phys. 73 (1924), p. 272.

536) In diesem Punkte scheint die Theorie verallgemeinerungsfähig und mit Rücksicht auf Anm. 534) sogar möglicherweise bedürftig zu sein.

als es nach (114) und dem Korrespondenzprinzip augenblicklich gerade an verschiedenen Spektralfrequenzen auszusenden vermöchte. Für die „Lebensdauer“ jedes Quantenzustandes werden die Atome damit hinsichtlich ihrer wichtigsten Eigenschaften ganz so beschaffen, wie die eingangs dieser Nummer aus der klassischen Wellentheorie abgeleiteten Atommodelle; die grundlegende Neuerung der Quantentheorie bestünde dann im wesentlichen darin, daß die sämtlichen, momentan an einem Atom tätigen und energieunabhängig wirksamen „virtuellen Oszillatoren“ *gleichzeitig sprungweiser Frequenzänderungen fähig würden*, deren Ausmaß durch die *Bohr*sche Frequenzbedingung (114) gesetzmäßig festgelegt erscheint. — Es ist ohne weiteres klar, daß die *neuere Bohrsche Auffassung* in weitgehender Annäherung zu der immer wieder vermuteten *Brauchbarkeit der Maxwellschen elektromagnetischen Lichttheorie außerhalb der Atomsysteme*[537]) berechtigen würde, *womit alle klassisch-wellenoptischen Ergebnisse in ihren Grundzügen der Quantentheorie dienstbar gemacht werden könnten.*[538])

Wenn im vorangehenden bisher allein die *ältere Auffassung Bohrs* zugrunde gelegt worden ist und auch daran im folgenden festgehalten werden soll, so entspricht dies dem Eindruck, daß zumindest gegenwärtig beide Auffassungen einander bei gleichen Schwierigkeiten ohne erkennbare Entscheidungsmöglichkeit gegenüberstehen, der älteren jedoch die größere historische und heuristische Bedeutung zukommt. Der letzterwähnte Umstand bezieht sich vornehmlich auch auf die in den beiden nachfolgenden Nummern besprochenen Versuche, die Haupttatsachen der bisherigen Wellenoptik *ohne Benutzung wellenoptischer Hilfsmittel* einer quantentheoretischen Deutung zugänglich zu machen. Was die angedeuteten Schwierigkeiten anbetrifft, so äußern sie sich in *Bohrs* neuerer Auffassung auch wieder vornehmlich bei den *unabgeschlossenen Systemen* (Nr. **17**—**19**), namentlich was hier die Ermitt-

---

537) Vgl. z. B. *J. H. Jeans,* Proc. Phys. Soc. London 35 (1923), p. 222, oder *E. Bauer,* Paris C. R. 174 (1922), p. 1335; ferner etwa *R. Becker,* Ztschr. f. Phys. 27 (1924), p. 173, Einleitung. — Die Verträglichkeit des entgegengesetzten Standpunktes von *Oseen* (Anm. 525) mit dieser Auffassung wird sofort verständlich, wenn man sich daran erinnert, daß ersterer einen kausal-differentiellen Zusammenhang zwischen Elektronenbewegung und Strahlung voraussetzt, von welchem gerade hier grundsätzlich abgesehen wird.

538) Bezüglich aller eingehenderen Ausführungen über das *virtuelle Strahlungsfeld,* seine Beziehung zum *Maxwellschen Strahlungsfelde* im Grenzfall langer Wellen und die genauere Art der Wechselwirkung voneinander entfernterer Atome hinsichtlich des Zustandekommens der *Einstein*schen Übergangswahrscheinlichkeiten (107a′), (107b′) muß auf die in Anm. 532) aufgezählte Literatur verwiesen werden.

lung und Kennzeichnung der virtuellen Oszillatoren hinsichtlich ihrer Eigenfrequenzen und Bezugssysteme anbetrifft. Es ist klar, daß derartige Schwierigkeiten in jedem theoretischen Gebäude auftreten müssen, welches von vornherein auf eine gewisse Dualität von Materie und Strahlungsfeld gegründet ist; zudem bleibt die prinzipielle Unkontrollierbarkeit aller dem letzteren zugeschriebenen Vorgänge und Eigenschaften eine erkenntnistheoretisch stets unbefriedigende Notwendigkeit. Eine Form der Quantentheorie, welche ähnlich der *Lorentz-Ritzschen Auffassung der klassischen Elektrodynamik*[521]) bloß von Aussagen über Vorgänge an materiellen Teilchen Gebrauch macht, ist bisher nicht bekannt geworden[539]); es hat aber in mancher Hinsicht den Anschein, als würde die *ältere Bohrsche Auffassung* einer solchen Theorie näher stehen, als die neuere Auffassung[539]), da letztere deren Möglichkeit in ihrer gegenwärtigen Gestalt ohne eigentliche Begründung geradezu verneint.

Innerhalb der *älteren Bohrschen Auffassung der Quantenvorgänge* hat es sich bisher noch *in keinem Falle als notwendig erwiesen, über die in* Nr. **12** *formulierten allgemeinen Gesetze der Wechselwirkung zwischen Strahlung und Materie bezüglich der Natur der Lichtausbreitung*

---

539) Gewissermaßen als eine Vorstufe zu einer derartigen Theorie kann allenfalls jene im Anschluß an die *ältere Bohrsche Auffassung* entwickelte Vorstellung angesehen werden, die *N. Bohr*, Ztschr. f. Phys. 6 (1921), p. 1; 13 (1923), p. 117, III. Kapitel, § 2, unter dem Namen „*Koppelungsprinzip*" zusammenfaßt. Sie stützt sich auf die von *W. Wilson*, Phil. Mag. 29 (1915), p. 795 betonte, von *A. Rubinowicz*, Phys. Ztschr. 18 (1917), p. 96, näher ausgeführte Möglichkeit, die *Hohlraumeigenschwingungen* (Nr. 6b, Anm. 111) nach (152) formal ebenso mittels der Quantenbedingung (151) zu behandeln, *wie ein materielles Atom;* wie *Bohr* durch Anwendung des Korrespondenzprinzipes auf eine derartige Hohlraumeigenschwingung begründet hat, kann sich die Quantenzahl n in (152) bei jedem „Quantenübergang der Hohlraumeigenschwingung" nur um *eine* Einheit ändern; faßt man diesen „Quantenübergang" als eine während der „Leuchtzeit" andauernde *Koppelung* zwischen dem absorbierenden oder emittierenden Atom und der betreffenden Eigenschwingung auf [vgl. *L. Flamm*, Phys. Ztschr. 19 (1918), p. 125); auch *W. Wilson*, l. c., p. 801, ferner Anm. 224)], so ist damit die *Bohrsche Frequenzbedingung* (114) *als Folgerung aus den allgemeinen Quantenbedingungen* (133) abgeleitet (*N. Bohr*, l. c.). Dieses faszinierende Ergebnis leidet aber, wie *Bohr* selbst betont, an dem unabwendbaren Mangel, *die Tatsachen der Lichtausbreitung und ihre endliche Geschwindigkeit vollständig ignorieren zu müssen!* Andernfalls wäre es naheliegend, *die verschiedenen zu einem gegebenen Zeitpunkt Energie enthaltenden Hohlraumeigenschwingungen als harmonische Komponenten der Wechselwirkungseinflüsse zwischen den das Strahlungsfeld begrenzenden materiellen Teilchen aufzufassen* und damit jenes Feld im Sinne des oben ausgesprochenen Wunsches völlig auszuschalten.

hinauszugehen.[540]) Dadurch, daß diese Gesetze in Wiedergabe beobachtbarer Tatsachen bloß den beim einzelnen Elementarvorgang auftretenden *Umsatz* von Energie bzw. Linearimpuls, entsprechend (115a) und (116a), festlegen, ermöglichen sie ja selbst *keinerlei* Aussagen über den *eigentlichen Vorgang der Lichtausbreitung.*[541]) Insbesondere kann auf Grund dieser Ergebnisse allein jedenfalls *nicht* entschieden werden, ob dieser Vorgang in Strenge *räumlich gerichtet* ist oder nicht.[542]) Wenn die von *Einstein* 1905 begründete *Lichtquantentheorie*[543]) annimmt, *daß sich die Strahlungsenergie durch den leeren Raum in räumlich konzentrierten Lichtquanten von der Energie* $h\nu$ *und dem Linearimpuls* $\frac{h\nu}{c}$ *geradlinig ausbreitet,* so ist diese Erneuerung des *Newton*schen Emissionsgedankens daher als eine über (115a) und (116a) (und ebenso über jede Erfahrungskontrolle) *wesentlich hinausgehende Hypothese* anzusehen.[544]) Während die in Nr. 2—8 entwickelte *Statistik* für Lichtquanten, welche allein durch ihren Energiebetrag $h\nu$ gekennzeichnet sind, *nur zu dem* bloß für kurze Wellen brauchbaren *Wienschen Strahlungsgesetze*

$$\varrho(\nu, T) = \frac{8\pi h\nu^3}{c^3} \cdot e^{-\frac{h\nu}{kT}},$$

540) Als einzige Ausnahme käme vielleicht die von *S. N. Bose,* Ztschr. f. Phys. 26 (1924), p. 178, gegebene, auf die *Lichtquantentheorie* (s. w. u.) gegründete Ableitung des Ausdruckes (53b) für die Anzahl der Hohlraumeigenschwingungen in Betracht, doch scheint auch sie allenfalls mit Beschränkung auf (115a) und (116a) gedeutet werden zu können.

541) Siehe Anm. 182), 226), 234).

542) Vgl. Anm. 231).

543) *A. Einstein,* Ann. d. Phys. 17 (1905), p. 132; 20 (1906), p. 199; Verhandl. Deutsch. Phys. Ges. 11 (1909), p. 482; Phys. Ztschr. 10 (1909), p. 185; 19 (1917), p. 121. — Eine Kompromißtheorie, welche die Wellentheorie durch Annahme einer „fleckigen" Wellenfront mit eingestreuten Singularitäten im Sinne von „Lichtquanten" ergänzt, ist bereits früher von *J. J. Thomson,* Elektrizitätsdurchgang durch Gase, deutsch von *E. Marx,* Leipzig 1906 (Teubner), p. 267, aufgestellt worden; *E. Marx,* Ann. d. Phys. 41 (1913), p. 161, und *F. Kottler,* Wien. Ber. (IIa) 129 (1920), p. 3, haben sie eingehender zu begründen gesucht, doch hat sie niemals ernstlichere Bedeutung erlangt.

Eine Form der Lichtquantentheorie, welche mit einer jedoch bloß *fiktiven* „Phasenwelle" operiert, vertritt *L. de Broglie,* vgl. z. B. Thèse, Paris 1924 (Masson); jene fiktive Welle spielt hier auch eine große Rolle für die Stabilität der im übrigen aber als strahlungsfrei aufgefaßten Quantenzustände.

544) Dieser Sachverhalt pflegt in der Literatur vielfach nicht genügend berücksichtigt zu werden, so daß die Bezeichnung „Lichtquantentheorie" hier schon im Anschluß an (115) und (116) benutzt wird, was ungerechtfertigt erscheint.

anstatt zum *Planck*schen Gesetze (93) führt[545]), soll es nach *Bose* und *Einstein* bei Hinzunahme der Impulsfestlegung mit $\frac{h\nu}{c}$ möglich sein, (93) im Gegensatz zu Nr. 9 oder **11** *ohne jede Benutzung klassischer Hilfsmittel* statistisch abzuleiten.[546]) Von der Annahme ausgehend, daß die *maximale Zellengröße* im *μ-Raume* (Nr. **3**) *der Lichtquanten* ähnlich wie bei der *Molekültranslation* (Nr. **24 c**) gleich h^3 sein soll[547]), wird dabei der in Nr. **6 b** *wellentheoretisch* als „Anzahl der Hohlraumeigenschwingungen im Volumen V" gedeutete Ausdruck (53 b) unmittelbar *als Anzahl aller verschiedenen quantentheoretisch möglichen räumlichen Anordnungen und Orientierungen von Lichtquanten* erhalten.[548])

---

545) Siehe die in Anm. 182) angegebene Literatur, ferner das Ergebnis (95), welches für $n \geq 2$ obiger Form der Lichtquantenhypothese *widerspricht*, dem *Planck*schen Strahlungsgesetze (93) hingegen genügt. Sucht man (95) in die Sprache der Lichtquantentheorie zu übersetzen, so zeigt sich, daß nach (93) neben den „einfachen" Lichtquanten oder Licht„atomen" mit der Energie $h\nu$ auch „mehrfache" Lichtquanten oder Licht„moleküle" mit der Energie $n \cdot h\nu$ im Strahlungsraume auftreten müßten. In *dieser* Form haben die Lichtquantentheorie zu erweitern bzw. zu ergänzen gesucht: *M. Wolfke*, Phys. Ztschr. 22 (1921), p. 375; *L. de Broglie*, Paris C. R. 175 (1922), p. 811; J. de phys. et le Rad. (VI) 3 (1922), p. 422; Thèse, Paris 1924 (Masson), p. 96 ff.; *W. Bothe*, Ztschr. f. Phys. 20 (1923), p. 145; 23 (1924), p. 214; *L. S. Ornstein* und *H. C. Burger*, Ztschr. f. Phys. 21 (1924), p. 358. Werden „Zusammenstöße" zwischen Atomen und Quanten„molekülen" zugelassen, so kann *Einsteins* Annahme einer *negativen* Einstrahlung (Nr. **11**) entbehrlich werden.

546) *S. N. Bose*, Ztschr. f. Phys. 26 (1924), p. 178, übersetzt von *A. Einstein*. Die Arbeit zerfällt in zwei, einer unabhängigen Bewertung fähiger Teile: 1. in die lichtquantentheoretische Ableitung von (53 b) (s. oben im Text, aber auch Anm. 540), 2. in die statistische Behandlung der Lichtquanten, wobei eine von Nr. **4** und **8 b** abweichende Definition der Zustandswahrscheinlichkeiten in Verbindung mit formaler Anwendung des *Boltzmann*schen Prinzips (90 a) benutzt wird. Der Teil 2 beruht auf einer neuartigen statistischen Methodik (vgl. Anm. 32 a), deren Tragweite am Ende von Nr. **27** nähere Erwähnung findet.

547) Vgl. Anm. 506) und Nr. **24**, insbesondere Nr. **24 c**; daß die genannte Annahme nur die *maximale* Zellengröße betreffen kann, folgt aus ähnlichen Betrachtungen wie auf p. 954/955. Die überraschende Bewährung dieser Voraussetzung auch für Lichtquanten läßt deren Bewegung in Analogie zu den Quantenbahnen der Atomsysteme treten, was vielleicht als Fingerzeig für die Möglichkeit einer Quantentheorie der Strahlungsvorgänge angesehen werden könnte, welche ausschließlich auf die beobachtbaren Veränderungen an materiellen Teilchen gegründet wird, *ohne* die endliche Ausbreitungsgeschwindigkeit des Lichtes ignorieren zu müssen (vgl. Anm. 539).

548) Die *Bose*sche Ableitung von (53 b) gibt also eine Art „Orientierungsquantelung" der Lichtquanten, ähnlich jener von *Schrödinger* für die Molekültranslation zufolge (186) (vgl. dazu auch Anm. 435); tatsächlich läßt sich (186) nach *Schrödinger* auf verwandtem Wege wie (53 b) bei *Bose* aus der Forderung

Eine größere Anzahl von Spekulationen über Dimensionen und sonstige Eigenschaften der Lichtquanten[549]) kann hier außer Betracht bleiben, da sie bisher zu keinen nennenswerten Erfolgen geführt hat.

Was die *Polarisationserscheinungen* anbetrifft, so erfordern sowohl die in Nr. **12** formulierten allgemeinen Gesetze der Wechselwirkung zwischen Materie und Strahlung als auch die eben berührte Lichtquantentheorie *Ergänzungen*, für welche eine endgültige Form kaum noch gefunden sein dürfte. Der Grund hierfür liegt vor allem in dem Mangel eines dem *elektrischen Vektor* des Lichtes der *Maxwell*schen Theorie analogen Begriffes in der Quantentheorie[550]); wie dessen Rolle in der klassisch-elektromagnetischen Lichttheorie konform mit den beobachteten spezifischen Wirkungen polarisierter Strahlung dartut, dürfte sein Analogon in vielen Fällen in einer verhältnismäßig engen *Koppelung* zwischen der Emission und Wiederabsorption individueller Strahlungsenergiebeträge $h\nu$ zu suchen sein[551]), welche bei der Wiederabsorption ähnliche Verhältnisse *schafft* bzw. *auswählt*, wie bei der

---

einer maximalen Zellengröße h^3 ableiten. Eine bis ins einzelne gehende Übertragung des *Bose*schen Verfahrens, wie es *A. Einstein*, Berl. Ber. 1924, p. 261 vorgenommen hat, führt zu einer in statistischer Hinsicht neuartigen Theorie der *Gasentartung* (Nr. **24**c), deren prinzipielle Bedeutung am Ende von Nr. **27** besprochen wird.

549) Z. B.: *M. Brillouin*, Paris C. R. 168 (1919), p. 1318; *R. Emden*, Phys. Ztschr. 22 (1921), p. 513; *L. de Broglie*, Paris C. R. 175 (1922), p. 811; 177 (1923), p. 507, 548, 630; J. de Phys. et le Rad. (VI) 3 (1922), p. 422; *H. Bateman*, Nature 111 (1923), p. 567; 112 (1923), p. 239; 113 (1924), p. 924; Phil. Mag. 46 (1923), p. 977; *W. Bothe*, Ztschr. f. Phys. 17 (1923), p. 137; 26 (1924), p. 74; *L. S. Ornstein* und *H. C. Burger*, Ztschr. f. Phys. 20 (1923), p. 345, 351, hierzu *W. Pauli*, Ztschr. f. Phys. 22 (1924), p. 261; *L. S. Ornstein* und *H. C. Burger*, Ztschr. f. Phys. 21 (1924), p. 358; 30 (1924), p. 253; *E. Marx*, Ztschr. f. Phys. 27 (1924), p. 248; *F. W. Bubb*, Nature 113 (1924), p. 237; Phys. Rev. 24 (1924), p. 177; *G. E. M. Jauncey*, Phys. Rev. 22 (1923), p. 233; 23 (1924), p. 313; *L. Brillouin*, Paris C. R. 178 (1924), p. 1696; *K. Schaposchnikow*, Ztschr. f. Phys. 30 (1924), p 228; *V. S. Vrkljan*, Ztschr. f. Phys. 31 (1925), p. 713.

550) Siehe etwa die in der vorigen Anm. genannten Publikationen von *F. W. Bubb*, bzw. Anm. 493).

551) Vgl. Nr. 17, Ende, Anm. 447), 493), 534) und Nr. **21**. — Zu ähnlichen Folgerungen führt auch die Frage nach der quantentheoretischen Deutung der *Interferenzfähigkeit der Strahlung* (Kohärenzerscheinungen). (Einen diesbezüglichen, jedoch auf ganz anderer Grundlage beruhenden Versuch hat *P. S. Epstein*, Münchn. Ber. 1919, p. 73, unternommen.) Die in der Literatur mehrfach geäußerte Meinung, daß hier für die *Einstein*sche Lichtquantentheorie unüberwindliche Schwierigkeiten bestehen, scheint unbegründet, wenn man die gleiche Folgerung nicht auch schon auf die Polarisation der Strahlung ausdehnen will.

Emission.[552]) Die letzteren erscheinen nach dem *Bohrschen Korrespondenzprinzip* (Nr. **14**) durch die Polarisationseigenschaften der den verschiedenen Quantenübergängen *korrespondierenden* Schwingungskomponenten der Atombewegung festgelegt. Hiernach wird neben *zirkularer* und *linearer Polarisation* im allgemeinen auch *elliptische Polarisation* auftreten können müssen[553]), wobei vieles dafür zu sprechen scheint, daß diese Polarisationsaussagen des Korrespondenzprinzipes *Eigenschaften der einzelnen elementaren Strahlungsvorgänge* betreffen und nicht etwa als bloß statistische Gesetzmäßigkeiten aufzufassen sind. Eine besondere von der Polarisation im allgemeinen nicht unabhängige Eigenschaft derartiger Einzelvorgänge liegt bei *isolierten* Atomsystemen ferner in der Notwendigkeit, den meist von Null verschiedenen *Betrag der bei den betreffenden Quantenübergängen auftretenden Änderungen des Drehimpulsvektors* $\mathfrak{D}$ *der Atome der ausgesandten Strahlung zuzuordnen*, wenn der *Satz von der Erhaltung des Drehimpulses* gleich jenem von der Erhaltung der Energie und des Linearimpulses (Nr. **11**) am *Einzelatom* beibehalten werden soll.[554]) Bei Atomsystemen mit einer Symmetrieachse, d. h. für alle *störungsfreien* Atom- und Molekülmodelle,

---

552) Vgl. z. B. die quantentheoretische Deutung der von *R. W. Wood* und *A. Ellet*, Proc. Roy. Soc. (A) 103 (1923), p. 396; Phys. Rev. 24 (1924), p. 243, gefundene Beeinflussung der bei Erregung mit polarisiertem Lichte erhaltenen Polarisation des Fluoreszenzlichtes durch Magnetfelder bei *W. Hanle*, Naturwissenschaften 11 (1923), p. 690; *P. Pringsheim*, Naturwissenschaften 12 (1924), p. 247; Ztschr. f. Phys. 23 (1924), p. 324; *G. Joos*, Phys. Ztschr. 25 (1924), p. 130; *G. Breit*, Phil. Mag. 47 (1924), p. 832; *E. Gaviola* und *P. Pringsheim*, Ztschr. f. Phys. 25 (1924), p. 367; *W. Hanle*, Ztschr. f. Phys. 30 (1924), p. 93. Vgl. ferner *A. E. Ruark*, *P. Foote* und *F. L. Mohler*, J. Opt. Soc. Amer. 7 (1923), p. 415; *F. Weigert*, Naturwissenschaften 12 (1924), p. 38. — Eine Deutung des *Wood-Ellet*effektes bei fehlendem oder sehr schwachem Felde ist von *N. Bohr*, Naturwissenschaften 12 (1924), p. 1115, auf Grund seiner *neueren Auffassung der Quantenvorgänge* gegeben worden (s. auch *W. Hanle*, l. c.), doch ist sie (im oben angedeuteten Sinne) zwanglos auch für *Bohrs ältere Auffassung* durchführbar.

553) Siehe *N. Bohr*, Ztschr. f. Phys. 6 (1921), p. 1, wo dies in engem Zusammenhang mit dem *Koppelungsprinzip* (Anm. 539) gegenüber *A. Rubinowicz*, Ztschr. f. Phys. 4 (1921), p. 343, hervorgehoben wird.

554) Siehe etwa *A. Sommerfeld* [1], 5. Kapitel, § 1. — Die Bedeutung dieser Folgerung verliert allerdings mancherlei an Tragweite, wenn man bedenkt, daß *isolierte* Atomsysteme *prinzipiell überhaupt nicht vorkommen können* (Nr. **17**); in der Tat wird es bei Aufgabe jener Isolierung zunächst völlig unsicher, für welchen Bereich die Drehimpulsänderungen nunmehr in Rechnung zu stellen sind, ähnlich wie dies in Nr. **17** (p. 1065) bei unabgeschlossenen Systemen bereits für die Anwendung des Energiesatzes (115a) bzw. (115) hervorgehoben werden mußte [und gleicherweise für den Impulssatz (116), (116a) in Betracht kommt]. Es ist aber naheliegend, dieses Bedenken *für abgeschlossene Systeme* mit Be-

wird dieser Betrag nach dem *Korrespondenzprinzip*[555]) für deren sämtliche, in der Richtung dieser Achse zirkular polarisierten Spektrallinien *allgemein* und *unabhängig von der Strahlungsfrequenz* durch die Vektorgleichung

$$\mathfrak{D}^{(n')} - \mathfrak{D}^{(n'')} = \mathfrak{d} \cdot \frac{h}{2\pi} \tag{190}$$

gegeben, worin $\mathfrak{d}$ den Einheitsvektor des bei einer beliebigen derartigen Wechselwirkung mit dem Strahlungsfelde umgesetzten Drehimpulses bezeichnet.[556]) Wie *Bohr* und *Rubinowicz* gezeigt haben[557]), kann (190) in Verbindung mit der *Bohr*schen Frequenzbedingung (114) bzw. (115), auch aus dem klassisch-elektrodynamischen Ergebnisse abgeleitet werden, daß das Verhältnis von Energie und Drehimpuls der von einem solchen Gebilde ausgestrahlten Kugelwelle von der Frequenz ν gleich $2\pi\nu$ ist.[558]) Daß $|\mathfrak{D}^{(n')} - \mathfrak{D}^{(n'')}|$ bei einem Quantenübergange eines *durch äußere Kraftfelder* (Nr. **15b**) *gestörten* Atomsystems nach dem Korrespondenzprinzip auch gleich Null oder einem ganzzahligen Vielfachen von $\frac{h}{2\pi}$ sein kann, scheint einer universellen Geltung von (190) für die Strahlungsprozesse zu widerspre-

rufung auf den Erfolg zu ignorieren, welcher das damit übereinstimmende, stillschweigende Vorgehen der Anwendung von (114) in Nr. **14—16** auf isolierte Atome und Moleküle rechtfertigt.

555) *N. Bohr* [2]; siehe Anm. 321).

556) Daß $\mathfrak{d}$ für eine bestimmte Richtung *zweierlei* Drehungssinn besitzen kann, ist quantentheoretisch von besonderem Interesse. Wenn *Bose* (Anm. 546) bei seiner oben im Texte erwähnten lichtquantentheoretischen Ableitung von (53b) zunächst bloß den *halben* Ausdruck (53b) erhält und diesen dann nachträglich unter bloßem Hinweis auf die *Polarisation* verdoppelt, so ist das quantentheoretisch *nur mit Rücksicht auf* (190) *zu rechtfertigen.* Dieser Umstand scheint sehr für die in Anm. 559) vertretene Auffassung zu sprechen, wonach (190) *universelle* Gültigkeit für jede Art von Wechselwirkung zwischen Strahlung und Materie beanspruchen können sollte.

557) *N. Bohr* [2], p. 47/48; *A. Rubinowicz,* Phys. Ztschr. 19 (1918), p. 441, 465; vgl. auch besonders *A. Sommerfeld* [1], 5. Kapitel, § 2, 3, ferner *C. N. Wall,* Phil. Mag. 48 (1924), p. 378. Wie *Bohr* betont, spricht dieses Ergebnis, unabhängig von den allgemeinen Quantenbedingungen (133) und deren Anwendbarkeit, dafür, daß der Gesamtdrehimpuls eines Atoms ein ganzzahliges Vielfaches von $\frac{h}{2\pi}$ beträgt, wie sonst aus (148′) gefolgert werden muß und am Ende von Nr. **16a** hervorgehoben worden ist.

558) *H. Busch,* Phys. Ztschr. 14 (1913), p. 455; *K. Schaposchnikow,* Phys. Ztschr. 15 (1914), p. 454; *M. Abraham,* Phys. Ztschr. 15 (1914), p. 914. Vgl. vor allem aber die Darstellung von *A. Sommerfeld* [1], Zusatz 10. — Tatsächlich hat man unmittelbar $h\nu : 2\pi\nu = \frac{h}{2\pi}$ und damit (190).

chen. Nur wenn es erlaubt sein sollte, anzunehmen, *daß alle auf* $\frac{h}{2\pi}$ *fehlenden bzw. überschüssigen Drehimpulsbeträge von jenen Atomanordnungen geliefert bzw. aufgenommen werden, welche die störenden Felder hervorbringen*, wäre es möglich, (190) *als universelles, für jede beliebige Wechselwirkung von Materie und Strahlungsfeld maßgebendes Gesetz der Energiefrequenzbedingung* (115) *und der Impulsfrequenzbedingung* (116) *ebenbürtig an die Seite zu stellen.*[559])

Was die *räumliche Lokalisation der Strahlungsvorgänge* anlangt, so ist sie im Gegensatz zur klassischen Theorie im einzelnen gegenwärtig vollkommen unbestimmt, da die Quantentheorie eben gerade jenen kausal-differentiellen Zusammenhang zwischen Elektronenbewegung und Strahlungsvorgängen aufhebt, welcher innerhalb der klassischen Elektrodynamik *sämtliche beschleunigt bewegten Ladungen als Strahlungsquellen* erkennen läßt. Die bilanzmäßigen Anwendungen (115) bzw. (115a), (116) bzw. (116a) und (190) der Erhaltungssätze auf die Strahlungsvorgänge, insbesondere aber der durch (116) *auch hinsichtlich seiner Richtung festgelegte Einsteinsche Linearimpulsumsatz* zeigen, daß eine derartige Lokalisation doch wenigstens insofern möglich sein muß, als ein ganz bestimmtes *Bezugssystem* angegeben werden kann, in welchem die Frequenz ν der ausgesandten Strahlung zu messen ist. Ob der Strahlungsprozeß *in einem Raumpunkt* innerhalb oder außerhalb des von dem betreffenden Gebilde eingenommenen Raumes vor sich gehend gedacht werden und wie dieser Punkt ermittelt werden könnte[560]), entzieht sich einstweilen aber jeder näheren Kennzeichnung.

---

559) Wie es scheint, kann eine teilweise Aufnahme bzw. Abgabe von Drehimpuls durch die äußeren Atomanordnungen auch mittels klassischer Überlegungen wahrscheinlich gemacht werden, da das strahlende Atom im Störungsfelde ohnehin nur quasi-abgeschlossen ist (siehe Nr. **15b**, Anfang). Vielleicht ist auch eine experimentelle Bestätigung für die vermutete *Universalität des Strahlungsdrehimpulses* $\frac{h}{2\pi}$ nicht gänzlich ausgeschlossen. Für die Möglichkeit einer *Lichtquantentheorie* scheint sie sogar von grundsätzlicher Bedeutung zu sein, da sich die für die Duplizität der Polarisationsfreiheitsgrade jeder beliebigen Strahlrichtung (siehe Anm. 556) quantentheoretisch erforderliche Duplizität des Drehungssinnes nur bei *von Null verschiedenem Drehimpulsumsatz* ergeben kann.

560) Die Annahme einer *punktartigen Lokalisierung* der Strahlungsprozesse würde mit Rücksicht auf die Existenz des erwähnten Bezugssystems naheliegen, und auf die endliche Zeit, welche die Zurücklegung irgendeines Lichtweges erfordert. Eine wenigstens prinzipiell exakt mögliche Definition der *Länge* eines Lichtweges scheint vor allem unumgänglich zu sein für die Möglichkeit einer *quantentheoretischen Deutung der wellentheoretischen Lichtphase* (Nr. **21**). Der

Die Bestimmung des Bezugssystems der bei einem Quantenübergang eines isolierten Atomsystems absorbierten oder emittierten monochromatischen Strahlung hat *Schrödinger* ausgeführt; sie läuft gleichzeitig hinaus auf eine *quantentheoretische Ableitung bzw. Verallgemeinerung des Dopplerschen Prinzipes.*[561]) Sind $E_{(n')}$, $E_{(n'')}$ die *Absolutbeträge* der Energiewerte $E_{n'}$, $E_{n''}$ des Atomsystems für den betrachteten Quantenübergang, derart, daß $\frac{E_{(n')}}{c^2}$, $\frac{E_{(n'')}}{c^2}$ dessen entsprechende *Ruhmassen* ergeben, und werden unter $v_{(n')}$, $v_{(n'')}$ die Translationsgeschwindigkeiten des Atoms in bezug auf den spektroskopischen Beobachter vor und nach dem Quantenübergang verstanden, so lautet die allgemeine Energiefrequenzbedingung (115) in relativitätstheoretischer Schreibweise:

$$\frac{E_{(n')}}{\sqrt{1-\frac{v_{(n')}^2}{c^2}}} - \frac{E_{(n'')}}{\sqrt{1-\frac{v_{(n'')}^2}{c^2}}} = h\nu. \tag{191}$$

Zur Anwendung der Impulsfrequenzbedingung (116) mögen unter $\vartheta_{(n')}$, $\vartheta_{(n'')}$ die Winkel verstanden werden, welche die Richtungen von $v_{(n')}$ und $v_{(n'')}$ mit jener des Strahlungsimpulses $\frac{h\nu}{c}$ bilden; (116) zerfällt dann in die beiden Bedingungen

$$\frac{E_{(n')} v_{(n')} \cdot \cos\vartheta_{(n')}}{c^2\sqrt{1-\frac{v_{(n')}^2}{c^2}}} - \frac{E_{(n'')} \cdot v_{(n'')} \cdot \cos\vartheta_{(n'')}}{c^2\sqrt{1-\frac{v_{(n'')}^2}{c^2}}} = \frac{h\nu}{c}, \tag{192a}$$

$$\frac{E_{(n')} v_{(n')} \cdot \sin\vartheta_{(n')}}{c^2\sqrt{1-\frac{v_{(n')}^2}{c^2}}} - \frac{E_{(n'')} \cdot v_{(n'')} \cdot \sin\vartheta_{(n'')}}{c^2\sqrt{1-\frac{v_{(n'')}^2}{c^2}}} = 0. \tag{192b}$$

Setzt man

$$\nu_0 = \frac{E_{(n')}^2 - E_{(n'')}^2}{2h\sqrt{E_{(n')} \cdot E_{(n'')}}} = \frac{E_{(n')} - E_{(n'')}}{h} \cdot \frac{E_{(n')} + E_{(n'')}}{2 \cdot \sqrt{E_{(n')} \cdot E_{(n'')}}}, \tag{193}$$

so ergibt sich aus (191), (192a), (192b) für die vom spektroskopi-

---

Versuch, den Absorptions- bzw. Emissions*punkt* eines individuellen Strahlungsprozesses mit einem individuellen Bahnpunkte eines „Leucht"elektrons zu identifizieren, könnte vom Standpunkt der vernachlässigbar kurzen Dauer eines Quantenüberganges (s. namentlich Anm. 579), ferner von den Tatsachen strahlungsbedingter Zusammenstöße (Nr. **18b**), dem lichtelektrischen und *Compton*effekt aus vorteilhaft erscheinen; er wirkt aber befremdlich gegenüber dem Umstand, daß an dem Quantenübergang eines Atoms mit mehreren Elektronen *sämtliche* Ladungen beteiligt sind und die Auszeichnung des „Leucht"elektrons daher bedenklich wird.

561) *E. Schrödinger,* Phys. Ztschr. 23 (1922), p. 301. Bezüglich eines älteren, nicht geglückten Versuches von *K. Försterling,* Ztschr. f. Phys. 3 (1920), p. 404, vgl. man das Referat von *W. Pauli,* Phys. Ber. 2 (1921), p. 489.

schen Beobachter gemessene Frequenz ν der Strahlung

$$\nu = \nu_0 \cdot \sqrt{\frac{\sqrt{c^2 - v^2_{(n')}}}{c - v_{(n')} \cdot \cos \vartheta_{(n')}} \cdot \frac{\sqrt{c^2 - v^2_{(n'')}}}{c - v_{(n'')} \cdot \cos \vartheta_{(n'')}}}. \tag{194}$$

Der *wellentheoretisch-relativistische* Zusammenhang zwischen der *Ruhfrequenz* ν_0' und der Frequenz ν' der Strahlung einer Lichtquelle, die unter dem Winkel ϑ gegen die Strahlrichtung mit der Geschwindigkeit v relativ zum spektroskopischen Beobachter bewegt ist, lautet demgegenüber

$$\nu' = \nu_0' \cdot \frac{\sqrt{c^2 - v^2}}{c - v \cdot \cos \vartheta}. \tag{194'}$$

Wie der Vergleich von (194) und (194') lehrt, *ist* ν_0 *in* (193) *als quantentheoretische Ruhfrequenz der Strahlung anzusprechen*; die *Doppler-Formel* (194) ergibt sich dann einfach durch Multiplikation von ν_0 mit dem *geometrischen Mittel* des wellentheoretischen Faktors von ν_0' in (194'), gebildet für den Bewegungszustand vor und nach Ausführung des Quantenüberganges. Für $\nu = \nu_0$ erhält man $v_{(n'')} = - v_{(n')}$, $\vartheta_{(n'')} = \vartheta_{(n')} = 0$, und erkennt, daß dieser Spezialfall in der Wellentheorie tatsächlich gerade jenem einer *ruhenden Strahlungsquelle* entspricht; man hat dann nämlich wegen $\mathfrak{J}^{(n')} = - \mathfrak{J}^{(n'')}$ nach (116) einfach

$$2 \, | \mathfrak{J}^{(n')} | = \frac{h\nu}{c} \tag{195}$$

und, da der Strahlungsimpuls für die klassische, isotrope Kugelwelle verschwindet, $\mathfrak{J}^{(n')} = \mathfrak{J}^{(n'')} = 0$. *Das Ruhsystem eines monochromatischen Strahlungsprozesses erscheint demnach in der Quantentheorie eindeutig definiert durch* (195), wenn man fordert, *daß jeder von den beiden zur klassischen Theorie führenden Grenzübergänge* (121) *und* (122) *die wellentheoretische Doppler-Formel* (194') ergibt. Aus (195) geht aber zugleich unmittelbar hervor, *daß dieses quantentheoretische Bezugssystem der Strahlung weder mit dem Ruhsystem des Atoms vor dem Quantenübergange noch demjenigen nach dem Quantenübergange identisch ist;* die Angabe eines derartigen Bezugsystems auf Grund eines *einzigen* stationären Zustandes ist demnach unmöglich.[562]) — Da es für die vorstehenden Betrachtungen belanglos ist, ob anstatt des Atomsystems die Teilnehmer an einem beliebigen *strahlungsbedingten Zusammenstoß*

562) Dieser Umstand, der indessen keine größeren Erkenntnisschwierigkeiten in sich schließt, als schon die Frequenzberechnung mittels der gewöhnlichen *Bohr*schen Frequenzbedingung (114) wurde von *Bohr* (Anm. 503) vorübergehend als besondere, unannehmbare Härte gewertet. — Eliminiert man übrigens $v_{(n'')}$ und $\vartheta_{(n'')}$ aus (194) mittels (191) und (192), so erhält man nach *P. A. M. Dirac*, Proc. Cambr. Phil. Soc. 22 (1924), p. 432, eine Beziehung von der gleichen Form (194') wie die klassische *Doppler*-Formel.

(Nr. **18 b**) gewählt werden, so gelten sie auch für alle Arten der letzteren, falls dann in (195) unter $\mathfrak{J}^{(n')}$ der resultierende Gesamtlinearimpuls aller Stoßteilnehmer vor dem Zusammenstoße verstanden wird.[563]) Die durch (194) bedingten *Abweichungen von der klassischen Doppler-Verbreiterung der Spektrallinien* bleiben in allen der experimentellen Prüfung gegenwärtig zugänglichen Fällen unmeßbar klein.

21. Quantentheorie der optischen Zerstreuung und Dispersion. Um den Durchgang des Lichtes durch durchsichtige Medien und dessen Gesetzmäßigkeiten zu verstehen, bedarf es der Klarstellung folgender beider Hauptfragen[564]):

I. Wie ist der „Lichtweg" im materiellen Medium beschaffen?
II. Warum ist die Fortpflanzungsgeschwindigkeit des Lichtes im materiellen Medium eine andere als im Vakuum?

Beide Fragen werden von der klassisch-elektromagnetischen Wellentheorie des Lichtes qualitativ erschöpfend und in mancherlei Hinsicht auch quantitativ beantwortet. Fällt eine „ebene" Lichtwelle von der Frequenz ν auf ein Atom auf, so folgert die Wellentheorie das Auftreten einer von dem Atom ausgesandten *Kugelwelle gleicher Frequenz*, welche zunächst bloß eine *teilweise Absorption und Zerstreuung der Primärwelle* ohne Verminderung ihrer Fortpflanzungsgeschwindigkeit und ohne Richtungsänderung bewirkt. Um die gerade mit Änderung der Fortpflanzungsgeschwindigkeit und der Richtung verbundene *Brechung* zu erhalten, muß dieser Vorgang nun für sehr viele derartige Atome, z. B. harmonische Oszillatoren mit der *Bewegungs*eigenfrequenz ω_0, untersucht werden, welche etwa alle in einer zur Einfallsrichtung der Primärwelle senkrechten Ebene liegen mögen. Durch *Interferenz der sekundären Kugelwellen*, also der Streustrahlung, *nach dem Huygensschen Prinzip* wird jetzt eine „ebene" Sekundärwelle von der Frequenz ν zustandekommen, welcher Vorgang nach der klassischen Dispersionstheorie unter anderem so gekennzeichnet werden kann, *als ob die Lichtphase φ in der Atomschicht die (positive oder negative) Zeitdauer* $2\pi \cdot \frac{\Delta\varphi}{\nu}$

563) Wie man jedoch unmittelbar sieht, folgt aus (193), daß eine bloß auf Kosten seiner Translationsenergie zustandekommende Strahlungsemission eines einzelnen mit konstanter Geschwindigkeit gegen den spektroskopischen Beobachter bewegten Partikels unmöglich ist; nach dem Korrespondenzprinzip (Nr. **14**) ist dies trivial, *da gleichförmig bewegte Ladungen auch einer klassischen Ausstrahlung unfähig sind.* Eine mit ungleichförmiger Bewegung verbundene quantentheoretische Ausstrahlung kann dagegen stets im Sinne irgendeiner Art strahlungsbedingten Zusammenstoßes (Nr. **18 b**) gedeutet werden.

564) Siehe etwa *K. F. Herzfeld*, Ztschr. f. Phys. 23 (1924), p. 341.

aufgehalten worden wäre, was innerhalb eines aus derartigen Atomen bestehenden Mediums das Zustandekommen einer von der Vakuumlichtgeschwindigkeit c verschiedenen *Phasengeschwindigkeit* $\frac{c}{n_\nu}$ und damit eines von Eins verschiedenen *Brechungsexponenten* n_ν erklärt; *eine ähnliche, stets positive Verzögerung erleidet die von der Strahlung transportierte Energie* und mißt die stets kleiner als c bleibende *Gruppengeschwindigkeit.*[565]) Wenn ν gleich einer Spektralfrequenz ν_0 des getroffenen Atoms ist, tritt „Resonanz" und damit, je nach der Phase, *positive* oder *negative Einstrahlung* (Nr. **11**) auf, wenn ν nur wenig von ihr verschieden ist, „anomale Dispersion".

Die vorstehende knappe Übersicht über die Grundzüge der klassischen Dispersionstheorie läßt als Hauptpunkte einer *Quantentheorie der Lichtfortpflanzung in materiellen Medien* die Notwendigkeit einer quantentheoretischen Erklärung der *Zerstreuung* und der *Interferenz* erkennen, welche zusammen eine Beantwortung der Frage I ermöglichen, ferner eine Deutung der *Verzögerungszeit in den streuenden Atomen,* welche die Antwort auf die Frage II enthalten muß. Diese Punkte müssen demnach im folgenden einer näheren Erörterung unterzogen werden.

Um die von einzelnen *Bohr*schen Atom- oder Molekülmodellen bewirkte *Zerstreuung* zu berechnen, haben *Debye* und *Sommerfeld,* sowie *Davysson* ursprünglich versucht, die Beeinflussung der Modelle durch ankommende Lichtwellen *störungstheoretisch-quantenmäßig* (Nr. **15 b**) zu ermitteln, die Rückwirkung dieser Störung auf die Welle aber als *klassische Kugelwelle* zu behandeln.[566]) Während der erstere Schritt allenfalls noch einer Rechtfertigung fähig ist[567]), widerspricht die Auffassung einer Kugelwellen-Streustrahlung der allgemeinen Impulsbe-

565) Siehe *K. F. Herzfeld,* Anm. 564), ferner *L. Natanson,* Phil. Mag. 38 (1919), p. 269.

566) *P. Debye,* Münchn. Ber. 1915, p. 1; *A. Sommerfeld,* Elster-Geitel-Festschrift 1915, p. 575; Ann. d. Phys. 53 (1917), p. 497: *C. Davysson,* Phys. Rev. 8 (1916), p. 20; ferner insbesondere *P. S. Epstein,* Ztschr. f. Phys. 9 (1922), p. 92 und *M. Born,* Ztschr. f. Phys. 26 (1924), p. 379, § 2. Bezüglich der auf gleichem Wege untersuchten *Rotationsdispersion* vgl. man Anm. 414) und 418).

567) *J. M. Burgers* [1], p. 215 f.; Versl. Amsterd. 26 (1917). p. 702. — Die Frage zerfällt allerdings im Grunde genommen bereits in *zwei* Teile, a) ob die Anwendung störungstheoretischer Quantenbetrachtungen auch auf langsame, periodische, *also von der Zeit explizit abhängige Störungen* zulässig ist, b) ob das elektrische Feld der Licht„welle" auch tatsächlich als eine derartige *periodische Störung* aufgefaßt werden darf. a) ist von *Burgers* allein behandelt und bejaht worden, b) widerspricht (115 a) und (116 a), könnte aber etwa noch bei Zugrundelegung einer *statistischen* Auffassung beibehalten werden.

bedingung (116a). Tatsächlich haben alle diese Versuche zu keiner brauchbaren Wiedergabe der Wellenlängenabhängigkeit des Brechungsexponenten geführt[568]), vor allem auch deswegen, weil sie notwendig zu einer der Quantentheorie nach Nr. **14** grundsätzlich widersprechenden Gleichsetzung von Bewegungsfrequenzen ω_0 und Spektralfrequenzen ν_0 gelangen müssen. Der letztere Widerspruch kann nun zwar durch die Annahme behoben werden, daß die Streustrahlung der Quantenatome entweder überhaupt nur deren Spektralfrequenzen enthalten könne[569]), oder durch *fiktive* „Ersatzoszillatoren" in den Atomen hervorgerufen werde, deren Bewegungsfrequenzen mit den nach der *Bohr*schen Frequenzbedingung (114) berechneten Spektralfrequenzen übereinstimmen sollen.[570]) Die in diesen beiden Fällen den Interferenzvorgängen zuliebe wiederum vorausgesetzte *Kugelwellenemission* der bisher überdies stets als *ruhend* betrachteten Streuungszentren widerspricht aber ebenfalls wieder (116a), so daß man auf diesem Wege ebensowenig wie in der klassischen Streuungs- und Dispersionstheorie zur Erhaltung des statistischen Wärmegleichgewichtes zwischen Materie und Strahlung gelangen kann.[571]) In der Tat ist auch bereits am Ende von Nr. **12** gezeigt worden, daß die Erhaltung jenes Gleichgewichtes wegen der durch (116a) bedingten Änderung eines von Null verschiedenen Translationsimpulses beim Streuvorgange nur an

568) Siehe die in Anm. 566) genannte Literatur. Die zuerst von *Debye* am H_2-Molekülmodell erhaltene Übereinstimmung wird mit Rücksicht auf das anderweitige Versagen dieses Modelles (Nr. **16b**) hinfällig.

569) *C. G. Darwin*, Nature 110 (1922), p. 841; Proc. Nat. Acad. Amer. 9 (1923), p. 771; *A. Smekal*, vgl. Naturwissenschaften 11 (1923), p. 873.

570) *R. Ladenburg*, Ztschr. f. Phys. 4 (1921), p. 451; *R. Ladenburg* und *F. Reiche*, Naturwissenschaften 11 (1923), p. 584; *N. Bohr*, Ztschr. f. Phys. 13 (1923), p. 117, auf p. 161/162. — Einem formal ähnlichen Standpunkt entspricht ferner die *neuere Auffassung der Quantenvorgänge von Bohr, Kramers* und *Slater* (Nr. **20**, Anm. 532), jedoch mit einer *virtuellen* Kugelwellen-Streustrahlung, welche so beschaffen gedacht wird, daß sie dem im Text nachfolgend angeführten, auf (116a) gestützten Gegenargument aus statistischen Gründen zu entgehen vermag. Ausführungen zur Quantentheorie der Dispersion, welche mit einer derartigen *virtuellen Kugelwellen*-Streustrahlung arbeiten (was hier nur mehr eine terminologische Bedeutung hat), sind von *H. A. Kramers* gegeben worden [Anm. 532), vgl. dazu ferner *R. Ladenburg* und *F. Reiche*, Naturwissenschaften 12 (1924), p. 672; *M. Born*, Ztschr. f. Phys. 26 (1924), p. 379, §§ 3, 4; *R. Becker*, Ztschr. f. Phys. 27 (1924), p. 173].

571) Siehe etwa *C. G. Darwin* und *A. Smekal*, Anm. 569) oder Anm. 239). Der von *K. F. Herzfeld* (Anm. 564), p. 359 vertretene, entgegengesetzte Standpunkt kann nur bei bewußter Vernachlässigung von (116a) als gerechtfertigt angesehen werden. Die gleiche Vernachlässigung liegt auch der *Kramers*schen Quantentheorie der Dispersion (Anm. 570) zugrunde.

thermisch *bewegten* Streuungszentren möglich ist. Wie zuerst *A. H. Compton* und *P. Debye* bei der quantentheoretischen Behandlung des Streuvorganges durch praktisch „freie" Elektronen geschlossen haben, *muß die Streustrahlung eine richtungsabhängige Wellenlängenänderung gegenüber der Primärstrahlung aufweisen*[572]), welche an der hauptsächlich von leichten Elementen gestreuten Röntgenstrahlung tatsächlich auch von *A. H. Compton* experimentell festgestellt und gemessen werden konnte.[573]) Die für die Streuung an beliebigen Atomen oder Molekülen maßgebenden allgemeinen Beziehungen (118) und (119) sind durch Verallgemeinerung der *Compton-Debye*schen Betrachtungen von *Smekal* aufgestellt worden[574]) und zeigen, daß die in der Streustrahlung gegenüber der Primärstrahlung auftretenden *Frequenzänderungen* unter Umständen *sogar von der Größenordnung der Spektralfrequenzen der streuenden Atomsysteme sein können müssen,* wofür ein *direkter* experimenteller Nachweis einstweilen allerdings noch aussteht.[575]) Dieser

---

572) Siehe Anm. 244), 495), ferner *W. Pauli,* Anm. 243).

573) *A. H. Compton,* Bull. Nat. Res. Council 20 (1922), p. 19; Phil. Mag. 46 (1923), p. 897; Phys. Rev. 21 (1923), p. 483; 22 (1923), p. 409; 24 (1924), p. 168; *A. H. Compton* und *Y. H. Woo,* Proc. Nat. Acad. Amer. 10 (1924), p. 271; *P. A. Roß,* Phys. Rev. 22 (1923), p. 524; Proc. Nat. Acad. Amer. 9 (1923), p. 246; 10 (1924), p. 304; *J. A. Becker,* Proc. Nat. Acad. Amer. 10 (1924), p. 342; *M. de Broglie,* Paris C. R. 178 (1924), p. 908; *A. H. Compton* und *J. A. Bearden,* Proc. Nat. Acad. Amer. 11 (1925), p. 117; *Y. H. Woo,* ebenda p. 123; *P. A. Roß* und *D. L. Webster,* ebenda p. 56, 61; *H. Kallmann* und *H. Mark,* Naturwiss. 13 (1925), p. 297. — Die Realität des *Compton*effektes ist von *W. Duane* und seinen Mitarbeitern in zahlreichen Veröffentlichungen in den Proc. Nat. Acad. Amer. 10 (1924) bestritten und eine Deutung der experimentellen Tatsachen auf anderem Wege zu geben versucht worden, doch scheint diese Diskrepanz nach den neuesten Publikationen im wesentlichen zugunsten der *Compton*schen Ergebnisse geklärt zu sein. Ein unabhängiger Beweis für die letzteren liegt aber auch bereits vor im Nachweis der Existenz der *Comptonschen Rückstoßelektronen* (vgl. die Betrachtungen zum *Compton*effekt in Nr. **18b**) durch *C. T. R. Wilson* und *Bothe* (Anm. 237), namentlich aber den Ergebnissen von *A. H. Compton* und *J. C. Hubbard,* Phys. Rev. 23 (1924), p. 439 (Diskussion der *Wilson*schen Versuche) und *D. Skobelzyn,* Ztschr. f. Phys. 24 (1924), p. 393; 28 (1924), p. 278.

574) *A. Smekal,* Anm. 569) oder 236).

575) Für $\nu'' = 0$, wo (118) und (119) in (115) und (116) übergehen, entspricht dieser Folgerung aber der experimentell zuerst von *R. J. Strutt,* Proc. Roy. Soc. (A) 96 (1919), p. 272, an Na-Dampf festgestellten Tatsache, daß das mit einer von der Resonanzlinie verschiedenen Spektrallinie erregte Fluoreszenzlicht auch andere Spektralfrequenzen des fluoreszierenden Atomsystems als jene des Primärlichtes enthält. (Bezüglich der quanten- und serientheoretischen Deutung dieses Effektes vgl. man *N. Bohr* [3], p. 35/36.) Die notwendige Existenz des Analogons zu dieser Erscheinung bei der Streustrahlung ist oben direkt aus den auf den Energie- und Impulssatz gegründeten Beziehungen (118)

Fall muß nach (118) und (119) nämlich stets dann eintreten, wenn die unter einem beliebigen Winkel gegen die Primärrichtung erfolgende Emission der Sekundärstrahlung *mit einem Quantenübergang des streuenden Gebildes verbunden ist* (*anomale Zerstreuung*); andernfalls erhält man die nur für das leichte Elektron meßbare Frequenzänderung des gewöhnlichen *Comptoneffekts* (*normale Zerstreuung*).[576])

Die Beziehungen (118) und (119) setzen eine *zwei*malige Anwendung der grundlegenden Wechselwirkungsgesetze (115) und (116) zwischen Materie und Strahlung voraus, deren Erfolg die Unausweichlichkeit der Folgerung erkennen zu lassen scheint, *daß das streuende Atom sich zwischen Aufnahme der Primärstrahlung und Emission der Sekundärstrahlung in einem „metastationären" Zustande von endlicher „Lebensdauer" befinden muß.*[577]) Dies entspricht nun gerade der

und (119) entnommen worden, kann aber auch aus dem *Bohrschen Korrespondenzprinzip* (Nr. 14) erschlossen werden, wenn man bekannte Sätze über die *erzwungenen Schwingungen ein- und mehrfach-periodischer Systeme* benutzt. Dieser Weg der Begründung ist jüngst auch von *N. Bohr,* Naturwissenschaften 12 (1924), p. 1115, besonders hervorgehoben worden, unter gleichzeitigem Hinweis auf seither erschienene Rechnungen von *H. A. Kramers* und *W. Heisenberg,* Ztschr. f. Phys. 31 (1925), p. 681, wozu auch *A. Smekal,* Ztschr. f. Phys. 32 (1925), p. 241, zu vergleichen ist. Bezüglich der *indirekten* Bestätigung der „anomalen" Zerstreuung durch den *Compton*-Effekt s. den diesbezüglichen Hinweis in Anm. 495).

576) Streicht man in (118) und (119) $E_{n'}$ und $E_{n''}$, so erhält man für ein streuendes Gebilde von der Masse M und für einen Winkel ϑ zwischen Primär- und Sekundärstrahlung

$$\nu' - \nu'' = \frac{\nu' \cdot \nu''}{M} \cdot \frac{2h}{c^2} \cdot \sin^2 \frac{\vartheta}{2};$$

die Frequenzdifferenz wird also im sichtbaren und ultravioletten Gebiet unmeßbar klein; im Röntgengebiete ist sie wegen des Vorkommens von M im Nenner nur für $M = m$ (Elektronenmasse) meßbar und von der Größenordnung einiger Prozente der Primärfrequenz ν'. In Wellenlängen ausgedrückt, hat man

$$\lambda'' - \lambda' = \frac{2h}{Mc^2} \cdot \sin^2 \frac{\vartheta}{2},$$

worin die rechte Seite *unabhängig von* λ wird und für $M = m$, sowie $\vartheta = \frac{\pi}{2}$ den Zahlenwert $0{,}0243 \cdot 10^{-8}$ cm annimmt. Die beiden Grenzübergänge (121) und (122) führen hier bemerkenswerterweise insofern zu etwas *verschiedenen* Ergebnissen, als (121) für die Frequenz- bzw. Wellenlängendifferenz in der Grenze exakt Null liefert, (122) aber nur eine prozentisch beliebig klein werdende Wellenlängenänderung ergibt.

577) *A. Smekal,* Ztschr. f. Phys. 32 (1925), p. 241; 34 (1925), p. 81. Hierbei wird also der *monochromatische Charakter der elementaren Strahlungsvorgänge* (bzw. der Quantenübergänge) als *prinzipiell* angesehen, wie dies auch der Möglichkeit eines Korrespondenzprinzipes überhaupt, sowie der *Bohr*schen Formulierung des II. Grundpostulates der Quantentheorie (114) (*N. Bohr* [1], [2]) entspricht. Mit Rücksicht auf die allgemeinen Bedingungen der Erhaltung des

oben aus der klassischen Dispersionstheorie gezogenen Folgerung, wonach eine gewisse mittlere Verzögerungszeit pro streuendem Atom formal dazu geeignet ist, den im dispergierenden Medium mit gegenüber c verminderter Fortpflanzungsgeschwindigkeit erfolgenden Strahlungsenergietransport zu deuten. Die Auffassung jener *Verzögerungszeiten als Lebensdauern von Atom- und Molekülzuständen* bisher unbekannter Art ist, allerdings rein phänomenologisch und unabhängig von obiger Quantentheorie der Streuung, zuerst von *Herzfeld*[564]) gegeben worden; das Vorhandensein eines von Eins verschiedenen Brechungsexponenten wäre demnach als unmittelbarer Beweis für die Existenz der oben erschlossenen Streuungszustände bei beliebigen materiellen Medien anzusehen.[578])

Wie die Betrachtung der Energie- und Impulsverhältnisse zeigt, müssen die neuen Atomzustände für alle Primärfrequenzen $\nu \neq \nu_0$ von den mittels der allgemeinen Quantenbedingungen (133) gekennzeichneten *stationären Quantenzuständen verschieden* sein; ihre mittlere Lebensdauer ergibt sich nach *Herzfeld* von der Größenordnung $\frac{1}{\nu}$, also etwa 10^{-15} sec für sichtbares Licht, gegenüber 10^{-8} sec nach (188) oder (189) (Nr. 20) für die gewöhnlichen stationären Quantenzustände, und würde damit auf *eine noch wesentlich geringere Zeitdauer der Quantenübergänge*[579]) hinweisen. Ob die neuen, somit wesentlich

---

statistischen Wärmegleichgewichtes zwischen Strahlung und Materie (Nr. 11, 12) scheint demgegenüber eine von *A. Einstein* und *P. Ehrenfest* (Anm. 229) in Betracht gezogene Verallgemeinerung, wonach gleichzeitig Wechselwirkung eines Atomsystems mit Strahlung mehrerer verschiedener Frequenzen möglich sein sollte, nur bei bereits nach der klassischen Elektrodynamik einer *spontanen Ausstrahlung überhaupt unfähigen Systemen*, d. h. vor allem an *„freien“ Elektronen*, in Frage zu kommen (vgl. dazu Anm. 581).

578) Diese Folgerung gilt für ganz beliebige derartige Medien, wird aber im Zusammenhang mit obiger, an (118) und (119) anschließender Begründung zunächst wohl nur für die Lichtfortpflanzung in nicht zu stark verdichteten Gasen anschaulich, da die zugrundeliegende Anwendung des Energie- und Impulssatzes nach Nr. 17 nur bei *abgeschlossenen Atomsystemen* oder gewissen Arten von *Zusammenstößen* (Nr. 18) als einigermassen geklärt gelten kann.

579) D. h. der *Leuchtdauern* im Sinne der älteren *Bohr*schen Auffassung der Quantenvorgänge. Da $\frac{1}{\nu}$ von der Größenordnung der *Zeitdauer eines einzigen Elektronenumlaufes* ist, würde die Dauer eines Quanten*überganges* damit zu jener des Durchlaufens von bloß *einem Teil* einer Bahnperiode (oder Quasiperiode) in Beziehung gesetzt werden können, was als Indizium für einen überhaupt *zeitlos* erfolgenden Quantenübergang, entsprechend der in Anm. 560) diskutierten Möglichkeit einer *punktartigen Lokalisation der Strahlungsvorgänge* aufgefaßt werden könnte (s. auch Anm. 446).

Die angegebene Lebensdauer-Größenordnung der „metastationären“ Zustände

unbeständigeren, *metastationären Atom- und Molekülzustände* etwa mit allen nach den klassischen Bewegungsgesetzen überhaupt möglichen Zuständen übereinstimmen oder nicht, kann einstweilen deswegen nicht entschieden werden, weil Energie und Impuls als von diesen Zuständen bisher allein angebbare Größen eine beliebige Bewegung des Atomsystems und seiner Bestandteile keineswegs eindeutig zu kennzeichnen vermögen.[580]) Eine scheinbare Schwierigkeit bezüglich dieser Zustände ergibt sich allerdings für freie Elektronen, bei welchen Energie und Impuls voneinander nicht unabhängig sein können; sie löst sich aber, wenn man — wie stets möglich — die Elektronen beim *Compton*effekt vor Beginn bzw. nach Abschluß des Streuvorganges wie in Nr. **18b** gemäß (181) als in Wechselwirkung mit einem Atomsystem befindlich ansieht, am ideal freien Elektron aber eine Verlangsamung des Strahlungsenergietransportes gegenüber dem Vakuum überhaupt leugnet.[581]) Mit Hilfe von (119) und (195) über-

---

kann als eine eindrucksvolle Bestätigung der von *N. Bohr,* Ztschr. f. Phys. 13 (1923), p. 117, II. Kap., insbesondere §§ 3—5, auf Grund korrespondenzmäßiger Betrachtungen geäußerten Auffassung angesehen werden, daß man zu einer Gültigkeitsgrenze der Quantenpostulate gelangen müsse, wenn mittlere Lebensdauer und „Schwingungsperiode" $\frac{1}{\nu}$ von der gleichen Größenordnung werden (Anm. 528). Wie der formale und hinsichtlich des *Compton-Effektes* auch experimentelle Erfolg der im Texte auseinandergesetzten Quantentheorie der Streuung zu beweisen scheint, bezieht sich jene Gültigkeitsgrenze aber *nur auf die Festlegung der stationären Quantenzustände, welche eben bei den „metastationären" Zuständen hinfällig wird,* während die allgemeinen Frequenzbedingungen (115) und (116) ebenso wie die Benutzung der *Einstein*schen Wahrscheinlichkeitsansätze (106'), (107a'), (107b') in (120) nach wie vor zu Recht bestehen bleiben. Vgl. dazu ferner *A. Smekal,* Ztschr. f. Phys. 34 (1925), p. 81.

580) So wäre es z. B. denkbar, daß gewisse von den Quantenbedingungen der stationären Zustände auch für die „metastationären" in Geltung bleiben könnten.

581) Die Betrachtung vollkommen isolierter, freier Elektronen — ein kaum realisierbarer Grenzfall — ist heuristisch ganz besonders fruchtbar (*Compton, Debye, Pauli,* Anm. 572), aber prinzipiell nicht ohne Besonderheiten und Bedenklichkeiten. Wenn das Strahlungsgleichgewicht gemäß (120a), (120b) bei alleiniger Wechselwirkung mit freien Elektronen gewahrt werden können soll, müßten diese formal einer *spontanen Ausstrahlung* gemäß (105) fähig sein, wofür die klassische Elektrodynamik wegen der grundsätzlichen Strahlungsfreiheit gleichförmig bewegter Ladungen aber kein korrespondenzmäßiges Analogon zu bieten vermag. Da die Bremsung bzw. Beschleunigung eines derart bewegten Elektrons durch das Strahlungsfeld jedoch zu bestimmten Strahlungsvorgängen Anlaß gibt, so werden diese korrespondenzmäßig dem *Compton-Debye*schen Streuvorgang zuzuordnen sein, aber bei im Grenzfall des ideal freien Elektrons verschwindendem Zeitintervall zwischen Aufnahme der Primärstrahlung und Abgabe

zeugt man sich leicht, *daß das Ruhsystem der auf ein Atomsystem auftreffenden Primärstrahlung mit jenem der später ausgesandten Streustrahlung übereinstimmen muß, und daß, in diesem Bezugssystem gemessen, die Frequenz der Primär- und der Sekundärstrahlung einander gleich sein müssen,* $\nu' = \nu''$, *wie in der klassischen Theorie.* Dieses Ergebnis, das auch im Grenzfall freier Elektronen in Geltung bleibt, ist für den letzteren auf Grund relativitätstheoretischer Invarianzforderungen zuerst von *Pauli* abgeleitet worden.[582])

Die nach dem Obigen zu erschließende Existenz metastationärer Quantenzustände ist in mehrfacher Hinsicht von besonderem Interesse, einerseits wegen ihrer allgemeinen quantentheoretischen Bedeutung, anderseits wegen ihrer Tragweite für die Fragen der *Statistik.* Der erstgenannte Punkt ist noch völlig ungeklärt, doch ist es jedenfalls bedeutsam, *daß die Zeitdauer gastheoretischer Zusammenstöße der Lebensdauer metastationärer Zustände nahekommt,* was auf eine mögliche Beziehung der letzteren zur Theorie der *Quantenvorgänge in unabgeschlossenen Systemen* (Nr. **17, 18**), namentlich zur zeitlichen Auswirkung dieser Erscheinungen in der Theorie der *chemischen Umsetzungen* und der *Reaktionsgeschwindigkeit*[452]) hinweist.[582a]) In statistischer Hinsicht wäre jedenfalls festzustellen, daß die Existenz metastationärer Zustände Ergänzungen zu den Formeln der *Quantenstatistik* (Nr. **10, 24—27**) bedingen würde, welche durch auch außerhalb der stationären Quantenzustände *von Null verschiedene,* wenn auch nume-

---

der Sekundärstrahlung, wodurch die Möglichkeit und Notwendigkeit einer Unterscheidung zwischen spontaner Ausstrahlung einerseits, positiver und negativer Einstrahlung anderseits verschwindet. Korrespondenzbetrachtungen zum *Compton*effekt, jedoch ohne Bezugnahme auf die eben berührte Fragestellung sind gegeben worden von *K. Försterling*, Phys. Ztschr. 25 (1924), p. 313; *W. Lenz*, Ztschr. f. Phys. 25 (1924), p. 299; *O. Halpern,* Ztschr. f. Phys. 30 (1924), p. 130.

582) Siehe Anm. 243), aber auch schon *A. H. Compton*, Anm. 244). Dieses Ergebnis ist von besonderer Bedeutung für die Beantwortung der Frage nach der Häufigkeitsfunktion, welche für die Intensität der Streuung unter bestimmtem Winkel gegen die Primärrichtung bei gegebener Primärintensität maßgebend ist. *Pauli* und in naher Übereinstimmung damit auch *Compton* haben im genannten Ruhsystem („Normalkoordinatensystem" nach *Pauli*) dafür die klassische *Thomson*sche Streuungsformel angenommen, *Debye* (Anm. 244) benutzt demgegenüber, jedoch in Widerspruch mit den Erfahrungstatsachen, einen etwas abweichenden Ansatz. Vgl. *W. Pauli,* l. c. p. 282, Anm. 2.

582a) Man vgl. dazu die jüngst erschienenen Betrachtungen über hypothetische „Quasimolekeln" von *M. Born* und *J. Franck,* Ztschr. f. Phys. 31 (1925), p. 411, sowie den in Verbindung mit den „metastationären" Zuständen darauf bezugnehmenden Hinweis bei *A. Smekal,* Ztschr. f. Phys. 32 (1925), p. 241 (Zusatz bei der Korrektur).

risch unbedeutende *Werte der Gewichtsfunktion* gekennzeichnet werden müßten.[583]) Wie *Herzfeld*[564]) für den Fall der Dispersion gezeigt hat, können die dadurch bedingten Abweichungen von der gewöhnlichen Quantenstatistik erst bei genügend *hohen Temperaturen* merklich werden, wie es auch schon auf Grund der *empirisch* fundierten Ergebnisse (95) und (100) nicht anders zu erwarten ist.[584])

Mit vorstehender quantentheoretischer Behandlung der Zerstreuung und Deutung für die Verzögerungszeit der Lichtfortpflanzung in den zerstreuenden Atomen ist nach den Ausführungen am Beginne dieser Nummer eine quantentheoretische Behandlung der Dispersion möglich gemacht, falls nun auch noch eine entsprechende quantenmäßige Begründung für die *Interferenzvorgänge* gegeben werden kann. Vernachlässigt man die „anomale" Zerstreuung (p. 1108) und beschränkt sich auf die „normale" Zerstreuung des *Compton*effektes bei gleichzeitiger Vernachlässigung[585]) der hierbei eintretenden, namentlich im optischen Gebiete unmeßbar kleinen[576]) Frequenzänderungen, so ist eine solche Begründung in der Tat auf verhältnismäßig einfachem Wege möglich. Für eine genauere Ausführung der Theorie, welche die genannten Einschränkungen überflüssig macht, scheinen keine weiteren prinzipiellen Schwierigkeiten vorzuliegen, doch ist sie bisher noch nicht in Angriff genommen worden.

583) Ob und welche Besonderheiten hierbei entsprechend den allgemeinen Ergebnissen von Nr. 6b, Ende und Nr. 9 der Umgebung des „untersten" Quantenzustandes oder „Normalzustandes" eines Atomsystems zuzukommen hätten, ist einstweilen allerdings noch nicht näher zu übersehen.

584) Siehe Anm. 191), sowie aber die Bemerkungen in Anm. 192) zu einem theoretischen Versuch von *Mie*.

585) Diese Vernachlässigung läuft auf eine Unterdrückung des *Einstein*schen „Nadelstrahl"impulses (116 a) hinaus, welcher die *Richtungsänderung* der Strahlung bei der Zerstreuung bewirkt. Wenn im folgenden von *beliebig geformten Lichtwegen* die Rede ist, so muß man sich diese als Ersatz für Polygonzüge vorstellen, welche durch entsprechend oftmalige Wechsel der Primärstrahlrichtung an streuenden Atomen als *wahre Lichtwege* zustandekommen, wobei von den jeweils auftretenden Impulsänderungen abgesehen wird. Ihre Berücksichtigung würde am Ende langer, entsprechend gekrümmter Lichtwege im allgemeinen schon beträchtliche Vielfache der in Anm. 576) näher angeführten Wellenlängenänderung beim Einzelstreuungsvorgang ergeben können, welche jedoch aus Intensitätsgründen bisher stets unbeobachtbar bleiben mußten. Für die Lichtwege der geometrischen Optik aber überzeugt man sich leicht, daß eine solche Wellenlängenänderung bei sichtbarem Licht auch für große Lichtwege unmerklich bleiben muß. Wenn Reflexionsvorgänge (Nr. 22) zunächst als ausgeschlossen betrachtet werden, so kommen praktisch immer nur sehr spitze Streuwinkel in Betracht, für welche die Wellenlängenänderung nach Anm. 576) verhältnismäßig am kleinsten ausfallen muß, da für den Streuwinkel Null überhaupt keine derartige Änderung eintritt.

Da die Interferenzvorgänge nach der klassischen Wellentheorie wesentlich von der *Phase* φ der Lichtstrahlen abhängen, wird vorerst die Aufsuchung eines quantentheoretischen Analogons hierzu erforderlich. Bedeutet A den Ort des emittierenden, B den des absorbierenden [positive oder negative Einstrahlung (Nr. 14) empfangenden] Atoms, welche beide durch einen Lichtweg s von beliebigem Verlaufe verbunden zu denken sind, so ist die Phase φ_ν monochromatischen Lichtes von der Frequenz ν bzw. der Wellenlänge λ, für den Zeitpunkt der Absorption klassisch gegeben durch

$$\varphi_\nu(s) = \int_A^B \frac{ds}{\lambda} = \frac{\nu}{c} \int_A^B n_\nu \cdot ds, \tag{196}$$

wenn n_ν den Brechungsindex als Funktion des Ortes darstellt. $\varphi_\nu(s)$ ist dimensionslos, daher eine reine Zahl und gegenüber beliebigen Raum-Zeit-Transformationen *invariante* Größe, klassisch mit hinreichender Schärfe definiert, wenn λ groß ist gegen die Dimensionen von A und B, d. h. wenn Emission und Absorption als hinreichend punktartig lokalisierte Vorgänge angesehen werden können; ob letztere auch *zeitlos* erfolgen oder nicht, ist demgegenüber nicht von Belang.

Um für $\varphi_\nu(s)$ in (196) einen quantentheoretischen Ausdruck angeben zu können, hat man zunächst zu beachten, daß sich alle in (196) vorkommenden Größen auf von einem beliebigen Bezugssystem aus einheitlich zu beschreibende, bewegte materielle Teilchen beziehen, einschließlich ν (bzw. λ), das in der klassischen Theorie durch konstante Elektronen-Schwingungsfrequenzen der beteiligten Atome gegeben ist (Nr. 20). Ein solches Bezugssystem kann nun auch in der Quantentheorie beliebig gewählt werden, wenn man entsprechend Nr. 17 die zwischenmolekularen Wechselwirkungen berücksichtigt und zugleich mit der inneren Bewegung der Moleküle etwa durch kanonische Differentialgleichungen von der Form (1) beschreibt. Faßt man nun die Emission des Strahlungsenergiebetrages $h\nu$ und dessen Absorption als eine einheitliche Störung auf, welche mit einem Quantenübergange in A anhebt, sich über die Wechselwirkungen der Atomsysteme und diese selbst, längs s und dessen Umgebung ausbreitet, um mit einem Quantenübergange in B zu endigen[586]), so kann man

586) *A. Smekal*, Anm. 435). — Hierbei kann von speziellen Vorstellungen über den Verlauf dieser Störungen im einzelnen völlig abgesehen werden, da nur das Pauschalergebnis jedes derartigen Vorganges in Betracht kommen wird. Es ist daher im Texte auch vermieden worden, hier etwa die Ausdrucksweise der Lichtquantentheorie anzuwenden, wie dies bei *Herzfeld* (Anm. 564) und *Wentzel* (Anm. 587) geschieht. Das Gleiche dürfte nach dem Vorangehenden auch für

mit *Wentzel*[587]) als *invariantes Maß dieser Störung* diejenige *Gesamtänderung* ansehen, welche die *invariante*, zu (6) analog gebaute *Jacobische Wirkungsfunktion S jener kanonischen Bewegungsgleichungen* hierbei erleidet. Diese Änderung $\Delta_\nu S$ ist (hier im Gegensatz zu S selbst) endlich und kann mit Benutzung der Beziehungen (5) und (7) in der Form geschrieben werden

$$\Delta_\nu S(s) = \int_A^B t \cdot dE + \sum_i \int_A^B \beta_i \cdot d\alpha_i \quad (197)$$ [588]),

worin E die Gesamtenergie der von der Störung betroffenen Atomsysteme bedeutet.[589]) $\Delta_\nu S(s)$ ist von der Dimension einer Wirkungsgröße; dividiert man (197) durch h, so kann man als *quantentheoretische Phase des Lichtweges s* mit *Wentzel* jetzt den invarianten, dimen-

die Quantentheorie der Zerstreuung deutlich geworden sein, wo die bisherige, gegenteilige Auffassung nur dem Umstand zugeschrieben werden kann, daß *Compton* und *Debye* (Anm. 244)) von dem idealen Grenzfall freier Elektronen ausgegangen sind, an welchem eine Klarstellung der diesbezüglichen Verhältnisse (Anm. 579), 581)), nicht ohne weiteres möglich ist.

587) *G. Wentzel*, Ztschr. f. Phys. 22 (1924), p. 193; 27 (1924), p. 257, Anhang.

588) Wenn hier der Einfachheit halber die Bezeichnungen der zitierten Formeln beibehalten werden, so darf doch nicht übersehen werden, daß es sich dort um die Bewegungsgleichungen der inneren Bewegung eines *isolierten* Atomsystems handelt, hier aber um die Bewegungsgleichungen aller Elementarbestandteile der Atomsysteme, welche in ihrer Wechselwirkung einen beliebig großen, prinzipiell unabgrenzbaren Raumteil der Welt erfüllen (vgl. dazu Anm. 437). Die Anzahl der verschiedenen, durch den Index i gekennzeichneten Freiheitsgrade ist daher hier strenggenommen unendlich (und deswegen gilt das Gleiche auch für S), so daß auch die Anzahl der von der Störung in Mitleidenschaft gezogenen Freiheitsgrade ohne spezielle Annahmen über die Natur der Lichtausbreitung (z. B. die Lichtquantenvorstellung) nur mit einer gewissen, allerdings wohl stets quantitativ zu rechtfertigenden Annähernng als endlich angesehen werden kann.

589) Da jeder der beiden auf der rechten Seite von (197) stehenden Teile von S auch für sich invariant ist, so kann für das Folgende eine beliebige, entsprechend normierte Linearkombination dieser beiden Teile formal zunächst das Gleiche leisten. Wie *R. de L. Kronig*, Ztschr. f. Phys. 29 (1924), p. 383, allerdings unter gewissen speziellen Voraussetzungen zeigte, schien aus der im nachfolgenden geschilderten Betrachtung zunächst nur dann die notwendige Existenz des *Einstein*schen Strahlungsimpulses (116a) mit dem richtigen Vorzeichen gefolgert werden zu können, wenn man das Vorzeichen des zweiten Teiles von (197) umkehrte. Nach *Wentzels* revidierter Theorie (Ztschr. f. Phys. 27 (1924), p. 279, Gl. (62)) hingegen erhält man auf dem *Kronig*schen Wege das richtige Vorzeichen für $\frac{h\nu}{c}$, wie *G. Wentzel*, Phys. Ber. 6 (1925), p. 594 angibt.

sionslosen Ausdruck definieren

$$\varphi_\nu(s) = \frac{\Delta_\nu S(s)}{h}. \tag{198}$$

Wenn man *punktartige Lokalisation von Emission und Absorption* voraussetzt[590]), so wird $s = c \cdot \Delta t$, wo Δt die Zeit der freien Lichtfortpflanzung ist, ferner z. B. bei positiver Einstrahlung in B[591]) für $t = t_A$ bzw. $t = t_B$ nach der *Bohrschen Frequenzbedingung* (114) $\Delta E = \pm h\nu$, und man bekommt (λ = Wellenlänge im Vakuum):

$$\varphi_\nu(s) = \frac{s}{\lambda} + \frac{1}{h}\sum_i \int \beta_i \cdot d\alpha_i. \tag{199}$$

Durch Vergleich von (196) und (198) ergibt sich als *quantentheoretischer Ausdruck für den Brechungsexponenten* n_ν allgemein

$$n_\nu = \frac{c}{\Delta E} \cdot \frac{d\Delta_\nu S(s)}{ds} = 1 + \frac{\lambda}{h} \frac{d\sum_i \int \beta_i \cdot d\alpha_i}{ds}; \tag{200}$$

der Brechungsexponent mißt demnach quantentheoretisch die durch Strahlung von der Frequenz ν längs des beliebigen Lichtweges s bedingten Abweichungen von der sonst ungestörten inter- und intramolekularen Bewegung pro Weg- und Energieeinheit. Das *Fermatsche Prinzip der schnellsten Ankunft des Lichtes*

$$\delta \int_A^B n_\nu \cdot ds = 0 \tag{201}$$

besagt dann, *daß jene Abweichung auf den Lichtwegen der geometrischen Optik ein Minimum wird.*

Es hat nun nach *Wentzel* keine Schwierigkeiten mehr, *die wellentheoretische Interferenzformel als quantenstatistische Gesetzmäßigkeit umzudeuten,* wenn man den grundlegenden Unterschied zwischen der Definition der wellentheoretischen (196) und der quantentheoretischen (198), (199) Lichtphase gebührend beachtet, wonach letztere gegenüber der ersteren prinzipiell nur für durch materielle Atome begrenzte Lichtwege sinnvoll ist. Allerdings wird man sich angesichts dieser Möglichkeit immer darüber klar sein müssen, daß die Richtigkeit oder Brauchbarkeit dieser klassischen Gesetzmäßigkeit von vornherein *nur im Bereiche der beiden Grenzübergänge* (121) *oder* (122) als sicher-

590) Vgl. dazu Anm. 560), 579).

591) Der Fall der *negativen* Einstrahlung (Nr. 11) wird bei *Wentzel* nicht erwähnt, kann aber ähnlich behandelt werden. Verfolgt man den Lichtstrahl dann auch über B hinaus, bis er irgend einmal durch positive Einstrahlung vollständig erlischt, so hat man wieder den oben behandelten Spezialfall.

gestellt betrachtet werden kann.[592]) Jedem von A nach B führenden Lichtwege wird, da es sich nur um an materielle Teilchen geknüpfte, also prinzipiell beobachtbare Vorgänge handelt, eine bestimmte a priori-Häufigkeit zuzuordnen sein, ebenso wie dies für die einzelnen Quantenübergänge an isolierten Atomsystemen bereits in Nr. **11** vorausgesetzt worden ist. Betrachtet man nun sämtliche möglichen Lichtwege von A nach B, so wird die Häufigkeit eines einen *beliebigen* dieser Lichtwege benützenden Strahlungsvorganges *nicht durch die Summe* aller dieser a priori-Häufigkeiten gemessen sein, sondern durch das *J-fache* hiervon, wobei $J_\nu(\overline{AB})$ definiert ist durch

(202) $$J_\nu(\overline{AB}) = \frac{(\mathfrak{F}\cdot\mathfrak{F})}{|\mathfrak{F}_0|^2};$$

die Vektoren

(203) $$\mathfrak{F}_0 = \sum_s \mathfrak{f}_s, \quad \mathfrak{F} = \sum_s \mathfrak{f}_s \cdot e^{2\pi i\cdot\varphi_\nu(s)}$$

werden hierbei mittels der vektoriellen Amplituden der klassischen, längs der verschiedenen Wege s gestrahlten Wellen erhalten, deren Phasen in B gemäß (198) $\varphi_\nu(s)$ betragen würden.[593]) Da der Zähler von (202) formal dem *Amplitudenquadrat superponierter Wellen* entspricht, ist (202) auf *ganz beliebige Interferenzvorgänge* anwendbar, nicht nur auf die in der vorliegenden Nummer für die Dispersion wichtige statistische Zusammensetzung der von einzelnen Atomen herrührenden Streustrahlung. Man erkennt, *daß das Zustandekommen der Interferenzen nach der Quantentheorie wesentlich von dem Vorhandensein absorbierender Atome B abhängt; im Vakuum sind Interferenzen nicht*

---

592) Die Abweichungen von den klassischen Interferenzgesetzen, welche sich namentlich bei hinreichend kurzwelliger Strahlung mit Rücksicht auf den *Einstein*schen Strahlungsimpuls (116), (116a) fühlbar machen müssen, sind von *Wentzel* (Anm. 587) nicht in Rücksicht gezogen worden und sollen entsprechend Anm. 585) im folgenden unbeachtet bleiben, soweit dies in prinzipieller Hinsicht zulässig ist. In der neueren *Bohr*schen Quantentheorie der Strahlung (Nr. **20**, Anm. 532) spielen zwar sowohl die klassischen Interferenzgesetze, wie auch der Strahlungsimpuls (116), (116a) eine entscheidende Rolle, doch wird nicht im einzelnen angegeben, in welcher Weise ihre Vereinigung ermöglicht gedacht wird.

593) Wie bei *Wentzel* (Anm. 587) näher bewiesen wird, sind die Vektoren $\mathfrak{f}_s$ identisch mit dem *Mittelwerte des wellentheoretischen Lichtvektors* von dem Atomsystem A, genommen über alle Phasenkonstanten δ_r in (127) und gebildet für den Lichtweg s. Gleichzeitig wird dort auch gezeigt, daß die Aussagen von (202) und (203) dann mit den Aussagen des *Bohrschen Korrespondenzprinzipes* (Nr. **14**) für jeden zwischen zwei *stationären* Zuständen des Atoms A stattfindenden Quantenübergang übereinstimmen.

nur nicht feststellbar, sondern prinzipiell nicht vorhanden.[594]) Nach der geschilderten Auffassung müßten die Emissionen zweier *verschiedener* Atome prinzipiell als *inkohärent* angesehen werden, was eine unmittelbare und den experimentellen Tatsachen entsprechenden Verknüpfung von *Kohärenzdauer* und *mittlerer Lebensdauer der stationären Quanten-*

---

594) Vergleicht man die Auffassung der Interferenzvorgänge bei *Wentzel* (Anm. 587) mit jener von *Bohr, Kramers* und *Slater* (Nr. **20** und Anm. 532), so zeigen sich einige formale Übereinstimmungen, vor allem aber auch prinzipielle Unterschiede. In beiden Fällen wird durch entsprechende Annahmen dafür gesorgt, daß der Energiesatz mit Rücksicht auf (114) gewahrt wird, bei *Wentzel* wegen *direkter Koppelung* zwischen emittierendem und absorbierendem Atom *exakt*, bei *Bohr* wegen *statistischer Koppelung*, sowie andersartiger Interpretation und Bewertung der klassischen Interferenzformel als in (202) nur *statistisch*; nach *Bohr* müßten gegenüber *Wentzel* Vakuuminterferenzen der „virtuellen" Atomstrahlungen ebenso möglich sein wie in der klassischen Vakuumstrahlung. Bei *Bohr* ist, ebenfalls wie in der klassischen Theorie, die *Strahlung beliebiger Atome interferenzfähig*, und zwar ohne jede zeitliche Einschränkung hindurch, d. h. die Kohärenzdauer wird in Übereinstimmung mit der Erfahrung gleich der mittleren Strahlungsdauer und damit hier auch gleich der mittleren Lebensdauer der in Betracht kommenden Quantenzustände. Bei *Wentzel* ist demgegenüber die Strahlung verschiedener Atome A_1, A_2 prinzipiell *nicht* interferenzfähig (s. oben), außer wenn es sich um Lichtwege handelt, welche A_1, A_2 und B miteinander verbinden. Zur Begründung der Kohärenzdauer muß sich *Wentzel* daher ausdrücklich des Hinweises darauf bedienen, daß die wellentheoretische Interferenz an *gleichzeitig* interferierende Wellen gebunden ist, so daß nur die Interferenz der klassischen Wellen solcher Lichtwege s für (202) und (203) in Betracht kommen kann, deren Durchlaufungszeiten die *mittlere Lebensdauer des stationären Quantenzustandes von A vor* seiner Emission nicht übersteigen. Das Endergebnis hinsichtlich der Kohärenzdauer ist demnach bei *Bohr* und *Wentzel* das gleiche, doch ist ihre Rolle bei *Bohr* noch anschaulich, bei *Wentzel* hingegen durchaus formal. Eine Erweiterung der *Wentzel*schen Theorie in dem Sinne, daß auch Interferenzen verschiedener Atome zugelassen würden, dürfte eine ähnliche Begründung für die Kohärenzdauer wie die *Bohr*sche ermöglichen, welche jedoch von virtuellen Oszillatoren und Strahlungen explizit unabhängig gehalten werden könnte.

Ein besonderer Vorzug der *Wentzel*schen Auffassung vor der *Bohr*schen kann darin gesehen werden, daß sie von vornherein bewußt alle prinzipiell auf experimentellem Wege unkontrollierbaren Hypothesen (*virtuelle* Strahlungen, *Vakuum*interferenzen, *Vakuum*feldstärken usw.) ausschließt und Wahrscheinlichkeitsansätze formuliert, welche die *Interferenzgeometrie* der klassischen Elektrodynamik ersetzen, ohne deren Energie- und Impulsfolgerungen nach sich ziehen zu müssen. Dies wird durch den Umstand ermöglicht, daß die *Vakuum*interferenzvorgänge der klassischen Elektrodynamik qualitativ *von der Strahlungsintensität unabhängig* sind. Die Formulierung von *Wentzel* beschränkt die Tragweite der Wellentheorie daher gewissermaßen auf das Geometrische bzw. Wahrscheinlichkeitstheoretische der Lichtvorgänge und stimmt in diesem Punkte mit den „virtuellen" Konsequenzen der *Bohr-Kramers-Slater*schen Auffassung völlig überein.

zustände ermöglicht, in welchen sich die emittierenden Atome unmittelbar *vor* ihrer Lichtaussendung befinden.

Die Einführung der Größe $\Delta_\nu S$ als invariantes Maß für den Effekt eines elementaren Strahlungsvorganges gibt Anlaß zu einer näheren Prüfung des hierzu von dem Quantenübergang des emittierenden Atomsystems gelieferten Beitrages. Bei Benutzung der quantentheoretischen Uniformisierungsvariablen w_r, I_r $(r = 1, 2, \ldots, u)$ (Nr. **14—16**) des Atomsystems, sowie der Beziehungen (127) und (128) erhält man

$$\Delta S = t \cdot \Delta E + \sum_{r=1}^{u} \int \delta_r \cdot d I_r. \tag{204}$$

Der Beitrag des emittierenden Atoms zur quantentheoretischen Phase $\varphi_\nu(s)$ (198) hängt demnach wesentlich davon ab, ob und in welchem Ausmaß die Phasenkonstanten δ_r $(r = 1, 2, \ldots, u)$ sich während des Emissionsprozesses ändern. Man kann dann mittels der Interferenzformel (202) *für den Bereich der Grenzübergänge* (121) *oder* (122) beweisen, daß für das emittierende Atom A nach der Emission dann und nur dann

$$\lim \Delta I_r = \tau_r \cdot h \qquad (\tau_r = 0, 1, 2, \ldots)$$

für $\lim h \to 0$ oder $\lim \nu \to 0$ wird, wie es auch das *Korrespondenzprinzip* (Nr. 14) gemäß (130) oder (131) verlangt, *wenn die gleichzeitigen Änderungen der Phasenkonstanten* unter den gleichen Voraussetzungen

$$\lim \Delta \delta_r = d_r \qquad (d_r = 0, \pm 1, \pm 2, \ldots) \tag{205}$$

betragen.[595]) Ebenso wie beim Korrespondenzprinzip wird man mangels genauerer Einsicht einstweilen versuchsweise anzunehmen geneigt sein, daß diesem Zusammenhange allgemeine Bedeutung zugeschrieben werden kann, und daß demnach bei *spontanen Ausstrahlungsvorgängen* stets gleichzeitig

$$\begin{aligned} \Delta I_r &= \tau_r \cdot h \qquad (\tau_r = 0, 1, 2, \ldots) \\ \Delta \delta_r &= d_r \qquad (d_r = 0, \pm 1, \pm 2, \ldots) \end{aligned} \tag{206}$$

allgemeinen Geltung haben werden. Hat sich das Atom vor dem Quantenübergang in dem *stationären* Quantenzustand n' befunden, so

595) Dieses Ergebnis ist im wesentlichen von *G. Wentzel* (Anm. 587), § 3, abgeleitet worden. *Wentzel* berücksichtigt aber nicht, daß die wellentheoretische Interferenzformel nur für die Grenzfälle (121) oder (122) gesichert ist (Anm. 592), ferner, daß die $\Delta \delta_r$ nicht nur gleich Null, sondern wegen der Periodizität der Exponentialfunktionen in (203) auch ganzzahlig sein können.

folgt aus (206), daß es sich nachher in einem ebensolchen Zustande n'' befinden muß; dann wird

$$(204') \qquad S_{n'} - S_{n''} = t \cdot (E_{n'} - E_{n''}) + h \cdot \left(\sum_{r=1}^{u} \tau_r \cdot \delta_r + d\right),$$

wo d eine ganze Zahl bedeutet. Für *unganzzahlige Änderungen der* δ_r hingegen muß offenbar entweder der Anfangs- oder der Endzustand des emittierenden Atomsystems ein *metastationärer* sein.[596]) Würde man nun auch noch den Einfluß der Atome B auf die quantentheoretische Lichtphase in Betracht ziehen, so würde sich zeigen, daß ein dem Atom A gleiches und im Quantenzustande n' bzw. n'' befindliches Atom B im Falle der Gültigkeit von (206) mit positiven *und* negativen τ_r *positive* bzw. *negative Einstrahlung* (Nr. 11) erfahren muß, somit tatsächlich absorbiert. Im Falle beliebiger $\Delta\delta_r$, Verschiedenheit der Atome A und B oder ihrer in Betracht kommenden Quantenübergänge hingegen würde man das Vorkommen metastationärer Atomzustände finden müssen, welche nach dem Früheren mit dem Auftreten von Streustrahlung verknüpft sind.

Die bisherigen Ausführungen der vorliegenden Nummer zeigen, wie zumindest sämtliche für die klassische Dispersionstheorie erforderlichen Teilbetrachtungen auch einer quantentheoretischen Begründung fähig sind, mit dem einzigen, wesentlichen und bedeutungsvollen Unterschiede, *daß an Stelle der klassischen Bewegungseigenfrequenzen der Atomsysteme des brechenden Mediums deren quantentheoretische Spektralfrequenzen einzuführen sind,* wie dies in der Tat auch allein dem experimentellen Sachverhalt entspricht. Es ist daher für das durch die Grenzübergänge (121) oder (122) gekennzeichnete Grenzgebiet, d. h. vor allem für *lange* Wellen, zunächst als Provisorium jedenfalls gerechtfertigt, den klassischen Ausdruck für den Brechungsexponenten n_ν in die Quantentheorie herüberzunehmen und dabei gleichzeitig an Stelle der erwähnten Eigenfrequenzen die Spektralfrequenzen ν_j der Mediumatome einzuführen.[597]) Man erhält so

$$(207) \qquad n_\nu^2 - 1 = \frac{Ne^2}{\pi m} \sum_j \frac{a_j}{\nu_j^2 - \nu^2},$$

596) Da jede Änderung der Phasenkonstanten wegen der Periodizität der Exponentialfunktionen in (203) nur modulo 1 wirksam werden kann, wäre es naheliegend, das Ausmaß der $\Delta\delta_r$ mit der mittleren Lebensdauer der metastationären Zustände in direkten Zusammenhang zu bringen. Tatsächlich ist eine Änderung $\Delta\delta_r$ (mod 1), welche von gleicher Größenordnung wie 1 ist, größenordnungsmäßig äquivalent einer Zeitdauer $\frac{1}{\nu}$ der störungsfreien Bewegung des Atomsystems.

597) Wie bereits den Anm. 571) und 585) entnommen werden kann, ist

worin N die Anzahl der Mediumatome (bzw. Moleküle) pro Volumeneinheit darstellt und a_j in der klassischen Theorie das Verhältnis der Anzahl der zu ν_j gehörigen „Dispersionselektronen" zu N bedeutet.[598]) Wie *Ladenburg*[599]) auf Grund von Korrespondenzbetrachtungen und Benutzung der *Einstein*schen Ansätze (106), (107 a), (107 b) für das Wärmestrahlungsgleichgewicht (Nr. 11) gezeigt hat, ist a_j quantentheoretisch durch

$$(208)\qquad a_j = \frac{g_{n'}}{g_{n''}} A_{n'}^{n''} \frac{\tau_j}{3}$$

gegeben, wenn ν_j die beim Quantenübergange $n' - n''$ ausgesandte Spektralfrequenz bedeutet und τ_j die zugehörige, nach (188) berechnete klassische „Abklingungsdauer". Tatsächlich läßt sich die Dispersion zahlreicher Substanzen, namentlich für sichtbare Strahlung, mit beträchtlicher Genauigkeit durch einen Ausdruck vom Typus (207) darstellen und ebenso hat sich der Zusammenhang (208) in den bisher prüfbaren Fällen befriedigend bewährt.[599]) Die Spektralfrequenzen ν_j sind dabei als durch reine *Absorption* gekennzeichnete Unendlichkeitsstellen von (207) mit den Frequenzen der *Absorptionsserie* der dispergierenden Atomsysteme identisch[600]), was ohne weiteres einleuchtend ist, wenn man in Analogie zu den Voraussetzungen der klassischen Begründung von (207) annimmt, daß sich die Atomsysteme vor Beginn der Bestrahlung sämtlich in ihren *Normalzuständen* befanden, in welchen *nur positive Einstrahlung* von Licht jener Fre-

dieses Verfahren wegen der zugrunde liegenden Vernachlässigung der Strahlungsimpulse (116) bzw. (116 a) und der beim Streuvorgange auftretenden Wellenlängenänderungen für beliebig kurzwellige Strahlung mit Sicherheit nicht mehr zulässig.

598) Vgl. hierzu etwa V 22 (*W. Wien, Elektromagnetische Lichttheorie*, Nr. 15 bis 22.

599) *R. Ladenburg,* Ztschr. f. Phys. 4 (1921), p. 451; 6 (1921), p. 153; *R. Ladenburg* und *F. Reiche,* Naturwissenschaften 11 (1923), p. 584.

600) In allerjüngster Zeit hat *G. Wentzel,* Ztschr. f. Phys. 29 (1924), p. 306, in Fortführung der in Anm. 593) angedeuteten Beziehungen seiner früheren Untersuchungen (Anm. 587) zum Korrespondenzprinzipe wahrscheinlich zu machen versucht, daß in (207) an Stelle der ν_j *scheinbare Eigenfrequenzen* $\nu_{j'}$ auftreten müssen, welche *größer* sind als die ν_j. (Das Auftreten anormaler Dispersion in der spektralen Umgebung der ν_j, welches in der klassischen Theorie das Eingehen der ν_j in (207) wesentlich zur Folge hat, kann davon im allgemeinen naturgemäß aber nicht berührt werden.) Tatsächlich haben *K. F. Herzfeld* und *L. Wolf,* Ann. d. Phys. 76 (1925), p. 71, 567, eine derartige scheinbare *Violettverschiebung der* ν_j in (207) für zahlreiche Substanzen am experimentellen Material sicherstellen können, doch kann dies wegen des Vorhandenseins anderer Erklärungsmöglichkeiten einstweilen noch nicht als eine Bestätigung der *Wentzel*schen Folgerung angesehen werden.

quenzen möglich ist. Wie indessen die *Statistik* (Nr. **9**, **11**, **24**) allgemein ergibt, muß bei nicht allzu tiefen Temperaturen stets auch eine gewisse Anzahl von *Atomen in höheren Quantenzuständen* vorhanden sein, welche beim Auftreffen von Strahlung „passender" Frequenz gemäß (107a), (107b) *durch positive oder negative Einstrahlung in beliebige andere Quantenzustände übergeführt werden*, wodurch der Schluß auf das *Auftreten entsprechender Glieder in der Dispersionsformel* (207) *auch für alle von der Absorptionsserie verschiedenen Spektralfrequenzen der Atome* unvermeidlich wird.[601]) Daß dies auch aus dem Korrespondenzprinzip mit Notwendigkeit gefolgert werden muß, hat *Kramers*[602]) rechnerisch erhärtet. Die Dispersionsformel (207), sowie (208) bleiben bis auf die Vermehrung der Gliederzahl unberührt, wenn man wiederum nur Atome eines bestimmten Quantenzustandes in Betracht zieht; die ν_j bedeuten dann sämtliche, von jenem stationären Zustande aus in Absorption oder Emission möglichen Spektralfrequenzen, wobei (208) für die letzteren in (207) mit dem *negativen* Vorzeichen einzuführen ist. Eine experimentelle Bestätigung dieser im Gegensatz zur einfachen Dispersionsformel (207) *nur auf quantentheoretischem Wege* ableitbaren Folgerung steht einstweilen noch aus. Ebenso ist eine genauere, rein quantentheoretische Auswertung des allgemeinen Ausdruckes (200) für den Brechungsexponenten bisher noch nicht vorgenommen worden.

22. Quantentheoretische Deutung der Gitterinterferenz und Beugung. Die im Anschluß an (202) und (203) in der vorangehenden Nummer angestellten *quantenstatistischen Betrachtungen zur klassischen Interferenzformel* lassen sich grundsätzlich auch zur quantentheoretischen Deutung der Gitterinterferenz und Beugung heranziehen, wenn man von vornherein auf die Berücksichtigung der *Einsteinschen Strahlungsimpulse* (116) bzw. (116a) Verzicht leistet, was einer Beschränkung auf das Gebiet kleiner Frequenzen (langer Wellen) gleichkommt.[585]) Wie die ebenfalls in Nr. **21** im Anschluß an (118) *und* (119) exakt behandelte *Quantentheorie der Streuung* zeigt, ist es aber gerade das Auftreten jener Impulsgrößen, welche für die quanten-

601) Diese Umstände sind zuerst von *A. Smekal*, Naturwissenschaften 11 (1923), p. 873 anläßlich der bereits oben (p. 1108) berührten Folgerung der Existenz „anomaler" Zerstreuung berücksichtigt worden, ohne jedoch eine genauere formelmäßigen Darstellung zu erhalten.

602) *H. A. Kramers*, Nature 113 (1924), p. 673; 114 (1924), p. 310. — *Kramers* geht von der neueren *Bohr*schen Auffassung der Quantenvorgänge (Nr. **20**) aus, doch lassen sich seine Überlegungen ohne Abänderung im Sinne der älteren Auffassung durchführen.

theoretische Begründung der beim Streuvorgange gleichzeitig mit der Frequenzänderung eintretenden *Richtungsänderung der Strahlung* maßgebend ist. *Allgemein muß jede Art von Richtungsänderung eines Lichtstrahls auf eine Wechselwirkung zwischen Strahlung und Materie zurückgeführt werden, bei welcher vor allem das Auftreten jener gerichteten Impulse eine Frequenzänderung bewirkt, sowie das Ausmaß der Richtungsänderung festlegt.*[603]) Die Berücksichtigung von (116) bzw. (116a) verspricht daher im Gebiete derjenigen optischen Erscheinungen wichtige Ergebnisse zu liefern, bei welchen es sich namentlich um Gesetzmäßigkeiten für jene Richtungsänderungen handelt. Im folgenden wird demgemäß vor allem auf *Fraunhofersche Beugungserscheinungen* eingegangen, welche sich wenigstens in erster Annäherung[604]) unabhängig von der quantenstatistischen Interferenzformel (202) behandeln lassen. Eine weitgehend analoge Behandlung der *Fresnelschen Beugungserscheinungen* scheint ohne Benutzung von (202) ebenfalls möglich zu sein.

Wie zuerst *Duane*[605]) betont hat, läßt sich mittels (116a) eine quantentheoretische Deutung der *Reflexionsbedingungen an Kristallgittern* geben, welche *A. H. Compton*[606]), sowie *Epstein* und *Ehrenfest*[607]) mit den *allgemeinen Quantenbedingungen* (133) und dem *Korrespondenzprinzip* (Nr. **14**) in Verbindung gebracht haben. Wenn Strahlung von der Frequenz ν' auf ein (im allgemeinen triklines) Kristallgitter mit den primitiven Gitterkonstanten d_1, d_2, d_3 auftrifft, *so soll hierbei ein Linearimpulsumsatz zwischen Strahlung und Kristall stattfinden, dessen Richtung mit einer der Gitterrichtungen zusammenfallen muß,* im übrigen aber durch ein *Wahrscheinlichkeitsgesetz* bestimmt sein möge. Bedeutet

$$(209) \qquad d = m_1 d_1 \cos(d_1 d) + m_2 d_2 \cos(d_2 d) + m_3 d_3 \cos(d_3 d)$$

den dieser Richtung zugehörigen kleinsten Gitterabstand, wo dann m_1, m_2, m_3 relative Primzahlen sind, so soll der wechselseitig übertragene Impuls gegeben sein durch

$$(210) \qquad p_{n^*} = n^* \cdot \frac{h}{d}; \qquad (n^* = \pm 1, \pm 2, \ldots)$$

603) Vgl. *A. Smekal,* Anm. 569) und 236).

604) Vgl. die in Anm. 610) besprochenen Abweichungen von der *Braggschen Reflexionsbedingung* (214).

605) *W. Duane,* Proc. Nat. Acad. Amer. 9 (1923), p. 158.

606) *A. H. Compton,* Proc. Nat. Acad. Amer. 9 (1923), p. 359.

607) *P. S. Epstein* und *P. Ehrenfest,* Proc. Nat. Acad. Amer. 10 (1924), p. 133; Phys. Rev. 23 (1924), p. 663. Siehe auch *G. Breit,* Proc. Nat. Acad. Amer. 9 (1923), p. 238.

hierbei bezeichnet n^* eine *positive oder negative*[608]) ganze Zahl und h das *Planck*sche Wirkungsquantum. Wird d aus (210) in (209) eingeführt, so lassen sich nach bekannten zahlentheoretischen Sätzen drei ganze Zahlen n_1^*, n_2^*, n_3^* stets eindeutig so bestimmen, daß für jede beliebige Gitterrichtung

$$n_1^* \cdot m_1 + n_2^* \cdot m_2 + n_3^* \cdot m_3 = n^* \tag{209'}$$

wird und daher auch

$$\begin{cases} p_{n^*} \cdot \cos(d_1 d) = n_1^* \cdot \dfrac{h}{d_1}, \quad p_{n^*} \cdot \cos(d_2 d) = n_2^* \cdot \dfrac{h}{d_2}, \\ p_{n^*} \cdot \cos(d_3 d) = n_3^* \cdot \dfrac{h}{d_3}; \end{cases} \tag{210}$$

setzt man (210) als gültig voraus, so ist demnach auch jede in d_1, d_2, d_3 oder eine andere Gitterrichtung fallende Komponente des übertragenen Impulses durch einen Ausdruck von der allgemeinen Form (210) bestimmt. Wenn ν', sowie α', β', γ', Frequenz und Richtungskosinus der einfallenden Strahlung und ν'', sowie α'', β'', γ'', die entsprechenden Größen für die auftretende Sekundärstrahlung bedeuten, so folgt aus der einstweilen noch *postulierten* Beziehung (210) und dem Impulssatz

$$\begin{cases} \alpha'' \cdot \dfrac{h\nu''}{c} = p_{n^*} \cdot \cos(d_1 d) + \alpha' \cdot \dfrac{h\nu'}{c}, \\ \beta'' \cdot \dfrac{h\nu''}{c} = p_{n^*} \cdot \cos(d_2 d) + \beta' \cdot \dfrac{h\nu'}{c}, \\ \gamma'' \cdot \dfrac{h\nu''}{c} = p_{n^*} \cdot \cos(d_3 d) + \gamma' \cdot \dfrac{h\nu'}{c}; \end{cases} \tag{211}$$

der Energiesatz hingegen ergibt bei Berücksichtigung eines gleichzeitig mit p_{n^*} umgesetzten Energiebetrages $E_{n^*}^{(K)}$ von noch unbekannter Größe

$$h\nu' = h\nu'' \pm E_{n^*}^{(K)}. \tag{212}$$

Die Größe von $E_{n^*}^{(K)}$ ist ersichtlich *allein* maßgebend für die von der Reflexionsordnung abhängige *Frequenzänderung* $\nu' - \nu''$, welche sowohl positiv als negativ ausfallen kann; im Falle der Röntgenstrahlreflexion an Kristallen bei gewöhnlichen Temperaturen muß allerdings

608) Dies ist unerläßlich mit Rücksicht auf die Möglichkeit einer Erhaltung des Wärmegleichgewichtes zwischen Strahlung und Materie, wie es in Nr. **11** und **12** behandelt worden ist und zu jeder Art von Wechselwirkung zwischen Strahlung und Materie auch den hierzu *inversen* Vorgang notwendig macht. Das im Text erwähnte Wahrscheinlichkeitsgesetz für die elementaren Wechselwirkungsvorgänge zwischen Strahlung und Kristall ist ebenso wie für die Streuung am Einzelatom oder -molekül durch (120 a) und (120 b) gegeben Die in den Anm. 605), 606) und 607) genannten Untersuchungen berücksichtigen jeweils nur die Impulsübertragung von der Strahlung auf den Kristall.

die Häufigkeit der negativen Änderungen ganz erheblich gegen die positiven zurücktreten, so daß im wesentlichen nur eine *Frequenzerniedrigung* resultieren wird. Man überzeugt sich leicht, daß $E_{n^*}^{(K)}$ mit Rücksicht auf (210) unter allen Umständen einen in erster Annäherung vernachlässigbar kleinen Betrag darstellen kann. Setzt man demgemäß $\nu' \sim \nu'' = \nu$, so gibt (211) wegen $\lambda = \frac{c}{\nu}$ für beliebige n_1^*, n_2^*, n_3^* die Bedingungsgleichungen

$$(213) \quad \alpha'' - \alpha' = \lambda \cdot \frac{n_1^*}{d_1}, \quad \beta'' - \beta' = \lambda \cdot \frac{n_2^*}{d_2}, \quad \gamma'' - \gamma' = \lambda \cdot \frac{n_3^*}{d_3},$$

welche mit jenen der *Laueschen Interferenztheorie der Kristallgitter*[609]) identisch sind. Für beliebige n^* erhält man in bezug auf die unter dem Einfallswinkel ϑ erfolgende „Reflexion" von den Gitterebenen mit dem Abstand d hingegen das *Braggsche Reflexionsgesetz*[609])

$$(214) \qquad n^* \cdot \lambda = 2\, d \sin \vartheta.$$[610])

Aus dem Vorstehenden geht hervor, daß die Kristallgitterinterferenz quantentheoretisch in der Tat direkt und ohne jede Rücksichtnahme auf Lichtwege und Phasenverhältnisse erhalten werden kann[611]), wenn man die beim einzelnen Elementarvorgang zwischen Kristall und Strahlung umgesetzten Impulsgrößen durch das Postulat (210) festlegt.[612]) Um (210) näher zu begründen, hat *Duane* wenig ver-

609) Siehe V 24 (*M. v. Laue*), Nr. 46—48.

610) Die *Bragg*sche Beziehung gilt, wie *C. G. Darwin* und *P. P. Ewald* gezeigt haben, nicht exakt, sondern es ergeben sich für *höhere Ordnungen* n^* geringfügige Abweichungen von ihr, deren Vorhandensein experimentell bereits vielfach bestätigt worden ist; vgl. V 25 (*M. Born*), Nr. 41, 44, und *P. P. Ewald,* Ztschr. f. Phys. 30 (1924), p. 1. Während *Darwin* seine Begründung von vornherein ziemlich summarisch auf die Existenz eines von Eins verschiedenen Brechungsexponenten für Röntgenstrahlen stützt (vgl. zu den Gültigkeitsgrenzen eines derartigen Verfahrens die eben genannte *Ewald*sche Veröffentlichung), ist *Ewald,* Phys. Ztschr. 21 (1920), p. 617, näher auf die bei der „Reflexion" an den einzelnen Netzebenen auftretenden *Phasensprünge* eingegangen. Wie man beim Vergleich mit den allgemeinen Ausführungen von Nr. 21 über die klassische Dispersionstheorie erkennen wird, werden jenen Phasensprüngen quantentheoretisch wiederum *Verzögerungszeiten der Energiefortpflanzung* als *mittlere Lebensdauern von gewissen, während des Reflexionsvorganges bestehenden metastationären Zuständen* zuzuordnen sein. Für die Berücksichtigung *ihres* Einflusses auf das Ergebnis des Interferenzvorganges und damit für eine quantentheoretische Begründung der Abweichungen von (214) wird die quantenstatistische Interferenzformel (202) naturgemäß unentbehrlich.

611) S. dagegen aber die vorangehende Anmerkung!

612) *W. Duane* (Anm. 605) hat mittels der gleichen Annahmen auch den Versuch gemacht, eine von ihm und *G. L. Clark* experimentell gefundene und als selektive Reflexion von Röntgenstrahlung an Kristallen aufgefaßte Erscheinung

bindliche Dimensionsbetrachtungen angestellt, *Compton* hingegen die gedanklich ausführbare Verschiebung des Kristallgitters um jede seiner Identitätsperioden trotz ihres Translationscharakters formal als periodischen Vorgang behandelt, der nach (151) für gleichförmige Bewegungen in der Tat zu der *Quantenbedingung*

$$\int_0^d p_n \cdot dq = n \cdot h \qquad (n = 1, 2, \ldots) \tag{215}$$

und *für ganzzahlige Änderungen n^* von n* zu (210) führen müßte.[613]) Diese Begründung ist allerdings wenig befriedigend, da sie weder dem eigentlichen Sinn der Quantenbedingungen, soweit dieser bisher erkannt, noch den wirklichen Vorgängen an dem reflektierenden Kristallgitter zu entsprechen scheint. Eine nähere Prüfung der Energiegleichung (212) scheint indessen wenig Anhaltspunkte für die Möglichkeit einer andersartigen Auffassung von (210) zu liefern. Nach der *Compton*schen Auffassung müßte $E_{n^*}^{(K)}$ als *Translationsenergie des bestrahlten Kristallstückes* gleich dem Quadrate von p_n (210) dividiert durch die doppelte Gesamtmasse des Kristallgitters sein[614]) — ein ganz ungeheuer kleiner Betrag, welcher die Frequenzdifferenz $\nu' - \nu''$ auch für hohe Reflexionsordnungen n^* unmeßbar klein machen würde. Tatsächlich haben *Kulenkampff* und *Roß* eine meßbare Frequenzänderung bisher *nicht* feststellen können[615]), was etwa $\lambda'' - \lambda' \leqq 10^{-11}$ cm

---

theoretisch zu deuten, doch hat *W. Kossel*, Ztschr. f. Phys. 23 (1924), p. 278, gezeigt, daß sich die Beobachtungsergebnisse praktisch restlos auf bereits bekannte Erscheinungen zurückführen lassen, wie dies *G. Mie*, Ztschr. f. Phys. 18 (1923), p. 105, bezüglich eigener, davon unabhängiger, anfänglich auch im erwähnten Sinne gedeuteter Beobachtungen bereits selbst erkannt hatte.

613) Die n^*, welche die verschiedenen Reflexions- bzw. Interferenzordnungen kennzeichnen, erscheinen demgemäß hier und ebenso bei allen übrigen Deutungsversuchen von (210) als *Quantenzahldifferenzen*, welche bei den im Texte weiter unten besprochenen Strichgitterinterferenzen sogar „makroskopisch" und dem Auge direkt wahrnehmbar erscheinen!

614) Der Umstand, daß hier ein bestimmter, quantenhaft festgelegter Energie- und Impulsbetrag auf den Kristall übertragen bzw. von ihm geliefert wird, bringt den betrachteten Reflexionsvorgang an den verschiedenen Netzebenen des Gitters in Analogie zu dem Vorgang der *anomalen Zerstreuung* von Nr. 21. Hiernach könnte erwartet werden, daß der Kristall selbst zur spontanen Aussendung eines Spektrums $\nu = \frac{E_{n^*}^{(K)}}{h}$ $(n^* = 1, 2, \ldots)$ befähigt sein könnte, was nach der *Compton*schen Deutung von $E_{n^*}^{(K)}$ jedoch zu absurden Folgerungen führen würde.

615) *H. Kulenkampff*, Ztschr. f. Phys. 19 (1923), p. 17; *P. A. Roß*, Phys. Rev. 23 (1924), p. 290 (beide Autoren haben Reflexionen von höchstens *dritter*

entsprechen und eine dem *Comptoneffekt*[556]) (Nr. **18 b, 21**) verwandte Deutung unter Mithilfe lichtelektrisch losgelöster Elektronen völlig ausschließen dürfte. Das gleiche Schicksal wird auch dem Versuche zuteil, die Übertragung des Linearimpulses (210) im Wege gleichzeitiger, teilweiser Strahlungsabsorption durch im Kristallgitter längs der verschiedenen Gitterrichtungen bewegte Elektronen zu verstehen; hier würde die bei jedem Quantenübergang eines solchen Elektrons eintretende Impulsänderung *nach Größe und Richtung* gemäß (184 b) von selbst mit (210) übereinstimmen, führt aber zu einem experimentell seiner Größe nach nicht mehr zulässig erscheinenden Energieumsatz. Eine im Rahmen der bisherigen Quantentheorie befriedigende Begründung des Postulates (210) steht daher noch aus.

Ähnliche Betrachtungen wie die vorstehenden lassen sich auch auf den Fall eines künstlichen Beugungsgitters mit der Gitterkonstante d anwenden, wenn man auch hier wieder den Ansatz (210) postuliert, dessen Verständnis hier allerdings womöglich noch größere Schwierigkeiten entgegenstehen. Bezeichnet ϑ' den Einfallswinkel des mit der Neigung ϑ'' abgebeugten Lichtes, so gibt der Impulssatz für $\nu' \sim \nu'' = \nu$

$$(\sin\vartheta' - \sin\vartheta'')\cdot\frac{h\nu}{c} = n^*\cdot\frac{h}{d} \qquad (n^* = 1, 2, \ldots)$$

und damit das bekannte wellentheoretische Ergebnis

$$n^*\cdot\lambda = d\cdot(\sin\vartheta' - \sin\vartheta''). \tag{216}$$

Zur Begründung von (210) muß hier nach *Compton* gemäß (215) wiederum eine quantenmäßig festgelegte gleichförmige Translationsbewegung des Gitters in seiner Ebene in der etwa mit der x-Achse zusammenfallenden Richtung normal zu den Gitterstrichen herangezogen werden, welche aber in Wirklichkeit nicht auftritt. Wenn die Dichteverteilung der reflektierenden Gittersubstanz für ein ebenes, un-

---

Ordnung, $n^* \leq 3$, untersucht, nach Obigem müßte aber die Untersuchung *möglichst hoher Ordnung* — man ist bisher bis zur 11. Ordnung gekommen — ungleich günstiger für den Nachweis eines möglicherweise doch meßbaren Effektes sein). — Die *Kulenkampff*sche Untersuchung scheint auch sicherzustellen, daß die oben diskutierte Frequenzerniedrigung unabhängig ist von den in Anm. 610) erwähnten Abweichungen von der *Bragg*schen Beziehung (214). Ein solcher Zusammenhang wurde bei gleichzeitigem Anschluß an den *Compton*effekt (Anm. 576) vermutet und diskutiert von *G. E. M. Jauncey* und *C. H. Eckart*, Nature 112 (1923), p. 325; *M. F. Wolfers*, Paris C. R. 177 (1923), p. 759; *E. O. Hulburt*, Phys. Soc. Meeting Chicago 1923, doch kommt *G. E. M. Jauncey*, Proc. Nat. Acad. Amer. 10 (1924), p. 57 ohne Kenntnis der *Kulenkampff*schen Beobachtungen ebenfalls zu einem negativen Ergebnisse.

endlich ausgedehntes Gitter durch

(217) $$D(x) = A \sin\left(\frac{2\pi x}{d} + \delta\right)$$

gegeben wäre, so folgt aus dem *Korrespondenzprinzip* (Nr **14**) in Verbindung mit der gedachten Gitterbewegung formal, daß n in (215) sich nur um $n^* = \pm 1$ ändern könnte[616]), daß an einem solchen Gitter also *nur Beugungsspektren erster Ordnung* auftreten würden. Denkt man sich die Dichtefunktion $D(x)$ eines beliebigen anderen unendlichen ebenen Gitters mit der gleichen Gitterkonstante nach einer *Fourier*schen Reihe entwickelt,

(218) $$D(x) = \sum_{n^*=0}^{\infty} A_{n^*} \sin\left(\frac{2\pi n^* x}{d} + \delta_{n^*}\right),$$

so folgt aus dem Korrespondenzprinzip, *daß jetzt auch Beugungsspektren beliebig hoher Ordnung n^* möglich sind* und *daß die Intensität des Spektrums $n^{*\text{ter}}$ Ordnung zufolge* (126) *dem Amplitudenquadrat $A_{n^*}^2$ der Entwicklung* (218) *proportional sein muß, wie es auch für die Wellentheorie bewiesen werden kann.* Die gleichen hier für lineare unendlich ausgedehnte Strichgitter angedeuteten Überlegungen erweisen sich auch für *endliche* lineare Strich- oder Punktgitter, sowie für räumliche Punktgitter als brauchbar, womit auch eine *quantentheoretische Deutung der Intensitätsverhältnisse an den* eingangs dieser Nummer zunächst bloß interferenzgeometrisch behandelten *Kristallgittern* formal möglich wird. Im Falle der endlichen Gitter hat hierbei an Stelle der *Fourier*schen *Reihen*entwicklung von $D(x)$ eine entsprechende *Fourier*sche *Integral*darstellung zu treten, mit Hilfe deren die Intensitätsverhältnisse der verschiedenen Beugungsspektren in vollkommener Übereinstimmung mit den entsprechenden wellentheoretischen Ergebnissen erhalten werden können; die Wirkung des Gitters erscheint hierbei als Ergebnis der superponierten Wirkungen unendlich vieler Teilgitter mit der sinusförmigen Dichtefunktion (217) und veränderlicher Gitterkonstante. Der gleichen Methode zugänglich erweisen sich auch noch die Beugungserscheinungen am Einzelspalt beliebiger Weite, sowie an der Kante geradlinig begrenzter Schirme.[616a])

616) Man vergleiche hierzu etwa die analoge, im Anschluß an (155) aus dem Korrespondenzprinzipe abgeleitete Folgerung, daß sich die Impulsquantenzahl bei der relativistischen *Kepler*bewegung des Elektrons im Wasserstoffatommodell nur um ± 1 ändern könne; hierbei ist zu beachten, daß die Quantenzahländerungen in Nr. 14 und 15 nach (136) mit dem Buchstaben τ, hier aber mit n^* bezeichnet worden sind.

616a) Um zu sehen, wie weit die Anwendung dieses scheinbar ganz absurden Verfahrens getrieben werden kann, haben *P. Ehrenfest* und *P. S. Epstein*

Duane hat schließlich auch noch gezeigt, wie die gewöhnliche *Reflexion* und *Brechung formal* mittels des Ansatzes (210) wiedergegeben werden kann, falls für d in (210) auch *makroskopische Längendimensionen* zugelassen werden. Wenn l die Länge und d die Dicke einer makroskopischen durchsichtigen Platte darstellen und c_1 die von der Vakuumlichtgeschwindigkeit c verschiedene, bereits in Nr. **21** quantentheoretisch gedeutete Fortpflanzungsgeschwindigkeit des Lichtes im dispergierenden Medium der Platte bedeutet, so gibt eine formale Anwendung des Impulssatzes für die Richtung der Plattenebene

$$\sin\vartheta' \cdot \frac{h\nu'}{c} - \sin\vartheta'' \cdot \frac{h\nu''}{c_1} = n_l^* \cdot \frac{h}{l}$$

und daher für $\nu' \sim \nu'' = \nu$ und makroskopische l allgemein

$$\sin\vartheta' : \sin\vartheta'' = c : c_1, \tag{219}$$

das *Snelliussche Brechungsgesetz*. Für die Richtung der Plattendicke hingegen hat man außerhalb (c) oder innerhalb (c_1) der Platte an deren Oberfläche

$$\cos\vartheta' \cdot \frac{h\nu'}{e} - \cos\vartheta'' \cdot \frac{h\nu''}{c} = n_d^* \cdot \frac{h}{d};$$

für $\nu' \sim \nu'' = \nu$ und makroskopische Dicken d folgt daher allgemein

$$\vartheta' = \pi - \vartheta'', \tag{220}$$

was dem *gewöhnlichen Reflexionsgesetz* entspricht.

23. Rückblick auf die Quantentheorie. Prinzipielle Schwierigkeiten und Axiomatisierungsversuche. Die vorstehende Darstellung der Quantenlehre hat, soweit dies gegenwärtig ausführbar scheint, in deduktiver Weise versucht, die Grundlagen und prinzipiell bedeutungsvollsten Anwendungen der Theorie zu entwickeln. Indem sie alle makroskopischen Gesetze letzten Endes als Ausdruck *statistischer* Gesetzmäßigkeiten auffaßt, hat sie sich zunächst der Ergebnisse der *statistischen Analyse* derjenigen von diesen Gesetzmäßigkeiten bedient, welche *empirisch* im weitesten Umfange als gesichert angesehen werden können. So wird den *thermischen Eigenschaften materieller Körper* im wesentlichen schon die allgemeine *Existenz stationärer Quantenzustände* (Nr. **9**, **10**), sowie die Gültigkeit des *Ehrenfestschen Adia-*

(Anm. 607) auch die *Fresnelschen Beugungserscheinungen* untersucht, in der Erwartung, wenigstens hier einen entscheidenden Mißerfolg feststellen zu können; indessen hat sich gezeigt, daß das Verfahren bei geeigneter Anpassung auch hier noch zu den wesentlichsten klassischen Ergebnissen führt (Zusatz bei der Korrektur).

batenprinzips (Nr. **14**) entnommen, der *Allgemeingültigkeit des Planckschen Strahlungsgesetzes* mit (95) hingegen im Grunde bereits die *Einstein-Bohrschen Energie- und Impulsfrequenzbedingungen* (114), (115), (115a) und (116), (116a) (Nr. **9**, **11**, **12**). Die makroskopische *Maxwell*sche Elektrodynamik anderseits läßt ihrer auf die Grenzgebiete (121) und (122) beschränkten Gültigkeit wegen, eine ebensolche Analyse ähnlich weittragender Ergebnisse nicht zu. In Gestalt des *Planck-Bohrschen Korrespondenzgedankens* gibt sie *bei unvermeidlicher Beschränkung auf isolierbar vorgestellte elektrodynamische Gebilde* bloß eine *Anleitung* zur Formulierung von Quantengesetzen grundsätzlich provisorischen Charakters (Nr. **14**). *Bohrs* rein quantentheoretisch gefaßtes *Korrespondenzprinzip*, sowie die *Sommerfeld-Schwarzschildschen Quantenbedingungen* (133) erscheinen demgemäß als Ergebnisse einfachst-möglicher Extrapolationsversuche; der Grad ihrer Berechtigung kann daher im Grunde einstweilen nur an den mit ihnen erzielten theoretischen Erfolgen (Nr. **15**, **16**, **18**, **21**, **22**) gemessen werden und bedarf steter Nachprüfung am immerfort zunehmenden experimentellen Tatsachenmaterial.

Bei näherem Zusehen zeigt sich jedoch, daß der soeben in groben Umrissen einheitlich gezeichnete Hauptgedankengang der Darstellung im einzelnen durch mancherlei Unebenheiten gestört erscheint. Wenn etwa eine wirkliche Rechtfertigung der zur genaueren Begründung von (115) und (116) benötigten speziellen statistischen *Einstein*schen „Übergangswahrscheinlichkeiten" (106), (107a), (107b) (Nr. **11**) erst hinterher durch das Korrespondenzprinzip (Nr. **14**) möglich wird, so beweist dies, daß eine in allen Punkten völlig konsequente Darlegung einstweilen nur im Wege einer *Vorwegnahme* der verschiedenen, für die Theorie gegenwärtig charakteristischen Grundannahmen und -tatsachen ausführbar sein dürfte. Derartige Axiomatisierungsversuche sind demgemäß auch von *Planck* und *Bohr* in ihren Darstellungen der Quantentheorie bevorzugt worden, leiden damit aber auch unter dem Nachteil, daß das Axiomensystem der noch in steter Entwicklung begriffenen Theorie von Zeit zu Zeit abgeändert, beziehungsweise ergänzt werden muß.[617]) *Planck* geht hierbei im wesentlichen von dem Postulate aus, *daß das Volumen einer Phasenraumzelle universell durch eine ihrer Dimensionszahl entsprechende Potenz von h bestimmt sein müsse* — was die *Struktur des Phasenraumes* (Nr. **3**) festlegt und

617) Man vgl. die verschiedenen, untereinander wesentlich abweichenden Auflagen des Buches von *M. Planck* [1], sowie die wechselnde Axiomatik der Darstellungen von *N. Bohr* [1], [2], [3], sowie Ztschr. f. Phys. 13 (1923), p. 117; Ann. d. Phys. 71 (1923), p. 228; Ztschr. f. Phys. 24 (1924), p. 69.

den Quantenbedingungen (133) äquivalent ist[618]) — und stützt sich im übrigen auf Korrespondenzbetrachtungen, welche vielfach an den Grenzübergang (121) anschließen. *Bohr* hingegen stellt die *allgemeine Existenz stationärer Quantenzustände* bei Atomsystemen, sowie die *Frequenzbedingung* (114) als Grundpostulate an die Spitze seiner Theorie; für mehrfach periodische Atomsysteme wird das erstere insbesondere durch Zulassung der „mechanischen"[619]) Bewegungsgleichungen (1) sowie durch direkte *Annahme* der Quantenbedingungen (133), (134) verschärft. Während *Bohr* das *Korrespondenzprinzip* (und ebenso das *Ehrenfest*sche Adiabatenprinzip) anfänglich im Sinne von Nr. **14** als Bindeglied zwischen klassischer und Quantenelektrodynamik hinzunahm, hat er es neuerdings vorgezogen, die auf Grund jenes Gesichtspunktes erhaltenen Ergebnisse zum Inhalt eines selbständigen, rein quantentheoretischen Axioms zu machen, das eine von der klassischen Theorie weitgehend unabhängige Formulierung erhält.

Wie namentlich der *Mißerfolg* aller bisherigen Anwendungsversuche der Quantenbedingungen (133) auf *Atomsysteme mit mehr als zwei beweglichen Ladungen* in Nr. **16**, sowie die noch recht fragwürdige quantentheoretische Behandlung *unabgeschlossener Systeme* in Nr. **17** zeigen, scheint beim gegenwärtigen Stande der Theorie von einer allzu engen Fassung von Quanten*postulaten* am besten noch Abstand genommen werden. Bis auf die beiden *Einsteinschen Energie- und Impulsgesetzmäßigkeiten* (115a) und (116a) für beliebige Arten realer Wechselwirkungen zwischen Materie und Strahlung scheint noch keinem der bisher formulierten Quantengesetze ein wirklich universeller Geltungsbereich zugebilligt werden zu können. Die eben erwähnten *Bohr*schen Postulate sind von vornherein auf die Behandlung *abgeschlossener Systeme von molekularer Größenordnung* zugeschnitten und weisen ihre Grenzen, sobald man sie auf die gegenseitigen Wechselwirkungen beliebig zahlreicher derartiger Systeme anzuwenden versucht. Wie sich in Nr. **17** gezeigt hat, scheint es hier allenfalls nur noch möglich, das Postulat von der Existenz stationärer Quantenzustände im Sinne eines solchen von der *Existenz stationärer Quantenbewegungen* beizubehalten, die so beschaffen sein müßten, daß sie nach der Auffassung der klassischen Elektrodynamik als strahlungslos zu

---

618) Vgl. hierzu die in Anm. 298) genannten Untersuchungen von *Planck*, *Epstein* und *Kneser*. — Als *Folgerung* aus den Quantenbedingungen (133) wird das im Text angeführte *Planck*sche Postulat benutzt in Nr. **24**, s. auch Anm. 506) und 547).

619) S. Anm. 292).

gelten hätten[620]); alle übrigen Postulate der Quantentheorie abgeschlossener Systeme scheinen sich einstweilen einer entsprechenden Verallgemeinerung auf unabgeschlossene Systeme zu widersetzen.[621])

Die meisten bisherigen Sätze und Folgerungen der Quantentheorie erweisen sich somit als *Grenzgesetze* für den Idealfall vollkommen isolierter, abgeschlossener Atomsysteme. Abgesehen von der prinzipiellen Unmöglichkeit, diesen Idealfall zu realisieren (Nr. **17**), haftet ihnen allen aber auch noch eine, damit teilweise in Verbindung stehende *erkenntnistheoretische Schwierigkeit* an, welche darin liegt, daß man zu der Formulierung der sie kennzeichnenden *Diskontinuitäten* der Benutzung *stetiger* Größen, insbesondere des Koordinatenbegriffes, gegenwärtig noch nicht entraten kann.[622]) Da das *Bohr*sche Postulat von der allgemeinen Existenz stationärer Quantenzustände bei Atomsystemen in Verbindung mit dem Zufallscharakter der Strahlungsvorgänge in der Quantentheorie darauf hinausläuft, die prinzipielle Existenzmöglichkeit von Maßstäben und Uhren zu leugnen, welche raumzeitliche Vorgänge mit einer für das Atominnere hinreichend weitgehenden Präzision zu messen gestatten würden, so wäre es denkbar, daß nur eine diesen Umständen von vornherein angepaßte Methodik

620) Diese Auffassung würde im Gegensatz zur Theorie der abgeschlossenen Systeme die Erhaltung von Energie und Impuls *nicht* als Kennzeichen der stationären Quantenzustände ansehen können, sondern bloß als Kennzeichen des Abgeschlossenseins. *Eine Quantenbewegung wäre hiernach im allgemeinen durch grundsätzlich stetige Energie- und Impulsänderungen gekennzeichnet, welche mit Unterlichtgeschwindigkeit vor sich gehen;* ein *Quantenübergang* wegen (115a) und (116a) hingegen *durch unstetige, zeitlos oder mit Lichtgeschwindigkeit und in endlichen Beträgen erfolgende derartige Änderungen* charakterisiert. Dieser Standpunkt schließt, wie bereits in Nr. **17** angedeutet, die Anwendbarkeit von (115a) in der speziellen Form der *Bohr*schen Frequenzbedingung (114) bzw. (115) und (116) aus, welche das Abgeschlossensein des betrachteten Systems ebenfalls zur unvermeidlichen Voraussetzung hat. Ebenso ist die Anwendbarkeit des Korrespondenzprinzipes im Grunde genommen auf abgeschlossene Systeme beschränkt, außer wenn man sich mit gewissen, bei unabgeschlossenen Systemen hier durchaus möglichen Näherungsbetrachtungen zufrieden gibt, die aber darauf Rücksicht nehmen müssen, daß dann bereits *innerhalb* des betrachteten Systems quantenhafte *Strahlungsvorgänge* vor sich gehen können; auf einen ähnlichen Gesichtspunkt wie den zuletzt genannten ist übrigens bereits in Nr. **16**, wenn auch in etwas anderer Form, in Verbindung mit dem Versagen der Quantenbedingungen (133) bei Atommodellen mit mehr als einem Elektron hingewiesen worden, also schon im Gebiete der *abgeschlossenen* Systeme.

621) Man vgl. hierzu vor allem die Diskussion der Begrenzung und Schwierigkeiten dieser Postulate bei *N. Bohr,* Ztschr. f. Phys. 13 (1923), p. 117, ferner den Inhalt der vorigen Anmerkung, sowie etwa Anm. 579).

622) S. etwa *N. Bohr,* Ztschr. f. Phys. 13 (1923), p. 117, Einleitung.

zu einer konsequenten Behandlung und vielleicht auch zu einer wirklichen und allgemeinen Lösung der Atomprobleme berufen sein könnte. Die fundamentale Rolle des *Planckschen Wirkungsquantums* in der bisherigen Quantentheorie, wie auch die in Nr. **14** gewürdigte Tragweite des *Planckschen Grenzüberganges* (121) $\lim h \rightarrow 0$ für alle Beziehungen zur makroskopischen Physik lassen daher erwarten, daß die *Planck*sche Größe h als eines der primären Elemente jener Methodik anzusehen sein wird[623]), wie wohl auch alle übrigen *universellen Konstanten* der Atomphysik.[624]) Da h für die Bestimmung *sämtlicher* Diskontinuitäten der Quantentheorie maßgebend ist, können alle bisher mit klassischen Hilfsmitteln und Bildern unternommenen Versuche einer für mehr oder minder plausibel gehaltenen Deutung dieser Unstetigkeiten[625]) aufgefaßt werden als Versuche einer Interpretation der Quantengröße h.

---

623) S. etwa Betrachtungen von *H. A. Senftleben,* Ztschr. f. Phys. 22 (1924), p. 127; 28 (1924), p. 95; 31 (1925), p. 627, welche, allerdings ohne befriedigenden Erfolg, eine u. a. auch auf diesen Gedanken gegründete axiomatische Grundlegung der Quantentheorie angestrebt haben. Bezüglich eines anderen Deutungsversuches der Quantentheorie vgl. man *R. Mecke,* Ztschr. f. Phys. 21 (1924), p. 26.

624) Tatsächlich stehen alle diese Größen gewissermaßen außerhalb des Rahmens der bisherigen physikalischen Theorien, welche ihr Vorhandensein bloß in „phänomenologischem" Sinne verwerten. Daß auch die von h verschiedenen universellen Konstanten für die Quantentheorie von entscheidender Bedeutung sein dürften, läßt sich auf Grund der Dimensionsgleichheit von h und $\frac{e^2}{c}$ (vgl. hierzu etwa die Dimensionslosigkeit der *Sommerfeldschen Feinstrukturkonstante* (153)!), sowie der numerischen Beziehung

$$h \sim \frac{3\, e^2\, m_H}{2\, \pi\, c\, m}$$

vermuten, für welche eine Deutung bislang noch nicht möglich gewesen zu sein scheint. In diesem Zusammenhange möge auch auf Versuche von *H. Bateman,* Phys. Rev. 20 (1922), p, 243; Mess. of Math. 52 (1922), p. 116; 53 (1924). p. 145, hingewiesen werden, den *Mie*schen Plan wieder aufzunehmen: durch bestimmte Abänderungen der *Maxwell*schen Elektrodynamik zu einem Verständnis der Existenz von gerade *zwei verschiedenen elementaren Ladungseinheiten* und deren Befähigung zu *strahlungsfreien, ungleichförmigen Bewegungen* zu gelangen. Siehe ferner einen ähnlichen Versuch zur Deutung der *Massenverschiedenheit von Elektron und Proton* bei *H. Reißner,* Ztschr. f. Phys. 31 (1925), p. 844.

625) Einige dieser Versuche beschränken sich allerdings auf die besonderen, beim Wasserstoffatommodell vorliegenden Verhältnisse. So ein älterer Versuch von *M. Planck,* Berl. Ber. 1915, p. 909, die Unstetigkeit der Quantenübergänge durch eine ad hoc ersonnene Strahlungshypothese überflüssig zu machen. Ferner *A. Szarvassi,* Phys. Ztschr. 19 (1918), p. 505, welcher diese Unstetigkeiten durch Verfügungen über die willkürlich bleibende, additive Konstante der Atomenergien zu beseitigen sucht; diese Konstante spielt ferner eine

III. Spezielle Anwendungen der Quantenstatistik.

24. Spezifische Wärme der Gase. Wie die allgemeinen Betrachtungen von Nr. **8a** gezeigt haben, ist die Kenntnis der *Verteilungsfunktion* eines beliebigen, chemisch homogenen statistischen Gebildes völlig ausreichend zur Beherrschung seines makroskopisch-thermischen Verhaltens. Die in Nr. **10** zusammengestellten Eigenschaften der *Verteilungsfunktion beliebiger Gasmoleküle in der Quantenstatistik* reichen aber im allgemeinen zu einer erschöpfenden Behandlung eines konkreten Problems wie der spezifischen Wärme bestimmter Gase, noch nicht aus; die notwendigen Ergänzungen hinsichtlich der Quantenwerte E_n und g_n für *innere Energie* und *Gewichtsfunktion der Moleküle* müssen soweit als irgend möglich den vorstehenden Ausführungen über die Grundlagen der Quantentheorie (Nr. **13—23**) entnommen werden. Hierbei wird in Nr. **10** einstweilen stillschweigend vorausgesetzt, daß die statistische Behandlung der *Translationsbewegung der Moleküle* in Übereinstimmung mit den diesbezüglichen Ergebnissen der klassischen Statistik (Nr. **5c**) vorgenommen werden darf; den Beweis hierfür wird Nr. **24c** mit einer statistischen Behandlung der *Quantentheorie der Molekültranslation* (Nr. **19**) nachträglich zu erbringen haben.

---

wesentliche Rolle bei *E. B. Wilson,* Proc. Nat. Acad. Amer. 10 (1924), p. 346, wo gezeigt wird, daß die Theorie des H-Atoms sich auch ohne Beschränkung auf bestimmte Quantenbahnen, jedoch bei Benutzung *gequantelter Kräfte* durchführen läßt, falls letztere dem reziproken *Kubus* der Entfernung proportional gesetzt werden. *M. Brillouin,* Paris C. R. 173 (1921), p. 639; J. de Phys. et le Rad. (6) 3 (1922), p. 65, konstruiert eine *Lagrange*funktion, welche die Quantenbahnen des Atoms als ausgezeichnete Bahnen ergibt, aber auch davon abweichende Bewegungen zuläßt; ähnlich *W. M. H. Greaves,* Proc. Cambr. Phil. Soc. 21 (1923), p. 600. [Ein Variationsprinzip, welches den Quantenbedingungen (133) äquivalent ist und *nur* die *Bohr*schen Bahnen zuläßt, haben *V. Trkal,* Proc. Cambr. Phil. Soc. 21 (1922), p. 80; Verhandl. Deutsch. Phys. Ges. (3) 3 (1922), p. 48 und *J. H. Van Vleck,* Phys. Rev. 22 (1923), p. 547, diskutiert.] — Ein Versuch, das Zustandekommen beliebiger diskontinuierlicher Energiebeträge *allgemein* elektromagnetisch zu begründen, rührt von *E. T. Whittaker,* Proc. Edinburgh Soc. 42 (1922), p. 129, her, ist aber zu einer Durchbrechung des Impuls- und Drehimpulssatzes genötigt; vgl. dazu noch *J. A. Ewing,* Proc. Edinburgh Soc. 42 (1922), p. 143; *B. B. Baker,* Phil. Mag. 44 (1922), p. 777. — Ebenfalls ohne Beschränkung auf ein spezielles Atommodell hebt *A. Smekal,* Verhandl. Deutsch. Phys. Ges. (3) 2 (1921), p. 20 hervor, daß die den Quantenbedingungen zugrunde gelegten zyklischen Uniformisierungsvariablen *jedes quantendynamische Problem als Helmholtzschen Polyzykel,* d. h. als ein System mit „verborgenen Bewegungen" erscheinen lassen; durch Benutzung von Quantenbedingungen wird der Polyzykel *gekoppelt* und dadurch in einen Monozykel übergeführt, *wobei die Koppelung durch das Plancksche h herbeigeführt wird.*

Was nun die Energiewerte E_n in der allgemeinen Verteilungsfunktion (104) anbetrifft, so sind sie nach Nr. **15** und **16** in voller Strenge einstweilen bloß für *einatomigen Wasserstoff* (Nr. **24a**) angebbar; zur theoretischen Untersuchung des thermischen Verhaltens *mehratomiger Gase* (Nr. **24b**) ist man daher auf die mehr qualitativen Ergebnisse einer quantentheoretischen Behandlung der in Nr. **16b** angedeuteten idealisierten Molekülmodelle angewiesen. Hinsichtlich der Festlegung der Quantengewichte g_n in (104) vermag die Quantentheorie demgegenüber wesentlich allgemeinere Aussagen zu liefern. Handelt es sich zunächst um ein *nicht-entartetes bedingt periodisches System*, so hat man nach Nr. **15a** genau so viele Quantenbedingungen (u), als der Anzahl der Freiheitsgrade des Systems (s) entspricht; man findet dann, daß die maximale Größe[626]) Ω einer μ-Raumzelle (Nr. **3**), welche nur eine Quantenbahn enthält, auf Grund der Quantenbedingungen (133) nach (14) oder (14') unabhängig von n

$$\Omega_n = h^s \tag{221}$$

betragen muß[627]), eine Feststellung, welche im Gebiete der Grenzübergänge (121) bzw. (122) (Nr. **14**) gemäß (132) auch unabhängig von der extrapolatorischen Wahl der Quantenbedingungen (133) gilt. Da es nun nach *Bohr* mittels des *Ehrenfestschen Adiabatenprinzips* durch geeignete umkehrbare, unendlich langsame Parameterverschiebungen möglich sein kann, verschiedene Quantenzustände ineinander überzuführen[285]) (Nr. **14**), so folgt aus ganz ähnlichen Betrachtungen wie den in Nr. **3** hinsichtlich der Änderungen *makroskopischer* Parameter, daß die a priori-Häufigkeit g_n aller dieser Quantenzustände *gleich groß* sein muß[628]),

$$g_n = g = \text{const.}^{629)}, \tag{222}$$

wie es für das Grenzgebiet (121) oder (122) auch unmittelbar *aus der klassischen Elektrodynamik* gefolgert werden kann. Innerhalb dieses Grenzgebietes hat man daher in (104) bzw. (104a) wegen (221) einfach

$$g_n = g \cdot \frac{d\tau}{h^s}, \quad G = \frac{h^s}{g}, \tag{223}$$

---

626) Siehe p. 954; die, in der Literatur übrigens stets als selbstverständlich empfundene, konsequente Benutzung von μ-Zellen maximaler Größe empfiehlt sich namentlich für alle jene Betrachtungen, welche den Grenzübergang zur klassischen Statistik ohne Weitläufigkeiten zu benutzen anstreben.

627) Siehe Nr. **23**, wo diese Folgerung als von *M. Planck* [1] benutztes Postulat angeführt wird, ferner insbesondere Anm. 618).

628) Siehe vor allem *N. Bohr* [2], p. 10, 35, 107.

629) Vgl. hierzu g_n in (95) und (100), für das Grenzgebiet (121) bzw. (122), welches statistisch auch mit $\lim T \to \infty$ zusammenfällt, aber (92)!

worin g ebenso wie in (222) als willkürliche, dimensionslose Konstante anzusehen ist. Bei *entarteten Systemen* ist $u < s$; aus (14″) und den Quantenbedingungen (133) folgt dann, daß allgemein

$$\Omega_n = \gamma(n) \cdot h^s \tag{224}$$

wird, wo $\gamma(n)$ einen von den den Quantenzustand n kennzeichnenden Quantenzahlen abhängigen, ganzzahligen Faktor bedeutet. Betrachtet man ein nicht-entartetes System mit der gleichen Anzahl s von Freiheitsgraden, das sich durch geeignete Parameterverschiebungen in das vorgelegte entartete überführen läßt, so findet man für die a priori-Häufigkeit des letzteren in seinem n^{ten} Quantenzustande gerade

$$g_n = \gamma(n) \cdot g, \tag{225}$$

worin g die gleiche Bedeutung wie für das nicht-entartete System nach (222) besitzt[630]); $\gamma(n)$ entspricht somit der Anzahl jener Quantenzustände des nicht-entarteten Systems, welche bei der angedeuteten Überführung in das entartete System gegen dessen n^{ten} Quantenzustand konvergieren. Da die räumliche Lage der invariablen Ebene jedes Atom- oder Molekülmodelles bei Abwesenheit äußerer Kraftfelder beliebig orientiert sein kann, ist jedes derartige Gebilde als entartetes System anzusehen; wenn der Absolutbetrag des *Drehimpulses* eines solchen Gebildes gemäß (148′) und (149) oder (190) durch

$$|\mathfrak{D}^{(n)}| = j \cdot \frac{h}{2\pi} \qquad (j = 1, 2, \ldots) \tag{226}$$

gegeben ist[557]) und bei $u = s - 1$ keine weitere Entartung vorliegt, so findet man auf Grund der *Theorie der Richtungsquantelung* von *Sommerfeld* (Nr. **15b**), daß allgemein

$$\gamma(n) = 2j + 1 \tag{227}$$

sein muß, wo j die zum n^{ten} Quantenzustande gehörige Drehimpulsquantenzahl bedeutet.[631]) Im Falle höherer Entartungsgrade[632]) wäre

---

630) Siehe Anm. 628). — Wie der Vergleich von (221) und (222) mit (224) und (225) beweist, kann man in Übereinstimmung mit Anm. 48) auch einfach

$$g_n = \Omega_n \tag{15 a}$$

setzen, wenn auf die Dimensionslosigkeit einer a priori-*Relativ*häufigkeit nicht Rücksicht zu nehmen gewünscht wird. (15 a) entspricht genau dem *Gleichhäufigkeitspostulat der klassischen Statistik* [Nr. **3**, (I)], welches indessen auch für beliebig begrenzte Zellen Ω gelten sollte. Die Zulässigkeit von (15 a) ist wesentlich an die Benutzung von μ-Zellen von maximaler Größe gebunden (s. Anm. 626).

631) Siehe Anm. 340), 341) und namentlich Anm. 435), wo im Zusammenhang mit der *Sommerfeld*schen Theorie auch die Frage berührt wird, inwieweit man mit nicht-entarteten Systemen stets das Auslangen finden kann. (227) gilt nach *Sommerfeld* sowohl für ganzzahlige als für die *halbzahligen* Quantenzahl-

die rechte Seite von (227) durch einen Summenausdruck zu ersetzen, welcher Glieder von der Form (227) mit Faktoren multipliziert enthalten müßte, die dem Einfluß der neben der Raumorientierung bestehenden individuellen Entartungseigenschaften Rechnung zu tragen hätten.[633]) — Die vorstehenden Betrachtungen zeigen somit, daß die Verteilungsfunktion (104) für *ruhende Bohr*sche Atome oder Moleküle gemäß (225) allgemein durch

(228) $$F(T, a^*) = g \cdot \sum_n \gamma(n) \cdot e^{-\frac{E_n}{kT}}$$

gegeben sein wird, falls dieser Summenausdruck auch tatsächlich konvergiert; der individuelle Entartungsgrad der betrachteten Atomsysteme entscheidet dann darüber, ob $\gamma(n)$ in (228) einfach durch (227) ersetzt oder besonders ermittelt werden muß.

24 a. Einatomige Gase. Für einatomige Moleküle, insbesondere für Wasserstoffatome gemäß (139) oder (139 a), ist nach der Quantentheorie allgemein

(229) $$\lim_{n \to \infty} E_n = 0$$ [634]),

so daß die Summe in (228) für *ganzzahlige positive* $\gamma(n)$ *divergiert* und damit für statistisch-thermodynamische Zwecke unbrauchbar wird. Dieser Mißerfolg geht offensichtlich auf die in der Statistik nur schwer vermeidliche Vernachlässigung der Wechselwirkungen zwischen den verschiedenen Atomen oder Molekülen[438]) (Nr. 17) zurück. Da das Volumen der betrachteten Atomsysteme mit wachsendem n zunimmt,

---

werte der *Komplexstrukturen* und *anomalen Zeemaneffekte* (V 26, *C. Runge*) und ist daher trotzdem stets ganzzahlig; die Duplizität des Drehungssinnes (vgl. dazu Anm. 556) ist mitberücksichtigt. Über die alleinige *Ausnahmestellung des Wasserstoffatoms* bezüglich (227) vgl. man Anm. 643).

632) Dies ist z. B. bei der statistischen Behandlung des atomaren Wasserstoffes in Nr. 24 a der Fall, wo zu der beliebigen Bahnebenenorientierung noch die Entartung der nicht-relativistischen *Kepler*bewegung hinzutritt, was $u = s - 2$ entspricht.

633) Wie der Erfolg der *Sommerfeldschen Intensitätstheorie* der Komplexstruktur-Spektrallinien (Anm. 435) auf Grund des Ansatzes (227) beweist, ist die willkürliche Orientierung der Atomachsen die einzige Entartung, welche innerhalb der einzelnen Multipletts eines Serienspektrums eine Rolle spielt. Eine Erweiterung der Theorie auf die Intensitätsverhältnisse von Spektrallinien, welche verschiedenen Multipletts angehören, würde daher in der Lage sein, diesen Umstand entweder allgemein zu bestätigen oder Aussagen über weitere Entartungsgrade der Elektronenbewegung in den Atomen und Molekülen zutage zu fördern.

634) Dies entspricht der üblichen Festlegung des Energienullniveaus für den Ionisationszustand des Atoms bei ruhendem Ion und ruhend gedachtem Elektron. Ohne Verfügung über die willkürliche Energiekonstante wird der Limes in (229) *endlich,* was die gleichen Konsequenzen nach sich zieht.

was auch für ruhende Atome bei gleichmäßiger Verteilung über das Gasvolumen **V** auf eine gegenseitige Annäherung hinausläuft, so werden sich für höhere Werte von n allmählich so große gegenseitige *Wechselwirkungsenergien* einstellen, daß das Vorkommen allzu hoher Quantenzustände damit entsprechend herabgemindert würde und die Konvergenz von (228) zustandekommt. Dieses vorauszusehende Verhalten kann annäherungsweise dadurch zu beschreiben gesucht werden, daß man für $n > \bar{n}$ in (228) $\gamma(n) = 0$ setzt, wodurch (228) in eine endliche Summe übergeht[635]; doch zeigt sich dann, wie mittels der statistisch-thermodynamischen Beziehungen von Nr. **8a** leicht nachgeprüft werden kann, daß der von der Translation unabhängige Anteil der spezifischen Wärme des Gases für konstante $\bar{n}$ nach anfänglicher Zunahme bei höheren Temperaturen wieder gegen Null abnehmen müßte, was der Erfahrung jedenfalls widerspricht.[636] Eine befriedigendere Lösung ergibt sich demgegenüber, wenn man bedenkt, daß das Atomvolumen V_n nach der Quantentheorie mit n zugleich über alle Grenzen wächst,

$$\lim_{n\to\infty} V_n = \infty, \tag{230}$$

so daß das Auftreten beliebig hoher Quantenzustände bereits wegen der *Endlichkeit von* **V** unterbleiben muß. Die *Van der Waalssche Methode zur Berücksichtigung der endlichen Ausdehnung der Moleküle*[637] zeigt dann, daß das freie Volumen gegenüber **V** um eine *Van der Waalssche Volumskorrektion* b vermindert erscheinen muß, welche angenähert durch den Mittelwertausdruck

$$b = \frac{1}{2N} \cdot \sum_n N_n \sum_{\tilde{n}} N_{\tilde{n}} (\sqrt[3]{V_n} + \sqrt[3]{V_{\tilde{n}}})^3 = \sum_n N_n \cdot \psi(n) \qquad (n \gtreqless \tilde{n}) \tag{231}$$

gegeben sein wird, in welchem die N_n den Verteilungszahlen der N

---

635) *K. F. Herzfeld*, Ann. d. Phys. **51** (1916), p. 261; *A. Sommerfeld*, Münchn. Ber. **1917**, p. 83, insbesondere p. 102; *J. M. Burgers* [1], § 42; *R. Becker*, Ztschr. f. Phys. **18** (1923), p. 325, § 2; ferner *R. H. Fowler*, Phil. Mag. **44** (1924), p. 1, §§ 7, 8, sowie Anm. 209). — Wie *Burgers* hervorhebt, bedeutet $\bar{n}$ dann eine Art Parameter für das Problem, dessen Vorhandensein von Einfluß auf den *Gasdruck* sein muß, was bereits als Hinweis auf die im folgenden zu besprechende *Van der Waals*sche Volumkorrektur aufgefaßt werden könnte.

In einer jüngst erschienenen Arbeit sucht *M. Planck*, Ann. d. Phys. **75** (1924), p. 673, die Konvergenzfrage durch Behandlung eines Ionisationsgleichgewichtes zwischen H-Atomen, H^+-Ionen und freien Elektronen zu umgehen, doch läuft auch dies letzten Endes wieder auf die Einführung einer willkürlichen oberen Quantenzahlgrenze $\bar{n}$ für die intakten H-Atome hinaus.

636) *K. F. Herzfeld*, l. c.; *J. M. Burgers*, l. c.

637) Siehe V 8 (*L. Boltzmann* und *J. Nabl*). Nr. **29**.

in $\mathbf{V}$ enthaltenen Moleküle über die verschiedenen Quantenzustände bei Wärmegleichgewicht entsprechen[638]); während diese Verteilungszahlen für praktisch ausdehnungslose Moleküle nach dem Früheren (Nr. 5) durch die *Boltzmannsche Verteilung* (41) bzw. (105) gegeben sind, hat man sie, oder was auf dasselbe hinausläuft, die ihnen entsprechende Verteilungsfunktion, nunmehr erst für den Fall endlich ausgedehnter Moleküle zu ermitteln. Hierzu erweist es sich am einfachsten, das Gas formal als Gasgemisch (Nr. **6a**) zu behandeln, dessen verschiedene Komponenten aus den $N_1, N_2, \ldots, N_n, \ldots$ Molekülen bestehen, welche sich durchschnittlich im $1^{\text{ten}}, 2^{\text{ten}}, \ldots, n^{\text{ten}}, \ldots$ Quantenzustande befinden[639]); man kann dann seine Entropie $\mathbf{S}$ auf Grund der vereinfachten *Van der Waalsschen Zustandsgleichung*

$$\mathbf{p}(\mathbf{V} - b) = N \cdot kT \tag{232}$$

thermodynamisch bestimmen[638]), während seine Gesamtenergie $\mathbf{E}$ durch

$$\mathbf{E} = \tfrac{3}{2} N \cdot kT + \sum_n N_n \cdot E_n \tag{233}$$

gegeben sein wird, wovon das erste Glied gemäß (62a) der *Translation* mit ihrem *Gleichverteilungssatze* entspricht, während das zweite allein von der *inneren Energie* der Moleküle herrührt. Bildet man nun die *freie Energie* $\mathbf{F} = \mathbf{E} - T \cdot \mathbf{S}$ des Gases, so kann der Ausdruck für die gesuchte Verteilungsfunktion jetzt auf Grund von (89) und (89a) unmittelbar bestimmt werden. Durch Abspaltung des Translationsfaktors der Verteilungsfunktion gemäß (34c) und Benutzung des Ausdruckes (231) für die *Van der Waalssche Volumskorrektion* erhält man für $F(T, a^*)$ bei $b \ll \mathbf{V}$ den Reihenausdruck

$$F(T, \mathbf{V}) = g \sum_{n=1}^{\infty} \gamma(n) \cdot e^{-\frac{E_n}{kT} - \frac{N\psi(n)}{\mathbf{V}}}; \tag{234}$$

da wegen (230) nach (231) auch

$$\lim_{n \to \infty} \psi(n) = \infty \tag{230a}$$

---

638) *E. Fermi,* Ztschr. f. Phys. 26 (1924), p. 54, weniger vollkommen auch Rend. Accad. Linc. 32 (1923), p. 493. Zur Berechnung von b müssen die Atomvolumina V_n der verschiedenen Quantenzustände naturgemäß als annähernd kugelförmig vorausgesetzt werden, was nach der Quantentheorie für nicht allzu kurze Zeitdauern in den meisten Fällen auch gerechtfertigt erscheint.

639) Diese Methode, welche eine *thermodynamische Begründung* der Formeln der Quantenstatistik zuläßt, verdankt man *A. Einstein,* Verhandl. Deutsch. Phys. Ges. 16 (1914), p. 820. Vgl. ferner *W. Schottky,* Phys. Ztschr. 22 (1921), p. 1, sowie *M. Planck,* Berl. Ber. 1922, p. 63. *Planck* zeigt, daß diese Behandlungsweise nicht auf Moleküle mit quantenhaft verschiedener *innerer Energie* beschränkt ist, sondern auch auf Moleküle anwendbar ist, deren Translationsenergie um beliebige Beträge verschieden ist.

wird, ist die Konvergenz von (234) für alle Temperaturen, bei welchen $b \ll \mathsf{V}$ gilt, gesichert. Für die *modifizierte Boltzmannsche Verteilung* ergibt sich demnach in Analogie zu (105)

$$N_n = N \cdot \mathbf{M}(\mathsf{V}, T) \cdot \frac{\gamma(n) \cdot e^{-\frac{E_n}{kT} - \frac{N\psi(n)}{\mathsf{V}}}}{F(T, \mathsf{V})}. \tag{235}$$ 640)

Führt man (235) in (231) ein, so zeigt sich, daß die *Van der Waals*sche „Konstante“ b eine *Temperaturfunktion* sein muß, wie dies auch der Erfahrung entspricht[641]); auch $\psi(n)$ kann nur näherungsweise als eine Konstante angesehen und etwa durch $4V_n$ wiedergegeben werden[642]), eine genauere Bestimmung wäre z. B. mittels der Anfangsglieder der gewöhnlichen *Boltzmann*schen Verteilung (105) durchführbar.

Die Berechnung der thermodynamisch-statistischen Eigenschaften etwa des *atomaren Wasserstoffes* stößt nunmehr auf keine weiteren Schwierigkeiten, wenn man in (234) die quantenhaften Energiewerte des Wasserstoffatoms E_{n_r, n_φ} gemäß (139a) (Nr. **15a**) einführt und für die Quantengewichte

$$g_n = g \cdot \gamma(n_r, n_\varphi) = g \cdot 2n_\varphi \qquad (n_\varphi = 1, 2, \ldots)$$

setzt.[643]) Vernachlässigt man den hier belanglosen Einfluß der Rela-

640) Wie in Anm. 99) hervorgehoben worden ist, kann jede Abweichung von der gewöhnlichen *Boltzmann*schen Verteilung (41) bzw. (105) als Einfluß einer nicht konstanten Gewichtsfunktion aufgefaßt werden, welche durch das Vorhandensein einer Nebenbedingung [hier (232)!] hervorgerufen wird. Die Gewichtsfaktoren $e^{-\frac{N\psi(n)}{\mathsf{V}}}$ in (235) genügen zwar der allgemeinen Bedingung (16) *nicht*, doch ist dies in dem Umstande begründet, daß schon (232) und in noch viel höherem Grade (235) nur angenäherte Gültigkeit besitzen. Der a priori-Charakter der Gewichtsfunktionen an sich wird durch diese Umstände aber *keineswegs berührt*, wie *Becker* und *Planck* (Anm. 435) behauptet haben.

641) Siehe V 10 (*H. Kamerlingh Onnes* und *W. Keesom*), Nr. **40**, **43**, **47**.

642) Ein dementsprechend vereinfachter Ausdruck für (235) findet sich in der älteren Arbeit von *E. Fermi* (Anm. 638), sowie unabhängig davon bei *H. C. Urey*, Astrophys. J. 59 (1924), p. 1. *Urey* wendet die *Van der Waals*sche Gleichung (232) auf die Moleküle in gleichen Quantenzuständen gesondert an: sein Ausdruck enthält den Druck $\mathbf{p}$ explizit im Exponenten, kann aber mittels (232) und $b \ll \mathsf{V}$ ohne Schwierigkeit auf die Form (235) gebracht werden.

643) Siehe etwa *A. Sommerfeld* [1], 4. Kapitel, § 7. Daß $\gamma(n)$ hier von (227) verschieden ist (Anm. 631), hängt damit zusammen, daß die Impulsquantenzahl n_φ bei den Quantenübergängen des H-Atoms sich nach Nr. **15a** stets nur um Einheit ändern kann, während j bei Molekülen und Atomen mit mehr als einem Elektron nach *Bohr* und *Sommerfeld* außerdem auch ungeändert bleiben kann.

tivitätstheorie, so wird nach (139) mit $n_r + n_\varphi = n$ einfach

$$E_n = -R \cdot \frac{h}{n^2}, \qquad (n = 1, 2, \ldots)$$

doch ist die Elektronenbewegung jetzt *entartet*, so daß g_n von neuem ermittelt werden muß; man findet[644])

$$g_n = g \cdot n(n+1) \qquad (n = 1, 2, \ldots)$$

und damit

$$(236) \qquad F_{\mathrm{H}}(T, \mathsf{V}) = g \cdot \sum_{n=1}^{\infty} n(n+1) e^{\frac{Rh}{kT} \cdot \frac{1}{n^2} - \frac{N}{\mathsf{V}} \psi(n)}.$$ [645])

Um etwa die spezifische Wärme c_{V} des atomaren Wasserstoffes zu bestimmen, hätte man seinen Energieinhalt nach (236) sowie (88) und (89), oder direkt auf Grund von (233) zu berechnen und hierauf nach T zu differenzieren; eine Prüfung des Ergebnisses ist aber mangels hierzu geeigneter experimenteller Daten einstweilen unausführbar.

24 b. Mehratomige Gase. Wie der in Nr. **16 b** erstattete Bericht über den gegenwärtigen Stand der *Quantentheorie mehratomiger Moleküle* ergibt, ist ein brauchbares Modell nicht einmal für den einfachsten Fall des zweiatomigen Wasserstoffmoleküls bekannt, so daß man sich hier einstweilen mit idealisierten Molekülmodellen zufrieden geben muß. Namentlich die Quantentheorie der Bandenspektren (V 27, *A. Kratzer*) hat nun gezeigt, daß an mehratomigen Molekülen im wesentlichen drei verschiedene, näherungsweise voneinander unabhängig wirksame Bewegungsvorgänge unterschieden werden können (Nr. **16 b**): Rotation des ganzen Moleküls, Kernschwingungen und Quantenbewegungen eines „Leucht"elektrons. Die Energie E_n des Moleküls in seinem n^{ten} Quantenzustande setzt sich demgemäß aus drei, in erster Annäherung selbständigen Summanden zusammen, welche diesen Einzelvorgängen zugeordnet sind:

$$(237) \qquad E_n = E_n^{(r)} + E_n^{(s)} + E_n^{(e)}.$$

Von diesen drei Gliedern ist das der Elektronenbewegung entsprechende $E_n^{(e)}$ ebenso wie die Energie eines Einzel*atoms* negativ[634]) und konvergiert bei wachsenden Quantenzahlen in Übereinstimmung mit

644) Vgl. vor allem *N. Bohr* [2]. p. 107, Anm. 1).

645) Um $\psi(n)$ nach (231) zu berechnen, bedarf es einer speziellen Voraussetzung bezüglich des Zusammenhanges zwischen V_n und den durch (154) gekennzeichneten Dimensionen des Wasserstoffatoms in seinen verschiedenen Quantenzuständen, deren Wahl hier offengelassen bleiben kann. Als erste Annäherung kommt, wie bereits oben angedeutet, $\psi(n) \sim 4\,V_n$ in Betracht, was numerisch völlig ausreichend sein dürfte.

(229) gegen Null. Demgegenüber ist die Schwingungsenergie $E_n^{(s)}$ zwar positiv[646]), strebt für hohe Schwingungsquantenzahlen wegen des *anharmonischen*[423]) Charakters der Schwingungen aber ebenfalls gegen einen *endlichen* Grenzwert, nämlich die Dissoziationsenergie des unerregten Moleküls. Anders hingegen die Verhältnisse bei der Rotationsenergie $E_n^{(r)}$. Bedeutet J das in Betracht kommende Trägheitsmoment und η die Winkelgeschwindigkeit des Moleküls, so wird sein Drehimpuls $p^{(r)} = \eta \cdot J$ nach (148') und (149) festgelegt durch die Quantenbedingung

$$(238) \qquad 2\pi \cdot p_n^{(r)} = 2\pi \eta_n J = n^{(r)} \cdot h$$

und damit seine Rotationsenergie zu

$$(239) \qquad E_n^{(r)} = \tfrac{1}{2}\eta_n^2 \cdot J = \frac{h^2}{8\pi^2 J} \cdot n^{(r)2};$$

$E_n^{(r)}$ wächst also zugleich mit der Rotationsquantenzahl $n^{(r)}$ über alle Grenzen, und das Gleiche gilt daher nach (237) auch für die gesamte Molekülenergie E_n.[647])

Führt man die Molekülenergiewerte (237) zur Berechnung der thermodynamisch-statistischen Eigenschaften eines mehratomigen Gases in den allgemeinen quantenstatistischen Ausdruck (228) für die *Verteilungsfunktion* seiner Moleküle ein, so ist deren Konvergenz durch die eben berührte Eigenschaft von E_n auch dann allgemein gesichert, wenn von der beim einatomigen Gase unerläßlichen Bezugnahme auf die endlichen Moleküldimensionen abgesehen wird.[648]) Die Unkenntnis von $E_n^{(s)}$ und $E_n^{(e)}$ gestattet aber hierbei im Grunde genommen nur

646) Man vgl. den Energieausdruck (152) für eine *harmonische* Schwingungsbewegung.

647) Diese Eigenschaft bleibt auch dann noch erhalten, wenn man die Wechselwirkungen zwischen Rotation, Kernschwingung und Elektronenbewegung *angenähert* in Rücksicht zieht (Anm. 423), 424). Läßt man eine andere Quantenzahl als $n^{(r)}$ unbegrenzt zunehmen, so tritt ebenso wie bei Nichtberücksichtigung jener Wechselwirkungen schließlich *Dissoziation* (Schwingungsquantenzahl) oder *Ionisation* (Elektronenbahn-Quantenzahl) des Moleküls ein. Da die Dissoziationsenergien von den Ionisationsenergien wesentlich übertroffen werden, so kann ein Molekül in Übereinstimmung mit den experimentellen Tatsachen im undissoziierten Zustande gleichwohl mit Rotations- oder Anregungsenergiebeträgen existenzfähig sein, welche die Dissoziationsenergie ganz wesentlich übertreffen. Für extrem hohe Rotationsgeschwindigkeiten allerdings werden aber die Fliehkräfte selbst bei unangeregten Molekülen zu einer Stabilitätsgrenze führen müssen, welcher ein *endlicher*, ohne Zerfall des Gebildes unüberschreitbarer Rotationsenergiebetrag entspricht.

648) Die in der vorigen Anmerkung bei strengerer Betrachtung gefolgerte Existenz einer maximalen Rotationsenergie von endlichem Betrage würde allerdings wiederum eine Benutzung von (234) und (235) unvermeidlich erscheinen lassen.

eine Berücksichtigung der durch (239) gegebenen Quantenstufen der reinen Rotationsenergie; wie eine größenordnungsmäßige Betrachtung lehrt, entspricht dies der Beschränkung auf ein Temperaturgebiet, das Zimmertemperaturen nicht allzu wesentlich überschreitet.[649]) Setzt man demgemäß voraus, daß die Elektronen- und Schwingungsbewegung sämtlicher im Gase vorhandener Moleküle ihrem untersten Quantenzustande entsprechen, so kann man J in (239) als konstant ansehen und E_n mit $E_n^{(r)}$ identifizieren. Dann ist nach (228) und (239) für mehratomige Moleküle allgemein

$$F(T, \Theta) = g \cdot \sum_n \gamma(n) e^{-\frac{n^2 \Theta}{T}}, \tag{240}$$

wenn

$$\Theta = \frac{h^2}{8\pi^2 k J} \tag{241}$$

eine nur vom molekularen Trägheitsmomente abhängige „charakteristische Temperatur" der Moleküle definiert; für die spezielle Gewichtswahl $\gamma(n) = 1$ ist der Ausdruck (240) zum ersten Male 1913 von *P. Ehrenfest* angegeben und statistisch konsequent begründet worden.[650]) Setzt man mit *Ehrenfest* $\sigma = \frac{\Theta}{T}$, so hat man überdies

$$F(\sigma) = g \cdot \sum_n \gamma(n) e^{-n^2 \sigma} \tag{240 a}$$

und daraus nach (88) und (89) für den Rotationsanteil der Gesamtenergie des Gases

$$\mathsf{E}^{(r)} = - Nk\Theta \frac{d \log F(\sigma)}{d\sigma}, \tag{242}$$

sowie für den „Rotationswärme" genannten Betrag zu einer *spezifischen Wärme*

$$c_V^{(r)} = Nk\sigma^2 \frac{d^2 \log F(\sigma)}{d\sigma^2}. \tag{243}$$

Die statistisch-thermodynamischen Funktionen mehratomiger Gase sind demnach für nicht allzu hohe Temperaturen von der einzigen Veränder-

---

649) Wie *E. C. Kemble* und *J. H. Van Vleck*, Phys. Rev. 21 (1923), p. 381, 653 gezeigt haben, kann man indes für die Schwingungsenergie $E_n^{(s)}$ (152) als Näherungsausdruck benutzen und damit die spezifische Wärme des Wasserstoffes, welche weiter unten im Text als reine Rotationswärme behandelt wird, bis zu Temperaturen von etwa 2000° darzustellen suchen.

650) *P. Ehrenfest*, Verhandl. Deutsch. Phys. Ges. 15 (1913), p. 451. Der einzige noch ältere, vom heutigen Standpunkte aus aber nicht mehr annehmbare Versuch rührt her von *A. Einstein* und *O. Stern*, Ann. d. Phys. 40 (1913), p. 551. Ähnlich unannehmbar ist auch ein späterer Versuch von *W. Nernst*, Verhandl. Deutsch. Phys. Ges. 18 (1916), p. 97.

lichen $\sigma = \frac{\Theta}{T}$ *abhängig; verschiedene Gase unterscheiden sich in ihrem Verhalten voneinander nur durch verschiedene Werte ihrer „charakteristischen" Temperaturen* Θ, *falls ihre Gewichte* $\gamma(n)$ *miteinander übereinstimmen*[651]), was aber durchaus nicht stets der Fall zu sein braucht.[652])

Zur Prüfung des Ausdruckes (243) an der Erfahrung kommt bisher allein der von *Eucken* festgestellte, von *Scheel* und *Heuse* bestätigte *Abfall der Rotationswärme des molekularen Wasserstoffes* bei tiefen Temperaturen in Betracht, welche vom klassischen Grenzwerte $N \cdot k$ ausgehend (Nr. 9) *monoton* bis zum Werte Null herabsinkt.[653]) Da H_2 als das leichteste Gas gemäß (241) auch die größtmögliche „charakteristische Temperatur" Θ besitzt, ist auf Grund von (240) in Übereinstimmung mit der Erfahrung vorauszusehen, daß eine Senkung der Rotationswärme anderer zwei- oder mehratomiger Gase unter ihren klassischen Gleichverteilungswert von c_V erst bei sehr viel tieferen Temperaturen eintreten kann, als sie bisher für thermische Messungen an Gasen in Betracht gekommen sind.[653a]) Für alle zweiatomigen Gase muß also, ebenso wie für Wasserstoff bei $T > 300^0$,

$$(244) \qquad \lim_{\sigma \to 0} N \cdot k \sigma^2 \frac{d^2 \log F(\sigma)}{d \sigma^2} = N \cdot k$$

---

651) Dieses Ergebnis ist übrigens unabhängig davon, ob man wie oben gemäß der *Bohr*schen Theorie mit der „I." Fassung der *Planck*schen Quantentheorie operiert, oder mit der „II." Fassung (Anm. 191), 192)). Der letzteren haben sich bedient: *E. A. Holm*, Ann. d. Phys. 42 (1913), p. 1311; *J. v. Weyßenhoff*, Ann. d. Phys. 51 (1916), p. 285; *M. Planck*, Verhandl. Deutsch. Phys. Ges. 17 (1915), p. 407; *S. Rotszayn*, Ann. d. Phys. 57 (1918), p. 81; *H. Kallmann*, Diss. Berlin 1920.

652) Daß die Gültigkeit des angegebenen Gesetzes „korrespondierender Zustände" *wesentlich von der Übereinstimmung der Gewichtsfunktionen zweier miteinander zu vergleichender Gase abhäng* scheint bisher in der Literatur keine Beachtung gefunden zu haben. Ein von *A. Langen*, Ztschr. f. Elektrochem. 25 (1919), p. 25 über Anregung von *W. Nernst* benutztes Verfahren zur relativen Berechnung molekularer Trägheitsmomente aus der Dampfdruckkurve und der chemischen Konstante setzt das Korrespondenzgesetz voraus, ohne sich jenes wesentlichen Punktes bewußt zu werden; aus der insbesondere von *A. Eucken*, Jahrb. d. Rad. u. Elekt. 16 (1920), p. 361, betonten Unverträglichkeit eines Teiles der *Langen*schen Ergebnisse mit den spektroskopisch ermittelten Trägheitsmomenten muß demnach auf *Verschiedenheit der Gewichtsfunktionen bei mehreren der bisher geprüften Gase* geschlossen werden. Man vgl. dazu auch die Einwände von *W. Schottky*, Phys. Ztschr. 23 (1922), p. 9, welche vornehmlich den Einfluß des Gewichtes für den untersten Quantenzustand betonen.

653) *A. Eucken*, Berl. Ber. 1912, p. 141; *K. Scheel* und *W. Heuse*, Berl. Ber. 1913, p. 44; Ann. d. Phys. 40 (1913), p. 484; ferner jüngst *J. H. Brinkworth*, Proc. Roy. Soc. A 107 (1925), p. 510 und *F. A. Giacomini*, Phil. Mag. 50 (1925), p. 146.

653a) Der Abfall der Rotationswärme ist von *Giacomini* (Anm. 653) seither auch an den leichten Gasen CH_4 und NH_3 experimentell festgestellt worden.

mit
$$\lim_{\sigma \to 0} F(\sigma) = \lim_{\sigma \to 0} g \cdot \int_{-\infty}^{+\infty} \gamma(n)\, e^{-n^2 \sigma} \cdot dn$$

sein, was bei *monotonem* Verlauf von c_V auf

(245) $$\gamma(0) = 0, \quad \gamma(n) = a \cdot n + b \qquad (a > 0,\, b \geqq 0)$$

führt, wo a und b *positive* bzw. nicht negative, ganze[654]) Zahlen bedeuten, falls die $\gamma(n)$ nicht überhaupt eine ungesetzmäßige Zahlenfolge darstellen.[655]) Wegen $\gamma(0) = 0$ liegt es dann am nächsten, allgemein

(246) $$\gamma(n) = n$$

zu setzen, was nach *Reiche* jedenfalls zu einer befriedigenden Übereinstimmung bei hohen und tiefen Temperaturen führt, allerdings zu einer weniger guten im mittleren Temperaturgebiet, während sowohl der auf (227) gegründete Ansatz $\gamma(n) = 2n + 1$, also auch der sonst noch naheliegende $\gamma(n) = n + 1$ sich als wesentlich ungünstiger erweisen.[656])

Der Gewichtsansatz (246) führt ebenso wie auch schon (245) wegen $\gamma(0) = 0$ zu dem bemerkenswerten, auch von der *Quantentheorie der Bandenspektren* (V 27, *A. Kratzer*) bestätigten Ergebnisse, *daß der rotationslose Zustand der Moleküle im Gase praktisch überhaupt nicht vorkommt.* Die Bandentheorie zeigt aber weiterhin, daß der nur unvollständige Erfolg der bisherigen Betrachtungen auf die Benutzung des Energieausdruckes (239) zurückgeführt werden könnte, welcher nur dann als gerechtfertigt anzusehen ist, wenn das ruhende Molekül einen *verschwindenden Elektronendrehimpuls* besitzt, was aber nach neueren Ergebnissen von *Kratzer*[422]) nicht zuzutreffen scheint. Da nach Nr. **16 b** bisher kein brauchbares H_2-Molekülmodell vorliegt[657]),

---

654) Dies folgt unmittelbar aus der definitionsgemäßen Ganzzahligkeit von $\gamma(n)$; wegen der Willkürlichkeit von g können a und b überdies als relativ prim angesehen werden.

655) Dieser Verdacht dürfte nicht völlig unbegründet sein, einerseits wegen der prinzipiellen Sonderstellung des jeweils untersten Quantenzustandes, andererseits wegen der nachfolgend erwähnten Ergebnisse von *Schrödinger,* welcher die Gewichte $\gamma(n)$ empirisch zu bestimmen gesucht hat.

656) *F. Reiche,* Ann. d. Phys. 58 (1919), p. 657, ferner *N. Bohr* [1], Abhandlung X, p. 148. Der Versuch $\gamma(n) = n$ bzw. $2n$ durch eine Wirkung des Schwerefeldes zu begründen, wird von *Reiche* selbst als „recht künstlich" bezeichnet; ein anderer, unzulänglicher Versuch bei *Bohr,* p. 143/144.

657) Das *Bohr-Debye*sche Wasserstoffmolekülmodell [1, Anm. 418)] besitzt den Drehimpuls $\frac{h}{2\pi}$ *in* der Richtung der Kernverbindungslinie; hinsichtlich der spezifischen Wärme ist es untersucht worden von *F. Krüger,* Ann. d. Phys. 50 (1916), p. 346; 51 (1916), p. 450; *P. S. Epstein,* Verhandl. Deutsch. Phys. Ges. 18

ist man hinsichtlich der *Größe* dieses Drehimpulses einstweilen auf Rückschlüsse aus den Bandenspektren angewiesen, welche bei zweiatomigen Molekülen zu einem Betrage von zumindest sehr angenähert $\frac{1}{2} \cdot \frac{h}{2\pi}$ *senkrecht* zur Kernverbindungslinie führen.[422] Nach (226) erhält man dann an Stelle von (238) und (239)

$$2\pi \cdot \eta_n J = \pm (n^{(r)} - \tfrac{1}{2}) \cdot h \qquad (n^{(r)} = 1, 2, \ldots) \tag{238a}$$

und

$$E_n^{(r)} = \tfrac{1}{2}\eta_n^2 \cdot J = \frac{h^2}{8\pi^2 J}(n^{(r)} - \tfrac{1}{2})^2, \tag{239a}$$

so daß diese Ausdrücke aus (238) und (239) einfach dadurch hervorgehen, daß man $n^{(r)}$ durch $n^{(r)} - \frac{1}{2}$ ersetzt. Die gleiche Veränderung in den statistischen Formeln (240) bis (243) ergibt dann offenbar die thermischen Eigenschaften von Molekülen mit halbzahligem Eigendrehimpuls; besonders bemerkenswert ist, daß der allgemeine Gewichtsausdruck (227) jetzt in $\gamma(n) = 2n$ übergeht, was mit (246) gleichbedeutend ist, während im Rahmen der früheren Auffassung eine systematische Begründung für (246) nicht möglich zu sein scheint.[656] Die auf (246) und (239a) gegründete Wiedergabe des beobachteten Verlaufes der Rotationswärme ist nach *Tolman*[658]) bei hohen Temperaturen etwas weniger günstig als bei Benutzung von (239).[658a]) Gibt man die Gewichtswahl frei, so führt

$$\gamma(1) = 1, \quad \gamma(2) = 2, \quad \gamma(3) = 4, \quad \ldots \tag{247}$$

nach *Schrödinger*[659]) die beste Anpassung an die Beobachtungen herbei, welche sogar jener von *Reiche*[656]) überlegen zu sein scheint; eine Begründung der Gewichtsreihe (247) ist bisher aber nicht gelungen.

(1916), p. 398; *H. Kallmann*, Diss. Berlin 1920, hat aber auch hier völlig versagt. Das *Born*sche Wasserstoffmolekülmodell [5, Anm. 418)] ist von *J. H. Van Vleck*, Phys. Rev. 23 (1924), p. 308. statistisch untersucht worden.

658) *R. C. Tolman*, Phys. Rev. 22 (1923), p. 470, ferner jüngst *E. Hutchisson* und *J. H. Van Vleck*, Phys. Rev. 25 (1925), p. 243.

658a) *P. Ehrenfest* und *R. C. Tolman*, Phys. Rev. 24 (1924), p. 287, haben im Anschluß an ihre Unterscheidung von „starker" und „schwacher" Quantelung (Anm. 435) in letzter Zeit Gründe dafür namhaft gemacht, daß die Gewichtsfunktion sich hier für große n in besonderer Art quasi-kontinuierlich verhalten könnte, was dazu geeignet wäre, jene Unvollkommenheit bei hohen Temperaturen zu beseitigen.

659) *E. Schrödinger*, Ztschr. f. Phys. 30 (1924), p. 341. — Ein ähnlicher, auf (240) gegründeter, jedoch in mehrfacher Hinsicht unzulänglicher Versuch einer empirischen Gewichtsbestimmung findet sich bereits bei *D. Enskog*, Ann. d. Phys. 72 (1923), p. 321 und ergab $\gamma(1) = 1$, $\gamma(2) \sim 3$, kann wegen seiner Mängel aber nicht etwa als Bestätigung von (227) angesehen werden.

Zugunsten der Moleküle mit halbzahligen Elektronen-Eigendrehimpuls spricht, daß sie für das Wasserstoffmolekül auf Grund der Rotationswärme Trägheitsmomente ergeben, welche mit den optischen Daten wesentlich besser verträglich sind, als die etwa $\frac{3}{2}$ mal größeren Werte, welche aus (240), (243) und (245) gefolgert werden müssen.[659])[660])

24 c. Gasentartung. Wie die in Nr. **19** gegebene kritische Besprechung der zahlreichen Versuche, die Quantentheorie auf die Translationsbewegung der Gasmoleküle anzuwenden, gezeigt hat, scheint die dort eingehender gewürdigte Auffassung von *Schrödinger*[661]) diejenige zu sein, welche gegenwärtig als den wirklichen Vorgängen im Gase noch verhältnismäßig am weitgehendsten angepaßt, angesehen werden kann. Um die *Verteilungsfunktion* (228) bzw. (104) der nach *Schrödinger* durch (184) und (186) quantenhaft festgelegten Molekülbewegungen zu berechnen, hat man wegen (184)

$$E_n^{(t)} = \frac{h^2}{8M\bar{\lambda}^2} \cdot n^2 \qquad (n = 1, 2, \ldots) \tag{248}$$

zu setzen und die zugehörigen Gewichtswerte $\gamma(n)$ (225) zu ermitteln. Da $E_n^{(t)}$ die Energie eines n-quantig bewegten Moleküls angibt, das sich im übrigen *an jeder beliebigen Raumstelle des Gasvolumens* **V** befinden kann, wird $\gamma(n)$ hier offenbar bestimmt sein durch das Produkt aus der *Gesamtzahl Z aller* quantentheoretisch als verschieden anzusehenden *Raumgebiete in* **V**, *welche der Bewegung eines einzelnen Moleküls zur Verfügung stehen,* und der nach (186) in jedem dieser Raumgebiete möglichen *Anzahl* k_n *von quantentheoretisch zugelassenen Bewegungsrichtungen.*[662]) Die erstgenannte Größe ergibt sich auf Grund

660) Die Tatsache, daß das *Curie*sche Gesetz auch für viele *feste* paramagnetische Salze gilt, hat *P. Weiß*, Phys. Ztschr. 12 (1911), p. 935, veranlaßt, die freie Drehbarkeit der Moleküle als Träger der Elementarmagnete vorübergehend auch für den festen Zustand vorauszusetzen. Auf dieser Grundlage und mittels ganz ähnlicher statistischer Betrachtungen, wie sie vorstehend zur Deutung der Rotationswärme benutzt worden sind, ist mehrfach versucht worden, die *Abweichungen vom Curieschen Gesetze bei tiefen Temperaturen* theoretisch wiederzugeben; vgl. *E. Oosterhuis*, Phys. Ztschr. 14 (1913), p. 862; *W. H. Keesom*, Phys. Ztschr. 15 (1914), p. 8; *W. Budde*, Diss. Marburg 1914; *R. Gans*, Ann. d. Phys. 50 (1916), p. 163; *J. v. Weyßenhoff*, Ann. d. Phys. 51 (1916), p. 285; *F. Reiche*, Ann. d. Phys. 54 (1917), p. 401; *A. Smekal*, Ann. d. Phys. 57 (1918), p. 376. Da die freie Drehbarkeit der Moleküle im Festkörper jedoch nicht besteht, so müssen alle diese Versuche, wie namentlich *O. Stern*, Ztschr. f. Phys. 1 (1920), p. 147, betont hat, als hinfällig angesehen werden.

661) *E. Schrödinger*, Phys. Ztschr. 25 (1924), p. 41.

662) Dieses Verfahren läuft darauf hinaus, die Bewegung des Einzelmoleküls wegen der Willkürlichkeit ihrer räumlichen Lokalisierung innerhalb von **V**

der allgemeinen quantentheoretischen Forderung (221), daß das maximale Volumen einer μ-Raumzelle der Translationsbewegung mit Rücksicht auf die *drei* Schwerpunktsfreiheitsgrade der Moleküle durch h^3 festgelegt sein muß, falls eine *bestimmte* und darum als nicht entartet anzusehende Bewegung eines Moleküls ins Auge gefaßt werden würde; aus

$$\Delta x \cdot \Delta y \cdot \Delta z \cdot \Delta p_x \cdot \Delta p_y \cdot \Delta p_z = \Delta x \cdot \Delta y \cdot \Delta z \cdot M^3 v^2 \cdot \Delta v \frac{4\pi}{k_n} = h^3$$

erhält man mittels (184), (185), (186) und

$$\Delta x \cdot \Delta y \cdot \Delta z = \frac{\mathsf{V}}{Z}$$

für Z größenordnungsmäßig

$$Z = \frac{\mathsf{V}}{8\bar{\lambda}^3}$$

und damit

$$\gamma(n) = k_n \cdot Z = \frac{\pi \mathsf{V}}{2\bar{\lambda}^3} \cdot n^2. \tag{249}$$

Definiert man noch mittels

$$\Theta = \frac{h^2}{8 M \bar{\lambda}^2 k} \tag{250}$$

eine „charakteristische Temperatur“ Θ für die quantenhafte Translationsbewegung, so erhält man für die *quantentheoretische Verteilungsfunktion* $F_t(T, \mathsf{V})$ *der Translation*

$$F_t(T, \mathsf{V}) = g \cdot \frac{\pi \mathsf{V}}{2\bar{\lambda}^3} \sum_{n=1}^{\infty} n^2 e^{-\frac{n^2 \Theta}{T}}. \tag{251}$$ [663]

Für ein Gas unter Normalbedingungen wird nach (250) $\Theta \sim 10^{-4}$ Grad, so daß man die Summe in (251) *praktisch für alle Temperaturen* durch das Integral

$$\int_0^\infty n^2 \cdot e^{-\frac{n^2 \Theta}{T}} \cdot dn = \frac{\sqrt{\pi}}{4} \left(\frac{T}{\Theta}\right)^{\frac{3}{2}}$$

approximieren kann und den *von der mittleren freien Weglänge* $\bar{\lambda}$ *unabhängigen Ausdruck* erhält:

$$F_t(T, \mathsf{V}) = g \frac{\mathsf{V}}{h^3} (2\pi M k T)^{\frac{3}{2}}. \tag{251a}$$

---

als *entartet* zu behandeln, wodurch die Anwendung von (224) erforderlich wird. — Bei *Schrödinger* (Anm. 661) wird die Verteilungsfunktion (251) — wie man aus Obigem entnimmt, ohne besondere Notwendigkeit — auf dem weitläufigeren Wege über den Γ-Raum des gesamten Gases ermittelt.

663) Man vgl. (251) mit (240) bei der Rotationswärme, beachte jedoch den Unterschied der Gewichte $\gamma(n)$ in (249) bzw. (245)!

Nach (47) und (64) hat sich demgegenüber auf klassischem Wege ergeben

(251 b) $$F_t(T, \mathsf{V}) = \frac{\mathsf{V}}{G_t}(2\pi MkT)^{\frac{3}{2}},$$

worin G_t nach (46) eine Maßkonstante von der Dimension der dritten Potenz einer Wirkungsgröße bedeutete[103]); wie der Vergleich der beiden Ausdrücke lehrt, erhält man in Übereinstimmung damit und als Spezialfall von (223) den Zusammenhang

(252) $$G_t = \frac{h^3}{g}.$$ [664])

Da der klassische und der quantentheoretische Ausdruck für die Verteilungsfunktion der Molekültranslation bis auf (252) miteinander übereinstimmen, wird der Energieinhalt des Gases gemäß (62) durch (62 a) (Nr. **7 a**) gegeben sein, und *der Translationsanteil seiner spezifischen Wärme* $c_{\mathsf{V}}^{(t)}$ *bis zu den allertiefsten Temperaturen herab mit dem klassischen Konstantwerte* $\frac{3}{2} \cdot Nk$ *übereinstimmen.* Damit ist gezeigt, *daß die Gasentartung bis zu den tiefsten bisher erreichbaren Temperaturen unmerklich bleiben muß, wie es auch der Erfahrung entspricht,* so daß die im Vorangehenden für die Translation immer wieder zugelassene Benutzung der klassischen Ergebnisse allgemein gerechtfertigt erscheint.

Die Ergebnisse der übrigen, in Nr. **19** bloß qualitativ gekennzeichneten Versuche zur Anwendung der Quantentheorie auf die Molekültranslation liefern statistische Resultate, welche mit dem oben eingehender geschilderten in den meisten Punkten qualitativ übereinstimmen[664a]); volle Übereinstimmung herrscht namentlich darin, daß die Maximalgröße der μ-Zellen für die Translationsbewegung wie oben zu h^3 angesetzt wird — was nach (221) quantentheoretisch tatsächlich als unumgänglich angesehen werden muß —, so daß alle diese Theorien im klassischen Grenzfalle hoher Temperaturen ebenfalls zu

---

664) G_t ist nichts anderes als der Quotient eines μ-Zellenvolumens durch das Gewicht der betreffenden Zelle, wie man auch dem Vergleich mit (224) und (225) entnehmen kann. Siehe auch Anm. 630). — Natürlich ist G_t mit (252) ebensowenig festgelegt als g. Die Bedeutung des Umstandes, daß man $g = \frac{e}{N}$ setzen muß (e = Basis des natürlichen Logarithmensystems), um zu der üblichen Schreibweise der statistisch-thermodynamischen Funktionen des idealen einatomigen Gases zu gelangen (vgl. z. B. *M. Planck* [1], § 182), kann erst in Nr. **27** einer näheren Diskussion unterzogen werden.

664a) Eine Ausnahme hiervon macht bloß die jüngst von *A. Einstein* (Anm. 505), 508)) aufgestellte Entartungstheorie, deren prinzipielle Tragweite in Anm. 32 a) und Nr. 27, Ende, näher gewürdigt wird.

(251a) und (252) führen. Die quantitativen Unterschiede der einzelnen Theorien lassen sich in allen Fällen darauf zurückführen, daß für die bei den allertiefsten Temperaturen eintretenden Abweichungen vom klassisch-idealen Gaszustande eine „charakteristische Temperatur“ Θ maßgebend wird, welche in (250) an Stelle der mittleren freien Weglänge $\bar{\lambda}$ entweder eine Länge von der Größenordnung des mittleren Molekülabstandes[508]) enthält, oder selbst makroskopischer Gefäßdimensionen.[509]) Im letzteren Falle wird Θ praktisch überhaupt Null, was eine Gasentartung praktisch völlig ausschließt, im ersteren wird Θ von der Größenordnung: reziprokes Molekulargewicht in Graden, so daß das Entartungsgebiet nach diesen Theorien auch nur höchstens an der Grenze experimenteller Zugänglichkeit gelegen sein könnte. Wendet man die Theorie von *Schrödinger* auf ein *Elektronengas* an, so zeigt der numerische Wert von (250) für $M = m$, daß hier bei mittleren Temperaturen ebenso wie bei gewöhnlichen Gasen der ideale Gaszustand herrschen muß, wie es auch der experimentellen Erfahrung über den *Richardson-Effekt* entspricht; bei sehr tiefen Temperaturen hingegen könnte der Entartungsbeginn des Elektronengases vielleicht noch experimentell faßbar werden. Setzt man für die „freien“ Elektronen im Innern eines metallischen Stromleiters für $\bar{\lambda}$ an Stelle der gaskinetischen Größenordnung 10^{-5} cm formal den *mittleren Atomabstand im festen oder flüssigen Aggregatzustand* von etwa $5 \cdot 10^{-8}$ cm in (250) ein, so wird $\Theta \sim 10^4$ Grade, was auf *Entartung der Leitungselektronen bis zur Schmelz- bzw. Verdampfungstemperatur* hinausläuft. Wenn man sich zur Berechnung *der spezifischen Wärme der Leitungselektronen bei gewöhnlichen Temperaturen* auf das erste Glied von (251) beschränkt, so findet man für $\sigma = \frac{\Theta}{T}$ aus (243) in Übereinstimmung mit Fehlen eines derartigen Beitrages zur spezifischen Wärme der Festkörper[665]) $c_V = 0$.

25. Dissoziationsgleichgewicht. Wie die statistische Betrachtung des Wärmegleichgewichtes zwischen beliebigen thermischen Systemen, einschließlich der Hohlraumstrahlung gezeigt hat (Nr. 7), stimmt das zeitlich-mittlere thermische Verhalten jedes einzelnen der beteiligten warmen Körper mit jenem überein, welches die *Boltzmannsche Verteilung* für ihn im Falle völliger Wärmeisolation ergibt (Nr. 5, 6). Dabei ist grundsätzlich vorausgesetzt worden, daß *chemische Umsetzungen* zwischen den miteinander in Wärmeaustausch befindlichen, chemisch einheitlichen thermischen Systemen nicht stattfinden sollen. Läßt man diese Voraussetzung fallen, so werden die früher als unver-

665) Siehe etwa V 20 (*R. Seeliger*), *Elektronentheorie der Metalle*, Nr. 17—19.

änderlich vorgegeben anzusehenden Teilchenanzahlen der betrachteten „realen“ warmen Körper (Gase, Gasgemische, Festkörper) *von der Temperatur und den äußeren makroskopischen Parametern* a^*, **V**, . . . *abhängig*; der Beweis der eingangs erwähnten Bedingung für das Wärmegleichgewicht erfordert dann die statistische Untersuchung von *Dissoziationsgleichgewichten*, worin neben der Behandlung von reinen Gasgleichgewichten auch die Betrachtung der gegenseitigen Wechselwirkung von *gasförmigen und festen Phasen* bzw. Reaktionsteilnehmern mit einbegriffen gelten soll.[665a]) Diese Untersuchung wird im folgenden zunächst für einen einfachen Spezialfall, dann völlig allgemein durchgeführt und schließlich auf den Dampfdruck fester Stoffe angewendet; von einer expliziten Berücksichtigung der *Wechselwirkungen mit dem Strahlungsfelde* kann in der vorliegenden Nummer abgesehen werden, da sie keine Änderung der diesbezüglichen Betrachtungen von Nr. **7a** zur Folge haben würde.

Boltzmann war der Erste, welcher die Gasdissoziation auf statistischem Wege untersucht hat.[665b]) Die erste systematisch-konsequente statistische Behandlung der Dissoziationsgleichgewichte und Klärung damit zusammenhängender prinzipieller Fragen rührt jedoch von *Ehrenfest* und *Trkal* her[666]); sie wird für die nachfolgende Darstellung ebenso als vorbildlich angesehen, wie die Benutzung der bereits in der elementareren Statistik bewährten eleganten mathematischen Methodik, welche *Darwin* und *Fowler* entwickelt[94]) und, entsprechend verallgemeinert, auch auf den vorliegenden Fall zur Anwendung gebracht haben.[667]) Eine systematische statistische Grundlegung der *gesamten chemischen Thermodynamik* ist auf Grund der *Ehrenfest-Trkal*schen Ergebnisse von den allgemeinsten, gegenwärtig in Betracht kommenden Gesichtspunkten ausgehend, von *Schottky*[668]) in Angriff

---

665 a) Zur thermodynamischen Theorie der Gleichgewichte möge hier etwa verwiesen werden auf *M. Planck*, Thermodynamik, 6. Aufl., Leipzig 1921; *W. Nernst*, Die theoretischen und experimentellen Grundlagen des neuen Wärmesatzes, 2. Aufl., Halle 1924, sowie V 11, *K. F. Herzfeld* (*Physikalische und Elektrochemie*).

665b) *L. Boltzmann*, Wied. Ann. 22 (1884), p. 39; Wiss. Abh. Bd. III, p. 71; Vorlesungen über Gastheorie, II. Bd., Leipzig 1898, p. 177 ff.

666) *P. Ehrenfest* und *V. Trkal*, Proc. Akad. Amsterdam 23 (1920), p. 162, auch Ann. d. Phys. 65 (1921), p. 609.

667) *C. G. Darwin* und *R. H. Fowler*, Proc. Cambridge Phil. Soc. 21 (1923), p. 730; ähnlich, aber weniger vollkommen bereits bei *R. H. Fowler*, Phil. Mag. 45 (1923), p. 1.

668) *W. Schottky*, Ann. d. Phys. 68 (1922), p. 481, sowie eine ältere, auf einen spezielleren Kreis von Problemen beschränkte Untersuchung, Ann. d. Phys. 62 (1920), p. 113. Eine vollständige, eingehende Darstellung der chemischen

genommen worden, bisher aber noch nicht zum Abschluß gelangt. Die aus der Betrachtung der Dissoziationsgleichgewichte folgenden *allgemeinen Beziehungen zwischen der Statistik und dem II. Hauptsatz der Thermodynamik, sowie dem Nernstschen Wärmetheorem* werden in Nr. **27** abschließend zusammengestellt.

25 a. Dissoziationsgleichgewicht bei monomolekularen Gasreaktionen. $N_L^{(A_1)}$ Moleküle A_1 mit der *Verteilungsfunktion* $F_{A_1}(\zeta)$ eines Gases 1, $N_L^{(A_2)}$ Moleküle A_2 mit der Verteilungsfunktion $F_{A_2}(\zeta)$ eines Gases 2 und $N_L^{(B_3)}$ Moleküle B_3 mit der Verteilungsfunktion $F_{B_3}(\zeta)$ eines Gases 3 sollen zu einem bestimmten Zeitpunkte im gleichen Volumen V miteinander vereinigt sein und die Gesamtenergie E besitzen; die Gase 1 und 2 mögen ein- oder mehratomig sein, das Gas 3 mindestens zweiatomige Moleküle haben. Wenn zwischen den drei Komponenten dieses *Gemisches* L keinerlei chemische Umsetzungen möglich wären, so würde seine Verteilungsfunktion nach Nr. **6a** durch (35 A), die Anzahl $\mathsf{R}^{(A_1, A_2, B_3)}$ der Realisierungsmöglichkeiten seiner sämtlichen mit E sowie *konstanten* $N_L^{(A_1)}$, $N_L^{(A_2)}$, $N_L^{(B_3)}$ verträglichen Zustandsverteilungen durch (37) gegeben sein. Läßt man aber das Eintreten der *monomolekularen Reaktion*

$$A_1 + A_2 \rightleftarrows B_3 \tag{253}$$

zwischen den Molekülen zu, so werden die Molekülanzahlen $N_L^{(A_1)}$, $N_L^{(A_2)}$, $N_L^{(B_3)}$ *mit der Zeit veränderlich* und man hat an Stelle von $\mathsf{R}^{(A_1, A_2, B_3)}$ die Gesamtzahl der Realisierungsmöglichkeiten $\mathsf{R}^{(X^{(A_1)}, X^{(A_2)})}$ zu ermitteln, die auch alle jene mit E verträglichen Zustandsverteilungen mit umfaßt, für welche die Anzahlen $N_L^{(A_1)}$, $N_L^{(A_2)}$, $N_L^{(B_3)}$ bloß an die Bedingung gebunden sind, daß die Anzahl aller freien und in Molekülen B_3 gebundenen Moleküle A_1, sowie jene der freien und in den B_3 gebundenen Moleküle A_2, vorgegebene konstante Werte $X^{(A_1)}$, $X^{(A_2)}$ besitzen. Denkt man sich den μ-Raum der Moleküle A_1 bzw. A_2, B_3 den allgemeinen Ansätzen von Nr. **3** gemäß in Zellen eingeteilt und jene Zellen mittels eines Index l_1 bzw. l_2, l_3, im Sinne zunehmender Molekülenergiewerte $E_{l_1}^{(A_1)} + E_{t, l_1}^{(A_1)}$ bzw. $E_{l_2}^{(A_2)} + E_{t, l_2}^{(A_2)}$, $E_{l_3}^{(B_3)} + E_{t, l_3}^{(B_3)}$ numeriert, so wird eine individuelle Zustandsverteilung $\mathsf{Z}_L^{(A_1, A_2, B_3)}$ des reagierenden Gasgemisches dadurch gekennzeichnet sein, daß sich etwa $N_{L, l_1}^{(A_1)}$ bzw. $N_{L, l_2}^{(A_2)}$, $N_{L, l_3}^{(B_3)}$, *beliebige* von den gerade mit der Gesamtzahl $N_L^{(A_1)}$ bzw. $N_L^{(A_2)}$, $N_L^{(B_3)}$ vorhandenen Molekülen A_1 bzw. A_2, B_3 in der l_1^{ten} bzw. l_2^{ten}, l_3^{ten} Zelle des zugehörigen μ-Raumes

Thermodynamik wird von *Schottky* nach freundlicher persönlicher Mitteilung in Buchform vorbereitet.

aufhalten. Jede dieser Zustandsverteilungen wird dann die Bedingungen zu erfüllen haben:

$$(254)\qquad \sum_{l_1=1}^{\infty} N_{L,l_1}^{(A_1)} = N_L^{(A_1)}, \quad \sum_{l_2=1}^{\infty} N_{L,l_2}^{(A_2)} = N_L^{(A_2)}, \quad \sum_{l_3=1}^{\infty} N_{L,l_3}^{(B_3)} = N_L^{(B_3)},$$

$$(255)\qquad N_L^{(A_1)} + N_L^{(B_3)} = X^{(A_1)}, \quad N_L^{(A_2)} + N_L^{(B_3)} = X^{(A_2)},$$

$$(256)\qquad \mathsf{E} = \sum_{l_1=1}^{\infty} N_{L,l_1}^{(A_1)} \cdot \left[E_{l_1}^{(A_1)} + E_{t,l_1}^{(A_1)} + E_0^{(A_1)}\right] + \sum_{l_2=1}^{\infty} N_{L,l_2}^{(A_2)} \cdot \left[E_{l_2}^{(A_2)} + E_{t,l_2}^{(A_2)} + E_0^{(A_2)}\right] + \sum_{l_3=1}^{\infty} N_{L,l_3}^{(B_3)} \cdot \left[E_{l_3}^{(B_3)} + E_{t,l_3}^{(B_3)} + E_0^{(B_3)}\right],$$

die Formulierung der Energiebeschränkung (256) wird hierbei ersichtlich an die Voraussetzung gebunden sein, daß die willkürlichen Konstanten $E_0^{(A_1)}$, $E_0^{(A_2)}$, $E_0^{(B_3)}$ aller in (256) eingehenden Molekülenergiewerte zugleich mit E auf dasselbe, an sich im übrigen willkürliche Energienullniveau bezogen sind.[669])

669) Diese Voraussetzung liegt stillschweigend naturgemäß bereits den Betrachtungen von Nr. **6 a**, **7** und **8 a**, insbesondere den Gleichungen (40 A), (40 B), (61), (61 a), (84 a) zugrunde, ist aber wegen der Unveränderlichkeit der Teilchenanzahlen der verschiedenen dort betrachteten warmen Körper von keiner besonderen Aktualität. Hier dagegen wird es ganz wesentlich darauf ankommen, in welcher Weise die Moleküle A_1, A_2 bei Elementarvorgängen vom Typus (253) ihre Energiekonstanten „mitnehmen", oder anders gesagt, welche *Relation zwischen* $E_0^{(A_1)}$, $E_0^{(A_2)}$, $E_0^{(B_3)}$ besteht. Nimmt man beispielsweise die Moleküle A_1 und A_2 einatomig und betrachtet sie in erster Annäherung als punktförmige, nur der Translation fähige Gebilde, welche beim Zusammentreten zu einem zweiatomigen Molekül B_3 in letzterem etwa anharmonische Schwingungen auszuführen vermögen, so wird es am naheliegendsten sein, jenen Zustand des reagierenden Gemisches zur Kennzeichnung des Energienullniveaus heranzuziehen, in dem überhaupt keine Moleküle B_3, sondern bloß einzelne Atome A_1 und A_2 vorhanden sind; setzt man hier willkürlich $E_0^{(A_1)} = E_0^{(A_2)} = 0$, so erkennt man, daß $E_0^{(B_3)}$ dann gerade diejenige Energiemenge darstellt, welche aufgewendet werden muß, um ein Molekül B_3 in seine beiden Bestandteile zu zerlegen, und welche gleichzeitig der maximalen Schwingungsenergie entspricht, deren ein Molekül B_3 überhaupt fähig sein kann. — Wenn man mit *Schottky* (Anm. 668) den „Kernphasenraum" als Γ-Raum des Gemisches benutzt (siehe weiter unten im Text, sowie Anm. 671), so ist es am naheliegendsten, den Zustand völliger Dissipation der Atome und Moleküle in Atomkerne und einzelne Elektronen zu wählen, deren wechselseitige Entfernungen so groß zu denken sind, daß eine merkliche Wechselwirkung nicht mehr stattfindet. Bei Einbeziehung quantentheoretisch gedeuteter radioaktiver Ab- und Aufbauvorgänge [siehe Anm. 218), 439), ferner Nr. **18 a**, Ende] wäre im „Urphasenraum" die völlige Dissipation auch der Atomkerne in einzelne Protonen und Elektronen (Nr. **13**) zur Festlegung des Energienullniveaus heranzuziehen.

Zur Berechnung der Anzahl der Realisierungsmöglichkeiten $R(\mathsf{Z}_L^{(A_1, A_2, B_3)})$ *einer* bestimmten, mit (254), (255), (256) verträglichen Zustandsverteilung $\mathsf{Z}_L^{(A_1, A_2, B_3)}$ genügt es im Gegensatz zur elementareren Statistik (Nr. **4**—**6**) jetzt nicht mehr, der Betrachtung eine Abbildung der verschiedenen Molekularzustände in den einzelnen Molekülphasenräumen zugrunde zu legen; offenbar ist eine *einheitliche* Untersuchung des reagierenden Gasgemisches hierzu unerläßlich, da es im allgemeinen kein statistisches System geringeren Umfanges gibt, in welchem eine mögliche, mit (254), (255), (256) verträgliche Veränderung bei Wahrung seines materiellen Bestandes vorgenommen werden kann.[670]) Betrachtet man dementsprechend den *Γ-Raum des reagierenden Gasgemisches* mit den stets wechselnden Molekülanzahlen $N_L^{(A_1)}$, $N_L^{(A_2)}$, $N_L^{(B_3)}$, so wird man diesen mit einer den Momentanwerten der Molekülanzahlen zugeordneten und mit jenen zugleich sprungweise veränderlichen Γ-Zelleneinteilung ausgestattet denken können, deren Projektion auf $N_L^{(A_1)}$ bzw. $N_L^{(A_2)}$, $N_L^{(B_3)}$ einzelne μ-Räume von Molekülen A_1 bzw. A_2, B_3, mit der bereits oben festgelegten μ-Zelleneinteilung für die Moleküle A_1 bzw. A_2, B_3, übereinstimmt.[671]) Offenbar

670) Diese Feststellung gilt mit Notwendigkeit indessen nur für *echte* Gleichgewichte; bei unvollständigen oder „gehemmten" Gleichgewichten (*Schottky*), etwa bei Mitwirkung fester und flüssiger Reaktionsteilnehmer oder Phasen sind in vielen Fällen geeignete Vereinfachungen zulässig. Als äußersten Grenzfall „gehemmter" Gleichgewichte können z. B. die in Nr. **6a** betrachteten reaktions*un*fähigen Gasgemische angesehen werden, bei welchen man mit gesonderter statistischer Behandlung der einzelnen Gemischkomponenten das Auslangen findet.

671) Wie die angegebene Beziehung zwischen den Γ-Zellen und den μ-Zelleneinteilungen erkennen läßt, wird die Dimensionszahl des Γ-Raumes $N_L^{(A_1)} \cdot r_1 + N_L^{(A_2)} \cdot r_2 + N_L^{(B_3)} \cdot r_3$ betragen, wenn r_1, r_2, r_3, analog Nr. **2**, die Anzahl der Freiheitsgrade von innerer *und* Translationsbewegung der Moleküle A_1, A_2, B_3 bedeuten; da r_1 und r_2 beim Zusammentreffen zweier Moleküle A_1, A_2 zu einem Molekül B_3 ungeändert bleiben müssen, wie man bei aus punktförmigen Massen oder Ladungen bestehenden Gebilden (Nr. **13**) unmittelbar einsieht, so hat man $r_3 = r_1 + r_2$, was wegen (255) die Dimensionszahl des Γ-Raumes zu $X^{(A_1)} \cdot r_1 + X^{(A_2)} \cdot r_2$ ergibt und damit deren Unveränderlichkeit gegenüber beliebigen mit (255) verträglichen Zustandsverteilungen. — Welche Maximalwerte man für r_1 und r_2 einzusetzen hat, hängt wesentlich von der speziellen Natur der mit der Reaktionsgleichung (253) verknüpften Elementarvorgänge ab, beziehungsweise der Kenntnisse, die man davon zu besitzen vermeint. Bestimmt man r_1 und r_2 etwa so, daß man die Anzahl der Einzelladungen (Protonen und Elektronen) *verdreifacht*, welche das *Rutherford-Bohrsche Atommodell* (Nr. **13**) für Elektronenhülle und Atomkernbausteine ergibt, so erhält man als Γ-Raum den „Urphasenraum", in welchem sich auch *radioaktive Auf- und Abbauvorgänge* verfolgen lassen (s. Anm. 669). Kann von letzteren, wie wohl fast immer, abgesehen werden, so können die Atomkerne als unveränderliche Teilstrukturen angesehen und wie Massenpunkte mit je drei Freiheitsgraden in Rechnung gestellt

ist jede *individuelle* Molekülverteilung durch eine *einzige* derartige Γ-Zelle gekennzeichnet. Gilt es nun die Realisierungsmöglichkeiten von $Z_L^{(A_1, A_2, B_3)}$ abzuzählen, so hat man die Anzahl aller jener Γ-Zellen zu bestimmen, deren individuelle Molekülverteilungen dieser Zustandsverteilung entsprechen. Diese Bestimmung kann nach *Ehrenfest* und *Trkal*[666]) auf *zweierlei* Arten von Vertauschungen *individueller* Moleküle zurückgeführt werden, welche die vorgelegte Zustandsverteilung $Z_L^{(A_1, A_2, B_3)}$ ungeändert bestehen lassen: Denkt man zunächst alle jene Vertauschungen ausgeführt, *bei welchen die freien Moleküle* A_1 und ebenso A_2, sowie B_3, *untereinander ihre* μ*-Zellen wechseln,* so gibt das, in Übereinstimmung mit dem Produkt dreier voneinander unabhängiger Ausdrücke (29), für die Anzahl der entsprechenden Γ-Zellen den Betrag

$$(257\,\mathrm{a})\qquad \frac{N_L^{(A_1)}!\cdot N_L^{(A_2)}!\cdot N_L^{(B_3)}!}{\ldots N_{L,l_1}^{(A_1)}!\ldots N_{L,l_2}^{(A_2)}!\ldots N_{L,l_3}^{(B_3)}!\ldots}\cdot\ldots g_{l_1}^{(A_1)N_{L,l_1}^{(A_1)}}\ldots g_{l_2}^{(A_2)N_{L,l_2}^{(A_2)}}\ldots g_{l_3}^{(B_3)N_{L,l_3}^{(B_3)}}\ldots,$$

worin $g_{l_1}^{(A_1)}$, $g_{l_2}^{(A_2)}$, $g_{l_3}^{(B_3)}$ die Gewichte der verschiedenen μ-Zellen von Molekülen A_1, A_2, B_3 bedeuten.[672]) Vertauscht man ferner *alle in Molekülen* B_3 *gebundenen Moleküle* A_1 bzw. A_2 *mit freien Molekülen* A_1 bzw. A_2, so erhält man die Anzahl

$$(257\,\mathrm{b})\qquad \frac{X^{(A_1)}!\cdot X^{(A_2)}!}{N_L^{(A_1)}!\cdot N_L^{(A_2)}!\cdot N_L^{(B_3)}!}\,{}^{673}),$$

werden; dies ergibt *Schottkys* „Kernphasenraum" (s. Anm. 669), in welchem an Stelle von „Molekülen" A_1, A_2, B_3 bloß Elektronen und Atomkerne auftreten. Nimmt man A_1 und A_2 als einatomig und näherungsweise punktförmig an, wie zu Beginn von Anm. 669), so wird $r_1 = r_2 = 3$ (vgl. etwa die Behandlungsweise von *Ehrenfest* und *Trkal*, Anm. 666). Für den im Text vorliegenden Spezialfall ist aber ebenso wie beim allgemeinsten Fall des Dissoziationsgleichgewichtes (Nr. **25 b**) eine bestimmte Festsetzung über r_1 und r_2 entbehrlich und nur bei konkreten Problemen von gewissem Interesse. Wenn die genauere Struktur der Moleküle als unbekannt angesehen wird, wie durchweg im I. Teile des vorliegenden Berichtes, so ermöglicht die Theorie des Dissoziationsgleichgewichtes sogar gewisse Schlüsse hinsichtlich der Moleküleigenschaften, wie weiter unten im Text betont werden wird.

672) Die Übereinstimmung von (257a) mit dem Produkt dreier voneinander unabhängiger Ausdrücke (29) läßt ersehen, daß (29) auch schon als Anzahl gewisser Γ-Zellen hätte gedeutet werden können. Diese Auffassung, deren Beziehung namentlich zu gewissen Ansätzen der klassischen statistischen Mechanik von *Gibbs* bedeutungsvoll ist, findet sich in IV 32 (*P.* und *T. Ehrenfest*), Nr. **12 b** ff. eingehend berücksichtigt.

673) Ein Ausdruck dieser Form findet sich erstmals bereits bei *L. Boltzmann*, Wiss. Abh. III, p. 71; dann bei *H. Tetrode*, Versl. Akad. Amsterd. 23 (1915), p. 1110. — Die Begründung von (257b) setzt voraus, daß die Moleküle A_1 und A_2 praktisch wie starre, strukturlose Gebilde behandelt werden können, was unvermeidlich ist, solange man ihre Struktur als unbekannt ansehen will [siehe

welche angibt, wie viele gleichwertige Γ-Zellen durch diesen zweiten Vertauschungsprozeß aus *einer jeden* von den (257a) der früheren Γ-Zellen hervorgehen.[674]) Die Gesamtzahl der Realisierungsmöglichkeiten der betrachteten Zustandsverteilung wird also durch Multiplikation der beiden Ausdrücke (257a) und (257b) gegeben sein und kann geschrieben werden als Produktausdruck von der Form[675])

$$(258)\qquad R(\mathbf{Z}_L^{(A_1,A_2,B_3)}) = X^{(A_1)}! \cdot X^{(A_2)}! \cdot \prod_{l_1,l_2,l_3} \frac{g_{l_1}^{(A_1)^{N_{L,l_1}^{(A_1)}}}}{N_{L,l_1}^{(A_1)}!} \cdot \frac{g_{l_2}^{(A_2)^{N_{L,l_2}^{(A_2)}}}}{N_{L,l_2}^{(A_2)}!} \cdot \frac{g_{l_3}^{(B_3)^{N_{L,l_3}^{(B_3)}}}}{N_{L,l_3}^{(B_3)}!}.$$

Die *zeitliche Aufeinanderfolge* verschiedener mit (254), (255), (256) verträglicher Zustandsverteilungen läßt sich beim reagierenden Gasgemisch von einer beliebigen Anfangsverteilung ausgehend, im einzelnen ebensowenig vorausberechnen wie beim chemisch homogenen Gas. Wie in Nr. 4 für letzteres eingehender geschildert worden ist, kann man hingegen anstatt dessen einen *wahrscheinlichen, zeitlich-mittleren molekularen Verteilungszustand* bestimmen, wenn man die dort wahrscheinlichkeitstheoretisch begründete *Äquivalenz von Zeitgesamtheit und Raumgesamtheit* benutzt. Diese Äquivalenz beruht im wesentlichen auf der Voraussetzung, daß für jede *Änderung eines individuellen molekularen Verteilungszustandes* die Existenz gewisser *„Übergangswahrscheinlichkeiten“* (18), (18a) maßgebend ist, deren konkrete Ausdrücke

Anm. 671), Ende]. Andernfalls müßte an Stelle von (257b) ein anderer, jedoch formal ganz ähnlich gebauter Ausdruck benutzt werden, in welchem, wie überhaupt für die ganze vorliegende Untersuchung, die Rolle der Moleküle A_1, A_2 von den während der Elementarvorgänge (253) unveränderlich bleibenden Teilstrukturen dieser Gebilde übernommen werden müßte [s. Anm. 671) und 669)]. Die Notwendigkeit einer derartigen, allgemeineren Betrachtungsweise für den Fall bekannter Molekülkonstitution hat *W. Schottky* (Anm. 668) nachdrücklich betont.

674) Während die *Volumina* der in (257a) zusammengezählten Γ-Zellen im allgemeinen untereinander *verschieden* sein können (vgl. etwa die am Beginne von Nr. 24 diskutierten Verhältnisse in der *Quantenstatistik*), werden alle (257b) Γ-Zellen, welche aus *einer* dieser Zellen hervorgehen, untereinander *gleiche Volumina* besitzen müssen.

675) Betrachtet man das *Gesamtvolumen* der in der Anzahl (258) vorhandenen, zu einer beliebigen Zustandsverteilung gehörigen Γ-Zellen im Γ-Raume, so wird es wegen der in Anm. 674) hervorgehobenen Eigenschaft möglich sein müssen, ein *Teilgebiet* davon so abzugrenzen, daß es nach Ausführung sämtlicher $X^{(A_1)}! \cdot X^{(A_2)}!$ möglicher Molekülvertauschungen von freien oder gebundenen Molekülen A_1 bzw. A_2 untereinander, in jenes Gesamtvolumen übergeführt wird. Dieses Gebiet, das in gewissen Fällen nicht aus lauter ganzen Γ-Zellen zusammengesetzt zu sein braucht und dessen Betrachtung offenbar jene des Gesamtvolumens zu ersetzen geeignet ist, wird von *Schottky* (Anm. 668) für die Zustandsverteilung maximaler Häufigkeit als „reduzierter Phasenraum“ bezeichnet.

aber im allgemeinen[676]) belanglos sind für den gesuchten wahrscheinlichen, zeitlich-mittleren Molekularzustand, der auch hier wieder als *Boltzmannsche Verteilung* bezeichnet werden soll und der das gesuchte Dissoziationsgleichgewicht kennzeichnen wird. Setzt man demgemäß das Vorhandensein der erforderlichen Übergangswahrscheinlichkeiten, insbesondere auch für die mit der Reaktionsgleichung (253) verknüpften Elementarvorgänge voraus, so kann die *Boltzmann*sche Verteilung nun unmittelbar auf Grund von (31) berechnet werden.

Wie in Nr. 5a empfiehlt es sich hierzu zunächst die im Nenner von (31) auftretende Gesamtzahl der Realisierungsmöglichkeiten aller möglichen und mit der Energiebedingung verträglichen Zustandsverteilungen zu untersuchen, welche hier bei Berücksichtigung der Nebenbedingungen (254), (255), (256) durch

$$(259)\qquad \mathsf{R}^{(X^{(A_1)},\, X^{(A_2)})} = \sum_{L=1}^{L^*} R(\mathsf{Z}_L^{(A_1, A_2, B_3)}),$$

gegeben ist, wo sich die Summation wegen (255) jetzt auch über alle zulässigen Molekülanzahlen $N_L^{(A_1)}$, $N_L^{(A_2)}$, $N_L^{(B_3)}$ erstreckt.[677]) Bildet man mit *Darwin* und *Fowler*[667]) die Potenzreihenentwicklung des Exponentialausdruckes

$$(260)\qquad X^{(A_1)}! \cdot X^{(A_2)}! \cdot e^{[\xi_1 \cdot F_{A_1}(\zeta) + \xi_2 \cdot F_{A_2}(\zeta) + \xi_1 \xi_2 \cdot F_{B_3}(\zeta)]},$$

worin ξ_1, ξ_2, ζ drei komplexe Veränderliche bedeuten und $F_{A_1}(\zeta)$, $F_{A_2}(\zeta)$, $F_{B_3}(\zeta)$ die bereits eingeführten, analog zu (34) gebauten *Verteilungsfunktionen* der drei Molekülsorten, so überzeugt man sich leicht, daß (259) mit dem Koeffizienten jenes Potenzreihengliedes von (260) identisch wird, welches die Variablen ξ_1, ξ_2, ζ in der Verbindung

$$\xi_1^{X^{(A_1)}} \cdot \xi_2^{X^{(A_2)}} \cdot \zeta^{\mathsf{E}}$$

enthält. Nach den *Cauchy*schen Integralformeln kann dieser Koeffizient in entsprechender Verallgemeinerung von (37) dargestellt werden durch das dreifache komplexe Integral

$$(261)\qquad \mathsf{R}^{(X^{(A_1)},\, X^{(A_2)})} = \frac{X^{(A_1)}! \cdot X^{(A_2)}!}{(2\pi i)^3} \iiint \frac{d\xi_1 \cdot d\xi_2 \cdot d\zeta \cdot e^{F(\xi_1, \xi_2, \zeta)}}{\xi_1^{X^{(A_1)}+1} \cdot \xi_2^{X^{(A_2)}+1} \cdot \zeta^{\mathsf{E}+1}}$$

---

676) Siehe Anm. 85), wo aber bereits auch auf die Sonderstellung unvollständiger oder „gehemmter“ Gleichgewichte und ihre Behandlung durch *Schottky* hingewiesen worden ist.

677) Die Größe (259) bedeutet die Gesamtzahl aller Γ-Zellen, deren zugehörige Zustandsverteilungen mit der Energiebedingung verträglich sind. Das entsprechende Γ-Raum*volumen* stimmt für *sehr große* $X^{(A_1)}$, $X^{(A_2)}$ größenordnungsmäßig mit dem von der „Energiefläche“ (256) im Γ-Raume eingeschlossenen „Phasenvolumen“ überein, was für den Zusammenhang mit gewissen Ansätzen der klassischen statistischen Mechanik (s. Anm. 672) von Bedeutung ist.

mit der Abkürzung

(261a) $F(\xi_1, \xi_2, \zeta) = \xi_1 \cdot F_{A_1}(\zeta) + \xi_2 \cdot F_{A_2}(\zeta) + \xi_1 \xi_2 \cdot F_{B_2}(\zeta)$.

Für die *Boltzmannsche Verteilung* z. B. der Moleküle A_1 erhält man

$$\mathsf{R}^{(X^{(A_1)}, X^{(A_2)})} \cdot N_{l_1}^{(A_1)} = g_{l_1}^{(A_1)} \cdot \frac{\partial \mathsf{R}^{(X^{(A_1)}, X^{(A_2)})}}{\partial g_{l_1}^{(A_1)}} \tag{262}$$

und daher entsprechend (39)

$$\mathsf{R}^{(X^{(A_1)}, X^{(A_2)})} \cdot N_{l_1}^{(A_1)} \tag{263}$$

$$= \frac{X^{(A_1)}! \cdot X^{(A_2)}!}{(2\pi i)^3} \iiint \frac{d\xi_1 \cdot d\xi_2 \cdot d\zeta \cdot e^{F(\xi_1, \xi_2, \zeta)}}{\xi_1^{X^{(A_1)}+1} \cdot \xi_2^{X^{(A_2)}+1} \cdot \zeta^{\mathsf{E}+1}} \cdot g_{l_1}^{(A_1)} \xi_1 \zeta^{E_{l_1}^{(A_1)} + E_{t,l_1}^{(A_1)} + E_0^{(A_1)}}.$$

Bedeuten $N^{(A_1)}$, E_{A_1} bzw. $N^{(A_2)}$, E_{A_2} und $N^{(B_2)}$, E_{B_2} *die mittleren Anzahlen und Gesamtenergien der drei Molekülsorten für den Boltzmannschen Verteilungszustand, d. h. für das gesuchte Dissoziationsgleichgewicht*, so hat man wegen (262) z. B.

$$\mathsf{R}^{(X^{(A_1)}, X^{(A_2)})} \cdot N^{(A_1)} = \sum_{l_1=1}^{\infty} g_{l_1}^{(A_1)} \cdot \frac{\partial \mathsf{R}^{(X^{(A_1)}, X^{(A_2)})}}{\partial g_{l_1}^{(A_1)}} \tag{264}$$

und

$$\mathsf{R}^{(X^{(A_1)}, X^{(A_2)})} \cdot \mathsf{E}_{A_1} = \sum_{l_1=1}^{\infty} g_{l_1}^{(A_1)} \cdot (E_{l_1}^{(A_1)} + E_{t,l_1}^{(A_1)} + E_0^{(A_1)}) \cdot \frac{\partial \mathsf{R}^{(X^{(A_1)}, X^{(A_2)})}}{\partial g_{l_1}^{(A_1)}}, \tag{265}$$

wofür die zu (263) analog gebauten dreifachen komplexen Integrale leicht hinzuzuschreiben sind. Die asymptotische Entwicklung aller dieser Integrale für sehr große Werte von $X^{(A_1)}$, $X^{(A_2)}$ und E erfolgt ähnlich wie in Nr. 5a[678]) und ergibt ein und nur ein *reelles, positives* Wertetripel

$$\xi_1 = x_1, \quad \xi_2 = x_2, \quad \zeta = \vartheta, \tag{266}$$

für welches man an Stelle aller dieser Integrale mit sehr weitgehender[679]) Annäherung deren Integranden setzen kann. Man bekommt so für das Dissoziationsgleichgewicht

---

678) Vgl. Anm. 95); der allgemeine Fall wird eingehend diskutiert von *C. G. Darwin* und *R. H. Fowler*, Proc. Cambr. Phil. Soc. 21 (1923), p. 730, § 4.

679) Diese Näherung reicht allerdings bei gewissen Fällen „gehemmter" Gleichgewichte (Anm. 670) nicht aus (s. auch Anm. 780), ebenso bedarf es zur Ermittlung der *Energie- und Teilchenzahlschwankungen* zwischen den verschiedenen reagierenden Komponenten der Berücksichtigung weiterer Glieder in den asymptotischen Entwicklungen der erwähnten Integrale. Man vgl. hierzu die in Anm. 667) genannten Untersuchungen von *Darwin* und *Fowler*.

$$(267)\qquad \begin{cases} N_{l_1}^{(A_1)} = x_1 \cdot g_{l_1}^{(A_1)} \cdot \vartheta^{E_{l_1}^{(A_1)} + E_{t,l_1}^{(A_1)} + E_0^{(A_1)}}, \\ N_{l_2}^{(A_2)} = x_2 \cdot g_{l_2}^{(A_2)} \cdot \vartheta^{E_{l_2}^{(A_2)} + E_{t,l_2}^{(A_2)} + E_0^{(A_2)}}, \\ N_{l_3}^{(B_3)} = x_1 x_2 \cdot g_{l_3}^{(B_3)} \cdot \vartheta^{E_{l_3}^{(B_3)} + E_{t,l_3}^{(B_3)} + E_0^{(B_3)}}, \end{cases}$$

$$(268)\quad N^{(A_1)} = x_1 \cdot F_{A_1}(\vartheta),\quad N^{(A_2)} = x_2 \cdot F_{A_2}(\vartheta),\quad N^{(B_3)} = x_1 x_2 \cdot F_{B_3}(\vartheta),$$

$$(269)\quad \mathsf{E}_{A_1} = x_1 \vartheta \frac{\partial F_{A_1}(\vartheta)}{\partial \vartheta},\quad \mathsf{E}_{A_2} = x_2 \vartheta \frac{\partial F_{A_2}(\vartheta)}{\partial \vartheta},\quad \mathsf{E}_{B_3} = x_1 x_2 \vartheta \frac{\partial F_{B_3}(\vartheta)}{\partial \vartheta},$$

woraus man erkennt, daß x_1, x_2, ϑ festgelegt werden durch die drei Bedingungen (255), (256), oder durch

$$(270)\qquad \begin{cases} x_1 F_{A_1}(\vartheta) + x_1 x_2 F_{B_3}(\vartheta) = X^{(A_1)}, \\ x_2 F_{A_2}(\vartheta) + x_1 x_2 F_{B_3}(\vartheta) = X^{(A_2)} \end{cases}$$

und

$$(271)\qquad x_1 \vartheta \frac{\partial F_{A_1}(\vartheta)}{\partial \vartheta} + x_2 \vartheta \frac{\partial F_{A_2}(\vartheta)}{\partial \vartheta} + x_1 x_2 \vartheta \frac{\partial F_{B_3}(\vartheta)}{\partial \vartheta} = \mathsf{E},$$

wovon die letzte Beziehung ersichtlich mit

$$(271\,\mathrm{a})\qquad \mathsf{E}_{A_1} + \mathsf{E}_{A_2} + \mathsf{E}_{B_3} = \mathsf{E}$$

gleichbedeutend ist. Eliminiert man x_1 bzw. x_2, $x_1 x_2$ durch Division der Gleichungen (267) bzw. (269) mit den entsprechenden Gleichungen (268), so lehrt die Übereinstimmung mit (41) und (41 A) bzw. (40) und (51 A) für übereinstimmende Werte von ϑ, *daß der wahrscheinliche, zeitlich-mittlere Molekularzustand eines Gases davon unabhängig ist, ob das Gas bei Wärmegleichgewicht von äußeren Einwirkungen abgeschlossen ist oder einen Bestandteil eines „physikalischen" oder „chemischen", reagierenden Gasgemisches bildet;* während die Molekülzahl in den beiden ersteren Fällen vorgegeben und unveränderlich ist, wird sie im letzteren Falle aber durch die Molekülzahlen der anderen Reaktionsteilnehmer entscheidend beeinflußt. Man erkennt dies unmittelbar, wenn man x_1 und x_2 jetzt auch noch zwischen den drei Gleichungen (268) untereinander eliminiert und damit als *Bedingung für das Bestehen des Reaktions- bzw. Dissoziationsgleichgewichts* erhält:

$$(272)\qquad \frac{N^{(A_1)} \cdot N^{(A_2)}}{N^{(B_3)}} = \frac{F_{A_1}(\vartheta) \cdot F_{A_2}(\vartheta)}{F_{B_3}(\vartheta)}.\,^{680)}$$

680) Ebenso wie sich die allgemeinen Ergebnisse der *Darwin-Fowler*schen Methode für das isolierte, chemisch homogene Gas (Nr. **5 a**) in Nr. **5 b** auf einfacherem, dagegen weniger strengem Wege aus der Betrachtung der „wahrscheinlichsten" (*Maxwell-Boltzmann*schen) Zustandsverteilung $\mathbf{Z}_{MB}$ haben ermitteln lassen, könnte auch hier von der Untersuchung der Zustandsverteilung *maximaler* $R\left(\mathbf{Z}_L^{(A_1, A_2, B_3)}\right)$ ausgegangen werden, wie dies *Ehrenfest* und *Trkal* (Anm. 666), ferner *D. Enskog,* Ann. d. Phys. 72 (1923), p. 321, durchgeführt haben; allerdings wäre dann noch der bei „gehemmten" Gleichgewichten (Anm. 670) keines-

Um die Bedeutung der Größe ϑ zu ermitteln, wird man das reagierende Gasgemisch als einheitliches, thermisches System betrachten und gemäß Nr. 7a in Energieaustausch ermöglichende Verbindung mit anderen warmen Körpern bringen, insbesondere etwa mit einem idealen einatomigen Gas als thermometrischer Substanz. Man findet dann leicht, daß ϑ alle Eigenschaften einer „empirischen Temperatur" besitzen und gastheoretisch wiederum durch (64) festgelegt werden muß; als Maß für die *absolute Temperatur* erweist sich ϑ durch eine analog zu Nr. 8a geführte statistische Untersuchung des Entropiedifferentials (Nr. 27). Durch Benutzung der allgemeinen thermodynamisch-statistischen Beziehungen (88) und (89) überzeugt man sich dann ohne weitere Schwierigkeit, daß die gewonnenen Ergebnisse mit den thermodynamischen Gleichgewichtsbedingungen übereinstimmen und daß die Beziehung (272) insbesondere dem Ausdruck des *Massenwirkungsgesetzes* für die betrachtete monomolekulare Reaktion (253) entspricht. Gegenüber den vorstehenden Betrachtungen, welche die eindeutige Existenz eines Gleichgewichtes ebenso wie die Gleichgewichtsbedingungen zu erweisen geeignet sind, beschränken sich alle älteren, vor *Ehrenfest* und *Trkal* unternommenen theoretischen Versuche, vor allem die sonst grundlegenden Betrachtungen zur Gasdissoziation von *Boltzmann* auch schon methodisch auf eine kinetische Ableitung oder Interpretation der Gleichgewichtsbedingungen allein.[681])

---

wegs immer mögliche oder gar selbstverständliche Nachweis zu erbringen, *daß jene maximale* $R\left(\mathsf{Z}_L^{(A_1, A_2, B_1)}\right)$ *größenordnungsmäßig mit* $\mathsf{R}^{(x(A_1),\, x(A_2))}$ *identifiziert werden darf.* Dieser Punkt steht in nahem Zusammenhange mit der Frage nach der Anwendbarkeit des *Boltzmannschen Prinzips* (Nr. 8b) auf vollständige und gehemmte chemische Gleichgewichte, auf welche, allerdings in anderem Zusammenhange, namentlich von *Schottky* (Anm. 668) eingegangen wird.

681) Siehe vor allem *L. Boltzmann,* Wied. Ann. 22 (1884), p. 39; Wiss. Abh. Bd. III, p. 71; Vorlesungen über Gastheorie, II. Bd., Leipzig 1898, p. 177ff.; ferner etwa *L. Natanson,* Wied. Ann. 38 (1889). p. 288; *G. Jäger,* Wien. Ber. (IIa) 100 (1891), p. 1182; 104 (1895), p. 671; *O. Stern,* Ann. d. Phys. 44 (1914), p. 495; *J. D. v. d. Waals jr.,* Versl. Akad. Amsterd. 22 (1914), p. 1131; *H. Tetrode,* Versl. Akad. Amsterd. 23 (1915), p, 1110; *K. F. Herzfeld,* Ztschr. f. phys. Chem. 95 (1920), p. 139; Phys. Ztschr. 22 (1921), p. 186; 23 (1922), p. 95, sowie V 11 (*Physikalische und Elektrochemie*), Nr. 5, c). — In den älteren der hier aufgezählten Arbeiten spielt die Größe der von *Boltzmann* eingeführten „empfindlichen Bezirke" der reagierenden Moleküle, sowie deren Einfluß auf das Gleichgewicht eine große Rolle; man überzeugt sich leicht, daß diese Größen in die Gleichgewichtsformeln (273), (276), (279) in derselben Weise eingehen, wie die später eingehender diskutierten Gewichtsfaktoren g, und daß sie auch ihrer Bedeutung nach in letzteren mit enthalten sein müssen. Vgl. dazu Anm. 735).

Zur genaueren Untersuchung der durch (272) gegebenen *Reaktionsisobare* mögen die dort vorkommenden Verteilungsfunktionen im folgenden bloß für den bei voller Allgemeinheit ohnehin allein aktuellen Fall der *Quantenstatistik* betrachtet werden. Jede der drei Verteilungsfunktionen in (272) kann gemäß Nr. 5c mit hinreichender Genauigkeit als Produkt zweier Faktoren geschrieben werden, von welchen der eine auf die *innere Bewegung der Moleküle* allein Bezug hat und quantenstatistisch von der allgemeinen Form (228) ist, während der andere die *Molekültranslation* berücksichtigt und quantenstatistisch durch (251a) gegeben ist. Man findet so

$$(273)\quad \frac{N^{(B_3)}}{N^{(A_1)}\cdot N^{(A_2)}} = \frac{g_{B_3}}{g_{A_1}\cdot g_{A_2}} \cdot \frac{h^3}{\mathsf{V}(2\pi k)^{\frac{3}{2}}}\left(\frac{M_{B_3}}{M_{A_1}\cdot M_{A_2}}\right)^{\frac{3}{2}} T^{-\frac{3}{2}}\cdot e^{-\frac{E_0^{(B_3)}-E_0^{(A_1)}-E_0^{(A_2)}}{kT}} \cdot \frac{\sum\limits_{n_3}\gamma(n_3)\cdot e^{-\frac{E_{n_3}^{(B_3)}}{kT}}}{\sum\limits_{n_1}\gamma(n_1)\cdot e^{-\frac{E_{n_1}^{(A_1)}}{kT}}\cdot\sum\limits_{n_2}\gamma(n_2)\cdot e^{-\frac{E_{n_2}^{(A_2)}}{kT}}}$$

wobei g_{A_1}, g_{A_2}, g_{B_3} das Produkt der bisher willkürlich gebliebenen Gewichtsfaktoren in (228) und (251a) für die drei Molekülsorten und M_{A_1}, M_{A_2}, $M_{B_3} = M_{A_1} + M_{A_2}$, die Molekülmassen bedeuten. Durch Einführung der *Volumskonzentrationen*

$$(274)\quad x_{A_1} = \frac{N^{(A_1)}}{\mathsf{V}},\quad x_{A_2} = \frac{N^{(A_2)}}{\mathsf{V}},\quad x_{B_3} = \frac{N^{(B_3)}}{\mathsf{V}},$$

sowie der *Dissoziationsenergie*

$$(275)\quad Q_{(A_1, A_2, B_3)} \equiv + E_0^{(A_1)} + E_0^{(A_2)} - E_0^{(B_3)}$$

der Moleküle B_3 [682]), erhält man bei Anwendung leicht verständlicher Abkürzungen

$$(276)\quad \frac{x_{B_3}}{x_{A_1}\cdot x_{A_2}} = \frac{g_{B_3}}{g_{A_1}\cdot g_{A_2}}\,\frac{h^3}{(2\pi k)^{\frac{3}{2}}}\left(\frac{M_{B_3}}{M_{A_1}\cdot M_{A_2}}\right)^{\frac{3}{2}}\cdot T^{-\frac{3}{2}}\cdot e^{\frac{Q_{(A_1 A_2 B_3)}}{kT}}\cdot\frac{\sum^{(B_3)}}{\sum^{(A_1)}\cdot\sum^{(A_2)}};$$

will man anstatt der Volumskonzentrationen die *Molekülkonzentrationen*

$$(277)\quad \begin{cases} c_{A_1} = \dfrac{N^{(A_1)}}{N^{(A_1)}+N^{(A_2)}+N^{(B_3)}}, \quad c_{A_2} = \dfrac{N^{(A_2)}}{N^{(A_1)}+N^{(A_2)}+N^{(B_3)}}, \\ c_{B_3} = \dfrac{N^{(B_3)}}{N^{(A_1)}+N^{(A_2)}+N^{(B_3)}} \end{cases}$$

benutzen, so hat man mittels der Zustandsgleichung (63) für das wie ein ideales Gas zu behandelnde Reaktionsgemisch,

$$(278)\quad \mathsf{p}\mathsf{V} = kT\cdot[N^{(A_1)}+N^{(A_2)}+N^{(B_3)}]$$

682) Siehe Anm. 669).

den äußeren *Druck* $\mathfrak{p}$ einzuführen und bekommt

$$(279)\quad \frac{c_{B_3}}{c_{A_1}\cdot c_{A_2}} = \frac{g_{B_3}}{g_{A_1}\cdot g_{A_2}}\,\frac{h^3}{(2\pi)^{\frac{3}{2}}k^{\frac{5}{2}}}\left(\frac{M_{B_3}}{M_{A_1}\cdot M_{A_2}}\right)^{\frac{3}{2}}\mathfrak{p}\,T^{-\frac{5}{2}}e^{\frac{Q_{(A_1A_2B_3)}}{kT}}\cdot\frac{\sum^{(B_3)}}{\sum^{(A_1)}\cdot\sum^{(A_2)}}.$$

Wie der Vergleich dieser Beziehungen mit den üblichen Aussagen der makroskopischen Thermodynamik über Gasgleichgewichte zeigt[683]), herrscht auch hier wieder vollständige Übereinstimmung. Der von Temperatur, sowie Volumen bzw. Druck unabhängige, konstante Faktor auf der rechten Seite der Beziehungen (273), (276), (279) bleibt in der klassischen Thermodynamik ohne Zuhilfenahme des *Nernstschen Wärmetheorems* unbestimmbar[684]); wie diese Beziehungen erkennen lassen, *vermag die Quantenstatistik seine Bedeutung* demgegenüber *ohne Benutzung des Nernstschen Satzes anzugeben. Zur Festlegung des Zahlenwertes dieser Konstante bedarf es allerdings auch hier einer Zusatzannahme;* sie hat das Verhältnis der bisher unbestimmt gebliebenen Gewichtsfaktoren g_{A_1}, g_{A_2}, g_{B_3} anzugeben, *braucht im übrigen aber keineswegs mit dem Nernstschen Theorem gleichwertig zu sein* (Nr. 27). Wenn man sich zunächst auf den auch in Nr. 9 gewählten Standpunkt der statistischen Verwertung makroskopisch-*empirischer* Ergebnisse stellt, so ist das Verhältnis $\frac{g_{B_3}}{g_{A_1}\cdot g_{A_2}}$ mittels (276) oder (279) jedenfalls grundsätzlich empirisch bestimmbar und könnte unter Umständen von bedeutendem Einfluß auf das untersuchte Gleichgewicht sein. Dieser phänomenologische Standpunkt scheint für die Statistik unausweichlich zu sein, solange die Molekularkonstitution als unbekannt angesehen wird. Betrachtet man die Moleküle jedoch als nach Quantengesetzen aufgebaute Ladungssysteme (Nr. **13—16**), so wird man versuchen können, die Beziehungen zwischen den dimensionslosen Gewichtsfaktoren g_{A_1}, g_{A_2}, g_{B_3} auf theoretischem Wege a priori zu ermitteln.[685]) Die bisher allgemein übliche und wohl meist für selbstverständlich gehaltene *Annahme* geht dahin, daß

$$(280)\qquad g_{A_1} = g_{A_2} = g_{B_3} = 1$$

683) Vgl. z. B. *M. Planck*, Thermodynamik, § 241.

684) Siehe etwa *W. Nernst*, Die theoretischen und experimentellen Grundlagen des neuen Wärmesatzes, Halle 1918, 2., mit einem Anhang versehene Auflage 1924.

685) Daß es im allgemeinen erforderlich ist, *die Gewichte der verschiedenen Reaktionsteilnehmer aufeinander zu beziehen*, hat implizit bereits *K. F. Herzfeld*, Ztschr. f. phys. Chem. 95 (1920), p. 139, bei der Anwendung seines „Probezellenverfahrens" zur Ableitung der Gleichgewichtsformeln bemerkt.

zu setzen ist.[686]) Um sie nachzuweisen, wäre es notwendig zu untersuchen, *auf wie vielfache Weise* die gemäß (253) eintretende Vereinigung zweier Moleküle A_1 und A_2 zu einem Molekül B_3 durch einen umkehrbar und unendlich langsam ausgeführten Prozeß (Nr. **3 A**) bewerkstelligt werden kann, was bei Anwendung des *Ehrenfestschen Adiabatenprinzips* (Nr. **14**) eine Beziehung der Quantengewichte von A_1, A_2, B_3 aufeinander ermöglichen würde. Leider ist es wegen Unkenntnis der Molekülmodelle (Nr. **16 b**) bisher auch nicht einmal im Falle der Dissoziation des Wasserstoffes möglich gewesen, eine derartige Gewichtsvergleichung theoretisch durchzuführen[687]); andererseits scheint der Möglichkeit von (280) abweichender Beziehungen zwischen den Gewichtsfaktoren namentlich bei Molekülen oder Atomen *mit symmetrisch aufgebauten Elektronenhüllen* große Wahrscheinlichkeit zugebilligt werden zu sollen.[688])

Wenn man die Gleichgewichtsformel (272) bzw. (273), (276), (279) in logarithmierter Form schreibt, so lassen sich die Beiträge der einzelnen Molekülsorten in einer für die spätere Diskussion der *chemischen Konstanten* besonders geeigneten Weise überblicken. Aus (272), (228), (251a) und (278) erhält man an Stelle von (279)

---

686) Man vgl. z. B. die Gewichts*definitionen* von *P. Ehrenfest* und *V. Trkal*, l. c. (Anm. 666), § 2. Wie auch die meisten übrigen Autoren setzen *Ehrenfest* und *Trkal* die Quantengewichte dem maximalen μ-Zellenvolumen gleich, was nach Anm. 630) und 48) *zulässig, aber nicht notwendig* ist. Da nun die maximalen Zellenvolumina für *beliebige* nicht-entartete Systeme gemäß (221) stets durch entsprechende Potenzen von h gegeben sind, was bei *beliebigen* entarteten Systemen zu der äquivalenten Festlegung (224) führt, so kann dieser Umstand zugunsten einer Allgemeingültigkeit von (280) geltend gemacht werden.

687) Man vgl. den Mißerfolg der Bemühungen von *M. Born*, durch „adiabatische" Vereinigung zweier *Bohr*scher Wasserstoffatommodelle zu einem brauchbaren Wasserstoffmolekülmodell zu gelangen; siehe Anm. 418), Modell 5), sowie Anm. 450), wo auch auf einen ähnlichen Mißerfolg hinsichtlich des Anlagerungsvorganges freier Elektronen an Atomionen hingewiesen wird; vgl. jedoch Anm. 698).

688) *W. Schottky*, Phys. Ztschr. 22 (1921), p. 1; 23 (1922), p. 9, 448, hat diesen Typus von Gewichtsfaktoren, zunächst allerdings nur in bezug auf den Verdampfungsvorgang (Nr. **25 c**), eingehender untersucht und „dynamisches Quantengewicht" benannt. Eine wahrscheinlichkeitstheoretisch strenge Begründung und Ermittlung dieser Art von Quantengewichten ist nur bei Zugrundelegung von *Schottkys* „Kernphasenraum" [s. Anm. 669) und 671)] denkbar, worauf hier jedoch nicht weiter eingegangen werden kann. — Von den im Text erwähnten Symmetrieeigenschaften von Elektronenhüllen wohl zu unterscheiden ist der symmetrische Aufbau von Molekülen *durch mehrere gleichartige Atome oder Moleküle*, welche z. B. bei Reaktionen der Art $2A \rightleftarrows B$ nach *Tetrode, Ehrenfest* und *Trkal* (s. Anm. 699) von einschneidender Bedeutung für die Berechnung von (257 b) wird. Siehe weiter unten im Text, sowie Nr. **25 b**.

$$\text{(281)}\quad \log c_{B_3} - \log c_{A_1} - \log c_{A_2} = \log \mathfrak{p} - \tfrac{5}{2}\log T + \frac{Q_{(A_1,A_2,B_3)}}{kT}$$
$$+ \log \sum\nolimits^{(B_3)} + \log\left[g_{B_3}\frac{(2\pi M_{B_3})^{\frac{3}{2}}k^{\frac{5}{2}}}{h^3}\right]$$
$$-\log\sum\nolimits^{(A_1)} - \log\left[g_{A_1}\frac{(2\pi M_{A_1})^{\frac{3}{2}}k^{\frac{5}{2}}}{h^3}\right] - \log\sum\nolimits^{(A_2)} - \log\left[g_{A_2}\frac{(2\pi M_{A_2})^{\frac{3}{2}}k^{\frac{5}{2}}}{h^3}\right].$$

Diese Beziehung vereinfacht sich noch bedeutend, wenn man den durch $\sum^{(A_1)}$, $\sum^{(A_2)}$, $\sum^{(B_3)}$ bedingten Einfluß der inneren Molekülbewegungen entweder für sehr tiefe oder sehr hohe Temperaturen betrachtet. Im ersteren Falle reduzieren sich sämtliche $\sum$ auf ihre Anfangsglieder

$$\text{(282)}\quad \gamma_{(A_1)}(1)\cdot e^{-\frac{E_1^{(A_1)}}{kT}},\quad \gamma_{(A_2)}(1)\cdot e^{-\frac{E_1^{(A_2)}}{kT}},\quad \gamma_{(B_3)}(1)\cdot e^{-\frac{E_1^{(B_3)}}{kT}}\ \text{[689]}),$$

so daß man erhält:

$$\text{(281a)}\quad \log c_{B_3} - \log c_{A_1} - \log c_{A_2} = \log \mathfrak{p} - \tfrac{5}{2}\log T$$
$$+ \frac{Q_{(A_1,A_2,B_3)} + E_1^{(A_1)} + E_1^{(A_2)} + E_1^{(B_3)}}{kT} + \log\left[g_{B_3}\gamma_{B_3}(1)\frac{(2\pi M_{B_3})^{\frac{3}{2}}k^{\frac{5}{2}}}{h^3}\right]$$
$$- \log\left[g_{A_1}\gamma_{A_1}(1)\frac{(2\pi M_{A_1})^{\frac{3}{2}}k^{\frac{5}{2}}}{h^3}\right] - \log\left[g_{A_2}\gamma_{A_2}(1)\frac{(2\pi M_{A_2})^{\frac{3}{2}}k^{\frac{5}{2}}}{h^3}\right].$$

Bei hohen Temperaturen lassen sich die $\sum$ durch Integrale approximieren.[690]) Für den *Rotationsanteil zwei*atomiger Moleküle (Nr. **24b**) erhält man

$$\text{(283)}\quad \lim_{T\to\infty}\sum = \frac{8\pi^2 JkT}{h^2}\ \text{[691]}),$$

wo J das Trägheitsmoment senkrecht zur Kernverbindungslinie bedeutet; für *mehr*atomige Moleküle mit den Hauptträgheitsmomenten $J^{(1)}$, $J^{(2)}$, $J^{(3)}$ ergibt sich mit Benutzung von (223) auf klassisch-

689) Daß E_1 auch im Falle alleiniger Berücksichtigung der Molekül*rotation nicht verschwinden kann,* ist als Folgerung aus der Theorie der *spezifischen Wärme des Wasserstoffes* in Übereinstimmung mit jener der *Bandenspektren* (V 27, *A. Kratzer*) bereits in Nr. **24b** hervorgehoben worden.

690) Siehe etwa Gl. (104a).

691) Allein auf Grund der in Nr. **24b** durch Vergleich mit empirischen Daten gewonnenen Aussagen über die Quantengewichte $\gamma(n)$ des molekularen Wasserstoffes bliebe es ungewiß, ob $\gamma(n) = n$ oder $= 2n$ zu setzen ist, was (283) um einen Faktor 2 unsicher machen würde. Tatsächlich aber folgt, wie bereits auf p. 1145 hervorgehoben „$\gamma(n) = 2n$ bereits aus (227), außerdem ergibt die klassische Statistik $\lim\limits_{n\to\infty}\gamma(n) = 2n$, so daß (283) gleichwohl völlig gesichert erscheint.

statistischem Wege[692]):

$$(284)\qquad \lim_{T\to\infty} \sum = \frac{8\pi^2 \cdot (8\pi^3 J^{(1)} J^{(2)} J^{(3)})^{\frac{1}{2}} (kT)^{\frac{3}{2}}}{h^3}.$$

Was den *Anteil der Elektronenbewegungen* an den $\sum$, insbesondere bei einatomigen Molekülen anbetrifft, so kann er auch für die gebräuchlichen „hohen" Temperaturen immer noch durch (282) wiedergegeben werden; demgegenüber erscheint eine Berücksichtigung des Einflusses der Atomschwingungen in mehratomigen Molekülen, vor allem aber jener der gegenseitigen Bewegung von A_1 und A_2 in den Molekülen B_3 für hohe Temperaturen unerläßlich[693]), mangels hinreichender Kenntnis der Molekularkonstitution gegenwärtig jedoch noch nicht ausführbar.[694]) Sieht man von dem letzteren, noch ungewissen Falle ab, so zeigt sich, daß die allgemeine Beziehung (281) nach Einführung von (282), (283), (284) für „hohe" Temperaturen die spezielle Form:

$$(281\,\mathrm{b})\qquad \log c_{B_3} - \log c_{A_1} - \log c_{A_2} = \log \mathfrak{p} - \tau \cdot \log T + \frac{Q'}{kT} + i_{B_3} - i_{A_1} - i_{A_2}$$

annimmt, welche mit der von (281 a) für tiefste Temperaturen übereinstimmt. Wie der Vergleich von (281 a) und (281 b) lehrt, sind aber nicht nur die Werte von τ und Q' in beiden Fällen verschieden, wenn mindestens eine zweiatomige Komponente vorhanden ist, sondern auch die *„chemischen Konstanten"* i der mehratomigen Reaktionsteilnehmer. Während die durch (281 a) definierten *„Nullpunktskonstanten"* sämtlich von der allgemeinen Form

$$(285)\qquad i_0 = \log\left[g \cdot \gamma(1) \cdot \frac{(2\pi M)^{\frac{3}{2}} k^{\frac{5}{2}}}{h^3}\right]$$

sind, enthalten die *„klassischen Konstanten"* i_∞ mehratomiger Moleküle für „hohe" Temperaturen an Stelle von γ in (285) sämtliche temperaturunabhängigen Faktoren von (283) bzw. (284), also etwa für ein zweiatomiges Gas

$$(286)\qquad i_\infty = \log\left[g \cdot \frac{8\pi^2 J (2\pi M)^{\frac{3}{2}} k^{\frac{7}{2}}}{h^5}\right].$$

692) *P. Ehrenfest* und *V. Trkal*, l. c. (Anm. 666), § 4.

693) Man bedenke, daß der das Gleichgewicht überhaupt ermöglichende Dissoziationsvorgang (253) jene gegenseitige Beweglichkeit notwendig voraussetzt!

694) Die Hauptschwierigkeiten liegen daran, a) daß Rotation und Atomschwingungen nicht voneinander unabhängig sind, b) daß die Atomschwingungen anharmonisch sind. Wären sie von der Rotation unbeeinflußt und überdies harmonisch, so hätte man für jeden Schwingungsanteil mit einer Frequenz ν nach (98) $\sum^{(\nu)} = \varepsilon(\nu)$, und daher $\lim\limits_{T\to\infty} \sum^{(\nu)} = kT$.

Entsprechend dem Umstande, daß für das betrachtete Gleichgewicht nur das *Verhältnis* $\frac{g_{B_3}}{g_{A_1} \cdot g_{A_2}}$ maßgebend ist, nicht aber bestimmte Werte der $g_{A_1}, g_{A_2}, g_{B_3}$, erweisen sich die durch eine Gleichung von der Form (281b) definierten „chemischen Konstanten" $i_{A_1}, i_{A_2}, i_{B_3}$, *um additive Konstanten* $i_{A'_1}, i_{A'_2}, i_{B'_3}$, *unbestimmt,* für welche offenbar bloß

$$i_{A'_1} + i_{A'_2} = i_{B'_3} \tag{287}$$

erfüllt sein braucht.[695]) — Wie man sieht, tritt *in der Nullpunktskonstante* i_0 *das Gewicht* $\gamma(1)$ *des „untersten" Quantenzustandes, in der klassischen Konstante* i_∞ *das Trägheitsmoment* J *des Moleküls* auf; gelingt es, auf irgendwelchem Wege i_0 und i_∞ zu bestimmen (Nr. **25c**), so kann darauf eine quantitative Bestimmung dieser beiden wichtigen Moleküleigenschaften gegründet werden.

Da die vorstehende quantenstatistische Behandlung des Dissoziationsgleichgewichtes der monomolekularen Reaktion (253) keinerlei besondere Voraussetzungen hinsichtlich der Beschaffenheit der „Molekül"sorten A_1 und A_2 benutzt, können für die A_1 und A_2 auch *Einzelatome,* sowie *Ionen und freie Elektronen* gewählt werden. Der letzterwähnte Fall ist namentlich mit Rücksicht auf das *Ionisationsgleichgewicht des atomaren Wasserstoffs,*

$$e + H^+ \rightleftarrows H, \tag{253a}$$

von verschiedenen Seiten[696]) behandelt worden und bildet die Grundlage von *Sahas Theorie der Temperaturionisation in Sternatmosphären.*[697]) Die Gleichgewichtsformeln werden für diesen Fall besonders einfach, da wegen der Neutralität der Materie $N^{(H^+)} = N^{(e)}$ sein muß und die Masse m' von H^+ (Nr. **13**) mit jener von H praktisch übereinstimmt; das Nichtvorhandensein innerer Freiheitsgrade bei H^+ und beim freien Elektron hat überdies zur Folge, daß die Verteilungsfunktionen $F_{H^+}(\vartheta)$ und $F_e(\vartheta)$ in (272) allein durch (251a) gegeben sind. Bei Berücksichtigung aller dieser Umstände und Benutzung der Verteilungsfunk-

695) Das Ergebnis (287) findet sich in anderer Form bereits bei *P. Ehrenfest* und *V. Trkal,* l. c. (Anm. 666), § 7, und ist statistisch gleichbedeutend mit der bereits oben p. 1161 und in Anm. 685) betonten Notwendigkeit, die Gewichtsfaktoren der Reaktionsteilnehmer aufeinander zu beziehen.

696) *K. F. Herzfeld,* Ann. d. Phys. 51 (1916), p. 261; *R. Becker*, Ztschr. f. Phys. 18 (1923), p. 325, § 2; 28 (1924), p. 256; *R. H. Fowler,* Phil. Mag. 45 (1923), p. 1, § 7; *M. Planck,* Ann. d. Phys. 75 (1924), p. 673.

697) *M. N. Saha,* Nature 105 (1920), p. 232; Phil. Mag. 40 (1920), p. 472, 809; 41 (1921), p. 267; 44 (1922), p. 1128; Proc. Roy. Soc. A 99 (1921), p. 135; Ztschr. f. Phys. 6 (1921), p. 40. Vgl. auch *J. Eggert,* Phys. Ztschr. 20 (1919), p. 570, ferner *A. A. Noyes* und *H. A. Wilson,* Astrophys. J. 57 (1923), p. 20.

tion (236) für H, sowie *der mit h multiplizierten Rydbergschen Konstante* R_H (141) bzw. (141a) *als Ionisierungsenergie des* H-*Atoms* erhält man aus (279) als allgemeinste Form der *Saha*schen Gleichung für die Konzentration c der Wasserstoffionen

$$(288)\qquad \log\frac{c^2\cdot\mathfrak{p}}{1-c^2} = -\frac{R_H\cdot h}{kT} + \tfrac{5}{2}\log T + \log\left[\frac{(2\pi m)^{\frac{3}{2}}\cdot k^{\frac{5}{2}}}{h^3}\right]$$

$$+\log\frac{g_e\cdot g_{H^+}}{g_H} - \log\sum_{n=1}^{\infty} n\cdot(n+1)\, e^{\frac{R_H\cdot h}{e^{kT}}\left(1-\frac{1}{n^2}\right)-\overline{\psi}(n)}.$$ [698]

Ein anderer Spezialfall der betrachteten Gleichgewichtsformeln, welcher besondere Erwähnung verdient, ergibt sich, wenn $A_1 = A_2$ ist, so daß an Stelle von (253)

$$(253\,b)\qquad 2A \rightleftarrows B$$

tritt. Geht man die Entwicklungen dieser Nummer daraufhin nochmals durch, so zeigt sich, daß zur Berechnung von (257b) eine charakteristische Ergänzung notwendig wird. Da an Stelle von (255)

$$(255')\qquad N_L^{(A)} + 2N_L^{(B)} = X^{(A)}$$

zu treten haben wird, erhält man anstatt (257b) wegen der *Vertauschbarkeit* der *zwei* gleichen Moleküle A in jedem der Moleküle B

$$(257\,b')\qquad \frac{X^{(A)}!}{N_L^{(A)}!\,N_L^{(B)}!\,2^{N_L^{(B)}}}.$$

Das Auftreten der *Symmetriezahl*[699] 2 in (257b') hat zur Folge, daß diese Größe nunmehr auch als Faktor in die Gleichgewichtsformel (272) eingeht, welche dann die Gestalt annimmt:

$$(272')\qquad \frac{[N^{(A)}]^2}{N^{(B)}} = \frac{2\cdot[F_A(\vartheta)]^2}{F_B(\vartheta)}.$$

---

698) Die Reaktion (253a) ist die einzige, für welche sich die Zulässigkeit von (280) mit einiger Strenge nachweisen läßt, so daß das mit Rücksicht auf (287) in (288) formal beibehaltene Glied

$$\log\frac{(g_e\cdot g_{H^+})}{g_H}$$

gleich Null gesetzt werden kann. — Die im Exponenten des letzten Gliedes von (288) geschriebene Funktion $\overline{\psi}(n)$ entspricht der komplizierteren, analog zu $N\cdot\frac{\psi(n)}{V}$ in (236) auftretenden Funktion, welche die Reihenkonvergenz ähnlich wie in (236) nach sich zieht.

699) Die Einführung der „Symmetriezahlen“ in die Statistik des Dissoziationsgleichgewichtes verdankt man *H. Tetrode,* Versl. Akad. Amsterd. 23 (1915), p. 1110, sowie *P. Ehrenfest* und *V. Trkal,* l. c. (Anm. 666).

Das Dissoziationsgleichgewicht wird demnach wesentlich durch das Auftreten der *Symmetriezahl der Moleküle B in bezug auf die Moleküle A* beeinflußt. Definiert man die „chemischen Konstanten“ wie oben mittels einer Gleichung von der allgemeinen Form (281b), so unterscheiden sich die für die Moleküle B berechneten chemischen Konstanten i_0 *und* i_∞ von den früher angegebenen Werten um einen Addenden $-\log 2$.[700])

25b. Dissoziationsgleichgewicht beliebiger Gasreaktionen. Die statistische Behandlung des Dissoziationsgleichgewichtes beliebig vieler, miteinander reagierender gasförmiger Komponenten gestaltet sich in ihren Grundzügen ganz ebenso wie bei monomolekularen Reaktionen, so daß bezüglich aller prinzipieller Fragen auf den vorangehenden Abschnitt verwiesen werden kann, dessen Bezeichnungen in entsprechend verallgemeinerter Form hier beibehalten werden. Wenn A_i $(i = 1, 2, \ldots, p)$ die p Sorten von „Molekülen“ (Atomen, Ionen, Ionen und freien Elektronen) bedeuten, welche die q sonst noch vorkommenden „Verbindungen“ B_j $(j = 1, 2, \ldots, q)$ zusammensetzen, so werden die Gesamtzahlen $X^{(A_i)}$ $(i = 1, 2, \ldots, p)$ aller im Volumen $\mathbf{V}$ sowohl frei als auch im gebundenen Zustande vorhandenen A_i für den betrachteten Reaktionsvorgang als vorgegeben anzusehende *Konstante* sein; ist a_{ij} die Anzahl der Moleküle A_i in einem Molekül der „Verbindung“ B_j, so gilt dann für jede beliebige Zustandsverteilung $\mathbf{Z}_L^{(A_i, B_j)}$

$$(289) \qquad N_L^{(A_i)} + \sum_{j=1}^{q} a_{ij} \cdot N_L^{(B_j)} = X^{(A_i)}, \qquad (i = 1, 2, \ldots, p)$$

während die vorkommenden Reaktionen durch einige oder alle von den Beziehungen

$$(290) \qquad a_{1j} A_1 + a_{2j} A_2 + \cdots + a_{pj} A_p \rightleftarrows B_j \qquad (j = 1, 2, \ldots, q)$$

gegeben sind oder auf sie zurückgeführt werden können. Die Zustandsverteilung $\mathbf{Z}_L^{(A_i, B_j)}$ möge nun gekennzeichnet sein durch das Vorhandensein von $N_{L, l_i}^{(A_i)}$ Molekülen A_i in der l_i^{ten} Zelle ihres μ-Raumes mit der Energie $[E_{l_i}^{(A_i)} + E_{t, l_i}^{(A_i)} + E_0^{(A_i)}]$ und dem Gewicht $g_{l_i}^{(A_i)}$, sowie von $N_{L, l_j}^{(B_j)}$ Molekülen B_j in der l_j^{ten} Zelle ihres μ-Raumes mit der Energie $[E_{l_j}^{(B_j)} + E_{t, l_j}^{(B_j)} + E_0^{(B_j)}]$ und dem Gewicht $g_{l_j}^{(B_j)}$, so daß

$$(291) \quad \sum_{l_i=1}^{\infty} N_{L, l_i}^{(A_i)} = N_L^{(A_i)} \; (i = 1, 2, \ldots, p); \quad \sum_{l_j=1}^{\infty} N_{L, l_j}^{(B_j)} = N_L^{(B_j)} \; (j = 1, 2, \ldots, q)$$

700) Da die chemischen Konstanten nach dem Früheren unbestimmte Gewichtsfaktoren enthalten, welche Beiträge von der Form $+\log g$ verursachen, so kann man von der oben erwähnten kombinatorischen Berücksichtigung der Molekülsymmetrie auch absehen und den Einfluß der Symmetriezahlen von vornherein mit jenem der Gewichtsfaktoren g zusammenziehen.

und bei vorgegebener Gesamtenergie E

$$(292)\quad \sum_{i=1}^{p}\sum_{l_i=1}^{\infty} N_{L,l_i}^{(A_i)}\cdot[E_{l_i}^{(A_i)}+E_{t,l_i}^{(A_i)}+E_0^{(A_i)}] + \sum_{j=1}^{q}\sum_{l_j=1}^{\infty} N_{L,l_j}^{(B_j)}\cdot[E_{l_j}^{(B_j)}+E_{t,l_j}^{(B_j)}+E_0^{(B_j)}]=\mathsf{E}.$$

Für die Anzahl der Realisierungsmöglichkeiten von $\mathsf{Z}_L^{(A_i,B_j)}$ erhält man dann in Analogie zu (258)

$$(293)\quad R(\mathsf{Z}_L^{(A_i,B_j)})=\prod_{i=1}^{p}\prod_{l_i=1}^{\infty} X^{(A_i)}!\,\frac{[g_{l_i}^{(A_i)}]^{N_{L,l_i}^{(A_i)}}}{N_{L,l_i}^{(A_i)}!}\cdot\prod_{j=1}^{q}\prod_{l_j=1}^{\infty}\frac{\left[\frac{g_{l_j}^{(B_j)}}{\sigma_j}\right]^{N_{L,l_j}^{(B_j)}}}{N_{L,l_j}^{(B_j)}!},$$

worin σ_j die *Symmetriezahlen der Moleküle* B_j *in bezug auf die Moleküle* A_i bedeuten.[701]) Zur Aufsuchung der *Boltzmannschen Verteilung* und der damit verknüpften Bedingungen für die Existenz des Dissoziationsgleichgewichtes hat man jetzt sämtliche mit (289), (291) und (292) verträglichen Zustandsverteilungen ins Auge zu fassen und den durch sie bedingten *wahrscheinlichen, zeitlich-mittleren molekularen Verteilungszustand* des Reaktionsgemisches auf Grund von (31) zu ermitteln. Die Bestimmung dieses Verteilungszustandes erfolgt am bequemsten wiederum durch Betrachtung von

$$(294)\quad \mathsf{R}(x^{(A_i)})=\sum_{L=1}^{L^*}R(\mathsf{Z}_L^{(A_i,B_j)})$$

und der daraus analog zu (264) und (265) ableitbaren Beziehungen für die *mittleren Anzahlen* $N^{(A_i)}$, $N^{(B_j)}$ und *mittleren Energien* E_{A_i}, E_{B_j} der im Gleichgewichte vorhandenen Komponenten. Zur Berechnung von (294) empfiehlt sich hier die Einführung von $p+1$ komplexen Veränderlichen $\xi_1, \xi_2, \ldots, \xi_p, \zeta$, mit deren Hilfe der zu (260) analoge Exponentialausdruck

$$(295)\quad \prod_{i=1}^{p}[X^{(A_i)}!]\cdot e^{\sum\limits_{i=1}^{p}\xi_i\cdot F_{A_i}(\zeta)+\sum\limits_{j=1}^{q}\xi_1^{a_{1j}}\cdot\xi_2^{a_{2j}}\ldots\xi_p^{a_{pj}}\cdot\frac{1}{\sigma_j}\cdot F_{B_j}(\zeta)}$$

gebildet werden kann, welcher die *Verteilungsfunktionen*

$$(296)\quad \begin{cases} F_{A_i}(\zeta)=\sum\limits_{l_i=1}^{\infty} g_{l_i}^{(A_i)}\cdot\zeta^{E_{l_i}^{(A_i)}+E_{t,l_i}^{(A_i)}+E_0^{(A_i)}}; \\ F_{B_j}(\zeta)=\sum\limits_{l_j=1}^{\infty} g_{l_j}^{(B_j)}\cdot\zeta^{E_{l_j}^{(B_j)}+E_{t,l_j}^{(B_j)}+E_0^{(B_j)}} \end{cases}$$

701) Siehe die Begründung von (257b′) (Schluß des vorigen Abschnittes) gegenüber (257b), sowie Anm. 699) und 700).

der Moleküle A_i, B_j enthält; identifiziert man (294) mit dem Koeffizienten des Gliedes

$$\xi_1^{X^{(A_1)}} \cdot \xi_2^{X^{(A_2)}} \ldots \xi_p^{X^{(A_p)}} \cdot \zeta^{\mathsf{E}}$$

in der Potenzreihenentwicklung von (295), so gewinnt man die Möglichkeit, $\mathsf{R}^{(X^{(A_i)})}$, $\mathsf{R}^{(X^{(A_i)})} \cdot N^{(A_i)}$, $\mathsf{R}^{(X^{(A_i)})} \cdot \mathsf{E}_{A_i}$, usw. mittels der *Cauchy*schen Integralformeln durch $(p+1)$-fache komplexe Integrale darzustellen, deren asymptotische Entwicklungen bei sehr großen $X^{(A_i)}$, E, durch die Funktionswerte ihrer Integranden für eine gewisse, eindeutig bestimmte, positiv-reelle Wertekombination

$$\xi_1 = x_1, \quad \xi_2 = x_2, \quad \ldots, \quad \xi_p = x_p, \quad \zeta = \vartheta,$$

gegeben sind.[678])[679]) Wenn die $x_1, x_2, \ldots, x_p$ aus den nach dieser Methodik gewonnenen, zu (267), (268), (269) analogen Verteilungsbeziehungen eliminiert werden, so findet man zunächst auch für den hier untersuchten allgemeinsten Fall, daß die *Boltzmann*sche Verteilung genau so herauskommt, wie wenn jede einzelne Komponente des ermittelten Dissoziationsgleichgewichtes bei gleicher „empirischer Temperatur“ ϑ und unter einem äußeren Druck, welcher ihrem Partialdruck entspricht, das ganze zur Verfügung stehende Volumen V allein erfüllen würde. Für die Teilchenzahlverhältnisse der Reaktionsteilnehmer ergeben sich ferner die Beziehungen

$$(297) \qquad \frac{N^{(B_j)}}{[N^{(A_1)}]^{a_{1j}} \cdot [N^{(A_2)}]^{a_{2j}} \ldots [N^{(A_p)}]^{a_{pj}}} \\ = \frac{F_{B_j}(\vartheta)}{\sigma_j \cdot [F_{A_1}(\vartheta)]^{a_{1j}} \cdot [F_{A_2}(\vartheta)]^{a_{2j}} \ldots [F_{A_p}(\vartheta)]^{a_{pj}}} \quad (j = 1, 2, \ldots, q),$$

welche dem Ausdruck des *Massenwirkungsgesetzes* für das Gleichgewicht der Reaktionsvorgänge (290) entsprechen. Mit diesem zu (272) völlig analogen Ergebnisse sind die statistischen Bedingungen für das Bestehen des betrachteten Gasgleichgewichtes ermittelt; ihre weitere Diskussion kann ebenso wie jene von (272) in Nr. **25a** vorgenommen werden und führt zu prinzipiellen Folgerungen, welche mit den bereits dort ausgesprochenen in allen Punkten übereinstimmen.

25c. Dampfdruckformel und chemische Konstante. Um auch *feste*[702]) *Reaktionsteilnehmer* beliebiger Anzahl und chemischer Zu-

702) Die Betrachtungen dieses Abschnittes sind grundsätzlich auch auf *flüssige* Kondensate bzw. Reaktionsteilnehmer anwendbar, sofern man ihnen Verteilungsfunktionen zuschreibt, deren analytische Eigenschaften mit jenen für das Folgende in Betracht kommenden der Festkörper-Verteilungsfunktionen übereinstimmen. Diese Annahme ist zwar sehr naheliegend, ihre Berechtigung kann aber mangels eines brauchbaren kinetischen Molekularmodelles der Flüssigkeiten (siehe Anm. 203) nicht näher geprüft werden, so daß im folgenden von der ausdrücklichen Berücksichtigung flüssiger Phasen abgesehen werden soll.

sammensetzung in die bisherige statistische Behandlung chemischer Gleichgewichte einbeziehen zu können, liegt es nahe, sich der folgenden Betrachtungsweise zu bedienen. Ein chemisch einheitlicher, kristallisierter Festkörper, welcher aus $N_L^{(FK)}$ gleichartigen Molekülen A aufgebaut ist, kann als *Riesenmolekül* $B_{N_L^{(FK)}}$ angesehen werden, das beim *Verdampfungsvorgang* freie „Dampf"moleküle A abspaltet und sich mit ihnen bei konstanter Temperatur sowie vorgegebenem „Dampf"-volumen $\mathbf{V}$ ins Gleichgewicht setzen wird. Bedeutet $X^{(A)}$ die vorgegebene, unveränderliche Anzahl der freien *und* „kondensierten" Moleküle A, ferner $N_L^{(A)}$ die für eine bestimmte Zustandsverteilung $\mathbf{Z}_L^{(A, FK)}$ kennzeichnende Anzahl der „Dampf"moleküle, so hat man analog (255) und (289)

$$N_L^{(A)} + N_L^{(FK)} = X^{(A)}, \tag{298}$$

wobei an Stelle der früher betrachteten Gasreaktionen (253) und (290) die allgemeine Verdampfungsbeziehung

$$A + B_{N_L^{(FK)}} \rightleftarrows B_{\left(N_L^{(FK)}+1\right)} \tag{299}$$

$$\left(N_L^{(FK)} = 1, 2, \ldots, \text{ im allgemeinen sehr groß}\right)$$

auftritt. In Verbindung mit der Frage nach der Anzahl der Realisierungsmöglichkeiten einer beliebigen Zustandsverteilung $\mathbf{Z}_L^{(A, FK)}$ wird man jetzt besonders zu berücksichtigen haben, daß das Riesenmolekül $B_{N_L^{(FK)}}$ jeweils nur in *einem*[703]) Exemplare vorhanden ist und im Falle sehr großer $N_L^{(FK)}$ *von einer „inneren" Vertauschbarkeit seiner Bausteine wegen der Beständigkeit des festen Zustandes abgesehen werden muß.*[703a]) Da durch den Verdampfungsvorgang prinzipiell jedes der

---

703) Oder auch mehrere Exemplare, wenn deren Anzahl gegenüber $X^{(A)}$ größenordnungsmäßig verschwindet. Bei sehr großen Anzahlen von Exemplaren und kleinen Molekülanzahlen $N_L^{(FK)}$ in ihnen (z. B. Kristallkeime bei Sublimationsbeginn) hingegen würde die statistische Behandlung völlig jener der Gasgleichgewichte entsprechen müssen.

703a) In diesem Zusammenhange ist es prinzipiell von größter Tragweite, ob man den Bausteinen eines Festkörpers die Fähigkeit zum *Platzwechsel*, zur *Selbstdiffusion* zuschreiben soll oder nicht. Die gesamte ältere Literatur bejaht diese Fähigkeit auf Grund der als „Selbst-" oder „Fremddiffusion" gedeuteten experimentellen Ergebnisse, sowie der *elektrolytischen Leitfähigkeit* zahlreicher fester Körper, insbesondere von Einkristallen, wobei stillschweigend allerdings stets die Vorstellung ideal-regelmäßiger Kristallgitter zugrundegelegt worden ist. Nach *A. Smekal,* Wien. Akad. Anz. 25. Juni 1925, kann demgegenüber aus den Festigkeitseigenschaften der Kristalle auf das prinzipielle Vorhandensein von Poren und sonstigen Störungen der idealen Gitterregelmäßigkeit geschlossen werden, welche zusammen mit gewissen experimentellen Tatsachen eindeutig dafür sprechen, die *Oberflächen jener Poren* als Träger der bisher beobachteten

$N_L^{(FK)}$ kondensierten Moleküle immer wieder *als Oberflächenmolekül* durch einen Nachbarn oder ein anderes verdampft gewesenes Festkörpermolekül, also *durch „äußere" Vertauschung* ersetzt werden können wird, so wird die Anzahl der Realisierungsmöglichkeiten der kondensierten Phase *für jeden einzelnen ihrer molekularen Schwingungszustände* dem Faktor $N_L^{(FK)}!$ proportional sein müssen.[704]) Die Anzahl der Realisierungsmöglichkeiten $R(\mathsf{Z}_L^{(A,FK)})$, von $\mathsf{Z}_L^{(A,FK)}$ wird ebenso wie in den vorhergehenden Abschnitten durch ein Produkt gegeben sein, welches einen zu (257 b) analogen „Vertauschungsfaktor"

$$\frac{X^{(A)}!}{N_L^{(A)}!\,N_L^{(FK)}!} \tag{300}$$

sowie Beiträge der Gasphase und des Festkörpers von der Form (257 a) enthält, wovon der letztere nach den soeben gemachten Feststellungen aber nur von $N_L^{(FK)}$ und der inneren Konstitution des kristallisierten Kondensates abhängen wird. Kennzeichnet man das *Verdampfungs-*

Diffusions- und Leitungsvorgänge in festen Körpern anzusehen. Was die Beweglichkeit und Vertauschbarkeit der *Elektronen* in metallisch leitenden Festkörpern anbetrifft, so liegen hier die Verhältnisse voraussichtlich wesentlich anders, sind aber noch reichlich ungeklärt; von einer gewissen Bedeutung dürfte hierfür vor allem die Definiertheit des molekularen Gerüstes auch bei allen diesen Substanzen sein, ferner die „Entartung" der Leitungselektronen bis zum Schmelzpunkte (Nr. 24 c, Ende). — Wegen der im Text vorausgesetzten und hier näher belegten Unmöglichkeit „innerer" Molekülvertauschungen kann das Verdampfungsgleichgewicht als typisches Beispiel für *unvollständige oder „gehemmte" Gleichgewichte* [Anm. 670), 680)] betrachtet werden. — Siehe ferner Anm. 794).

704) Man erkennt dies unmittelbar, wenn man in (29) alle $N_{L,1} = 1$ setzt und von dem Beitrag der hier nicht auf die einzelnen Moleküle, sondern auf die verschiedenen Quantenzustände der Festkörpereigenschwingungen bezüglichen Gewichtspotenzen absieht, außer etwa von einem allen diesen Zuständen gemeinsamen *Gewichtsfaktor* g_{FK}, der dann in der $N_L^{(FK)\text{ten}}$ Potenz auftritt, was auch aus (307) entnommen werden kann. Da beim absoluten Nullpunkt sämtliche Eigenschwingungen im „untersten" Quantenzustand vorhanden sind und dies nur einer *einzigen* Realisierungsmöglichkeit des Festkörper-*Schwingungszustandes* entspricht, erhält man auf Grund des *Boltzmannschen Prinzips* (Nr. 8 b, 27) für die *Nullpunktsentropie des Festkörpers*

$$\mathsf{S}_{FK}^{(0)} = k \log N_L^{(FK)}! + N_L^{(FK)} k \log g_{FK}$$

in Übereinstimmung mit (383) und den diesbezüglichen Erwägungen von Nr. 27. — Die angegebene Begründung des Faktors $N_L^{(FK)}!$ findet sich bei *M. Planck* [1], § 184, von dessen Ausführungen auf p. 213 hier in Übereinstimmung mit *E. Schrödinger*, Phys. Ztschr. 25 (1924), p. 41, Fußn. 3 auf p. 44, jedoch nur der erste Teil als konsequent übernommen, der Rest hingegen als konventionell-willkürlich angesehen wird. Vgl. dazu Nr. 27, insbesondere Anm. 776), ferner Anm. 787).

gleichgewicht durch jenen *wahrscheinlichen, zeitlich-mittleren Verteilungszustand der Moleküle A zwischen fester und gasförmiger Phase,* welcher auf Grund der Betrachtungen von Nr. 4 als *Boltzmannsche Verteilung* ermittelt werden kann, so hat man wiederum von (31) auszugehen und vor allem wieder mit der Berechnung des Ausdruckes

$$\mathbf{R}^{(x^{(A)})} = \sum_{L=1}^{L^*} R(\mathbf{Z}_L^{(A,FK)}) \tag{301}$$

zu beginnen.

Bedeutet

$$F_A(\zeta) = \sum_{l=1}^{\infty} g_l^{(A)} \cdot \zeta^{E_l^{(A)} + E_{t,l}^{(A)} + E_0^{(A)}} \tag{302}$$

die *Verteilungsfunktion der Dampfmoleküle A*, von welchen sich während des Bestehens der Zustandsverteilung $\mathbf{Z}_L^{(A,FK)}$ gerade $N_{L,l}^{(A)}$ in der l^{ten} Zelle ihres μ-Raumes befinden mögen, so ist der Beitrag der Gasphase für $R(\mathbf{Z}_L^{(A,FK)})$ nach (29)

$$R_A(\mathbf{Z}_L^{(A,FK)}) = \frac{N_L^{(A)}!}{N_{L,1}^{(A)}! \cdot N_{L,2}^{(A)}! \ldots N_{L,l}^{(A)}! \ldots} \cdot \left[g_1^{(A)}\right]^{N_{L,1}^{(A)}} \cdot \left[g_2^{(A)}\right]^{N_{L,2}^{(A)}} \ldots \\ \ldots \left[g_l^{(A)}\right]^{N_{L,l}^{(A)}} \ldots,$$

wobei

$$\sum_{l=1}^{\infty} N_{L,l}^{(A)} = N_L^{(A)} \tag{303}$$

und im Falle einer zunächst willkürlichen Gesamtenergie $\mathbf{E}_L^{(A)}$ des Dampfes auch

$$\sum_{l=1}^{\infty} N_{L,l}^{(A)} \cdot [E_l^{(A)} + E_{t,l}^{(A)} + E_0^{(A)}] = \mathbf{E}_L^{(A)} \tag{304}$$

sein muß. Für die Gesamtzahl der Realisierungsmöglichkeiten sämtlicher, für beliebige $N_{L,l}^{(A)}$ mit (303) und (304) verträglichen Zustandsverteilungen erhält man durch Summation über $R_A(\mathbf{Z}_L^{(A,FK)})$ in bekannter Weise (Nr. **25a**) den Koeffizienten von

$$\xi^{N_L^{(A)}} \cdot \zeta^{\mathbf{E}_L^{(A)}} \tag{305}$$

in der Potenzreihenentwicklung der mittels der beiden komplexen Veränderlichen ξ und ζ gebildeten Hilfsfunktion

$$N_L^{(A)}!\, e^{\xi F_A(\zeta)}. \tag{306}$$

Was nun das Kondensat anbetrifft, so läßt sich die *Verteilungsfunktion* $P_{FK}(\zeta)$ (35B) (Nr. **6b**) *der Eigenschwingungen* eines aus $N_L^{(FK)}$ Molekülen bestehenden, kristallisierten Festkörpers mittels dem von der *Born*schen Gittertheorie gelieferten Verteilungsgesetze seiner Eigenfrequenzen[705]) für hinreichend große $N_L^{(FK)}$ auf die Form $[F_{FK}(\zeta)]^{N_L^{(FK)}}$ bringen, so daß man einschließlich der oben diskutierten *„äußeren" Vertauschungszahl* $N_L^{(FK)}!$ *seiner Moleküle*

$$(307) \qquad N_L^{(FK)}! \cdot [F_{FK}(\zeta)]^{N_L^{(FK)}}$$

erhält.[706]) Wenn der Energieinhalt des Kristalles zunächst willkürlich mit $\mathsf{E}_L^{(FK)}$ vorgegeben wird, so bekommt man für die Gesamtzahl der Realisierungsmöglichkeiten aller seiner mit konstanten $N_L^{(FK)}$ und $\mathsf{E}_L^{(FK)}$ verträglichen Zustandsverteilungen auf Grund der elementaren *Darwin-Fowler*schen Methodik von Nr. **5a** den Koeffizienten von

$$(308) \qquad \zeta^{\mathsf{E}_L^{(FK)}}$$

in der Potenzreihenentwicklung von (307). Bildet man daher durch Multiplikation von (300), (306) und (307) die Funktion

$$(309) \qquad X^{(A)}! [\xi \cdot F_{FK}(\zeta)]^{N_L^{(FK)}} \cdot e^{\xi F_A(\zeta)}$$

und setzt $\mathsf{E}_L^{(A)} + \mathsf{E}_L^{(FK)} = \mathsf{E}$, so wird der Koeffizient von

$$(310) \qquad \xi^{X^{(A)}} \cdot \zeta^{\mathsf{E}}$$

in der Potenzreihenentwicklung von (309) wegen (298) die Anzahl der Realisierungsmöglichkeiten sämtlicher mit (298) und vorgegebener Gesamtenergie E verträglicher Zustandsverteilungen $\mathsf{Z}_L^{(A,FK)}$ angeben, was mit der gesuchten Größe (301) gerade übereinstimmt. Der Ausdruck (301) wird sich demnach auch hier wiederum mittels der *Cauchy*schen Integralformeln darstellen lassen als komplexes (zweifaches) Integral, dessen asymptotische Entwicklung für sehr große $X^{(A)}$, $N_L^{(FK)}$ und E ebenso wie jene der analog gebauten Integralausdrücke für $N^{(A)}$, E_A, usw. durch ein einziges positiv-reelles Wertepaar

$$(311) \qquad \xi = x, \quad \zeta = \vartheta$$

gekennzeichnet sein wird.[678]) Man findet so in erster Annäherung[679]) für die hier das *Verdampfungsgleichgewicht* bestimmende *Boltzmannsche Verteilung*

$$(312) \qquad N_l^{(A)} = x \cdot g_l^{(A)} \cdot \vartheta^{E_l^{(A)} + E_{t,l}^{(A)} + E_0^{(A)}},$$

$$(313) \qquad N^{(A)} = x \cdot F_A(\vartheta), \quad N^{(FK)} = \frac{x \cdot F_{FK}(\vartheta)}{1 - x \cdot F_{FK}(\vartheta)}$$

---

705) Siehe V 25, *M. Born* (*Atomtheorie des festen Zustandes*), Nr. 18.

706) *C. G. Darwin* und *R. H. Fowler*, Proc. Cambridge Phil. Soc. 21 (1922), p. 262, § 7. Der Faktor $N_L^{(FK)}!$ in (300) und (307) wird hier und ebenso bei *P. Ehrenfest* und *V. Trkal* (Anm. 666) nicht berücksichtigt, hebt sich aber bei Multiplikation von (300) und (307) in (309) wieder fort, so daß alle weiteren Folgerungen dieses Abschnittes mit jenen der genannten Autoren übereinstimmen.

und

(314) $$\mathsf{E} = x\vartheta \frac{\partial F_A(\vartheta)}{\partial \vartheta} + \frac{x}{1 - x \cdot F_{EK}(\vartheta)} \cdot \vartheta \cdot \frac{\partial F_{FK}(\vartheta)}{\partial \vartheta},$$

wodurch die Größen (311) wegen (298) zugleich eindeutig festgelegt erscheinen.[706]) Eliminiert man x mittels (312) und der ersten Gleichung (313), so ergibt sich bei Wärmegleichgewicht mit der „empirischen Temperatur“ ϑ (Nr. **7a**) für den Dampf dieselbe Gleichung (41) (Nr. **5a**) wie für ein isoliertes, aus Molekülen A bestehendes Gas. Für hinreichend große Kristalle, d. h. für numerisch große Mittelwerte $\overset{*}{N}{}^{(FK)}$ der Molekülanzahl in der festen Phase folgt aus der zweiten Gleichung (313)

(313a) $$x \cdot F_{FK}(\vartheta) = 1;$$

eliminiert man x jetzt mittels (313a) und der ersten Gleichung (313), so erhält man für die Anzahl der Dampfmoleküle A die Beziehung

(315) $$\overset{*}{N}{}^{(A)} = \frac{F_A(\vartheta)}{F_{FK}(\vartheta)},$$

welche hier an Stelle der Gleichgewichtsformeln (272), (297) bei den Gasgleichgewichten tritt. Offenbar bleibt in $F_{FK}(\vartheta)$ ein Faktor von der Form $\vartheta^{E_0^{(FK)}}$ ebenso willkürlich wie der Faktor $\vartheta^{E_0^{(A)}}$ in (312) und in der Verteilungsfunktion (301) der Dampfmoleküle; werden $E_0^{(FK)}$ und $E_0^{(A)}$ auf das gleiche Energienullniveau bezogen, so wird

(316) $$Q_{(A,FK)} = E_0^{(A)} - E_0^{(FK)}$$

die *molekulare Verdampfungswärme beim absoluten Nullpunkt.*[707]) Führt man die absolute Temperatur T sowie den *Dampfdruck* $\mathfrak{p}$ mittels (63) und (64) ein und benutzt die quantenstatistischen Beziehungen (228) und (251a) dazu, um $F_A(\vartheta)$ auszudrücken, so erhält man ähnlich wie bei der quantenstatistischen Diskussion (281) von (272) in Nr. **25a**

---

707) Wenn der Festkörper eine *endliche Nullpunktsenergie* besitzt wie in Nr. **9** auf Grund der *Debye-Born-Kármán*schen Theorie (V 25, *M. Born*) in Verbindung mit (101) und (102) als möglich gezeigt werden konnte, so ist es klar, daß sie in (316) und daher auch in der *Dampfdruckgleichung* (317) eine unter Umständen merkliche Rolle spielen muß. Man vgl. hierzu etwa *O. Stern*, Ztschr. f. Elektrochem. 25 (1919), p. 66, oder die Wiedergabe der *Stern-Tetrode*schen Ableitung der Dampfdruckgleichung bei *M. Born*, V 25, Nr. 35. — Wie bereits in Anm. 195) angedeutet und wie auch auf Grund der hier dargestellten Ableitung der Dampfdruckgleichung näher begründet werden kann (s. die nachfolgende Anm.), bleibt der im folgenden zu ermittelnde Wert der *chemischen Konstanten* davon unabhängig, welchen Betrag man für die Nullpunktsenergie der Festkörper in Ansatz bringen will, so daß ein Erfolg der hier dargestellten Theorie keineswegs eindeutig für das Vorhandensein einer endlichen Nullpunktsenergie der Festkörper zu sprechen vermag.

$$(317)\quad \log \mathfrak{p} = \tfrac{5}{2}\log T - \frac{Q_{(A,FK)}}{kT} + \log \sum\nolimits^{(A)} - \log \sum\nolimits^{(FK)} + \log\left[\frac{g_A}{g_{FK}}\cdot\frac{(2\pi M_A)^{\frac{3}{2}}\cdot k^{\frac{5}{2}}}{h^3}\right].$$

Wie man sieht, wird die Größe des Dampfdruckes durch den Wert des im letzten Gliede auftretenden *Verhältnisses* der beiden an sich willkürlichen *Gewichtsfaktoren* g_A und g_{FK} von $F_A(\vartheta)$ und $F_{FK}(\vartheta)$ entscheidend beeinflußt, *so daß dieses Verhältnis bei Benutzung von Dampfdruckmessungen grundsätzlich ermittelt werden können muß.*

Ebenso wie (281) soll die Dampfdruckgleichung (**317**) nun auch noch auf ihre spezielle Form für tiefe Temperaturen bei noch nicht entartetem Dampf (Nr. **24c**) und für „hohe“ Temperaturen geprüft werden, wobei für das Folgende vom Beitrag $\log \sum^{(FK)}$ des Festkörpers abgesehen werden kann.[708]) Bedeutet $\gamma_A(1)$ das ganzzahlige Quantengewicht des „untersten“ Quantenzustandes der Moleküle A mit der inneren Energie $E_1^{(A)}$, so erhält man analog zu (281a) für von Null *verschiedenen* tiefe Temperaturen

$$(317\text{a})\quad \log \mathfrak{p} = \tfrac{5}{2}\log T - \frac{Q_{(A,FK)} + E_1^{(A)}}{kT} + \log\left[\frac{g_A}{g_{FK}}\cdot\gamma_A(1)\cdot\frac{(2\pi M_A)^{\frac{3}{2}} k^{\frac{5}{2}}}{h^3}\right],$$

wobei jetzt $Q^{(A,FK)} + E_1^{(A)}$ die molekulare Verdampfungswärme beim absoluten Nullpunkt darstellt, und findet auch für „hohe“ Temperaturen eine Beziehung von der Form

$$(317\text{b})\quad \log \mathfrak{p} = \tau\cdot\log T - \frac{Q'}{kT} + i_\infty,$$

708) In den Ableitungen der Dampfdruckgleichung von *O. Stern*, Phys. Ztschr. **14** (1913), p. 629; Ztschr. f. Elektrochem. **25** (1919), p. 66 und *H. Tetrode*, Versl. Akad. Amsterd. **23** (1915), p. 1110, *welche die Molekültranslation auf rein klassischem Wege behandeln* [vgl. (251b) gegenüber (251a)!], spielt das Verhalten des Festkörpers (bei tiefen und hohen Temperaturen) allerdings eine ganz fundamentale Rolle. Man überzeugt sich indessen leicht, daß die Rolle des *gequantelten* Festkörpers auf die bloße Klarstellung des am Beginne von Nr. **24** betonten Unterschiedes zwischen *Quantengewicht* und *μ-Zellenvolumen* zurückführbar ist und auf eine gemäß (252) vorgenommene *Messung klassischer Translations-μ-Raumvolumina in der Einheit* h^3 hinausläuft; vgl. dazu *K. F. Herzfeld*, Ann. d. Phys. **69** (1922), p. 54. Am klarsten können diese Verhältnisse vielleicht an einer Ableitung der Dampfdruckformel von *W. Lenz* demonstriert werden, welche *K. F. Herzfeld*, Phys. Ztschr. **22** (1921), p. 186 auf p. 190 veröffentlicht hat. Die klassisch-statistische Behandlung der Molekültranslation wird damit gemäß (**251a**) völlig äquivalent der quantenstatistischen Behandlung von Nr. **24c** außerhalb des Gebietes der eigentlichen Gasentartung. — Die *Stern*sche Ableitung der Dampdruckgleichung und chemischen Konstante ist wiedergegeben bei *W. Nernst*, Die theoretischen und experimentellen Grundlagen des neuen Wärmesatzes, Halle 1918, p. 139, die allgemeinere *Tetrode*sche Ableitung in V 25 (*M. Born*), Nr. **35**.

welche (281b) entspricht; wie die analogen Betrachtungen von Nr. **25a** ergeben, werden τ, Q' und i bei mehratomigen Dämpfen hier aber zu anderen Werten führen müssen, als sie bei tiefen Temperaturen aus (317a) zu entnehmen sind. Für einatomige Dämpfe hingegen stellt (317a) die Dampfdruckgleichung auch bei beliebig hohen Temperaturen dar, insofern die Beschränkung auf die unterste Energiestufe der Dampfatome noch zulässig erscheint. Das temperaturunabhängige Glied auf der rechten Seite von (317), (317a), (317b) bezeichnet man nach *Nernst* als die *chemische Konstante* des Dampfes.[709]) Für die „Nullpunktskonstante" i_0 der Gasphase ergibt sich nach (317a) allgemein

$$i_0 = \log\left[\frac{g_A}{g_{FK}} \cdot \gamma_A(1) \cdot \frac{(2\pi M_A)^{\frac{3}{2}} \cdot k^{\frac{5}{2}}}{h^3}\right], \tag{318}$$

für „hohe" Temperaturen entnimmt man die „klassische Konstante" i_∞ aus (317b) nach entsprechender Auswertung von (317); so wird z. B. für zweiatomige Gase analog (286)

$$i_\infty = \log\left[\frac{g_A}{g_{FK}} \cdot \frac{8\pi^2 J_A \cdot (2\pi M_A)^{\frac{3}{2}} \cdot k^{\frac{7}{2}}}{h^5}\right]. \tag{319}$$

Wie der Vergleich mit (285) und (286) zeigt, stimmen diese Größen mit den bereits bei den Gasgleichgewichten als „chemische Konstanten" bezeichneten Ausdrücken überein, bis auf einen von der Natur der kondensierten Phase abhängigen Beitrag

$$-\log g_{FK}. \tag{320}$$

Setzt man in Erweiterung von (280)

$$g_A = g_{FK} = 1, \tag{280a}$$

so verschwindet (320) und man erhält aus der Untersuchung der Dissoziationsgleichgewichte dieselben Ausdrücke für die chemischen Konstanten wie aus der Dampfdruckformel.

Der bei Voraussetzung von (280a) aus (317) zu entnehmende quantentheoretische Ausdruck für die *chemische Konstante eines idealen, einatomigen Gases*, dessen Moleküle strukturlose Massenpunkte darstellen, ist auf Grund von *Gasentartungs*theorien zuerst von *Sackur*[710]) und *Tetrode*[711]) berechnet worden.[712]) Da die verschiedenen Quanten-

709) Vgl. z. B. *W. Nernst,* Die theoretischen und experimentellen Grundlagen des neuen Wärmesatzes, Halle 1918, p. 136.

710) *O. Sackur,* Ann. d. Phys. 36 (1911), p. 958; Nernst-Festschrift 1912, p. 405; Ann. d. Phys. 40 (1913), p. 67; Jahresb. d. Schles. Gesellsch. f. vaterl. Kultur 1913.

711) *H. Tetrode,* Ann. d. Phys. 38 (1912), p. 434; 39 (1912), p. 255.

712) Man vgl. hierzu und zur Frage des Zusammeshanges mit der *Entropiekonstante* des idealen Gases auch noch Nr. 27, sowie insbesondere Anm. 771).

theorien der Gasentartung[507][508][509] (Nr. **19, 24c**), wenn auch mit der speziellen Wahl $g = 1$, *außerhalb* des Entartungsgebietes übereinstimmend zu dem auch in der vorliegenden Nummer benutzten Ergebnisse (251a) führen, so stimmen auch ihre Folgerungen bezüglich der chemischen Konstante miteinander überein. Unter der stillschweigenden Voraussetzung von (280a) ist die chemische Konstante aus dem Verdampfungsgleichgewicht zuerst von *Stern* und *Tetrode*[713]) abgeleitet worden, den Einfluß der Quantengewichte $\gamma_A(1)$ auf die „Nullpunktskonstanten" (318) hat namentlich *Schottky* eingehend diskutiert.[714]) Ein etwaiger Beitrag des festen Körpers zu den Nullpunktskonstanten ist ebenfalls von *Schottky* näher untersucht worden; wenn die ganzzahligen Quantengewichte $\gamma_{FK}(n_{FK})$ der Festkörpereigenschwingungen gemäß (100) sämtlich gleich Eins gesetzt werden, so bleibt noch der Einfluß eines „dynamischen Quantengewichtes" möglich[715]), welchem in der obigen Darstellung eine bestimmte Festlegung des Verhältnisses $\frac{g_A}{g_{FK}}$ in (317) entsprechen würde. Da eine irgendwie gesicherte, allgemeine Vorausberechnung dieses Verhältnisses gegenwärtig aber kaum möglich zu sein scheint, wird man lieber trachten, seine Größe aus *experimentellen* Daten zu erschließen; aus den „Nullpunktskonstanten" einatomiger Dämpfe ergibt (318) allerdings nur den Ausdruck

$$\gamma_A(1) \cdot \frac{g_A}{g_{FK}}, \tag{321}$$

so daß $\frac{g_A}{g_{FK}}$ erst bei bekanntem Quantengewicht $\gamma_A(1)$ gefunden werden kann.

---

713) Siehe die in Anm. 708) angeführte Literatur, ferner die ältere klassisch-kinetische Ableitung der Dampfdruckformel von *G. Mie*, Ann. d. Phys. 11 (1903), p. 657. Der thermodynamische Teil der *Stern-Tetrode*schen Ableitung wird vermieden bzw. durch rein statistische Betrachtungen ersetzt bei *P. Ehrenfest* und *V. Trkal*, l. c. (Anm. 666); *K. F. Herzfeld*, Phys. Ztschr. 22 (1921), p. 186; 23 (1922), p. 95; *R. H. Fowler*, Phil. Mag. 44 (1923), p. 1, §§ 10, 11; *C. G. Darwin* und *R. H. Fowler*, Proc. Cambr. Phil. Soc. 21 (1923), p. 730, § 7; *E. Fermi*, Atti Accad. Lincei 32 (1923), p. 395; *D. Enskog*, Ann. d. Phys. 72 (1923), p. 321; *R. Becker*, Ztschr. f. Phys. 28 (1924), p. 256.

714) *W. Schottky*, Phys. Ztschr. 22 (1921), p. 1; 23 (1922), p. 9, 448, und unabhängig davon auch *R. H. Fowler*, Phil. Mag. 44 (1923), p. 1, 497.

715) *W. Schottky*, l. c., s. auch Anm. 688). — Die Frage, ob der „unterste" Quantenzustand im festen Aggregatzustand ein von Eins verschiedenes Quantengewicht besitzen kann bzw. welche Bedeutung einem derartigen, etwa aus experimentellen Daten abgeleiteten Gewichtswerte zuzukommen hätte, wird im Zusammenhange mit dem *Nernst*schen Wärmetheorem vor *Schottky* auch schon von *A. Einstein*, Verh. Deutsch. Phys. Ges. 16 (1914), p. 820 und *O. Stern*, Ann. d. Phys. 49 (1916), p. 823 diskutiert.

Eine Übersicht über das gegenwärtig vorliegende experimentelle Material an *einatomigen* Dämpfen[716]) zeigt, daß der *Sackur-Tetrode*sche „Normalwert" der chemischen Konstante innerhalb der Fehlergrenzen nur von zwei[717]) Gasen geliefert wird: Argon und Wasserstoff, wovon letzteres zwar zweiatomig ist, sich im Gebiete fehlender Rotationswärme (Nr. **24 b**) aber praktisch ebenfalls wie ein einatomiges Gas verhält. Setzt man

$$(322)\qquad i = \log \frac{(2\pi M)^{\frac{3}{2}} \cdot k^{\frac{5}{2}}}{h^3} = \bar{i} + \tfrac{3}{2} \log M',$$

wo M' das Atom- bzw. Molekulargewicht bedeuten soll, so wird $\bar{i}$ eine *universelle Konstante*, welche sich bei der nach *Nernst* üblichen Benutzung *Brigg*scher Logarithmen und Bezugnahme auf Atmosphären als Druckeinheit zu $-1{,}587$ ergibt. Die erwähnte Übereinstimmung mit (322) bei A und H_2 bedeutet vom Standpunkt des allgemeinen Ausdruckes (318) aus, daß die Größe (321) hier der Einheit gleich sein muß. Da für Wasserstoffmoleküle $\gamma(n) = 2n$ ist[691]), hat man hier $\gamma_{H_2}(1) = 2$ und daher $\frac{g_{H_2}}{g_{(FK)_H}} = \frac{1}{2}$. Dieses Ergebnis kann angesichts der *Ein*atomigkeit des *festen* Wasserstoffes zwanglos als Einfluß einer in g_{H_2} einbezogenen[700]) *Symmetriezahl*[699]) $\sigma_{H_2} = 2$ (Nr. **25 a**) des *zwei*atomigen Wasserstoff*gases* verstanden werden; setzt man umgekehrt von vornherein $\sigma_{H_2} = \frac{g_{(FK)_H}}{g_{H_2}}$ an, so kann man $\gamma_{H_2}(1) = 2$ folgern und damit von neuem die bereits aus *Rotationswärme* (Nr. **24 b**) und *Bandenspektrum* (V 27, *A. Kratzer*) erschlossene *Abwesenheit rotationsloser Moleküle* im Wasserstoffgase bestätigen.[718]). — Alle übrigen bisher untersuchten einatomigen Dämpfe, z. B. der Alkalimetalle und der Halogene, sowie Hg, Pb, W, weisen sichere, bei Pb und W sogar ganz enorme „Abweichungen" vom *Sackur-Tetrode*schen „Normalwerte" (322) auf und ergeben demnach von Eins verschiedene Größen (321), deren nähere Deutung bisher aber nur bei den Alkalidämpfen versucht worden zu sein scheint.[719])

---

716) Siehe etwa *F. Simon*, Jubelband Walter Nernst, Ztschr. f. phys. Chem. 110 (1924), p. 572, ferner auch *K. Wohl*, ebenda, p. 166, oder *W. Nernst*, Die theoretischen und experimentellen Grundlagen des neuen Wärmesatzes, 2. Aufl., Halle 1924, Anhang p. 219.

717) Bei Zn und Cd ist ein analoges Verhalten zwar möglich, aber noch ungewiß.

718) *W. Schottky*, l. c. (Anm. 714); *R. H. Fowler*, l. c.; *D. Enskog*, l. c (Anm. 713).

719) Vgl. *W. Schottky*, l. c. (Anm. 714). — Für den Fall, daß die gefundenen „Abweichungen" sämtlich reell sein sollten, gibt *Simon* (Anm. 716) als

Zur Prüfung der „klassischen Konstanten“ i_∞ an *zwei-* und *mehratomigen* Gasen kann man aus den mittels experimenteller Daten bestimmten Werten von (319)

$$\frac{g_A}{g_{FK}} \cdot J_A \tag{323}$$

berechnen und mit den auf spektroskopischem Wege bestimmten molekularen Trägheitsmomenten J_A vergleichen. Nach *Eucken*[720]) ist in allen bisher untersuchten Fällen (H_2, N_2, O_2, NO, CO, HCl, HBr, HJ) $\log\left(\frac{g_A}{g_{FK}}\right)$ von der Größenordnung $\pm \log 2$, doch hat die noch mangelhafte Genauigkeit des Beobachtungsmateriales hieraus weitere Schlüsse bisher nicht zugelassen.[721]) Überblickt man aber das Gesamtergebnis des Vergleiches zwischen Theorie und experimentellen Ergebnissen, so drängt sich gegenwärtig doch jedenfalls der Eindruck auf, daß die Annahmen (280), (280a) im allgemeinen als ungerechtfertigt anzusehen sein dürften.

Die eingangs dieses Abschnittes durchgeführte statistische Behandlung des Verdampfungsgleichgewichtes setzt der Einfachheit halber voraus, daß die feste Phase aus lauter gleichartigen Molekülen A aufgebaut sei. Wird das Kristallgitter des Festkörpers aus mehreren Sorten von „Molekülen“ (Atomen, Ionen, Elektronen) gebildet, so kann seine Verteilungsfunktion gleichwohl noch immer auf die Form (307) gebracht werden, welche allein für die Ausführbarkeit jener

---

allgemeine Erklärungsgrundlage „unbekannte Kohäsionskräfte“, *Nernst* (Anm. 716) hingegen Abweichungen vom benutzten Festkörpermodell oder Gasentartungs-Besonderheiten an. In der Tat würde sowohl die *Simon*sche oder auch die *Nernst*sche Annahme auf eine Beeinflussung des Verhältnisses $\frac{g_A}{g_{FK}}$ hinauslaufen und daher qualitativ mit (321) als Maß für die beobachteten Abweichungen verträglich sein.

720) *A. Eucken, E. Karwat* und *F. Fried*, Ztschr. f. Phys. 29 (1924), p. 1. — Ältere Berechnungen der Dampfdruckkonstante für mehratomige Gase sind namentlich von *A. Langen*, Ztschr. f. Elektrochem. 25 (1919), p. 25, ausgeführt worden; vgl. dazu jedoch Anm. 652).

721) Im Falle des Wasserstoffes müßte man nach den oben besprochenen Folgerungen aus i_0 erwarten, daß i_∞ wiederum zu

$$\frac{g_{H_2}}{g_{(FK)H}} = \frac{1}{\sigma_{H_2}} = \frac{1}{2}$$

führt, was wegen Unkenntnis des Trägheitsmomentes *unangeregter* H_2-Moleküle gegenwärtig aber noch nicht geprüft werden kann.

Betrachtungen maßgebend war. Es liegen daher grundsätzlich keine Schwierigkeiten dafür vor, auch das Verdampfungsgleichgewicht beliebiger fester chemischer Verbindungen mit ihren gasförmigen Dissoziationsprodukten in der angegebenen Weise statistisch zu behandeln. Als ein besonders wichtiger Spezialfall derartiger Betrachtungen kann die Verdampfung *elektrisch geladener* „Moleküle", d. h. die thermische Emission von Ionen und freien Elektronen angesehen werden, welche besonders eingehend von *Schottky* und *v. Laue* untersucht worden ist[722]); das Gleichgewicht zwischen einem glühenden Metall und dem darüber befindlichen Elektronendampf ist dann durch eine chemische Konstante gekennzeichnet, welche mit dem *Sackur-Tetrode*schen „Normalwert" (322) dieser Größe, genommen für die Elektronenmasse m, völlig übereinstimmt[723]), wie auch aus dem am Schlusse von Nr. **25a** behandelten Ionisationsgleichgewicht des atomaren Wasserstoffes (253a) entnommen werden kann.

26. Statistik quantenkinetischer Elementarvorgänge. Die allgemeinen Betrachtungen von Nr. 4 über die Natur des *statistischen Wärmegleichgewichtes* haben gezeigt, daß die Eigenschaften der für die „Einstellung" jenes Gleichgewichtszustandes maßgebenden Elementarvorgänge im allgemeinen[85])[676]) belanglos sind für die Beschaffenheit jenes Zustandes selbst. Welcher Art namentlich die *„Übergangswahrscheinlichkeiten"* (18), (18a) der verschiedenen molekularen Elementarvorgänge im einzelnen auch sein mögen — die Stationaritätsbedingung (32) fordert einen ganz bestimmten Zusammenhang, welcher diese Größen oder ihre räumlich-zeitlichen Mittelwerte für jeden besonderen Molekularvorgang und den zu ihm *inversen* Prozeß mit der *Boltzmannschen Verteilung* (Nr. 5, 6, 25) verknüpft. Hat man also das Wahrscheinlichkeitsgesetz irgendeines speziellen Elementarvorganges experimentell oder auf Grund eines bestimmten plausiblen theoretischen Ansatzes festgelegt, so kann daraus jenes des dazu *inversen* Vorganges nach (32) mittels der *Boltzmannschen Verteilung* berechnet werden. Diese Betrachtung wird im folgenden an den wichtigsten der in Nr. 18 besprochenen quantenkinetischen Elementarvorgänge durchgeführt, deren Wirksamkeit neben den eigentlichen elementaren *che-*

---

722) Z. B. *W. Schottky,* Ann. d. Phys. 62 (1920), p. 113; *M. v. Laue,* Jahrb. d. Rad. 15 (1919), p. 205, 257; Berl. Ber. 1923, p. 334, sowie die in diesen Arbeiten genannte ältere Literatur.

723) Daß man das *Elektronengas* ebenso wie ein „gewöhnliches" Gas behandeln dürfe, geht auf eine Bemerkung von *O. Stern* zurück, welche *K. F. Herzfeld,* Phys. Ztschr. 14 (1913), p. 1120, berichtet und auch Phys. Ztschr. 16 (1915), p. 359, benutzt.

mischen Reaktionsvorgängen vom Typus (253), (290), (299)[724]) für eine tatsächliche Realisierung namentlich von *Dissoziations-* und *Ionisationsgleichgewichten* (Nr. 25) maßgebend ist. Wie sich zeigen wird, lassen sich die so mittels thermischer *Gleichgewichts*bedingungen abgeleiteten Ergebnisse auf die Form temperaturunabhängiger Beziehungen zwischen *rein molekularen* Größen bringen, deren Gültigkeit dann von dem Erfülltsein jener Gleichgewichtsbedingungen mit Notwendigkeit völlig unabhängig wird. Diese Beziehungen sind daher auch auf alle Arten von experimentell verfolgbaren *Nichtgleichgewichtszuständen* anwendbar, womit den nachstehenden Betrachtungen eine über den Rahmen der statistischen *Gleichgewichtszustände* weit hinausgehende Bedeutung gesichert erscheint.

26a. Strahlungslose Molekülzusammenstöße 1. und 2. Art. $N^{(A_1)}$ Moleküle A_1 eines Gases 1 und $N^{(A_2)}$ Moleküle A_2 eines Gases 2 mögen ein Gemisch bilden, welches das Volumen $\mathbf{V}$ erfüllt und sich im Wärmegleichgewicht befindet (Nr. **6a**). Bedeutet v die Relativgeschwindigkeit und

$$\eta = \tfrac{1}{2}\mu v^2 \tag{324}$$

die relative Translationsenergie zweier zusammenstoßender Moleküle A_1 und A_2 *vor* ihrem Zusammentreffen, wo μ durch (174) gegeben ist, so ist

$$\tfrac{1}{2}\mu v^2 \geqq E_{n''}^{(A_1)} - E_{n'}^{(A_1)} \qquad (n', n'' \text{ beliebig}) \tag{175a}$$

gemäß Nr. **18a** und (175) die Bedingung dafür, daß A_1 hierbei durch einen *strahlungslosen Stoß 1. Art* aus seinem Quantenzustand n' in den „höheren" Quantenzustand n'' übergeführt wird, A_2 hingegen in seinem anfänglichen Quantenzustand verharrt; *nach* Beendigung dieses Elementarvorganges verbleibt somit eine relative Translationsenergie des

---

724) Da ein Bericht über die *Theorie der Reaktionsgeschwindigkeiten* bereits von *K. F. Herzfeld* in seinem Encyklopädieartikel V 11 (*Physikalische und Elektrochemie*), Nr. **6**, **9**, gegeben worden ist, soll im folgenden auf dieses wichtige Gebiet nicht näher eingegangen werden, obwohl sich hier neuerdings wesentliche Berührungspunkte mit grundlegenden quantentheoretischen Fragen ergeben haben, die allerdings noch mannigfacher Klärung bedürfen. Siehe etwa die in den Anm. 452), 463), 492) angeführten Untersuchungen, sowie die auf p. 1111 angedeutete Beziehung zu dem Problem der „metastationären" Quantenzustände, ferner jüngst *M. Born* und *J. Franck*, Ann. d. Phys. 76 (1925), p. 225; Ztschr. f. Phys. 31 (1925), p. 411. — Die im folgenden diskutierten Beziehungen zwischen Wahrscheinlichkeitsansätzen für bestimmte Typen von elementaren „Reaktions-" und „Gegenreaktions"vorgängen stellen Bedingungen dar, welche für jede spezielle Theorie der Reaktionsgeschwindigkeiten bindend sind und daher auch als Grundlagen einer allgemeinen Theorie dieses Gebietes angesehen werden können.

Molekülpaares vom Betrage

(324 a) $$\eta' = \eta - E_{n''}^{(A_1)} + E_{n'}^{(A_1)}.$$

Betrachtet man den zu diesem Vorgange *inversen* „Stoß 2. Art", so wird er gegenüber dem Stoße 1. Art dadurch gekennzeichnet sein, daß (324) und (324 a) ihre Rollen miteinander vertauschen. Da nicht jeder mit der Relativenergie η erfolgende Zusammenstoß eines im n'^{ten} Quantenzustand befindlichen Moleküls A_1 mit dem Molekül A_2 ein Stoß 1. Art sein muß, so soll die „Übergangswahrscheinlichkeit" für einen solchen Stoß durch den *Ansatz*

(325) $$\mathfrak{S}_{n'}^{n''}(\eta, \delta)$$

gegeben sein, wo δ den minimalen Schwerpunktsabstand der beiden im übrigen gegeneinander beliebig orientierten Stoßteilnehmer bedeutet. Die „Übergangswahrscheinlichkeit" des inversen Stoßes 2. Art sei dann analog definiert durch

(325 a) $$\mathfrak{S}_{n''}^{n'}(\eta', \delta) = \mathfrak{S}_{n''}^{n'}(\eta - E_{n''}^{(A_1)} + E_{n'}^{(A_1)}, \delta)$$ [725];

da (324a) seiner Bedeutung nach nur positiv sein kann, muß (325) verschwinden, wenn $\eta < E_{n''}^{(A_1)} - E_{n'}^{(A_1)}$ wird.

Die a priori-Häufigkeit für einen Zusammenstoß mit einer relativen Translationsenergie (324) zwischen η und $\eta + d\eta$ und einem Minimalabstand δ zwischen δ und $\delta + d\delta$, welchen *ein* Molekül A_1 während der infinitesimalen Zeitspanne dt durch *irgendeines der* $N^{(A_2)}$ Moleküle A_2 erleidet, sei durch

(326) $$Z^{(A_1, A_2)}(\eta, \delta) \cdot d\eta \cdot d\delta \cdot dt$$

gekennzeichnet. Das thermische Gleichgewicht des Gasgemisches wird

725) *O. Klein* und *S. Rosseland,* Ztschr. f. Phys. 4 (1921), o. 46: *R. H. Fowler,* Phil. Mag. 47 (1924), p. 257, § 2. Die hier gewählten Definitionen (325), (325 a) bzw. (330), sind im Anschluß an *Fowler* gewählt, da den *Klein-Rosseland*schen Ansätzen keine einfache physikalische Bedeutung zukommt. Die Ansätze (325) und (325 a) stellen offenbar *Mittelwerte* dar, welche über alle möglichen gegenseitigen Orientierungen der Moleküle A_1 und A_2 gebildet sind, ferner über alle möglichen Quantenzustände der Moleküle A_2. Sie hängen also ganz wesentlich auch von der Natur desjenigen Stoßteilnehmers ab, dessen Quantenzustand während des ganzen Vorganges unverändert bleibt, was zur Vereinfachung der Bezeichnungsweise in (325) und (325 a) jedoch nicht besonders zum Ausdruck gebracht worden ist. Wenn die Moleküle A_2 speziell *freie Elektronen* sind, wie bei den *Franck-Hertz*schen Elektronenstoßversuchen (Anm. 200), so vereinfachen sich die Verhältnisse bedeutend, da die Mittelbildung über die Quantenzustände von A_2 jetzt fortfällt. Im isolierten, chemisch einheitlichen Gase (Nr. 5) ist für jeden beliebigen Zusammenstoß $A_2 = A_1$, so daß für diesen Fall, wie überhaupt für Zusammenstöße von Molekülen der gleichen Sorte, die Größen (325), (325 a) allein durch die Struktur dieser Moleküle bestimmt sein werden.

durch die betrachteten strahlungslosen Zusammenstöße 1. und 2. Art nicht gestört werden, wenn auf Grund der *Stationaritätsbedingung* (32) die Beziehung

$$(327)\quad N_{n'}^{(A_1)} \cdot \mathfrak{S}_{n'}^{n''}(\eta \cdot \delta) \cdot \overline{\overline{Z^{(A_1, A_2)}(\eta, \delta)}} = N_{n'}^{(A_1)} \cdot \mathfrak{S}_{n''}^{n'}(\eta', \delta) \cdot \overline{\overline{Z^{(A_1, A_2)}(\eta', \delta)}}$$

erfüllt sein wird, welche die mittels der *Boltzmannschen Verteilung* zu bestimmenden *räumlich-zeitlichen Mittelwerte der a priori-Häufigkeiten* (326) enthält. Das *Maxwell-Boltzmannsche Verteilungsgesetz* (Nr. 5c) ergibt für die mittlere Anzahl der Molekülpaare A_1, A_2 in den Volumelementen $d\tau_1$, $d\tau_2$ der zugehörigen Translations-μ-Räume nach (49) und (64) bei der absoluten Temperatur T

$$N^{(A_1)} \cdot \mathbf{M}_{A_1}(\mathbf{V}, T) \cdot N^{(A_2)} \cdot \mathbf{M}_{A_2}(\mathbf{V}, T);$$

führt man hier die Relativbewegung der Moleküle gegeneinander ein[726]) und mittelt über alle möglichen Werte und Richtungen der Geschwindigkeit der gemeinsamen Schwerpunkte, so ergibt sich nach Division durch $N^{(A_1)}$ pro Zeit- und Volumeneinheit

$$(328)\quad \overline{\overline{Z^{(A_1, A_2)}(\eta, \delta)}} \cdot d\delta \cdot d\delta = \frac{8\pi \cdot N^{(A_2)}}{\mathbf{V}(2\pi\mu)^{\frac{1}{2}}(kT)^{\frac{3}{2}}} \cdot e^{-\frac{\eta}{kT}} \cdot \eta\, d\eta \cdot \delta \cdot d\delta .$$

Setzt man (328) sowie die aus (105) bzw. (225) für $N_{n'}^{(A_1)}$ und $N_{n''}^{(A_1)}$ folgenden quantenstatistischen Ausdrücke in (327) ein, so erhält man bei Berücksichtigung von (324a) *die nun temperaturunabhängig gewordene Gleichgewichtsbedingung*

$$(329)\quad \gamma_{A_1}(n') \cdot \eta \cdot \mathfrak{S}_{n'}^{n''}(\eta, \delta) = \gamma_{A_1}(n'') \cdot [\eta - E_{n''}^{(A_1)} + E_{n'}^{(A_1)}] \cdot \mathfrak{S}_{n''}^{n'}(\eta - E_{n''}^{(A_1)} + E_{n'}^{(A_1)}, \delta).$$

Da es bei geeigneter Wahl der Versuchsumstände experimentell im allgemeinen nur möglich sein wird, Anzahlen von Stößen 1. und 2. Art zu ermitteln, für welche δ beliebige Werte annehmen kann, so erscheint es vorteilhaft, an Stelle von (325) und (325a) die mit Rück-

726) Für die nachfolgenden Betrachtungen sollen die Bahnen der zusammenstoßenden Moleküle als geradlinig, der Einfluß ihrer Wechselwirkungen daher auch bei großen Annäherungen als vernachlässigbar angesehen werden. Dort wo diese Annahme nicht mehr zulässig erscheint, sind an der Größe (328) Korrektionen anzubringen, welche unter gewissen Voraussetzungen auswertbar sind, die Größenordnungsverhältnisse aber meist ungeändert belassen. Da in (327) nur das Produkt zweier Größen (325) bzw. (325a) und (328) auftritt, kann man sich den Einfluß jener Korrektionen jedoch stets in (325) und (325a) einbezogen denken, was allerdings zu einer schwachen Temperaturabhängigkeit der so definierten Größen (325) und (325a) führen kann.

sicht auf (328) gebildeten *Mittelwerte*

$$(330)\quad \begin{cases} S_{n'}^{n''}(\eta) = 2\pi\int\limits_0^\infty \mathfrak{S}_{n'}^{n''}(\eta, \delta)\cdot\delta\cdot d\delta; \\ S_{n''}^{n'}(\eta') = 2\pi\int\limits_0^\infty \mathfrak{S}_{n''}^{n'}(\eta', \delta)\cdot\delta\cdot d\delta \end{cases}$$

zu benutzen, welche offenbar als *Wirkungsquerschnitte der Moleküle* A_1 *in bezug auf Stöße 1. und 2. Art der Moleküle* A_2 gedeutet werden können. Bei Benutzung dieser Wirkungsquerschnitte nimmt (329) die Form an

$$(329\text{a})\quad \gamma_{A_1}(n')\cdot\eta\cdot S_{n'}^{n''}(\eta) = \gamma_{A_1}(n'')\cdot[\eta - E_{n''}^{(A_1)} + E_{n'}^{(A_1)}] \cdot S_{n''}^{n'}(\eta - E_{n''}^{(A_1)} + E_{n'}^{(A_1)}).$$

Da sich alle temperaturabhängigen Größen von (327) aus der endgültigen Form (329) bzw. (329a) der Gleichgewichtsbedingung fortgehoben haben, erscheint es berechtigt, die unveränderte Gültigkeit dieser, rein energetisch betrachtet, geradezu evidenten Bedingung allgemein und insbesondere auch für alle jene stationären Gleichgewichtszustände vorauszusetzen, welche im thermodynamischen Sinne als *Nichtgleichgewichtszustände* oder „unechte" Gleichgewichte angesehen werden müssen. Derartige Vorgänge, welche auf künstlichem Wege stationär unterhalten werden können, sind dann unter Umständen geeignet zu einer experimentellen Bestimmung der Wirkungsquerschnitte (330) für Stöße 1. und 2. Art. Diese Möglichkeit besteht für Stöße 1. Art z. B. bei der Anwendung des *Franck-Hertzschen Elektronenstoßverfahrens* zur Anregung einzelner Spektrallinien von Atomen und Molekülen[200]) für Stöße 2. Art bei der zuerst von *Wood*[727]) beobachteten *Auslöschung der Resonanzfluoreszenz durch Zusatzgase* und der dabei eintretenden, zuerst von *Cario*[728]) gefundenen *Anregung geeigneter Zusatzgase zur Spektrallinienemission* („*sensibilisierte Fluoreszenz*"). Wie der Erfolg des Elektronenstoßverfahrens gezeigt hat, scheint $S_{n'}^{n''}(\eta)$ für kleine Werte von $\eta - E_{n''}^{(A_1)} + E_{n'}^{(A_1)}$ ein Maximum zu besitzen[729]); (329a) ergibt demnach, daß die Ausbeute an Stößen 2. Art für sehr geringe Relativgeschwindigkeiten vor dem Stoße be-

727) *R. W. Wood,* Phys. Ztschr. 13 (1912), p. 353.

728) *G. Cario,* Ztschr. f. Phys. 10 (1922), p. 185; das Ergebnis ist auf Grund der Stöße 2. Art von *J. Franck,* Ztschr. f. Phys. 9 (1922), p. 259, bereits vorhergesehen worden, welcher die Untersuchung von *Cario* veranlaßt hat. Siehe ferner die in Anm. 454) angeführten späteren experimentellen Arbeiten, sowie jüngst *K. Donat,* Ztschr. f. Phys. 29 (1924), p. 345.

729) *H. Sponer,* Ztschr. f. Phys. 7 (1921), p. 185.

sonders groß werden muß, was von *Cario*[728]) für Molekülstöße auch experimentell bestätigt werden konnte. Wenn $\gamma_{A_1}(n')$ und $\gamma_{A_1}(n'')$ gleich oder nur wenig voneinander verschieden sind, verhalten sich die Wirkungsquerschnitte für Stöße 1. und 2. Art nach (329a) umgekehrt wie die zugehörigen relativen Translationsenergien vor dem Stoße, so daß notwendig immer

$$(331) \qquad S_{n'}^{n''}(\eta) < S_{n''}^{n'}(\eta - E_{n''}^{(A_1)} + E_{n'}^{(A_1)})$$

sein wird; tatsächlich kann die Ausbeute an Stößen 2. Art bis zu 100% betragen[730]), während für Stöße 1. Art nur Bruchteile von einem Prozent gefunden worden sind.[731]) Die Begründung eines speziellen theoretischen Ansatzes für $S_{n'}^{n''}(\eta)$ im Falle von *Elektronen*stößen 1. Art ist jüngst von *Fermi* auf Grund der Annahme versucht worden, daß man das elektrische Feld eines geladenen Teilchens, welches an einem Atom vorbeifliegt, durch harmonische Zerlegung mit dem elektrischen Feld einer Strahlung von passender Frequenzverteilung vergleichen kann, wodurch es möglich wird, die Wirkungsquerschnitte (330) mit den *Einsteinschen Wahrscheinlichkeitsansätzen* (107a) und (107b) von Nr. **11** in Beziehung zu setzen.[732])

26 b. Stoßionisation und strahlungslose Wiedervereinigungsstöße. Wenn die relative Translationsenergie

$$(332) \qquad \eta_3 = \frac{1}{2}\frac{M_{A_0}\cdot M_{B_3}}{M_{A_0}+M_{B_3}}v_3^2$$

730) Siehe *G. Cario,* l. c. (Anm. 728), sowie jüngst *H. A. Stuart,* Ztschr. f. Phys. 32 (1925), p. 262. Während der Wirkungsquerschnitt des angeregten Hg-Atoms für die Zusatzgase H_2, O_2 und Co praktisch mit der Fläche seiner Leuchtelektronenbahn zusammenfällt (Ausbeute 100%), wird er sogar um zwei bis drei Größenordnungen *kleiner* für N_2, Ar und He (Ausbeute 1—0,03%), womit die oben (Anm. 725) betonte Abhängigkeit von der speziellen Natur der Stoßteilnehmer eindringlichst illustriert erscheint.

731) *H. Sponer,* Ztschr. f. Phys. 7 (1931), p. 185. Hier handelt es sich allerdings (vgl. die vorige Anm.) um Anregung das Hg-Atoms durch *Elektronenstöße* 1. Art. Der höchste aus den Beobachtungen gefolgerte Wert wird mit 0,35%, in einer anderen, ganz kurzen Notiz, Verh. Deutsch. Phys. Ges. (3) 2 (1921), p. 54, sogar nur mit 0,1% angegeben; durch Extrapolation wird aber geschätzt, daß die Ausbeute für eine von der Anregungsenergie nur sehr wenig verschiedene Stoßenergie bis auf die Größenordnung von einigen Prozenten ansteigen kann.

732) *E. Fermi,* Ztschr. f. Phys. 29 (1924), p. 315; siehe auch einen verwandten Gedanken oben, Anm. 474). — Die Anwendung dieser Methode auf den in der vorigen Anm. erwähnten Fall der Anregung des Hg-Atoms durch Elektronenstöße führt zu einer etwa um eine Größenordnung zu großen Ausbeute (*Fermi* gibt versehentlich die gleiche Größenordnung an), was in Anbetracht der sehr rohen Rechnungsgrundlagen aber noch nicht zu einer prinzipiellen Ablehnung des *Fermi*schen Versuches berechtigen dürfte.

zweier strahlungslos zusammenstoßender Moleküle A_0 und B_3 dazu hinreichen soll, das Molekül B_3 unter Aufwendung des Dissoziations- bzw. Ionisationsenergiebetrages Q in zwei Bestandteile A_1 und A_2 zu zerlegen, so muß gemäß (176) *vor* dem Stoß

$$(176\text{a}) \qquad \eta_3 \geqq Q$$

sein. Der dazu *inverse* Stoßvorgang wird offenbar im *Zusammentreffen dreier Moleküle*, A_0, A_1, A_2, bestehen, deren Relativbewegung die Energie

$$(333) \qquad \eta_3' = \eta_3 - Q$$

besitzt; nach dem Stoß müssen die „Moleküle" A_1 und A_2 unter Abgabe der Energie Q wiederum zu einem einheitlichen Molekül B_3 zusammengetreten sein (Nr. **18a**). Diese Elementarvorgänge, welche eine sinngemäße Verallgemeinerung der Stöße 1. und 2. Art darstellen, entsprechen elementaren Reaktionsprozessen vom Typus (253) bzw. (253a), welche erst unter dem Einfluß der Stöße reaktionsunfähiger Fremdmoleküle A_0 in Gang gebracht werden. Bei Wärmegleichgewicht wird man es demnach mit einem Gasgemisch (Nr. **6a**) zu tun haben, dessen reaktionsunfähige Komponente etwa aus $N^{(A_0)}$ Molekülen A_0 bestehen möge, während der Rest ein *Dissoziations-* bzw. *Ionisationsgleichgewicht* zwischen den Molekülsorten A_1, A_2 und B_3 vorstellen wird. Für das Folgende kann ohne Beschränkung der Allgemeinheit vorausgesetzt werden, daß sich die zu betrachtenden Elementarvorgänge zwischen Molekülen B_3, A_1 und A_2 abspielen, welche sich in Quantenzuständen n_3 bzw. n_1 und n_2 befinden; auf diese Quantenzustände soll auch die Definition der Dissoziations- bzw. Ionisationsenergie Q in (176a) und (332a) bezogen sein.

Zur Kennzeichnung der Relativbewegung von A_0 und B_3 vor dem Stoß 1. Art möge etwa die Relativgeschwindigkeit v_3 in (332) sowie der minimale Schwerpunktsabstand δ_3 von A_0 und B_3 während des Stoßes benutzt werden. Mit Rücksicht auf den besonders wichtigen Spezialfall der Ionisationsvorgänge empfiehlt es sich, die Relativbewegung nach dem Stoß durch die etwa auf das Molekül A_1 bezogenen Größen v_{01} und δ_{01} für A_0, v_{12} und δ_{12} für A_2, sowie den Winkel φ zwischen v_{01} und v_{12} zu kennzeichnen; dann gilt:

$$(332\text{a}) \quad \eta_3' = \frac{1}{2}\,\frac{M_{A_0}\cdot(M_{A_1}+M_{A_2})\cdot v_{01}^2 - 2\cdot M_{A_0}\cdot M_{A_2}\cdot v_{01}\cdot v_{12}\cdot\cos\varphi + M_{A_2}\cdot(M_{A_0}+M_{A_1})\,v_{12}^2}{M_{A_0}+M_{A_1}+M_{A_2}},$$

wobei $M_{B_3} = M_{A_1} + M_{A_2}$. Für den *„Wirkungsquerschnitt" der Moleküle B_3 in bezug auf die dissoziierenden bzw. ionisierenden* A_0-Stöße wird man dann in Verallgemeinerung von (325) bzw. (330) für einen

Stoß 1. Art einen Ansatz von der Form

$$(334)\qquad S_3^{12}(v_3, \varphi, v_{12}) \cdot \frac{M_{A_1} \cdot M_{A_2}}{M_{A_1} + M_{A_2}} \cdot v_{12} \cdot dv_{12} \sin\varphi \cdot d\varphi$$

mit

$$(334')\qquad S_3^{12}(v_3, \varphi, v_{12}) = 2\pi \int_0^\infty \mathfrak{S}_3^{12}(v_3, \delta_3, \varphi, v_{12}) \cdot \delta_3 \cdot d\delta_3$$

einführen, welcher den Bruchteil jener A_0-B_3-Stöße angibt, die zu Dissoziation bzw. Ionisation sowie einer durch Größen v_{12} und φ zwischen v_{12} und $v_{12} + dv_{12}$ bzw. φ und $\varphi + d\varphi$ gekennzeichneten Relativbewegung *nach* dem Stoße führen.[733]) Für die inversen Dreierstöße 2. Art hingegen wird man zu setzen haben

$$(334\,a)\qquad S_{12}^3(v_{12}, \varphi, v_{01}) = 4\pi^2 \int_0^\infty \delta_{01} \int_0^\infty \delta_{12} \int_{-\infty}^{+\infty} \mathfrak{S}_{12}^3(v_{01}, \delta_{01}, \varphi, v_{12}, d_{12}, \tau) \cdot d\delta_{01} \cdot d\delta_{12} \cdot d\tau,$$

worin τ die Zeitdifferenz zwischen der größten Annäherung δ_{01} von A_0 und A_1, sowie der größten Annäherung δ_{12} von A_1 und A_2 bedeuten soll.[734])

Die a priori-Häufigkeit für einen Zweierstoß zwischen einem bestimmten Molekül A_0 und einem beliebigen der $N_{n_3}^{(B_3)}$ im Dissoziationsgleichgewicht vorhandenen Moleküle B_3 während der Zeitdauer dt, möge nun mit

$$(335)\qquad Z^{(A_0, B_3)}(v_3, \delta_3) \cdot dv_3 \cdot d\delta_3 \cdot dt$$

bezeichnet werden, sofern die für die Verhältnisse vor dem Stoß kennzeichnenden Größen v_3, δ_3, hierbei zwischen v_3 und $v_3 + dv_3$, δ_3 und $\delta_3 + d\delta_3$ gelegen sind; ähnlich soll für die a priori-Häufigkeit eines Dreierstoßes zwischen einem bestimmten Molekül A_0 und je einem beliebigen von den $N_{n_1}^{(A_1)}$ bzw. $N_{n_2}^{(A_2)}$ im Dissoziationsgleichgewicht vorhandenen Molekülen A_1 bzw. A_2 gesetzt werden

$$(336)\qquad Z^{(A_0, A_1, A_2)}(v_{01}, \delta_{01}, \varphi, v_{12}, \delta_{12}, \tau) \cdot dv_{01} \cdot d\delta_{01} \cdot d\varphi \cdot dv_{12} \cdot d\delta_{12} \cdot d\tau,$$

wo die Stoßvariablen sämtlich ebenfalls wieder auf gewisse infinitesimale Bereiche beschränkt sein sollen. Die Stationaritätsbedingung (32)

733) Der Faktor von S_3^{12} in (334) ist so gewählt, daß die Relativenergie η_2 von A_1 und A_2 für die betrachteten Stöße zwischen η_2 und $\eta_2 + d\eta_2$ gelegen ist.

734) *R. H. Fowler*, Proc. Cambr. Phil. Soc. 22 (1924), p. 253, § 2. Für den Spezialfall der Ionisation durch Elektronenstöße sind Ansätze dieser Art bereits früher gegeben worden von *R. Becker,* Ztschr. f. Phys. 18 (1923), p. 325, § 4, und *R. H. Fowler,* Phil. Mag. 47 (1924), p. 257, § 3.

ergibt bei Benutzung von (334), (334'), (334a) jetzt

$$(337)\quad N^{(A_0)}\int\limits_0^\infty d\delta_3\cdot\mathfrak{S}_3^{12}(v_3,d_3,\varphi,v_{12})\cdot\frac{M_{A_1}\cdot M_{A_2}}{M_{A_1}+M_{A_2}}\cdot v_{12}\sin\varphi$$
$$\cdot\,\overline{\overline{Z^{(A_0,B_3)}(v_3,\delta_3)}}\cdot dv_3\cdot dv_{12}\cdot d\varphi$$
$$=N^{(A_0)}\int\limits_0^\infty d\delta_{01}\int\limits_0^\infty d\delta_{12}\int\limits_{-\infty}^{+\infty}d\tau\cdot\mathfrak{S}_{12}^3(v_{01},d_{01},\varphi,v_{12},\delta_{12},\tau)$$
$$\cdot\,\overline{\overline{Z^{(A_0,A_1,A_2)}(v_{01},\delta_{01},\varphi,v_{12},\delta_{12},\tau)}}\cdot dv_{01}\cdot dv_{12}\cdot d\varphi\,.$$

Die Berechnung der *räumlich-zeitlichen Mittelwerte* von (335) und (336) in (337) kann auf Grund des *Maxwellschen Geschwindigkeitsverteilungsgesetzes* (Nr. **5c**) ebenso vorgenommen werden, wie dies im vorigen Abschnitte zur Ermittlung von (328) angedeutet worden ist; das Endergebnis der ziemlich weitläufigen Rechnung lautet:

$$(338)\quad N^{A_0}\cdot N_{n_3}^{(B_3)}\cdot 8\pi\left[\frac{M_{A_0}\cdot M_{B_3}}{2\pi kT\cdot(M_{A_0}+M_{B_3})}\right]^{\frac{3}{2}}\frac{M_{A_1}\cdot M_{A_2}}{M_{A_1}+M_{A_2}}\cdot S_3^{12}(v_3,\varphi,v_{12})$$
$$\cdot\, e^{-\frac{\eta_3}{kT}}\cdot v_3^3\cdot v_{12}\cdot\sin\varphi\cdot dv_3\cdot dv_{12}\cdot d\varphi$$
$$=N^{(A_0)}\cdot N_{n_1}^{(A_1)}\cdot N_{n_2}^{(A_2)}\cdot\frac{16\pi^2}{\mathsf{V}\cdot(2\pi kT)^3}\left[\frac{M_{A_0}\cdot M_{A_1}\cdot M_{A_2}}{M_{A_0}+M_{A_1}+M_{A_2}}\right]^{\frac{3}{2}}\cdot S_{12}^3(v_{12},\varphi,v_{01})$$
$$\cdot\, e^{-\frac{\eta_3'}{kT}}\cdot v_{01}^3\cdot v_{12}^3\cdot\sin\varphi\cdot dv_{01}\cdot dv_{12}\cdot d\varphi\,.$$

Da der Quantenzustand der Moleküle A_0 nach Voraussetzung unverändert bleibt, fällt $N^{(A_0)}$ fort, während das Verhältnis $\frac{N_{n_3}^{(B_3)}}{N_{n_1}^{(A_1)}\cdot N_{n_2}^{(A_2)}}$ für jede beliebige Temperatur T durch das Dissoziationsgleichgewicht zwischen den A_1, A_2, B_3 geregelt wird; (273) ergibt dann mit (267) und (268) wegen (333)

$$(339)\qquad \frac{N_{n_3}^{(B_3)}}{N_{n_1}^{(A_1)}\cdot N_{n_2}^{(A_2)}}=\frac{g_{A_1A_2B_3}\cdot h^3}{\mathsf{V}\cdot(2\pi kT)^{\frac{3}{2}}}\left[\frac{M_{B_3}}{M_{A_1}\cdot M_{A_2}}\right]^{\frac{3}{2}}\cdot e^{\frac{(\eta_3-\eta_3')}{kT}},$$

worin zur Abkürzung

$$(339\,\mathrm{a})\qquad g_{A_1A_2B_3}=\frac{g_{B_3}\cdot\gamma_{B_3}(n_3)}{g_{A_1}\cdot\gamma_{A_1}(n_1)\cdot g_{A_2}\cdot\gamma_{A_2}(n_2)}$$

gesetzt ist.[735]) Indem man (339) mit (338) verbindet und den durch

---

735) Da die S_3^{12} und S_{12}^3 *molekulare,* und daher notwendig *temperaturunabhängige* Größen darstellen, kann (339) mittels dieser *Forderung* auch unmittelbar aus (338) abgeleitet werden — allerdings ohne die Möglichkeit einer Festlegung des temperaturunabhängigen Faktors von (339). Es ist dies der Weg der meisten in Anm. 681) aufgezählten, sogenannten „kinetischen" Ableitungen

(332), (332a) und (333) gegebenen Zusammenhang zwischen v_3, v_{01} und v_{12} berücksichtigt, erhält man als Schlußergebnis

$$(340)\quad v_3^2 \cdot S_3^{12}(v_3, \varphi, v_{12}) \cdot \left[1 - \frac{M_{A_2}}{M_{B_3}} \frac{v_{12}}{v_{01}} \cos\varphi\right] = \frac{2\pi}{g_{A_1 A_2 B_3} \cdot h^3} \left[\frac{M_{A_1} \cdot M_{A_2}}{M_{B_3}}\right]^2 \cdot v_{01}^2 \cdot v_{12}^2 \cdot S_{12}^3(v_{12}, \varphi, v_{01}).$$

Die Beziehung (340) enthält ebenso wie (329) und (329a) bloß *molekulare* Größen, so daß man ihre Gültigkeit auch außerhalb der echten Wärmegleichgewichte voraussetzen muß. Für den wichtigen Spezialfall der *Stoßionisation* wird etwa M_{A_2} gleich der Elektronenmasse m, so daß das Verhältnis $\frac{M_{A_2}}{M_{B_3}}$ vernachlässigt und $M_{B_3} = M_{A_1}$ gesetzt werden kann; wenn v_{01} und v_{12} überdies von der gleichen Größenordnung sind, bekommt man aus (340)

$$(341)\quad v_3^2 \cdot S_3^{12}(v_3, \varphi, v_{12}) = \frac{2\pi m^2}{g \cdot h^3} \cdot v_{01}^2 \cdot v_2^{12} \cdot S_{12}^3(v_{12}, \varphi, v_{01}),$$

wobei der Energiesatz für den Einzelvorgang jetzt die Form

$$(341\,\text{a})\quad \frac{1}{2} \frac{M_{A_0} \cdot M_{A_1}}{M_{A_0} + M_{A_1}} v_3^2 = Q + \frac{1}{2} \frac{M_{A_0} \cdot M_{A_1}}{M_{A_0} + M_{A_1}} v_{01}^2 + \frac{1}{2} m v_{12}^2$$

annimmt. Wird die Ionisation insbesondere durch ein *Elektronen*strahlbündel von „Molekülen" A_0 bewirkt, so hat man auch $M_{A_0} = m$, wodurch sich (341a) weiter zu

$$(341\,\text{b})\quad \tfrac{1}{2} m v_3^2 = Q + \tfrac{1}{2} m v_{01}^2 + \tfrac{1}{2} m v_{12}^2$$

vereinfacht; sowohl das „Molekül" B_3 als das entstehende bzw. zur Neutralisierung gelangende Ion A_1 sind jetzt als *ruhend* anzusehen. Setzt man $\eta_2 = \frac{1}{2} m v_{12}^2$, so kann (341) bei geeigneter Mittelbildung über φ noch die übersichtlichere Form gegeben werden

$$(342)\quad \eta_3 \cdot \overline{S}_3^{12}(\eta_3, \eta_2) = \frac{8\pi m}{g \cdot h^3} \eta_2 \cdot [\eta_3 - \eta_2 - Q] \cdot \overline{S}_{12}^3(\eta_2, \eta_3 - \eta_2 - Q)\,^{736}),$$

der Formeln für das Dissoziationsgleichgewicht, wobei die S_3^{12} und S_{12}^3 in direkter Beziehung zu *Boltzmanns* „empfindlichen Bezirken" der Moleküle stehen. [Der in Anm. 681) erwähnte Zusammenhang zwischen den Gewichten und den empfindlichen Bezirken ist durch das Auftreten von (339a) in der Schlußgleichung (340) bzw. (341), (342), und (343) unmittelbar in Evidenz gesetzt.] Die Benutzung des *Maxwell*schen Verteilungsgesetzes zur Berechnung der räumlich-zeitlichen Mittelwerte von (335) und (336) läßt unmittelbar erkennen, daß alle derartigen Ableitungen das Bestehen des gesuchten Gleichgewichtszustandes bereits voraussetzen müssen, wie schon ohne nähere Begründung auf p. 1159 im Texte hervorgehoben worden ist.

736) Vgl. *R. H. Fowler*, Proc. Cambr. Phil. Soc. 22 (1924), p. 255; § 2; Phil. Mag. 47 (1924), p. 257, § 3, findet sich eine weniger konsequente Begründung, welche aber ebenso wie *R. Becker*, Ztschr. f. Phys. 18 (1923), p. 325, § 4, von vornherein darauf Rücksicht nimmt, daß bei der oben zuletzt vorgenommenen

welche die Analogie zu (329a) besonders hervortreten läßt.[737] Die enorme Größe des universellen Zahlenfaktors auf der rechten Seite von (341) und (342) läßt darauf schließen, das $\bar{S}^{3}_{12}(v_{12}, v_{01})$ nur für verschwindend kleine Relativgeschwindigkeiten v_{01} oder v_{12} merklich werden kann, d. h. wenn zwei von den Teilnehmern an dem Dreierstoß sich relativ zueinander praktisch in Ruhe befinden.

Die Funktion $\bar{S}^{12}_{3}$ in (342) kann für die Ionisation, welche durch Stoß schneller α- und β-Strahlen verursacht wird, experimentell wie theoretisch als angenähert bekannt angesehen werden. Die Anzahl der von A_0-„Molekülen" mit der Energie η_3 auf der Wegstrecke ds *primär* erzeugten Ionenpaare ist nach (334)[738] offenbar gleich

(343) $$N^{(A_0)} \cdot ds \int_0^{(\eta_2)\,\mathrm{max.}} \bar{S}^{12}_{3}(\eta_3, \eta_2) \cdot d\eta_2,$$

der hierbei eintretende Energieverlust daher

(344) $$N^{(A_0)} \cdot ds \int_0^{(\eta_2)\,\mathrm{max.}} (Q + \eta_2)\,\bar{S}^{12}_{3}(\eta_3, \eta_2) \cdot d\eta_2;$$

bedeutet $D(\eta_2)$ die mittlere Anzahl der von einem einzelnen Elektron mit der Energie η_2 erzeugten Ionenpaare, so beträgt die von den A_0 auf der Wegstrecke ds hervorgerufene *Gesamtionisation*

(345) $$N^{(A_0)} \cdot ds \int_0^{(\eta_2)\,\mathrm{max.}} D(\eta_2) \cdot \bar{S}^{12}_{3}(\eta_3, \eta_2) \cdot d\eta_2.$$

Für das Verhältnis der Anzahlen primärer Ionenpaare mit der Elektronenenergie η_2 zu jener mit der Elektronenenergie η_2' hat man schließlich

(346) $$\bar{S}^{12}_{3}(\eta_3, \eta_2) \cdot d\eta_2 : \bar{S}^{12}_{3}(\eta_3, \eta_2') \cdot d\eta_2'.$$

Spezialisierung $A_0 = A_2$ wird. — Der Zahlenfaktor in (342) ist so normiert, daß $\bar{S}^{12}_{3}$ und $\bar{S}^{3}_{12}$ bei gleichförmiger φ-Verteilung gerade den Bruchteil aller „erfolgreichen" Zweierstöße und Dreierstöße angeben. Die Annahme, daß allen Winkeln φ die gleiche a priori-Häufigkeit zukommt, ist willkürlich und im allgemeinen keineswegs erfüllt; doch hat es keine Schwierigkeit, eine davon abweichende, etwa experimentell festgestellte Winkelabhängigkeit bei der Mittelbildung entsprechend zu berücksichtigen.

737) Der Vergleich von (329a) und (342) läßt deutlich den *energetischen* Charakter dieser beiden Beziehungen erkennen, obwohl (342) keineswegs von der einfachen Form einer zeitgemittelten Energiebilanz für das Einzelmolekül ist, wie (329a). Daß dies bei Gleichgewichtsbedingungen von der in dieser Nummer betrachteten Art mit Notwendigkeit stets der Fall sein wird, ist vorauszusehen, wenn man die alleinige Kennzeichnung der betrachteten Elementarvorgänge durch Energiebilanzen im Auge behält.

Die Größen (343) bis (346) können experimentell ermittelt werden, so daß $\bar{S}_3^{12}$ empirisch bestimmbar ist.[738]) Ein theoretischer Ansatz für $\bar{S}_3^{12}$ ergibt sich aus der *klassischen Theorie der Stoßionisation* von *J. J. Thomson* und *Bohr*[739]), ferner auf Grund der bereits oben gekennzeichneten Vorstellungen von *Fermi*.[740]) Die *Thomson-Bohr*sche Theorie nimmt an, daß die beim Ionisationsprozeß auf das Elektron übertragene Energie $Q + \eta_2$ näherungsweise jenem Energiebetrag gleichgesetzt werden kann, welcher nach der klassischen Theorie auf ein ruhendes, freies Elektron übertragen werden sollte. Bedeutet $Z \cdot e$ die Ladung des stoßenden, punktförmigen Teilchens A_0 und x_{A_1} die Anzahl der energetisch gleichwertigen Elektronen des Moleküls A_1, deren Ionisierungsarbeit Q beträgt, so ergibt sich[741])

$$(347) \qquad \bar{S}_3^{12}(\eta_3, \eta_2) = \frac{\pi Z^2 e^4 x_{A_1} M_{A_1}}{m} \cdot \frac{1}{\eta_3 \cdot [Q + \eta_2]^2};$$

der Maximalbetrag an Energie, welcher auf das abgespaltene Elektron nach dieser Theorie übertragen werden kann, ist

$$(347\,\text{a}) \qquad (\eta_2)_{\text{max.}} = \frac{4m}{M_{A_0}} \eta_3 - Q,$$

so daß $\bar{S}_3^{12} = 0$ für $\eta_2 > (\eta_2)_{\text{max.}}$ Für Ionisation durch β-Strahlen hat man in (347) einfach $Z = 1$ zu setzen; an Stelle von (347a) hingegen bekommt man

$$(347\,\text{b}) \qquad (\eta_2)_{\text{max.}} = \eta_3 - Q.$$

Indem man (347) und (347b) zur Berechnung von (343) bis (346) benutzt und das Vorhandensein mehrerer verschieden stark gebundener Atomelektronen berücksichtigt, kommt man zu den experimentell mehrfach bewährten Formelausdrücken der *Thomson-Bohr*schen Theorie für die Primärionisation und dem ihr entsprechenden Energieverlust schneller Elektronenstrahlen[741]); für $D(\eta_2)$ in (345) ergibt sich hier-

---

738) Vgl. z. B. *L. L. Nettleton*, Proc. Nat. Acad. Amer. 10 (1924), p. 140.

739) *J. J. Thomson*, Phil. Mag. 23 (1912), p. 449; *N. Bohr*, Phil. Mag. 24 (1913), p. 10; 30 (1915), p. 581. Die Theorie ist in einigen Punkten weitergeführt worden von *R. H. Fowler*, Proc. Cambr. Phil. Soc. 21 (1923), p. 521; ferner hat *S. Rosseland*, Phil. Mag. 45 (1923), p. 65, die Verhältnisse bei Mehrfachionisationen berücksichtigt.

740) Siehe Anm. 732). Die quantitativen Ergebnisse der Theorie von *Fermi* scheinen hier wesentlich günstigere zu sein, als im Falle der Stöße 1. Art.

741) Vgl. vor allem die Bestätigung des *Thomson-Whiddington*schen *Gesetzes* für die Geschwindigkeitsabnahme schneller β- und Kathodenstrahlen durch *R. Whiddington*, Proc. Roy. Soc. A 86 (1912), p. 360, ferner die Bestätigungen der *Bohr*schen Theorie dieses Gesetzes durch *H. M. Terril*, Phys. Rev. 21 (1923), p. 476; *B. F. J. Schonland*, Proc. Roy. Soc. A 104 (1923), p. 235 und *H. A. Kramers*, Phil. Mag. 46 (1923), p. 836, § 6.

bei genähert

(345 a) $$D(\eta_2) = \frac{3}{4}\,\frac{\overline{Q} + \eta_2}{\overline{Q}},$$

wo $\overline{Q}$ ein mittleres Ionisationspotential bedeutet.[742]) Die Benutzung von (347) und (347 a) in (343) bis (346) führt, allerdings mit wesentlich geringerem praktischem Erfolge, zu analogen Gesetzmäßigkeiten für die Ionisation durch α-Strahlen. Die Voraussetzungen der *Thomson-Bohr*schen Theorie erweisen sich hier demnach schon als zu weitgehend idealisiert. Hält man, wofür mehrfache Gründe vorliegen, daran fest, daß $\overline{S}_3^{12}$ von der Form $Z^2 \cdot x_{A_1} \cdot \varphi(\eta_2) \cdot \psi(\eta_3)$ sein soll, so zeigt sich, daß einstweilen nur $\psi(\eta_3)$ abzuändern ist, $\varphi(\eta_2)$ aber aus (347) übernommen werden kann.[741]) Wenn man diesen verallgemeinerten Ansatz in die Gleichgewichtsbedingung (342) einführt, so kann auch $\overline{S}_{12}^3$ bestimmt und zu quantitativen Schlüssen bezüglich der Wiedervereinigungsstöße herangezogen werden. Wie *Fowler*[743]) gezeigt hat, kann auf diesem Wege eine Theorie des von *Henderson*[744]) entdeckten *Umladungsgleichgewichtes zwischen* He-, He$^+$- und He^{++}-*Atomen am Reichweitenende eines α-Strahlbündels* entwickelt werden, welche die dann von *Rutherford*[745]) gefundenen feineren Gesetzmäßigkeiten quantitativ wiedergibt.

26 c. Lichtelektrische Ionisation und Wiedervereinigungsleuchten. Wenn die Dissoziation bzw. Ionisation eines Moleküls B_3 durch *Absorption von monochromatischer Strahlung* der Frequenz ν bewirkt wird, so gilt nach (177)

(177 a) $$h\nu = Q + \eta,$$

worin η die Relativenergie (324) der Dissoziationsprodukte A_1 und A_2 und Q die Dissoziations- bzw. Ionisationsenergie von B_3 in bezug auf die beiden Moleküle A_1 und A_2 darstellen möge.[746]) Der hierzu *inverse*

742) *R. H. Fowler*, Proc. Cambr. Phil. Soc. **22** (1924), p. 253, § 3.

743) *R. H. Fowler*, Phil. Mag. **47** (1924), p. 416; Proc. Cambr. Phil. Soc. **22** (1924), p. 253, §§ 4—6.

744) *G. H. Henderson*, Proc. Roy. Soc. A. **102** (1922), p. 496.

745) *E. Rutherford*, Phil. Mag. **47** (1924), p. 277.

746) Die Gültigkeit dieser Beziehung ist auf den Fall beschränkt, daß der Strahlungsimpuls $\frac{h\nu}{c}$ (Nr. 11, 12) vernachlässigt werden darf; wird dies nicht zugelassen, so ist die rechte Seite von (177 a) um ein Glied $+ h\nu \cdot \frac{v_{B_3}}{c} \cdot \cos\gamma$ zu ergänzen, welches von der Momentangeschwindigkeit von B_3 und deren Winkel γ mit der Lichtstrahlrichtung abhängt. Dieses Zusatzglied ist demnach maßgebend für die Richtungsabhängigkeit der hier betrachteten Elementarprozesse (Nr. 18 b), kommt aber wohl meist nur für Röntgen- und γ-Strahlung numerisch in Betracht.

Elementarvorgang besteht nach Nr. 18b in einer von Strahlungsemission der Frequenz ν begleiteten Vereinigung zweier mit der Relativenergie η zusammenstoßender Moleküle A_1 und A_2. Die Größe Q ist wiederum bestimmt durch die Quantenzustände n_3 bzw. n_1 und n_2 der an den betrachteten Elementarprozessen teilnehmenden Moleküle B_3, A_1 und A_2. In Analogie zu dem Verhalten isolierter Moleküle B_3 gegenüber dem Strahlungsfelde bei Frequenzen $\nu < \frac{Q}{h}$ (Nr. **11**) wird man anzunehmen haben, daß bei Wärmegleichgewicht von der Temperatur T eine bestimmte, der Strahlungsdichte $\varrho(\nu, T)$ proportionale „Übergangswahrscheinlichkeit"

$$(348) \qquad \mathfrak{B}_3^{12}(\nu) \cdot \varrho(\nu, T) \cdot d\nu \cdot dt$$

dafür existiert, daß ein im n_3^{ten} Quantenzustande befindliches Molekül B_3 während der Zeit dt durch *„positive Einstrahlung"* von Licht des Frequenzintervalles $d\nu$ in zwei Moleküle A_1 und A_2 übergeführt wird, welche sich im n_1^{ten} bzw. n_2^{ten} Quantenzustande befinden und eine dann durch (177a) gegebene Relativenergie η zwischen η und $\eta + d\eta$ besitzen. Für zwei mit einer solchen Relativenergie und einem minimalen, zwischen δ und $\delta + d\delta$ befindlichen Schwerpunktsabstand δ während dt zusammentreffende Moleküle A_1 und A_2 wird man hingegen nach *Becker* und *Milne*, ähnlich wie beim Einzelmolekül, unterscheiden müssen zwischen einer Befähigung zu *spontanem Anlagerungsleuchten* von der Frequenz ν und einer *durch das Strahlungsfeld mittels „negativer Einstrahlung" erzwungenen Vereinigung unter Strahlungsemission.*[747]) Für erstere sei die „Übergangswahrscheinlichkeit" gegeben durch

$$(349) \qquad \mathfrak{A}_{12}^{3}(\eta, \delta) \cdot d\eta \cdot d\delta \cdot dt,$$

für die „negativen Einstrahlungsvorgänge" hingegen analog (107b) durch

$$(350) \qquad \mathfrak{B}_{12}^{3}(\eta, \delta) \cdot \varrho(\nu, T) \cdot d\eta \cdot d\delta \cdot dt,$$

worin η und ν durch (177a) verknüpft sind.

---

747) *R. Becker*, Ztschr. f. Phys. 18 (1923), p. 325, § 3; *E. A. Milne*, Phil. Mag. 47 (1924), p. 209, §§ 8—11. Mit dem gleichen Problem beschäftigt sich auch *H. A. Kramers*, Phil. Mag. 46 (1923), p. 836, § 2, jedoch unter bewußter Vernachlässigung der „negativen Einstrahlungsvorgänge". Alle diese Untersuchungen beziehen sich nur auf den Spezialfall der Ionisation, was einige Vereinfachungen nicht-prinzipieller Natur nach sich zieht. — Über die Beziehungen der obigen Ansätze zu den älteren Betrachtungen von *Richardson* über die lichtelektrische Abtrennung von Elektronen vgl. man *O. W. Richardson*, Phil. Mag. 47 (1924), p. 975.

Bedeutet

$$(326) \qquad Z^{(A_1, A_2)}(\eta, \delta) \cdot d\eta \cdot d\delta \cdot dt$$

jetzt die a priori-Häufigkeit für einen durch die infinitesimalen Intervalle $d\eta$, $d\delta$, dt gekennzeichneten Zusammenstoß zwischen *einem* im n_1 ten Quantenzustande befindlichen Molekül A_1 und einem beliebigen der bei Dissoziationsgleichgewicht zwischen den A_1, A_2 und B_3 vorhandenen n_2-quantigen Molekülen A_2, so ergibt die Stationaritätsbedingung (32)

$$(351) \quad N_{n_3}^{(B_3)} \cdot \overline{\mathfrak{B}}_3^{12}(\nu) \cdot \varrho(\nu, T) \cdot d\nu$$
$$= N_{n_1}^{(A_1)} \cdot \int_0^\infty d\delta \cdot \overline{Z^{(A_1, A_2)}(\eta, \delta)} \cdot [\mathfrak{A}_{12}^3(\eta, \delta) + \mathfrak{B}_{12}^3(\eta, \delta) \cdot \varrho(\nu, T)] \cdot d\eta .$$

Indem man für den *räumlich-zeitlichen Mittelwert* von (326) für Wärmegleichgewicht den bereits in Nr. **26a** verwendeten Ausdruck (328) benutzt und

$$(352) \qquad \overline{\mathfrak{A}}_{12}^3(\eta) = 2\pi \int_0^\infty \mathfrak{A}_{12}^3(\eta, \delta) \cdot \delta \cdot d\delta$$

sowie

$$(353) \qquad \overline{\mathfrak{B}}_{22}^3(\eta) = 2\pi \int_0^\infty \mathfrak{B}_{12}^3(\eta, \delta) \cdot \delta \cdot d\delta$$

setzt, findet man aus (351) mit Berücksichtigung von $d\eta = h \cdot d\nu$ die Bedingung

$$(354) \quad N_{n_3}^{(B_3)} \cdot \overline{\mathfrak{B}}_3^{12}(\nu) \cdot \varrho(\nu, T)$$
$$= N_{n_1}^{(A_1)} \cdot N_{n_2}^{(A_2)} [\overline{\mathfrak{A}}_{12}^3(\eta) + \overline{\mathfrak{B}}_{12}^3(\eta) \cdot \varrho(\nu, T)] \frac{4h\eta}{\sqrt{(2\pi\mu)^{\frac{1}{2}}}(kT)^{\frac{3}{2}}} e^{-\frac{\eta}{kT}}.$$

Aus dem Dissoziationsgleichgewicht der Gase 1, 2 und 3 (Nr. **25a**) folgt anderseits nach (273), (267) und (268) wiederum

$$(355) \qquad \frac{N_{n_3}^{(B_3)}}{N_{n_1}^{(A_1)} \cdot N_{n_2}^{(A_2)}} = \frac{g_{B_3} \cdot \gamma_{B_3}(n_3)}{g_{A_1} \cdot \gamma_{A_1}(n_1) \cdot g_{A_2} \cdot \gamma_{A_2}(n_2)} \cdot \frac{h^3}{\sqrt{(2\pi\mu kT)^{\frac{3}{2}}}} e^{\frac{Q}{kT}}.$$ [748]

Indem man (355) in (354) einführt, kann die Gleichgewichtsbedingung

748) Dieser Umstand ist übersehen worden bei einem Versuch von *L. de Broglie*, J. de Phys. (6) **3** (**1922**), p. 33, auf Grund von Betrachtungen über das Wärmegleichgewicht die Frequenzabhängigkeit des Absorptionskoeffizienten für Röntgenstrahlung (s. weiter unten im Text) theoretisch zu begründen. *De Broglie* gelangt infolgedessen zu der absurden Folgerung, daß eine zu (352) analoge, rein molekulare Größe temperaturabhängig sein müsse, was naturgemäß ausgeschlossen ist.

auf die Form gebracht werden

$$\overline{\mathfrak{A}}^3_{12}(\eta) = \varrho(\nu, T)\left[\overline{\mathfrak{B}}^{12}_3(\nu)\frac{g \cdot h^2}{8\pi\mu\eta} e^{\frac{h\nu}{kT}} - \overline{\mathfrak{B}}^3_{12}(\eta)\right],$$

worin g wiederum die Abkürzung (339a) bedeutet. Setzt man hier für $\varrho(\nu, T)$ den Ausdruck des *Planckschen Strahlungsgesetzes* (93),

$$\varrho(\nu, T) = \frac{8\pi h\nu^3}{c^3} \cdot \frac{1}{e^{\frac{h\nu}{kT}} - 1}$$

ein, so muß

(356) $$\overline{\mathfrak{B}}^{12}_3(\nu) = \frac{8\pi\mu}{gh^3} \cdot \eta \cdot \overline{\mathfrak{B}}^3_{12}(\eta)$$

und

(357) $$\frac{\overline{\mathfrak{A}}^3_{12}(\eta)}{\overline{\mathfrak{B}}^3_{12}(\eta)} = \frac{8\pi h\nu^3}{c^3} = \frac{8\pi}{h^2c^3}(Q + \eta)^3$$

gesetzt werden, damit die Gleichgewichtsbedingung zu einer *temperaturunabhängigen* Beziehung zwischen den molekularen Größen (348), (352) und (353) wird. Der Vergleich von (177 a) mit der *Bohrschen Frequenzbedingung* (114), sowie von (356) mit (109) und (357) mit (113) lehrt unmittelbar die Äquivalenz der vorstehenden Betrachtungen mit der *Einsteinschen Ableitung des Planckschen Strahlungsgesetzes* für nichtdissoziierende bzw. nichtionisierende Strahlungsprozesse (Nr. **11**).

Wie die Definition (352) in Verbindung mit (349) ergibt, bedeutet $\overline{\mathfrak{A}}^3_{12}(\eta)$ einen „*Wirkungsquerschnitt*" für strahlende, *spontane* Wiedervereinigungsstöße zwischen Molekülen A_1 und A_2. Das Verhältnis

$$\overline{\mathfrak{B}}^3_{12}(\eta) \cdot \frac{\varrho(\nu, T)}{\overline{\mathfrak{A}}^3_{12}(\eta)} = \frac{1}{\left(e^{\frac{h\nu}{kT}} - 1\right)}$$

ergibt offenbar denjenigen Bruchteil *erzwungener* strahlender Wiedervereinigungsstöße, welcher im Mittel auf einen spontanen strahlenden Wiedervereinigungsstoß kommt; da nach (177a) $\nu \geqq \frac{Q}{h}$ sein muß, wird er kleiner als $\frac{1}{\left(e^{\frac{Q}{kT}} - 1\right)}$ und bleibt damit für Laboratoriumstemperaturen praktisch vernachlässigbar klein, aber selbst für Sterntemperaturen und nicht zu große n_3 noch immer gering. Aus (356) und (357) folgt ferner

(358) $$\overline{\mathfrak{B}}^{12}_3(\nu) = \frac{\mu c^3}{gh^3\nu^3} \cdot \eta \cdot \overline{\mathfrak{A}}^3_{12}(\eta);$$

da

(359) $$\alpha_{B_3 \cdot n_3} = \overline{\mathfrak{B}}^{12}_3(\nu) \cdot \frac{h\nu}{c}$$

den *molekularen Absorptionskoeffizienten* für n_3-quantige B_3-Moleküle bedeutet, liefert (358) die zuerst von *Becker* und *Kramers*[747]) abgeleitete Beziehung zwischen α und dem Wirkungsquerschnitt für strahlende Wiedervereinigungsstöße:

$$(360) \qquad \alpha_{B_3, n_2} = \frac{\mu c^2}{g h^2 \nu^2} \cdot \eta \cdot \overline{\mathfrak{A}}^3_{12}(\eta).$$

Wegen der erfahrungsmäßigen *Endlichkeit des Absorptionsvermögens an den Seriengrenzen*, wo $\eta = 0$ ist, wird man mit *Milne*[747]) zu schließen haben, daß der Wirkungsquerschnitt $\overline{\mathfrak{A}}^3_{12}(\eta)$ zumindest für kleine Werte von η *allgemein* durch

$$(361) \qquad \overline{\mathfrak{A}}^3_{12}(\eta) = \frac{\text{const.}}{\eta}$$

dargestellt sein wird. Für sehr große η bzw. ν nehmen $\overline{\mathfrak{A}}^3_{12}$ und α erfahrungsgemäß monoton ab, was durch (361) und (360) jedenfalls qualitativ wiedergegeben wird.

Ein erfolgreicher Versuch, den Wirkungsquerschnitt (361) für den Spezialfall der *Bindung von freien Elektronen durch Atomkerne* theoretisch zu ermitteln, ist von *Kramers*[749]) unternommen worden. *Kramers* geht von dem bereits in Nr. **18b** berührten Gedanken aus, daß das *Bohrsche Korrespondenzprinzip* (Nr. **14**) im Falle *unperiodischer Systeme*[480]) $\overline{\mathfrak{A}}^3_{12}$ ebenso zu berechnen gestatten müsse, wie $A^{n'}_{n''}$ (106) für *bedingt periodische Systeme* (Nr. **15a**), wenn auch mit erheblich geringerer Zwangläufigkeit und Sicherheit.[481]) Er findet für die Anlagerung des Elektrons in einer n-quantigen *Kepler*bahn

$$(362) \qquad \overline{\mathfrak{A}}^3_{12} = \frac{64 \pi^4 Z^4 e^{10}}{3\sqrt{3} \cdot c^3 h^4 n^3 \cdot \nu} \frac{1}{\eta} \cdot \varphi\left(\frac{\nu \cdot Z}{\eta^{\frac{3}{2}}}\right),$$

wobei φ für große Werte seines Argumentes, also für kleine η, gleich

$$1 - \text{const.}(\nu \cdot Z)^{-\frac{1}{3}} \cdot \eta$$

wird. Setzt man dies in (360) ein, so wird der *atomare Absorptionskoeffizient* $\alpha_{Z,n}$ in erster Näherung von η unabhängig und proportional

---

749) *H. A. Kramers*, Phil. Mag. 46 (1923), p. 836, §§ 4, 5. Ein anderer, wenngleich erheblich weniger systematisch gerechtfertigter Versuch rührt von *A. S. Eddington*, Month. Not. 83 (1922), p. 35; (1923), p. 431, her, welcher im Zusammenhang mit *Eddingtons Theorie des stellaren Strahlungsgleichgewichtes* [vgl. z. B. *A. S. Eddington*, Ztschr. f. Phys. 7 (1921), p. 351] aufgestellt worden ist. *Eddington* berechnet für Atomkerne mit der Ladung $Z \cdot e$ und einem als gegeben angesehenen Durchmesser auf Grund des *Coulomb*schen Gesetzes einen Ausdruck für (361), welcher in Z quadratisch, verkehrt proportional η und von ν unabhängig ist.

$\frac{Z^4}{\nu^3}$.[750]) Nach den vorliegenden experimentellen Erfahrungen ist das *atomare Absorptionsvermögen für Röntgenstrahlen*, welches sich näherungsweise auf $\alpha_{Z,n}$ zurückführen läßt[751]), für hinreichend große ν tatsächlich von der Form

$$(363) \qquad \alpha = \text{const.}\, Z^4 \cdot \nu^{-3} + f(Z)\,^{752}),$$

was das *Kramers*sche Ergebnis (362), übrigens auch hinsichtlich der Größenordnung seines Zahlenfaktors, weitgehend bestätigt.[753]) Eine *experimentelle Bestimmung des „elektronenabsorbierenden Querschnittes"* für Wasserstoffatomkerne als Kanalstrahlen in H_2, O_2 und N_2 hat *Rüchardt* ausgeführt und hierfür den von der Natur des umgebenden Gases unabhängigen Formelausdruck

$$(364) \qquad \sum_{n=1}^{\infty} \overline{\mathfrak{A}}_{12}^{3(n)} = \pi \cdot e^4 \cdot \left(\frac{1}{\eta^2} - \frac{1}{4h^2R^2}\right)$$

angegeben, worin R die *Rydberg*sche Konstante (141) des Wasserstoffes bedeutet und $Q = R \cdot h$ zu setzen wäre[754]); da (364) für $\eta \to 0$

750) Ein derartiges Ergebnis ist bis auf den Zahlenfaktor bereits früher von *A. H. Compton*, Phys. Rev. 14 (1919), p. 249, auf Grund einer klassischen Behandlung der Röntgenstrahlabsorption abgeleitet worden, welche *J. J. Thomson*, Conduction of Electricity through Gases, Cambridge 1907, 11. Kapitel, für harmonischer Schwingungen fähige Elektronen angegeben hat. Eine Theorie von *L. de Broglie*, J. de Phys. (6) 3 (1922), p. 33, welche ebenfalls zu (363) führt, ist inkorrekt und benutzt ganz willkürliche Zusatzannahmen; vgl. Anm. 748) oder das Referat von *O. Berg*, Phys. Ber. 4 (1923), p. 496.

751) *H. A. Kramers*, l. c. (Anm. 749).

752) *F. K. Richtmeyer*, Phys. Rev. 18 (1921), p. 13; *K. A. Wingardh*, Ztschr. f. Phys. 8 (1922), p. 365; Diss. Lund 1923. Die älteren Autoren haben anstatt der Exponenten 4 und 3 vielfach auch Werte zwischen 3,5 und 4 bzw. 2,5 und 3 gefunden.

753) Das in Anm. 749) angegebene Resultat von *Eddington* würde α proportional mit ν^{-2} machen, was den Verhältnissen bei der Röntgenabsorption mithin widerspricht. Nach *Milne* (Anm. 747) soll sich der *Eddington*sche Ausdruck im Bereiche astrophysikalischer Anwendungen indessen als gut brauchbar erweisen, namentlich hinsichtlich des von ihm gelieferten Ausdruckes für den mittleren Absorptionskoeffizienten des sichtbaren Spektrums.

754) *E. Rüchardt*, Ann. d. Phys. 71 (1923), p. 377; Ztschr. f. Phys. 15 (1923), p. 164. Hier wird auch eine theoretische Begründung für (364) zu geben versucht und (364) sogar auf α-Strahlen am Reichweitenende angewendet. Der theoretische Ansatz von *Rüchardt* ist von *G. Wentzel*, Ztschr. f. Phys. 15 (1923), p. 172, übernommen worden, welcher ähnliche Betrachtungen für ganz langsame Kathodenstrahlen, für Kanalstrahlen und für gewisse Gesetzmäßigkeiten des kontinuierlichen Röntgenspektrums aus der Vorstellung eines *ringförmigen* elektronenabsorbierenden Querschnittes der Atome einheitlich zu entwickeln versucht. Der Umstand, daß es sich in allen diesen Fällen, bis auf die Umladungs-

mit (361) nicht übereinstimmt, dürfte (364) jedoch nur von beschränkter Gültigkeit sein, wozu auch beitragen mag, daß bei den *Rüchardt*schen Versuchen in der Hauptsache nur die Anlagerung vorher *gebundener* Elektronen eine Rolle spielt.

Die Gesamtzahl der lichtelektrisch erzeugten Ionenpaare pro Zeiteinheit und Kubikzentimeter beträgt, wenn der Einfachheit halber nur die untersten Quantenzustände von A_1, A_2 und B_3 in Betracht gezogen werden, nach (348) und (358)

$$(365)\quad \mathfrak{N}_{\text{Licht}} = N^{(B_3)} \cdot \int\limits_{\frac{Q}{h}}^{\infty} \overline{\mathfrak{B}}_3^{12}(\nu) \cdot \varrho(\nu, T) \cdot d\nu = N^{(B_3)} \frac{8\pi}{g h^3} \frac{M_{A_1} \cdot M_{A_2}}{M_{A_1} + M_{A_2}} \int\limits_{\frac{Q}{h}}^{\infty} \overline{\mathfrak{A}}_{12}^{3}(h\nu - Q) \cdot \frac{h\nu - Q}{e^{\frac{h\nu}{kT}} - 1} \cdot d\nu,$$

wo $N^{(B_3)}$ jetzt die Anzahl der B_3-Moleküle in der Volumeneinheit zu bedeuten hat. Um die Gesamtzahl der *durch Stoß* von A_0-Moleküle bei Wärmegleichgewicht *strahlungslos* erzeugten Ionenpaare pro Zeit- und Volumeneinheit zu erhalten, hat man (343) über η_3 zu mitteln, wofür das *Maxwellsche Geschwindigkeitsverteilungsgesetz* (Nr. **5c**) heranzuziehen ist; man erhält so

$$(366)\quad N_{\text{Stoß}} = N^{(B_3)} \cdot N^{(A_0)} \frac{8\pi}{(2\pi k T)^{\frac{3}{2}}} \left(\frac{M_{A_0} \cdot M_{B_3}}{M_{A_0} + M_{B_3}}\right)^{\frac{1}{2}} \int\limits_{Q}^{\infty} e^{-\frac{\eta_3}{kT}} \cdot \eta_3 \cdot d\eta_3 \int\limits_{0}^{(\eta_2)_{\max.}} \overline{S}_3^{12}(\eta_3, \eta_2) \cdot d\eta_2.$$

Das Verhältnis $\mathfrak{N}_{\text{Stoß}}$ zu $\mathfrak{N}_{\text{Licht}}$ wird daher merklich von der Temperatur abhängig sein, ferner von der Größe der Dissoziations- bzw. Ionisationsenergie Q, den Massen der beteiligten Moleküle und Dissoziationsprodukte und der Konzentration der stoßenden A_0-Moleküle; es ist offenbar ganz wesentlich dafür maßgebend, ob eine Reaktion vom Typus (253) als *photochemisch* anzusehen sein wird oder nicht. Wird für den Spezialfall der gleichzeitig durch Licht und Elektronen-

erscheinungen an Kanalstrahlen wenigstens der Hauptsache nach *nicht* um *strahlungsbedingte Anlagerungsvorgänge* handelt, läßt es einstweilen jedenfalls als fraglich erscheinen, ob die Durchführung eines einheitlichen Gesichtspunktes in allen diesen verschiedenartigen Fällen wirklich möglich sein wird. Die Frage nach dem Umladungsmechanismus der α-Strahlen am Reichweitenende kann nach den Ausführungen am Schlusse des vorangehenden Abschnittes bereits als im Sinne einer Bevorzugung *strahlungsloser* Anlagerungsvorgänge (wegen der hohen Geschwindigkeiten, die extrem hohen Temperaturen äquivalent sind) geklärt gelten

stoß bewirkten Ionisation des atomaren Wasserstoffes $\overline{S}_3^{12}$ aus (347) und $\overline{\mathfrak{A}}_{12}^3$ aus (362) entnommen, so zeigt sich, daß $\mathfrak{N}_{\text{Stoß}} : \mathfrak{N}_{\text{Licht}}$ für kleine Werte von $\frac{kT}{Q}$ proportional mit $T^{-\frac{1}{2}}$ herauskommt: der Einfluß der Stoßionisation nimmt im Verhältnis zu jenem der lichtelektrischen Ionisation mit steigender Temperatur zu. Die numerische Größe dieses Verhältnisses für atomaren Wasserstoff hat *Fowler*[755]) auf Grund empirischer Daten für $\overline{\mathfrak{A}}_{12}^3$ von stellarer Provenienz ermittelt und gefunden, daß es unter astrophysikalischen Bedingungen Werte zwischen 10^{-3} und 10^3 annehmen kann, während es für Laboratoriumsverhältnisse meist vernachlässigbar gering ausfallen wird.

27. Rückblick auf die Quantenstatistik. II. Hauptsatz der Thermodynamik und Nernstsches Wärmetheorem. Wie die Methoden der modernen Molekularstatistik (Nr. **5**, **6**, **25**) und ihre allgemeine Begründung (Nr. **4**) gezeigt haben, kommt dem für die makroskopische Thermodynamik so fundamentalen *Entropiebegriffe* hier keinerlei besondere Führerrolle mehr zu, seitdem es sich als entbehrlich gezeigt hat, die aprioristische Verknüpfung zwischen *Entropie und „Wahrscheinlichkeit“* zu handhaben, welche von der *Planck*schen Form des *Boltzmannschen Prinzipes* (Nr. **8b**) gefordert wird. Während die Einführung des Temperaturbegriffes in der Statistik bei Anwendung des *Boltzmann*schen Prinzipes erst *nach* Benutzung des Entropiebegriffes möglich war, läßt die moderne Darstellung erkennen, daß das Wärmegleichgewicht wie in der klassischen Thermodynamik nun auch hier durch Gleichheit *„empirischer“ Temperaturgrößen* gekennzeichnet werden kann (Nr. **7a**), *bevor* die Bezugnahme auf den II. Hauptsatz zur Erlangung einer *absoluten Temperaturdefinition* vorgenommen wird (Nr. **8a**). Diese *einzige* Benutzung des II. Hauptsatzes in der Statistik erscheint *logisch* unvermeidlich, da die absolute Temperatur als ein Begriff klassisch-thermodynamischer Herkunft nur unter Berufung auf die statistischen Analoga der in das *Entropiedifferential* eingehenden thermodynamischen Funktionen mit einer rein statistischen Größe identifiziert werden kann[756]); *sachlich* hingegen erscheint selbst diese Benutzung des II. Hauptsatzes als belanglos, da die später zur absoluten Temperatur erklärte Größe $\frac{1}{k} \cdot \log \frac{1}{\vartheta}$ in die verschiedenen *Verteilungsfunktionen der warmen Körper* (Nr. **5a**, **6b**) bereits als *universelle, von der individuellen Natur jener Körper unabhängige Veränderliche* eingeht. Integrabilität des Entropiedifferentials, makro-

755) *R. H. Fowler*, Phil. Mag. 47 (1924), p. 257, § 5.

756) Siehe etwa *R. H. Fowler*, Phil. Mag. 45 (1923), p. 497.

skopische Irreversibilität — alles dies ergibt sich in der Statistik allein als mathematische Folgerung aus dem *vorausgesetzten wahrscheinlichkeitstheoretischen Charakter der Molekularvorgänge*, jedoch *unabhängig von jeder besonderen Art molekularer Eigenschaften*, wie molekularen Energiefunktionen und dazugehörigen „Gewichten" (Nr. **9**). Für den Spezialfall im Wärmeaustausch befindlicher und hierbei *chemisch unverändert* bleibender thermischer Systeme ist diese wichtige Tatsache bereits in Nr. **8a** erwiesen worden, für den allgemeineren Fall von *Dissoziationsgleichgewichten* miteinander *reagierender* Komponenten wird sie im folgenden auf Grund der allgemeinen Betrachtung derartiger Gleichgewichte in Nr. **25b** ohne besondere Schwierigkeit ebenfalls gefolgert werden können.

Um den statistischen Ausdruck für das Entropiedifferential (81) für Dissoziationsgleichgewichte zu berechnen, hat man wie in Nr. **8a** zunächst den Differentialausdruck (80) der *reversibel „zugeführten Wärme"* aufzustellen, wobei berücksichtigt werden muß, daß hier außer der empirischen Temperatur ϑ und den jetzt wieder explizit mitzuführenden *makroskopischen* Parametern a^* *auch noch die mittleren Teilchenzahlen* $N^{(A_i)}$ $(i = 1, 2, \ldots, p)$, $N^{(B_j)}$ $(j = 1, 2, \ldots, q)$ der reagierenden Komponenten als Veränderliche auftreten; da letztere gemäß (289) wegen

$$N^{(A_i)} + \sum_{i=1}^{q} a_{ij} N^{(B_j)} = X^{(A_i)} \qquad (i = 1, 2, \ldots, p) \tag{367}$$

voneinander nicht unabhängig sind, kann man an ihrer Stelle mit Vorteil auch die p voneinander unabhängigen „Konzentrationsvariablen" x_i $(i = 1, 2, \ldots, p)$ benutzen, welche nach Nr. **25b** für das Gleichgewicht kennzeichnend sind. Für die Gesamtenergie E der Reaktionsteilnehmer findet man mittels des *Darwin-Fowler*schen Verfahrens aus (295) analog (271)

$$\mathsf{E} = \sum_{i=1}^{p} x_i \vartheta \frac{\partial F_{A_i}(\vartheta, a^*)}{\partial \vartheta} + \sum_{j=1}^{q} x_1^{a_{1j}} x_2^{a_{2j}} \ldots x_p^{a_{pj}} \frac{\vartheta}{\sigma_j} \frac{\partial F_{B_j}(\vartheta, a^*)}{\partial}, \tag{368}$$

für die makroskopische Kraft A „in der Richtung" des Parameters a^* hingegen

$$\mathsf{A} = \frac{1}{\log \frac{1}{\vartheta}} \left[\sum_{i=1}^{p} x_i \frac{\partial F_{A_i}(\vartheta, a^*)}{\partial a^*} + \sum_{j=1}^{q} x_1^{a_{1j}} x_2^{a_{2j}} \ldots x_p^{a_{pj}} \frac{1}{\sigma_j} \frac{\partial F_{B_j}(\vartheta, a^*)}{\partial a^*} \right]; \tag{369}$$

die x_i sind hierbei durch die zu (268) analogen Beziehungen bestimmt

$$\left\{ \begin{array}{ll} N^{(A_i)} = x_i \cdot F_{A_i}(\vartheta, a^*), & (i = 1, 2, \ldots, p) \\ N^{(B_j)} = x_1^{a_{1j}} x_2^{a_{2j}} \ldots x_p^{a_{pj}} \cdot \frac{1}{\sigma_j} F_{B_j}(\vartheta, a^*). & (j = 1, 2, \ldots, q) \end{array} \right. \tag{370}$$

Setzt man jetzt

$$(371)\qquad \prod_{i=1}^{p}[F_{A_i}(\vartheta, a^*)]^{N^{(A_i)}}\cdot\prod_{j=1}^{q}\left[\frac{1}{\sigma_j}F_{B_j}(\vartheta, a^*)\right]^{N^{(B_j)}}\equiv \Pi,$$

so sind **A** und **E** ebenso wie in (84) und (84a) von der Form

$$(372)\qquad \mathsf{A}=\frac{1}{\log\frac{1}{\vartheta}}\cdot\frac{\partial\log\Pi}{\partial a^*},\qquad \mathsf{E}=\vartheta\,\frac{\partial\log\Pi}{\partial\vartheta},$$

wie man sich durch Vereinigung von (370) mit (368) und (369) leicht überzeugt. Für den Differentialausdruck $\delta\mathfrak{Q}$ der zugeführten Wärme muß man hinsichtlich seiner Abhängigkeit von ϑ und den Parametern a^* demnach den gleichen Ausdruck (80a) erhalten, wie in Nr. 8a. Wird die rechte Seite von (80a) nunmehr aber auch als Funktion der $N^{(A_i)}$, $N^{(B_j)}$ aufgefaßt, so liefert (371) bei Berücksichtigung der Zusammenhänge (297) und (367) für $\delta\mathfrak{Q}$ in (80a) den Zusatz

$$-\frac{1}{\log\frac{1}{\vartheta}}\left[\sum_{i=1}^{p}dN^{(A_i)}\cdot\log N^{(A_i)}+\sum_{j=1}^{q}dN^{(B_j)}\cdot\log N^{(B_j)}\right].$$

Man bekommt daher in Abänderung von (81a) den *vollständigen Differentialausdruck*

$$(373)\qquad \log\frac{1}{\vartheta}\cdot\delta\mathfrak{Q}=d\Big[\log\Pi+\log\frac{1}{\vartheta}\cdot\mathsf{E}-\sum_{i=1}^{p}N^{(A_i)}\cdot(\log N^{(A_i)}-1)$$
$$-\sum_{j=1}^{q}N^{(B_j)}\cdot(\log N^{(B_j)}-1)\Big],$$

woraus hervorgeht, daß $\dfrac{1}{\log\frac{1}{\vartheta}}$ wiederum als integrierender Nenner von $\delta\mathfrak{Q}$ auftritt und aus den gleichen Gründen wie in Nr. 8a gemäß (64) der *absoluten Temperatur* T proportional gesetzt werden muß. Abzüglich einer willkürlichen Integrationskonstante S_0 findet man aus (373) bei Umformung der beiden letzten Glieder mittels der *Stirlingschen Formel* (43) für die Entropie

$$(374)\qquad \mathsf{S}-\mathsf{S}_0=k\log\Pi+\frac{\mathsf{E}}{T}-k\sum_{i=1}^{p}\log N^{(A_i)}!-k\sum_{j=1}^{q}\log N^{(B_j)}!,$$

wo S_0 von ϑ, den a^* und den $N^{(A_i)}$, $N^{(B_j)}$ unabhängig sein muß, von den hier unveränderlichen $X^{(A_i)}$ $(i=1,2,\ldots,p)$ hingegen abhängen kann. Setzt man für Π das Produkt (371) ein, so kann $\mathsf{S}-\mathsf{S}_0$ als Summe von Beiträgen jeder einzelnen der miteinander reagierenden

Komponenten in der Form dargestellt werden

$$(375)\quad \mathsf{S}-\mathsf{S}_0 = k\sum_{i=1}^{p}\left[N^{(A_i)}\cdot\log F_{A_i}(\vartheta, a^*)+\frac{\mathsf{E}_{A_i}}{kT}-\log N^{(A_i)}!\right]$$

$$+\,k\sum_{j=1}^{q}\left[N^{(B_j)}\cdot\log F_{B_j}(\vartheta, a^*)+\frac{\mathsf{E}_{B_j}}{kT}-\log N^{(B_j)}!\right]$$

$$=\sum_{i=1}^{p}(\mathsf{S}_{A_i}-\mathsf{S}_{A_i,0})+\sum_{j=1}^{q}(\mathsf{S}_{B_j}-\mathsf{S}_{B_j,0}).$$ [757]

Diese Betrachtung kann bei Benutzung der Ergebnisse von Nr. **25 c** ohne weiteres auch auf den Fall der Mitwirkung *fester* Bodenkörper ausgedehnt werden, speziell auf das *Verdampfungsgleichgewicht* zwischen kondensierter und Gasphase.[758]

Um neben der *Existenz einer statistischen Entropiefunktion* auch noch die *makroskopische Irreversibilität des Wärmeausgleiches* zweier miteinander zur Berührung gebrachter gleichbeschaffener Reaktionsgemische auf statistischem Wege zu erweisen, empfiehlt es sich nach *Darwin* und *Fowler*, die Entropie anstatt mittels der $N^{(A_i)}$, $N^{(B_j)}$ wie in (375), mit Hilfe der „Konzentrationsvariablen" x_i auszudrücken.[759] (367), (368), (369) und (370) führen hierbei zu

$$(376)\quad \mathsf{S}-\mathsf{S}_0 = k\sum_{i=1}^{p}x_i\cdot F_{A_i}(\vartheta, a^*)+k\sum_{j=1}^{q}x_1^{a_{1j}}x_2^{a_{2j}}\ldots x_p^{a_{pj}}\frac{1}{\sigma_j}$$

$$\cdot F_{B_j}(\vartheta, a^*)-k\,\mathsf{E}\log\vartheta-k\sum_{i=1}^{p}X^{(A_i)}\cdot\log x_i.$$ [760]

Bedeuten jetzt $\mathsf{S}'-\mathsf{S}_0'$, V', E', ϑ', $X_1^{(A_i)}$, x_i' und $\mathsf{S}''-\mathsf{S}_0''$, V'', E'', ϑ'', $X_2^{(A_i)}$, x_i'' die das Gleichgewicht zweier wärmeisolierter Reaktionsgemische *vor* ihrer Vereinigung kennzeichnenden Bestimmungsstücke und $\mathsf{S}-\mathsf{S}_0$, V, E, ϑ, $X^{(A_i)}$, x_i die auf das Wärmegleichgewicht des *vereinigten* Gesamtgemisches bezüglichen Zustandsgrößen, so überzeugt man sich leicht, daß wegen $\mathsf{V}=\mathsf{V}'+\mathsf{V}''$, $\mathsf{E}=\mathsf{E}'+\mathsf{E}''$, $X^{(A_i)}=X_1^{(A_i)}+X_2^{(A_i)}$ und der Volumenproportionalität der Verteilungsfunktionen

757) *P. Ehrenfest* und *V. Trkal* (Anm. 666), § 5; *R. H. Fowler*, Phil. Mag. 45 (1923), p. 497, § 3.

758) *R. H. Fowler*, l. c. (Anm. 757).

759) *C. G. Darwin* und *R. H. Fowler*, Proc. Cambr. Phil. Soc. 21 (1923), p. 730, § 5.

760) Der Vergleich mit der Hilfsfunktion (295) des *Darwin-Fowler*schen Verfahrens ergibt, daß (376) mit dem Integranden in der komplexen Integraldarstellung für die Größe (294) bis auf einen Faktor $\frac{1}{x_1, x_2, \ldots, x_p\cdot\delta}$ übereinstimmt. Siehe etwa (261), wo $p=2$ und $q=1$ ist.

$F_{A_i}(\vartheta, a^*)$, $F_{B_j}(\vartheta, a^*)$ in (376) gemäß (251a) oder (251b) auch

$$\mathsf{S}(\vartheta, x_1, x_2, \ldots, x_p) - \mathsf{S}_0 = \mathsf{S}'(\vartheta, x_1, x_2, \ldots, x_p) - \mathsf{S}_0' + \mathsf{S}''(\vartheta, x_1, x_2, \ldots, x_p) - \mathsf{S}_0''$$

sein muß. Da nun gezeigt werden kann, daß

$$\mathsf{S}'(\vartheta', x_1', x_2', \ldots, x_p') \leqq \mathsf{S}'(\vartheta, x_1, x_2, \ldots, x_p)$$

und

$$\mathsf{S}''(\vartheta'', x_1'', x_2'', \ldots, x_p'' \leqq \mathsf{S}''(\vartheta, x_1, x_2, \ldots, x_p),$$

außer wenn von vornherein

$$\vartheta = \vartheta' = \vartheta'', \quad x_i = x_i' = x_i'' \qquad (i = 1, 2, \ldots, p)$$

gewesen ist[761]), so hat man tatsächlich stets

$$\mathsf{S}' - \mathsf{S}_0' + \mathsf{S}'' - \mathsf{S}_0'' \leqq \mathsf{S} - \mathsf{S}_0, \tag{377}$$

wie zu beweisen war.

Die vorstehenden Ausführungen zeigen deutlich, bis zu welchem Grade die in der makroskopischen Thermodynamik „Entropie“ genannte Zustandsfunktion auf statistischem Wege festlegbar erscheint, und ähnliches gilt auch für die mit S gemäß (88) zusammenhängende *Plancksche charakteristische Funktion* $\Psi(T, a^*)$. Gegenüber Nr. **8 a**, wo eine genauere Kennzeichnung der willkürlichen Integrationskonstanten $\mathsf{S}_0 = \Psi_0$ unterblieben ist, hat man für jeden einzelnen Reaktionsteilnehmer, z. B. für die Komponenten mit den Molekülen A_1, an Stelle von (86) und (89) jetzt Ausdrücke von der Form

$$\mathsf{S}_{A_i} - \mathsf{S}_{A_i,0} = k \log [F_{A_i}(T, a^*)]^{N^{(A_i)}} + \frac{\mathsf{E}_{A_i}}{T} - k \log (N^{(A_i)}!) \tag{378}$$

und

$$\Psi_{A_i} - \Psi_{A_i,0} = k \log \frac{[F_{A_i}(T, a^*)]^{N^{(A_i)}}}{N^{(A_i)}!}\,; \tag{378 a}$$

die darin zum Ausdruck kommende Abhängigkeit von den „Vertauschungszahlen“ $N^{(A_i)}!$ der Molekülanzahlen kann offenbar als eine notwendige Bedingung dafür aufgefaßt werden, daß man die Teilentropie-*differenzen* (378) miteinander reagierender Komponenten gemäß (375) *additiv* zu der Gesamtentropie des Gemisches zusammensetzen kann.[762])

---

761) *C. G. Darwin* und *R. H. Fowler*, l. c. (Anm. 759), § 4. Der Beweis gründet sich auf die in der vorigen Anm. erwähnte Eigenschaft von (376).

762) Man sieht dies sofort ein, wenn man bedenkt, daß diese thermodynamische Forderung obiger statistischer Berechnung des Entropiedifferentials stillschweigend zugrunde liegt. Umgekehrt kann das Auftreten der „Vertauschungszahlen“ $N^{(A_i)}!$ in (378) und (378 a) auch erschlossen werden, wenn man (86) und (89) für nicht-reaktionsfähige Gemische voraussetzt und die Abhängigkeit von den $N^{(A_i)}$ hinterher aus der *Forderung* bestimmt, daß die Additivität der Teilentropiedifferenzen auch im Falle reaktionsfähiger Gemische erhalten bleiben

Wie die zu (377) führende Irreversibilitätsbetrachtung erkennen läßt, wird die Additivität von Entropie*differenzen* übrigens auch im Falle chemisch unveränderlicher thermischer Systeme an die *Form* (378) gebunden sein. Bildet man (378) etwa für ein ideales einatomiges Gas von N Molekülen, so erhält man nach (251a)

$$(379)\quad \mathbf{S} - \mathbf{S}_0 = \tfrac{3}{2} Nk \log T + Nk \log \frac{\mathbf{V}}{N} + Nk \log\left[g \frac{(2\pi Mk)^{\frac{3}{2}} \cdot e^{\frac{5}{2}}}{h^3}\right],$$

worin $\mathbf{S} - \mathbf{S}_0$ in Übereinstimmung mit der klassischen Thermodynamik[763]) für die doppelte Gasmenge im doppelten Volumen den doppelten Betrag erhält. Die in Nr. **8a** benutzte *Form* (86) unterscheidet sich in ihrer Anwendung auf (251a) von (379) um den Addenden $k \log (N!)$ und führt daher zu

$$(379\text{a})\quad \mathbf{S} - \mathbf{S}_0^* = \tfrac{3}{2} Nk \log T + Nk \log \mathbf{V} + Nk \log\left[g \frac{(2\pi Mek)^{\frac{3}{2}}}{h^3}\right],$$

welche Beziehung jene Eigenschaft nicht besitzt[764]), hinsichtlich ihrer physikalischen Bedeutung mit (379) aber vollkommen gleichwertig ist, da $\mathbf{S}_0$ bzw. $\mathbf{S}_0^*$ in (379) bzw. (379a) von N ebenso in ganz beliebiger Weise abhängen kann, wie die analogen willkürlichen Konstanten in (375), (378) von den $X^{(A_i)}$ $(i = 1, 2, \ldots, p)$.[765])

---

soll. Daß Additivität der Teil*entropien* und Abhängigkeit von den „Vertauschungszahlen" in der angegebenen Weise miteinander verknüpft sind, gilt bei gewissen konkreten *statistischen Entropiedefinitionen* (s. weiter unten im Text) in gewissem Sinne auch schon für nichtreagierende Gemische, da über $\mathbf{S}_0$ hier von vornherein in geeigneter Weise verfügt erscheint. Vgl. z. B. *L. Nordheim,* Ztschr. f. Phys. 27 (1924), p. 65, ferner eine bei *D. Enskog,* Ann. d. Phys. 72 (1923), p. 321 angeführte, auf *D. Hilbert* zurückgehende Entropiedefinition (siehe auch Anm. 168).

763) Vgl. z B. *M. Planck,* Thermodynamik, § 119, Gl. (52).

764) Man vgl. die Diskussion dieses Umstandes bei *P. Ehrenfest* und *V. Trkal* (Anm. 666), § 9, wo eine diesbezügliche Kritik der gesamten älteren Literatur gegeben wird, und bei *E. Schrödinger,* Phys. Ztschr. 25 (1924), p. 41, sowie die Entgegnung von *M. Planck,* Ann. d. Phys. 66 (1921), p. 365. Die beiden zuletzt genannten Autoren gehen von bestimmten statistischen *Definitionen* für $\mathbf{S}$ aus, so daß bei ihnen über $\mathbf{S}_0$ bzw. $\mathbf{S}_0^*$ bereits verfügt erscheint, was *physikalisch* aber natürlich keinerlei Unterschied bedingt.

765) Aus diesem Grunde und wegen (367) kann die Meinung, daß die *Entropie* $\mathbf{S}$ eine homogene Funktion ersten Grades der Molekülanzahlen $N^{(A_i)}$, $N^{(B_j)}$ sein müsse, strenggenommen auch im Falle der Dissoziationsgleichgewichte nicht mit der *formalen* Homogenität von (379) begründet werden. Man sieht dies noch deutlicher, wenn man den Übergang vom Reaktionsgemisch zum physikalischen Gemisch so ausführt, daß man alle Moleküle B_j zerfallen und die Moleküle A_i reaktionsunfähig werden läßt; man bekommt so $N^{(A_i)} = X^{(A_i)}$, $N^{(B_j)} = 0$, und findet, daß die Entropien $\mathbf{S}_{A_i}$ wegen der Willkürlichkeit der $\mathbf{S}_{A_i,0}$ auch dann inhomogen in $N^{(A_i)}$ sein können, wenn jede der Konstanten $\mathbf{S}_{A_i,0}$ von der zugehörigen Anzahl $N^{(A_i)}$ allein abhängt.

Zur Aufstellung einer „*absoluten*“ statistischen Entropie*definition*, gekennzeichnet durch eine bestimmte Festlegung von $\mathbf{S}_0$ bzw. $\mathbf{S}_0^*$, wird es daher ebenso einer an sich willkürlichen *Konvention* bedürfen, wie in der klassischen Thermodynamik.[766]) Derartige Konventionen werden vor allem durch die *Planck*sche Form (90a) des *Boltzmannschen Prinzipes* (Nr. 8b) nahegelegt. Ebenso wie im Falle nicht-reagierender warmer Körper (Nr. 5b) wird es im allgemeinen[767]) auch bei Dissoziations- und Verdampfungsgleichgewichten möglich sein nachzuweisen, daß es bei gegebenen äußeren Bedingungen *eine und nur eine* bestimmte Zustandsverteilung $\mathbf{Z}_{MB}^{(A_i, B_j)}$ (*Maxwell-Boltzmannsche Verteilung*) gibt, für welche die Anzahl der Realisierungsmöglichkeiten $R(\mathbf{Z}_L^{(A_i, B_j)})$ (293) einer beliebigen Zustandsverteilung $\mathbf{Z}_L^{(A_i, B_j)}$ bei Berücksichtigung der Nebenbedingungen (289), (291) und (292) (Nr. 25b) zu einem so steilen Maximum gemacht wird, daß die Anzahl der Realisierungsmöglichkeiten *sämtlicher* mit diesen Bedingungen verträglichen Zustandsverteilungen, (294), *asymptotisch mit* $R(\mathbf{Z}_{MB}^{(A_i, B_j)})$ *übereinstimmt.* Auf ähnlichem Wege wie in Nr. 8b findet man dann wiederum den Ausdruck (90) des *Boltzmannschen Prinzipes*

$$(390) \qquad \mathbf{S} - \mathbf{S}_0^{**} = k \log R(\mathbf{Z}_{MB}^{(A_i, B_j)}),$$

wo die Integrationskonstante $\mathbf{S}_0^{**}$ wiederum von den konstanten $X^{(A_i)}$ abhängen kann und zu $\mathbf{S}_0$ in (375) mit Rücksicht auf (293) in der Beziehung steht

$$(380') \qquad \mathbf{S}_0^{**} = \mathbf{S}_0 - k \sum_{i=1}^{p} \log (X^{(A_i)}!),$$

während für das Einzelgas in Übereinstimmung mit dem Unterschied von (379) und (379a) nach (29)

$$(380'') \qquad \mathbf{S}_0^{**} = \mathbf{S}_0^* = \mathbf{S}_0 + k \log N!$$

wird.[768]) Setzt man $\mathbf{S}_0^{**}$ dem Logarithmus einer willkürlichen Funktion $\varphi(X^{(A_1)}, X^{(A_2)}, \ldots, X^{(A_p)})$ bzw. $\varphi(N)$ gleich, so nimmt (380) die *scheinbar* „absolute“ Form

$$(381) \qquad \mathbf{S} = k \log [\varphi \cdot R(\mathbf{Z}_{MB})]$$

766) Man vgl. hierzu etwa die *Planck*sche Formulierung des *Nernst*schen Wärmetheorems!

767) Vgl. jedoch Anm. 680).

768) Man überblickt dies am besten an dem in Nr. 25a ausführlich behandelten Spezialfall $p = 2$, $q = 1$. $R(\mathbf{Z}_L)$, (258), erscheint hier als das Produkt von (257a) und (257b); wenn $N^{(A_1)} = X^{(A_1)}$, $X^{(A_2)} = N^{(A_2)} = N^{(B_1)} = 0$, wird (257b) der Einheit gleich, so daß (380) mit (86) und daher auch mit (379a) übereinstimmen muß.

an[769]), welche für die *Konvention* $\varphi = 1$, $\mathbf{S}_0^{**} = 0$, der *Planck*schen Form (90a) des *Boltzmannschen Prinzipes* entspricht. Für ideale einatomige Gase ergibt diese Wahl den Entropieausdruck (370a), wobei wegen (380″) $\mathbf{S}_0^* = 0$ zu setzen ist und der Gewichtsfaktor g einstweilen noch willkürlich bleibt. Da die *Differenz* der Entropie des Gases gegenüber der im Bereiche verschwindender spezifischer Wärme vorhandenen Entropie seines Kondensates jedenfalls die Eigenschaft von (379) haben muß, für die doppelte Gasmenge im gleichen Zustand den doppelten Betrag anzunehmen, wird man mit *Schrödinger* zu schließen haben, *daß die „absolute" Entropie* (379a) *des Gases einen auf den kondensierten Zustand der Gasmoleküle bezüglichen „absoluten" Nullpunktsentropie-Betrag enthält.*[770]) Wird der Gewichtsfaktor $g = g_A$ der Gasmoleküle (A) in (379) bzw. (379a) in Einheiten des Gewichtsfaktors g_{FK} für den kondensierten Zustand gemessen, so wird *der vom Gaszustande allein abhängige Anteil der „absoluten" Entropie des Gases* gegenüber (379) durch

$$(382)\quad (\mathbf{S}_A)_{\text{Gas}} = \tfrac{3}{2} Nk \log T + Nk \log \frac{\mathbf{V}}{N} + Nk \log \left[\frac{g_A}{g_{FK}} \frac{(2\pi M k)^{\frac{3}{2}} e^{\frac{5}{2}}}{h^3} \right]$$

bestimmt sein[771]), während die Differenz von (382) gegen (379a),

$$(383)\qquad \mathbf{S}_{FK}^{(0)} = k \log N! + Nk \log g_{FK},$$

769) Aus dieser Darstellung geht mit aller Deutlichkeit hervor, daß $R(\mathbf{Z}_L)$ in der Statistik ohne jede Änderung überall durch $\varphi \cdot R(\mathbf{Z}_L)$ ersetzt werden könnte. Man sieht daraus, daß die Bevorzugung von $R(\mathbf{Z}_L)$ im Grunde genommen nur *konventionell* ist, daß diese Konvention aber hinterher durch Mitführung unbestimmt bleibender Konstanten S_0, Ψ_0 wieder rückgängig gemacht werden kann. Den konventionellen Charakter der Benutzung von $R(\mathbf{Z}_L)$ hat *M. Planck*, Ann. d. Phys. 75 (1924), p. 673, Fußn. auf p. 681, angedeutet. — Die im Text mit Rücksicht auf die Verhältnisse bei Dissoziationsgleichgewichten (Nr. 25) oben mehrfach bevorzugte *Mitführung unbestimmter „Gewichtsfaktoren"* g würde z. B. beim Einzelgas von N Molekülen dem speziellen Ansatz $\varphi = g^N$ entsprechen, wenn dieser Faktor nicht bereits von vornherein in die Definition von $R(\mathbf{Z}_L)$ einbezogen worden wäre.

770) *E. Schrödinger*, Phys. Ztschr. 25 (1924), p. 41. Mit der angegebenen Deutung scheinen auch gewisse Schwierigkeiten ihre Beseitigung gefunden zu haben, auf welche *W. Schottky*, Ann. d. Phys. 68 (1922), p. 481, § 3, insbesondere Fußn. auf p. 534, in Verbindung mit der Konvention $\varphi = 1$ aufmerksam gemacht hat.

771) Daß dieser Ausdruck auf thermodynamischem Wege genau zu der in Nr. 25c statistisch abgeleiteten *Dampfdruckformel* führt, kann einer von *M. Planck* [1], § 187, für den Spezialfall $g_A = g_{FK} = \gamma_A(1) = 1$ gegebenen Ableitung dieser Formel unmittelbar entnommen werden. — Wie der Vergleich des konstanten Gliedes in (382) mit jenem der Dampfdruckgleichung (317) dartut, übertrifft die in der Einheit Nk gemessene „Entropiekonstante" die *chemische Konstante* um den Betrag $\frac{5}{2} - \log k$.

die „absolute" Nullpunktsentropie der N kondensierten, d. h. praktisch unbeweglichen Moleküle darstellen muß, was bei Berücksichtigung von (307) auch auf Grund der Dampfdruckformel (315) verifiziert werden kann.[771a]) Da man für die einzig mögliche Zustandsverteilung $\mathsf{Z}^{(0)}$ von N unbeweglichen Molekülen mit dem Gewichtsfaktor g_{FK} nach (29)

$$R_{FK}(\mathsf{Z}^{(0)}) = N!\,(g_{FK})^N \tag{384}$$

erhält, führt das *Boltzmannsche Prinzip* (381) mit der obigen Konvention $\varphi = 1$ ebenfalls zu (383)[704]) und beweist so auch auf ganz direktem Wege die Folgerichtigkeit der dargelegten Auffassung.[772]) Ganz ähnliche Betrachtungen sind zur Bestimmung der „absoluten" Entropie physikalischer oder chemischer Gasgemische erforderlich, wobei den Kondensaten der Charakter von Mischkristallen oder festen chemischen Verbindungen zukommt.[773]) Für alle statistischen Betrachtungen hingegen, die sich nur auf die *innere Energie* der Atome und Moleküle beziehen (Nr. **24a, 24b**), bei welchen man demnach mit *ruhenden* Molekülen auskommen kann, spielen Volumenabhängigkeiten, wie sie zur Unterscheidung zwischen (379) und (379a) genötigt haben, keine Rolle, so daß das *Boltzmannsche Prinzip* (381) für $\varphi = 1$ unmittelbar zu brauchbaren „absoluten" statistischen Entropiewerten führt.

Mit den vorstehenden Betrachtungen ist klargestellt, daß *auf den Gaszustand allein bezughabende* „absolute" Entropieausdrücke mittels des *Boltzmannschen Prinzipes* (381) unmittelbar nur dann erhalten werden können, wenn φ allgemein dem *Reziproken der Nullpunktsentropie für den kondensierten Zustand des betrachteten thermischen*

771a) Vgl. auch die vorige Anm. Die Dampfdruckformel (315) kann nämlich bei Berücksichtigung des ihr zugrunde liegenden Annäherungsgrades in der Form

$$\frac{k\log\left\{N_{FK}!\,[g_{FK}\cdot F_{FK}(\vartheta)]^{N_{FK}}\right\} - k\log\,[N_{FK}!\cdot g_{FK}]^{N_{FK}}}{N_{FK}} = \frac{k\log\,[F_A(\vartheta)]^{N_A} - k\log N_A!}{N_A}$$

geschrieben werden. Die mit N_A multiplizierte rechte Seite dieser Beziehung stellt nach (89) den der Entropiegröße (382) gemäß (88) entsprechenden Ausdruck für die *Plancksche Wärmefunktion* Ψ_A der Dampfphase dar. Da die mit N_{FK} multiplizierte linke Seite sich gemäß (307) und (89) von Ψ_{FK} gerade um den Betrag (383) unterscheidet, so wird klar, daß die Festsetzung (382) notwendig (383) nach sich ziehen muß, wie zu beweisen war.

772) Da g_{FK} *hier* vollkommen willkürlich ist, kann man ohne Beschränkung der Allgemeinheit die Konvention $g_{FK} = 1$ einführen, womit (383) ebenso wie (384) einen völlig bestimmten Wert erhält.

773) Vgl. die Bemerkungen von *E. Schrödinger*, l. c. (Anm. 770) zur Theorie der Mischkristalle bei *M. Planck* [1], § 186.

Systems gleichgesetzt wird:

$$(385)\qquad \mathsf{S} = k \log \frac{R(\mathsf{Z}_{MB})}{R_{FK}(\mathsf{Z}^{(0)})}.$$

Eine Begründung dieses Ausdruckes auf Grund von *Konventionen, welche explizit keinerlei Beziehungen zum Nullpunktsverhalten der kondensierten Substanz aufweisen,* wird seit längerer Zeit von *Planck* vertreten.[774]) Die *Planck*sche Auffassung benutzt von vornherein die quantenstatistische Festlegung (221) bzw. (224) für die Größe der μ-Raum-Zellenvolumina, ferner setzt sie gemäß (280) und (282a) alle Gewichtsfaktoren der Einheit gleich, wodurch in (382) $\frac{g_A}{g_{FK}} = 1$ wird.[775]) $R_{FK}(\mathsf{Z}^{(0)})$ reduziert sich dadurch beim Einzelgas auf die „Vertauschungszahl" $N!$ bzw. auf ein Produkt solcher Größen bei Gemischen und Gasgleichgewichten; das Auftreten dieser Größen in (385) wird durch geeignete Konventionen über das Verhalten sehr vieler, mit dem zu untersuchenden gleichbeschaffener Systeme im Γ-Raume erreicht.[776])

Der Anlaß zur Definition „absoluter" Entropiewerte geht letzten Endes ebenso wie in der makroskopischen Thermodynamik[766]) auf

---

774) *M. Planck* [1], § 179ff., ferner Berl. Ber. 1916, p. 653; Ann. d. Phys. 66 (1921), p. 365; 75 (1924), p. 673.

775) Diese nach den Betrachtungen von Nr. **25a** und **25c** wohl zu spezielle Festsetzung beinhaltet demnach *implizit* auch eine Verfügung über die Eigenschaften des kondensierten Zustandes.

776) Als vornehmstes Argument zugunsten seiner an die *Boltzmann-Gibbs*sche Γ-Raumstatistik anschließenden Betrachtungsweise wird von *Planck* ins Treffen geführt, daß die im vorliegenden Berichte ausschließlich benutzte *Maxwell-Ehrenfest*sche μ-Raumstatistik mit keinem realen Einzelgas zu operieren in der Lage sei, indem sie dieses ebenso wie N voneinander unabhängige Moleküle behandle, von denen jedes ein abgesondertes Volumen V zur Verfügung hat. Abgesehen davon, daß der Grad gegenseitiger Unabhängigkeit der Moleküle bei *Planck* und bei *Ehrenfest* praktisch doch der gleiche ist, kann dieser Auffassung entgegengehalten werden, daß sie die *Notwendigkeit und Möglichkeit einer sachgemäßen Begründung der Boltzmannschen Verteilung* (Nr. 4) *oder des Boltzmannschen Prinzipes* (Nr. **8b**) *unter Berufung auf die Zeitgesamtheit des Gases* völlig aus dem Auge läßt. Hierzu ist die Benutzung vor allem der in Nr. **4** eingeführten *zeitlichen „Übergangswahrscheinlichkeiten"* (18), (18a) unerläßlich; wie aber bereits in Nr. **2** angedeutet worden ist, kann die *Existenz* derartiger „Übergangswahrscheinlichkeiten" nur als Ergebnis des (paarweisen, dreifachen, ...) Zusammenwirkens der Moleküle verstanden werden, deren *gleichzeitiges Vorhandensein in einem einzigen Volumen* V daher auch für die μ-Raumstatistik unumgänglich ist. Die Grundlagen der beiden von *Planck* am Einzelgas einander gegenübergestellten statistischen Methoden erscheinen demnach einander völlig äquivalent. Bezüglich tiefliegenderer Besonderheiten der *Planck*schen Auffassung vgl. man jüngst *E. Schrödinger,* Berl. Ber. 1925, p. 434, sowie *M. Planck,* Berl. Ber. 1925, p. 442.

den Inhalt des *Nernstschen Wärmetheorems*[777]) zurück, wonach die Entropie*änderungen kondensierter Systeme* für isotherme, reversible Prozesse mit unbegrenzt abnehmender Temperatur gegen Null konvergieren. Für Veränderungen innerhalb einer einzigen Phase fordert dieser Satz das *Verschwinden der spezifischen Wärmen kondensierter Substanzen bei* $T = 0$, was für *kristallisierte Festkörper* aus (96) und (96a) (Nr. 9) unmittelbar entnommen und als *Folgerung aus den quantenstatistischen Eigenschaften der Festkörper-Verteilungsfunktionen* (99) (Nr. 9) und (35B) (Nr. **6b**) erkannt werden kann. Für chemische Umsetzungen führt das *Nernst*sche Theorem zu einer *eindeutigen Bestimmung des chemischen Gleichgewichtes* durch die dem *Verdampfungsgleichgewicht* (Nr. **25c**) entnommenen *chemischen Konstanten* der gasförmigen Reaktionsteilnehmer; für *homogene Gasgleichgewichte* (Nr. **25a, 25b**) insbesondere soll das von den makroskopischen Zustandsvariablen (Konzentrationen, Druck, Temperatur) unabhängige Glied der Gleichgewichtsformeln durch die *Summe der chemischen Konstanten aller Reaktionsteilnehmer*[778]) gegeben sein. Wie in Nr. **25a** für den Fall der Reaktion (253) ausführlich gezeigt worden ist, *führt tatsächlich auch die Quantenstatistik zu einer eindeutigen Bestimmung des chemischen Gleichgewichtes*, sofern die Verhältnisse der willkürlichen „Gewichtsfaktoren" aller Reaktionsteilnehmer bestimmte, empirisch ermittelbare Werte besitzen. Um die aus dem Verdampfungsgleichgewicht (317) gefolgerten chemischen Konstanten mit den entsprechenden Größen in der chemischen Gleichgewichtsbedingung (281) identifizieren zu können, muß nach den diesbezüglichen Betrachtungen von Nr. **25c** *angenommen* werden, *daß die Gewichte der „untersten" Quantenzustände einschließlich der Gewichtsfaktoren* g_{FK} *für den kondensierten Zustand aller Reaktionsteilnehmer einander gleich sind und der Einheit gleichgesetzt werden können.* Das *Nernst*sche Wärmetheorem *verlangt* demnach *Gleichheit der „untersten" Quantengewichte für ganz beliebige kondensierte Systeme* — eine Folgerung, welche auf etwas anderem Wege zuerst von *Einstein* abgeleitet und später insbesondere von *Stern* und *Schottky* eingehend diskutiert worden ist.[779]) Da sich

777) Vgl. vor allem *W. Nernst,* Die theoretischen und experimentellen Grundlagen des neuen Wärmesatzes, Halle 1918, II. Aufl. 1924, ferner etwa V 11, Physikalische und Elektrochemie (*K. F. Herzfeld*), Nr. 4, 5.

778) Wobei die chemischen Konstanten für die in Richtung positiver Wärmetönung verschwindenden Substanzen mit dem entgegengesetzten Vorzeichen in Rechnung zu stellen sind, wie jene für die gebildeten Substanzen.

779) *A. Einstein,* Verh. Deutsch. Phys. Ges. 16 (1914), p. 820; *O. Stern,* Ann. d. Phys. 49 (1916), p. 823; *W. Schottky,* Phys. Ztschr. 22 (1921), p. 1; 23 (1922), p. 9, 448. Vgl. ferner *K. F. Herzfeld,* Ztschr. f. phys. Chem. 95 (1920), p. 139;

in der Nähe des absoluten Nullpunktes praktisch *sämtliche* Festkörpereigenschwingungen in ihren „untersten" Quantenzuständen befinden, würde die *statistische Bedeutung des Nernstschen Satzes* darauf hinauslaufen, *das Nullpunktsverhalten beliebiger materieller Festkörper als ein in dynamischer Hinsicht eindeutiges*[780]) *Bezugssystem zur absoluten Messung von Quantengewichten und Gewichtsfaktoren für sämtliche Aggregatzustände namhaft zu machen.*

Diese Folgerung kann durch den bisherigen Erfolg der Prüfungen des *Nernst*schen Wärmetheorems am experimentellen Tatsachenmaterial als weitgehend bestätigt angesehen werden. Auf Grund einer in letzter Zeit vorgenommenen Untersuchung von etwa zwanzig homogenen und heterogenen Gleichgewichten hingegen meint *Eucken*[781]) gewisse Abweichungen von den Forderungen des *Nernst*schen Wärmesatzes sichergestellt zu haben.[782]) Nach *Eucken* soll nämlich für eine Reihe kondensierter Substanzen, jedenfalls aber für Wasserstoff, der Gewichtsfaktor g_{FK} in (383) von der Größenordnung 2 sein. Sollte sich dieses Ergebnis weiterhin bestätigen, so würde es trotzdem nicht als Beweis dafür angesehen werden dürfen, daß der von der Quantenstatistik

---

C. G. Darwin und *R. H. Fowler,* Phil. Mag. 44 (1922), p. 823, § 8; *R. H. Fowler,* Phil. Mag. 45 (1923), p. 497, § 7.

780) Diese Eindeutigkeit scheint beim chemisch homogenen einatomigen Kristall *nur* in dynamischer Hinsicht vorhanden zu sein, da die N kondensierten, *als untereinander völlig gleich angesehenen Atome,* jetzt allerdings bloß begrifflich, auf $N!$ verschiedene Weisen miteinander vertauscht werden können, ohne den Nullpunktszustand abzuändern. Bei näherem Zusehen gelangt man allerdings zu Zweifeln an der Richtigkeit dieser Schlußweise, wenn man die *Kernstruktur der Atome und Moleküle* (Nr. 13) gebührend in Rücksicht zieht. Da nach *O. Stern* (Anm. 779) eine Vertauschung zweier *ungleichartiger* Moleküle bei Mischkristallen ohne Energieänderung nicht möglich ist, so kann es hinsichtlich derartiger Vertauschungen nur *einen* Zustand geringster Energie geben, welcher dann dem Nullpunktszustand entsprechen muß. Sieht man nun zwei, im übrigen gleichartige Moleküle mit etwa phasenverschiedenen Elektronenbewegungen folgerichtig als *verschieden* an, so wird sich im allgemeinen auch hier ergeben müssen, daß der Nullpunktszustand mit Rücksicht auf die Wechselwirkungen der Moleküle untereinander auch beim chemisch homogenen Festkörper ein einheitlicher sein könnte, der Vertauschungen von *Molekülen* nicht mehr zuläßt, wohl aber solche der Elementarladungen. Die angedeutete Problemstellung läßt die prinzipielle Tragweite von statistischen Untersuchungen erkennen, welche bis auf die Elementarladungen als letzte Bausteine der molekularen Gebilde zurückgehen würden. Vgl. dazu Anm. 669), 671).

781) *A. Eucken* und *F. Fried,* Ztschr. f. Phys. 29 (1924), p. 36; *A. Eucken, E. Karwat* und *F. Fried,* ebenda p. 1.

782) Vgl. hierzu die Diskussion: *F. Simon,* Ztschr. f. Phys. 31 (1925), p. 224; *A. Eucken* und *F. Fried,* Ztschr. f. Phys. 32 (1925), p. 150; *F. Simon,* Ztschr. f Phys. 33 (1925), p. 946.

offengelassenen Festlegung der Gewichtsfaktoren g_{FK}, g_A in den Dampfdruck- und chemischen Gleichgewichtsformeln *mit Notwendigkeit* eine dem *Nernst*schen Wärmesatz entgegengesetzte prinzipielle Bedeutung zukommt[783]); vielmehr wäre es nach *Schottky*[784]) durchaus möglich, daß neben dem vom *Nernst*schen Theorem geforderten *eindeutigen Nullpunktszustand des Festkörpers* eine Anzahl anderer, nur um weniges *energiereicherer* Zustände existenzfähig sein könnten, welche experimentell von jenem Nullpunktszustande einstweilen nicht zu unterscheiden wären, dadurch aber von Eins verschiedene Werte der Gewichtsfaktoren g_{FK} vortäuschen würden.

Die absolute Festlegung der Gewichte und Gewichtsfaktoren durch den *Nernst*schen Wärmesatz beseitigt die letzte Unbestimmtheit, welche der „absoluten" Entropiedefinition des *Boltzmannschen Prinzipes* (381) auch nach Verfügung über die willkürliche Funktion φ noch anhaftet. Da aus einem thermischen System beim absoluten Nullpunkt offenbar keine Wärmemenge mehr „herausgeholt" werden kann, liegt es nahe, die willkürliche Funktion φ in (381) allgemein so festzulegen, daß seine Nullpunktsentropie gleich *Null* wird, wie es der *Planckschen Form des Nernstschen Wärmetheorems in der makroskopischen Thermodynamik*[785]) entspricht. Bei allen *statistischen Systemen ohne Translationsbewegungen*, ausgenommen beim Festkörper, sind Nullpunktsausdrücke von der Form (383), wie bereits hervorgehoben, *für* $\varphi = 1$ abwesend, so daß diese Konvention hier allgemein

(386) $$\mathbf{S}^{(0)} = 0$$

ergibt; ein analoges Ergebnis wird von den eigens zu diesem Zwecke aufgestellten *Gasentartungs*theorien (Nr. **19**, **25 c**) für *Systeme mit Translationsbewegungen* jedoch nur dann geliefert, *wenn man* (383) *abspaltet* und, wie oben, *für den kondensierten Zustand in Anspruch nimmt*. Für diesen Zustand aber, d. h. für Festkörper, bekommt man aus (383) mit $\varphi = 1$ und $g_{FK} = 1$ nach dem *Nernst*schen Theorem, *den von Null verschiedenen Betrag*

(387) $$\mathbf{S}^{(0)}_{FK} = k \log N!\,.$$

Dieser trotz seiner thermodynamischen Bedeutungslosigkeit[786]) auf-

783) Z. B. die Existenz mehrerer Nullpunktsmodifikationen des Festkörpers von *exakt* gleichem Energieinhalt, welche der in Anm. 780) geäußerten Auffassung im allgemeinen widersprechen würde.

784) *W. Schottky*, l. c. (Anm. 714) oder 779).

785) Siehe etwa *M. Planck*, Thermodynamik, oder die in Anm. 777) genannte Literatur.

786) Nach der Terminologie von *W. Schottky* (Anm. 668) wäre (387) eine bloß „formale" Entropiegröße gegenüber den technischen Entropiedifferenzen der makroskopischen Thermodynamik.

fallende Unterschied gegenüber (386) hat verschiedene Zusatzbetrachtungen hervorgerufen, welche darauf hinzielen, auch $S_{FK}^{(0)}$ gleich Null zu machen. So versuchen *Planck*[787]) und *Herzfeld*[788]) auf getrennten Wegen, das Verschwinden von (387) durch geeignete *Konventionen* über die Berechnung der „thermodynamischen Wahrscheinlichkeit" in (80a) zu erreichen. Nach einer anderen, von *Planck* allerdings nur hinsichtlich der Nullpunktsentropie der Mischkristalle vertretenen Auffassung[773])[787]), könnte man ein Verschwinden von (387) in das dem absoluten Nullpunkt benachbarte Zustandsgebiet verlegen, für welches die statistische Temperaturdefinition zu versagen beginnt.[789]) Während diese Auffassungen ihren Zweck innerhalb des Rahmens der bisherigen Statistik zu erreichen streben, faßt *Einstein* das der Beziehung (387) zugrunde liegende *Auftreten einer Nullpunktszustandsverteilung mit einer von Eins verschiedenen Anzahl ihrer Realisierungsmöglichkeiten* als ein *prinzipielles Versagen der bisherigen statistischen Methodik* auf.[790]) *Ein-*

787) *M. Planck* [1], §§ 184, 185. Da die *Planck*sche Konvention im Falle der *Mischkristalle,* § 186, nicht mehr beibehalten werden kann, ist oben in Nr. 25c gemäß Anm. 704) auf ihre eingehendere Berücksichtigung verzichtet worden. Die oben, p. 1206, gegebene erste Ableitung von (383) auf Grund der Beziehung (379a) für die Gasentropie wird von *Planck* (Anm. 774) durch die dort im Text bereits angedeuteten Konventionen vermieden.

788) *K. F. Herzfeld,* V 11 (*Physikalische und Elektrochemie*), Nr. 5, b) I, läßt den Festkörpermolekülen im Gegensatz zu p. 1170 und Anm. 703a) die Möglichkeit „innerer" Vertauschungen innerhalb gewisser dreidimensionaler Raumvolumina und setzt g_{FK} dem Reziproken der sehr großen Anzahl dieser Volumina gleich, wodurch (387) zwar nicht exakt verschwindet, aber doch von sehr niedriger Größenordnung wird.

789) Dieses Zustandsgebiet wäre erreicht, wenn die Anzahl der noch nicht „eingefrorenen" Festkörperfreiheitsgrade so klein geworden ist, daß der makroskopische II. Hauptsatz seine Gültigkeit verliert und anstatt dessen die „geordnete" Bewegung eines Systems von „endlich" vielen Freiheitsgraden merklich zu werden beginnt. Das Erreichen dieses Zustandsgebietes ist indessen „technisch" (vgl. Anm. 786) unmöglich (*Nernsts* Prinzip von der Unerreichbarkeit des absoluten Nullpunktes). — Zugunsten der obigen zweiten *Planck*schen Auffassung könnte gegenüber der Begründung des Faktors $N!$ im Wege „äußerer" Molekülvertauschungen bei höheren Temperaturen (p. 1171) geltend gemacht werden, daß solche Vertauschungen *im* absoluten Nullpunktszustand unmöglich werden, so daß hier an Stelle von $N!$ die Einheit treten muß, woraufhin (387) tatsächlich verschwindet. Vgl. dazu ferner Anm. 780).

790) *A. Einstein,* Berl. Ber. 1925, p. 3, § 7. — Allerdings wird hier bloß der *negative* Betrag (387) als Nullpunktsentropie des (entarteten oder nichtentarteten) Gases geprüft und die folgerichtige Trennung von (382) und (383) nicht vorgenommen. Die *Einstein*schen Argumente können aber (und *müssen* es im Falle jener Trennung) unverändert auch gegen eine Festkörper-Nullpunktsentropie (387) ins Treffen geführt werden. Daß die *Einstein*sche Forderung (388) mit Rück-

stein befürwortet daher die Annahme eines neuartigen, erst kürzlich von *Bose* erdachten statistischen Verfahrens[791]), welches für eine Nullpunktszustandsverteilung an Stelle von (384) *prinzipiell*

$$R(\mathbf{Z}^{(0)}) = 1 \tag{388}$$

ergibt, so daß das *Boltzmann*sche Prinzip (385) mit $g_{FK} = 1$ auch hier *nur bei* $\varphi = 1$ zu (386) führen würde. Wie man der *Forderung* (388) entnehmen kann, wird für *jede* zu (388) führende statistische Methodik ein *prinzipieller Verzicht auf die in* Nr. **2** *und* **3** *vorausgesetzte statistische Unabhängigkeit der Moleküle voneinander*[32a]) zur unausweichlichen Notwendigkeit, was für den Nullpunktszustand in gewissem Sinne auch als plausibel gelten kann. Da die bisherigen statistischen Behandlungen der Molekültranslation (Nr. **5c**, **25c**) nach dem Obigen die Nullpunktsentropie (387) des Festkörpers mitliefern[792]), so müßte eine derartige Methodik auch auf die *Theorien der Gasentartung* angewendet werden, was *Einstein*[793]) für das *Bose*sche Verfahren ausgeführt hat.[794]) Die neue Methodik ist gegenüber der bisherigen gekennzeichnet durch die ***Annahme bestimmter a priori-Häufigkeiten für das Vorhandensein bestimmter Molekülanzahlen in den verschiedenen μ-Raumzellen***[795]), womit die statistische Unabhängigkeit der Einzel-

---

sicht auf das in der vorigen Anm. gekennzeichnete Zustandsgebiet von mehr *formaler* als sachlicher Bedeutung ist, hat jüngst *A. Smekal*, Ztschr. f. Phys. 33 (1925), p. 613, § 1, hervorgehoben.

791) *S. N. Bose*, Ztschr. f. Phys. 26 (1924), p. 178; siehe auch Anm. 546).

792) Vgl. Anm. 790). — Die jüngst von *M. Planck*, Berl. Ber. 1925, p. 49, aufgestellte Entartungstheorie vermeidet diesen Ausdruck wiederum, indem sie von vornherein eine dem Ansatz (385) äquivalente Verfügung trifft.

793) *A. Einstein*, Berl. Ber. 1924, p. 261; 1925, p. 3, 18.

794) Läßt man die in Nr. **25c** vorausgesetzte und in Anm. 703a) qualitativ belegte Unmöglichkeit „innerer" Molekülvertauschungen beim Festkörper fallen, so könnte die Temperaturabhängigkeit einer vielleicht in der Nähe des Schmelzpunktes merklichen *„echten" Selbstdiffusion seiner Moleküle* auf Grund des *Bose*schen Verfahrens ebenfalls theoretisch erfaßt werden.

795) Da die bisherige Statistik nach Nr. **3** *a priori-Häufigkeiten* bloß dafür kennt, daß ein Molekül in eine bestimmte μ-Zelle fällt, *unabhängig davon, ob und wie viele andere Moleküle in derselben Zelle vorhanden sind,* so können die Ergebnisse der beiden Methoden nur in solchen Gebieten miteinander übereinstimmen, wo nach beiden praktisch nur je ein oder gar kein Molekül auf jede μ-Zelle kommt. Das neue Verfahren nimmt qualitativ die Besonderheiten der bisherigen Quantenstatistik gegenüber der klassischen Statistik insofern vorweg, als es, um sinnvoll zu bleiben, unbedingt an der *Endlichkeit der μ-Zellenvolumina* festhalten muß; läßt man diese Volumina gegen Null konvergieren, was in der Quantenstatistik dem Übergang (121), $\lim h \to 0$, entspricht, so kommt man zur gewöhnlichen klassischen Statistik, weil es unendlich unwahrscheinlich ist, daß mehr als *ein* Molekül in eine „unendlich-kleine" μ-Zelle fällt. — Wenn man die

moleküle in der Tat aufgehoben erscheint.[796]) Der Rückschluß von (388) auf ein *Verschwinden der Nullpunktsentropie für ganz beliebige statistische Systeme* bei $\varphi = 1$ würde offensichtlich den Nachweis erfordern, daß das *Boltzmannsche Prinzip* (381) auch innerhalb der neuen Methodik gültig bleibt.[797]) Ob dieser Erfolg der *Bose-Einstein*schen Betrachtungsweise dazu angetan sein wird, ihr einen dauernden Platz in der statistischen Physik zu sichern, wird wohl erst von der Zukunft entschieden werden können.

---

a priori-Häufigkeiten des neuen Verfahrens wiederum mit dem Namen „Gewichte" belegt, so wird die Reihe der „Gewichte" eine diskrete, *zweifach*-unendliche, während die Reihe der gewöhnlichen Quantengewichte *einfach*-unendlich ist. Die „neuen" Gewichte können ebenso wie die „alten" *von der Natur der Moleküle und den makroskopischen Parametern a^* abhängen,* vgl. *A. Smekal,* Ztschr. f. Phys. 33 (1925), p. 613, § 1. *Bose* und *Einstein* haben sich auf den Fall beschränkt, daß die „neuen" Gewichte nur von der augenblicklichen Molekülanzahl der betreffenden Zelle abhängen, was bei den „alten" Gewichten auf die Wahl $g = \text{const.}$ hinausläuft; das hat zur Folge, daß nach ihrer Methode nur die Strahlung (*Bose*) oder das ideale Punktmolekülgas (*Einstein*) behandelt werden können, während die Betrachtung realer Gase die angegebene Verallgemeinerung erheischt.

796) Man vgl. hierzu den in Nr. **17** unternommenen Versuch zu allgemeinen Betrachtungen über die prinzipielle Unmöglichkeit einer beliebig weitgehenden Isolierung einzelner Moleküle in der Quantentheorie, welcher eine derartige Unabhängigkeit grundsätzlich bereits ausschließt (s. auch Anm. 438). Allerdings dürfte der von *Einstein* befürwortete Grad gegenseitiger Abhängigkeit der Moleküle wesentlich *tiefer* liegen: während in Nr. **17** der *räumlich-dreidimensionalen Nachbarschaft* der Moleküle die Hauptrolle zufallen dürfte, kommt es bei *Einstein* auf eine *mehrdimensionale, phasenräumliche Koppelung der Moleküle* an, also auf ihre *Nachbarschaft im μ-Raume, unabhängig von ihrer etwaigen Nachbarschaft im physikalischen Raum!*

797) Wenn man bedenkt, daß ähnliche Betrachtungen wie in Nr. **4** für die neue Methode zum Nachweis der Existenz einer „wahrscheinlichsten" *„Bose-Einsteinschen Verteilung"* führen müssen (welche der *„Maxwell-Boltzmannschen Verteilung"* von Nr. **5b** entspricht), so kann auf dem gleichen Wege wie in Nr. **8b** auch der Nachweis des *Boltzmannschen Prinzipes* (381) innerhalb der neuen Methodik erbracht werden. Die zu Nr. **4** analogen Glieder dieses Beweises sind bisher allerdings noch nicht näher behandelt worden.

Berichtigung:

Auf Seite 982 müssen die Gleichungen (**120** c) lauten:

$$\frac{8\pi h \nu'^3}{c^3} = \frac{A_{n'}^{n''}(\nu')}{B_{n'}^{n''}(\nu')}; \qquad \frac{8\pi h \nu''^3}{c^3} = \frac{A_{n'}^{n''}(\nu'')}{B_{n'}^{n''}(\nu'')} \tag{120c}$$

(Nr. **1—9** abgeschlossen am 1. Juli 1923, Nr. **10—16** am 1. August 1924, Nr. **17—27** am 13. Juni 1925. Literaturnachweise nachgetragen bis Anfang 1925.)

Namenverzeichnis.

W

Z

Sachverzeichnis.

A

B

C

T

U

V